中国地质大学(武汉)"双一流"学科专业教材
中央高校教育教学改革基金(本科教学工程)资助

沉积地质学基础

Fundamentals of Sedimentary Geology

主　编：杜远生
副主编：杨江海　余文超　杨文涛

图书在版编目(CIP)数据

沉积地质学基础/杜远生主编. —武汉:中国地质大学出版社,2022.11
ISBN 978-7-5625-5360-1

Ⅰ.①沉…　Ⅱ.①杜…　Ⅲ.①地质学-高等学校-教材　Ⅳ.①P5

中国版本图书馆 CIP 数据核字(2022)第 134460 号

沉积地质学基础	杜远生　主　编
	杨江海　余文超　杨文涛　副主编
责任编辑:王凤林	责任校对:沈婷婷
出版发行:中国地质大学出版社(武汉市洪山区鲁磨路388号)	邮政编码:430074
电　　话:(027)67883511　　传　真:(027)67883580	E-mail:cbb@cug.edu.cn
经　　销:全国新华书店	http://cugp.cug.edu.cn
开本:880 毫米×1230 毫米 1/16	字数:960 千字　印张:30.25
版次:2022 年 11 月第 1 版	印次:2022 年 11 月第 1 次印刷
印刷:湖北睿智印务有限公司	印数:1—2000 册
ISBN 978-7-5625-5360-1	定价:96.00 元

如有印装质量问题请与印刷厂联系调换

序

沉积地质学(沉积学)是地质类专业重要的基础课之一,所研究的沉积物/岩是地球表层系统(大气圈、水圈、生物圈、表层岩石圈)演化和圈层相互作用的重要物质记录。沉积地质学研究对理解地球的形成和演化、地质资源的获取,甚至地质环境的成因或地质灾害的预防都是不可或缺的。目前,国内外高等教育的沉积学课程设置主要有几种类型:一是沉积学和地层学,国外高校沉积学课程有这种类型;二是沉积学(沉积岩+沉积相及古地理),国内石油类行业院校多采用这种课程类型;三是岩石学(含沉积岩石学)和沉积相及古地理学分列两门课程,国内地质行业院校及部分其他行业院校多采用这种课程模式。中国地质大学(武汉)的沉积类课程包括几个不同层次:低年级本科生的岩石学(含沉积岩石学)、研究生的沉积地质学、介于二者之间的高年级本科生的沉积地质学基础。本教材即针对这种教学类型编写的,核心为沉积相及沉积古地理。本教材总论部分在陆源碎屑沉积作用和内生沉积作用(碳酸盐工厂、磷酸盐工厂、硅质岩、铁质岩、锰质岩、铝质岩等)的基础上,系统论述沉积相标志,对沉积岩的分类进行概述。本教材分论部分以沉积环境为主线,对各沉积环境的环境单元、沉积特征、生物特征、沉积序列进行了分析,介绍了经典的沉积相模式;以沉积事件为主线,系统论述了风暴事件、地震及海啸事件、重力流事件的沉积作用过程、沉积特征和经典的沉积序列;最后对古地理分析的原理和编图方法进行了介绍。本教材适合地质类专业的学生和地质工作者使用。

本教材总体继承了王良忱教授20世纪80年代建立的中国地质大学(武汉)地质学专业的沉积环境和沉积相课程及90年代编写的教材体系,我们在此基础上作了适当的补充完善,增加了总论部分,还将事件沉积单列为第十四章,分论每章均增加了考察或研究实例。教材第一、二、四、五、八、十、十一章及第十三、十四章、十五章由杜远生执笔,第三、七、十二章由余文超执笔,第六章由杨江海执笔,第九章由杨文涛执笔。本教材的出版得到了中央高校教育教学改革基金(本科教学工程)资助,编写过程中得到了周江羽教授的无私帮助,朱筱敏教授、齐永安教授、周江羽教授审阅并推荐了本教材出版。王宇航、王瀚文、许灵通、赵梓渊、周锦涛、甄鑫、刘澳等研究生绘制了部分图件,中国地质大学出版社王凤林进行了认真编辑,在此一并表示感谢。

杜远生
2022年10月

目 录

第一章 绪 论 ·· (1)

　　第一节　沉积地质学发展简史 ·· (1)

　　第二节　沉积相的概念及分析原理 ··· (3)

　　第三节　沉积相类型 ··· (6)

　　第四节　若干概念的讨论 ··· (6)

第二章 陆源碎屑沉积作用 ·· (9)

　　第一节　沉积物的来源——风化作用 ··· (9)

　　第二节　牵引流的流体介质的动力作用 ··· (12)

　　第三节　牵引流的搬运和沉积作用 ··· (18)

　　第四节　重力流沉积作用 ··· (24)

第三章 内源沉积作用 ·· (28)

　　第一节　碳酸盐岩的沉积作用 ··· (28)

　　第二节　其他内源沉积岩的沉积作用 ··· (42)

第四章 沉积相标志 ··· (58)

　　第一节　岩石矿物学标志 ··· (58)

　　第二节　沉积构造 ··· (67)

　　第三节　生物标志 ··· (102)

　　第四节　宏观标志 ··· (109)

第五章 沉积岩分类概述 ·· (113)

　　第一节　碎屑岩分类 ·· (113)

　　第二节　碳酸盐岩分类 ··· (115)

　　第三节　火山碎屑岩 ·· (119)

　　第四节　其他内生岩类分类 ··· (119)

第六章 风成沉积 ··· (125)

　　第一节　概 述 ·· (125)

　　第二节　沙漠风的搬运和沉积作用 ·· (126)

· Ⅲ ·

第三节　现代沙漠沉积 ··· (127)
　　第四节　地质历史时期的沙漠沉积 ·· (130)
　　第五节　风成粉尘(黄土)沉积 ··· (132)
　　第六节　实例：华南信江盆地晚白垩世沙漠沉积 ··· (133)

第七章　冰川沉积 ··· (138)
　　第一节　概　述 ·· (138)
　　第二节　冰川环境特征与沉积作用 ·· (138)
　　第三节　冰川沉积相与相模式 ··· (142)
　　第四节　实例：华南地区南沱组冰川沉积 ··· (145)

第八章　河流沉积 ··· (153)
　　第一节　概　述 ·· (153)
　　第二节　河流体系的分类 ·· (154)
　　第三节　冲积扇 ·· (157)
　　第四节　直流河和低弯度河流 ··· (162)
　　第五节　辫状河 ·· (162)
　　第六节　曲流河 ·· (166)
　　第七节　网状河 ·· (173)
　　第八节　不同类型河流沉积对比 ·· (176)
　　第九节　实例：湖北秭归盆地下侏罗统桐竹园组河流沉积 ··· (177)

第九章　湖泊沉积 ··· (182)
　　第一节　概　述 ·· (182)
　　第二节　湖泊的分类 ··· (185)
　　第三节　碎屑型湖泊 ··· (188)
　　第四节　碳酸盐型湖泊 ·· (193)
　　第五节　盐　湖 ·· (195)
　　第六节　实　例 ·· (199)

第十章　三角洲沉积 ··· (209)
　　第一节　概　述 ·· (209)
　　第二节　三角洲的分类 ·· (213)
　　第三节　海相三角洲 ··· (216)
　　第四节　湖相三角洲 ··· (227)
　　第五节　扇三角洲 ··· (231)
　　第六节　实　例 ·· (236)

第十一章　滨浅海碎屑岩沉积 ··· (249)
　　第一节　概　述 ·· (249)
　　第二节　滨海区水动力状况及环境的划分 ·· (250)

  第三节 浪控型滨海环境及沉积相模式 ………………………………………………………… (254)
  第四节 潮控型滨海环境及沉积相模式 ………………………………………………………… (260)
  第五节 障壁-潟湖环境及沉积相特点 ………………………………………………………… (264)
  第六节 潮控陆架浅海环境及沉积特点 ………………………………………………………… (269)
  第七节 实 例 ……………………………………………………………………………………… (274)

第十二章 碳酸盐岩滨浅海沉积 ……………………………………………………………………… (287)
  第一节 概 述 ……………………………………………………………………………………… (287)
  第二节 滨浅海碳酸盐岩环境划分和沉积特征 ………………………………………………… (293)
  第三节 浅水碳酸盐岩的相模式 ………………………………………………………………… (314)
  第四节 滨浅海碳酸盐岩的沉积序列 …………………………………………………………… (318)
  第五节 实 例 ……………………………………………………………………………………… (323)

第十三章 深海-半深海沉积 ……………………………………………………………………………… (343)
  第一节 概 述 ……………………………………………………………………………………… (343)
  第二节 深海-半深海环境 ………………………………………………………………………… (344)
  第三节 深水搬运与沉积过程 …………………………………………………………………… (348)
  第四节 深水沉积与相模式 ……………………………………………………………………… (361)
  第五节 地质历史记录中的深海-半深海沉积 ………………………………………………… (366)

第十四章 事件沉积 ………………………………………………………………………………………… (367)
  第一节 事件沉积概述 …………………………………………………………………………… (367)
  第二节 风暴岩 …………………………………………………………………………………… (368)
  第三节 地震岩、海啸岩、震浊积岩 …………………………………………………………… (379)
  第四节 海洋重力流沉积 ………………………………………………………………………… (387)
  第五节 实 例 ……………………………………………………………………………………… (402)

第十五章 古地理学及古地理编图方法 …………………………………………………………………… (422)
  第一节 古地理分析的主要内容 ………………………………………………………………… (422)
  第二节 古地理图的类型 ………………………………………………………………………… (426)
  第三节 古地理图编图内容和方法 …………………………………………………………… (430)
  第四节 实 例 ……………………………………………………………………………………… (436)

主要参考文献 …………………………………………………………………………………………………… (461)

第一章 绪 论

沉积地质学(sedimentary geology)是地球科学(geosciences)的一个重要分支学科。沉积地质学以地质时期的沉积记录为对象,研究这些沉积记录的沉积作用和形成环境,恢复其古地理背景,并作为历史大地构造活动、古海洋演变、古生物地理变迁、深时古气候变化的研究基础,探索地球演化中的重大基础前沿问题,具有基础性、前沿性的学科特点。同时,绝大部分自然能源矿产(煤、石油天然气、部分铀矿)、多数大宗战略矿产(铁、锰、磷、铝、盐类)均赋存于沉积地层中,部分关键金属矿产(金、铅锌、锑、稀土等)的形成也与沉积作用密切相关,因此沉积地质学具有巨大的应用价值。第二次世界大战结束以来,随着世界各国经济发展,对能源和矿产资源的需求与日俱增,沉积地质学得到了巨大的发展,形成了既具有重要理论意义又具有巨大应用价值的综合交叉学科。

第一节 沉积地质学发展简史

以沉积记录为研究对象的沉积地质学几乎与地质学的发展同步。17世纪中期,丹麦地质学家Steno(1638—1686)根据对意大利北部山脉的地层考察,于1669年提出的著名的地层叠覆原理、原始水平性原理和原始侧向连续原理,就是基于沉积地层的研究,也是沉积地质学的思想萌芽。Lyell(1837)提出了"现在是认识古代的钥匙"的"将今论古"现实主义思想,Walther(1984)提出了著名的Walther相律,标志着沉积学思想体系的建立。随着地质科学的发展和进步,沉积地质学也逐渐发展、进步与完善。回顾沉积地质学的发展历程,大致可以分为以下几个阶段(表1-1)。

表1-1 沉积地质学的发展历程和学科分支(据杜远生等,2020修改)

学科属性	发展阶段	学科分支		学科交叉
理论沉积学	沉积岩石学	岩类学和岩理学		
	沉积学	沉积相(比较沉积学)		现代沉积+古代沉积
		沉积古地理学		沉积学+地理学
	沉积地质学	大地构造沉积学(沉积大地构造学)		沉积学+大地构造学
		事件沉积学		沉积学+新灾变论
		深时全球变化沉积学	气候沉积学	沉积学+气候学
			古海洋学	沉积学+海洋科学
			生物沉积学(含碳酸盐沉积学)	沉积学+(古)生物学
应用沉积学		能源沉积学(盆地动力学、层序地层学、地震沉积学等)		沉积学+油气、煤、放射性能源地质学
		矿产沉积学		沉积学+矿床学
观测和模拟沉积学		观测沉积学(陆相-海岸带观测、深海观测)		沉积学+实时观测技术
		模拟沉积学[物理模拟(如水槽实验),计算机模拟]		沉积学+人工智能+大数据

一、沉积岩石学阶段(1950年以前)

沉积岩石学阶段处于沉积地质学早期奠基阶段和学科建立阶段。早期奠基阶段代表性的成果和认识有:Gressly(1838)首次提出"相"的概念,引入环境及其物质记录的思想;Sorby(1857)首次使用偏光显微镜研究沉积岩石,从此拉开了对岩石进行镜下微观研究的序幕,标志着沉积岩石学研究的重大转折;Walther(1894)提出著名的Walther(瓦尔特)相律,揭示了沉积相的时空组合规律;Thomas(1902)利用重矿物分析了沉积物物源方向及性质;Gilbert(1912)首次进行了沉积物水槽实验,揭示了牵引流作用下沉积物底形的变化规律。学科建立阶段主要表现为岩类学和岩理学的系统理论与总结。岩类学主要为沉积岩石学的分类,岩理学主要为沉积岩成因。在岩类学方面,Hatch(1913)出版了第一部《沉积岩石学》教科书。在岩理学方面,Twenhofel(1935)出版了《沉积作用原理》著作,标志着沉积学逐步发展为一个独立的分支学科。Wadell(1932)最早提出了沉积学的概念,将其定义为"研究沉积物的科学"。1931年,美国SEPM学会 *Journal of Sedimentary Petrology* 杂志创刊,Krumbein(1934)对沉积环境作了定量研究,使用了碎屑磨圆度的概念,开始着手对沉积过程和作用进行分析;Halbouty等(1940)率先将沉积学的理论系统应用于油气勘探领域;Weeks(1948)从石油地质的角度研究了影响沉积盆地形成与演化的因素;Pettijohn(1949)编写了《沉积岩》这一集大成著作,标志沉积岩石学进入成熟发展阶段。沉积岩石学阶段的历史大地构造观是以槽、台理论为指导的,即以固定论的大地构造为指导。

二、沉积学阶段(1950—1980年)

20世纪50年代,Kuenen和Miglioroni(1950)发表了《浊流是递变层理的成因》的划时代论文,标志着沉积岩研究打破了传统的单纯机械分异理论对沉积作用的支配观点,揭开了后来被誉为沉积学的第一次革命——浊流革命的序幕,这也是沉积学阶段的主要起始标志。Bouma(1962)建立了著名的"鲍马序列",使人们对浊流的认识进入模式化时代,此后在重力流(尤其是砂砾质浊流)研究领域发生了突破性进展。该阶段正处于第二次世界大战之后,战后各国加快工业化建设,能源和矿产资源的需求促进了沉积学的巨大进步。该阶段重点发展沉积相和古地理两个学科方向,取得了许多突出的成就:①基于大量现代沉积物的调查和古代沉积记录的综合研究,建立了几乎全部沉积环境的相模式(Walker,1979);②由于中东地区碳酸盐岩大油田的发现,促使碳酸盐岩研究在成因、结构、分类、沉积作用、沉积环境、成岩作用等方向的全面进步。沉积学阶段的突出进展为模式化、成因解释及图解法的应用。譬如,Passega(1964)提出了C-M图解,使得沉积环境分析与成因解释趋于科学化和可操作性;Folk(1959)将碎屑岩的成因观点引入碳酸盐岩分类之中,对碳酸盐岩进行了分类和解释,标志着碳酸盐岩研究进入了新的阶段;Visher(1965)从垂向沉积序列的角度建立了13种相模式,为沉积相的野外和钻井识别奠定了基础。该阶段涌现了大量专著。Bathurst(1971)编写了《碳酸盐沉积物及其成岩作用》的专著,使碳酸盐岩研究基本趋于成熟。Pettijohn等(1964)出版了著名的《砂和砂岩》。德国的Reineck与印度的Singh合作(1973)出版了《陆源碎屑沉积环境》。最值得一提的是20世纪70年代后期,英国的Reading(1978)主编的《沉积环境和相》与同年美国的Friedman等(1978)出版的《沉积相原理》两本巨著,系统总结了各种沉积环境的地质特征与形成机理,反映了当时沉积学研究的最高水平。我国学者此时主要是引进与学习国外的新理论及技术,各高校编写了《沉积岩石学》《沉积环境和沉积相》等教材,促进了我国沉积学在长期停滞之后的快速发展。

值得指出的是,沉积学阶段发生了对传统沉积理论造成极大冲击的事件,被誉为沉积学的若干次革命,除了1950年Kuenen和Miglioroni掀起的浊流革命之外,1966年Hezen等(1966)发现了大陆斜坡底部沿等深线流动的海底洋流,将其命名为等深流,其形成的沉积记录为等深岩,被誉为沉积学的第二次革命——等深积岩革命。Kelling和Mullin(1975)揭示了浅海陆架上具重力流性质的递变层为风暴成因，Aigner(1979)将其命名为风暴岩，被誉为沉积学的第三次革命——风暴岩革命。Hesse(1975)、Stanley和Kelling(1978)发现深海存在大量的细粒浊积岩，被誉为沉积学的第四次革命——泥质浊积岩革命。

沉积学阶段正值板块学说兴起到逐步完善的阶段，因此指导沉积学的大地构造观是以板块学说为主导的活动论。

三、沉积地质学阶段(1980年至今)

20世纪70年代末，标志着沉积学阶段的沉积相模式已经全部建立，80年代以来开始进入全球沉积学的全面快速发展阶段，新的沉积学观点和理论大量出现，研究方法不断更新，并广泛应用于解决重大地质问题。由全球沉积地质委员会(GSGC)组织实施的"全球沉积地质计划"(GSGP)对全球沉积岩、全球沉积相、全球地层、全球古地理和矿产资源等的集成研究相继实施，代表了全球沉积学新时代的来临，从而使沉积学的发展发生了根本性变化，进入了沉积地质学的发展阶段。沉积地质学阶段的特色是与沉积学交叉的新的学科方向的形成。譬如，沉积学与大地构造学的交叉形成的大地构造沉积学(或沉积大地构造学)、沉积学与气候学的交叉形成的气候沉积学、沉积学与古生物(包括微生物)交叉形成的生物(微生物)沉积学、沉积学与海洋学交叉形成的古海洋学(以大陆已消失的古海洋为主区别于以海底岩石记录为对象的海洋学科的古海洋学)、沉积学与灾变论交叉形成的事件沉积学等(表1-1)。

沉积地质学阶段促使沉积学在应用领域的理论进步也十分巨大。在能源沉积学领域，沉积盆地分析(李思田等，1988；朱夏，1989；吴崇筠和薛叔浩，1992；王成善和李祥辉，2003，朱筱敏，1995)、层序地层学(Wilgus，1988)、盆地动力学(李思田，1995)、地震沉积学(朱筱敏等，2017)在系统理论方法建构和应用领域都取得了突出成就。在资源沉积学方面，矿产沉积学对锰、铝、磷等大宗战略矿产的成矿理论都取得了很大进步，促进了大型、超大型矿床的找矿突破(杜远生等，2020)。

中国沉积学的发展大致与世界同步，但在20世纪60年代中期到70年代有所停滞。70年代以后，中国沉积学得到了很大发展。1979年中国沉积学会成立，之后分别更名为中国矿物岩石地球化学学会沉积学专业委员会、古地理专业委员会和中国地质学会沉积地质专业委员会。1980年《岩相古地理》(现改为《沉积与特提斯地质》)杂志创刊；1983年《沉积学报》创刊；1999年《古地理学报》中文版创刊；2012年 *Journal of Palaeogeography* 创刊；现在每四年一届的全国沉积学大会、每两年一届的全国古地理和沉积学大会及国际古地理学大会，成为我国沉积学工作者学术交流的重要平台。

中国沉积学在诸多领域取得了举世瞩目的研究成果，尤其在能源沉积学领域。由于中国的众多油田形成于陆相盆地，我国在陆相盆地沉积学领域形成了一定的特色和优势，应用国外的先进理论和方法，结合中国特色沉积盆地的特点，形成了具有中国特色的陆相沉积学理论。

第二节 沉积相的概念及分析原理

一、沉积相和沉积环境

沉积地质学的核心是沉积岩的沉积相(或岩相)和沉积环境分析。相(facies)是地质学中一个古老的概念，最早由瑞士地质学家Amanz Gressly(1838)提出，用以描述一组特征性的岩石单元，反映特定的沉积环境。沉积环境则指一个具有独特的物理、化学和生物条件的自然地理单元(如河流环境、湖泊环境、海洋环境等)，即与特定类型沉积物形成有关的物理、化学和生物过程的综合；而沉积相则是特定的沉积环境的物质表现，即在特定的沉积环境中形成的岩石特征和生物特征的综合(环境相或背景相)。

沉积环境在岩性特征上的表现即为岩性相,在生物特征上的表现即为生物相,反映特定的沉积作用(如重力流作用、风暴作用、地震作用、海啸作用)的沉积记录为事件相,反映大地构造背景(沉积盆地性质)的沉积记录为沉积大地构造相。

二、相变和相律

沉积相在横向(空间)上的变化称为相变。地史时期的沉积相研究,往往从地层剖面入手,从垂向顺序中分析相的更替。19世纪末期,Walther(1894)提出"只有那些目前可以观察到是彼此毗邻的相和相区,才能原生地重叠在一起"。这就是著名的瓦尔特相律,亦称相对比原理,大意是相邻沉积相在纵向上的依次变化与在横向上的依次变化是一致的,即可以根据相邻沉积相在纵向上或横向上的变化预测其在横向上或纵向上的变化。如在碎屑岩潮坪环境中,自陆向海的环境依次是潮上带、潮间带、潮下带、陆棚浅海带,其垂向的沉积序列也是依次相邻的(图1-1A)。值得指出的是,相对比原理的提出是根据沉积环境的变化(背景相),其应用前提是沉积环境为连续渐变,地层为连续沉积。对事件沉积(如浊流沉积、风暴沉积)而言,在连续的沉积作用过程中,由于沉积作用方式的规律变化形成的沉积相,在时空分布上也服从相对比原理,即相在垂向上和横向上的变化具有一致性。如风暴事件沉积的作用过程是风暴滞留沉积、风暴浪沉积、风暴后期悬浮沉积,其风暴沉积序列也依照上述过程形成规律性的沉积序列(图1-1B)。虽然事件沉积和背景沉积各自的时空分布均服从瓦尔特定律,但由于它们是不同沉积作用方式的产物,所以在沉积相分析时应区别对待。

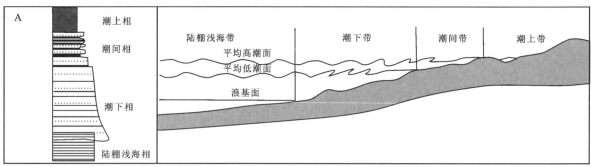

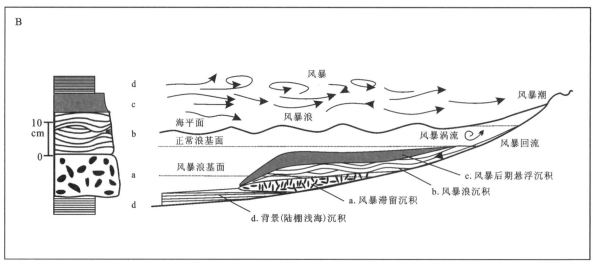

图1-1 潮坪环境沉积(A)和风暴事件沉积(B)的相对比原理

三、相分析原理和相模式

根据地层的沉积特征进行综合分析，确定沉积相，恢复沉积环境和沉积作用即为相分析。相分析首先要围绕拟解决的科学问题，以广泛阅读已有的相关文献为起点，结合研究项目，制订科学的研究计划。在熟悉研究区的大地构造背景、古气候背景、沉积盆地性质和格局，并在年代地层研究的基础上，建立地层对比格架。通过野外剖面测制、岩芯观测和系统采样，进行室内薄片鉴定、化石鉴定及相关的矿物学、岩石学、地球化学分析，综合确定研究地层的沉积相和沉积作用，建立相模式，在此基础上进行沉积地质学的进一步深入研究（图1-2）。

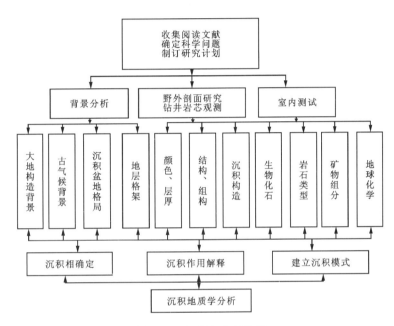

图1-2 沉积相分析流程

自发运用现代沉积环境与其产物的关系来推断古代沉积物或地层形成条件的"将今论古"思想在很早以前就已出现。Hutton（1726—1797年）提出了均变论（Uniformitarianism）思想，他认为地质营力、作用过程及其产物之间的相互关系无论是现在还是地史时期在原则上和质的方面都是不变的。Lyell（1797—1875年）继承和发展了Hutton的思想，建立了"将今论古"的现实主义原理。Lyell（1838）认为地球的变化是古今一致的，地质作用的过程是缓慢的、渐进的，地球的过去可以通过现今的地质作用来认识，"现在是了解过去的钥匙"。现代沉积学学科的进步，如相模式的建立、碳酸盐岩研究进展、深时全球变化沉积学等，都与现代沉积作用的深入研究有关。但是，随着时间的推移，地质作用赖以发生的环境因素和介质本身是以不同速度和规模变化的。譬如，地球早期的大气是缺氧的，经历了古元古代、新元古代两次氧化事件才逐渐接近现代大气层的水平；地球早期的海洋不仅缺氧，古海洋化学也与现代海洋存在巨大差别，碱度更高的早期海洋可能导致了新元古代后期以前巨量白云岩的形成，显生宙以后的海洋则主要形成灰岩。因此，运用现实主义原理进行沉积相分析时，切不可机械地套用现代模式，而应遵循辩证思维和历史发展的规律进行现实类比分析，只有这样才能对历史时期中的环境条件做出正确判断。

以沉积序列为基础，以现代沉积环境和沉积物特征的研究为依据，从大量研究实例中，对沉积相的发育和演化加以高度概括，归纳出具有普遍意义的沉积相的空间组合形式，称为相模式。相模式的表达方式包括平面图模式、剖面图模式、柱状图模式、立体图模式、综合图模式等，详见本书各章节。

相模式在相分析中具有极其重要的作用。Walker(1984)将相模式的作用概括为4点:对比的标准、观察的提纲、预测的指南、成因解释的基础。可见相模式的掌握对于相分析工作者来说是至关重要的。

第三节 沉积相类型

地球表面的沉积环境可以分为陆地环境、海洋环境和海陆过渡环境,对应的沉积相分别为陆相、海相和海陆过渡相(图1-3)。从地质历史角度看,不同环境形成的沉积记录被保存程度差别很大,地质历史时期的古地理、古气候、古海洋背景与今天的面貌也有极大的差别。一般来说,相对稳定或沉降的大陆环境的沉积记录保存较好,如河流、湖泊及其相关的沉积环境。而构造隆升较强的地区,沉积记录保存较差,甚至原始形成的沉积记录完全被剥蚀,如山区河流、陆地冰川等。根据残存的沉积记录,甚至无沉积记录的情况下,推测、恢复被剥蚀的沉积记录的原始状态、沉积环境和沉积作用,也是沉积学工作者应予以重视的工作。过渡相和海相地层一般保存较完整,但滨岸地区的沉积记录常常被剥蚀,深海相的沉积记录往往被俯冲、消减缺失或受后期构造影响而破坏。因此,海相沉积记录的沉积相恢复中应特别重视滨岸沉积和深海沉积的完整性。

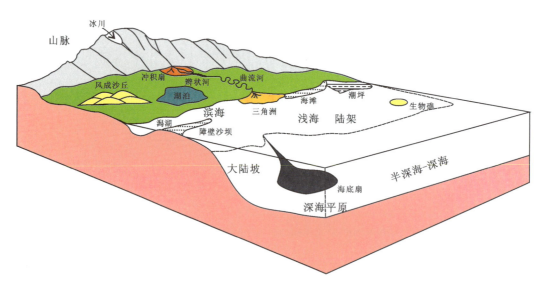

图1-3 地表主要沉积环境

第四节 若干概念的讨论

在沉积学应用研究中,一直存在一些概念应用不够严格、不够准确的问题,现进行简要的重点讨论,详细讨论见各章具体内容。

一、河漫滩和洪泛平原

河漫滩(flood bank)是普通地质学和地貌学常用的术语,有时也用于沉积学研究中。河漫滩指河谷中河流洪水期淹没、枯水期暴露的河滩部分,一般以洪水期细粒(粉砂或黏土)沉积为主,内具水流作用的沉积构造,常见小型水流波痕、水流交错层理和爬升层理。河漫滩在曲流河、辫状河中均有发育,并保存在地质记录中。辫状河的河漫滩发育于辫状河道之间的河间沙坝上,枯水期暴露,洪水期淹没,其顶部不常淹没的部分可发育植被,为辫状河二元结构的上部单元(Walker and Cant,1984)。曲流河的河漫滩发育于边滩之上,边滩洪水期被淹没,枯水期暴露,其沉积物也为具小型水流波痕、水流交错层理和爬升层理的粉砂岩、泥质粉砂岩。河漫滩逐渐增高形成天然堤(图1-4)。因此,Allen(1970)在曲流河沉积单元划分和相模式中,没有单独划分出河漫滩。

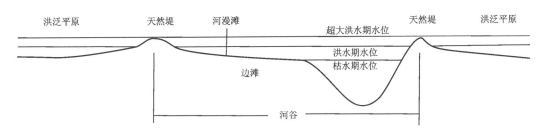

图1-4 曲流河横剖面示意图

与之易混淆的术语为洪泛平原(flood plain),或译河泛平原。洪泛平原指天然堤之外(河谷外)被洪水淹没的平原部分,在天然堤决口附近形成决口扇,决口扇之外为洪泛平原。天然堤-洪泛平原是曲流河二元结构的上部单元。决口扇沉积类似于河漫滩,也是具小型水流波痕、水流交错层理和爬升层理的粉砂和泥质粉砂。决口扇和洪泛平原沉积常常交互形成粉砂-泥质沉积物互层,如现代长江武汉段,长江两岸的江滩为河漫滩,而河堤之外的江汉平原(如汉口)为洪泛平原。有的沉积学工作者在文献中把天然堤之外(剖面中天然堤之上)的洪泛平原细粒沉积作为河漫滩沉积,或把天然堤之内(剖面上天然堤之下)的河漫滩细粒沉积作为洪泛平原沉积,这些都是不够准确的。

二、槽状交错层理

槽状交错层理是交错层理的常见类型,是上、下不同相位的曲脊波痕迁移形成的,其典型特征为:层系面为波曲状的曲面,且相邻层系面相交。槽状交错层理最初来源于单向水流交错层理描述,也有人用于浪成交错层理的描述。

单向水流形成的槽状交错层理,在朝向水流方向上,不同层系内的纹层倾向一致,反映古水流方向(图1-5A)。在垂直水流的方向上,看似存在不同方向的纹层,实际上这些纹层均为倾向大致一致的曲面纹层(图1-5B)。双向水流(潮流)常常形成羽状(又称"人"字形)交错层理,个别情况下也可能形成槽状交错层理(图1-5C),其不同层系的纹层倾向相反,指示双向水流特征。

不对称浪成交错层理是波浪向陆传递的不对称波浪迁移形成的。虽然浪成交错层理层系底面有时呈波状起伏,但与水流交错层理不同。首先,单向水流交错层理的纹层都是向着水流方向单向倾斜的,浪成交错层理既有向波浪传递的前方的纹层,也有反向的纹层,二者存在明显差别。其次,水流交错层理层系完整,纹层不存在相互交错特征,而浪成交错层理的纹层常常是交织的,两个方向的纹层相互交错,而且常见一组波状纹层组成的层系跨过相邻的波脊(图1-5D)。

严格地讲,槽状交错层理应限定于水流交错层理描述,不宜用于浪成交错层理。或者描述时,准确区分单向水流槽状交错层理、双向水流槽状交错层理和浪成槽状交错层理。

三、古流分析

古流分析是沉积学、古地理分析的主要内容。狭义的古流指古水流(如河流和潮流),广义的古流除水流之外,还包括沉积物流(重力流),也有学者扩大到波浪。需要强调的是,水流是定向流,河流是由高

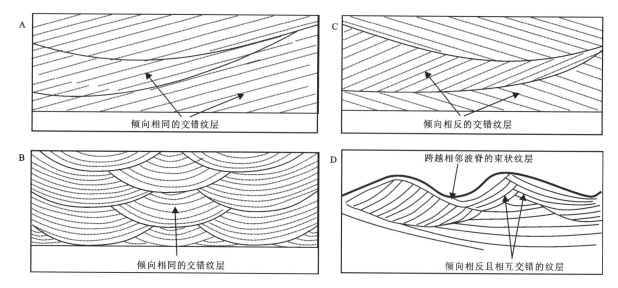

图 1-5 水流形成的槽状交错层理和浪成交错层理
A. 朝向水流方向上的单向水流槽状交错层理；B. 垂直水流方向上的单向水流槽状交错层理；C. 双向水流槽状交错层理；D. 浪成交错层理

地貌区向低地貌区、由陆向海或向湖流动；潮汐是双向水流，与潮汐涨落有关；沉积物流也是定向流，由斜坡向盆地流动。但常见的风成波浪是由海向陆传递的，且水质点主要是上下波动而非流动波浪传递方向与水流的方向相反，并具双向纹层。因此古流分析的前提是首先确定古流的成因，在成因认识的基础上分别统计分析。不少学者将浪成交错层理的纹层倾向统计编图后，与水流交错层理的古流分析相混淆，这样得出的结论恰恰是错误的，因为波浪的主前积纹层是由海向陆的，水流的前积纹层通常是由陆向海的。

四、碳酸盐台地和缓坡

碳酸盐台地(carbonate platform)指由滨岸浅水碳酸盐岩形成的平台，其边缘发育台地边缘的碳酸盐建隆，常见的有生物礁、生物丘(包括微生物礁丘)、灰泥丘及巨厚的滩。碳酸盐建隆之后(向陆部分)为浅水沉积，沉积速率高，易被填平形成平坦的平台，故称碳酸盐台地。碳酸盐建隆之前(向海部分)水体较深，沉积速率低，台地前缘易形成陡坡(台地前缘斜坡积斜坡脚)，发育碳酸盐建隆垮塌成因的角砾岩和重力流成因的浊积岩。

若浅水碳酸盐沉积不发育碳酸盐建隆，就很难形成一个近岸的沉积平台。这时碳酸盐沉积由陆向海缓缓倾斜，形成碳酸盐缓坡(carbonate ramp)。

碳酸盐台地和缓坡的提出，主要起始于陆缘海的研究，不完全适合陆表海浅水碳酸盐岩的应用。

碳酸盐台地和缓坡的混用，尤其是碳酸盐台地的泛用是现实中存在的一个明显问题。建议在研究没有碳酸盐建隆发育时期的沉积记录时，如地球早期的生命起源期、显生宙早期的生物爆发早期、生物绝灭后的复苏期(礁生态系复苏之前)，宜使用碳酸盐缓坡模式。只有生物建隆发育的时期，才适用碳酸盐台地模式。

第二章 陆源碎屑沉积作用

沉积作用指在沉积环境中通过不同的地质作用形成分散物质的聚集,沉积作用形成原始沉积物,这些沉积物经成岩作用形成沉积岩。根据形成沉积物地质作用的不同,可以分为以沉积盆地之外物质来源为主的外生沉积作用(陆源碎屑沉积作用)和以沉积盆地内部形成物质为主的内生沉积作用。火山沉积作用是一种特殊的沉积作用。陆表火山形成的碎屑物质可以直接进入沉积盆地,也可以以火山灰的形式漂浮到沉积盆地中。海底火山可以为沉积盆地直接提供碎屑物质,其火山灰也可以远距离漂浮到不同的沉积环境中,其喷溢的化学物质可以直接进入海洋形成内源沉积。除此之外,宇宙物质(陨石、尘埃)也可以进入地球陆表被搬运到沉积盆地中,还可以直接进入沉积盆地,但其形成的独立的沉积记录较少。本章重点介绍外生沉积作用,即陆源碎屑沉积作用。

第一节 沉积物的来源——风化作用

沉积物主要来源于陆地基岩风化剥蚀的残余物质和溶解物质,因此基岩及其风化作用决定了沉积作用的物质基础。风化作用指地表或接近地表的岩石,在大气、水、生物的影响下,发生物理或化学变化,风化残余物形成松散碎屑物乃至土壤,溶解的化学物质溶解于水介质中迁移的过程。风化作用形成的碎屑物很松散,很容易被流水、风、冰川及重力流剥蚀并搬运到沉积区,因此分析沉积物的源岩及其形成作用是沉积学研究的基础,同时也派生出物源分析的沉积学研究方向。

一、控制风化作用的因素

1. 构造稳定性和地貌

沉积物源区的构造稳定性和古地貌特征是影响风化作用的主要因素。母源区一般发育在构造隆升的地区,因此构造隆升的强度决定了地貌特征。在高峻的山区,风化物质更容易被剥蚀,因此形成的风化土壤层较薄,化学风化作用持续时间短,基岩的风化作用不彻底,产生的风化残余物质的化学风化强度较低。在构造活动较弱的低海拔地区,风化物质不容易被剥蚀,残留的风化层厚,化学风化作用持续时间更长,化学风化更彻底,产生的风化残余物质的化学风化强度较高。因此,在高山峡谷地貌区,风化物质常见大量砾石和粗砂,而在平缓的丘陵、高原或平原区常见黏土级的风化物质。

2. 气候

母源区的气候是决定风化作用的重要因素。气候因素主要包括温度、降水量等。温度和降水量又决定植被类型及其对陆表的覆盖程度,对风化作用也具有重要影响。常见的气候类型包括湿热气候、湿温气候、湿寒气候、干热气候、干温气候、干冷气候等,它们主要受纬度(行星风系)、大陆规模和分布(季风风系)、海拔等因素控制。一般来说,降水量较大的潮湿气候化学风化作用更强,干旱气候化学风化作用较弱。在气候湿润的条件下,温度越高,越有利于化学风化;温度越低,化学风化作用越弱。因此,热带辐合带的湿热气候下形成的化学风化更彻底,如现代我国南方的海南、广东、广西、云南等地地表发育厚度较大的以化学风化为主的风化层,而西北部干旱且较寒冷的地区风化层厚度较小。

3. 基岩矿物的稳定性

矿物的稳定性对化学风化也有重要影响。地球上最初的矿物主要来自岩浆成因,之后才形成沉积岩和变质岩。根据岩浆活动的性质及其矿物成分差异,形成于高温或高压条件下的矿物到达地表常温常压条件下,更容易风化,而形成于低温或低压条件下的矿物不容易风化。造岩矿物在风化作用的稳定性与其在鲍文反应序列中的结晶顺序有关,结晶越早的矿物形成的温度越高,矿物稳定性越低,抗风化能力越弱;结晶越晚的矿物形成的温度越低,抗风化能力越强。主要造岩矿物抗风化能力由小到大的顺序为橄榄石、钙长石、辉石、角闪石、钠长石、黑云母、钾长石、白云母、黏土矿物、石英,白云石、方解石抗风化能力也低。

4. 地球化学元素活性

不同岩石或矿物的元素在化学风化过程中活性不同,有的元素容易活化和迁移,有的元素不易迁移而残积在风化物中。Perelman(1955)提出用水迁移系数来衡量元素在风化带中的活动能力(表 2-1)。水迁移系数指地表水或潜水的干渣中各元素的含量与该区域岩石中该元素含量的比值。水迁移系数公式为:

$$K_x = m_x \times 100 / a n_x \tag{2-1}$$

式中:K_x 为元素 x 的水迁移系数;m_x 为元素 x 在河水中的含量;a 为河水中的矿物质残渣总量;n_x 为元素 x 在河水流经地区岩石的平均含量。

K_x 值越大,反映该元素的迁移能力越强;K_x 值越小,反映该元素的迁移能力越弱。譬如在风化壳中,水迁移系数较高的活性强元素均被迁出,只有水迁移系数低的活性低元素(如 Al、Fe、Ti 等)被残留保存。

表 2-1 元素或化合物在风化过程中的活性和迁移能力(据 Perelman,1955)

迁移顺序	元素或化合物	水迁移系数
最易迁移	Cl、Br、I、S	$n \times 10 \sim n \times 10^2$
易被迁移	Ca、Mg、Na、F、K、Zn	$n \sim n \times 10$
可迁移	Cu、Ni、Co、Mo、V、SiO$_2$(硅酸盐中)、P	$n \times 10^{-1} \sim n$
微弱迁移	Fe、Al、Ti、Sc、Y、REE	$< n \times 10^{-1}$
几乎不迁移	SiO$_2$(石英)、Zr(锆石)	$n \times 10^{-n}$

二、风化作用机理

按照作用类型和方式,风化作用可分为物理风化作用、化学风化作用和生物风化作用。这三类风化作用并非一定独立存在,常常是相伴而生、相互影响、相互促进的。物理风化通常造成岩石破碎,形成裂隙,增加表面积,破坏岩石的完整性和坚固性,这就有利于水、大气和微生物活动,促进化学风化和生物风化。同样,化学风化和生物风化改变了岩石表面的矿物、岩石的组分和结构,有利于物理风化的进一步发生。

1. 物理风化作用

物理风化主要是由于地表岩石受温度、压力、水物理状态或盐类物质结晶以及地震震裂等影响发生的破碎作用,又称机械风化。物理风化作用的结果是形成岩石的破碎,形成粒度更小的碎屑物。物理风化不改变岩石的化学成分,也不形成新的矿物。物理风化形成的碎屑物质常常遭受侵蚀,移出风化原地,通过面流形成坡积物或通过径流搬运,形成冲积物或远距离搬运进入湖泊或海洋。

常见的物理风化形式包括温差作用、冰劈作用、卸载作用、盐类结晶、地震震裂等。

温差作用指地表昼夜温差变化、岩石的热胀冷缩导致岩石表层和浅层体积变化的不同步,形成岩石表层的破碎。白天岩石表层及浅层受太阳照射温度升高,体积变大,夜晚岩石表层变冷而体积收缩,而浅层温度变冷速度慢,仍保持较高的温度和较大的体积,对表层的岩石形成一种"胀力",如此反复最终造成岩石表层的剥落和破碎。

冰劈作用指随着季节甚至昼夜的温差变化,地表裂缝或孔隙水结冰造成体积增大,把岩石撑裂导致岩石破碎。

卸载作用指深部的岩石抬升到地表,压力减缓形成膨胀甚至"岩爆",从而造成岩石的破碎。

盐类结晶指高盐度的地表裂隙或孔隙水在暴晒时盐类矿物结晶导致岩石的撑裂、破碎。

地震震裂作用也是一种使岩石破碎的重要方式,在构造活动地区,频繁的地震常使地表岩石被震裂而碎屑化,尽管它是内力作用对地表岩石的影响,也是岩石破碎的一种常见形式。

2. 化学风化作用

化学风化指地表岩石在大气、水作用下发生的岩石化学成分和矿物组分的变化。化学风化作用与物理风化作用不同,它导致风化产物的成分变化。化学风化包括溶解作用、水化作用、水解作用、碳酸化作用、氧化作用等。

溶解作用是一种常见的化学风化作用类型。在正常条件下,多数矿物或元素矿物处于稳定的状态。当地表水酸碱度、氧逸度、CO_2浓度发生异常时,这些矿物就会发生溶解。常见矿物在水中的溶解度由大到小的顺序为:石盐→石膏→方解石→白云石→橄榄石→辉石→角闪石→滑石→蛇纹石→绿帘石→长石→黑云母→白云母→石英。譬如蒸发岩在地表水或地下水作用下常常发生溶解或交代形成盐溶角砾岩或石盐、石膏假晶及次生灰岩。碳酸盐沉积在地表或地下水作用下形成岩溶(溶洞或岩溶角砾岩)。

水化作用指一些原生矿物在地表吸收一些水进入矿物晶格中,形成新的矿物,如硬石膏吸收水变为石膏、一水铝石吸收水变为三水铝石等。

水解作用指一些矿物在地表水作用下分解为带不同电荷的离子,这些离子与水中的H^+和OH^-发生反应形成新矿物。大部分硅酸盐或铝硅酸盐造岩矿物易发生水解,如钾长石水解析出K^+,与水中的OH^-结合,析出的SiO_2呈胶体流失,进而形成高岭石,高岭石进一步脱硅,形成三水铝石。

碳酸化作用指溶于水中的CO_2形成CO_3^{2-}和HCO_3^-,夺取矿物中的K^+、Na^+、Ca^{2+}等,结合形成易溶的碳酸盐矿物流失,原始矿物分解形成新的矿物,如钾长石在前述水解和碳酸化过程中硅流失,钾流失,形成新的高岭石矿物。

氧化作用指在地表富氧的条件下,一些变价金属元素,由低价离子矿物变为高价离子矿物。常见的铁矿物,如黄铁矿、白铁矿、菱铁矿、磁铁矿氧化后变为褐铁矿,菱锰矿氧化后变为软锰矿、水锰矿、硬锰矿等。

3. 生物风化作用

生物风化作用指由生物活动引起的地表岩石的变化,包括根劈作用造成的岩石破裂,生物新陈代谢或生物遗体腐烂产生的酸类物质、甲烷气体,这些都能加速化学风化过程,此处不再赘述。

三、风化作用的产物

地表风化作用,不仅导致地表岩石的破碎,而且造成地表松散物质的重组,形成风化作用的产物。地表风化作用形成的产物包括残余碎屑、黏土、残余难溶物和溶解物质等不同类型。这些残余物质的类型和分布主要与地形、气候、母岩类型及风化作用方式有关。

1. 残余碎屑和黏土

残余碎屑和黏土有物理风化、生物风化的根劈作用形成的碎屑,更多的是化学风化产生的不溶碎屑,如石英、长石、岩屑、黏土等,它们是陆源碎屑沉积的主要来源。由于石英是地表岩石圈最常见、最丰富,也是最稳定的矿物,因此可以以石英(包括硅质岩屑)的含量作为碎屑沉积成熟度的标志。所谓成熟度,是指碎屑沉积在风化-搬运-沉积过程中接近终极物质的程度。碎屑沉积物的终极物质是所有的不稳定矿物均被破坏,仅存石英及少量的其他稳定矿物,因此可用石英和硅质岩屑的含量来衡量。成分成熟度越高,说明风化作用越彻底,碎屑颗粒在搬运和沉积过程中历经的时间越长,成分改造越彻底;反之,成分成熟度越低,反映风化作用越不彻底,碎屑颗粒搬运和沉积过程中历经的时间越短,成分改造越不彻底,一般代表近源快速沉积。

母岩中石英含量低,以不稳定矿物为主,风化残余的物质主要为黏土矿物,为陆源碎屑沉积的主要物质来源。这些不稳定矿物常常被化学风化作用分解形成新的黏土矿物。受元素活性影响,一些易迁移元素流失,不易迁移的元素最终残余,形成残积物。黏土级风化作用产物也有类似的成分成熟度,可称为风化终极指数,即黏土级风化物接近极端的风化程度。由于 Al 是最不易迁移的元素,铝硅酸盐中的 SiO_2 易被迁移(去硅作用),风化终极指数可用 Al 或 Al_2O_3 含量或 Al/Si 值来衡量。Al 或 Al_2O_3 含量越高或 Al/Si 比值越大,反映风化作用越强;反之,风化作用越弱。

2. 溶解的化学元素和胶体

除了岩石原始的稳定矿物或新生的稳定矿物之外,大量不稳定矿物分解出的活动性强、易迁移的元素进入水体,包括以离子方式迁移的元素,还有以胶体形式迁移的元素。溶解的化学元素进入水体,搬运到沉积环境中,最终成为内生沉积的主要物源。

第二节 牵引流的流体介质的动力作用

自然界液态和气态的物质形式统称为流体。流体没有固定的形态,极易形变和流动,并具有一定的黏滞性。流体能够搬运沉积物,即为沉积物的介质。水和大气是自然界两种最重要的流体,大气在风的作用下可以搬运沉积物或促使沉积物运动。水介质的运动方式更多,既可以定向运动形成水流,也可以波动形成波浪,水流和波浪都可以搬运沉积物,也可以促使沉积物运动。此处重点介绍水流体介质的动力作用。

一、水流体介质的性质

水是一种最重要的流体,也是碎屑沉积作用最重要的流体介质。在水温 4℃时淡水的密度为 1g/mL,咸水和盐水的密度大于 1g/mL,当水体中悬浮黏土质物质,形成视黏滞性流体,其密度更大。水的密度决定其悬浮能力和搬运能力,相对低密度的流体,高密度的水体悬浮搬运的物质更多,粒度更大。

1. 水的黏滞性

流体内部抗拒各液层之间做相对运动的内摩擦性质为黏滞性。水在重力作用下在水道中自高向低流动时,水流断面上不同深度的流速是不均匀的(图2-1A),在水道底部,由于分子附着力影响,流速趋于0,离水道底越远(浅),流速越大,到达水面时流速最大。

当相邻的两层流体之间存在相对运动时,会产生平行于接触面的剪切力,运动快的流层对运动慢的流层施以拖曳力,运动慢的流层对运动快的流层施以阻滞力。这一对力大小相同,方向相反,是一种内摩擦力(图2-1B)。流体所具有的抵抗两层流体相对滑动或剪切变形的性质称为流体的黏性。流体只有在流动时才会表现出黏性,静止流体中不呈现黏性。黏性的作用表现为阻滞流体内部的相对滑动,从而阻滞流体的流动,但这种阻滞作用只能延缓相对滑动的过程而不能停止它。如图2-1所示,快层的流速($u+\mathrm{d}u$)大于慢层的流速(u),形成反向力;下部慢层内摩擦力方向(T_1)与水流方向相反,上部快层内摩擦力(T_2)与水流方向一致。

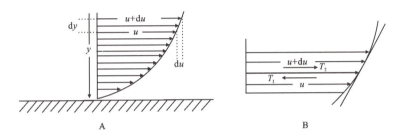

图2-1 水道断面上的流速分布图(转引自林春明,2019)

流体的黏滞性受温度、密度等因素影响。温度越低,黏滞性越强;温度越高,黏滞性越弱。流体的密度越大,黏滞性越强。黏滞性越强,流体的搬运能力越大。譬如在流体流量、流速、温度一致的情况下,浑浊的流水搬运悬浮物质的能力更大。

牛顿内摩擦定律(或黏滞定律)数学表达式为:

$$\tau = \mu A \frac{\mathrm{d}u}{\mathrm{d}y} \tag{2-2}$$

式中:τ 为流体的内摩擦力;A 为两流层间接触面积;$\frac{\mathrm{d}u}{\mathrm{d}y}$ 为流速梯度,指垂直水流方向单位距离的流速变化值,也称剪切变化率;μ 为反映流体黏滞性大小的系数,称动力黏滞系数。

单位面积上的内摩擦力称作黏滞切应力,以 τ 表示:

$$\tau = \mu \frac{\mathrm{d}u}{\mathrm{d}y} \tag{2-3}$$

上述摩擦定律不是对所有流体都适用。凡是服从内摩擦定律的流体称牛顿流体(Newtonian fluid,图2-2),即在温度不变的条件下,随着$\frac{\mathrm{d}u}{\mathrm{d}y}$和$\tau$的变化,$\mu$值保持一常数。牵引流是牛顿流体;其他为非牛顿流体(non-Newtonian fluid),即不服从内摩擦定律。其中塑性流体当τ达到τ_0后才开始流动,沉积物重力流即属塑性流体(宾汉塑性流体)。

2. 水介质的运动学形式

自然界水介质运动的形式多种多样,归纳起来大致有两种主要方式:一是流动的水,即水流;二是波动的水,即波浪。根据水介质流动的环境,可以分出多种亚类(表2-2)。

盆外水介质的运动主要是水流,系指地表由于降雨形成的水流,是人们可以直接观察的最常见水

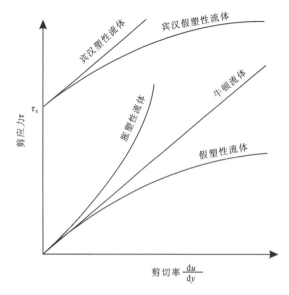

图 2-2　各类流体的黏滞系数与剪切力和流速之间的关系图(转引自余素玉和何靖宇,1989)

流。面流没有固定的水道,有固定水道的径流即为河流。

盆地水介质指在盆地水体内的水的运动,既有潮流、冲流、升降流、环流的水的定向或大致定向的运动,也有水质点基本不定向移动的振荡波动形成的运动,即波浪。

表 2-2　水介质的运动方式

大类	亚类		特征
盆外水介质	地表面流		发育于地表,无固定水道
	地表径流(河流)		发育于地表,有固定水道
盆内水介质	潮流	表层潮流	海洋表层受潮汐涨落形成的双向水流
		内潮汐	海洋深层潮汐
	冲流和回流		海岸带碎浪冲击海岸(前滨)形成的水流
			海岸带冲流回退形成的回流
	升降流	下降流	受水体密度差形成的海岸水向深部流动的水流
		上升流	受离岸风影响的深层水向上向岸运动的水流
	环流	表层流	海洋表面受风影响的表层洋流或沿岸流
		底层流	下降流影响的深部底层水流
	波动流	表面波浪	海洋表面的波浪
		内波	海洋深部的波浪

潮流是潮汐作用形成的水流。在涨潮期,水介质向陆运动,退潮时,随着水位的降低,海水向海运动,因此形成双向的流动。潮流在潮汐控制的海岸环境,如潮坪、潮控三角洲平原、环潟湖地区十分发育。内潮汐指海盆深部的潮汐作用造成的双向水流,一般发育于潮控陆架地区。

冲流和回流与海岸的波浪作用有关。当波浪迁移到海岸线附近,波浪破碎形成碎浪,碎浪席状扑向海岸形成冲流,冲上海岸的席状海水向海退却,形成席状的回流。冲流和回流主要发育于高能无障壁海岸的前滨带,大型的湖泊湖岸带也发育冲流和回流。

升降流指由于海水的密度差或离岸风影响,形成水体大致垂直于岸线的垂向流动。由于这种流动的速度很低,人们很少能观察到这种水体运动。

下降流指高密度的海岸浅水向深水流动的过程,一般靠近两极地区,海水温度低,相对深水区密度较大,这些高密度的海水下沉到海底,形成温度-密度控制的下降流。现代深海的大洋红土和铁锰结核被认为是有氧作用的产物,其氧的来源归于下降流把海岸富氧的海水带到海底,形成海底的充氧环境。高盐度的海水密度也高,热带浅水地区冰层海水的盐度高,密度也高。这些高密度的海水也可以下沉到海底,形成盐度-密度下降流。典型的如地中海,表层高盐度的海水下沉到地中海底部,并通过直布罗陀海峡底部流入大西洋,大西洋的低密度海水从直布罗陀海峡表层补充进入地中海,形成地中海—大西洋的盐度-密度环流。

上升流指深层的海水沿海底向浅部运动。上升流可以将深部物质或还原性的元素离子带到浅海氧化环境沉淀,因此受到学者的关注。上升流一般发育于离岸风发育的地区,如大西洋东岸(非洲西海岸)的东风带,行星风系持续的东风把大西洋海岸的海水吹离海岸,深部海水上升补充被吹离的海水,就形成了上升流。深部海水的P、Si、有机质随上水流被带到浅水富氧区,可形成磷矿、烃类等矿产资源或能源矿产。

在现代大洋中,还存在一种大规模的环流,海洋表面的环流称表层洋流,深层海水的洋流称底层洋流。表层洋流与地球的行星风系及科里奥利力作用有关。一般在低纬度($5°\sim20°$)的东风带,持续的东风吹拂海面,是表层海水向西运动,当遇到南北向的大陆岸线时,受科里奥利力影响就会向北偏转,到达行星风系的西风带,持续的西风吹拂海面,形成自西向东的表层海水运动,二者汇合,就形成了巨大的表层洋流体系。需要说明的是,在海岸地区,大致定向并持续的风会形成沿岸流,沿岸流可以搬运沉积物沿岸线运动。滨浅海沉积中的潟湖-沙坝系统,沙坝多由沿岸风形成的沿岸流搬运沉积而成。

除了表层洋流之外,地球两极存在大陆的时期,上述的温度-密度下降流作用很强,该纬度地区的下降流将表层海水带到海洋深部,低纬度地区低密度的海水补充,形成的底层海水自高纬度地区向低纬度地区运动,表层海水自低纬度地区向高纬度地区运动,从而形成巨大的深层和浅层相关的洋流系统。

波浪主要是不同流体介质相互运动时的速度差造成的摩擦形成的,常见的有风吹过水面时形成的海面波动,当风暴作用于海面,或海啸作用于海面,也会形成风暴浪和海啸(津浪)。波浪不同于上述水流,水流的水质点在定向迁移,波浪的水质点基本不定向迁移,只是随着波浪的波动小幅度地上下运动。波浪主要发育于湖泊和海洋的浅水地区,即浪基面之上。浪基面之上的浅水波浪可以形成不同规模的浪成波痕和浪成交错层理,是识别海湖浅水沉积的重要标志。浪基面之下的深水水层可能也存在密度差,也会形成深水波浪,称为内波。内波可以在浪基面之下的深水沉积物中形成小型浪成波痕。

二、水流的动力学特征

自然界水介质的运动主要为水流。水流包括地表降雨形成的面流和径流,也包括潮汐涨潮、退潮过程中形成的潮流,还包括盆地水体的上升流和下降流、表层环流和地层环流。水流的共同特点是水体的定向流动,因此在沉积记录中表现为水流迁移过程中形成的单向或双向定向迁移特征。自然界中能直接观察的水流主要是地表的面流、径流(河流)及潮流。面流是降雨过程中形成的面状水流,没有固定的水道。面流把地表的风化物质搬运到坡地形成坡积物,很难在地质记录中保存。径流是地表降雨汇集到山区低洼的沟谷中或在平原低洼区冲刷形成的具有固定水道的水流,常见的径流就是河流。潮流具有双向水流特征,与地表的河流易于区别。

1. 层流和紊流

英国物理学家 Reynolds(1883)通过大量实验发现,流体流动存在两种不同的流动形式:层流和紊流(或称湍流)。层流是一种缓慢的流体运动,是流体质点呈直线状流动、流层也呈面状流动的流体运动形式,流体质点间和流层之间不相互混合。自然界更常见的是紊流,是一种流体质点或流层相互碰撞、混合、流迹紊乱的流体运动形式(图2-3)。当流体沿着一定的方向旋转时,就形成一种特殊的紊流——涡流(eddy)。

为了准确描述流水的水动力状况,常用雷诺数(Reynolds number,Re)无量纲数值表示。

通过水力学实验得知:

$$Re = \frac{惯性力}{黏滞力} = \frac{u^2 d^2 \rho}{u d \mu} = \frac{u d \rho}{\mu} \tag{2-4}$$

在管流条件下,式中:u 为通过管道的平均流速;d 为实验管道的直径;ρ 为流水密度;μ 为流水的黏度。

Re 的大小可指示不同的流动状态:Re 小于500为层流;Re 大于2000为涡流;Re 在500~2000之间为过渡流动。在大部分情况下,Re 的量级可以指示不同的流动状态,对于天然河流,临界范围为:$500 < Re < 1500$。

把这些数值用于直径为10m的一个半圆形水槽时,所得到的临界速度介于0.1~0.3mm/s之间;用于半径为5m的水槽,则介于0.2~0.6mm/s之间。从这些数值可以看出,天然河流的水流经常都是紊流。

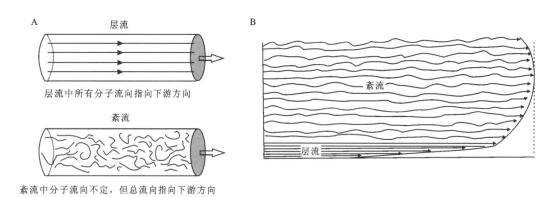

图2-3 层流和紊流的流动特点(转引自陈建强等,2015)
A.层流与紊流流经管道;B.层流与紊流流经明渠

2. 急流、缓流和临界流

自然界的流体流动为明渠流,不同于实验室流体充满管道的管道流。明渠流的流体表面与大气接触,具有开放的自由界面,是水体依靠自身重力向下流动。在明渠水流(即河流、海、湖中的水流)内,按不同的流动强度常出现3种流态:急流(高流态)、缓流(低流态)和临界流。不同流态可产出不同类型的床沙形体(指沉积物呈床沙方式搬运,这些床沙表面随着流体流动强度的变化,相应地出现不同的几何形态,又可称底形)。这3种流态的定量判别标准用弗劳德数(Froude number,Fr)表示:

$$Fr = \sqrt{\frac{u^2}{gL}} \tag{2-5}$$

式中:u 为平均流速;g 为重力加速度;L 为物体的特征长度(在沉积学中一般理解为水深)。

Fr 小于1时的水流为缓流,是重力起主导作用下的流动。水流流过障碍物时,在该处发生水面跌落,而障碍物上游水面发生壅高,并延伸到上游相当远处。此种情况代表一种水深流缓的低流态流动特点(如河流下游)。

Fr大于1时的水流为急流,是惯性力起主导作用下的流动。水流在障碍物处激起浪花涌流而过,只是障碍物附近的水面有所升高,而对稍远的上游水面不发生任何影响。在急流中障碍物只能引起局部干扰。此种情况代表一种水浅流急高流态的流动特点(如河流上游)。

Fr等于1时的水流为临界流。

在水槽实验中,随着水流速度逐渐加大,原来平坦的沙底底形逐渐发生变化。当水流速度小时,水流不能牵引沙粒,原始平坦的沙层未被改造,形成未被侵蚀的平底。水流速度逐渐加大时,水流开始牵引沙粒运动,首先形成小的沙纹(小波痕),再形成大的沙丘(大波痕),小波痕和大波痕的迁移方向和水流方向一致。当水流速度再增强时,原来形成的沙丘顶部被侵蚀,形成被侵蚀的沙丘;进而丘顶彻底被侵蚀,沙粒快速运动,形成受冲刷的平底。水流速度更强时,又形成新的沙丘,但该沙丘的迁移方向和水流方向相反,因此称为反向沙丘。上述过程中,未被侵蚀的平底、小波痕、大波痕的流态为低流态;受冲刷的平底和反向沙丘的流态为高流态;受冲刷的沙丘为过渡流态(图2-4)。

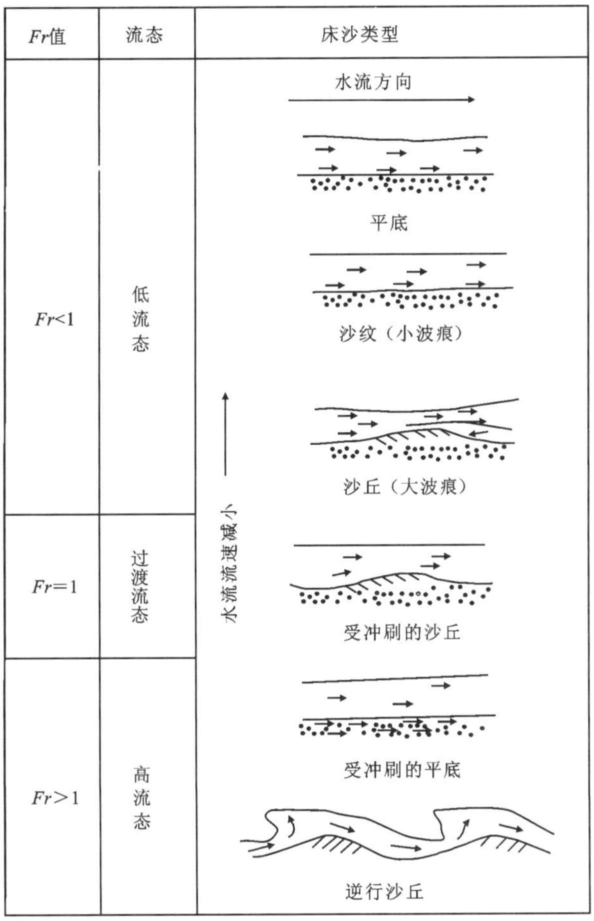

图2-4 水槽实验中沙底随流速增加时的底形变化(转引自陈建强等,2015)

水槽实验的结果给沉积学研究带来重要启示。在水流作用下,当水深相对一致时,在低流态条件下,流速越低,形成的水流波痕规模越小,相应的水流交错层理层系厚度越小;流速越高,形成的水流波痕规模越大,相应的水流交错层理层系厚度越大。当达到高流态时,高速的流水快速迁移碎屑颗粒,形成平行层理,进而形成大型反向波痕和反向交错层理。

三、波浪水动力学特征

波浪指不同密度的介质以不同的速率流动时在界面上形成的波状特征。由于上、下介质流动的速度不一致,下面的介质表面受摩擦引起波动(如风成浪和风暴浪),也可以是水体介质体积突变引起的表层水体的波动(如海啸)。自然界最常见的风成浪,主要是水面受大气运动形成的。风成浪是指正常天气时风吹过水面时形成的海面波动,是向沿岸传送能量的主要形式,它们不仅具有侵蚀海岸和搬运改造沉积物的作用,而且还派生近岸流,引起沉积物沿岸运动。

风成浪是海上风区产生的原始波浪,海上风的流动具有涡流和阵发特性,它以不规则的形式对水面施加剪切力,将能量传递给海水,从而引起水面波动,风浪具有较宽的周期,几乎在整个范围内都具有有效能量。风浪的波形是极为复杂和凌乱的,许多单个波的形状具有尖状的波峰,它们多是由各种小波随机叠加而成的。风浪的波高和周期取决于风速、风时和吹程,微风掠过平静水面时只形成涟漪波纹(表面张力波),当风速超过表面张力波波速28倍时(大于6.5m/s)开始产生重力波。随着风速、风时和吹程的增大,波浪越来越大。风暴浪也是一种风成浪,它是由风暴(台风)的巨大旋涡状大气运动引起的。

风成浪从其生成区传播到沿岸地带,波谱不断发生变化,随着海水深度变浅,依次出现风浪、涌浪、升浪(孤立波)、破浪、激浪和冲洗浪(图2-5)。

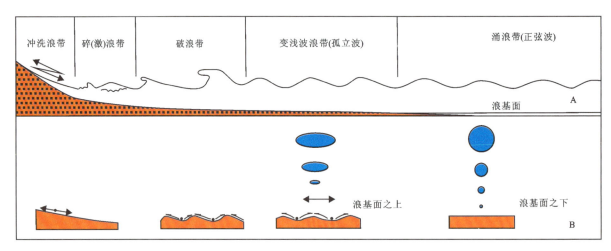

图2-5 波浪线形态变化(A)和沉积物颗粒的运动(B)

除了常见的风成浪,海啸也可以形成灾害浪。当地震引起海底断滑、火山、海底垮塌,引起水体急剧快速整体性降落或抬升,传递到水面上就会形成水面波动,从而形成海啸或津浪。

与水流的定向流动不同,波浪的水质点几乎是不定向移动的,只是水质点随着波浪的振动而升降,造成水和沉积物界面上沉积颗粒的水平往复运动(图2-5)。因此,浪成成因的波痕对称性较好,浪成交错层理呈双向交叉的纹层,而非水流交错层理的单向纹层特征。这在浪成交错层理和水流交错层理的判别中至关重要。

第三节 牵引流的搬运和沉积作用

牵引流是流体介质搬运沉积物的一种流体,即流体介质的运动带动所含沉积物运动。

一、碎屑颗粒在介质中的搬运方式及影响因素

按碎屑物质或颗粒与所在流体的力学关系,颗粒在流体中明显地具有3种搬运方式,即滚动、跳动(或跳跃)和悬浮(图2-6)。

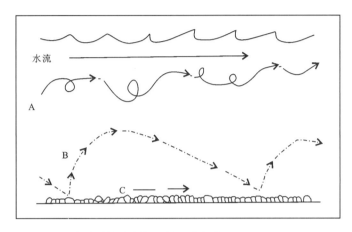

图2-6　碎屑颗粒水流搬运的3种方式(据余素玉,何靖宇,1989)
A.悬浮式搬运;B.跳跃式搬运;C.滚动式搬运

1. 滚动搬运

滚动搬运是底部牵引的最简单搬运形式。假定颗粒是球形的,停留在平滑的底面上,水力直接作用于颗粒向上游的一面。因为底部有摩擦阻力,所以作用于其顶部的流水比其下部的流水速度更快,推力更大,故颗粒趋向于滚动。

2. 跳跃搬运

碎屑颗粒顺流时沉时浮,称为跳跃搬运。引起颗粒跳跃的条件是:①底部不平,使颗粒碰撞底部障碍物或其他颗粒而激发出向上弹跳力;②主要由速度引起的顺流推力;③水流引起的上举力(或扬举力),此种力一是起源于向上涡流,一是起源于颗粒附近流速变化引起的压力差。

3. 悬浮搬运

悬浮是指颗粒被水流带起,在长时期内很难下沉的状态。呈这种状态的颗粒搬运方式称悬浮搬运。碎屑颗粒或沉积颗粒能否在静水中呈悬浮状取决于两种力的比率:一是向下的力,即 gm(g 是重力加速度,m 是颗粒的质量);二是反向的向上摩擦阻力(f),这是由水的黏滞性产生的。如果颗粒较粗,其向下的力(gm)大于向上的力(f),不能悬浮;细颗粒不能很快克服向上的阻力,所以经常悬浮在水体中。

自然界中的悬浮颗粒在不同水动力强度的水中都可见到。影响碎屑颗粒呈悬浮状态的因素不仅是颗粒大小,还有一个重要因素是流体的运动学特点,即与水的流动状态属层流或紊流有关。例如在河流中流速是经常变化的,河流的不同地段和同一地段的不同深度都有层流和紊流(或涡流)出现。在层流中沉积颗粒的沉降就像在静水中一样;而在紊流中,它们被反复升举,阻碍沉降。如图2-7所示,上升旋涡在整体上是与下降旋涡均衡的,如果沉积颗粒均匀地分布在整个流水中,结果将是互相抵消,颗粒不出现悬浮。实际上往往总有更大量的沉积颗粒集中在底部,因此上升水流比下降水流在每单位体积中可携带更多的沉积物。如此不断地重复,使得更多的颗粒悬浮于流体之中。由于旋涡上举力的大小

大体上依流速增高而变大,悬浮颗粒粒度也随之增大。这些颗粒的沉降,除了需克服向上的摩擦阻力,还应克服向上的涡力,因此只有在颗粒较粗的情况下才能达到。

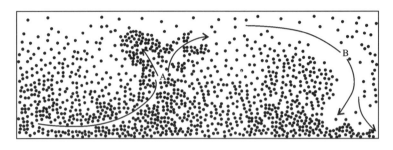

图 2-7　沉积物悬浮状态的涡流作用(据余素玉和何靖宇,1989)
A.上升的旋涡;B.下降的旋涡

Walker(1979)根据水介质的流动强度与所能滚动和悬浮的最大粒径之间的关系做出图解(图2-8)。如果某一水流携带具各种粒级的沉积物,其中对砂来说,要使其呈悬浮状态必须满足以下关系:

$$\frac{垂直向上的涡流速度}{颗粒沉速} \geqslant 1 \tag{2-6}$$

如图 2-8 所示,当水流强度为 P 时,它所能滚动的砾石最大粒径为 8cm,所能悬浮的颗粒最大粒径为 2.2mm。

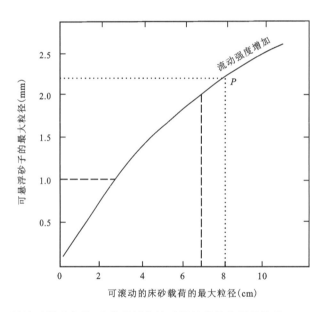

图 2-8　随流动强度变化,水流悬浮和滚动搬运的最大颗粒粒径(据 Walker,1979)

此外,沉积颗粒的悬浮还与其形状有关。一般球体比其他形状更不易悬浮,而片状颗粒因其摩擦阻力较大,更易悬浮。

对沉积物而言,当其堆积体所受的剪切力大于其内部的抗剪阻力时,则沉积物中的颗粒就开始处于运动状态。剪切力的来源之一是水流的推力。水流的推力总是平行于流动方向,除受水体流动状态变化影响以外,还与流体流速以及运动黏度、涡流黏度成正比关系。流动状态与流速有关,所以流速大体上可以代表推力。紊流中存在涡流扰动产生的黏度(即涡流黏度),它与温度成反比,水温越低黏度越高,阻力也就越大。另外,剪切力也与悬浮的细粒黏土浓度有关。黏土与水混合的黏度大于清水的黏度,对悬浮质点的下沉有明显的滞迟作用。所以浑浊的紊流可以产生更大的剪切力,浑浊河流搬运砂的能力比清水河流更大一些。剪切力另一来源则是沉积物堆积体重力的顺坡向下作用的分力。斜坡倾角越大,顺坡的剪切力越大;斜坡角度越小,顺坡的剪切力越小。

二、牵引流沉积作用

1. 牵引流的搬运特点和载荷

引起碎屑颗粒运动的流体,或以一定水动力(推力或上升力)拖曳(或牵引)碎屑颗粒搬运的水流称为牵引流。河流、海流、触及海底的波浪流和潮汐流都是牵引流。

碎屑颗粒在牵引流中的搬运方式有滚动、跳跃和悬浮等。这些搬运方式与碎屑大小有关,而颗粒大小又与水体流速关系密切。Hjulstrom(1936)图解(图2-9)说明:①颗粒开始搬运(侵蚀)的起动流速,因需克服其本身的重力和彼此间的吸引力,要比继续搬运的速度大;②大于2mm的砾级碎屑的起动流速比沉积临界流速大,而且随流速增大颗粒也同样增大,因此砾石很难做长距离搬运,多沿河底呈滚动式推移前进;③0.05~2mm砂级碎屑颗粒的起动流速最小,与沉积临界流速相差不大,砂级颗粒易搬运、易沉积,最为活跃,故砂粒常常呈跳跃式前进;④小于0.05mm的泥级颗粒,两种流速相差很大,特别是更细的泥级颗粒,在流水中长期悬浮,大部分搬运到比较安静的水体中慢慢沉积下来。

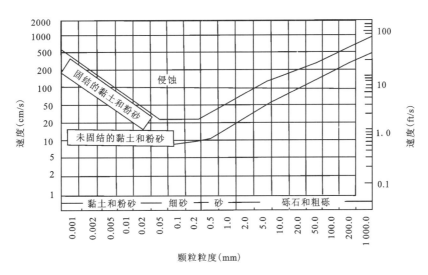

图2-9 经Sundborg(1956)修改的Hjulstrom图解

图示水深为1m时平坦沙床石英颗粒运动时侵蚀与沉积的临界速度,1ft=0.304 8m

如果牵引流是河流,其搬运的物质称载荷,通常以单位时间内流经某一横截面的物质的质量(或容量)来表示。按对碎屑物质(包括黏土)的搬运方式,分别有悬浮载荷、牵引载荷(或称底载荷),后者为以滚动或跳跃方式搬运的物质。所谓载荷力就是指能搬运总载荷的数量,主要依赖于流量。载荷力和推力一起都是牵引流的搬运力。例如小河急流有推力,可以移动大的砾石,但缺少载荷力,不能搬运大量的沉积物质。又如美国密西西比河的下游缺少移动砾石的推力,却有能携带巨量载荷的载荷力,每年有5×10^8 t的沉积物进入墨西哥湾。

除了河流具有牵引流性质以外,海、湖水盆浅水区的底部水流和气流也属牵引流。

2. 牵引流沉积作用形成的碎屑沉积物的分布规律

据实际观察,通过牵引流沉积作用形成的碎屑沉积物服从于机械沉积分异规律。

母岩在风化作用下提供的3种原始物质,在牵引流的搬运和沉积过程中要发生分离,形成化学上和物理上各不相同的部分,并分别堆积于不同的地表沉积带内,这种作用称为沉积分异作用。

陆源碎屑沉积受机械沉积分异作用控制。机械沉积分异作用是指碎屑物质(包括黏土物质)或底载荷(或推移载荷)与悬浮载荷在搬运和沉积过程中,当介质(如河水)运动速度和运移能力在一定方向上有规律变化时,它们相应地按照颗粒大小、形状、相对密度和矿物成分发生分异,依次沉积,所以机械沉积分异作用主要受物理因素支配或受力学定律控制。在机械分异时,决定性因素是碎屑颗粒大小、形状、相对密度(内因)以及搬运介质的性质与速度(外因)。图2-10表示了碎屑物质按照颗粒大小(即粒度)进行机械分异的图式。当河流流速逐渐降低时,碎屑颗粒按大小不同有规律分异:近源处粗颗粒先沉积,细颗粒被搬运到远源处沉积,即按砾石→砂→粉砂→黏土的顺序分布。这与多数河流从上游到下游碎屑颗粒的分布规律极为一致。矿物相对密度也与其沉降速度成正比。在碎屑粒度相近的条件下,矿物按相对密度不同进行分异,重者先沉积,轻者后沉积。颗粒形状不同也可以形成沉积分异,粒状矿物颗粒通常在近源沉降,片状矿物颗粒可以搬运到较远处,与较细的粒状矿物共同沉积,故在细粒沉积岩层面上常富集较大的片状白云母。

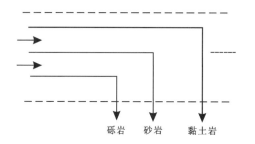

图2-10 碎屑颗粒按粒度的机械分异图示(据余素玉和何靖宇,1989)

机械分异作用适用于牵引流条件,对于陆源碎屑和金属与非金属矿物富集有很大的影响。机械沉积分异越完全,碎屑沉积物分异程度也就越高。如果原来的矿物成分种类比较简单,常形成单矿物堆积,石英砂就是一例。如果是多种矿物组成的碎屑物质(包括一些有经济价值的矿物),在机械分异作用下,往往是密度大而体积密度小的碎屑矿物同密度小而颗粒大的碎屑矿物混在一起。如很多含金砾岩,其中砾石可达3~5cm,而金粒却不过几毫米。

碎屑颗粒的机械沉积分异形成了由粗到细的碎屑为主的岩石,如砾岩、砂岩、粉砂岩和泥质岩等。同时这些碎屑沉积物还可形成重要的砂矿,如金、铂、锡石、黑钨矿、独居石、金刚石、刚玉等。从母岩区由河流带出的碎屑物,从近源至远源按粒度呈有规律的变化,对于了解沉积物质的来源区、母岩性质、搬运条件以及恢复古地理和寻找有关的原生矿床,了解矿床分布规律,都有很重要的意义。

3. 牵引流作用下碎屑结构的形成

大部分陆源碎屑沉积岩是在牵引流机械分异作用下形成的。碎屑颗粒在牵引流作用下,除了矿物成分在风化、搬运和沉积过程中,通过继续化学分解和磨蚀发生不同程度的变化以外,主要是由于碎屑之间的碰撞、摩擦、流水对颗粒的分选以及进一步的机械破碎,使得它们在粒度、形状、分选性等方面发生变化,形成牵引流作用下所特有的沉积结构。碎屑颗粒的沉积结构包括颗粒大小、形状、分选和排列的定向性等。

1)碎屑颗粒粒度的变化

碎屑颗粒的大小称为粒度,它是以颗粒直径来计量的。风化过程形成的碎屑,进入流水搬运,特别是在牵引流的长期搬运过程中,粒度仍在继续发生变化。这是因为碎屑颗粒与水底或颗粒彼此之间的摩擦与碰撞作用,使得颗粒粒度逐渐变小。一般地讲,搬运距离越长,或在水中受水流冲击和碰撞时间越长,这种变小的特点越明显。碎屑颗粒的这种变化,除了与水力和其他机械力有关外,还与颗粒本身的机械稳定性有关。一些解理和裂纹发育以及性软易散开的碎屑颗粒,在搬运和迁移过程中更易变小。

碎屑颗粒在牵引流中常呈滚动和跳跃搬运方式,比呈悬浮状搬运的碰撞和机械破碎的机会多,故颗粒粒度变化更为明显,颗粒的粒度、磨圆度、球度随搬运距离加大而变化(图2-11)。

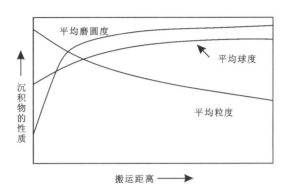

图2-11 牵引流搬运过程中颗粒粒度、磨圆度、球度的变化(据Krubein et al.,1959)

2)碎屑颗粒分选性的变化

分选性是表明沉积颗粒粒度与一定水力条件适应的结构特点。当流水的流速和携带能力发生变化时,被搬运的颗粒就会在不同水力条件下以不同的粒度等级分别进行沉降和堆积,这就是颗粒粒度的水力分选作用。颗粒大小一致的程度称为分选性(或分选度),一致程度高则分选好,反之则差,过渡称中等。一般地说,随着搬运距离加长,颗粒平均直径变小,分选程度也变好。沉积介质的强烈扰动有助于分选程度增高。在牵引流中,颗粒粒度与分选性还有一种特别的关系,即砂的粒度越向细砂(直径0.1~0.25mm)变化,分选性越好。许多不同的水成环境都证实了这种关系,即细砂部比粗砂、极细砂或者粉砂分选好。原因可从Hjulstrom图解中得到解释(图2-9),当流水起动能力减小时,粗的颗粒最先沉积。当粉砂和泥等悬浮载荷与细砂一起搬运时,随着流水的起动能力和迁移能力进一步降低,它们会同时沉积。粉砂和泥这样的细粒物质一旦沉积下来,便很难再呈悬浮状态搬运。但细砂颗粒较容易再次进行搬运,从而发生进一步分选。

3)碎屑颗粒形状(磨圆度和球度)的变化

碎屑颗粒棱角被磨蚀圆化的程度称为磨圆度;碎屑颗粒接近球体的程度称为球度,磨圆度和球度都是衡量碎屑颗粒的主要形状指标。由于磨蚀作用,随搬运距离加长,碎屑颗粒的磨圆度和球度一般都是越来越高。但在特殊情况下,如机械破碎或颗粒性脆易裂开等,也可以部分地抵偿颗粒圆化。碎屑矿物的物理性质和颗粒大小对颗粒的圆化都有很大影响,也就是说,碎屑矿物的抗磨性影响其圆化程度。一般硬度小的比硬度大的矿物更容易磨圆,有解理和裂纹的比无解理和裂纹的矿物更难于磨圆,较易溶的比难溶的容易磨圆。Thiel(1946)以实验方式确定了常见碎屑矿物对磨蚀的相对抵抗力。Thiel所定的矿物抵抗力从小到大的顺序为:磷灰石、角闪石、微斜长石、石榴子石、电气石以及石英。Marsland和Woodruff(1937)也曾测定过矿物对磨蚀作用的抵抗力,其自小向大的顺序是:石膏、方解石、磷灰石、磁铁矿、石榴子石、正长石。Walker和Dielz(1973)研究了重矿物在搬运过程中形状和磨圆度的变化,对10种碎屑矿物(主要是重矿物)分别用水和风做了距离1000km及4500km的搬运实验,这10种碎屑矿物的圆化顺序是:不磨圆的有锆石、蓝晶石;中等磨圆的有角闪石、石英、石榴子石、金红石;磨圆好的有十字石、电气石;磨圆极好的有橄榄石、红柱石。

粉砂级碎屑大多呈悬浮状搬运,搬运距离越长反而磨圆度越差。水体中的碎屑颗粒还要考虑时间因素,如盆地的波浪磨蚀作用,虽然距离不长,但反复磨蚀的时间慢、长,磨圆的程度就高。相对于粗颗粒碎屑,细颗粒碎屑磨蚀的速度更低,这是因为细小的物质互相碰撞的机会少,磨损圆化速度就较慢。比较软的物质特别容易被磨损,常常很快就变成颗粒最细小的淤泥。可以说,磨蚀时间长的比磨蚀时间短的磨圆好,滨海沉积的比河流沉积的磨圆好。

以上圆化作用和实例都适用于牵引流作用条件。对重力流来说,由于其主要是悬浮状搬运,密度较高,又是整体流动,所以磨蚀作用很弱,磨圆度一般较差。有的浊积岩或其他重力流成因的岩石,碎屑磨圆度可以较好,多半由于是再沉积的,与原先岩石的碎屑和水力条件(浅水较高能的)有关。

碎屑颗粒的球度变化,除了与搬运距离和作用时间有关外,在很大程度上取决于矿物的结晶习性,例如片状云母碎屑即使搬运很远,也不可能得到很高的球度。因此,随着搬运距离的加长,沉积物质(碎屑)的球度不一定变好,甚至会出现相反的趋势,呈悬浮状态搬运的片状矿物因球度小可以搬运很远,而球度大的(如石英)颗粒反而容易先沉积,这就易造成随着搬运距离加长,球度反而变差的情况。碎屑颗粒在河床底部滚动、跳动搬运,不断遭到河床与颗粒间的磨蚀作用,随着搬运距离加长,其球度总是增高的(图2-11)。

4)碎屑颗粒的定向

碎屑颗粒的定向性指颗粒(或要素)在空间的排列方位。颗粒的定向主要受搬运介质、水流类型、流向和流速控制,沉积地形也可以控制其方位。

第四节 重力流沉积作用

与流体介质重力运动牵引沉积物运动的牵引流不同,重力流依靠沉积物的自身重力运动,因此又称为沉积物重力流。

沉积物重力流是水下由重力推动的一种含大量碎屑沉积物质(包括黏土)的高密度流体。这种流体往往不为微小的剪切力改变形态,而成非牛顿流体。当这种流体在斜坡上聚积,其位能大于与底面或与水体界面的摩擦阻力时,便产生流动,逐渐形成高速的重力流。

在水体中,盐度的差异(如河口湾中的盐水楔)和温度的差异(如冰雪融水流入湖中形成的冷流、海洋中的寒流等)形成的密度差都可产生密度流。这种密度流为低密度流,区别于水体中含大量碎屑或沉积物质的高密度流。

沉积物重力流的沉积过程常常是在一定位置上整体沉积的。在流动时,也呈保持明显边界的整体,所以有人把重力流称为块体流(Klein et al.,1972)。大多数沉积物重力流发生于水下,少部分发生于水上,如陆上的泥石流。水下重力流虽然过程各异,但它们全部组成了连续的统一体。Middleton 和 Hampton(1973)把水底重力沉积系统分成4类,即泥石流、颗粒流、液化沉积物流和浊流(图2-12)。这些沉积不仅发生在盆地底部(或深部),也发生在盆地较浅的近边缘部,例如三角洲坡度较陡部分,在洪水期也能形成浊流。

一、泥石流

泥石流(debris)也译作碎屑流,在陆上山麓环境中常见,是一种含大量粗碎屑和黏土、呈涌浪状前进的黏稠流体。这种流体以黏土为主、含少量粗屑,则称泥流,较泥石流少见。泥石流或泥流中含水量仅为 $40\%\sim60\%$,密度为 $2.0\sim2.4g/cm^3$,黏度可高达 $100Pa\cdot s$(纯水仅 $0.001Pa\cdot s$)。泥石流或泥流流动所需坡度大于牵引流,一般为 $5°$ 左右($>3°$)。如果坡度较陡,距离加长,则速度逐渐加快,甚至可高达 $1\sim3m/s$。

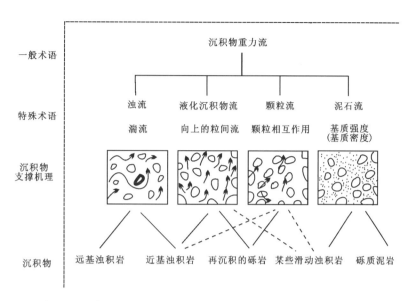

图 2-12 水下沉积物重力流的类型(据 Middleton and Hampton,1973)

泥石流或泥流由于水和大量泥混合，因而具凝聚力，产生所谓的"基质强度"支撑砾和砂，故泥石流可携带大量粗粒到巨粒的碎屑，而且含黏土的浓度越大，强度越大，能搬运的碎屑越粗。

Hampton(1972)等指出，在水体中也能形成泥石流，如峡谷的源头处、海底扇的顶部等区。但水体中的泥石流易被周围的水稀释，凝聚力变少，颗粒粒度变细，逐渐失去泥石流性质，所以水下泥石流沉积比较罕见。

二、颗粒流

颗粒流是 Bagnold(1954)提出的术语，表示颗粒之间没有什么黏结力或凝聚力的流体，主要含砂。由于这种流体中的颗粒可以相互碰撞，传递剪切力，因而产生扩散应力。颗粒的扩散应力是颗粒流能形成流体的基本因素，可以支撑其中的粗砂和砾石，故颗粒流沉积物中常常含有粗大的颗粒。

Bagnold 提到的颗粒流实例，是在风成沙丘上突然崩塌后沿滑坡滑落的沙，形成颗粒流层。由于重力作用，滑落的沙向前移动，并因相互碰撞而具扩散应力。Shepard 和 Dill(1964)报道的重要实例是海底峡谷上端的颗粒流体。这种沙流足以侵蚀海底峡谷，而扩散应力的强度足以支撑砾石。

颗粒流沉积作用是在一定位置上整体沉积的，也具有明显的边界，形成厚层或块状体。颗粒流不同于某些浊流的方面是：①固态(或碎屑)颗粒密度较高，主要是砂粒，少泥，含少量砾石，砾石有时"浮"于砂粒之中。②颗粒流中含水少，其作用是减少固态物质之间的摩擦。这种固态物质和少量水混合，作为一种块状整体，顺坡向下运动，所以具有块状流性质。③由于一种突然的震动，导致未固结的碎屑沉积物(主要是砂级碎屑)强度丧失而增大孔隙压力(孔隙压力是孔隙内流体的静压力)。这种增大的孔隙压力称超孔隙压力。由于超孔隙压力存在，促使沉积物"液化"(加入水分)。颗粒流流动过程中除了重力驱动以外，颗粒之间碰撞作用所传递的应力，也是一种促使流体沿坡流动的作用力(似沙丘滑动面向下崩落的沙流)。

颗粒流中的砂质沉积物在海、湖边缘的浅水地带都可以形成，这些未固结的砂体原来都是经过分选、冲洗较彻底的高能产物。以后因突然断裂或地震、暴风浪的强烈作用，使局部斜坡上的沉积物不稳而崩落。崩落物顺坡高速向深部流动，最后在坡脚散开而沉积。如果中途裹挟大量泥，则颗粒流向浊流转化，最终堆积物具有浊积岩性质。

三、液化沉积物流或液化流

液化流是 Middleton 和 Hampton(1973)提出的术语,表示一种次生流体。沉积物形成后,其上覆沉积物的压力通过颗粒传递而使沉积物固结,这种压力称有效压力。沉积物本身还有一种孔隙压力,是通过孔隙溶液传送的。孔隙压力等于沉积物中流体的静水压力时,沉积物保持稳定。如沉积物沉积较快,其中水分来不及排除,或者从外部渗进孔隙空间的水分过多,两者都可造成孔隙压力大于沉积物中流体的静水压力,因而大大降低沉积物的固结强度,甚至引起内部沸腾化。这样沉积物中的流体连同颗粒将向上移动,这时沉积物变得像流沙一样。然后重力作用把沸腾化的沉积物顺坡向下推动,便形成液化沉积物流。但在流动过程中,孔隙压力将很快消散,液化沉积物逐渐变得没有什么强度,于是就发生沉积作用。这种沉积作用是由底部向上逐渐固结的,称作"冻结",而"冻结"的沉积物紧密程度很高。当然,液化沉积物流也可能向颗粒流或浊流转化。

四、浊流

浊流是一种混合着大量自悬浮沉积物质,并在水体底部成高速紊流状态的浑浊密度流,也是由重力推动呈涌浪状前进的重力流。

Forel(1887)对罗纳河、Daly(1936)日内瓦湖的研究,发现罗纳河上游是冰川,冰山融水汇集到罗纳河中,并混有大量泥砂。河水流入日内瓦湖,既比湖水冷,又比湖水混浊,因而比重较大,当时称为密度流。Daly(1936)注意到这种密度流的巨大侵蚀力,发现这种密度流沿湖底侵蚀,在离岸 10km、水深 300m 处,形成比湖底深 60m 的水下谷道和高出湖底 5m 的天然堤。Johnson(1938)首先提出"浊流"这个术语,表示一种含高密度泥砂的混浊密度流。Kuenen(1950)把浊流沉积物称为浊积岩,并做出浊流粒序递变层理的模拟实验,浊流学说逐渐被普遍承认。实验证明,含砂和悬浮泥的、密度大于 $1.1g/cm^3$ 的浊流可形成粒序递变层。他推测海底峡谷可能是由这种密度流形成的,认为复理石的递变层理砂岩是浊流沉积。

1929 年加拿大纽芬兰的格兰德海滩海底电缆在地震后 24h 由北至南相继断掉。Selly(1952)认为这是地震后滑坡形成的浊流流经大西洋海底造成的。根据电缆折断的时间,分别计算出浊流的速度为 $20\sim90km/h$。大陆边缘有较陡的斜坡和三角洲等不稳固的沉积物,在地震、海啸、风暴、滑坡、滑塌等动力作用下,都可以发生运动,并在运动过程中不断与水体混合成高密度混合体,随着水分增多,逐渐转化为浊流。浊流由重力驱使而高速流动,同时掀起和裹挟周围水底沉积物不断增大体积。这时,沉积物质在紊流情况下呈自悬浮(即碎屑自身重力→引起高速流动→产生紊流出现上举力,又使自身悬浮)状态,形成大规模突发的高速型浊流。

基于上述观察和实验,可以把浊流分为两种类型:一类是连续低速型浊流,又称异重流,例如罗纳河入日内瓦湖的浊流,科罗拉多含泥砂的河流入米德湖形成的浊流。当河流流进湖盆时,在重力作用下,混浊层沿着湖底向坡下方运动,直到因摩擦损失而使动能消散,悬浮物质逐渐沉积下来,特别是较粗的颗粒先沉降下来(图 2-13)。这种浊流为低密度浊流,是在重力场中由于两种或两种以上比重相差不大、可以相混的流体,因比重差异而产生的流动,也称异重流。低密度浊流的运动借助于水和悬浮沉积物的共同重力运动,当流速逐渐降低时,沉积物按粒度或密度分异先后沉积,具有类似牵引流的机械分异特征,常形成粒序递变特征,递变层仅碎屑颗粒粒度向上变细,颗粒之间不含泥质杂基。

另一类是突发高速型浊流,又称高密度浊流。高密度浊流是再沉积或液化的沉积物流转化而成的。由地震或其他突发因素诱发,形成于海底峡谷头部的未团结沉积物滑塌流动,可形成大量高密度悬浮体向下流动,这种浊流为高密度浊流。高密度浊流的运动主要借助于泥沙沉积物的重力运动,是沉积物重力流。当沉积物重力流流速逐渐降低时,泥砂沉积物由粗到细整体沉积,不具备牵引流的机械分异特

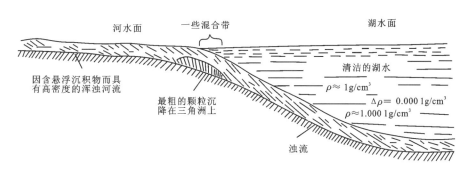

图 2-13 具有高浓度悬浮沉积物的低密度浊流（异重流）（据 Beer，1942）

征，常形成粗尾递变特征，递变层自下而上均含有泥质杂基。

Bouma（1962）进行了高密度浊流流动过程的系统分析，提出了著名的鲍马序列。该序列具有自下而上岩性由粗到细的变化规律：最底部为砂层（有的含砾），向上逐渐变为粉砂、泥质层等，反映浊流由高速突然转为低速，粗碎屑受重力影响首先沉降下来，尔后依次沉积较细的碎屑。其中底部碎屑颗粒下粗上细，称为递变层理段（A），向上渐变为平行层理段（B）、波痕层理段（C）、水平层理段（D）、均质泥岩段（E；详见第十四章重力流沉积部分）。同时他还认为再沉积型浊流的形成与活动可分成 4 个阶段（图 2-14）。

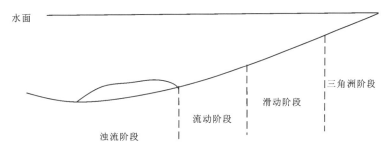

图 2-14 浊流形成的 4 个阶段示意图（据 Bouma，1962）

三角洲阶段：大陆是重要的浊流物质来源，主要为母岩提供碎屑和黏土物质。尽管内源碳酸盐岩颗粒以及海底火山形成的火山碎屑也可以形成再沉积型浊流，但是陆源碎屑是浊流的最重要来源。河流将大部分剥蚀物质搬运到盆地边缘形成三角洲。以后由于地震、海啸、风暴等作用，或者仅因岸边沉积物大量堆积形成不稳固陡坡，因超孔隙压力而液化等原因，都能使大量物质发生整体移动。

滑动阶段：大量物质开始整体移动，向下滑动。它们在水下开始慢慢滑动，由于水量渐增，向下滑动的速度也渐渐加快。

流动阶段：当滑动的物质还未完全与水混合，部分物质仍保持高度内聚黏结状态时，粗碎屑还没有集中到底部前锋。在这种情况下，粗碎屑可能停止运动而堆积下来，这种沉积物称为滑动浊积岩。但只要有一定的坡度，运动的物质就不会停留，并以渐增的速度继续流动到盆地中心。

浊流阶段：在条件适合情况下，持续流动的沉积物形成典型的浊流。在浊流中，随着流速继续增加，浊流可以达到最高的流速。粗粒碎屑集中到浊流体前锋（或叫鼻部）首先沉积，较细粒的碎屑随着流速逐渐降低，依次沉积。

需要提出的是，牵引流和浊流在实际作用过程中是可以互相转化的。例如洪水期的牵引流（河水）常因悬浮泥砂，密度突然增大，通过三角洲前缘斜坡高速流动进入湖盆或海盆深部，形成低密度浊流。而典型的浊流疾驰到坡脚平坦地区时，因摩擦能量逐渐消失，流速变小，大量悬浮颗粒不断沉积下来，使得浊流体变稀，密度降低，逐渐转化为牵引流。

第三章　内源沉积作用

内源沉积岩是在盆地水体环境中,以经化学/生物化学过程沉淀的矿物为主体形成的沉积物/岩。该类岩石与硅酸盐碎屑沉积岩在化学组分、矿物组成及结构上均存在较大差异。依据化学组分及矿物组成,一般可将内源沉积岩分为碳酸盐岩、磷酸盐岩、硅质岩、锰质岩、铝质岩、铁质岩及蒸发岩几种主要类型。习惯上也将富有机质沉积岩,如煤、油页岩归为内源沉积岩的特殊类型,这部分岩石主要以碎屑沉积岩及内源沉积岩(以碳酸盐岩为主)中含有可观的有机质为特征。本章所讨论的主要是控制内源沉积岩形成的沉积作用,包括物质来源、形成过程、控制因素等方面。

第一节　碳酸盐岩的沉积作用

一、碳酸盐岩概述

碳酸盐岩(carbonate rock)是目前已知最为常见的内源沉积岩,依据主要矿物组成可以分为由方解石占主要成分的灰岩(limestone)与以白云石占主要成分的白云岩(dolomite/dolostone)。碳酸盐岩占地球上沉积岩总量的 20%～25%,一般具发育较好的层理,厚度可达上千米。碳酸盐岩在所有地质时代的沉积记录中均有发现,但是在前寒武纪及古生代的沉积中含有大量的白云岩,而在中生代及新生代的沉积中则以灰岩为主。灰岩沉积中含有丰富的沉积结构、沉积构造与化石,对恢复古海洋环境、古生态系统及生命演化等科学问题具有重要研究意义。此外,碳酸盐岩还具有重要的经济价值,可作为农业、工业及建筑业领域的原料,同时碳酸盐岩中油气储量超过世界油气储层的 1/3。

钙离子(Ca^{2+})、镁离子(Mg^{2+})及碳酸根离子(CO_3^{2-})共同组成了碳酸盐岩的主要物质组成。若表达为氧化物形式,CaO、MgO 及 CO_2 占碳酸盐岩化学组成的 90% 以上,其他元素在碳酸盐岩中以副元素(含量 1%～0.01%)或微量元素(含量小于 0.01%)形式存在。许多以副元素形式保存在碳酸盐岩中的元素赋存于非碳酸盐杂质中。例如 Si、Al、K、Na 和 Fe,可能出现在石英、长石、黏土矿物等硅酸盐矿物中。碳酸盐岩中常见的微量元素包括 B、Be、Ba、Sr、Br、Cl、Co、Cr、Cu、Ga、Ge 和 Li 等,这些微量元素含量不仅受到岩石矿物学组成的控制,也会受到化石颗粒在岩石中相对含量的控制,许多生物会在其骨骼组织中富集诸如 Ba、Sr 及 Mg 等元素。

碳酸盐岩中的主要矿物类型在表 3-1 中列出,其中方解石、白云石与文石是最为常见的矿物。现代碳酸盐沉积中主要组成矿物为文石,但其中也可以包含有部分方解石(特别是在深海钙质软泥中)及白云石。方解石($CaCO_3$)中可以含有少部分 Mg 元素,因为镁离子与钙离子电价与离子半径相似,两者之间很容易发生取代反应。因此,需要对低镁方解石(low-magnesian calcite,$MgCO_3$ 含量小于 4%)及高镁方解石(high-magnesian calcite,$MgCO_3$ 含量大于 4%)进行区分。高镁方解石虽然含有一定含量的镁离子,但是其晶体结构还是保留了方解石的结构,镁离子在晶格中会随机取代钙离子。需要注意的是,镁离子通常不会在文石中取代钙离子,因为文石作为斜方晶系的矿物,其晶格具有更大的空间。不同于高镁方解石,白云石是一种独立的矿物,镁离子占据了白云石晶格中一半的阳离子位置,钙离子和镁离子在垂直三次轴的方向上分别呈层状且有规律的交替排列,因此导致白云石的晶体结构的对称程度低于方解石。白云石中的 Fe^{2+}、Mn^{2+} 取代 Mg^{2+} 后,会导致晶胞增大。

表 3-1 碳酸盐岩中主要矿物类型

	矿物	晶体类型	化学式	备注
方解石类	方解石	三方晶系	$CaCO_3$	灰岩中主要矿物
	菱镁矿	三方晶系	$MgCO_3$	蒸发岩中常见
	菱锰矿	三方晶系	$MnCO_3$	富锰沉积中常见
	菱铁矿	三方晶系	$FeCO_3$	可能以胶结物或结核出现在页岩及砂岩中,铁质沉积中常见,含铁流体蚀变的碳酸盐岩中常见
	菱锌矿	三方晶系	$ZnCO_3$	碳酸盐岩中赋存的锌矿中常见
白云石类	白云石	三方晶系	$CaMg(CO_3)_2$	白云岩中的主要矿物
	铁白云石	三方晶系	$Ca(Mg,Fe,Mn)(CO_3)_2$	富铁沉积中以分散颗粒或结核出现
文石类	文石	斜方晶系	$CaCO_3$	近现代碳酸盐沉积中常见,会转化为方解石
	白铅矿	斜方晶系	$PbCO_3$	后生铅矿中常见
	菱锶矿	斜方晶系	$SrCO_3$	灰岩脉体中可见
	碳酸钡矿	斜方晶系	$BaCO_3$	方铅矿脉体中可见

二、碳酸盐岩的形成机制:碳酸盐工厂与白云岩

1. 碳酸盐岩沉积的化学基础及影响因素

风化作用将会导致化学溶解性元素从源岩中进入到地下水或变成水,最终进入湖泊及海洋等汇水盆地。碳酸氢根(HCO_3^-)也可能通过与水圈、大气圈或土壤圈中 CO_2 之间的反应进入水圈。大多数溶解离子最终进入海洋,并在海洋中保持溶解状态几百年至几百万年之久。某种特定化学元素在海洋中呈溶解状态的时间被称为滞留时间(residence time)。钙离子(Ca^{2+})具有较短的滞留时间(约1Ma),而碳酸根(CO_3^{2-})的滞留时间更短(约0.11Ma)。

碳酸钙矿物(方解石与文石)的溶解与沉淀一般认为受pH值控制,而水体中pH值主要受到水体中溶解的 CO_2 决定,当 CO_2 溶解在水中时,将会发生以下反应:

$$CO_2 + H_2O \longleftrightarrow H_2CO_3 (碳酸) \quad (反应 3.1)$$
$$CH_2CO_3 \longleftrightarrow H^+ + HCO_3^- (碳酸氢根) \quad (反应 3.2)$$
$$HCO_3^- \longleftrightarrow H^+ + CO_3^{2-} \quad (反应 3.3)$$

从以上反应中可见,CO_2 在水体中可形成碳酸(反应3.1),碳酸分解为氢离子与碳酸氢根离子(反应3.2),碳酸氢根进一步分解为氢离子与碳酸根离子(反应3.3),由于在反应中可释放氢离子,因此会导致溶液中pH值降低。反应3.3进一步指示当 CO_2 加入到水体中后会提高水体中 CO_3^{2-} 含量。反应3.2中产生氢离子的速率远高于反应3.3产生碳酸根的速率。但是总体来看,在水体中加入 CO_2 将会导致更低的pH值和碳酸根离子浓度的增加。

方解石或文石矿物能够在适当的条件下与碳酸反应,因此反应3.4中显示的是一个可逆反应。该

反应的方向取决于箭头两侧的反应速率,例如该反应从左向右显示的是碳酸钙的沉淀过程,任何原因所导致的反应体系中CO_2的去除都会导致该反应向右发生。

$$H_2O + CO_2 + CaCO_3(方解石或文石) \longleftrightarrow Ca^{2+} + 2HCO_3^- \qquad (反应3.4)$$

两种主要的无机因素控制下的环境条件改变会去除水体中的CO_2,包括温度的上升与水压的下降。温度的上升将导致水体中气体溶解度的下降,因此有利于CO_2从水体中散逸。水压的下降也会导致水体中CO_2的散逸,在自然环境中,诸如风暴作用与浪基面之上波浪的搅动都将会导致海水压力的下降。上升流的发生也会导致CO_2从深层水中被释放。

温度因素除会影响到CO_2饱和度外,也会导致碳酸盐矿物的溶解度改变。增温过程将导致碳酸盐矿物溶解度下降,从而导致碳酸盐矿物沉淀过程更容易发生。因此,碳酸盐岩沉积在热带地区海洋中更容易形成,该海区表层海水温度可达到30℃(表3-2)。

海水中化学组分的溶解度还会受到来自盐度与水的离子强度的影响(表3-2)。离子强度简单而言是溶液中离子浓度与离子电价的函数,所以当盐度增加时离子强度增加。碳酸钙矿物的溶解度会在盐度降低的环境中显著降低,因为离子强度的降低将会导致杂质离子(如Mg^{2+})相对于钙离子与碳酸根离子浓度的下降。杂质离子的存在将会干扰碳酸钙晶体结构,导致文石与方解石更难生长及沉淀。因此,在淡水环境中,碳酸钙的溶解度比海水环境中低数个数量级,这意味着在淡水环境中碳酸钙更易发生沉淀。盐度变化的影响对于开阔大洋表层海水中的碳酸钙沉淀一般较小,主要因为在该环境中海水盐度变化范围非常小,一般只在千分之几的盐度范围中变化。

表3-2　在水体中影响碳酸钙沉淀过程的控制因素及其影响

水体环境条件	变化	直接效应	对碳酸钙溶解度影响*	碳酸钙沉淀类型
温度	上升	CO_2减少,pH值上升	下降	微晶或鲕粒
压力	下降	CO_2减少,pH值上升	下降	微晶或鲕粒
盐度	下降	杂质离子活动下降	下降	微晶或鲕粒

*碳酸钙溶解度下降=碳酸钙更易沉淀。

2. 碳酸盐工厂

由于大部分碳酸盐沉积物是由分泌碳酸盐的生物产生,其中不少是光合作用的副产物,因此碳酸盐的生产过程主要取决于光照程度(颜佳新等,2019)。如图3-1和图3-2所示,在海水上部100m的水层中,特别是表层10m内,存在大量光合作用生物,是碳酸盐沉积物的主要生产场所。这个具有高生物产率的浅水区域被称为"碳酸盐工厂"(James,1977)。自20世纪90年代以来,"碳酸盐工厂"这一概念得到重视和深化,已经确立了热带浅水碳酸盐工厂、灰泥丘工厂和温凉水碳酸盐工厂各自的识别特征(Schlager,2003;图3-3)。

热带浅水碳酸盐工厂所处环境水体溶氧浓度高、营养物质较贫乏,但是光照条件好,处于南北纬30°之间,水体温暖。该工厂光能自养型生物繁盛,如藻类和与营光合作用的藻类共生的动物,包括造礁珊瑚、底栖有孔虫和一些软体类;不依赖光照的异养生物常见,但不是标志特征(图3-1)。因此,热带浅水碳酸盐工厂以生物控制的碳酸盐矿化为特征,在台地边缘生物格架和生物建隆较为普遍,也可以发育钙质鲕粒等非骨屑颗粒(图3-3)。

现代大洋低纬度地区的一些珊瑚礁岛是该类碳酸盐工厂的典型代表,它们具有惊人的碳酸盐生产效率。图3-4展示的是南太平洋地区一个发育环状珊瑚礁的火山岩岛,构成一个中心为火山岩岛屿及潟湖、周边为镶边碳酸盐台地的混积沉积体系。台地边缘生物礁和生物碎屑滩相主要由珊瑚和珊

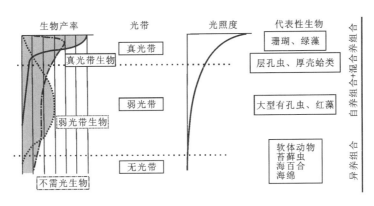

图 3-1 水柱中碳酸盐生产(工厂)与光照控制的主要生物类群的
水深梯度分布关系(据 Pomar,2001)

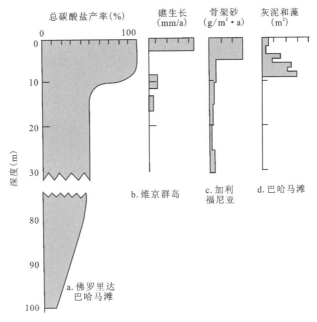

图 3-2 碳酸盐产率与水深的关系(据 Sarg,1988)

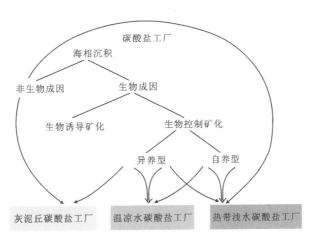

图 3-3 海洋碳酸盐沉淀方式与碳酸盐工厂(据 Schlager,2003)

瑚藻构成;在内侧浅水潟湖(水深小于5m)沉积物中,非骨屑颗粒含量可以达到30%~50%;较深水潟湖(15~40m)内,主要为含软体和有孔虫等异养生物的文石针状沉积,文石质灰泥来源主要与绿藻和颗石藻有关。在该障壁生物礁-火山岩岛沉积体系中,陆源碎屑沉积体系不发育,靠近火山岩岛的沉积物中陆源碎屑物质平均含量少于10%,热带暖水碳酸盐沉积物的分布占据绝大部分的水域;环礁中的潟湖相主要被浅水碳酸盐沉积物充填,潟湖较深水区域位于近火山岩基岩海岸线一侧,清楚地展示出碳酸盐工厂的生产效率远远超过火山岩基岩风化剥蚀的输入(Gischler,2011)。

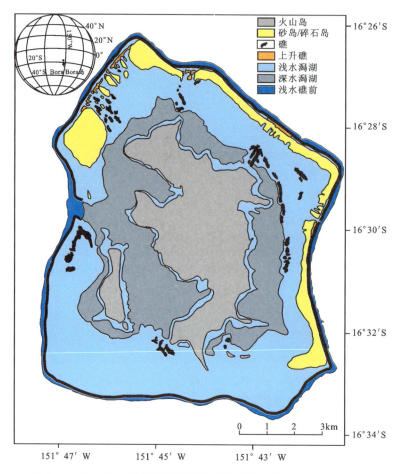

图3-4 Bora Bora岛不同碳酸盐岩沉积环境分带(据Gischler,2011)

在温跃层之下,热带浅水碳酸盐工厂转换为温凉水碳酸盐工厂。这里为弱光或无光区,水温低,营养物质一般比热带浅水碳酸盐工厂区丰富。温凉水碳酸盐工厂的生物以异养生物为主,上部可以发育红藻并伴生大型有孔虫。沉积物中缺少浅水生物礁和钙质鲕粒(图3-1、图3-3)。水温更低的冷水碳酸盐工厂,主要出现在南、北纬30°到极地的范围内。在低纬度地区上升流发育的地方,热带浅水碳酸盐工厂/温凉水碳酸盐工厂的转化可以发生在浅水区。因此,温凉水碳酸盐工厂的水深范围可以从浅海延伸到半深海甚至深海。

灰泥丘碳酸盐工厂中沉积物颗粒非常细,为原地沉淀,是由生物和非生物因素在细菌参与下共同形成的,包括有机质的降解(矿化)。典型的代表有古生代和中生代的灰泥丘,所以称之为"灰泥丘工厂"。其典型环境为弱光或透光带,营养物质丰富但贫氧。在元古宙和显生宙生物大灭绝之后的特殊时期,该工厂可以占据热带浅水生产工厂的位置(图3-3)。

3. 白云岩的形成与白云岩问题

作为一种在地质历史时期广泛分布的内源沉积岩,白云岩在前寒武纪到全新世的地质记录中均有发现,但是大部分白云岩沉积集中于古生界及更古老的地层中。白云岩可以与灰岩沉积伴生出现,并且在很多地层中形成与灰岩层的旋回,同时白云岩也可与蒸发岩沉积伴生。

地层记录中白云岩沉积出现得如此频繁,它们一定是形成于可在不同地点重复出现的沉积环境中。当前,针对白云岩已经进行了非常多的研究,但是白云岩的起源问题仍然是沉积地质学中最让人困惑且没有明确答案的问题之一。虽然对于一些粗晶白云岩而言,其中所保留的灰岩结构构造残余可以解释为该类白云岩是次生成因,但是对缺乏此类结构构造的细晶白云岩而言则缺乏相关证据证明其来自灰岩的成岩作用改造。因此,细晶白云岩的成因问题也被称为"白云岩问题"。该问题最早在 1791 年由法国自然学家 Deodat de Dolomieu 提出,在 200 多年的研究过程中尚未得到让所有人满意的回答。

形成白云石的化学过程由以下反应构成:

$$Ca^{2+} + Mg^{2+} + 2CO_3^{2-} = CaMg(CO_3)_2 \downarrow \qquad (反应 3.5)$$

$$2CaCO_3 + Mg^{2+} = CaMg(CO_3)_2 \downarrow \qquad (反应 3.6)$$

反应 3.5 指示白云石直接从水体中发生沉淀,反应 3.6 指示文石或方解石发生取代反应形成白云石。对于反应 3.5 中的反应路径,最大的问题来源于发生该反应所需要的温度(超过 60℃)远超过正常的地表温度。目前只在实验室环境中合成出白云石,而通过模仿自然环境条件合成出的矿物则只能形成类白云石矿物的原白云石(protodolomite)。白云石的形成需要如此之高的环境问题长期以来都是一个重要的科学问题,目前一般认为这与白云石形成的热力学条件有关。研究表明(Gains,1980),镁离子在水中溶解时具有强的结合性,如要进入固相的碳酸钙晶格中,需要克服结合水的吸引力。在低温下,钙离子与水分子之间的结合力较弱,因此较容易进入晶格形成碳酸钙矿物。在温度升高的条件下,镁离子与水的结合力较弱,因此更易发生去溶剂化过程,由此进入晶格中形成白云石。在低温环境中,高度有序的白云石也存在相应的热力学问题,由于高度有序的白云石成核与生长速率在碳酸钙饱和溶液中较为缓慢,因此相比钙离子与碳酸根离子的优先结合,白云石则很难生长。

三、碳酸盐岩的造粒、造泥与造架作用

碳酸盐沉积主要由 6 种特殊结构组分构成,包括颗粒(grain)、泥(micrite)、亮晶胶结物(sparite)、晶粒(crystal grain)、生物格架(skeleton)和孔隙(pore)。

1. 颗粒

碳酸盐岩中的颗粒,是指在沉积盆地中由生物-化学作用形成的碳酸盐沉积物在外动力地质作用下原地或短距离搬运再沉积形成的一系列碳酸盐组分颗粒。Folk(1959,1962)称其为"异化颗粒(allochem)",即"异常化学作用"形成的颗粒或组分(见第四章碳酸盐岩分类)。颗粒的种类繁多,下面将对主要颗粒种类的特征及成因做简要介绍。

1)内碎屑

内碎屑(intraclast)主要是在沉积盆地中沉积不久的、半固结或固结的各种碳酸盐沉积物,受波浪、潮汐水流、风暴流等的作用,破碎、搬运、磨蚀、再沉积而成的碳酸盐颗粒。

在海洋环境中,较老的碳酸盐基岩露头经受风化剥蚀,被水流搬运来的岩屑是极少的。这是由于碳酸盐岩易于溶解,抗风化磨蚀能力较弱,很少能搬运较长距离。但是,可以在陡峭的碳酸盐岩岩石海岸脚下、老的碳酸盐岩岛或礁石及遭受底流强烈冲切的水下台地陡坡附近,零散发育有来自碳酸盐基岩的碳酸盐沉积物,这类碳酸盐沉积物的性质与硅质陆源沉积物一样,成岩以后可以形成灰岩砾岩、灰岩岩

屑砂岩、灰岩岩屑粉砂岩,实际上这类碳酸盐岩属于外源或陆源碎屑岩类。

根据大小,可以把内碎屑分为砾屑(直径大于2mm)、砂屑(直径0.06～2mm)、粉屑(直径0.004～0.06mm)和泥屑(直径小于0.004mm)。

砾屑是粒度大于2mm以上的内碎屑,在我国以前寒武系及下古生界广泛分布的竹叶状碎屑为代表(图3-5)。这种类型的砾屑多呈扁平状,圆度较好,分选中等至好,其侧面常呈长条状,形似竹叶,因而被习称为"竹叶状砾屑"。砾屑的排布方位对恢复古水流作用具有一定意义,特别是单向水流搬运形成的砾屑可出现叠瓦状排布,强风暴流形成的砾屑多呈放射状、倒"小"状、菊花状及杂乱堆积(详细的关于风暴岩沉积请参见本书第十四章事件沉积相关内容)。

图3-5 典型含内碎屑碳酸盐岩野外剖面照片

A、B. 北京下苇甸地区炒米店组中中—薄层竹叶状灰岩;C、D. 河北青龙采桑峪地区中元古界高于庄组中内碎屑白云岩

2) 鲕粒

鲕粒(ooide/oolith/oolite)是具有核心和同心圆层状结构的球状颗粒,形似鱼卵而得名(图3-6A)。鲕粒大多为极粗砂到中砂的颗粒(粒径为0.25～2mm)。鲕粒通常由两部分组成,内部为核心,外部为同心层。核心可以是内碎屑、完整或破碎的化石、球粒、陆源碎屑颗粒等。同心层主要由泥晶方解石组成。现代海洋中的鲕粒主要由文石构成。

此前对于鲕粒的成因主要有两种解释:生物成因说和无机成因说。但是根据新近的研究进展,鲕粒的形成不是单一的纯物理化学机制或者微生物机制,微生物通过调节局部碳酸钙饱和度及碱度促进了鲕粒圈层的形成,而水动力的变化改变了鲕粒圈层结构,从而得到丰富的鲕粒类型。不同鲕粒在新的圈层形成前必须经过建设性生物膜→EPS(Extracellular Polymeric Substances,胞外聚合物)→ACC(Amorphous Calcium Carbonate,非晶质钙碳酸盐)→矿化成针状碳酸盐矿物这4个过程,新圈层形成后根据水动力条件及鲕粒生长的间歇性将形成几种典型的鲕粒类型。

3）球粒

球粒（pellet）一般泛指粗粉砂或砂级灰泥球形或卵形颗粒，不含内部结构，分选较好（图3-6B）。球粒的成因主要有两种：机械成因与生物成因。前者主要为一些分选和磨圆较好的粉砂级或砂级的内碎屑，后者为一些生物排泄的粒状粪便形成，也可称为粪球粒（faecal pellet）。

粪球粒一般为卵形或椭球形，分选好，有机质含量一般较高，在薄片中呈暗色。能形成粪球粒的生物种类较多，如一些蠕虫类、腹足类、甲壳类动物等。

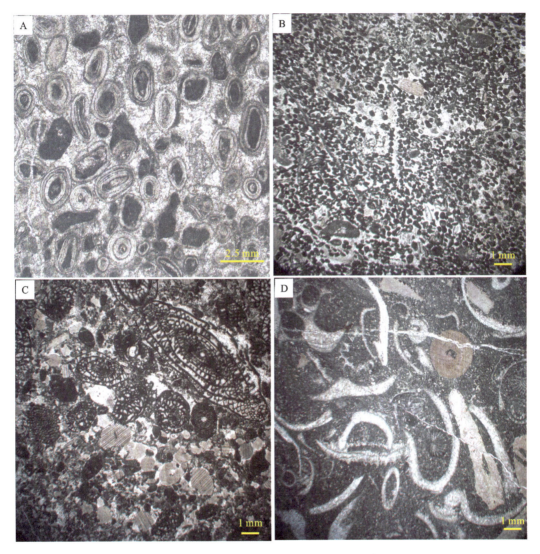

图3-6 几种典型的碳酸盐颗粒显微照片
A.同心状鲕粒（广西石炭系都安组）；B.球粒（广西石炭系都安组）；C.亮晶胶结的生物颗粒（广西二叠系茅口组）；
D.泥晶充填的生物颗粒（广西二叠系马平组）

4）核形石、葡萄石、凝块石与团块

核形石（oncolite）是蓝绿细菌分泌的胞外聚合物捕捉碳酸盐微细颗粒而形成的具有同心圆状结构的颗粒。核形石处于静止状态时，同心层在其与海底接触的部分基本停止生长，而面朝上的部分则继续生长。由于核形石在生长过程中受到水动力作用发生间歇性滚动，从而形成不规则的同心增长层。核形石一般较大，直径大于2mm，多为厘米级别，同心层黏结物多、各层边界模糊且厚度变化更明显。

葡萄石（grapestone）是多个互相接触的颗粒（鲕粒、球粒或生物颗粒等）胶结在一起所形成的复合颗粒,因为外形类似葡萄串而得名,也被称为复合颗粒(complex grain)或集合粒(aggregate)。

凝块石(thrombolite)与团块(lump)被一些学者认为是等价的定义,一般被定义为通过胶结、凝聚或微生物胞外聚合物而形成的无特殊内部结构的颗粒。从广义上而言,它可包括葡萄石和其他灰泥互相黏结聚集而成的颗粒。与内碎屑不同的是,团块不是早期沉积物被破坏而成,而是通过胶结或黏结作用原地而成,但是后期可能经过搬运→磨蚀→再沉积过程,团块边缘一般不切割所含颗粒(如鲕粒、球粒等)。

5) 生物颗粒

生物颗粒(skeletal grain)指生物骨骼及其碎屑,也可称为"生屑""生粒""骨粒""骨屑"等。生物组分(含生物颗粒和格架)是大多数碳酸盐岩内常见的组成部分,大多数无脊椎动物和造岩微生物化石都由碳酸盐矿物组成。

生物化石具有重要的指相意义(表 3-3)。藻类或光合作用微生物需要阳光进行光合作用,其生活的水深不会超过真光带下限(图 3-1)。腕足类、有孔虫、棘皮类、三叶虫、海绵类、珊瑚、苔藓虫、层孔虫等为生活在正常浅海环境的窄盐度生物。其中,海绵类、珊瑚、苔藓虫、层孔虫是造礁生物,对水深、盐度、温度、水体清洁度、水体能量等都有严格要求,但是原始沉积环境的恢复需要在确定生物颗粒为原地沉积的生物颗粒前提下进行。

表 3-3 能产生碳酸盐的生物及其所形成的碳酸盐沉积物特点(据 James and Ginsburg,1979)

现代生物	对应的生物化石	沉积特点
珊瑚	古杯动物、珊瑚、层孔虫、苔藓动物、厚壳蛤类、水螅类	常在原地大量堆积,形成礁体
双壳类	双壳类、腕足类、头足类、三叶虫和其他节肢动物	整体或分为几片,形成砂粒和砾石大小的颗粒
腹足类、底栖有孔虫	腹足类、砂壳纤毛虫、竹节石、Salterellids、底栖有孔虫、腕足类	整体坚硬部分,形成砂粒和砾石大小的颗粒
Codiacean 科藻类-*Halimcda* 属、海绵	海百合类及其他有柄亚门、海绵	死后自行分解,形成许多砂粒大小的颗粒
浮游有孔虫	浮游有孔虫、颗石藻(侏罗纪以后)	在盆地沉积物中形成中等大小的砂粒和更小的颗粒
包壳有孔虫和珊瑚藻	珊瑚藻、假叶藻、*Renalcids*、包壳有孔虫	在坚硬的附着体上或附着体内结成壳体,形成很厚的沉积,或在死后形成钙质砂粒
Codiacean 科藻类-*Penicillus* 属	Codiaccan 科藻类-似 *Penicillus* 属	死后自行分解,形成钙质软泥
蓝绿细菌	蓝绿细菌(特别是奥陶纪以前)	能捕捉和固结细粒沉积物,形成席状岩石和叠层石

生物组分的显微构造特征是显微镜下鉴定碳酸盐岩中生物化石颗粒和生物格架的主要内容之一。化石显微结构主要指生物组分构成晶体和晶体组构的形态、大小、排列方向及其相互关系(图 3-6C、D 中即可见蜓、棘皮类、腕足等颗粒)。根据方解石(文石)晶体的空间组构和排列组合,可以分为粒状、纤(柱)状、片状、单晶 4 种主要类型。关于生物颗粒镜下鉴定具体判别标志与描述可参阅戴永定(1994)相关专著。

2. 泥

泥又被称为微晶或泥晶(micrite),是与颗粒相对应的另一种结构组分,为粒级为泥的碳酸盐质点

(图 3-7),包括灰泥(lime mud)和云泥(dolomitic mud)。它们可以与颗粒同时通过机械方式沉积并充填在颗粒之间,构成填隙物,也可以独立支撑构成岩石。

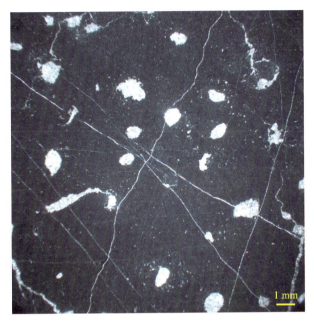

图 3-7　泥晶灰岩镜下照片(白色不规则状区域为被方解石充填的溶蚀孔,广西石炭系都安组)

在现代碳酸盐沉积中,灰泥均是针状文石,平均长度仅 3μm,古代的多为方解石,它们多是由文石转变成的。由于灰泥过于细小难以鉴别,其成因曾引起许多争议,但经过详细研究,一般认为灰泥的成因可能有 4 个来源。①机械的或生物的磨蚀作用产生灰泥。波浪和水流可以把较大的颗粒磨蚀成碳酸盐泥;生物吞食碳酸盐颗粒,通过体内消化作用可将大的颗粒磨蚀成细的灰泥排出体外,如鹦鹉鱼。②海水直接沉淀作用。大部分表层海水对文石来说是过饱和的,可以直接沉淀出文石针。现代的许多碳酸盐台地上常见有大规模的悬浮状白色水团(海水泛白),悬浮物主要是针状文石,这些文石针大部分是有机沉淀而成的。③钙藻类组织内部的生物化学作用可以生成文石针。如仙掌藻、肿头藻和笔藻的组织中就含有大量针状文石,当这些藻类死亡后,有机体腐烂,这些针状文石分离出来沉积到海底。④浮游的钙质超微生物遗体的堆积。从中生代开始繁盛于远洋水域的颗石藻死亡后散落下来的方解石颗石是远洋钙质软泥的主要组成部分。总之,尽管目前对灰泥的成因还有许多疑惑不解的问题存在,但绝大部分灰泥是有机成因的,是由生物体本身或通过生物的活动提供的。

3. 亮晶胶结物

亮晶胶结物(sparite)主要是指以化学方式沉淀于颗粒之间的结晶方解石或其他矿物。这种方解石胶结物的晶粒一般较灰泥的晶粒粗大,通常在 0.004～0.01mm 范围内(图 3-6A、B、C),通常是较强的水动力将颗粒间细粒灰泥质点冲洗带走后,由成岩作用中充填孔隙的胶结物形成。由于其晶体一般较干净明亮,因而习称为"亮晶方解石""亮晶方解石胶结物"或"亮晶(spar)"。由于亮晶方解石胶结物是颗粒沉积就位后由颗粒之间的碳酸盐饱和粒间水以化学沉淀的方式形成,故而又被称为"淀晶方解石""淀晶方解石胶结物"或"淀晶(cumulus crystal)"。

4. 晶粒

晶粒是经过重结晶和交代作用形成的均一碳酸盐晶体结构。它是结晶碳酸盐岩的主要结构组分

（结晶碳酸盐岩详见第四章碳酸盐岩分类相关内容）。

这里重点区分泥晶和微晶两个概念。两者碳酸盐矿物颗粒处于同一粒级（小于0.004mm），但泥晶是直接从水体中沉淀的细粒碳酸盐晶体，而微晶指经过成岩作用改造后形成的这一粒级的碳酸盐晶体。从该定义出发，原生沉积的泥粒级方解石晶体属于泥晶方解石。目前，这两个概念使用较为混乱（姜在兴，2010），对于方解石，泥晶方解石和微晶方解石均有使用，泥晶白云石与微晶白云石也存在同样问题。由于在自然界尚未发现真正意义上的原生沉淀的白云石晶体，故学术界普遍认为白云岩以交代成因为主导。因而对于白云石晶体而言，（准同生）交代作用形成的泥属于晶粒范畴，称为微晶较为合理。

5. 生物格架

原地生长的群体生物，如珊瑚、苔藓虫、海绵、成孔虫等，由其坚硬的钙质骨骼所构成的骨骼格架形成的碳酸盐岩沉积（表3-3），此外一些藻类或微生物也可以分泌或通过胞外聚合物捕获其他碳酸盐组分，如灰泥、颗粒等，从而形成生物格架，如各类微生物岩或叠层石等。Dunham分类方案中将该类岩石单独做出区分，详见第四章相关内容。

6. 孔隙

孔隙在碳酸盐岩的存在和发育过程中可能并不构成独立组分，孔隙在成岩过程中可以被碳酸盐组分或其他成分充填（图3-7），但是却具有特殊的岩石学和矿床学意义（姜在兴，2010）。例如在石油天然气大量储集于碳酸盐岩地层的孔隙中，碳酸盐岩岩层控制的层状或层控金属矿床也大多与碳酸盐孔隙有关。

碳酸盐孔隙的形成特征和发育程度主要取决于碳酸盐岩的矿物成分、结构和形成条件。碳酸盐孔隙也和成岩作用环境（原生孔隙）及后期改造作用（次生孔隙）存在密切联系。原生孔隙包括粒间孔隙、遮蔽孔隙、体腔孔隙、生物格架孔隙、鸟眼及干缩孔隙、生物钻孔、微生物纹层孔隙、重力滑动破碎孔隙等，次生孔隙包括粒内溶孔、铸模孔、晶间孔隙等。

四、碳酸盐岩成岩环境和成岩作用

虽然少部分碳酸盐岩可形成于非海相环境，但是绝大部分碳酸盐岩主要形成于海洋环境。在碳酸盐沉积物就位后，一系列物理、化学和生物的作用将会导致碳酸盐沉积物在地球化学、孔隙度、矿物学等方面发生变化。由于碳酸盐矿物相较于硅酸盐矿物更易发生溶解、重结晶及取代作用，因此成岩作用过程中碳酸盐沉积物普遍会发生变化。举例而言，文石矿物可能在早期成岩作用阶段或埋藏阶段全部转变为方解石，而方解石有可能被部分或完全取代成为白云石。原生沉积结构构造特征在成岩作用中可能被改造或破坏，孔隙也会在成岩作用阶段被压实、胶结或发生孔隙的溶解扩大。

1. 碳酸盐岩成岩作用环境

碳酸盐沉积物的成岩作用一般会经过浅埋藏、深埋藏、抬升-暴露3个主要阶段。在碳酸盐沉积物成岩过程中，大气降水区域、海水区域与埋藏区域共同构成了其成岩作用环境。

海水区域指处于正常低潮面以下，长期有海水覆盖的区域。该区域中的成岩作用环境主要受正常海水的温度和盐度控制，其中主要包括溶解作用、胶结作用、生物成岩作用（如生物扰动和钻孔）。在礁体、碳酸盐台地边缘及碳酸盐海滩岩等沉积物中成岩作用尤为明显。

大气降水区域指的是淡水作为环境水体的区域，主要包括地下水水位之上的渗流带及地下水水位之下的潜流带。海相碳酸盐沉积物进入大气降水区域主要有两个途径：海平面下降或碳酸盐岩盆地的进积作用。早先沉积的碳酸盐岩也可能因为地壳抬升及剥蚀作用进入大气降水区域。大气降水地带的水体一般含有大量CO_2,因此具有较强的化学反应活性。由于文石与高镁方解石相对于方解石更易溶解,因此在大气降水中文石与高镁方解石将发生溶解。在此过程中,将会导致水体中碳酸钙的饱和,从而促进碳酸钙的沉淀,该过程又被称为方解石化(calcitization)。溶解-再沉淀过程造成矿物稳定性较差的文石和方解石向稳定性更好的方解石转化。方解石也可能在沉积物孔隙中以胶结物形式沉淀。因此,文石与高镁方解石的溶解和蚀变称为方解石,方解石的胶结作用共同构成了大气降水带主要的成岩作用过程(图3-8)。

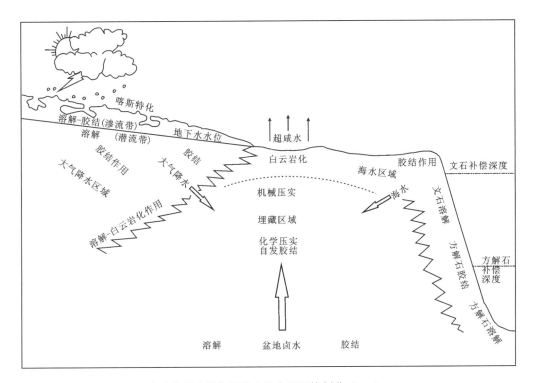

图3-8 碳酸盐岩成岩作用发生的主要环境划分(修改自Moore,1989)

经过早期成岩作用阶段,碳酸盐沉积物将会被埋藏,在埋藏环境中,温度和压力都会上升,孔隙流体成分也会发生改变。在该环境中,碳酸盐沉积物将会经历物理压实作用、化学压实作用(颗粒边缘溶解)及可能包括溶解、胶结、文石-方解石转化、方解石被其他矿物取代等一系列化学及矿物学变化。埋藏作用所发生的具体变化取决于埋藏环境因素,如温度、压力、孔隙水组成及pH值等。

2.碳酸盐岩主要成岩作用过程

1)生物改造作用

生物可以在碳酸盐岩沉积过程中通过钻孔、潜穴及觅食等对沉积物进行改造。该过程可能会破坏原生沉积构造,并改造成斑杂状构造及不同种类的生物遗迹。一些宏体生物如海绵及软体动物,可能会在碳酸盐颗粒或沉积物表面形成大型钻孔,而鱼类、海参、腹足类则可能将碳酸盐颗粒破坏成更小的颗粒。

一些如真菌、细菌及藻类的微生物可能会在碳酸盐颗粒表面形成微潜穴。泥晶文石及高镁方解石可能会在这些孔洞内沉淀。在暖水环境中,生物潜穴与泥晶沉淀过程可能会非常强烈,导致碳酸盐颗粒全部变为泥晶结构,该过程被称为泥晶化作用(micritization)。如果生物的钻孔作用没有特别强烈,则可能在颗粒表面形成泥晶环(micrite rim)或泥晶套(micrite envelope)。细菌可能在碳酸盐岩成岩作用中起到重要作用,如对碳酸盐胶结物的形成及成岩泥晶的形成起重要诱导作用。

2)胶结作用

胶结作用是一种重要的成岩作用,在所有成岩环境中均有出现。在海底环境,胶结作用主要出现在暖水地区沉积的富颗粒沉积物孔隙及裂隙中。碳酸盐台地边缘的礁、浅滩及碳酸盐砂海滩均为早期胶结作用发育的有利环境。在台地边缘附近的海底,若沉积物内部胶结作用充分发育,即成为所谓硬底构造(hardground)。在海滩环境,充分胶结的碳酸盐海滩砂被称为海滩岩(beachrock)。海底胶结物多数情况下为文石,但也可能存在高镁方解石的情况,存在多种类型的结构特征(图3-9)。海滩岩可能具有新月形胶结结构(图3-9A),主要由低潮时因毛细作用滞留在沉积物中的海水沉淀而成。此外,由于海滩沉积物并不是长期浸泡在海水中,因此在沉积物底部可以出现悬挂(重力)胶结结构(图3-9A)。环绕颗粒的等厚环边胶结结构(图3-9B、C)多出现于长期有海水的潮下带或临滨地带。文石胶结物也可能出现杂乱针状(图3-9D)与葡萄状(图3-9E)的放射性纤维胶结结构。

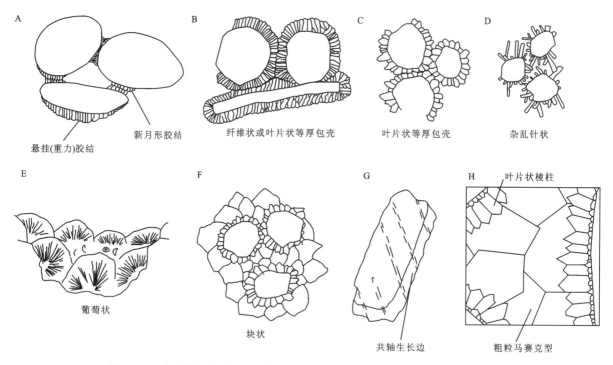

图3-9 碳酸盐岩成岩作用中主要胶结物结构(修改自James and Choquette,1983)

在大气降水区域,虽然溶解作用在该区域内占据主导地位,但是胶结作用也可能发生。由于方解石相对于文石和高镁方解石更为稳定,因此大气降水区域的胶结物主要由方解石组成。在渗流带,方解石胶结物结构主要为新月形和悬挂形。在潜流带,变为等厚型、块状(图3-9F)或共轴生长型(图3-9G)。共轴生长边一般由光学性质连续的方解石围绕单晶棘皮类化石颗粒形成,也可以围绕石英颗粒形成。

在深埋藏环境中也可以出现方解石胶结作用。一般而言,深埋藏环境中对胶结作用的发生起到控制作用的几个因素包括:不稳定的矿物组成,如文石和高镁方解石的存在;碳酸钙饱和的孔隙水;高孔隙度及高渗透率;温度的增加;二氧化碳分压的减少等。在该过程中,方解石胶结物的物源可能主要来自于碳酸盐岩的压溶作用。粗粒马赛克型及叶片棱柱状胶结物结构是深埋藏胶结物的主要类型,这两种类型的组合也被称为晶簇状(drusy)胶结(图3-9H)。

3)溶解作用

溶解作用是碳酸盐岩中非常普遍的成岩作用过程,其所要求的条件恰好与胶结作用相反。不稳定的矿物相(文石与高镁方解石的存在)、较低的温度、碳酸钙不饱和的酸性水等均有利于溶解作用的发生。特别当含有高浓度二氧化碳或有机酸的高化学活度孔隙水存在时,溶解作用反应效率会非常高。溶解作用在海底处于次要地位,但是在大气降水环境中则为主要成岩作用类型。如果孔隙水化学活动性够强,即使是稳定的方解石也会发生溶解。地下水浅水面附近是溶解作用集中发育的地区,因此在该地区经常可见到碳酸盐岩中发育溶洞。但是在深埋藏环境中,溶解作用强度弱于大气降水环境,这主要是因为一些不稳定碳酸盐矿物如文石和高镁方解石早已经转化为稳定的方解石,而随着埋藏深度的增加,温度的上升会使得碳酸盐矿物溶解度下降。但是如果在某一深度,有机质分解产生的二氧化碳进入孔隙水,克服了因温度上升而导致的溶解度下降效应,溶解作用也会发生。类似地,碳酸盐不饱和地下水的混合也可能导致碳酸盐胶结物或沉积物的溶解作用发生。当埋藏的碳酸盐岩由于抬升作用重新暴露进入大气降水环境中后,将会发生强烈的溶解作用。

4) 新生变形作用

新生变形作用(neomorphism)被 Folk(1965)用来描述矿物变化(如文石向方解石转化)及重结晶作用的共同作用。在初始定义中,矿物转化指的是碳酸盐矿物中同质异象体之间的转化,但严格而言,同质异象体转化是在固相条件下发生的,而文石向方解石的转化往往是文石的溶解伴随着几乎同时的方解石沉淀或交代反应。因此,很多地质学家将该过程认为是方解石化过程。在成岩过程中,绝大多数文石都会发生方解石化作用。重结晶作用指的是晶体粒度与形状的改变,但是矿物相及化学成分并未发生改变。

新生变形作用可以在所有成岩环境中发生,但是在大气降水环境中更为重要。新生变形作用可以影响到碳酸盐颗粒和泥晶,一般会造成结晶粒度的增大。该过程会破坏原生沉积结构构造,并且有可能导致整个岩石发生重结晶作用。因此,泥晶灰岩可能通过该过程转变为粗粒结晶灰岩。在小尺度上,重结晶作用可导致大片面积的洁净方解石晶体出现,高度类似于亮晶方解石胶结物。因此,在镜下观察时要注意区分新生变形作用与亮晶胶结物之间的区别。

5) 交代作用

碳酸钙被其他矿物交代是碳酸盐岩常见的成岩作用类型。碳酸钙的白云岩化即为交代反应的一种。此外,其他很多种类的非碳酸盐矿物可能在成岩作用过程中交代碳酸盐矿物,如微晶石英(燧石)、硬石膏、黄铁矿、磷灰石等。交代作用可以在所有的成岩作用环境中发生。除了碳酸钙沉积物在海底或埋藏环境中的白云岩化作用外,在蒸发岩序列中碳酸盐矿物被硬石膏交代是非常常见的现象。碳酸盐矿物被燧石交代也是沉积岩中常见的现象,在该过程中,交代的成分可能具有较强的选择性,例如化石或颗粒相对于泥晶而言更容易被硅质交代。

6) 物理及化学压实作用

新沉积的含水碳酸钙沉积物中孔隙含量可达到 40%~80%。进入埋藏阶段后,上覆沉积物的压力将导致颗粒的重新排布与压实作用。在浅埋藏阶段,压实作用会导致孔隙度降低和层厚减薄。在 300m 以下的深埋藏阶段,随着上覆压力逐渐增大,颗粒可能在塑性或延展性挤压下发生脆性破坏。即使埋藏深度仅为 100m,压实作用可缩减碳酸盐沉积物厚度至原始厚度的一半,并损失原体积中 50%~60% 的孔隙体积。

当埋藏深度在 200~1500m 范围时,碳酸盐沉积物的化学压实作用发生。颗粒之间的压溶作用可能会导致穿插结构或缝合线接触关系的出现。在大范围出现压溶作用的情况下,可以在露头尺度观察到压溶缝合线(stylolite)。压溶缝合线在碳酸盐岩中最为常见,缝合线的缝隙中一般以黏土矿物或其他细粒非碳酸盐矿物为主(主要为不溶残留物),来自碳酸盐岩溶解剩余的物质。压溶缝合线的尺度可以从微观尺度(如颗粒之间的岩溶缝合线厚度可能不到 0.25mm)到露头尺度(层间压溶缝合线宽度可达 1cm)。

第二节 其他内源沉积岩的沉积作用

一、磷酸盐工厂和磷块岩形成

1. 磷质岩与磷质来源

磷作为一种生命活动必需元素,不仅是 DNA 分子的重要组成元素,同样对生物细胞内的能量转换有重要作用(Föllmi,1996;Filippelli,2011)。而且磷作为控制大洋生产力的限制性营养元素,大洋磷循环系统制约了气候变化、海洋环境与生态系统之间的长期反馈机制。沉积型磷块岩是地壳中富集磷元素的主要载体,其 P_2O_5 含量一般大于 18%(Glenn et al.,1994)。其中沉积型磷矿床中的主要的富磷矿物为自生碳氟磷灰石(化学式 $Ca_{10-a-b}Na_aMg_b(PO_4)_{6-x}(CO_3)_{x-y-z}(CO_3 \cdot F)_{x-y-z}(SO_4)_zF_2$)。磷矿床不仅是制造农业化肥的最主要原料,而且可被用于洗涤剂等的制造、食品产业制造及电子工业制造,因此磷矿是一种具有极高的工业价值的不可再生资源(Pufahl and Groat,2017)。

现代磷块岩研究通常基于对"大洋磷循环"系统模式的模拟和解释,总结沉积型磷块岩成因类型和沉积分布规律,进而探究海洋中磷块岩的磷质来源、成磷作用及成矿模式。海洋中大规模成磷作用在地质历史时期是事件性的,巨量磷灰石的沉积一般与大洋磷循环的突变有关。全球性成磷事件往往与气候突变、氧化事件及生命演化等存在密切的耦合关系(Pufahl and Hiatt,2012;Pufahl and Groat,2017)。

磷块岩成矿物质来源问题一直以来有较多争议,最早提出的"生物来源"学说认为磷块岩是由生物遗体堆积而成,认为磷块岩的形成与大规模生物死亡有关,或是生物腐烂释放含磷物质形成磷块岩。虽然"生物来源"学说与磷矿成矿密切相关,但伴随世界各地各类型大型矿床的新发现、新研究,生物作用难以直接形成大规模磷矿床,且没有严格的科学数据支撑,因此"生物来源"学说解释磷质来源问题逐渐被摒弃。

伴随国内外学者对海洋中大洋磷循环的不断研究,通过对大洋磷循环系统磷通量计算表明,海洋中磷质的主要来源为陆源碎屑风化和地表径流输入,风力传输和地下径流也为陆地输入海洋磷质的主要途径。虽然海底火山或热液活动在整个地质历史时期对大洋磷循环中的磷质输入通量有限,但在某些海底火山活动异常活跃的地史时段,如白垩纪中期强烈的热液活动,显著影响了大洋磷循环过程。

大洋中来源于陆源碎屑风化和地表径流的磷质主要分为 4 种:溶解的无机磷、溶解的有机磷、微粒无机磷和微粒有机磷(图 3-10),其中能被生物利用进入海洋生物圈循环系统的磷质称为活性磷(Compton et al.,2000)。活性磷是海洋生命繁殖和演化所需的物质基础,是大洋初级生产力的限制因素,其主要为海洋中溶解的无机磷(正磷酸盐,$H_2PO_4^-$、HPO_4^{2-}、PO_4^{3-}),少量溶解的有机磷、氢氧化物吸附的磷及碳酸盐结合磷等能直接或间接参与生物圈循环(Delaney,1998)。河流中输入的磷大多以悬浮态无机微粒的形式存在,主要包括陆源碎屑磷和铁、锰氢氧化物、黏土吸附磷(Delaney,1998)。碎屑磷大都赋存于矿物晶格中难以释放迁移,生物循环并不能将其利用,所以碎屑磷成分一般难以进入生物圈循环(Compton et al.,2000),因此陆源风化的大部分磷质成分分散在碎屑颗粒中并直接沉积于深海或陆架边缘,河口或近陆架附近很难形成自生磷灰石沉积(Filippelli,2011)。部分悬浮态的无机磷由水体络合物(如铁氢氧化物和黏土络合物)吸附,由于氧化还原或海水盐度的变化,在海陆交互环境下分解释放形成溶解的磷(即活性磷)进入生物圈(Fillippelli,2011)。通过地表径流或陆源风化进入海洋的活性磷一般不会直接在浅水海岸直接沉积,而是被海洋表层生物利用进入生物圈循环,并以有机质的形式沉降深海,或是氧化降解形成可溶解的无机磷酸盐,并在深海形成巨大磷库,再由上升洋流携带深部富磷海水重新进入浅水透光带,进入海洋生物圈循环重复利用(Compton et al.,2000),仅有少部分磷酸盐通过有机质埋藏或无机沉降形成自生磷质矿物被固定在沉积物中。

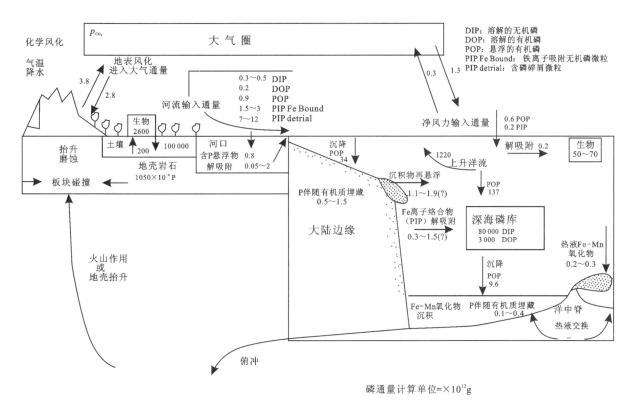

图3-10 全球大洋磷循环模型及磷通量计算(据Compton et al.,2000)

2. 磷酸盐工厂与成磷作用

活性磷一般都进入浅层海水作为大洋生产力的主要营养物质并最终进入有机质中,表层海水是消耗磷的,海水表面磷的聚集接近于零。最终,磷酸盐部分以有机质的形式进入深海,或是氧化降解形成可溶解的无机磷酸盐,深水是聚磷的过程,形成深海"磷库"(图3-10)。因此,在深水区域磷的聚集与海水年龄有关,所以更为年轻的大西洋深水含磷总量比太平洋低40%(Benitez-Nelson,2004)。正常海水地球化学条件下,海水中的磷酸盐浓度往往难以达到饱和,因此海水中的磷酸盐很难以无机沉降的形式产出。且研究发现沉积型磷灰石以碳氟磷灰石为主,而海水中碳氟磷灰石的溶解度高于羟磷灰石和氟磷灰石,且海水中Mg^{2+}的存在会增大磷酸盐的溶解度,以磷酸盐交代碳酸盐岩为标志的"交代成因"学说也被提出,他们指出,成岩作用过程中,在$CaCO_3$的晶格中首先被F和P_2O_5置换,但是"交代成因"说也不能全面解释全球性成磷现象。海水中磷酸盐的沉降产生自生磷灰石矿石依赖于海水中氧化还原条件、生物化学属性以及生物沉降过程促使磷酸盐在孔隙水中达到饱和,即"磷酸盐工厂"(Pufahl and Groat,2017)。现有的主流观点认为磷灰石的自生沉积可分为两个模式:有机质沉降模式和Fe-氧化还原泵模式(图3-11),即海水中磷灰石的自生沉积一般通过有机质沉降或铁氢氧化物吸附进入孔隙水柱,在氧化条件下有机磷质不易释放,铁氧化物对磷质也有较强的吸附作用,而还原条件下磷质会在有机质内迅速释放,铁氧化物受还原作用同样对磷质解吸附,因此在氧化-还原界面附近孔隙水中磷质浓度急剧提升,进而形成自生磷灰石沉积(Delaney,1998;Compton et al.,2000;Filippelli,2011)。

一般认为,当深部富磷海水重新进入浅水透光层,被海洋生态系统再次利用,达到"磷酸盐工厂"的海水条件并通过生物化学形式形成富磷沉积物。上升洋流学说已成为解释磷块岩成因机制的主流学

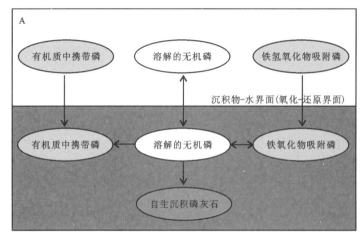
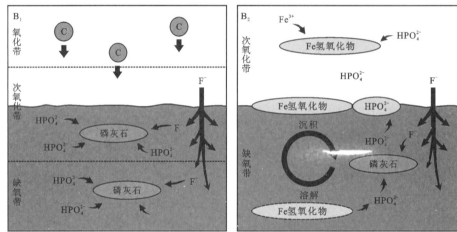

图 3-11　A. 海相沉积物中自生磷灰石沉积的两种模式(据 Filippelli,2011);B_1. 有机质沉降模式,微生物降解使沉积物中的有机质(C)沉降量增多,并在孔隙水释放磷酸盐使其浓度明显增高,最终形成自生磷灰石沉积;B_2. Fe-氧化还原泵模式,Fe 氢氧化物吸附磷,不断在氧化-还原界面上下吸附、释放磷酸盐,形成 Fe-氧化还原泵在孔隙水聚集磷酸盐,形成自生磷灰石沉积

说,现代上升洋流发育的地区如纳米比亚海岸、智利-秘鲁海岸、加利福尼亚海湾及阿拉伯海,均存在成磷事件(Filippelli,2011)。此外,地质历史时期世界各地磷块岩的成因,如中东和北非(摩洛哥、约旦、埃及、突尼斯等国家和地区)晚白垩世磷矿床、湖北宜昌陡山沱组磷块岩沉积、阿根廷新元古代晚期两次成磷事件均利用上升洋流来解释磷质来源,即上升洋流携带深部富磷海水进入浅水海岸,在生物化学作用或其他地球化学作用下使磷质在浅水海岸进一步聚集形成磷块岩沉积。Pufahl 和 Groat(2017)将上升洋流成磷系统划分为大陆边缘沉积系统与陆表海沉积系统。大陆边缘模式成磷作用一般发生在陆架边缘有机质沉积导致的氧气最小带,其沉积深度一般小于 150m;而陆表海沉积系统表层海水生产力高,且表层海水蒸发驱动的浅水环流使上升洋流带来的磷质进入浅海,刺激整个浅水台地的成磷作用,其沉积深度一般小于 50m。在非上升洋流海岸存在的富磷沉积一般使用"Fe-氧化还原泵"系统来解释(Nelson et al.,2010)。前寒武纪磷块岩成因模式并不像显生宙以来的成磷事件与上升洋流密切相关,Fe-氧化还原泵模式及海水分层模式对前寒武纪磷质沉积有很大的影响。

"生物成磷"成矿模式同样是磷块岩成因的另一重要学说,由生物遗体堆积而成的磷块岩,如秘鲁海岸鸟粪化石、鱼骨化石等,虽然有一定的含磷品位,但并不能广泛发育,更难以形成大型磷块岩矿床(Filippelli,2011)。因此,现在普遍认为的"生物成磷"一般为生物作用对海水中磷质的黏结、富集而间接形成磷块岩沉积,而非直接成磷。叠层石和藻类生物席等生物作用对海洋中磷酸盐的聚集、堆积是生物磷块岩沉积的一种重要途径。这种由微生物不断增生吸附磷质或刺激磷灰石沉降或生物细胞持续磷酸盐化的磷质叠层石磷块岩在地质历史时期有广泛的分布,如早侏罗世阿尔卑斯—地中海地区的叠层石磷块岩、早寒武世冰期后发育的西非叠层石磷块岩、中寒武世澳大利亚北部磷质叠层石及新元古代末期扬子板块东南缘广泛发育的叠层石磷块岩等。除叠层石磷块岩外,海洋中藻类生物对磷酸盐的吸附、黏结造成的具有生物结构的磷块岩同样广泛发育,如震旦纪陡山沱期华南鄂西地区蓝细菌胞外聚合物黏结磷质形成的颗粒磷块岩和瓮安地区磷矿层内广泛发育的含生物化石磷块岩。通过成磷事件形成的富磷沉积物,即原生磷块岩,自生磷灰石矿物一般散布于沉积物内,其含量品位较低,往往需要经历一系列的成岩再造作用才能变为可供开采的磷矿石(张亚冠,2019)。

二、硅质岩的形成作用

1. 硅质岩与硅质来源问题

硅质岩是由70%~90%自生硅质矿物所组成的沉积岩,不包括主要由碎屑石英组成的石英砂岩和石英岩。硅质岩在沉积岩中的分布仅次于黏土岩、碎屑岩和碳酸盐岩,位居第四位。关于该类岩石的形成作用和沉积方式,研究结果显示,其不仅受化学及生物化学作用的控制,特别在沉积方式上也可能受机械作用的影响。因而Folk(1959,1962)所提出的碳酸盐岩成因和分类原则可以引进硅质岩中。在欧美的地质学及海洋学文献中,大多把固结的硅质岩统称为燧石(chert),然后在燧石名称前冠以能反映岩石产状、成分、结构和构造等特征的附加名称,如硅藻质燧石、鲕状燧石、结核状燧石、层状燧石以及黑色燧石等。根据硅质岩中所含杂质种类和数量的不同,也可有不同的名称,常见的有:碧玉(jasper),因含赤铁矿而显红色;火石(flint),因含有机质而呈灰黑色;瓷状岩(porcellanite),也称白陶土,是一种具陶土状结构的硅质岩,主要由蛋白石-CT(由低温方石英与低温鳞石英两种结构构成一维堆垛无序的超显微结晶质)组成,并常含有泥质和钙质杂质。硅质岩在工业上有多种用途,如燧石可用作研磨材料;碧玉岩则是比较好的细工石料,色泽美丽者,可作宝石;硅藻土是重要的沉积矿产,在制造业、炼油工业和净水工业中被广泛利用,还用于橡胶、油漆、造纸等工业中。

硅质岩的成因长期以来一直是沉积学家、岩石学家关注和讨论较多的问题之一。其中,要回答硅质岩的成因,必须弄清楚两个重要的问题:①硅质岩中二氧化硅的来源是什么;②二氧化硅从海水中沉淀并形成硅质岩的机制是什么。这些问题在一定程度上已经被研究解决。然而,有关硅质岩成因的某些方面,例如前寒武纪硅质岩的沉积机制,仍待解决。

大多数层状硅质岩现存于海相沉积岩中。了解硅质岩的成因必须对二氧化硅的来源有一定的了解,进而帮助我们了解硅从海水中沉淀并形成硅质岩的机理。在河水中,二氧化硅(大陆风化作用的产物)为偏硅酸(H_2SiO_3)的形式,在搬运过程中的平均浓度为13×10^{-6}。除了通过河流搬运到海洋的二氧化硅之外,二氧化硅还可以通过海水与洋中脊附近火山岩反应及大洋玄武岩和海底硅酸盐碎屑的低温蚀变作用而汇聚到海洋中。部分二氧化硅也可以从海底远洋沉积物富硅孔隙水中逸出。图3-12总结了这些二氧化硅的来源,也描述了从蛋白石-A到石英硅质岩的硅成岩作用途径。尽管这些不同来源的二氧化硅均有贡献,但海洋不同部分的二氧化硅浓度从地表水中小于的0.01×10^{-6}到深度约2km以下的最大约11×10^{-6}不等。海洋中的溶解二氧化硅平均含量只有1×10^{-6}。显然,二氧化硅是通过某些过程不断被去除的,主要包括生物作用去除以构建硅藻、放射虫和其他硅质有机体,因此二氧化硅在海洋中具有相对较短的停留时间。

溶解度研究表明,二氧化硅在海水中的溶解度因不同的硅酸盐矿物而异。SiO_2在25℃和正常海洋pH值(7.8~8.3)下的溶解度对于石英约为11×10^{-6},对于无定形或非晶质硅(如蛋白石)约为116×10^{-6}(Rimstidt,1997;Gunnarsson and Amorsson,2000)。因此,与大部分表层海水中碳酸钙的饱和状

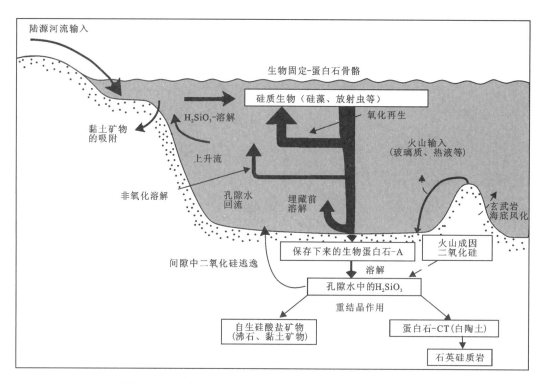

图 3-12 海水中二氧化硅的来源(修改自 Riech and Rad,1979)

态形成鲜明对比的是,二氧化硅在海水中的平均溶解度仅为 1×10^{-6},其在海洋中处于严重欠饱和状态。因此,是什么机制能够从高度欠饱和的海水中析出二氧化硅形成硅质岩层,并保持海洋中溶解的二氧化硅具有较低含量是需要解释的问题。

二氧化硅的溶解度受 pH 值和温度的影响。二氧化硅的溶解度随 pH 值的变化如图 3-13A 所示。当 pH 值增加到大约 9 时,二氧化硅的溶解度仅略有变化;但当 pH 值高于 9 时,二氧化硅的溶解度急剧增加。二氧化硅的溶解度在 100℃ 时几乎是 25℃ 时的 3 倍(图 3-13B)。二氧化硅的溶解度也随着压力的增加而增加。显然,当其他条件不变时,二氧化硅的溶解度越大,则沉淀形成硅质岩的可能性就越小。

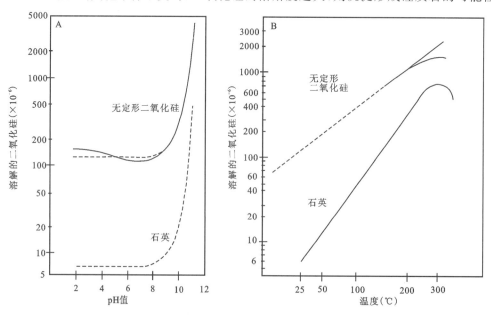

图 3-13 二氧化硅溶解度与 pH 值(A)和温度(B)的关系(A 据 Krauskopf,1979;B 据 Fournier,1970)

2. 硅质岩的沉积作用

1)化学析出作用与非生物成因硅质岩

在一个反应温度为20℃、持续2年的实验中,Mackenzie和Gees(1971)将二氧化硅浓度为4.4×10^{-6}的海水通过实验使石英沉淀到清洁的石英颗粒成核表面上。然而,即使在二氧化硅浓度超过石英溶解度(在25℃时为11×10^{-6})的溶液中,海洋中溶解的二氧化硅在自然的温度和pH值条件下并没有快速结晶形成石英。因此,由微晶石英组成的硅质岩不太可能通过无机过程从高度欠饱和的海水中沉淀出来。火山灰的溶解或与火山作用有关的其他过程可能造成海水中二氧化硅处于饱和状态,进而造成硅质岩可以在局部地区通过化学沉淀作用直接形成。此外,在Mackenzie和Gees(1971)的实验中,一些二氧化硅可以通过沉淀或吸附在黏土矿物或其他硅酸盐颗粒上而从开放海洋的海水中析出。然而,这种过程可能无法解释地质记录中存在的大量几乎由纯硅质岩组成的层状序列。

目前,对于不含硅质生物残余的硅质岩的成因还不清楚。在部分澳大利亚湖泊中,无定形二氧化硅可直接通过无机化学沉淀作用形成硅质岩(Peterson and von der Borch,1965)。肯尼亚马加迪碱性湖中更新世硅质岩是由于大气降水的去钠作用改变了钠硅酸盐的结构,使得残余的二氧化硅结晶形成石英硅质岩(Schubel and Simonson,1990)。在开放的海洋环境中,类似的事件未曾被报道以帮助解释非生物作用形成的硅质岩。显生宙硅质岩中放射虫和海绵针状物的缺乏并不能排除这些硅质岩是由硅质生物残余体形成的可能性。它们可能来源于硅质软泥,随后几乎完全溶解和再结晶,留下很少可辨认的硅质生物残余。Murray等(1992)认为部分层状硅质岩—页岩韵律层可能是成岩作用的结果。他们认为页岩中的生物成因二氧化硅经过溶解作用迁移出页岩,然后在页岩附近再沉淀形成层状硅质岩。

2)生物析出作用与生物成因硅质岩

硅质生物通过从海水中移除二氧化硅以构建蛋白石骨架结构似乎是从欠饱和海水中大规模析出二氧化硅的唯一机制。这一生物过程至少在早古生代就已经开始运作,以调节海洋中二氧化硅的平衡。放射虫(显生宙)、硅藻(白垩纪以来)和硅鞭藻(白垩纪以来)是建造蛋白石二氧化硅(蛋白石-A)骨骼的微体浮游生物。在显生宙,这些硅质生物(特别是硅藻和放射虫)在海洋中已经足够丰富,可以析出通过岩石风化和其他过程输送到海洋中的大部分二氧化硅。而硅藻可能是始新世至今海洋从海水中析出二氧化硅的主要原因。然而,放射虫是侏罗纪和更早时代显生宙海洋中二氧化硅的重要使用者。溶解的二氧化硅在硅质生物利用过程中滞留时间为200~300a,而在一般海水中滞留时间为11 000~16 000a(Heath,1974)。

与硅质生物有关的蛋白石转化为硅质岩的机制见图3-14中的路径A。当分泌二氧化硅的生物体存活时,硅质生物的细胞壁受到与生命活动有关的金属离子的保护作用,进而造成硅质(蛋白石-A,高度无序、近于非晶质的物质)骨骼即使处于高度欠饱和的且腐蚀性的海水中仍可以保持几乎不溶解的状态(Lewin,1961)。当硅质生物死亡后,这种保护系统被破坏,硅质生物开始解体。在硅质生物繁盛的海洋地区,硅质骨骼的产生速度可能很高,并高于它们的溶解速度。在这种情况下,当硅质骨骼达到足够数量的时候,其可以在完全溶解后以硅质软泥的形式在海底积聚并保存下来。硅质软泥中通常含有30%~60%的硅质骨骼材料。在被其他硅质软泥或黏土质沉积物掩埋后,这些蛋白石骨骼材料继续经历溶解作用。然而,经历掩埋作用之后,大部分溶解的二氧化硅被困在沉积物的孔隙空间中,无法逃逸回开放的海洋中。孔隙水中二氧化硅逐渐富集,并最终导致沉淀形成硅质岩。

在生物质蛋白石向硅质岩转化过程中,蛋白石-A可能不会直接转化为由微晶石英组成的石英硅质岩,通常会经历一个中间的亚稳态阶段:蛋白石-CT(图3-14)。虽然被称为蛋白石-CT,但这一硅相主要由低温方石英和鳞石英呈无序混层构成。方石英和鳞石英是石英随时间变化的准稳定态变种。蛋白石-CT可能以鳞片(叶片状晶体的微晶聚集体)的形式出现在沉积物的开放空间中,也可以形成非球形叶片、边缘胶结物、过度生长物以及块状胶结物。需要注意的是,蛋白石-A向蛋白石-C转变是一个

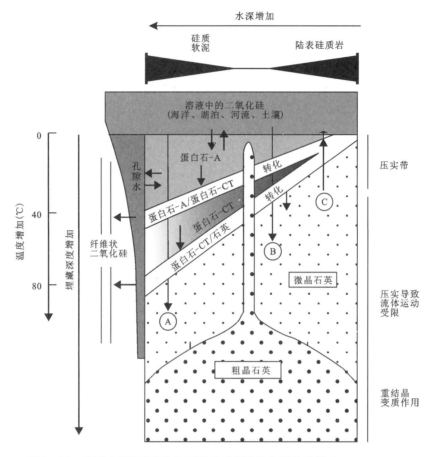

图 3-14 主要二氧化硅矿物及可能的成岩转化作用示意图(据 Kanuth,1994)

溶液-再沉淀的过程。其中,蛋白石-A 溶解生成硅富集的孔隙水,才有蛋白石-CT 从中沉淀,而蛋白石-CT 也可以通过溶液-再沉淀过程转化形成微晶石英。最后,随着埋藏温度接近变质作用温度时,微晶石英转变为粗晶石英。粗晶石英和纤维石英也可以在较低温度条件下以孔洞和裂隙填隙物形式形成。

二氧化硅从生物蛋白石-A 到蛋白石-CT 以及最后的石英硅质岩的成岩演化速率受多种物理化学因素控制。温度通常被认为是一个特别重要的控制因素,升高的温度会促进转化率的提高。在沉积速率和埋藏速率较高或存在高地温梯度的地方,这种转化过程进行的最快。在深海环境中,蛋白石-A 向蛋白石-CT 的转化主要发生在 45℃ 左右的埋藏深度,而蛋白石-CT 向微晶石英的转化则主要发生在 80℃ 左右。

三、锰质岩的形成作用

1. 锰元素在表生环境下的地球化学行为

锰元素的地球化学行为在沉积环境中表现为溶解与沉淀,其主要由氧化作用与还原作用控制。相比以固态形式出现的锰的氧化物,溶解态的锰的二价阳离子 Mn^{2+} 在锰的氧化物的 $Eh-pH$ 相图中占据更大的相区域(图 3-15A),证明较之锰的氧化物,溶解态的锰在自然界中更为常见。在正常酸碱度的水体中,只有在极端氧化的条件下才会出现不溶的锰氧化物六方锰矿($\gamma-MnO_2$)与锰的氢氧化物水锰矿($\gamma-MnOOH$)。如将锰碳酸盐考虑在内,在还原条件下稳定的菱锰矿使得固态的锰矿物出现范围大大增加,如图 3-15A 灰色阴影部分及图 3-15B 方格范围所示,由图中可见菱锰矿是锰质在高 pH、低 Eh 环境中的主要矿物相。

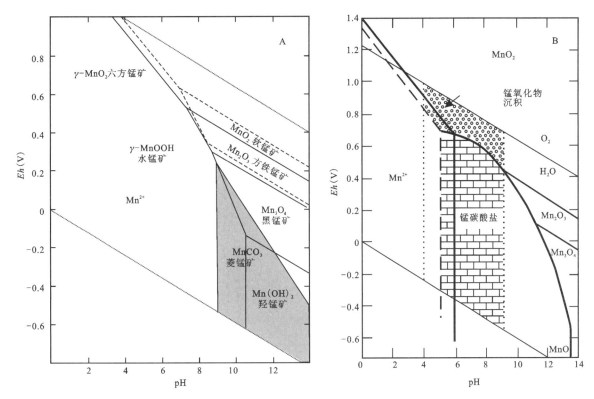

图 3-15 锰元素及相关矿物 Eh-pH 相图,对锰碳酸盐与各类锰氧化物的形成条件进行了约束
A. 引自 Maynard(2003);B. 引自 Roy(2006),加粗的实线与虚线为相态分解线,较细的点线圈闭了自然水体的化学条件

溶解态 Mn^{2+} 的沉淀过程开始于 Mn^{2+} 的氧化过程,该过程的产物是锰的氢氧化物与+3 价锰氧化物,该过程中处于稳态的固相产物为 γ-MnOOH(水锰矿),以此其他氧化产物如 Mn_3O_4(黑锰矿)也会自发转化为水锰矿(Murray et al.,1985),水锰矿可以与海水达到液固相平衡状态(Grill,1982)。但是,该反应过程中锰元素最高不会超过+3 价,而在现代大洋铁锰结核中,其基本的矿物相则为 MnO_2,具有+4 价,这是由于 γ-MnOOH(水锰矿)在化学动力学控制下发生不均衡反应导致热力学成因的+4 价锰氧化物产生。由于 Mn^{3+} 在沉积环境中不稳定,Mn^{2+}/Mn^{4+} 离子间的氧化还原反应实际上控制了溶解态 Mn^{2+} 离子在水体中的沉淀过程(Roy,2006)。

Mn^{2+} 的氧化是一个自发进行的多相化学反应,其化学动力学表述为:

$$-d[Mn^{2+}]/dt = k_0[Mn^{2+}] + k_1[Mn^{2+}] \cdot [Mn^{2+}][O_2][OH^-]^2 \qquad (反应 3.7)$$

由上式可见,在先存锰氧化物的情况下,锰氧化物的沉淀过程增强。因为氧化物表面具有从溶液中吸收过渡金属离子的能力。Mn^{2+} 氧化反应包括吸附与氧化两个主要步骤,因此先存的氧化物表面对氧化反应具有重要意义(Maynard,2003)。以上化学动力学规律仅适用于 Mn^{2+} 向 Mn^{4+} 的转化过程,而锰的碳酸盐直接由 Mn^{2+} 与碳酸根反应生成。在该过程中,锰碳酸盐的沉淀最主要的控制因素是海相沉积物孔隙水中高浓度的 Mn^{2+} 与充分溶解的重碳酸盐之间的反应(Calvert and Pedersen,1996)。

2. 锰质岩的沉积作用

锰矿沉积的发生可以出现在各种现代地质与地球化学环境中,这些环境包括深海、海洋中部水体到浅海、海峡湾、淡水湖泊等。现代海洋中最为常见的深海铁锰结核散布于洋底(水深大于 4000m),深海环境中沉积物聚集比例极低,而对于深海铁锰结核沉积最为重要的控制因素被认为是氧化的南极底层水。水成过程(从盆地水中沉积)与早期成岩过程(从沉积物的孔隙水中沉积)均可以产生深海铁锰沉积,这些过程可能直接或间接地存在生物活动参与。但是由于洋壳始终处于消减与新生的过程之中,早于侏罗纪的洋壳已经俯冲消失,其上沉积的铁锰结核也因此消失(Roy,1992)。

在全球锰循环中,锰元素主要储藏在水圈与岩石圈中,大部分锰通过河流或冰川进入海洋,深海地区的锰则主要通过风或大气沉降的搬运作用或海底热液系统进入到海洋中(Canfield et al.,2005)。锰与铁的化学性质相似,两种元素均具有类似的核外电子轨道排列特征及离子半径,高自旋态的3d轨道电子易发生电离而形成+2与+3价阳离子,但锰元素也存在+4价阳离子,因此锰氧化物的复杂程度较铁更高(Maynard,2003)。锰元素的沉积地球化学行为主要受到氧化还原条件与pH值的控制,其他因素如温度、光照、盐度、锰离子浓度及水体悬浮物含量为次要因素(Johnson et al.,2016;Roy,2006)。锰元素复杂的变价行为与锰硫化物的不稳定性导致锰矿物在氧化条件下以氧化物为主,而在还原条件下以锰的碳酸盐矿物为主。在弱碱性海水与弱酸性淡水中,锰元素在较强的氧化环境中才会发生沉淀,形成高价态锰的氧化物或氢氧化物,而当它们被沉积物埋藏处于还原环境时,锰的氧化物会被还原成溶解态的 Mn^{2+} 进入沉积物孔隙水中(Glasby and Schulz,1999)。根据基础热力学计算及实验模拟结果,锰的硫化物矿物如硫锰矿及方硫锰矿在还原条件下会迅速溶解,锰碳酸盐矿物的稳定性使得锰元素在还原环境中的行为受控于锰碳酸盐矿物,当锰元素处于偏碱性、还原的早期埋藏环境时,碱度的上升将导致锰碳酸盐矿物的大量沉淀。形成高品位锰矿沉积的一个重要前提是地球化学体系中的锰铁分离过程(董志国等,2020;余文超等,2020),由于 $Mn^{2+}/Mn(OH)_3$ 比 $Fe^{2+}/Fe(OH)_3$ 的电极电势高,在氧化条件下,Fe可比Mn优先发生氧化作用后形成矿物沉淀。又由于 Mn^{2+} 的硫化物往往不稳定,而 Fe^{2+} 在还原状态可以硫化物的形式发生沉淀,锰和铁在地球化学行为上的差异将在适当的沉积环境中导致显著的铁锰分离作用发生(Sternbeck and Sohlenius,1997)。

锰矿沉积的富集过程可能包括数个主要阶段,不同锰矿类型包含的关键成矿步骤也不尽相同:第一阶段中锰元素在氧化环境中以氧化物或氢氧化物的形式固定进入沉积物中,这可能是氧化锰型锰矿的主要富集机制;第二阶段锰氧化物或氢氧化物在还原环境中被再次溶解,Mn^{2+} 和孔隙水中 CO_3^{2-} 结合形成碳酸锰(菱锰矿)沉淀,这是碳酸盐岩型锰矿形成的关键步骤;第三阶段为后期改造阶段,可能会出现变质作用或热液蚀变导致的硅酸盐型锰矿沉积的出现,或风化淋滤作用导致的风化壳型锰矿的出现(Roy,2006)。

国内外学者对锰矿成矿模式进行了大量且深入的研究,目前国际上存在3种较为流行的锰矿成因解释(图3-16):①"锰泵(manganese pump)"模式(Roy,2006),该模式由早期的"浴缸边(bathtub rim)"模式发展而来(Glasby,1988)。该模式认为,有利于成锰的盆地是一个出现水体氧化还原分层的海相盆地,锰矿沉积主要分布在盆地氧化-还原带附近,海侵作用会导致盆地深水内的锰质不断向浅部发生迁移。锰元素在盆地缺氧的深水水体中以离子形式储存,在盆地氧化-还原界面位置被氧化沉淀。当这些锰的氧化物进入富有机质的沉积物中,则可能被再次还原,与沉积物孔隙水中的碳酸根反应形成菱锰矿沉淀,沉积物中的碳酸根主要来自微生物硫酸盐还原作用(MSR)及锰氧化物对有机质的氧化作用(Maynard,2003)。在海侵时期,锰的氧化物会沉淀在陆架区域的氧化-还原界面附近,而在那些远离陆架的地区,析出的锰氧化物会很快重新落入还原性海水中而被溶解。逐步海侵及随之而来的 Mn^{2+}/Mn^{4+} 氧化-还原界面上移的过程中,沉淀在陆架上的锰矿物可能重新回到缺氧带中并溶解,结果就是海侵作用导致锰元素从盆地深部向浅部富集。②最小氧化带(Oxygen-minimum zone,OMZ)模式,由于OMZ对于海水氧化-还原的控制作用可能远超过传统认识中的氧化-还原界面,因此有学者更为强调最小氧化带对于游离锰离子的控制作用。在近海区域,初级生产力的提高将产生大量有机质,有机质降解消耗氧气导致近海岸区域的最小氧化带内形成楔状还原水体(即"还原楔"),"还原楔"与上、下层氧化海水层形成氧化-还原界面。在最小氧化带扩张的情况下,该带若覆盖于海底之上,将导致先成的锰氧化物再次发生还原溶解,Mn^{2+} 再次进入最小氧化带中,发生锰元素的富集(Maynard,2003)。该模式与"锰泵"模式虽然均强调锰元素的地球化学性质对其行为的控制,但是两种模式中的水体结构差别较大:"锰泵"强调底层海水缺氧控制锰元素的聚集,而最小氧化带模式强调中层海水氧化-还原条件对锰元素富集的控制作用。③波罗的海模式,针对该海区富锰沉积成因研究表明,大西洋东北部边缘海(北海)地区季节性输入的富氧底流是造成波罗的海(Baltic Sea)深部氧化的决定性因素,这种周期性的短暂氧化将导致底层海水中富集的 Mn^{2+} 被氧化为 Mn^{4+},形成锰的氧化物或氢氧化物沉淀进入沉积物中,并发生锰元素的富集(Huckriede and Meischner,1996)。

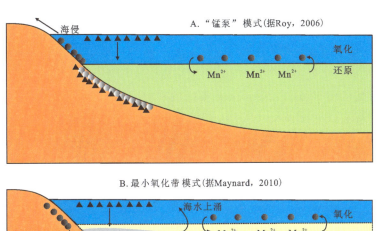

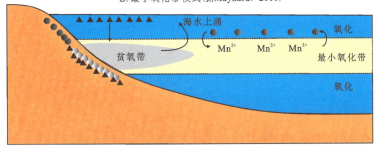

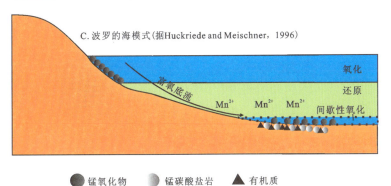

图 3-16 传统沉积型锰矿主要成矿模式

上述成矿模式强调沉积体系中氧化-还原条件对锰矿沉积的控制作用,但无机条件可能并不是控制沉积型锰矿形成的唯一因素。锰矿微生物成矿理论是近年来对传统锰矿成矿理论的重要补充与拓展,沉积型锰矿的形成可能存在微生物-环境的协同效应。目前,全球已明确报道存在微生物成矿作用证据的沉积型锰矿床包括:①中国南方成冰纪大塘坡组锰矿沉积(Yu et al.,2019);②巴西西南部 Mato Grosso do Sul 地区埃迪卡拉纪 Urucum 组锰矿沉积(Biondi et al.,2017);③伊朗西南部 Fars 省 Neyriz 中生代混杂岩带中锰矿沉积(Rajabzadeh et al.,2017);④匈牙利西部 Úrkút 地区早侏罗世 Úrkút 组中锰矿沉积(Polgári et al.,2012)。虽然这些锰矿沉积在时空分布上差异巨大,但各矿床的成矿过程均与微生物成矿作用存在紧密联系(Polgári et al.,2019)。归纳起来,以上沉积锰矿床存在微生物成矿作用的关键证据包括但不限于:①纹层状矿石中可观察到大量微生物成因显微构造,包括细丝状、椭球状、蠕虫状、脑状及叠层石状等,特别是旋回性显微层理最具代表性;②广泛发育有微生物矿化作用特征矿物,如钙菱锰矿、铁白云石、锰方解石等,矿物中多见有机质包裹体或团块甚至微生物化石;③矿石一般具有显著微生物信号的同位素特征,如偏负的无机碳同位素($-10‰\sim-5‰$,与有机碳被氧化进入菱锰矿碳酸根有关)、偏高的黄铁矿硫同位素组成($+20‰\sim+50‰$,与增强的微生物硫酸盐还原作用有关)等。此外,一些与微生物活动有关的元素或组分(如 As、Mo、U、P、TOC 等)也可能在矿层中富集。

四、铝质岩的形成作用

从经济地质学的角度,铝土矿(bauxite)是可供工业开采提炼单质铝(Al)的矿石的统称。依据现有提炼工艺标准,用矿石中三氧化二铝(Al_2O_3)质量分数大于 40% 及铝元素与硅元素含量之比(A/S)处于 1.8~2.6 条件定义矿石边界品位。1821 年,法国地质学家皮埃尔·贝尔蒂埃(Pierre Berthier)在法国南部普罗旺斯省莱博(Les Baux de Provence)首次发现铝土矿沉积。随着 19 世纪 80 年代从铝土矿石中提炼氧化铝的拜耳法(Bayer process)及从氧化铝电解得到铝单质的霍尔-埃鲁法(Hall-Héroult process)先后引入工业生产,铝的产量与需求不断攀升,这也促使地质学家开始在全球范围内对铝土矿床进行勘探与研究工作。

从目前取得的认识来看,利于发生铝土矿化(bauxitization)的条件为:应具有年均气温高(大于 22℃)、降水量大(大于 1200mm)且有明显干湿分异气候特征(有 1~3 个月较干燥旱季);具有较稳定的大地构造条件背景,地表有茂盛的植被系统,土壤中微生物活动强烈的准平原化地貌;泄水条件良好,地下水水位具波动性,潜水面下保持还原条件;具有足够且适宜的母岩不断提供成矿母质且成矿区域内矿化速率应大于剥蚀速率。

除以上宏观尺度的环境条件外,D'Argenio 和 Mindszenty(1995)指出依照成矿母质就位之后的微地貌环境可进一步划分为渗滤型(vadose)铝土矿与潜流型(phreatic)铝土矿。前者以均匀氧化的基质、豆鲕/内碎屑构造及以赤铁矿(针铁矿)为主的铁矿物伴生三水铝石(勃姆石)的矿物组合特征,并在风化剖面底部富集 V、Co、Ni、Cr、Zr 等微量元素;后者以较低氧化程度(甚至还原)的基质为特征,缺乏 +3 价铁离子,铁矿物以针铁矿、菱铁矿、黄铁矿及鲕绿泥石为主并伴生一水硬铝石或/和一水软铝石等铝矿物;此外,尚存两种成矿环境间的过渡带环境。以上 3 种铝土矿形成环境与沉积、成岩作用发生的位置及控制 Eh 和 pH 值的古地下水水位密切相关。

从成矿机制上来看,可将铝土矿的成矿过程概括为 3 个阶段。

(1)成矿母质形成阶段:包括早期的风化与红土化作用,其实质是原岩中的矿物被分解,碱性、碱土元素以离子形式大量流失,残余元素原地形成氧化物和氢氧化物,形成红土物质(成矿母质)。

(2)成矿物质迁移-就位阶段:成矿物质原地(准原地)或经过搬运作用在负地形中沉积,发生早期成岩作用,形成初始铝土矿层,在此阶段中,铝土矿化作用持续进行。Bárdossy 和 Aleva(1990)认为铝土矿化作用只能在潜水面以上发生,并将铝土矿化的本质视为与风化剖面上残留元素的水合作用和双向选择性活化作用(淋滤与部分再沉淀作用)的过程。进而提出,铝土矿矿化可分为以母岩的铝硅酸盐矿物直接形成铝矿物的直接铝土矿化作用和中间经过黏土矿物这一中间阶段的间接铝土矿化作用。直接矿化方式要求十分有利的淋滤条件及雨量充沛的季风性气候以快速脱除被溶解的氧化硅及其他杂质,当被溶解的氧化硅疏散得不够快时就会发生间接矿化方式,形成高岭石后发生不一致溶解形成三水铝石残余物。

(3)后期改造阶段。该阶段包括晚期成岩作用、表生风化淋滤作用及可能发生的变质作用与再硅化作用。其中,表生风化淋滤作用对优质铝土矿的形成有重要意义,而再硅化作用则可能导致铝土矿石的品质下降(Valeton,1974;Bárdossy and Aleva,1990)。

需要指出的是,以上对成矿阶段的简要概括往往并不能完全反映铝土矿矿床形成过程的复杂性。王长龄(1994)曾以"多源、多态、多相、多变的铝土矿床,多阶段、多因素、不同程度的连续成矿"来概括铝土矿床的成矿机制。Bárdossy 和 Aleva(1990)也认为各铝土矿成矿区都有其独特的地质历史和发展方式,最好将大量矿床所具有的这种相似性称为"多阶段发展模式"。杜远生等(2014)提出铝土矿的研究可基于一种"动态成矿模式"的思路。以上观点的提出对铝土矿成矿机制的研究均起到了极大的推动作用。

除经济价值外,铝土矿尚具有重要的地质学意义,主要体现在以下几个方面。

(1)铝土矿沉积代表地层序列的沉积间断。根据D'Argenio和Mindszenty(1995)的统计结果,绝大多数铝土矿沉积代表着1~10Ma的沉积间断期,这些间断期持续时间远大于米拉科维奇旋回(Milankovich cycles)所引发的高频次海平面变化周期,因此正常的海平面变化并不会导致铝土矿的形成。

(2)铝土矿沉积可反映古气候条件。正如现代红土沉积物多产出于温暖潮湿的气候环境,铝土矿沉积被视为地质历史时期温暖潮湿古气候的记录(Bardossy,1982;Bogatyrev et al.,2009a)。

(3)铝土矿沉积,特别是大规模区域分布的铝土矿沉积,指示长期的(百万年级别)垂向稳定构造背景,成矿区域内往往先期发生准平原化作用。

铝土矿沉积与地球系统演化存在耦合性(图3-17)。关于最早的铝土矿沉积记录一直以来均存在争议。Bardossy(1982)认为,自从大氧化事件之后,地球大气层足量的氧含量可产生富铝的红土型风化物,但是这些风化产物很快被剥蚀,并未保存在沉积记录中。此外,由于前寒武纪地层形成时间久远,历经漫长的地质历史,变质作用可能已极大地改变了矿床原始矿物组成,使得铝矿物未能得以保存(Bogatyrev et al.,2009a)。目前,已知最早的铝土矿沉积记录来自俄罗斯乌拉尔山区靠近北极的Sayan地区,寒武纪矿床中矿物以一水硬铝石为主,部分铝矿物变质成为刚玉(Bogatyrev et al.,2009b)。奥陶纪至志留纪,世界范围内均未见大规模铝土矿沉积报道,显生宙以来的数次铝土矿大规模成矿期集中于中-晚泥盆世、早石炭世、早二叠世、晚二叠世、晚三叠世—早侏罗世、晚白垩世、始新世至中新世及全新世(D'Argenio and Mindszenty,1995;Bogatyrev et al.,2009b)。结合全球板块运动历史、火山活动、海平面变化及古气候变化来看,围绕晚古生代以来Pangea超大陆的聚合及裂解过程中频繁出现的古气候变迁、构造运动与火山活动,对应了晚古生代及晚中生代—新生代全球铝土

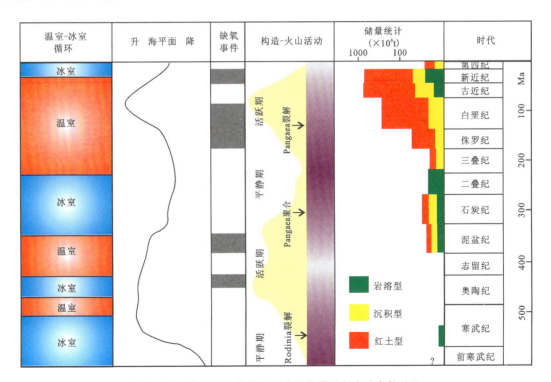

图3-17 全球显生宙铝土矿成矿规模及与全球事件对比

(据Bardossy and Combes,1999;D'Argenio and Mindszenty,1995;Bogatyrev et al.,2009)

矿沉积的大量聚集。而在晚古生代至中生代全球气候由冰室至温室的改变过程中，全球海平面上升，铝土矿沉积也呈现上升趋势。与此同时，铝土矿沉积结束之后往往对应以黑色页岩为代表的缺氧事件沉积，D'Argenio 和 Mindszenty(1995)将其归因于强烈陆地风化作用导致大量陆源有机质进入海水中，从而导致海水中缺氧事件发生。

铝土矿沉积的形成需要多种有利成矿因素的结合，而其保存与次生富集则需要更多因素相结合。对铝土矿沉积的研究，不仅具有经济方面的价值，同时对于认识地球系统演化及探究深时记录也具有重要意义(Yu et al., 2019)。

五、铁质岩的形成作用

铁元素几乎在所有沉积岩中均有分布，例如硅铝酸页岩平均铁含量为4.8%，砂岩平均铁含量为2.4%，灰岩平均含铁量为0.4%。但是铁质岩或富铁沉积物一般指的是全铁含量超过15%的沉积物类型。前寒武纪、早古生代、侏罗纪—白垩纪是铁质岩产出的主要时段。虽然以上时段的地层仅代表很短的地质历史时期，但是其赋存的铁质岩却具有非常重要的经济价值。

铁质岩一般可以依据时代和成分将其划分为铁建造(iron formation)和铁岩(ironstone)两种主要类型，但是对这两个名词的使用还存在一定争议。在初始定义中，铁建造主要指形成于前寒武纪为主的含硅富铁沉积岩，而铁岩主要指显生宙以来的无硅富铁沉积岩。但也有学者认为铁质岩主要指那些成层性差、含鲕状的富铁沉积物，铁建造则主要为成层性好、富硅的富铁沉积物(Boggs, 2012)。铁质岩的其他划分方案请参考第四章铁质岩分类相关内容。

铁质岩中的含铁矿物主要包括铁氧化物、铁硅酸盐、铁硫化物和铁碳酸盐4种主要类型(表3-4)，其中铁氧化物和铁硅酸盐矿物是最为常见也是最为重要的含铁矿物。铁建造的主要化学组成为SiO_2(40%~50%)，全铁含量可以在29%~32%范围内变化，MgO、CaO、Al_2O_3含量均小于10%，其他元素含量均小于1%。对于铁质岩而言，以Fe_2O_3、FeO或FeS形式赋存的铁元素可能为主要化学成分，但是也可能出现硅含量超过铁含量的情况。此外，锰含量在一些铁建造中也占据了相当重要的位置，出现所谓的铁锰岩。对于铁岩而言，一般含有更高的铝与磷含量，而硅含量较低。

铁元素的迁移和沉积主要受到环境的Eh值与pH值的控制，一般认为Eh值对哪种含铁矿物能够形成的影响更大。例如赤铁矿会在氧化环境中沉淀，但是其对pH值的要求比较宽泛，海水及大部分陆地水的环境均能满足；菱铁矿形成在中等还原的环境中；黄铁矿则形成在中等到强还原的环境中。虽然众多有关铁矿物的$Eh-pH$相图被建立起来，但是自然环境中的变化复杂性要远远超过理想情况，因此在铁质岩沉积环境研究中仍然存在不少问题。

铁质岩研究中一般存在3个核心问题：铁质的来源、铁质的搬运形式及铁质的沉淀机制。早期的部分研究者假设铁主要通过陆表风化作用进入沉积盆地，但该假设主要面临的问题是如何使得铁能够以溶解的形式在陆地上发生搬运作用。对于新元古代及显生宙之后的地球表层环境而言，能够满足溶解态二价铁发生迁移的环境(还原性或强酸性水体)难以广泛存在。也有学者认为铁可以通过胶体或黏土矿物吸附的形式发生搬运，但是该机制难以解释超大规模铁质岩的形成。

当前较为流行的盆地成铁模型一般会设想一个氧化-还原分层的盆地水体模型，包括氧化的表层水体与缺氧的底层水体。来自火山岩/碎屑沉积物溶解或热液活动的二价铁离子可以大量储存在盆地底部还原性水体中，一旦到达盆地水体氧化-还原界面，铁质就会发生氧化并沉淀。目前，提出的可能还原性铁化底层水如何进入表层氧化环境的主要机制包括上升流、洋中脊扩张引发的侧向迁移、海底火山喷发引起的海气交换等。各类机制对于铁质岩形成的相对重要性难以进行宏观评估，只有在结合具体研究实例时讨论其形成机制才有意义。

表 3-4 铁质岩中主要含铁矿物种类

矿物族	矿物种类	化学式
氧化物	针铁矿	FeOOH
	赤铁矿	Fe_2O_3
	磁铁矿	Fe_3O_4
硅酸盐	鲕绿泥石	$3(Fe,Mg)O \cdot (Al,Fe)_2O_3 \cdot 2SiO_2 \cdot nH_2O$
	铁蛇纹石	$FeSiO_3 \cdot nH_2O$
	海绿石	$KMg(Fe,Al)(SiO_3)_6 \cdot 3H_2O$
	黑硬绿泥石	$2(Fe,Mg)O \cdot (Al,Fe)_2O_3 \cdot 5SiO_2 \cdot 3H_2O$
	铁滑石	$(OH)_2(Fe,Mg)_3Si_4O_{10}$
硫化物	黄铁矿	FeS_2
	白铁矿	FeS_2
碳酸盐	菱铁矿	$FeCO_3$
	铁白云石	$Ca(Mg,Fe)(CO_3)_2$
	白云石	$CaMg(CO_3)_2$
	方解石	$CaCO_3$

六、蒸发岩的形成作用

蒸发岩指的是通过咸水的蒸发作用形成的沉积岩。在地质记录中,沉积岩中通常都含有蒸发岩类矿物。蒸发岩最早出现于前寒武纪,主要以假晶的形式保存下来。蒸发岩在显生宙地质记录中非常常见,特别是在寒武纪、二叠纪、侏罗纪和新生代地层中广泛分布,而在志留纪、泥盆纪、三叠纪和始新世的沉积中相对较少(Ronov et al.,1980)。虽然在世界范围内蒸发岩占显生宙沉积岩的比例不到2‰,但是蒸发岩形成时的沉积速率非常快。当环境适宜时,蒸发岩在1000年内可沉积100m,该沉积速率是大多数陆架沉积速率的2~3个数量级(Schreiber and Hsü,1980)。

蒸发岩的主要构成矿物为不同比例的岩盐(NaCl)、硬石膏($CaSO_4$)和石膏($CaSO_4 \cdot 2H_2O$),以及少量其他矿物。蒸发岩中大约已报道过80种矿物成分(Stewart,1963)。表3-5中列出了大约60种构成蒸发岩的主要矿物及其化学组成(Warren,2016)。现代蒸发沉积物中的石膏比硬石膏含量更为丰富,然而,地下埋深超过600m处的硬石膏含量高于石膏,这是由于脱水作用使得石膏转化为硬石膏。

蒸发岩矿物组分呈现出多种晶体形状(表3-5)。岩盐晶体形状包括具有凹陷晶面的立方体、骨骼状晶体、锥形晶体以及齿状。石膏和硬石膏通常会呈不同形状产出,包括单晶、放射状晶簇和大量的复杂双晶。之前提到过,海相环境和陆相环境均能形成蒸发岩。由于供给水源中溶解的矿物成分不同,两种环境下会形成不同的矿物系列,详见Warren(2016)有关海洋和陆相盐水的讨论,以及Hardie(1984)对海相蒸发岩和陆相蒸发岩特征的讨论。

由于海相蒸发岩源于海水沉积,海相蒸发岩的矿物组成变化趋于稳定。海水的平均盐度为35‰,其中Cl^-(18.98‰)、Na^+(10.56‰)、SO_4^{2-}(2.65‰)、Mg^{2+}(1.27‰)、Ca^{2+}(0.40‰)、K^+(0.38‰)和HCO_3^-(0.14‰)构成了海水的主要溶解成分。

最常见的海相蒸发岩矿物是硫酸钙矿物石膏和硬石膏。岩盐含量第二多,之后是钾盐和硫酸镁。常见的海相蒸发岩矿物按照化学组成分为氯化物、硫酸盐和碳酸盐。其中,阴离子(Cl^-、SO_4^{2-}和CO_3^{2-})

会和阳离子（Na^+、K^+、Mg^{2+}、Ca^{2+}）结合形成各种矿物。蒸发岩中可以含有各种杂质，例如黏土矿物、石英、长石、硫磺。

表 3-5 蒸发岩中主要矿物简表

矿物	化学式	矿物	化学式
硬石膏	$CaSO_4$	无水钾镁矾	$2MgSO_4 \cdot K_2SO_4$
南极石	$CaCl_2 \cdot 6H_2O$	四水泻盐	$MgSO_4 \cdot 4H_2O$
钾芒硝	$K_2SO_4 \cdot (Na,K)SO_4$	钾镁矾	$MgSO_4 \cdot K_2SO_4 \cdot 4H_2O$
霰石	$CaCO_3$	钠镁矾	$2MgSO_4 \cdot 2Na_2SO_4 \cdot 5H_2O$
烧石膏	$CaSO_4 \cdot 1/2H_2O$	镁方解石	$(Mg_x Ca_{1-x})CO_3$
水氯镁石	$MgCl_2 \cdot 6H_2O$	菱镁矿	$MgCO_3$
白钠镁矾	$Na_2SO_4 \cdot MgSO_4 \cdot 4H_2O$	芒硝	$Na_2SO_4 \cdot 10H_2O$
硼砂	$Na_2B_4O_7 \cdot 10H_2O$	苏打石	$NaHCO_3$
方硼石	$Mg_3B_7O_{13} \cdot Cl$	泡碱	$Na_2CO_3 \cdot 10H_2O$
碳酸钠矾	$Na_2CO_3 \cdot 2Na_2SO_4$	钠硝石	$NaNO_3$
方解石	$CaCO_3$	硝石	KNO_3
光卤石	$MgCl_2 \cdot KCl \cdot 6H_2O$	五水泻盐	$MgSO_4 \cdot 5H_2O$
硬硼钙石	$Ca_2B_5O_{11} \cdot 5H_2O$	钙水碱	$CaCO_3 \cdot Na_2CO_3 \cdot 2H_2O$
钠硝矾	$NaSO_4 \cdot NaNO_3 \cdot H_2O$	杂卤石	$2CaSO_4 \cdot MgSO_4 \cdot K_2SO_4$
白云石	$Ca_{1+x}Mg_{1-x}(CO_3)_2$	白硼钙石	$CaB_4O_{10} \cdot 7H_2O$
泻利盐	$MgSO_4 \cdot 7H_2O$	钾铁盐	$FeCl_2 \cdot NaCl \cdot 3KCl$
针钠铁矾	$3NaSO_4 \cdot Fe_2(SO_4)_3 \cdot 6H_2O$	二水泻盐	$MgSO_4 \cdot 2H_2O$
单斜钠钙石	$CaCO_3 \cdot Na_2CO_3 \cdot 5H_2O$	软钾镁矾	$MgSO_4 \cdot K_2SO_4 \cdot 6H_2O$
钙芒硝	$CaSO_4 \cdot Na_2SO_4$	碳酸钠钙石	$2CaCO_3 \cdot Na_2CO_3$
石膏	$CaSO_4 \cdot 2H_2O$	钾盐	KCl
岩盐	$NaCl$	钾石膏	$CaSO_4 \cdot K_2SO_4 \cdot H_2O$
碳酸芒硝	$9Na_2SO_4 \cdot 2Na_2CO_3 \cdot KCl$	溢晶石	$CaCl_2 \cdot 2MgCl_2 \cdot 12H_2O$
六水泻盐	$MgSO_4 \cdot 6H_2O$	无水芒硝	Na_2SO_4
软硼钙石	$H_5Ca_2SiB_5O_{14}$	水碱	$NaCO_3 \cdot H_2O$
六水方解石	$CaCO_3 \cdot 6H_2O$	八面硼砂	$Na_2B_4O_7 \cdot 5H_2O$
板硼钙石	$Ca_2B_6O_{11} \cdot 13H_2O$	天然碱	$NaHCO_3 \cdot Na_2CO_3 \cdot 2H_2O$
钾盐镁矾	$4MgSO_4 \cdot 4KCl \cdot 11H_2O$	杂芒硝	$2MgCO_3 \cdot 2NaCO_3 \cdot Na_2SO_4$
斜方硼砂	$Na_2B_4O_7 \cdot 4H_2O$	硼钠钙石	$NaCaB_5O_9 \cdot 5H_2O$
硫酸镁石	$MgSO_4 \cdot H_2O$	无水钠镁矾	$MgSO_4 \cdot 3Na_2SO_4$

陆相蒸发岩形成于湖泊、河流或地下水环境。其水源的化学成分可以是高度变化的，这取决于流域的岩石类型及展布。例如流经灰岩的河流通常富集 Ca^{2+} 和 HCO_3^-，然而流经岩浆岩和变质岩的河流通常富集二氧化硅、Ca^{2+} 和 Na^+。由于水源化学组分不同，陆相蒸发岩中的矿物种类要多于海相蒸发岩。

因此,许多陆相沉积蒸发岩矿物在海相蒸发岩中不常见,特别是形成钠的碳酸盐矿物(杨江海等,2015)。这些矿物包括天然碱、芒硝、钙芒硝、硼砂、泻利盐、无水芒硝、单斜钠钙石和钠镁矾。另一方面,陆相蒸发岩也可能包含硬石膏、石膏和岩盐,甚至可能主要由这些矿物成分组成。因此,通过矿物组成来区分陆相蒸发岩和海相蒸发岩并不容易。

海水的平均盐度为35‰。当海水蒸发,蒸发岩矿物按照一定的顺序沉积下来,这一现象首先由意大利化学家 Usiglio 于1848年在实验室证明。当海水的原始体积蒸发减少到一半时,碳酸盐矿物开始少量沉积,此时的卤水浓度为海水的两倍;当海水体积蒸发减少至20%时,石膏开始出现,此时卤水的盐度为正常海水盐度的4~5倍(130‰~160‰);当蒸发体积减少至初始体积的10%左右时,岩盐开始出现,此时卤水浓度为海水浓度的11~12倍(340‰~360‰);而蒸发体积减少至5%时,镁盐和钾盐开始沉积,这时卤水盐度大约为海水盐度的60倍。

同样的沉积序列也出现在自然界的蒸发岩沉积过程中。虽然基于实验获得的理论上的沉积序列和岩石记录中实际观察到的沉积序列存在很多差异。一般情况下,自然沉积相对于理论上预测的沉积,$CaSO_4$(石膏和硬石膏)的含量高,后期阶段的 Na-Mg-Ka 硫酸盐的含量以及氯化物含量低。这种早期硫酸盐过多后期硫酸盐不足的特点归因于不完整的蒸发循环。成岩作用同样会造成蒸发岩理论上与实际观察层序的区别。

大多数海相蒸发岩沉积厚度很大,有些超过2km。很早以前地质学家就认识到蒸发1000m深的海水会产出14~15m的蒸发岩。如果地中海地区全部水分都蒸发掉,能够产出平均60m厚的蒸发岩。很明显,独特的地质条件长期作用才能够自然产出相对厚的蒸发岩层序。海相蒸发岩沉积的基本条件是相对干旱的气候、蒸发速率超过沉积速率,并且需要沉积盆地与开放海域部分隔离。通过某些屏障来达到隔离,以限制海水与盆内水的自由循环。在这些限制条件下,蒸发作用形成的卤水不会再流回海洋,使得它们达到蒸发岩矿物沉积的临界点。

蒸发岩被埋藏后非常容易发生蚀变,并且容易受到各种成岩作用的改造,包括石膏的脱水作用、硬石膏的再水合作用、溶解、黏结、重结晶、交代、细菌导致的硫酸盐方解石化以及形变(Hardie,1984;Warren,2016)。石膏与硬石膏之间的相互转化尤为重要。伴随埋藏作用,当温度高于60℃时,石膏转化为硬石膏,这一过程中有约占体积38%的水分散失。被埋藏的硬石膏被剥蚀暴露后会再次发生水合作用,该作用会导致其体积增大。其体积的变化、脱水作用以及水合作用导致了相当数量的蒸发岩发生形变(结核以及石香肠等构造的发育)。由于能干性较低,蒸发岩通过塑性变形的方式反应埋藏作用与构造压力。形变的发生可能是由于压溶作用、劈理形成、褶皱作用或者底辟作用,形变的范围可从毫米尺度的肠状褶皱到千米级别的底辟盐丘。

虽然相当多的蒸发岩成岩作用可能发生在适中的埋藏深度,但是许多成岩变化可以发生在非常浅的深度以及成岩作用初期。例如 Casas 和 Lowenstein(1989)报道过加利福尼亚和墨西哥一些现代盐湖中岩盐的溶解及黏结反应的埋深必须要小于45m。此外,Hussain 和 Warren(1989)描述了得克萨斯西部盐湖下部渗流带(潜水带上部不饱和地下水区域)中早期成岩作用形成的结核以及肠状石膏。成岩作用过程包括:1~2m深度下石膏的溶解以及被盐岩和白云岩交代;早期成岩作用石膏晶体在沉积原岩中增大、凝结形成结核;结核在浅渗流区的扩散式生长形成网状纹理;石膏在上部渗流区的生长形成肠状构造带。

第四章　沉积相标志

沉积相标志是指能够帮助识别沉积环境和沉积相的物质特征，包括岩石学标志、矿物学标志、生物学标志、地球化学标志、宏观沉积标志等（表4-1）。其中，岩石学标志除了颜色、层厚、组分、结构、组构之外，沉积构造是最重要的沉积相标志。本章将重点介绍肉眼和显微镜客观尺度直接标志，并将岩石学标志和矿物学标志合并一节，沉积构造标志单独成节，生物成因沉积构造并入生物学标志一节。采用的大部分照片来自执笔人的多年积累，并标注了摄像地点和时代。

表4-1　沉积相标志分类表

岩石学标志	颜色、层厚、组分、结构、组构
矿物学标志	指相矿物
沉积构造	物理成因、化学成因、生物成因的沉积构造
生物学标志	生物组分（类别）、生物分异性、生物埋藏状态
地球化学标志	常量元素、微量元素、稀土元素、同位素
宏观沉积标志	沉积体体态、古流向、沉积序列

第一节　岩石矿物学标志

岩石学标志是指反映沉积环境和沉积相的岩石学特征。岩石学标志既包括在沉积作用过程中形成的岩石学特征，也包括部分在沉积之后、固结之前的准同生期（软沉积期）的部分岩石学特征。岩石学标志包括沉积岩的颜色、层厚、组分、结构、组构、沉积构造等。由于沉积构造内容繁多，本书将单独成节论述。

一、沉积岩的颜色

沉积岩的颜色是沉积组分的表现。根据成因，沉积岩的颜色可分原生色和次生色。原生色又分继承色和自生色。继承色为组成本岩石的矿物碎屑、岩石碎屑所固有的颜色。这些碎屑是从陆地搬运来的，是继承原有碎屑的颜色，故叫作继承色。自生色又称同生色，它主要是化学沉积和生物化学沉积在成岩作用阶段生成的矿物所带有的颜色。次生色是沉积岩形成以后受到次生变化而产生的次生矿物的颜色，多半是由氧化作用或还原作用、水化作用或脱水作用以及各种化合物带入或带出等引起的。

沉积岩的继承色暗度分阶（白色→灰白色→浅灰色→灰色→深灰色→灰黑色→黑色）主要与岩石中的粒度和有机质含量有关，有机质的含量一般和沉积岩形成的氧化-还原条件有关，因此对识别沉积岩形成的沉积环境至关重要（图4-1）。一般情况下，暗色岩石有机质含量高，反映沉积环境中氧含量低，不足以充分氧化有机质,多沉积于贫氧或缺氧条件。浅色岩石反映有机质含量低,岩石有机质被氧化,多形成于常氧或富氧条件。如沼泽相一般为黑色泥岩,滨湖相一般为浅色砂岩或泥岩。高能滨浅海相一般为浅色砂岩,而深湖或深海相一般为黑色泥质岩、硅质岩。有的沉积岩呈现自生色(彩色)的表象,如紫红色、棕红色、灰黄色、灰绿色、绿色。这些彩色一般由彩色矿物所致。例如,紫红色一般由岩石中的三价铁矿物(如褐铁矿、赤铁矿)形成,反映氧化环境(图4-1A)。灰绿色一般由灰绿色的绿泥石矿物形成,代表岩石中含有大量的绿泥石。绿色一般由绿色矿物(如海绿石)形成,反映浅水的海相环境。

图4-1 沉积岩的不同颜色
A.河流相的紫红色砂砾岩(祁连山泥盆系);B.深灰绿色砂岩(北祁连山志留系);C.黑色的深海泥砂岩(澳大利亚墨尔本泥盆系);D.灰白色白云质灰岩(湖北省黄石三叠系)

二、层厚

层厚是指沉积岩中由层面界定的岩层的厚度。层厚可分为极薄层(very thin bed,小于1cm)、薄层(1~10cm)、中厚层(10~30cm)、厚层(30~100cm)、巨厚层(100~200cm)、块状(大于200cm)不同等级,厚度小于1cm一般称为纹层。沉积岩的层厚一般与沉积速率有关,层厚越大,代表沉积速率越大,层厚越小,代表沉积速率越低。如滨浅海地区形成的岩石层厚较大(如中—厚层砂泥岩、厚—巨厚层灰岩、块状的生物灰岩),深海地区形成的层厚较小(一般是薄层—极薄层泥质岩、硅质岩)。因此,层厚可以帮助判断沉积岩形成的沉积环境和沉积相(图4-2,图4-3)。

三、结构组分

沉积岩的结构组分是指构成沉积岩结构的组分特征,比如碎屑岩主要由碎屑、基质(或称杂基)、胶结物及孔隙组成,其中碎屑颗粒主要包括石英、长石、岩屑等(图4-4)。类似于碎屑岩的结构组分,碳酸盐岩的结构组分包括颗粒(如内碎屑、鲕粒、球粒、生物碎屑、核形石、凝块石等;图4-5)、泥晶(基

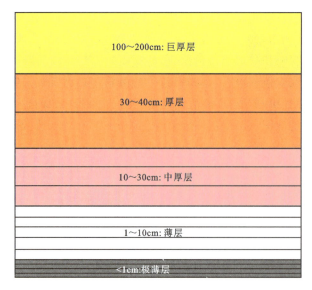

图 4-2 沉积岩的层厚

图 4-3 沉积岩的层厚

A. 深海相极薄层的泥硅质岩(广西钦州泥盆系);B. 浅海相的中厚层灰岩(广西横县六景泥盆系);C. 潮坪相的厚层白云岩(广西横县六景泥盆系);D. 滨浅海相的块状微生物丘灰岩(广西横县六景泥盆系)

质)、亮晶(胶结物)及孔隙。

沉积岩的结构组分与沉积环境关系密切。一般来说,在牵引流的作用下,碎屑或颗粒含量越高,胶结物越多,反映沉积水体的能量越高,因为在高能条件下,基质(主要是泥质)被簸选,碎屑颗粒之间留下的空隙在成岩期被胶结物充填;相反,在低能条件下,粗碎屑不能被搬运来,泥质不能被簸选移离,多形成细碎屑岩和泥质岩。

值得强调的是,陆源粗碎屑岩的岩屑在指示沉积物物源研究中具有重要作用。岩屑成分可直接指示物源特征,尤其是在毗邻造山带的同造山盆地。譬如火成岩岩屑指示物源来自相邻造山带的火成岩

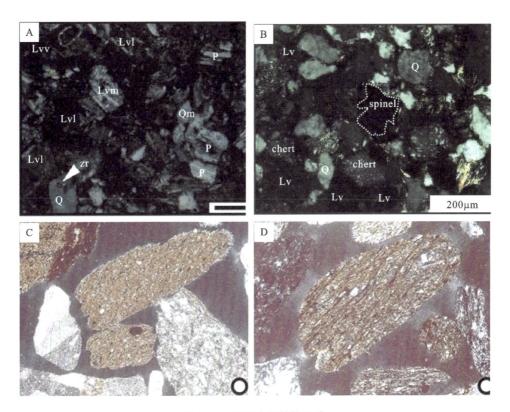

图 4-4 碎屑岩的结构组分
A、B. 砂岩（Qm、Q. 单晶石英；chert. 燧石；P. 长石；Lv. 火山岩屑；spinel. 尖晶石）；C、D. 变质岩屑

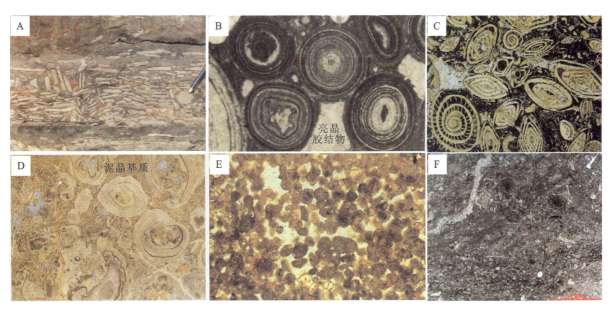

图 4-5 碳酸盐岩的结构组分
A. 内碎屑（砾屑）＋基质；B. 鲕粒＋亮晶胶结物；C. 生物碎屑＋基质＋亮晶胶结物；D. 核形石＋基质；E. 球粒＋亮晶胶结物；F. 生物碎屑、砂屑

物源区，变质岩岩屑指示物源来自相邻造山带的变质岩物源区。通过造山带锆石年龄谱和碎屑岩中的碎屑锆石年龄谱对比，也可以推测沉积岩的物源区及其造山带的剥蚀过程。

四、沉积岩的矿物成分

沉积岩的矿物成分包括他生矿物和自生矿物。他生矿物是在沉积盆地之外由风化作用的残余物质经搬运到沉积盆地的矿物，部分是由火山喷发、大气尘埃运移到沉积盆地的。自生矿物是在盆地内部由化学作用、生物作用、生物化学作用形成的矿物（自生矿物在本节矿物学特征部分论述）。

沉积岩的他生矿物组分与风化作用、沉积作用和沉积环境关系密切。由于组成沉积岩的矿物原始形成条件（如温度、压力等）不一，造成矿物的抗风化能力（尤其是化学风化）不同。相对高温高压条件下形成的矿物容易风化，相对低温低压条件下形成的矿物难以风化。前者可称为不稳定矿物，如岩浆岩造岩矿物系列中的橄榄石、辉石、角闪石、长石，后者可称为稳定矿物，如石英等。沉积学家常用成分成熟度的概念表征沉积岩或他生矿物的经历和沉积环境。成分成熟度是指沉积岩接近于极端风化-搬运簸选的程度。由于石英（包括硅质岩屑）最难风化和破碎，极端风化-搬运簸选的终极产物为石英和硅质碎屑，所以常用石英和硅质碎屑的含量描述成分成熟度。石英和硅质碎屑含量越高，成分成熟度越高；反之，石英和硅质碎屑含量越低，不稳定矿物含量越高，成熟度越低。在具体分析中，还应注意物源区距离和古气候的影响。物源区越近，风化作用越不彻底，搬运簸选过程中对矿物的破坏越弱，不稳定矿物含量就高，成熟度降低。古气候也会影响成熟度，湿热的古气候条件下化学风化作用强，不稳定矿物容易被彻底风化，岩石成熟度较高；相反，干冷的古气候条件下化学风化微弱，不稳定矿物容易被破坏，岩石的成分成熟度较低。

沉积岩的自生矿物是在沉积场所由化学或生物化学作用形成的新生矿物，因此与沉积场所的古环境关系密切。沉积岩中的某些原生（沉积期）自生矿物具有强烈的环境指示意义，可称为指相矿物。

（1）古盐度的指相矿物。古盐度的指相矿物主要指蒸发岩矿物。随盐度增加，咸化的水体中逐渐形成一系列蒸发矿物，包括碳酸盐矿物（白云石、天然碱）、硫酸盐矿物（石膏、硬石膏等）、氯化物矿物（岩盐-钾盐、光卤石）（图4-6A、B），因此这些蒸发矿物反映沉积场所高盐度的古环境，一般代表干旱的古气候条件下的沉积。

图4-6 古盐度指相矿物
A. 石盐假晶；B. 石膏假晶（湖北黄石三叠系嘉陵江组）；C、D. 六水碳钙石（ikaite或glendonite）（澳大利亚悉尼盆地二叠系）

(2) 古温度的指相矿物。个别矿物可以指示古温度,如发现于高纬度冰川环境的六水碳钙石(ikaite 或 glendonite;图 4-6C、D)。六水碳钙石硅质假晶存在于富磷白云岩中,通常以星射状晶簇形态为特征;假晶原始矿物是沉积物-海水界面附近形成的不稳定的碳酸钙质六水碳钙石,矿物早期溶解并硅化,最终形成如今可见的硅质假晶。六水碳钙石假晶的原始矿物通常在接近冰点的温度条件下形成,且常见于现代南极和北极地区的冰海沉积物中,由此推断六水碳钙石假晶的形成与古代寒冷气候相关。

(3) 古氧化还原条件的指相矿物。部分变价元素形成的自生矿物,随着氧化-还原条件的变化,形成不同价态的自生矿物,可以帮助识别形成环境的氧化-还原条件,比较典型的是铁矿物。在缺氧还原条件下,形成黄铁矿(Fe_2S),黄铁矿可以呈颗粒状、草莓状等不同形态(图 4-7)。在贫氧条件下,可形成菱铁矿($FeCO_3$)。在氧化条件下,则形成赤铁矿(Fe_2O_3)或褐铁矿($Fe_2O_3 \cdot nH_2O$)。因此,可根据沉积岩层中所含的指相矿物判别古环境的氧化-还原条件。

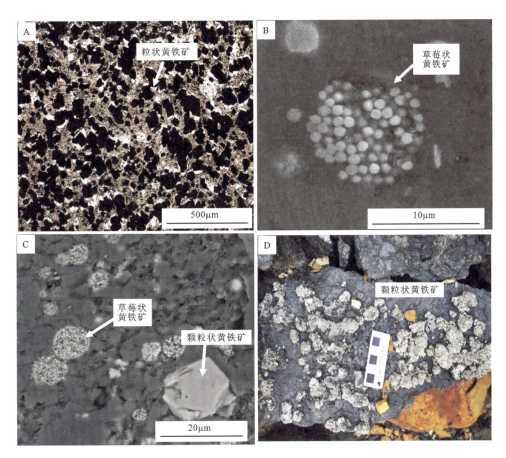

图 4-7 沉积岩中黄铁矿显微(A、B、C)及宏观(D)特征

A、B、C. 原生或成岩早期颗粒状、草莓状黄铁矿(贵州铜仁南华系大塘坡组);D. 后生黄铁矿(贵州凯里二叠系铝土矿)

五、结构和组构

沉积岩结构是指其结构组分特征及其相互关系,大致包括碎屑颗粒的粒度、分选、圆度和球度、充填方式,特别是支撑类型和胶结类型等。沉积岩的组构是指粗粒结构组分(如碎屑岩的砾石和碳酸盐岩的砾屑)的定向特征。本节主要讨论在沉积或早期成岩阶段形成的沉积结构,不包括晚期成岩及后生阶段形成的结晶结构。

沉积岩(物)中碎屑或颗粒的粒度大小与沉积环境的关系密切。图4-8为国际流行的Udden-Wentworth碎屑岩粒度分类。在牵引流沉积中,沉积介质的能量越高,细粒或泥质被簸选移离,沉积物的粒度越大;相反,沉积介质能量越低,粗碎屑不能被搬运进来,细碎屑沉积,沉积物的粒度越小。

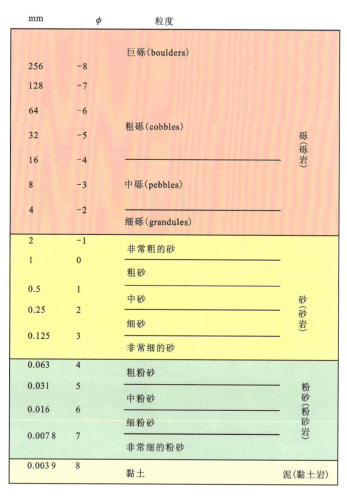

图4-8　Udden-Wentworth碎屑岩粒度分类图[粒度 $\phi=-\log_2 D$; D 为颗粒直径(mm)]

沉积岩(物)中碎屑或颗粒的分选指粒度分布特征。碎屑或颗粒的分选性可以用标准偏差表征。标准偏差是一种度量数据分布的分散程度标准,用以衡量数据值偏离算术平均值的程度。标准偏差越小,这些值偏离平均值就越少,反之亦然。计算总体标准差由式(4-1)表示。

$$S = \sqrt{\frac{1}{N}\sum_{i=1}^{N}(X_i - \overline{X})^2} \tag{4-1}$$

式中:N 为颗粒数;X_i 为颗粒粒径;$\overline{X}$ 为平均粒径。

根据标准偏差,可以划分不同的分选程度(图4-9)。一般来说,在牵引流作用下,由于介质能量与粒度的正相关性,在一定的能量范围内,介质搬运的碎屑或颗粒的粒度范围相对较小(即分选性好);相反,在重力流作用下,沉积物的搬运和沉积由重力作用控制,其粒度范围就大(即分选性差)。在沉积学研究中,粒度分布常用粒度统计的图件去表征,包括粒度直方图、粒度曲线图、粒度累计曲线、概率累计曲线(图4-10)。在粒度直方图上,粒度范围越窄,代表分选越好;粒度范围越宽,说明分选越差。在粒度曲线图上,曲线范围越窄,峰值越高,代表分选越好;反之,说明分选越差。粒度累计曲线是指不同粒度的颗粒或碎屑累计的曲线,纵坐标为几何坐标,即为粒度累计曲线;纵坐标为概率坐标,即为概率累计曲线。在粒度累计曲线上,曲线的斜度越高(曲线越陡),代表分选越好;反之,曲线斜度越低(曲线平缓),说明分选越差。

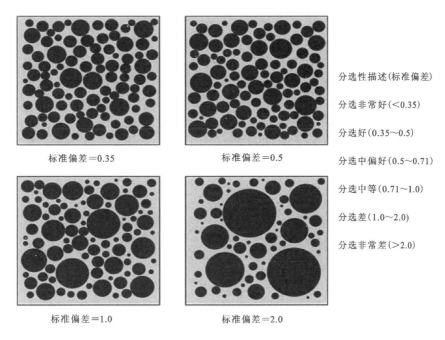

图 4-9 分选和标准偏差

沉积岩(物)中碎屑和内碎屑的圆度及球度与其搬运经历、沉积介质的能量关系密切,球度是指三维尺度的碎屑磨圆程度,圆度是指二维尺度的磨圆程度(图 4-11)。沉积学应用中多要观察岩石平面的圆度,故圆度应用较多。一般来说,碎屑颗粒的圆度越高,说明碎屑硬度高、内部均一、无结理或节理等裂面,但多反映碎屑搬运距离远,或在高能沉积介质中簸选时间长。

沉积岩的支撑类型和胶结类型是指结构组分之间的相互关系,即碎屑或颗粒与填隙物(基质和胶结物)之间的相互关系。从碎屑或颗粒与基质的关系看,碎屑或颗粒含量高,碎屑或颗粒直接接触,称为颗粒支撑。当基质含量高,碎屑或颗粒含量低,碎屑或颗粒"悬浮"在基质中,称为基质支撑。很显然,颗粒支撑反映高能条件,基质支撑反映低能条件。从碎屑或颗粒与胶结物的关系,胶结结构可以分为基底式胶结、孔隙式胶结、接触式胶结、镶嵌式胶结等。无疑胶结结构反映填隙物主要为胶结物,代表高能环境下的沉积。

沉积岩的组构是碎屑颗粒的定向性特征。沉积组构多显示在粗碎屑沉积组合中,如砾岩和内碎屑砾屑灰岩。沉积岩中常见的组构包括叠瓦状组构、放射状组构和直立组构(图 4-12)。叠瓦状组构显示粗碎屑具有一定的定向性,类似建筑中的瓦片叠置。叠瓦状组构一般由牵引流作用形成,叠瓦状碎屑的倾向和水流作用方向相反。叠瓦状组构常见于水流作用(河流、冲积扇等)的粗碎屑沉积中,也常见于基岩海岸的砾滩中。直立状组构是指粗碎屑沉积中部分砾石呈直立状排列,很显然这种直立的砾石在牵引水流体介质中是一种不稳定的状态,一般是在泥石流的作用下,由泥质或细碎屑搬运的砾石在重力作用下、沉积物向前推移形成的。因此,直立状组构反映重力流,尤其是泥石流沉积。放射状组构是指砾石(多为扁平状砾石)向上放射状排列,文献中常描述为"竹叶状""倒'小'字形"砾石,这种砾石在水体中更不稳定,推测其形成过程中存在向上的力,一般认为是强的涡流作用下形成的。众所周知,风暴作用过程中存在这种向上旋转的涡流,所以放射状组构一般被认为是风暴涡流的沉积。

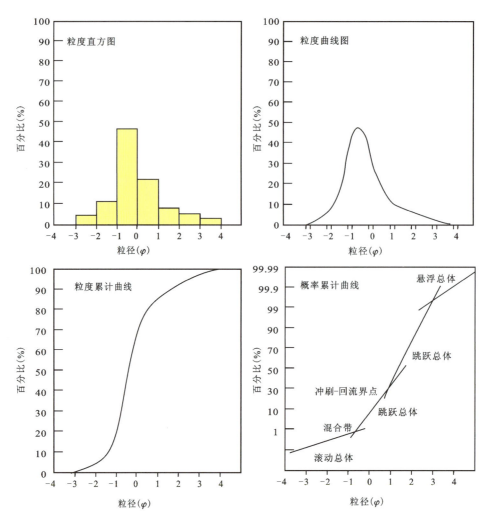

图 4-10 粒度分析图解（粒径单位为 φ 值）

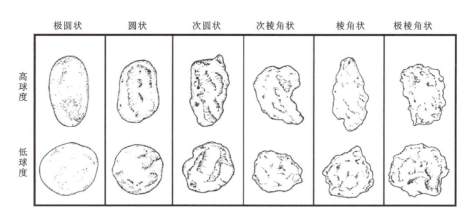

图 4-11 碎屑颗粒的圆度

由于原生的沉积结构是在沉积环境和沉积作用过程中形成的，是最基础、最直接的环境标志，沉积学家常用"结构成熟度"的概念描述之。所谓结构成熟度，是指接近极端条件形成的结构的程度。所谓极端，是指在长时间、强介质动力作用条件下形成的最终的结构，比如碎屑岩中中细粒硅质胶结的高磨圆度的石英砂岩。这种岩石具有以下特征：碎屑成分为石英或燧石（成分成熟度高），胶结物胶结（成分

图 4-12　不同沉积组构类型

A.叠瓦状组构(现代河滩);B.直立状组构;C.放射状组构(河南新乡寒武系);D."倒'小'字形"组构(湖南桂阳泥盆系)

为硅质),颗粒分选好,磨圆度高,均代表高能环境、长时间簸选而成。从泥质(基质)含量、分选、磨圆的角度划分了沉积岩的结构成熟度(图 4-13)。一般来说,结构成熟度越高,反映的沉积环境能量越高,成熟度越低,反映的沉积环境能量越低。

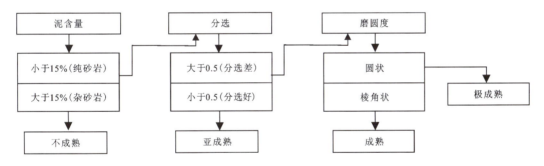

图 4-13　结构成熟度划分

第二节　沉积构造

沉积构造是指在沉积岩层表面由沉积作用、成岩作用或动力作用形成的层面起伏,或岩层内部由结构组分变化形成的纹理等宏观特征。从成因上讲,沉积构造可分为物理成因、化学成因、生物成因(表 4-2)。从形成时间上讲,可分为在沉积作用过程中形成的原生沉积构造、沉积之后—固结之前形成的准同生沉积构造(或软沉积变形构造)、岩石固结之后形成的后生沉积构造。

表 4-2 沉积构造分类表

物理成因沉积构造	层面构造	流动构造	波痕、冲刷痕、工具痕、细流痕、渠痕、障碍痕、菱形(波)痕
		暴露构造	泥裂、雨痕、冰雹痕、泡沫痕、帐篷构造、古喀斯特层、渣状层
	层理构造		水平层理、平行层理、水流交错层理、浪成交错层理、风成交错层理、丘状交错层理、冲洗交错层理、递变层理、块状层理、均质层理等
	软沉积变形构造		负载构造和火焰构造、枕状构造和枕状层、同沉积断裂(含地裂缝)、同沉积褶皱(微褶皱)、液化构造(液化脉、砂火山)、变形层理、泄水构造、落石沉陷构造、滑塌构造等
化学成因沉积构造	结晶构造、压溶构造、增生和交代构造		
生物成因沉积构造	生物遗迹构造、生物扰动构造、生物生长构造		

一、物理成因的沉积构造

物理作用形成的沉积构造既包括原生沉积构造,直接反映沉积岩(物)形成过程中的介质动力条件和古环境条件,也包括准同生的软沉积变形构造,反映沉积物沉积之后—固结之前的沉积或构造背景,现分述如下。

(一)层面构造

层面构造是发育于沉积岩层顶面或底面的原生沉积构造,包括由沉积介质(水或大气)运动留下的流动构造和沉积物暴露于大气中形成的暴露构造(表 4-2)。

1. 波痕构造

波痕是非黏结性物质(主要是松散砂)在水流、波浪或风介质定向运动过程中形成的、具有波状起伏的表面痕迹。在现代沉积物和地史时期形成的沉积岩中,波痕是最常见的层面构造之一。

波痕由一系列规模、形态大致相当的波脊和波谷组成,相邻的两个波脊之间为波谷。在自然界中,单个波痕较少见,往往成组出现。成组出现的、波脊近于彼此平行的波痕称为波痕列。

波痕通常用垂直于波脊延长方向的剖面来描述其大小和形态,波痕描述常用的一些重要术语如下(图 4-14)。

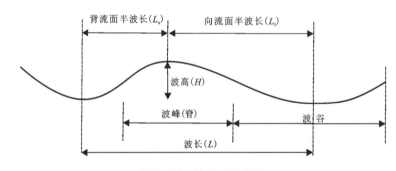

图 4-14 波痕描述术语

脊点——波痕纵剖面上的最高点。

谷点——波痕纵剖面上的最低点。

向流面——波痕中面向流动方向的缓倾斜面。

背流面——波痕中背向流动方向的陡倾斜面。

波长(L)——在垂直于波脊的断面上,相邻的两个脊点或谷点之间的水平距离。

波高(H)——波痕的脊点与谷点之间的垂直距离。

波痕指数(RI)——波长与波高之比(L/H)。

对称指数(RSI)——向流面水平投影长度与背流面水平投影长度之比(L_1/L_s)。

关于波痕的分类,按波痕形成的动力可以分为水流波痕、浪成波痕、风成波痕;按照其大小可以分为大波痕和小波痕;按照波脊的对称性可以分为对称波痕、不对称波痕(图4-15);按照波脊的连续性可以分为连续波痕(波痕连续分布)、孤立波痕(波痕不连续,呈现孤立状分布);按照波脊的形态可以分为尖顶(脊)波痕、圆顶波痕、平顶波痕;按照波痕的形成过程和波痕的先后关系可以分为干涉波痕、改造波痕、叠加波痕等(图4-16)。

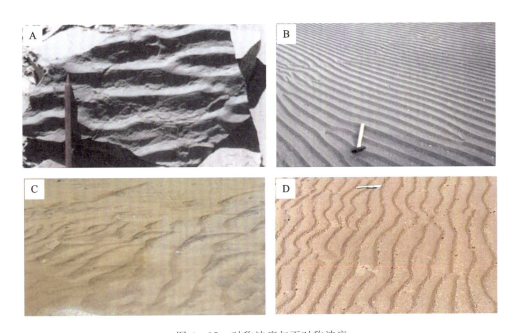

图4-15 对称波痕与不对称波痕

A. 对称浪成波痕(沉积岩中);B. 对称削顶浪成波痕(北戴河,现代);C. 不对称水流波痕(甘肃白银,现代);D. 不对称浪成波痕(北戴河,现代)

孤立波痕(isolated ripples)是当介质作用于砂供应不足的非砂质表面上形成的不连续波痕。孤立波痕在层理方向表现为孤立的、底平上凸的砂质透镜体,即为透镜状层理。水流波痕和浪成波痕在条件合适时均可发育为孤立波痕。因此,孤立波痕可以按形成的动力分为孤立水流波痕和孤立浪成波痕。孤立波痕的环境分布与水流波痕或浪成波痕相似,所不同的是它们大多出现在砂供应不足的环境中,如砂泥质潮坪和潮控三角洲平原上。

干涉波痕是两组流体介质(大气或水)运动形成的波痕近同时高角度组合形成的。它们一般由不同方向的两组或两组以上的波痕组合而成,既可以是对称或不对称的浪成波痕的相互叠加,也可以是与水流小波痕的相互叠加。因此,干涉波痕往往具有复杂的表面形态。干涉波痕主要发育于有不同方向波浪或水流与波浪同时存在的浅水地区,常见的如潮坪、海滩等环境。

改造波痕亦称变形波痕,它们是由水位下降时波浪或水流改造先成波痕形成的。因此,它可以是水流波痕,也可以是浪成波痕。常见的改造波痕包括圆顶波痕、平顶波痕和双脊波痕。由于水位下降,波浪产生的表面波就变小,当它的有效作用深度刚好达到先形成的、较大的波痕脊部时,先成的尖脊波痕的波脊就会被侵蚀形成圆顶,或被削顶形成平顶,甚至在波脊上形成两个小波脊,从而形成双脊波痕(图4-16)。改造波痕主要发育于有波浪或水流位变化的浅水地区,常见的如潮坪、海滩等环境。

叠加波痕出现于介质流速变化的区域。如早期深水大流速的情况下先形成的大波痕,后期水体变浅、流速变小,在早期的大波痕之上形成另一组小波痕叠加其上(图4-16)。叠加波痕主要发育于水深和流速周期性变化的地区,常见于潮坪、潮沟、滨海障壁-潟湖体系的潮汐通道等环境中。

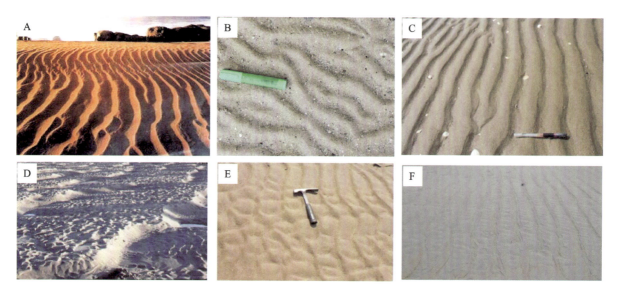

图4-16 波痕的形态类型

A.尖顶波痕;B.圆顶波痕(海南陵水新村潟湖);C.平顶波痕(北戴河,现代);D.叠加波痕;E.干涉波痕(北戴河,现代);F.双脊干涉波痕(海南昌江,现代)

1) 水流波痕

水流波痕包括单向水流波痕和双向水流波痕,单向水流波痕主要是由地表水流作用形成的,常见的为河流,除此之外,在滨海海滩的沙滩脊后的低洼地区也可见大致平行于海岸线的定(单)向水流。双向水流多为由潮汐作用造成的潮汐流。双向水流波痕与单向水流波痕很容易区别,其内部纹层具相反方向前积纹层的为双向水流波痕,具单向前积纹层的为单向水流波痕。

水流波痕是在定向水流作用下,松散沉积物沿水流方向被水流搬运-沉积形成的波状起伏的底形。一般情况下,在较低流速的水流作用下,沉积物颗粒沿向流面向波峰(脊)滚动,达波脊时依自身重力向波谷方向滚动。受惯性大小影响,大颗粒惯性大,可以滚动到谷底,小颗粒可以保存在谷坡处。这种作用持续进行,沉积物向前迁移形成前积层。当水流速度加大,向流面除了颗粒向前向上滚动,在脊顶出现弱的剥蚀,沉积物颗粒除了沿坡向下滚动,还有的颗粒向前运动。当水流流速进一步加大,会在谷底形成小的环流,环流将沉积物颗粒沿背流面向上迁移,把细粒沉积搬运到谷坡上,粗的颗粒遗留在谷底。因此水流波痕具有形态不对称,波脊(顶)沉积物细、波谷沉积物粗的特征。

水流波痕的波脊形态包括直线形、波曲形、链形、舌形、新月形、菱形等不同类型(图4-17)。波脊形态可以是连续的,也可以是断续的。波脊形态的变化主要与水深和流速有关。一般来说,随着水深减小和流速增大,波脊形态由简单变复杂,由连续变断续。

水流波痕向流面平缓,背流面较陡。背流面在层理面方向表现为前积纹层。背流面或前积纹层的倾向指示水流的方向。

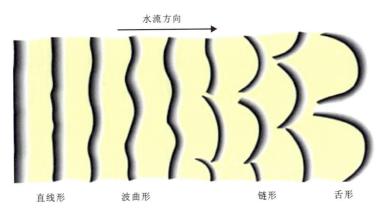

图4-17 水流波痕的波脊形态

水流波痕按照波痕大小可以分为小水流波痕、大水流波痕、巨水流波痕和逆行沙丘。

小水流波痕是指波长在4~60cm,波高在0.3~6cm范围内的水流波痕,简称为小波痕。小波痕的波痕指数一般大于5,多数在8~15之间。由于小波痕是在水流流速较低的情况下形成,产生小波痕的最低水流速度是20cm/s左右,所以小波痕主要在粒径小于0.6mm的中—细粒砂中生成。

大水流波痕是指波长在0.6~30m,波高在0.06~1.5m范围内的水流波痕,简称为大波痕。大波痕的波痕指数一般在15以上。大波痕是在水流速度较高的情况下形成,大波痕主要产于粒径大于0.6mm的粗砂中。超出大水流波痕范围的即为巨水流波痕。

逆行沙丘是指在弗劳德数(Fr)大于1的高流态条件下形成于松散砂质表面的一种沙丘状构造,由于沙丘的迁移方向与水流方向相反,故称为反丘或者逆行沙丘。逆行沙丘在现在水槽实验中可以获得,但在地层中难以识别。由于逆行沙丘形成于高流态,逆行沙丘一般形成于粗砂—细砾岩中。

2) 浪成波痕

浪成波痕是波浪作用于非黏结性沉积物表面产生的波状起伏痕迹。它们的波脊一般较直,垂直于波浪传播方向延伸。由于常见不同相位的波浪共生,浪成波痕常形成复合分叉的现象,是区别水流波痕的重要标志。

不同于水流的沉积物沿水流方向迁移,波浪搬运的沉积物随波浪的质点传递运动。在波浪传递的剖面上,波浪自海向陆呈现正弦波带(用浪带)→孤立波带(变浅波浪带)→破浪带→碎浪带→冲洗带变化,不同带的沉积物运动方式不同。浪基面之下的波浪传递质点呈圆周形运动,由于沉积物在浪基面之下,波浪影响不到沉积物,因此沉积物中不发育浪成波痕。当沉积物在浪基面之上,波浪可影响沉积物,对称的正弦波波浪形成对称型的浪成波痕,变形的不对称波浪形成不对称浪成波痕。碎浪带和冲洗带受冲浪和回流影响,沉积物颗粒做往复运动。

控制浪成波痕形成和大小的因素主要是波浪的传播速度与波长。当波速为9~90cm/s时,波浪就会在砂质表面上造成波痕;当波速超过90cm/s时,波痕消失,变成有沉积物运动的平底。形成波痕的沉积物的粒度、规模也随波速的变化而变化。一般来说,波速越大,搬运的颗粒越粗,形成的波痕波长规模越大。浪成波痕主要发育于盆地浪基面以上的浅水环境中,如滨浅湖、滨海等环境。浪成波痕可以根据波脊的对称性分为对称的和不对称的浪成波痕(图4-18)。

对称浪成波痕是由对称型波浪形成的,一般出现在浪基面之上、破浪带之下的区域。浪成波痕的突出特征是波脊尖而对称,波谷圆滑,波脊多呈直线形,可出现分叉现象。这种波痕的波长一般为0.9~200cm,波高0.3~23cm,波痕指数4~13(多数6~7)。对称浪成波痕的内部构造非常具有特征。波脊中的纹层表现出中心部分交叉叠覆的"人"字形构造。根据这种特征和波脊的对称形态,很容易与水流波痕区别。

图 4-18 浪成波痕
A. 不对称浪成波痕(海南陵水清水湾);B、E. 浪成波痕(甘肃祁连山泥盆系);C、D. 浪成波痕(河南渑池元古宇云梦山组)

不对称浪成波痕是由不对称波浪形成的,一般出现在破浪带之上的滨岸浅水地区。不对称浪成波痕的特征是波脊具有不对称的形态,波脊一般呈直线形,常出现复合分叉的现象。其波长一般为 1.5~105cm,波高 0.3~20cm,波痕指数 5~16(多数 6~8),对称指数为 1.1~3.8。不对称浪成波痕与水流波痕形态相似,也具有陡的背流面和缓的向流面,但其内部构造具有明显区别。不对称浪成波痕由倾向相反、交叉叠覆的双向纹层组成,水流波痕的内部纹层只有一个方向的单向纹层(前积层)组成。另外,浪成波痕的波脊往往出现复合分叉现象,水流波痕的波脊则多中断并被别的脊所替代。不对称浪成波痕的波痕指数、对称指数较小,水流波痕的波痕指数、对称指数较大,波长小于 4.5cm 的不对称波痕一般属于不对称浪成波痕,波痕指数大于 15 或对称指数大于 3.8 的不对称波痕则只能是水流波痕。

3) 风成波痕与风成沙丘

风成波痕是风在非黏结性沉积物的表面活动所产生的波状起伏痕迹。风成波痕通常具有比较直的、长而平行的脊,形态不对称,有时波脊有分叉现象。风成波痕波长一般为 2.5~25cm,波高 0.5~1cm,波痕指数 10~50 以上。风成波痕的波痕指数与粒度成反比,与风速成正比;对称指数则与粒度成正比,与风速成反比(Sharp,1963)。

风的作用下沙粒主要以跳跃和表面蠕动的形式运动(图 4-19),因此波脊上的细颗粒通过这两种运动方式搬走,粗颗粒则难以运动而留下来(图 4-19、图 4-20)。所以,最粗的颗粒往往聚集在波脊上,而细颗粒则堆积在波谷中(图4-20、图4-21)。颗粒在风成波痕中的这种分布情况恰好与水成波痕相反,可作为一个鉴别标志。

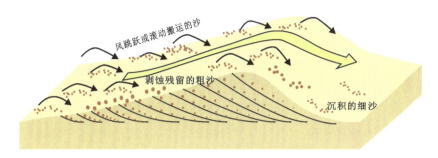

图4-19 风成波痕的颗粒运动

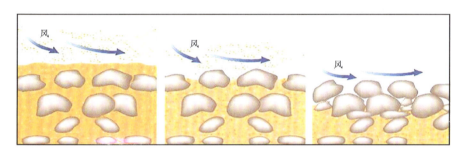

图4-20 风成波痕的颗粒分异(细颗粒被风吹走,粗颗粒残留下来)

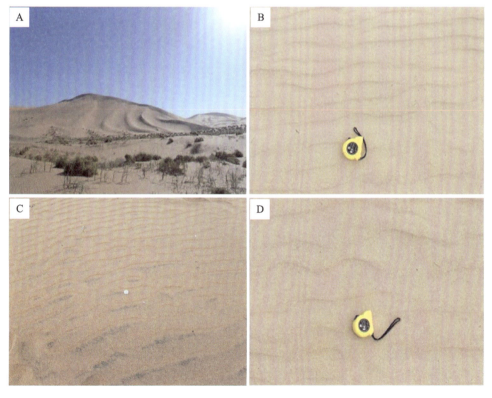

图4-21 风成沙丘和风成波痕
A.风成沙丘(内蒙古巴丹吉林沙漠);B、C、D.风成波痕(海南清水湾,波脊沉积物粗,波谷沉积物细)

风成沙丘是指由风沉积而成的砂质丘陵。它们可以单个产出,但更常见的是成群出现。其大小和形态主要取决于风力条件、砂粒大小和供应情况。

风成沙丘具有一个缓倾斜的向风坡和一个陡的背风坡或滑动面。其内部主要由1~5cm厚的、陡倾(倾角25°~34°)的前积层所组成。这些前积层是在沙粒沿陡的滑动面塌落时产生的。风成沙丘一般是按形态和与风向的关系进行分类的。例如,垂直于盛行风向的新月形沙丘、横向沙丘、抛物线形沙丘,平行于盛行风向的纵向沙丘,由两个或多个风向相互干扰所形成的、具有复杂形状的格状沙丘、星形沙丘等。

风成波痕和风成沙丘大多发育于沙漠、海岸等环境中。在古代沉积物中,风成沙丘大多以交错层理的形式保存下来,很少见到其表面形态。

2. 冲刷面(痕)和渠痕

冲刷面是陆源碎屑沉积和颗粒碳酸盐沉积中常见的沉积构造,常表现为碎屑或颗粒层与下伏岩层(通常为细粒沉积或黏土层)之间的波状起伏面(图4-22A)。冲刷面代表介质动力状态的突变,如早期水动力弱,沉积为细粒或黏土质沉积物,后期水动力突然变强,冲刷早期的沉积形成波状起伏的冲刷面,后期的粗粒沉积充填其中,又称冲刷充淤构造。冲刷面构造常见于河流沉积(包括冲积扇、三角洲、扇三角洲上的分流河道)底部、潮道沉积底部、滨海高能带(如临滨)沉积底部等沉积相中。

渠痕是沉积物表面边缘陡峭的槽渠(线形)或坑窝(圆形),是高强度水流或涡流侵蚀下伏沉积物形成的,渠痕中多保存粗粒的沉积物,通常为砾石(砾屑)和粗砂(砂屑)。沉积岩中的渠痕常见于风暴沉积的底面,因此被认为是风暴沉积的指相标志。渠痕为上覆粗碎屑沉积充填,通常在上覆沉积层底面形成筑型(模)(图4-22B),称为渠筑型或渠模。

 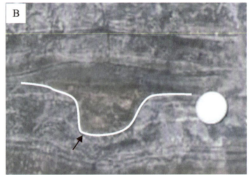

图4-22 冲刷面(A)和渠痕(B)
A.湖北长阳新元古界莲沱组;B.云南易门元古宇因民组

3. 流痕、细流痕、菱形痕和皱痕

细流痕是细小水流在沉积物表面上流动时留下的痕迹,常见于海滩前滨以及潮间带、湖岸、河岸及洪泛平原等环境。细流痕一般形成于间歇覆盖水体的沉积物表面,如现代海滩前滨或潮间带,冲洗带的海水频繁覆盖砂质沉积物表面,当海水退却,其上部水体缓慢向下渗出流动,形成细小的沟渠(图4-23C、F)。细流痕可以表现出各种各样的形状,包括齿状细流痕、梳状细流痕、穗状细流痕、圆锥状细流痕、树枝状细流痕、蛇曲状细流痕、网状细流痕、分叉状细流痕、扇状细流痕等。

菱形痕是在砂质沉积物表面由较强冲洗带冲浪回流形成的菱形痕迹,也称菱形波痕(图4-23B)。菱形痕与细流痕的区别在于:细流痕由冲洗带冲浪回流的细小水流形成,常常含有粉砂和泥质沉积物。

图 4-23 流痕、细流痕和菱形痕

A.流痕(海南陵水清水湾);B.菱形痕(海南博鳌);C、D、E、F.细流痕(C、E、F.海南昌江;D.陵水清水湾;D、E.环形为生物遗迹)

菱形痕则一般保存于中粗粒的砂质(无泥)沉积物中。

类似于菱形痕,流痕是冲洗带平行于水流方向的回流形成的痕迹。流痕一般表现为垂直海岸线的浅的槽和沙脊,槽深或沙脊高 1~3mm,宽度也为毫米级。流痕常见于海滩前滨带,由冲洗带回流形成(图 4-23A)。冲洗回流形成的流痕多垂直于海岸线(海面线),也可见略斜交于海岸线的流痕,与斜向回流的方向有关。

皱痕是一种微小的、不规则的、波痕状的表面痕迹,看起来像皱纹一样。皱痕是泥质沉积表面有薄的水膜覆盖,并被劲风吹动时形成的(Reineck,1969)。它们一般出现在泥质沉积物的表面上,由 0~1cm 高、1~$n$mm 长的小脊构成。这些小脊有时彼此平行,有时弯曲相交成蜂窝状。皱痕是沉积物表面间歇性出露水面的良好标志。

值得指出的是,细流痕、流痕、菱形痕在现在沉积环境(如海滩或潮坪)中很常见,但在古代沉积岩中很罕见,可能是不易保存所致。

4. 障碍痕

障碍痕是指在水流或风的作用下,在沉积物表面上的障碍物周围发生侵蚀和沉积所形成的构造,也常被称为水流新月形构造。当水流或风遇到沉积物表面上的障碍物(如砾石、介壳、植物)时,流线往往发生偏转,从而在障碍物周围或发生侵蚀,或引起沉积,或两者兼而有之。障碍痕障碍物的上游侧常发育一个冲蚀成因的新月形凹坑,下游侧一般发育几条向下变宽变平的沉积小脊,或称沙尾。障碍痕的障碍物可以保存下来,也可以不保存。

障碍痕常见于海滩、潮坪及沙漠环境。它们有时以单个产出,更常见的是成群出现。障碍痕可以保存在沉积物顶面,也可以保存在上覆沉积物底面,形成障碍筑型(模)(图4-24)。

图4-24 障碍痕(A.海南清水湾;B.海南昌江海岸)和障碍模(C.河南济源三叠系)

5. 工具痕(压刻痕)和槽痕

工具痕是指沉积物或水体携带的物体(工具)在松软的沉积物表面上运动刻蚀或刻划出来的痕迹,又称压刻痕。在古代沉积物中,工具痕以铸型的形式保存在上覆砂岩层的底面,称为工具筑型或工具模。由于运动物体形状、大小及运动方式不同,它们所形成的工具痕具有各不相同的大小、形状和样式。常见的工具痕包括沟痕、V形痕、戳痕、弹跳痕、刷痕、跳跃痕等(孙永传等,1986),地层中常见沟痕,其他工具痕较为少见,此处不作赘述。

沟痕通常是沉积物携带的物体沿松软沉积物表面连续直线运动时所刻划出来的直而长的小沟。这种小沟深几毫米到1cm,宽度一般从不到1mm至几厘米不等,可延伸几厘米甚至几米长。沟痕常常在沉积物底部形成铸型,称为沟筑型或沟模。在有些情况下,同一层面上可出现两组以上的、不同方向的沟痕。根据它们的切割关系,可以确定其形成的先后顺序。沟痕常常发育于重力流(碎屑流或浊流)沉积的下伏沉积物顶面,由碎屑流或浊流携带的粗砾在下伏沉积物顶面压刻而成,在碎屑流或浊流沉积底部常见沟筑型(模)(图4-25A、B)。

槽痕是重力流沉积物在泥质沉积物表面上冲蚀而成的不连续的长形小凹坑。凹坑最深可达几厘米,长一般从几厘米到几十厘米不等。其上游端陡而深,向下游变宽变浅,逐渐与沉积物表面齐平。下伏泥质沉积物表面的槽痕被上覆的重力流粗粒沉积物充填,可在上覆沉积物底部形成槽铸型(槽模)(图4-25C,D)。槽模多呈"舌"形形态,也可见三角形、半圆锥形、长对称形等其他形态。槽模一般呈定向性排列,下游方向指示沉积物(浊流)运动方向。槽痕或槽模是浊流沉积的典型指相标志。

图4-25　沟痕(A.澳大利亚墨尔本泥盆系)和槽模(B、C.澳大利亚墨尔本泥盆系;D.来源不清)

6. 暴露构造

暴露构造是指已沉积的沉积物表面间歇性地暴露于大气中形成的各种沉积构造的总称。因此,这类沉积构造的形成与天气变化和气候关系密切。天气变化包括刮风、下雨、降雪或冰雹、结冰、阳光暴晒等。这些天气变化可以在沉积物表面形成各种特征性痕迹。常见的暴露构造主要包括泥裂、雨痕、冰雹痕等。此外,冻裂、冰晶印痕、雪花印痕以及泡沫痕也属于这类构造,但在地质记录中极为罕见。另外,地层中常见的帐篷构造、古喀斯特、渣状层也属于广义的暴露构造,在此一并论述。暴露构造常见于间歇性暴露于大气的沉积环境中,如河流的河岸、洪泛平原、滨湖、滨海潮坪、潟湖滨岸、三角洲平原、平原或沙漠中的洼地等。暴露构造不仅有助于解释沉积环境,还可以作为推测古气候的线索。

1)泥裂

泥裂又称干裂、龟裂,是指潮湿的泥质沉积物暴露于大气中,由于黏土矿物脱水时体积减小,从而干涸、收缩而裂开形成的裂缝(图4-26)。泥裂宽度、深度变化较大,宽度一般为数毫米到数厘米,深度数毫米到数十厘米。泥裂在层面上表现为分叉的多边形,通常具有3~6个边,但以五边形、六边形居多。剖面上泥裂一般呈现向下尖灭的"V"字形楔状特征。在同一个层面上有时可发育多级干裂,即大泥裂上发育次级的小泥裂。干裂常被后期的沉积物所充填,甚至形成铸型(模)保存在上覆沉积层的底面。在干燥的情况下,泥裂形成的多边形泥片可以向上翘起,成为凹面朝上的卷曲泥片。这种卷曲泥片被新的沉积物覆盖,可保存为泥砾。

值得指出的是,泥质沉积,尤其是碳酸盐泥在水下脱水收缩时也可以产生类似于泥裂的收缩裂纹。

与泥裂相比,收缩裂纹裂缝发育较差,平面上收缩裂纹多边形的边不平直,多呈弧线形;剖面上多不具备"V"字形的楔形裂缝。收缩裂纹不同于泥裂形成于暴露的大气环境中,而是在水下收缩形成的。

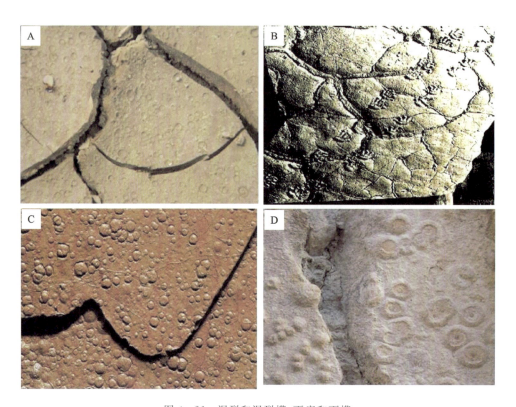

图 4-26 泥裂和泥裂模、雨痕和雨模
A. 泥裂,上具雨痕;B. 泥裂模,上具遗迹化石足迹;C、D. 雨模

2)雨痕和冰雹痕

雨痕是指雨滴降落在松软的沉积物表面上所形成的小冲击坑,一般呈圆形或椭圆形凹坑。坑缘略为高出表面,看起来有点粗糙。雨滴如果是垂直降落,雨痕就为圆形坑;如果是倾斜降落,冲击坑则呈椭圆形,而且坑缘一边高一边低。雨点稀疏降落所形成的雨痕更容易辨认,在多雨的情况下,雨痕是不规则的、部分连通的凹坑,使整个表面看起来像蜂窝。当雨痕被沉积物覆盖时,可在上覆层的底面保存成雨痕铸型(模)(图4-26)。

与雨痕类似,冰雹打在沉积物表面上,也可形成类似的表面痕迹,称为冰雹痕。由于冰雹的冲击坑要比雨痕大而深,形状更不规则,坑缘也更高更粗糙。冰雹痕被充填,可以在上覆沉积物底面形成冰雹痕铸型(模)。

3)泡沫痕

泡沫痕(又称气孔构造)是由沉积物中的气泡溢出沉积物表面形成的小坑。在现代高能海滩临滨带(冲洗带),冲浪携带空气扑向海滩沉积物,空气被压缩到沉积物内部,当冲浪退却,压力减小,被压在沉积物中的空气溢出,形成小型圆坑,即为泡沫痕(图4-27A、B)。泡沫痕的直径一般为1cm左右,深度1~2cm。泡沫痕很难保存于地层中,但纯净砂岩中的圆形或不规则的孔洞可以被解释为泡沫痕成因(图4-27C、D)。

4)帐篷构造

帐篷构造是岩层向中部翘起、向两翼倾斜形成的构造,由于其形态酷似帐篷,故称为帐篷构造(图4-28)。关于帐篷构造的类型和成因,存在各种不同认识,但公认的是帐篷构造的形成需要引起岩

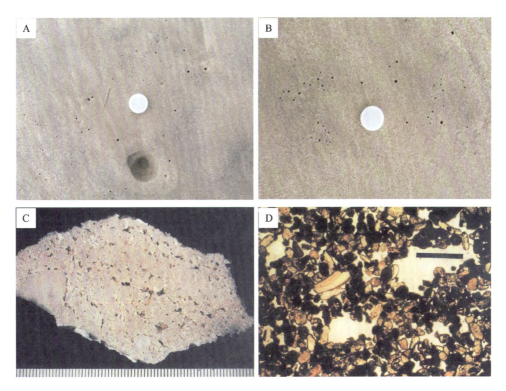

图4-27 现代泡沫痕(A、B.海南省陵水清水湾)和沉积岩中的气孔构造(C、D)

层向上拱的力。有的帐篷构造仅仅存在岩层的翘起,而有的帐篷构造下部出现方解石胶结物填隙的角砾。帐篷构造一般出现在碳酸盐沉积中,有的帐篷构造出现在潮坪碳酸盐岩中,与微生物席碳酸盐岩共生,有的则出现在浅海陆棚碳酸盐岩中,因此可能存在不同的成因。一般认为,潮坪碳酸盐岩中的帐篷构造是由干旱气候条件下岩层的上拱形成的,上拱力可能来自下伏沉积物中富含的微生物腐烂产生的气体。具有方解石胶结物填隙的帐篷构造可能是由下伏沉积物中具有一定压力的高压水体上拱形成的;在冰室气候转换期,天然气水合物泄露也可能形成帐篷构造,如华南成冰纪南沱组之上、埃迪卡拉纪(震旦纪)陡山沱组底部盖帽白云岩中的帐篷构造(图4-28A)。

图4-28 帐篷构造
A.湖北秭归震旦系(曾雄伟提供);B.来源不清

5)古喀斯特

古喀斯特作用又称岩溶作用,一般发育于潮湿气候的碳酸盐沉积中。原始形成的碳酸盐岩随着海平面下降暴露出海平面,在岩溶作用过程中发生溶蚀,形成喀斯特角砾岩(图4-29A)。古喀斯特的岩溶角砾岩一般顺层展布,厚度十余厘米到数米,角砾大小混杂,无分选和磨圆,填隙物多为方解石胶结物或极少的红色富铁黏土。古喀斯特层代表潮湿气候下的古暴露面,可以帮助识别海平面变化。

6)渣状层

渣状层一般发育于干旱气候的碳酸盐沉积(白云岩)中。渣状层结构疏松,类似煤渣,故称渣状层(图4-29B)。渣状层层厚一般十余厘米至1m左右,物质组成为白云岩风化残余的残渣,其结构疏松,固结度低,易于破碎。渣状层代表干旱气候下的古暴露面,也可以帮助识别海平面变化。

图4-29 喀斯特角砾岩(A)和渣状白云岩(B)

(二)层理构造

层理构造是沉积物(岩)最重要的特征之一。层理是保留于垂直层面方向上,由沉积物(岩)组成物质的成分、颜色、粒度、形状、排列方向或填集方式的变化显示出来的纹层构造。层理是由沉积作用形成的,所以是最重要的指相标志。

层理的描述术语包括纹层、层系、层系组等(图4-30)。纹层是组成层理的最小、最基本的宏观单位,表现为一个最小的可用肉眼识别的层纹。一个纹层是在相对稳定的物理条件下形成的,不同纹层代表物理条件的某些变化,相同一层的纹层大致是在同一时间点形成的,一般具有比较均一的成分和结构,有时也可以出现某些渐变特征。纹层的厚度一般为毫米级,个别纹层有时也可厚达厘米级。纹层的形态有平面状或曲面状、连续形或断续形,断面上表现为直线形、简单弯曲形、"S"形和复杂弯曲形等。纹层与层面的关系可以是平行的,也可以是斜交的,斜交又有锐角相交和切线相交之分。

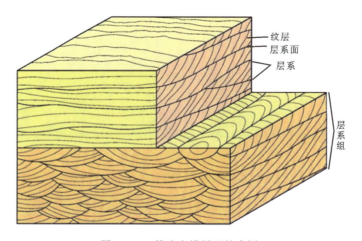

图4-30 描述交错层理的术语

层系是由相同或相近的纹层平行排列组成的一组纹层,是在基本恒定的物理条件下形成的。层系内的成分和结构可以是一致的或均匀的,也可以是有规律渐变的韵律变化。相邻的层系之间由层系面分隔。层系面一般代表无沉积的沉积间断面,或沉积条件的突变面,或侵蚀面。层系的厚度一般为数毫米至数米不等。

层系组是由两个或两个以上成因上有联系的、性质相似的层系叠置而成的一组层系。相邻的层系组由层面分隔,层系面代表沉积间断面或侵蚀面。层系组厚数厘米到数米不等。由两个或两个以上特征相同或相似的层系叠置而成的层理称为简单层系组(或简单层理);由两个或两个以上特征不同、成因相关的层系叠置而成的层系组称为复合层系组(或复合层理)。

层理主要包括形态分类和成因分类两种分类方式。形态分类可以根据纹层与层面(或层系面)的关系、层系面的形态及其相互关系、层系面形态及其与层面的关系等划分。如根据纹层与层面(或层系面)的关系,纹层平行于层面的层理为水平层理或平行层理,纹层斜交于层系面或层面的层理为交错层理。根据层系面的特征(平面或曲面)和相互关系(平行或斜交)可以分出板状、楔状、波状、槽状交错层理4种类型;根据交错纹层的倾向变化,可以分为单向交错层理和双向交错层理;根据层系面和层面的斜交关系,可以区分爬升层理(表4-3)。层理的成因主要根据形成层理的介质(空气和水)的类型、运动性质进行分类。

表4-3 层理分类表

分类	分类标准		类别
形态分类	纹层平直、平行层面	细碎屑(颗粒)-黏土沉积	水平层理
		粗碎屑(颗粒)沉积	平行层理
	纹层平直或波曲状、斜交层系面,相邻层系组纹层倾向一致	层系面平面、相互平行	板状交错层理
		层系面平面、斜交	楔状交错层理
		层系面曲面、相互平行	波状交错层理
		层系面曲面、斜交	槽状交错层理
	纹层平直或波曲状、斜交层系面,相邻层系组纹层倾向相反		双向交错层理
	纹层缓波曲状,层系面缓波曲状		丘状交错层理
	层系面低坡度斜交层面		爬升层理
	块状、均质状无纹层		块状层理、均质层理
	碎屑颗粒粒度递变		递变层理
成因分类	水流成因		水流交错层理
	波浪成因		浪成交错层理
	风成因		风成交错层理
	潮汐成因		潮汐层理
	冲洗成因		冲洗交错层理

1. 层理的形态类型

1)水平层理和平行层理

水平层理是细粒沉积物(岩)(粉砂岩、泥质岩、泥状灰岩)中常见的层理类型。水平层理是在比生成小波痕更低的弱水动力条件下,由悬浮的细粒沉积物不断沉降而形成的。因此,这种层理是低能或静水环境的标志之一。水平层理纹层水平,连续或不连续,厚度一般为毫米级(图4-31A)。纹理可由粒度变化、重矿物富集或有机质含量的不同来显示。水平层理一般形成于低能、静水、低沉积速率的沉积环境,如浅湖、深湖、潟湖、浅海、半深海、深海等。

平行层理是粗粒沉积物(岩)(砂岩、砂屑灰岩)中常见的层理类型。平行层理是在比生成大波痕更强的水动力条件下形成的相互平行的、水平或近水平的粗粒层所组成的层理(图4-31B、C),区别于弱水动力条件所产生的水平层理。平行层理的特点是组分颗粒较粗,常常发育于高能动荡的沉积环境中,如河流的边滩、滨海、浊流等。

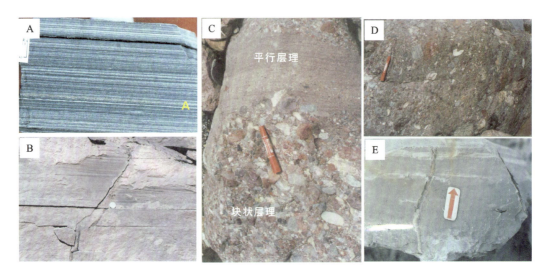

图4-31 简单层理的类型
A.水平层理(山东山旺新生界);B.平行层理;C.块状层理和平行层理(祁连山泥盆系);D.块状层理;E.均质层理(湖北黄石侏罗系)

平行层理在岩石层面上经常保存为剥离线理,或称原生水流线理。剥离线理是在砂岩层面出现的由微细的沟、脊平行交替排列所组成的线理。因为在砂岩层的剥开面上看得更清楚,故称为剥离线理。剥离线理的线状脊平行于水流方向,脊的高度有几个砂粒的直径那么高,长度一般为20～30cm,脊的间距几毫米到1cm。脊之间为与之平行的小浅沟。剥离线理一般可以分为两种:一是平面剥离线理,剥离面在同一层面上,其上的线理表现为大致平行的线状低脊与浅沟;二是阶状剥离线理,剥离面切过若干相邻的纹层,不同层面上的线状脊呈大致平行的阶梯状。剥离线理通常是在强水流条件下形成的,主要分布于河流和海滩沉积中。

2)块状层理和均质层理

块状层理指没有纹层构造的层理。块状层理包括原生的快速沉积,如泥石流、冲积扇、坡积物、海底扇等沉积环境或沉积作用过程中的沉积,一般为成分成熟度低、结构成熟度低(成分复杂、泥质含量高、分选差、磨圆度低)的粗碎屑沉积(图4-31C、D),也包括准同生改造(生物扰动)的沉积,常见为斑杂状砂岩、粉砂岩、泥质岩等。均质层理是指用肉眼甚至借助仪器也辨认不出层内纹理的均匀岩层,多形成均质黏土岩(图4-31E),也常见于河流洪泛平原、沼泽等安静环境的快速沉积中。需要说明的是,一些学者把均质层理归为块状层理的一种,未作区分。

3)单向交错层理和双向(羽状、鱼骨状)交错层理

单向交错层理是指层系的纹层均呈单一方向的交错层理。单向交错层理是由单向水流形成的水流波痕向前迁移形成的前积层叠置而成的。单向交错层理主要出现于河流沉积环境中。

单向交错层理根据形态可进一步划分成不同类型,其划分依据主要是层系面的形态和相互关系。层系面有平面和曲面两种,层系面的交切关系包括平行和斜交两种,因此可以组合成4种形态类型:具

有相互平行的平面层系面的交错层理为板状交错层理(图4-32A);具有斜交平面层系面的交错层理为楔状交错层理(图4-32B);具有相互平行的波曲状层系面的交错层理为波状交错层理(图4-32C);具有斜交的波曲状层系面的交错层理为槽状交错层理(图4-32D、F)。这4种形态的交错层理的形成主要与波痕的波脊形态有关。相邻层系和同层系相互平行的直脊波痕迁移形成板状交错层理;不平行的直脊波痕迁移形成楔状交错层理;相邻层系和同层系平行的波曲状波脊迁移形成波状交错层理;不平行的波曲状波脊迁移形成槽状交错层理。值得强调的是,这4种形态分类应主要用于水流交错层理(包括定向水流和潮汐双向水流)和风成交错层理,不适合于波浪成因的浪成交错层理。

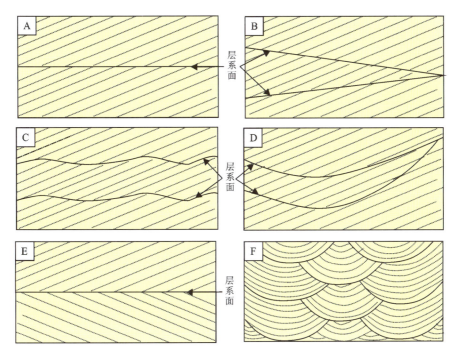

图4-32 交错层理的形态类型

A.板状交错层理;B.楔状交错层理;C.波状交错层理;D.槽状交错层理(平行水流方向);E.双向交错层理;F.槽状交错层理(垂直水流方向)

双向交错层理是指相邻层系纹层倾角相反的交错层理(图4-32E)。双向交错层理的相邻层系倾角大致相同,倾向一般接近于相差180°,大约有10°变化。双向交错层理是具周期性反向潮汐流形成的,潮流经历涨潮→平潮→落潮→平潮的周期性变化。在潮汐流向相反的涨潮→平潮→落潮过程中,潮汐水流波痕的周期性反向迁移,形成纹层倾向相反的两组层系,其间为平潮期(低能)的泥质沉积所分隔。双向交错层理的层系面一般是平直的平面,也有波曲状的曲面。平直的层系面反映交错层系未经侵蚀作用改造,波曲状的层系面代表交错层系可能经历了侵蚀改造。相邻交错层单元之间的界面有时明显,有时不明显。明显的界线常常被一个泥质层隔开,类似于羽毛的羽轴或鱼骨的脊,故又称羽状交错层理或鱼骨状交错层理。不具泥质脊(轴)的双向交错层理,可能是反向水流侵蚀了平潮期的泥质沉积,造成两组反向的层系直接接触。

4)丘状交错层理

丘状交错层理是指组成层系的纹层和层系面均为低角度(小于15°)且呈波曲状的层理。一般认为,丘状交错层理是由风暴(甚至海啸)巨浪形成的。由于风暴浪巨大(波长可达数米到数十米,波高可达数米到十几米),所以丘状交错层理一般规模较大,形成丘状交错层理的沉积物(岩)粒度较粗,结构成熟度较高。丘状交错层理的纹层厚度1mm到数毫米;层系厚度10cm到数十厘米;层系组(层)厚度数十厘米到数米,层系面波曲长度1m到数米(图4-33)。形成丘状交错层理的沉积物(岩)一般为粗碎屑沉积(粗砂岩-细砾岩、细砾屑-粗砂屑灰岩)。

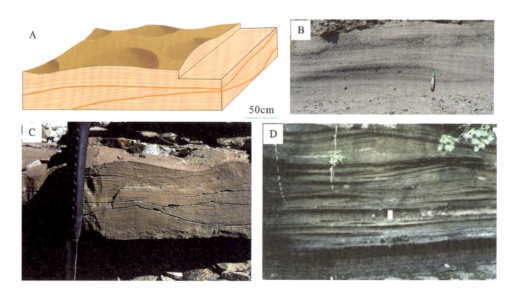

图4-33 丘状交错层理
A.示意图;B、C、D.实例照片;B.澳大利亚悉尼盆地石炭系;D.广西涠洲岛新生界

值得指出的是:①不少文献中描述的小型丘状交错层理(波长数十厘米,层系厚度数厘米)实际上不是丘状交错层理,是正常波浪形成的;②如果露头尺度有限,丘状交错层理很容易与平行层理混淆;③在河流洪水期的沉积中,也可见类似的低角度波曲状水流交错层理,很容易与丘状交错层理混淆。此处描述的丘状交错层理主要分布于浅海或近海湖泊环境中,由风暴或海啸巨浪形成,应注意区分。

5)爬升层理

爬升层理(又称攀升层理或爬升波痕纹理)是指由水流波痕或浪成波痕向前迁移并同时向上生长所形成的波痕层理。爬升层理的典型特征是交错纹层的层系面倾向水流方向,倾角多在1°～15°之间。爬升层理的形成与沉积介质中的负载量有关。如果沉积介质中含有大量的负载沉积物,尤其是悬浮负载的沉积物大量供给,在沉积介质运动过程中,波痕不仅向前迁移,而且向上攀升,从而形成爬升层理。

根据爬升层理纹层的迁移情况,可分为同相位爬升层理和不同相位(迁移)爬升层理。同相位爬升层理的特点是一个波痕纹层直接盖在另一个波痕纹层之上,上、下纹层相位相同,波痕纹层基本上彼此平行,而且向流面和背流面的纹层厚度大致相等。这种爬升层理是在水流速度或波浪强度、流向、水深、沉积物供应等各种因素基本保持不变的情况下形成的。不同相位(迁移)爬升波痕纹理是上、下纹层的相位不同,上部纹层的相位向前(水流方向或波浪传递方向)迁移。不同相位的爬升层理进一步细分为两个亚型:Ⅰ型是向流面和背流面纹层均保存良好;Ⅱ型是向流面纹层受侵蚀,仅保存背流面纹层(图4-34)。上述的同相位爬升层理、Ⅰ型和Ⅱ型不同相位爬升层理是一个连续变化系列中的3种典型代表,它们之间可以存在各种过渡类型。

爬升层理可由水流和波浪作用形成,水流爬升层理主要分布于河流、三角洲分流河道的河漫滩、天然堤、决口扇等环境,主要受洪水期大量悬浮负载影响。波浪爬升层理主要分布于物质供应丰富的滨海(海滩和砂质潮坪)等环境中。

6)递变层理

递变层理也称为粒序层理,它以碎屑颗粒组分的粒度递变为特征。递变层理底部与下伏层常常呈突变接触。单个递变层的厚度变化较大,有的仅厚数毫米,一般为几厘米到数十厘米,个别可达1m以

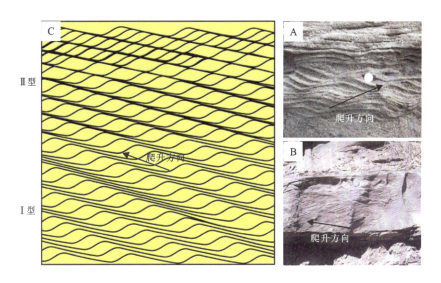

图 4-34 爬升层理的类型
A.波浪爬升层理；B、C.水流爬升层理

上。根据递变层内沉积物颗粒的递变型式，递变层理可以分为两种类型(Pettijohn,1975)。

第一种递变是所有颗粒自下而上均逐渐变细，下部不含细颗粒(基质)。该递变又称为粒序递变(图 4-35A、B、C)。粒序递变是由牵引流作用形成的，当牵引流的流速逐渐减小，搬运能力减弱，沉积物由粗到细逐渐沉积。粒序递变层理常见于河流、海滩等沉积环境中。

第二种递变是粗颗粒自下而上逐渐变细，但基质细颗粒从底到顶均有分布。该递变称为粗尾递变(图 4-35D、E)。粗尾递变是由重力流(碎屑流和浊流)作用形成的。在重力流作用下，细粒和粗粒碎屑颗粒受重力作用顺坡向下移动，随着移动速度变缓而逐渐沉积。

递变层理自下而上碎屑颗粒由粗变细，称为正递变层理；相反，递变层理自下而上碎屑颗粒逐渐变粗，称为反递变层理。有时会出现先正递变再反递变、先反递变再正递变的情况。

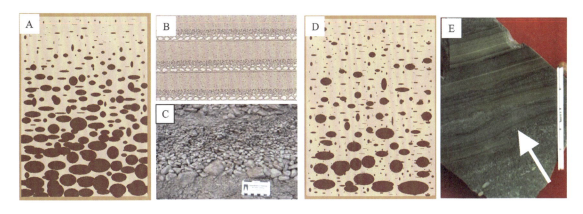

图 4-35 递变层理
A、B、C.粒序递变；D、E.粗尾递变

2. 层理的成因类型

按照层理的成因，可以将层理划分成以下不同的类型。对沉积学工作者来说，层理的形态分类是恢复沉积相分析的基础，主要强调描述性和客观性，更重要的是识别层理的成因类型，主要强调解释性和准确性。

1) 水流波痕层理

水流波痕层理是由单向水流作用形成的层理,或称水流交错层理。它主要是由单向水流形成的波痕迁移形成的(图4-36)。当水流波痕在流水作用下顺流向前迁移时,沉积了一系列顺流向倾斜的、相互平行的前积纹层(层系)。当下一个水流波痕在该层系上生成和迁移时,会侵蚀其顶部并形成一个新的层系。这样周期性反复,就可以形成一个由水流波痕迁移产生的层系组,从而构成交错层理。

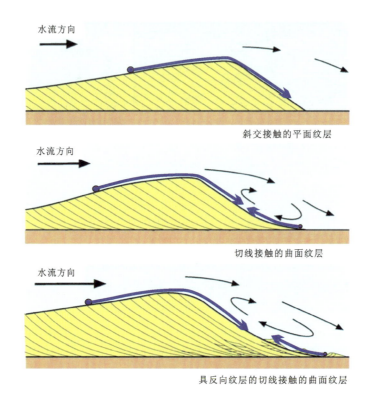

图4-36 水流交错层理的纹层形态

水流波痕层理的形态主要取决于迁移波痕的波脊形态。一般来说,直线形水流波痕的迁移产生板状或楔状交错层理;波曲形、舌形和新月形水流波痕的迁移形成波状或槽状交错层理(图4-37)。

水流波痕层理按规模可以分为小波痕层理、大波痕层理、逆行沙丘交错层理等不同类型。水流波痕层理的规模取决于水流波痕的大小。小波痕层理是由小波痕迁移形成的,其层系厚度小于5cm。大波痕层理则是由大水流波痕的迁移形成的,其层系厚度一般大于5cm,有时可达1m以上。由于大波痕比小波痕形成的水动力更强,具有大波痕层理的岩石比具有小波痕层理的岩石粒度更粗,如大波痕层理常常出现在中粗粒砂岩中,小波痕层理常出现于粉砂岩和细砂岩中。逆行沙丘交错层理是在逆行沙丘迁移过程中形成的,由于逆行沙丘形成的水流速度(高流态)更大,所以具有逆行沙丘交错层理的岩石碎屑颗粒更粗(一般为粗砂或细砾),其形成的纹层更平缓(倾角小于10°)。逆行沙丘交错层理在地层中保存罕见,多见于大波痕层理层系组的粗碎屑夹层中。

水流波痕层理具有两个标志性特征,但都不是唯一性特征:一是水流波痕层理的纹层主要是单向的(罕见反向的逆行沙丘交错层理);二是由于水流波痕的水动力特征,水流波痕层理波脊上沉积物的粒度较细,波谷中的沉积物粒度较粗,显示粒序递变特征。若同时具备这两种特征,基本上可以判断为水流交错层理。

2) 浪成交错层理

浪成交错层理又称浪成波痕层理。浪成交错层理是由波浪传递过程中形成的纹层交错叠覆形成的

图 4-37 水流交错层理
A. 板状交错层理;B. 楔状交错层理;C. 槽状交错层理(平行水流方向);D. 槽状交错层理(垂直水流方向);
E. 槽状交错层理(甘肃民乐泥盆系);F. 复合形态交错层理(河南渑池中元古代云梦山组)

(图 4-38)。需要强调的是,波浪传递不同于水流,具有水体定向流动的特点,波浪的水质点只有波动性,没有流动性。如前所述,波浪有对称型波浪,也有不对称型波浪,因此浪成交错层理也分为对称型浪成交错层理(图 4-39)和不对称型浪成交错层理(图 4-40)。由于波浪的往复运动特点,浪成交错层理具有以下 3 个区别性特征:一是纹层是方向相反的两组纹层(不同于水流波痕层理纹层主要是单向的);二是浪成交错层理的纹层(而非层系)是相互交错的;三是具有浪成交错层理的岩石粒度也具有波脊粗、波谷细的特点(图 4-41)。

浪成交错层理有时与水流波痕层理(如槽状交错层理)形态相似,似乎难以区别。但槽状交错层理的纹层是单向的,只在垂直水流方向的断面上看似双向纹层(假象),其实纹层的倾向还是单向的,仔细观察和进行古流测量可以明确识别和区分。同时槽状交错层理是层系的交错,浪成交错层理是纹层的交错,也是区别两种交错层理的标志。

3)风成交错层理

风成交错层理是由风成沙丘迁移产生的前积纹层所组成的交错层理。风成交错层理的形态主要为板状和槽状。风成交错层理规模变化很大,从小型交错层理到巨型交错层理均有。

小型风成交错层理常见于现代海滩的风成沙丘带。在现代海滩,可见小型风成波痕及其形成的交

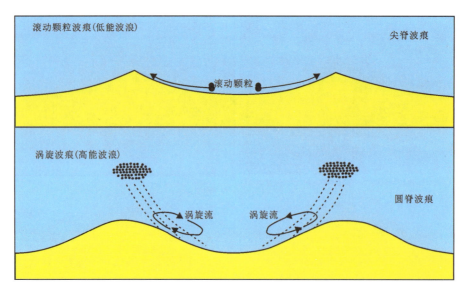

图 4-38　浪成波痕和交错层理的成因

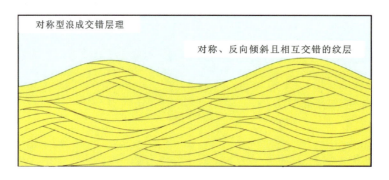

图 4-39　对称型浪成交错层理的内部结构

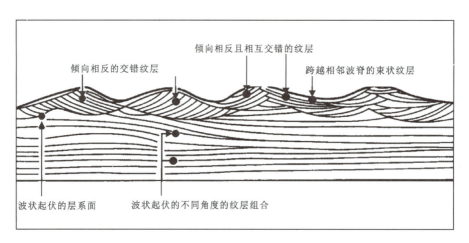

图 4-40　不对称浪成交错层理的内部结构

错层理,其波痕波高(大致与交错层理层系厚度相当)1~3cm,波长 3~5cm,该波痕类似于浪成波痕,也具有复合分叉现象,有时难以区别。重要的区别可从以下两个方面考虑:一是风成波痕波脊沉积物粒度较粗,波谷粒度较细,所以风成交错层理纹层上部粒度较粗,下部粒度较细;二是小型风成交错层理主要形成于海滩沉积序列的顶部风成沙丘单元(该单元在地层中罕见),出现在具有冲洗交错层理的前滨带沉积和后滨带含砾砂岩之上,因此可以识别。

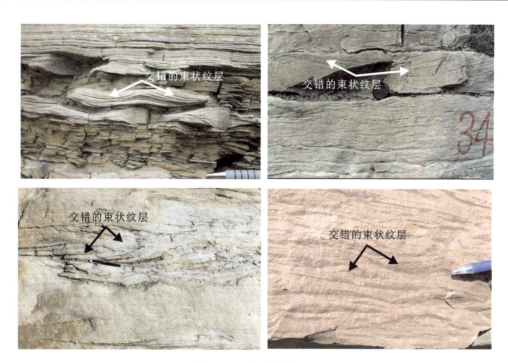

图 4-41 浪成交错层理

大型乃至巨型风成交错层理又称风成沙丘交错层理，主要形成于干旱地区和沙漠地区。沙丘的迁移常常形成大规模的风成交错层理（图 4-42）。这种交错层理层系厚几十厘米到几米，层系组可达几十米到上百米。纹层倾角可呈直线型，也可呈切线型，倾角一般较大（30°～40°）。风成沙丘交错层理的另一个特征是风成岩系的岩层厚度巨大，可见数十米至上百米的风成交错层理内无层面分隔，呈块状特征。

图 4-42 风成交错层理

4）冲洗交错层理

冲洗交错层理是海滩冲洗带形成的交错层理。在长而平坦的海滩或障壁沙坝外侧的向海斜坡面上，由于受到波浪产生的冲流和回流的往复冲洗，可以形成一些平行于斜坡面的、倾角平缓（小于 15°）、平坦的砂质纹层。甚至在海滩脊向陆一侧形成相反方向的低角度（小于 15°）纹层（图 4-43）。在巨型湖泊（如地史中的中生代川滇盆地、鄂尔多斯盆地）的砂质湖滩上也能形成这种交错层理。

冲洗交错层理的鉴别特征，主要是纹层和层系面平直，横向延伸较长，纹层和层系面角度低（小于 15°）且呈低角度斜交。由于交角很小，局限尺度（如露头尺度小）可能被误认为平行层理。

冲洗交错层理主要保存在海滩、障壁沙坝、湖滩等环境中。

图 4-43　冲洗交错层理（海南万宁）

5）潮成层理

本处所述潮成层理是一个笼统的概念，是指所有常见的潮汐作用形成的沉积构造，包括潮汐层理（脉状层理、波状层理和透镜状层理）、B-C 层理、双黏土层、潮汐束状体、双向交错层理等。

潮汐层理是在潮水涨潮→平潮→退潮→平潮往复运动过程中形成的层理组合。如图 4-44 所示，涨潮期形成一组倾向水流方向的倾斜前积纹层，平潮期悬浮的泥质沉积下来，退潮期形成相反方向的另一组前积纹层，平潮期悬浮的泥质又沉积下来。这样随着潮汐的往复运动，形成一组具有相反倾向、沙泥交互的交错层理，即为潮汐层理。潮汐层理主要发育于潮坪和潮控三角洲的潮成三角洲平原上，由于处于较低能环境，且越向岸能量越低，泥质沉积物越多，自陆向海可以分为泥坪、混合坪、沙坪。泥坪上沙少泥多，砂体可形成孤立波痕，层理上表现为透镜状层理。混合坪上，沙泥大致均等，涨潮、退潮期可形成连续的沙泥波痕，平潮期可形成连续的泥层，层理上表现为波状层理。沙坪上沙多泥少，涨潮、退潮期可形成连续的波痕，平潮期泥质沉积薄，且波脊上容易被之后的涨落潮水侵蚀，故泥质层不连续，该情况下，层理上显示为脉状层理。潮汐层理的剖面组合一般是自下而上脉状层理→波状层理→透镜状层理，代表典型潮坪的沉积序列。

B-C 层理是潮汐作用特有的沉积构造。不对称的潮流通常形成 B-C 层理，如涨潮时潮水深度大、流速高，形成大型的交错层理（B 段）；退潮时潮水流速小，随着水位下降，流速减小，形成与 B 段纹层倾向相反的小型交错层理（C 段）。二者组合称为 B-C 层理（图 4-45），其常出现于障壁潟湖的潮道口以及潮坪上的潮沟等环境。

潮汐束状体是潮汐作用形成的另一种特有的沉积构造。由于潮汐具有潮流（涨潮、退潮）期和平潮

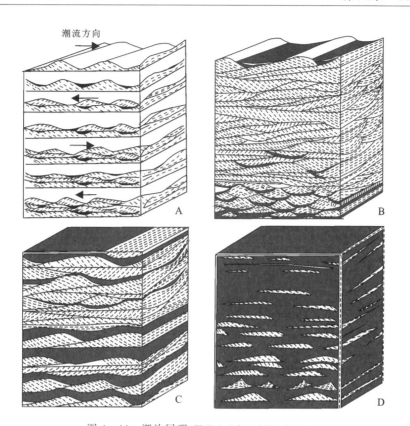

图 4-44 潮汐层理(据 Reineick and Singh,1980)
A.潮汐层理的形成过程;B.上为脉状层理,下为波状层理;C.脉状层理;D.透镜状层理

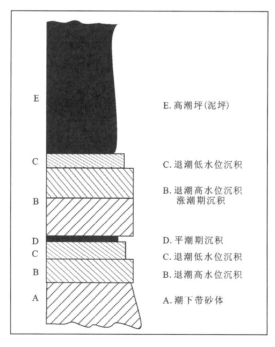

图 4-45 B-C 层理

期的动力间歇性变化,潮流期形成倾斜的前积纹层,平潮期悬浮的泥质沉积覆盖于先成的倾斜纹层之上,这些泥质层呈束状特征,保留在沉积物或地层中即为潮汐束状体(图 4-46A)。

潮汐涨潮→平潮→退潮→平潮,一个完整旋回中具 2 次平潮期,可以形成 2 个平潮期的泥质层,有时保存在沉积物或地层中,称为双黏土层(图 4-46)。潮汐束状体和双黏土层常常保存在不对称潮汐形成的沉积物中。

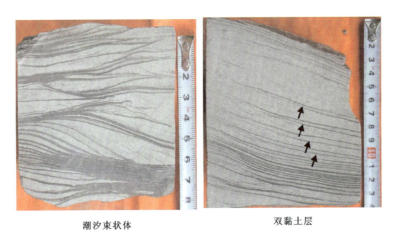

图 4-46 潮汐束状体和双黏土层(西湖油田花港组)

如前所述,双向交错层理(羽状交错层理或鱼骨状交错层理)是潮汐作用形成的,此处不再重复论述。

上述潮成层理具有共同的特征,由于潮汐作用具有高能(涨潮、退潮期)和低能(平潮)的水动力变化,形成的层理具有相反方向交错纹层的交替,间夹低能的悬浮泥质沉积。潮成层理主要发育于潮汐作用强烈且不受其他动力作用(如波浪)改造的地区,如潮汐控制的低能海岸(潮坪)、潮控三角洲的潮成三角洲平原均发育上述潮成层理。

(三)软沉积变形构造

软沉积变形构造是沉积物在沉积之后、固结之前形成的软沉积物变形构造,又称为准同生变形构造。文献中的准同生其实包括两种含义。一是沉积物沉积之后,脱离水体之前。此时形成的变形构造其实是同生软沉积变形。这种沉积构造不是沉积介质运动形成的,而是受构造因素影响形成的,与之前所述的沉积构造在时间上、成因上存在明显差别。这种沉积构造包括同沉积断裂、同沉积褶皱(微褶皱)、滑塌构造、落石沉陷构造等。二是沉积物沉积之后,脱离了水体,具有上覆沉积物覆盖时期。该时期的软沉积变形构造包括负荷构造、液化构造等。现对常见的软沉积变形构造予以分述。

1. 同沉积断裂(含地裂缝)和砂岩脉

同沉积断裂是在沉积物沉积之后、脱离水体之前,在沉积物表面和浅层形成的断裂构造,这种断裂常常由同沉积期的地震引起,因此是识别地震事件沉积(地震岩)的重要标志。

同沉积断裂大致包括 2 种类型:一是地裂缝,二是重力断层(图 4-47)。地裂缝是在沉积物表面由地震触发形成的垂直于层面的张性断裂。地裂缝一般为上宽下窄的楔状形态,顶部裂缝宽几厘米到数十厘米,深 10cm 到 1m 左右(图 4-47D)。裂缝中常充填砂质沉积物,地层中表现为砂岩脉。重力断层是在沉积物浅层由于重力垮塌形成的剪切型断裂(图 4-47A、B),常常表现为阶梯状断裂(图 4-47C),有时可见共轭的剪切型断裂(图 4-47E)。这两种断裂均出现在沉积物(岩)内部,被后期沉积物覆盖,所以判断为同生断裂,以区别于穿层的后生断裂。

2. 同沉积褶皱(微褶皱)

与同沉积断裂类似,同沉积褶皱是在同沉积地震过程中形成的沉积物表面的微型褶皱,又称微褶

图 4-47 同沉积断裂

A、B.同沉积断裂(北京周口店中元古界雾迷山组);C.阶梯状断裂(广西北海涠洲岛新生界);D.地裂缝(澳大利亚悉尼盆地);E.共轭式断层(广西北海涠洲岛)

皱。微褶皱形态不规则,呈现各种复杂不协调的形态(图4-48A、B)。微褶皱属于层内褶皱,褶皱在沉积层中向下逐渐消失,上被后期沉积物覆盖,故判断为同沉积褶皱,以区别于后期构造形成的褶皱。

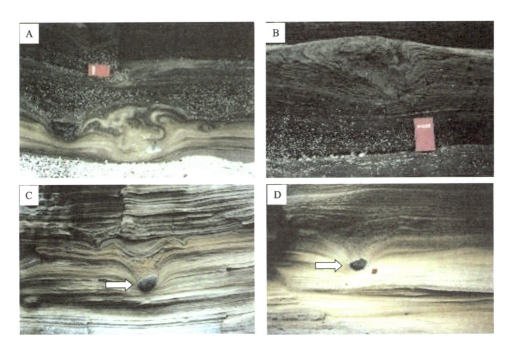

图 4-48 微褶皱(A、B)和落石沉陷构造(C、D)(广西北海涠洲岛新生界)

3.落石沉陷构造

落石沉陷构造是一种特殊类型的同沉积地震形成的软沉积变形构造,该构造保存于广西涠洲岛靠近南湾破火山口附近晚更新世的火山碎屑沉积地层中(杜远生,2005)。该构造具有以下特征:一是砾石为火山岩砾石,砾石大小数厘米到1m不等,具有一定的磨圆度;二是砾石沉陷在具有重力断层的粗砂—细砾状火山碎屑岩中,具有向下沉陷弯曲的纹层;三是该构造为层内构造,上部为后期的沉积岩覆盖(图4-48C、D)。很显然,该构造是同沉积期形成的,且不是火山弹一次性降落在沉积物表面形成的,而是持续沉陷形成的。推测由于临近火山持续性的地震引起的地壳颤动,砾石逐渐沉陷。

4. 滑塌构造

滑塌构造是未脱离水体的沉积物受自身重力作用下滑形成的沉积构造的总称,包括沉积块体整体下滑(滑移)和沉积物的卷曲下移(滑塌),滑移体一般不出现体内变形,滑移体边界或内部发育重力断层,断层呈现正断层特征,断层面角度变化较大,缓倾斜波状起伏(30°以内)断层面居多。滑塌体具有强烈的内部褶曲变形,褶曲可呈斜歪状乃至平卧状(图4-49),褶曲轴面可具有一定的定向性,轴面倾向指向滑塌方向。滑塌体边界和内部重力断层发育。滑移体和滑塌体宏观上也属于层内变形,尤其是上部为后期沉积物覆盖,形成"沉积不整合",指示滑移和滑塌作用形成于沉积之后,但未脱离水体的同沉积背景。

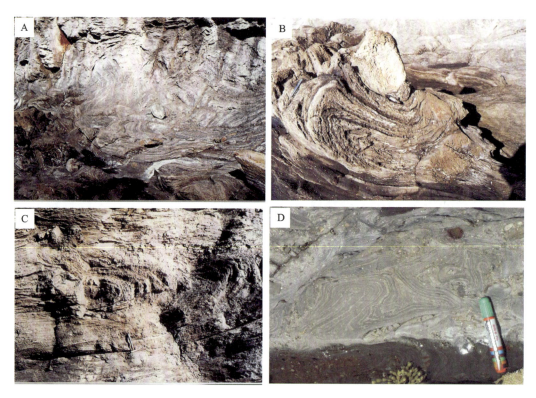

图4-49 滑塌构造
A、B、C.澳大利亚悉尼盆地二叠系;D.澳大利亚墨尔本Cape Liptrap泥盆系

5. 负荷构造、火焰构造、枕状构造、球状构造和枕状层

负荷构造、火焰构造、枕状构造、球状构造和枕状层属于同类成因的构造(暂称为陷落构造)(图4-50),本处一并论述。陷落构造主要是沉积物沉积之后、脱离水体、尚未固结并未被上覆沉积物覆盖的软沉积变形构造。砂质沉积物陷入下伏软的泥质沉积物为负荷构造,泥质沉积物挤入上覆砂质沉积物为火焰构造,砂质沉积物陷落到下伏泥质沉积物的枕形体为枕状构造,陷落到泥质沉积物中的球形体为球状构造。有时可见砂层中出现枕形体叠置,称为枕状层。枕状层的枕形体下部为向下弯曲的曲面,底部常常见泥质底面,推测也是颤动作用导致砂质沉积物陷落形成的。泥质底面为颤动作用促使细粒的泥质相对集中而形成的。过去认为此类构造主要是由差异压实形成的,笔者认为仅仅差异压实

是不够的,可能更重要的成因是持续的颤动导致砂质沉积陷落。

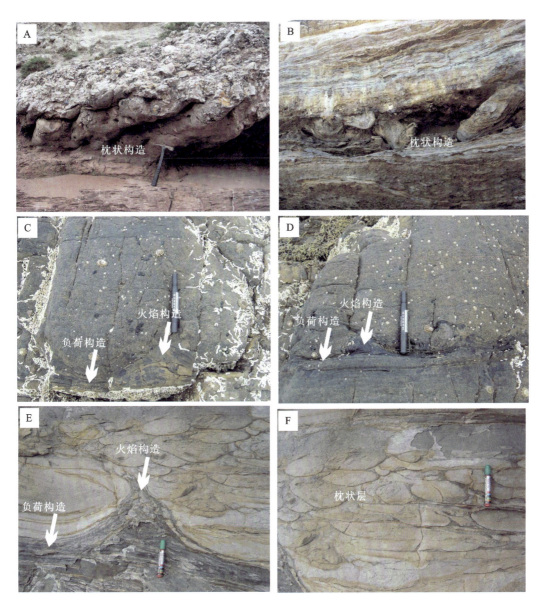

图 4-50 负荷构造、火焰构造、枕状构造和枕状层
A. 甘肃祁连山泥盆系;B、E、F. 澳大利亚悉尼盆地二叠系;C、D. 澳大利亚墨尔本 Cape Liptrap 泥盆系

6. 液化构造(液化脉、砂火山和变形层理)

液化构造是指由液化作用形成的软沉积变形构造。所谓液化,是指砂质沉积碎屑颗粒之间充满大量的水,颗粒悬浮于水中。现在地表砂质沉积物在外颤动力作用下可以液化(图 4-51A),这种液化的沉积物甚至可以沿斜坡流动形成液化流。但沉积构造中的液化主要是指埋藏的砂质沉积物受承压水影响的液化。在埋藏的砂泥互层沉积物中,原始沉积物中一般含有大量的水,在上覆沉积物的压实作用下,沉积物中的水被挤出。由于黏土层是隔水层,且更容易被压实,因此被挤出的水充填到砂质沉积层中,形成高压的层间水,高压的层间水使沉积颗粒悬浮其中,这就是液化(图 4-51B)。当这种脆弱的平衡被打破,就会形成一系列的液化构造。

层间水形成的砂质沉积物液化主要包括液化脉、砂火山、变形层理等。液化脉是高压的液化砂沿着沉积物的裂缝充填形成的沉积物（岩）脉。砂脉体宽度受裂缝宽度控制，1cm至数十厘米不等。砂脉体的形态与裂缝的形态和成因有关，沿断裂裂缝充填的砂脉多呈平直状，有时具雁列特征，沿非断裂成因的砂脉多呈不规则状，个别可形成绳状砂脉（图4-51C）。砂（岩）脉的脉体较围岩更纯净，一般不含基质，颜色浅（白色、灰白色居多）。

当高压的液化砂沿裂缝冲出沉积物表面，就形成砂火山。砂火山发育在沉积层面上，呈现圆锥形特征。砂火山直径多为数厘米至十余厘米，有时可见"火山口"，常具不规则的同心状痕迹，为砂火山上涌时形成。与砂脉一样，砂火山的沉积物较围岩颜色浅，组分更纯净，不含基质（图4-51D、E、F）。

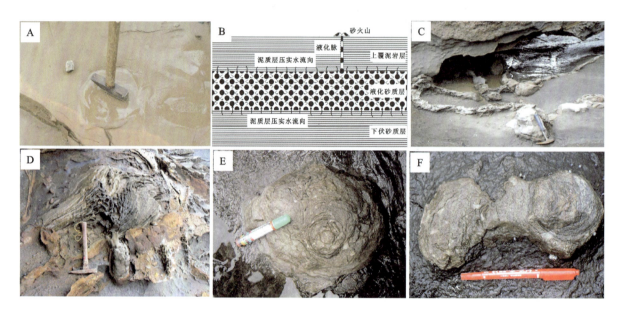

图4-51 液化构造
A、B.液化试验；C.砂岩脉（澳大利亚悉尼盆地二叠系）；D、E、F.砂火山（澳大利亚悉尼盆地二叠系）

7. 泄水构造和碟状构造

泄水构造是指沉积物中保存的水在压实过程中被挤出并向上泄露形成的痕迹，常在泄水通道引起纹层的向上弯曲，两个泄水道之间的纹层向上翘起，形似"碟子"，故称碟状构造。碟状构造可出现在有一定液化作用的情况下，由于液化砂体上部隔水层不发育，液化的砂体未达到高压状态，因此引起液态水的向上泄露。

二、化学成因的沉积构造

化学成因的沉积构造是指沉积时期和沉积期后由结晶、溶解、沉淀等化学作用在沉积面上或沉积物中形成的沉积构造。部分化学成因的沉积构造是在沉积期、准同生早期形成的，具有环境解释意义，但大部分是在沉积物的压实和成岩阶段形成的，属于次生沉积构造，对解释沉积环境意义不大，但对于了解沉积物沉积后所经历的化学变化却是很有益的。

化学成因的沉积构造的形成与化学作用有关，有些沉积构造由几种作用联合形成或有其他作用参与，如温度、压力、盐度、收缩等作用。化学成因的沉积构造的分类是一个较复杂的问题，此处仅按化学作用方式划分（表4-4），并重点对沉积和准同生期的沉积构造进行论述。

表 4-4 化学成因的沉积构造分类

成因作用	类型	形成阶段
结晶构造	假晶和晶痕	沉积期—准同生早期
	鸟眼构造和晶洞构造	
	示顶底构造	
压溶构造	缝合线构造	成岩压实期
	叠锥构造	
增生与交代构造	结核构造	成岩期
	葡萄状构造	

（一）结晶构造

结晶构造是指与结晶作用有关的化学沉积构造。结晶构造是沉积或早期成岩阶段在沉积物表面或内部新晶体生长形成的，包括晶痕与假晶、鸟眼构造和示顶底构造 3 种常见的沉积构造。

1. 假晶与晶痕

假晶为原生矿物晶体被交代形成的保持原矿物形态的"假晶体"，晶痕为原生矿物晶体在沉积物表面上结晶生长留下的痕迹。常见的假晶和晶痕为蒸发岩矿物石盐和石膏。常见的石盐和石膏是水体中盐度过饱和而直接结晶形成的矿物晶体。由于这些晶体硬度较大，常常嵌入软的泥质沉积物中，当这些晶体后来因溶解而消失，就留下了具有晶体形态的特征印痕，即晶痕构造。当这些晶体溶解后的晶洞被充填或交代，形成晶体假象即假晶。

在地质记录中，最常见的是石盐晶痕和假晶及石膏假晶。石盐假晶为立方体状，多散布于泥质沉积物表面。当石盐晶体嵌入沉积物之后被溶解，可形成立方体状的晶痕。石盐晶体被充填或被方解石交代，即形成立方体的石盐假晶。石盐晶痕或假晶的存在说明石盐晶体生长时水体盐度的增高和埋藏后孔隙水盐度的降低。石膏假晶一般为长条形晶体，有时可见燕尾双晶。石膏假晶多形成于白云岩中，由石膏晶体被方解石交代而成。由于方解石更容易溶解，石膏假晶常呈针状凹坑密集分布于白云岩表面。当厚的石膏层与非石膏层互层，石膏层溶解垮塌可形成膏溶角砾岩。膏溶角砾岩砾石大小混杂、无分选和磨圆，砾石中可见石膏假晶，填隙物多为后期胶结物（如方解石）。石膏层完全被方解石交代，可形成次生灰岩。次生灰岩一般为黄褐色，粗颗粒状，可显示模糊的纹层构造，成分为方解石晶体颗粒。

石盐的晶痕、假晶和石膏假晶、膏溶角砾岩、次生灰岩多形成于干旱潮坪、潟湖、盐湖、盐沼等环境中，指示干旱气候。

2. 鸟眼构造和晶洞构造

鸟眼构造是指细粒碳酸盐岩中的一种沉积构造。鸟眼构造为成群顺层分布的毫米级不规则状、蠕虫状晶体，晶体多为方解石，有时为石膏，单偏光显微镜下这些晶体透明，与泥晶方解石或泥晶白云石形成显著差别（图 4-52A～D）。由于鸟眼构造成群、密集，顺层发育在岩层断面上，显微镜下透明，故又称为筛状构造、窗格构造和雪花状构造。

鸟眼构造是一种充填胶结物，其形成首先有鸟眼状的孔隙，又有化学成因的胶结物充填。关于鸟眼状孔隙的成因，一般认为是气泡或微生物席腐烂孔隙成因的。鸟眼构造一般发育于碳酸盐潮坪的微生物席中。由于微生物腐烂产生大量气体，这些气体可能留存于微生物席中形成孔隙。同时微生物席中微生物腐烂也可产生一些孔隙,这些孔隙就形成了鸟眼状孔隙。在早期成岩阶段,这些孔隙被结晶方解石充填,即形成鸟眼构造。

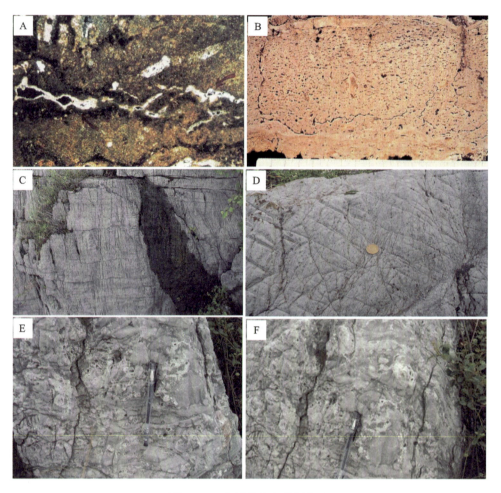

图4-52 鸟眼构造和晶洞构造
A、B.来源不明;C、D.湖北黄石三叠系嘉陵江组;E、F.广西六景泥盆系

晶洞构造是岩石中的孔洞被后期胶结物(大部分为方解石)充填形成的构造。部分小晶洞常与鸟眼构造混淆,故将这类构造放在本处论述。

晶洞构造形态、规模差异很大,小的晶洞直径在0.5~2cm,有圆形及其他不规则形,多出现在碳酸盐潮坪,甚至潮下带沉积中(图4-52E,F)。如果海平面下降,这些沉积很容易暴露在大气中,大气降水产生的地下水发生溶蚀,从而形成溶蚀孔,溶蚀孔被后期方解石充填,即形成晶洞构造。这种晶洞构造一般代表海平面的下降,可以保证恢复海平面变化。大的晶洞可达数米长、十余厘米高,可呈不规则层状、洞穴状、圆形等各种形态,内多为方解石胶结物填隙,也见硅质胶结物填隙。这种晶洞多数由地下水溶蚀(岩溶)作用形成,或由天然气水合物泄露形成。前者也可以指示海平面变化。

3. 示顶底构造

顾名思义,示顶底构造是指可以指示沉积岩顶、底的构造。很多沉积构造都可以指示顶、底(如波痕、原生层理等),此处的示顶底构造是指碳酸盐沉积中由孔洞充填形成的示顶底构造。众所周知,很多生物体具有空腔,沉积时残余在空腔内的沉积物先沉积在下部,上部未充填满的部分为空洞,这些空洞被后期胶结物充填,就可以形成下部沉积物、上部胶结物的特征,二者的界面大致代表水平面,由此形成的构造即为示顶底构造。除了生物体腔外,碳酸盐岩中其他空洞,如生物礁骨架岩中的部分空洞,可以形成类似现象,也可以指示顶、底,属于示顶底构造。

(二)压溶构造

压溶构造是指沉积物在压实过程中产生溶解(压溶作用)形成的沉积构造,常见的压溶构造为缝合线构造。

缝合线主要产于比较纯净的碳酸盐岩中,有时也出现在石英砂岩、盐岩、硅质岩中。缝合线是指岩层垂直断面上两个岩层或同一岩层的两个相邻部分连接起来的锯齿状接缝,类似人体大脑的缝合线。缝合线在层面上表现为缝合面,为不规则起伏的平面,缝合面上集中有机质、泥质不溶残余物。

缝合线起伏高度一般1mm到数厘米,个别可达数十厘米。缝合线的形态多种多样,主要有简单波曲形、复杂弯曲形、尖齿形、方齿形、震波曲线形等不同形态(图4-53),它们之间还存在着许多过渡形态。缝合线多平行于层面,也见垂直于层面(图4-53D)或斜交层面。

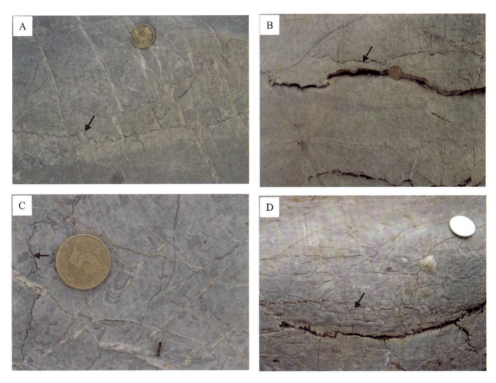

图4-53　缝合线构造(湖北黄石三叠系嘉陵江组)
A、B. 平行层面的复杂弯曲形;C. 垂直层面的复杂弯曲形;D. 方齿形

关于缝合线的成因,一般认为是碳酸盐沉积物在深埋藏阶段,上覆沉积物的定向(向下)压力促使碳酸盐沉积物发生选择性溶解而成。易溶的物质被溶解成溶液带走,不易溶解的物质残留在溶解面上。由于差异溶解,可形成弯曲甚至齿状的压溶面。按照缝合线的成因和形成过程,可以根据其起伏幅度大致地估算岩层被溶解掉的最小厚度。

(三)增生与交代构造

增生与交代构造主要是由矿物沉淀、凝聚或交代围岩形成的。最常见且重要的包括结核构造和葡萄状构造。

1. 结核构造

结核是指成分、结构、颜色等方面与围岩有明显差别的团块状矿物集合体。结核的大小不一，一般为数毫米到数十厘米，有的可达几米。结核的外形常呈球状、椭球状、圆盘状、扁豆状、透镜状、不规则瘤状等。结核的内部可以是均质的，也可以是非均质的，甚至含有围岩的成分。其内部构造有同心圆状、放射状、方格状、花苞状等不同类型。结核在围岩中可以呈单个产出，也可以呈串珠状或似层状成群出现，或者是不规则分布。结核的成因类型包括同生结核、成岩结核、后生结核、表生结核。

同生结核是在同沉积期形成的。同生结核与围岩的界线一般很明显，不切穿围岩的层理，而是层理围绕结核弯曲。同生结核的成因一般认为是沉积物表层的特殊元素围绕某些质点凝聚沉淀而成，这种结核一般具有同心状圈层。地层中的磷结核和现代洋底的铁锰结核均属于同生结核。

成岩结核是在沉积物的成岩过程中形成的。在沉积物的成岩阶段，物质发生重新分配，来源于沉积物内部的元素围绕某些中心（如化石）凝聚、交代、沉淀，最终形成结核。成岩结核与围岩的界线有的明显，有的呈过渡关系，部分切穿围岩的层理，结核上方的围岩层理常发生弯曲。碳酸盐地层中的硅质结核、页岩中的钙质结核多属于成岩结核。

后生结核形成于沉积物已固结成岩之后的后生阶段。后生结核是由岩石中的元素随溶液沿裂隙或层面进入岩石内部沉淀或交代而成的，这种结核大多产于裂隙中或层面附近，并且明显地切穿围岩层理，但层理没有弯曲现象。

表生结核是地表松散的沉积物中由地下水中的元素凝聚形成的。在现代松散沉积物表层，地下水潜水面之上为渗流带（包气带），潜水面之下为潜流带（饱水带）。包气带沉积物孔隙未被填满，包含大量空气。包气带中富钙的水围绕某种中心凝聚，可形成钙质结核。钙质结核大小从毫米级到厘米级，形态呈圆球状、椭球状、不规则状，不规则状的大硅质结核形似生姜，故又称沙姜石。这种钙质结核通常形成于半干旱地区的松散沉积物中，主要形成于地下水潜水面波动带。

按照结核的组成成分，可将结核划分为不同类型，常见钙质结核、硅质结核、砂质结核、磷质结核、铁锰结核等。

钙质结核是最常见的结核之一，其成分主要是碳酸钙。它们在砂岩、页岩、泥岩、黄土、土壤或古土壤中均有大量分布。

砂岩和粉砂岩中的钙质结核通常呈球状、似球状或圆盘状，大小不一，小者 1cm 或几厘米，大者可达几米。其大小可能与岩层的渗透率有一定关系。总的来说，砂岩中的结核往往比粉砂岩中的更大、更圆，因为岩层的渗透率越高，进入其中的碳酸钙溶液就越多，结核中经常含有大量的碎屑颗粒，而且层理可以穿过结核。这说明这种结核是在碎屑颗粒沉积之后形成的，很可能是方解石胶结物局部胶结或差异胶结的结果。由于这种结核胶结坚固，因此在露头上比围岩更能抵抗风化，使它们呈球状砂岩体散布于地面上。这就应注意与砂岩发生球状风化所形成的球状体相区别（图 4-54A）。

页岩和泥岩中的钙质结核一般呈椭球状到球状，直径从几厘米到几米不等，中心部分往往含有生物化石。结核上、下的围岩纹理绕结核弯曲（图 4-54B）。许多结核中可以见到沉积成因的纹理。这种结核内中间部分的纹理是近水平的，并与围岩纹理连接起来；靠上、下边缘的纹理则顺结核外形弯曲，并向两端收敛穿出结核，说明结核是在泥质沉积物沉积之后才生长的，很可能属于成岩作用的产物，但其生长也可能延续到成岩阶段的较晚期。

黄土中的钙质结核俗称砂碾，形状多种多样，有长柱状、椭球状、板状、树枝状、锥状、不规则瘤状等。其大小不一，长 4～25cm，直径 2～20cm，大者可达 50cm 长、30cm 粗。内部构造可以是同心圆状或放射状，也可以是致密块状，并含有黄土碎屑和生物化石。结核在黄土剖面中或零星分布，或富集成钙质结核层，并大致平行于层面展布。黄土中钙质结核的形成与地下水中碳酸钙的淋溶、淀积有关。

土壤和古土壤中也经常发育钙质结核。这种结核个体大小不等，从毫米级到分米级均有，形态多不规则，呈姜状形态(图4-54D)。这种结核的成因与黄土中的钙质结核相似。土壤和古土壤中的钙质结核作为古气候或深时古气候的研究对象，帮助恢复地史时期的古气候。

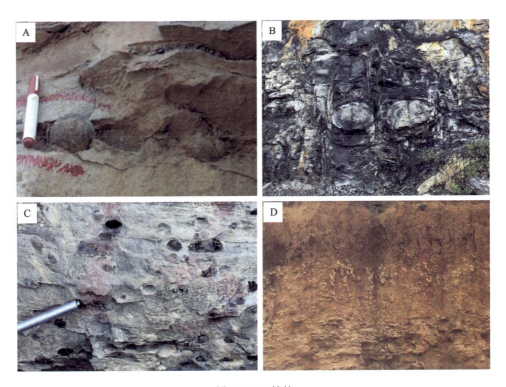

图4-54 结核

A.砂质结核(湖北黄石侏罗系)；B.钙质结核(湖北秭归震旦系)；C.硅质结核(湖北秭归震旦系)；D.钙质结核(沙姜石，湖北兴山侏罗系)

硅质结核又称燧石结核，在碳酸盐岩中十分常见。硅质结核主要由微晶石英和少量的玉髓组成。燧石结核的形状变化多样，如透镜状、扁豆状、圆盘状、不规则的团块状或瘤状，多沿层面分布，常富集成硅质结核层(图4-54C)。结核大小差异较大，毫米级到厘米级居多，个别可达几十厘米。硅质结核内部多呈致密状，有时具有同心圆状。有些结核中含有硅质或钙质生物化石。关于硅质结核的成因，大部分硅质结核属成岩结核，是沉积物中的硅胶团(硅可由海水或热液提供)交代沉积物形成的，地层中常见硅质结核中具残余的生物结构，说明这些硅质结核是生物体被硅质交代而成的。地层中还可见沉积成因的硅质结核，这种结核是在海底上由硅胶团直接沉淀而成，这种硅质结核具同生结核特征，结核具同心状结构，结核不穿透层理。

磷质结核是暗色泥质岩、磷质岩地层中常见的一种结核类型。这种结核常呈直径几厘米的扁平卵石状或圆面包状。其底面扁平，顶面呈穹形而光亮，磷质结核成分为磷灰石，内部构造复杂多变，有均一结构，也见鲕状结构、放射状结构。一般认为，磷质结核主要是原生或沉积成因的，也可以是交代成因的。

锰(铁)结核常见于现代大洋底部和某些内陆湖泊。这种结核一般是由锰铁矿物呈同心带状围绕碎屑颗粒或生物介壳生长而成，形态呈球状、扁平透镜状或饼状，大小为数毫米级到20cm以上。这种结核具有同生结核特征。

铁质结核包括由菱铁矿、氧化铁、黄铁矿、白铁矿等铁矿物组成的各种结核。这种结核大小各异，形状变化多样。氧化铁结核常呈空心管状，内部有可自由转动的碎屑物。铁质结核的成因，有的是原生成因的，如某些菱铁矿结核；有的是成岩成因的，如砂岩、铝土矿中的黄铁矿结核。铁质结核分布甚广，在砂岩、泥岩、碳酸盐岩、铝土矿中均有发育。一般来说,低价铁矿物(如黄铁矿、白铁矿、菱铁矿)组成的结核形成于还原环境中,而高价铁的结核(赤铁矿、褐铁矿)则是氧化条件下生成的。

2. 葡萄状构造

葡萄状构造是指碳酸盐岩中一种由许多具有碳酸盐包壳组成的似球状、葡萄状、表面酷似成串葡萄的沉积构造。葡萄状构造矿物成分为针状或薄板状方解石,这些矿物可围绕一个或多个核心包绕形成同心状的碳酸盐纹层。葡萄状构造主要发育于碳酸盐岩空洞中,断面上呈圆形或不规则椭圆形同心状,主要是由碳酸盐溶液沉淀而成的,也可能有藻类参与。

第三节 生物标志

生物硬体及其形成的实体化石是沉积物或沉积岩的重要组成部分,生物活动的各种遗迹或遗物可保存在沉积中或沉积岩中形成遗迹化石。生物实体(化石)和生物遗迹(化石)与生活环境(沉积环境)关系密切,因此具有重要的指相意义。

一、实体化石的指相意义

实体化石是指保存在地层中的生物硬体、破碎的生物碎屑及其印痕、印模,可以记录曾经生活的生物类型、生物多样性、生物的生态特征等。

生物具有底栖(底栖爬行、固着、潜穴、钻孔)、浮游、游泳等不同生活方式,宏体生物又有单体、复体(块状、丛状、枝状)等不同形态,其主要受环境因素(深度、盐度、温度、氧化-还原条件等)控制,因此不同宏体生物的类别对环境具有不同的指示意义。

1. 生物类别

底栖生物的生活环境与沉积环境基本一致,因此可以直接指示环境因素,浮游生物是漂浮在水体中被动运动的生物(如笔石类),游泳生物是主动游动的生物(如菊石类、鱼类),这些生物一般漂浮或游动在浅水富氧区域,死亡后落入海底保存为化石。地层中只要保存有底栖生物,一般指示为浅水、动荡、富氧的环境;若仅仅保存有浮游生物或游泳生物化石,一般指示为深水环境。

由于不同的生物对水体盐度适应性不同,因此生物类别可以指示生活环境的盐度。部分生物对盐度要求苛刻,只能生活在海洋正常盐度(35‰)左右,常称为窄盐度(狭盐度)生物(如腕足类、珊瑚类、苔藓类、头足类、三叶虫类、棘皮类、蜓类等)。而有的生物对盐度适应性很广,甚至可生活在大气环境中(如腹足类蜗牛),常称为广盐度生物(如鱼类、腹足类、双壳类、蓝绿藻、介形虫类、有孔虫类等)。仅仅含有窄盐度生物的地层一般为正常海相沉积,仅仅含有广盐度生物的地层一般为非正常海相沉积,如淡水河流、湖泊、咸水湖、咸化潟湖等。

大部分生物生活需要氧气,因此生物类别可以指示生活环境的氧化-还原条件。虽然现代海洋调查中在深海地区发现一些实体生物,但这些实体生物很多只具有软体而没有硬体,很难保存形成化石。有的生物虽然有硬体(如热泉或冷泉口附近),但在地层中却罕见保存,所以通常用底栖生物类别恢复生物的生活环境即沉积环境。保存较多底栖生物化石的地层一般形成于富氧的沉积环境中,仅仅保存浮游和游泳生物化石的地层,虽然这些生物生活在富氧的浅水地区,但生物死亡后生物体降落在深水地区(化石围岩一般是暗色薄层的深水细粒沉积),因此化石的保存环境(沉积环境)为深水贫氧或缺氧条件。

生物也受温度控制,一般情况下,生物礁分布于热带亚热带的温暖滨浅洋环境中,而高纬度冷水环境中不发育生物礁。

2. 生物量和生物分异性

生物量是指生物(化石)的含量,生物的分异性是指生物类别的多少。很明显,生物的生活环境越优越(浅水动荡、透光、富氧),生物(化石)越多,生物量越大,生物类别越多,分异性越好。如开放潮下带碳酸盐岩中常见大量(>50%)多类别的底栖生物化石(如腕足类、软体类、珊瑚类、棘皮类、三叶虫类等)。相反,如生物生活条件不好,可能是盐度异常,也可能是贫氧,生物量就小,生物分异性就差。如局限潮下、潟湖环境的碳酸盐岩中生物量一般在10%以内,且类别单调,以广盐度生物(如双壳类、腹足类等)为主。

3. 生物化石的保存状态

生物化石的保存状态在沉积环境分析中至关重要。上述生物化石类别、生物量、生物分异性分析的前提是这些化石是原地保存,而不是异地搬运的。按照生物化石保存的位态,可以分为原地原位保存、原地异位保存和异地保存等不同类型。

原地原位保存是指化石不仅在原地保存,而且保存了原始的生长位态。生物礁的骨架灰岩、障积灰岩、黏结灰岩中的生物基本上都是原地原位保存的,一些海底底栖固着生物(如珊瑚类、海绵类、古杯类、苔藓虫、层孔虫)也常见原地原位保存。

原地异位保存是指生物化石基本保持在原地,没有经过远距离搬运到异地,但未能保持原来的生活位态。一些软组织(如肉茎)固着或附着生物,死亡后软组织腐烂,化石倒地,即为原地异位保存,如腕足类生活时靠肉茎固着海底(腹部向上、背部向下),死亡后肉茎腐烂,化石多平躺保存,即属于原地异位保存。

异地保存是指化石被搬运到异地保存,在搬运过程中,除了紧密的房室型化石(如有孔虫),大部分具松散壳体的生物硬体(如棘皮类、腕足类、双壳类、三叶虫等)会发生破碎,形成生物碎屑。因此,生物碎屑基本上都是异地保存的。异地保存的生物化石有的搬运不远,甚至大致在原地受波浪簸选而破碎,有的可以远距离搬运,如大陆斜坡海底扇中发现来自陆棚浅海的生物碎屑或碎块。远距离异地保存的化石不能简单根据生物特征恢复沉积环境,而应结合围岩特征综合分析。

需要说明的是,现代深海调查在深海发现了很多生物,包括一些底栖、有硬壳生物,尤其是在热泉或冷泉的喷口附近。因此,在深水相分析中有些传统的观念受到一些挑战。考虑以下一些因素,传统的观念仍然基本上是合理的。一是沉积相分析的绝大部分沉积岩是地史时期陆表海、陆棚海浅水沉积,深水区的地层主要发育于造山带地区,真正深海相的地层仅仅发育于缝合带附近,出露有限。这些地层均受不同程度的变质改造,很少发现生物化石。二是深海生物很多是缺乏硬体的软躯体生物,保存为化石的概率较低。三是相对于浅海生物,可保存呈化石的深海生物不多,且分布有限而集中,发现的概率也不高。因此,上述以浅水生物建立的相标志仍具有适用性,但在深水沉积相分析中需特别谨慎,切忌生搬硬套。

二、遗迹化石的指相意义

遗迹化石是指生物生活期间因运动、居住、觅食等功能行为而在沉积物表面或内部遗留下来的、具有一定形态的痕迹。虽然遗迹化石与造迹生物多不同时保存,有时会出现同物(生)异迹、同迹异(生)物的现象,但遗迹化石确实是同沉积期形成的,因此对恢复生物的生活环境(沉积环境)至关重要。

遗迹化石通常根据生物的生态习性及其生物遗迹的形态进行分类,并建立遗迹化石的属种(形态属种)(图4-55)。遗迹化石可分为5种类型。

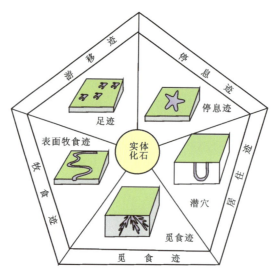

图 4-55 遗迹化石的类型

1. 游移迹

游移迹主要是指足迹,是脊椎动物两足或四足行走时在沉积物表面上遗留的痕迹,有时足迹可以呈铸型保存下来。常见的足迹化石包括鸟足迹、恐龙足迹(图 4-56)以及其他动物的足迹等,多足类动物、具有步足的甲壳类动物等爬行时也可以形成爬迹。陆生脊椎动物的足迹只出现在陆生脊椎动物出现以后,所以在中生代和新生代地层中常见。动物足迹常常断续排列成行,且具有一定的方向性,可称为行迹(图 4-56C),另外白垩系中常见恐龙蛋化石(图 4-56D)。

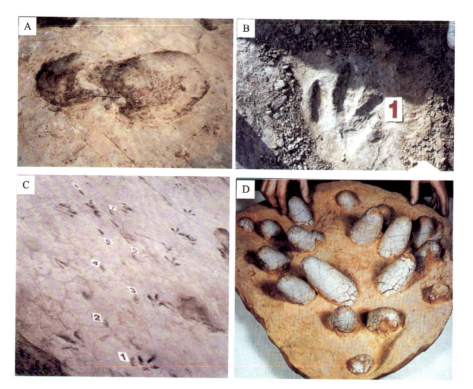

图 4-56 恐龙足迹(A、B、C)和恐龙蛋(D)
A~C.甘肃永靖盐锅峡白垩系;D.河南南阳白垩系

2. 牧食迹

牧食迹是指无脊椎动物(如蠕虫动物、节肢动物、腹足类等)在沉积物表面上爬行和觅食时,以其身体的腹侧、节肢或疣足等与沉积物表面相接触而形成连续细小的沟槽状痕迹(图 4-57B、C)。它们的形状多种多样,取决于造迹动物的着地器官、爬行习性、爬行目的等。有的呈直线形或蛇曲形,有的呈复杂弯曲形。

3. 停息迹

停息迹是动物仰息、躺卧或伺机捕捉其他生物时,在沉积物表面留下的痕迹。停息迹大多是孤立的,具有一定形状的凹坑,其大小、深浅和形状取决于造迹动物的着地部分。甲壳类、棘皮动物、软体动物等常形成停息迹。例如海星的停息迹显出特征性的五角星形凹坑(图 4-57A);鳄类生物的停息迹呈椭圆形凹坑,一端稍圆,另一端稍尖。

4. 居住迹和觅食迹

居住迹和觅食迹又称潜穴(burrows),是造迹生物在沉积物层内居住或觅食形成的痕迹,但这两种功能行为产生的遗迹很难区别,所以常常统称为潜穴。潜穴不仅可以由食沉积物的蠕虫动物产生,也可以由有壳的生物,如软体动物、节肢动物、甲壳动物等造成。

潜穴生物常常将潜穴洞中的沉积物、掘穴过程中挖出的沉积物或(和)生物的排泄物推出洞口,在洞口堆积成小圆丘,圆丘丘顶有一圆孔向下与潜穴相通。组成圆丘的物质可以是松散的泥沙,可以是表面光滑的圆球状球粒,也可以是表面粗糙的沙球(图 4-57D、E、F)。许多潜穴生物具有涂衬其潜穴的本能。它们利用本身所分泌的黏性物质或排泄物涂在穴壁上,使潜穴具有一个或多个衬层。因此,潜穴一般较坚固,易于保存。

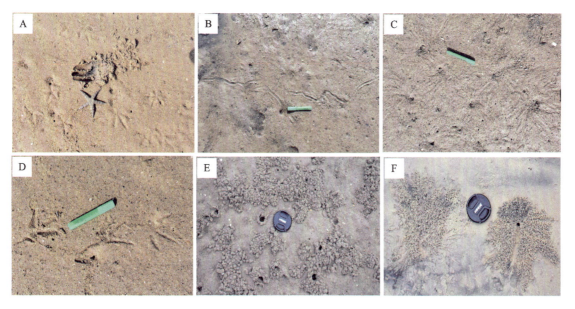

图 4-57 生物遗迹
A.海星的停息迹;B、C.牧食迹;D、E、F.潜穴及排泄物(A~D.海南黎安潟湖,E~F.文昌海岸)

潜穴的孔洞可以垂直于沉积物表面,也可以斜交沉积物表面。潜穴中常常见到造穴生物逐层挖掘沉积物形成的弧形纹层,称为蹼状构造。蹼状构造有简单的单管型,也有复杂弯曲的潜穴系统。

与潜穴类似的另一种生物遗迹,是快速沉积过程中潜穴生物为了逃生形成的逃逸迹,逃逸迹几乎都是直立的,没有分支,穴壁没有涂衬。逃逸迹常见于河流天然堤、决口扇快速沉积的环境。

按照潜穴的形状及其与层的关系,潜穴可分为不同的形态类型:简单潜穴(直管潜穴、U形管潜穴、Y形管潜穴、水平潜穴)和复杂潜穴。

直管潜穴是一种直管状、无分支的简单潜穴。潜穴管大多与沉积物(岩)层面垂直或高角度斜交,潜穴内可见到衬壁,可见蹼状构造。

U形管潜穴的穴管呈U形,U形管两端均开口于沉积物(岩)表面。潜穴管深度、大小与潜穴生物的大小相适应。U形管多垂直于层面,也可见倾斜的。一般来说,U形管的一端为进水口,另一端为排泄口。生物经常涂衬穴壁以加固潜穴,U形管潜穴内多发育蹼状构造。

Y形管潜穴的穴管呈Y形,其穴道底部为一个穴管,向上分为两个穴管形成Y形开口。现代海滩上的节肢动物大蝼蛄虾常常挖掘这种潜穴。

水平潜穴是由潜穴生物在表层沉积物内沿水平方向挖掘形成的潜穴。水平潜穴多为简单潜穴的单管状,可能是潜穴生物沿水平方向觅食形成的。

潜穴系统是由相互连通的许多管道组成的。潜穴管道多具分支,有时可同时有几个出口通到沉积物表面。潜穴系统的主穴道为一较深的直管道,末端往往有一大的洞室。从主穴道分出分支的弧形穴道,并开口于沉积物表面。例如现代某些甲壳类动物常挖掘出复杂的潜穴系统。有的潜穴生物甚至像开采富矿一样,沿着沉积物一层一层地挖掘,形成立体式、树枝状潜穴系统。

一般来说,食悬浮物的潜穴生物形成简单的垂直、倾斜或U形潜穴,食沉积物的潜穴生物形成复杂的潜穴系统。

生物潜穴和沉积环境关系密切,一般来说,高能的滨岸环境(如前滨、临滨)常形成垂直于层面的直管潜穴、U形管潜穴;低能的浅海陆架内部常形成斜交层面的简单的潜穴(直管潜穴、U形管潜穴、Y形管潜穴);浅海陆架边缘到半深海多形成斜交或平行于层面的层内潜穴系统;而深水环境(深海)常见层面上复杂的潜穴系统。据此,Seilacher(1967)划分出不同的遗迹相(图4-58),包括Scoyenis(斯考依迹)相、Skolithos(石针迹)相、Cruziana(二叶迹)相、Zoophycos(动藻迹)相、Nereites(似沙蚕迹)相。

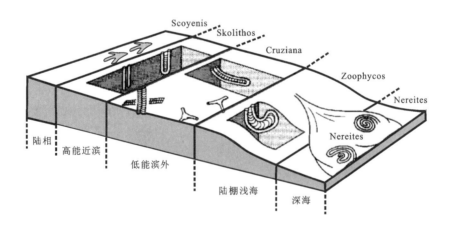

图4-58 遗迹化石相(据Seilacher,1967)

5. 钻孔

钻孔是生物为居住、防护或觅食在坚硬物体表面钻成的孔洞。许多生物具有在贝壳、木头甚至坚硬的岩石表面上钻孔的能力,如腹足类、双壳类、蠕虫动物及有一部分钻孔生活的菌藻类。钻孔一般较光滑,可以垂直,也可以不同角度斜交被钻物体表面。钻孔常常被沉积物充填。

三、生物扰动构造

生物扰动构造是指生物在沉积物表面或内部活动时扰动沉积物，使其原生沉积构造遭到不同程度的破坏而产生的生物成因构造。生物遗迹也属于生物扰动构造，由于生物遗迹具有一定的遗迹形态，故称为有形的生物扰动，此处的生物扰动构造是指没有一定形态的生物扰动。在自然界中这种生物扰动构造比遗迹化石更加丰富。发育生物扰动构造的沉积物（岩）可称为生物扰动层（岩）。

生物扰动构造的发育使原来的原生沉积构造遭到破坏或发生变形，沉积物显示出斑状构造，甚至形成均质层理。斑状构造是指由于生物的活动使沉积物的颜色、成分、结构呈斑点状、斑块状不规则断续分布的现象。如泥质层中砂囊的不规则分布，浅色砂质层中暗色泥斑或破碎介壳巢的不规则分布。这种构造的形成，可能是由于潜穴的充填，或者是生物搅混沉积物的结果，或者两者兼而有之。

由此可见，生物扰动构造的发育程度是千差万别的，这取决于生物对沉积物的扰动强度。一般可以根据垂向剖面中原生层理受到生物破坏的面积百分数或斑状构造的多少，将生物扰动强度分为弱、中、强等不同级别。描述中，可用这些等级作为形容词冠以生物扰动构造的名称之前，如弱生物扰动构造、中等生物扰动构造、强生物扰动构造。当原生层理受破坏的面积小于1%时，可以忽略不计；当超过95%时，原生层理实际上已无法识别了，可视为均质层理。

四、生物生长构造

生物生长构造是主要由生物生长过程中捕获沉积物所产生的一种具有纹层的生物沉积构造。一般来说，这种构造的形成与微生物的生长有关。最典型的生物生长构造是叠层石和微生物席。微生物席和叠层石可以形成丘状隆起，建造成微生物礁或丘。除此之外，植物根痕（化石）、木化石也属于广义的生物生长构造。

微生物纹层是由蓝细菌细胞丝状体或球状体分泌的黏液黏结细粒沉积物形成的纹层。微生物纹层由两种基本纹层交互组成：一种是在藻类繁殖季节形成的富藻纹层，其特征是纹层较薄（0.1mm左右），含有较多的藻体和有机质，在显微镜下呈暗色，故又称基本暗带或暗层；另一种是在藻类休眠时期生成的贫藻纹层，其特征是纹层较厚（1mm左右），藻体和有机质含量较低，主要由碳酸盐粉屑颗粒或矿物组成，显微镜下呈浅色，故称基本亮带或亮层。有时，在这两种基本纹层之间还夹有纹层状碳酸盐沉积物。

由上述两种基本纹层交互组成的生物沉积体统称为叠层石。根据叠层石的形态特点，可以分出不同的形态类型，如球状、半球状、锥状、柱状、板柱状、枝状、波状、水平状等（图4-59），其间还有各种过渡形态。由水平或近水平的纹层构成的层状体或微波状体又称为微生物席（又称层纹石）。不同形态的叠层石具有不同的环境意义，因此可以作为指相标志。一般来说，藻叠层石主要发育于碳酸盐潮汐环境中。水平状和波状叠层石（微生物席）大多分布在潮上带，柱状、锥状叠层石主要形成于潮间带，而球状和半球状藻叠层石则是潮下浅水环境的产物。值得注意的是，叠层石也可发育于湖泊环境中，甚至河边滩地上。

植物根痕（化石）主要是指木本植物（也见草本植物）生长过程中形成的植物根遗留下来的痕迹，有时植物根可以遗留下根形的木炭，可称为根化石。有些乔木植物迅速被埋藏，可以保存为木化石（如硅化木）。植物根迹一般是垂直层面的根形空洞或含碳的沉积物柱，呈上粗下细特征，多为单根，也有分叉性，根茎1cm至数厘米不等。植物根迹可以是生长在沉积物中的植物根腐烂后留下的空洞，也可以是空洞被后期沉积物充填形成的根铸型，或植物根被碳化形成根化石。植物根痕或根化石常见于河流洪泛平原、三角洲平原、滨海平原的湿地、沼泽环境中，含煤岩系中常见植物根痕或根化石。

木化石是指木本植物茎干被保存于地层中形成的植物茎干化石。由于木本植物绝大部分生长在地表大气环境中，这些植物茎干死亡后很快会氧化腐烂，很难保存下来。当沉积物堆积速度很快，如火山

图 4-59 微生物席和叠层石

A. 微生物席(层纹石)(河南新乡寒武系);B. 叠层石(河南新乡寒武系);C. 叠层石(北京周口店中元古界铁岭组);D. 柱状叠层石(河北石家庄中元古界高于庄组);E、F. 现代柱状、板状叠层石(澳大利亚鲨鱼湾)

灰覆盖、泥石流掩埋,可以将植物茎干埋藏在沉积物中,这些埋藏的茎干碳化可以形成珍贵的"植物木乃伊"乌木,地层中常见植物茎干被硅化形成硅化木。木化石也主要发育于陆相地层,如冲积平原、三角洲平原、湖岸、湿地等环境中。

五、微生物沉积构造

微生物沉积构造(Microbial Induced Sedimentary Structures,简称 MISS)是近年来提出的一个流行术语,意指由微生物作用主导形成的沉积构造。MISS 是微生物在沉积物和水界面与沉积环境相互作用,并通过微生物的生长、新陈代谢、破坏、腐烂等过程在沉积物中留下的各种生物作用的沉积构造。Noffke 等(2001)将 MISS 分为不同类型,包括:①被夷平的沉积作用面(如皱饰构造);②微生物席的碎片;③剥蚀作用残余物和残余坑穴;④多向变余波痕;⑤卷曲的微生物席和收缩裂缝(图 4-60);⑥海绵状孔隙组构、气穹隆、渗流;⑦S 形纹理;⑧定向颗粒、底栖颗粒;⑨有机纹理、微生物和微生物层黏结的各种大小的颗粒等。MISS 既包括上述的微生物席和叠层石以及微生物席和叠层石沉积中的其他各类微构造(如微生物席碎片、卷曲的微生物席、收缩裂缝、海绵状孔隙、气穹隆等),也包括微生物夷平(填

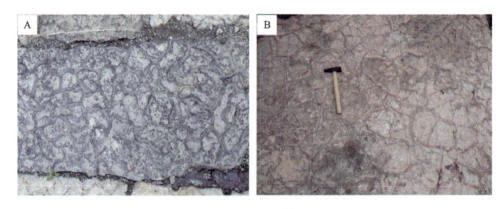

图 4-60 MISS 构造

A. 湖北秭归奥陶系;B. 河南渑池三叠系

充)沉积物表面低洼区域促使层面圆化(如变余波痕、皱饰构造)、微生物侵蚀作用形成的坑穴和残余物等。MISS指示沉积环境中具有显著的微生物作用,一般在低能滨海(如潮坪、海湾)及湖泊中发育,可以出现在碳酸盐沉积中,也可以见于碎屑岩沉积中。

第四节 宏观标志

在沉积环境和沉积相分析中,虽然上述露头尺度、手标本尺度、显微尺度的标志非常重要,但宏观标志是不可或缺的,有时宏观标志在环境分析中起着至关重要的作用。所谓宏观标志,指通过大尺度宏观露头、剖面,甚至剖面对比、数据统计获得的相标志,主要包括沉积体的体态和分布、沉积相组合和沉积序列、古水流等。

一、沉积体的体态和分布

沉积体的体态包括沉积体的形态(体)和沉积状态(态),沉积体的形态大致可分为层状体,丘状体,透镜状体、楔状、锥状或扇状体、枝状体、镶嵌状体。地质记录中层状体居多,层状体形成于平缓、稳定的沉积盆地基底之上,如滨浅海、浅湖等(图4-61B)。丘状体呈向上的隆起状,反映沉积物的纵向不均一加积作用控制,生物礁、生物丘、灰泥丘等碳酸盐建隆一般呈丘状形态(图4-61A)。风成沙丘也具有丘状形态,露头上可见巨厚的块状沙(图4-61D)。锥状体或扇状体一般是指沉积体的平面形态,主要形成于沉积环境、背景的转换带,如山区河流到平原区河流的过渡带(冲积扇)、河湖或河海相互作用带(三角洲、扇三角洲)、大陆斜坡和深海平原(或湖底斜坡与盆地)的过渡带(海底扇或湖底扇),这种沉积体在垂直沉积物运动(平行于斜坡走向)方向上呈透镜状,平行于沉积物运动(垂直于斜坡走向)方向上呈楔

图4-61 沉积体体态
A.丘状体(广西田东二叠纪生物礁);B.层状体(湖北兴山侏罗纪湖泊相);C.块状体(湖北浠水白垩纪冲积扇);D.块状体(湖北浠水白垩纪风成沙丘)

状。冲积扇、扇三角洲、三角洲、海底扇规模大，其形态一般在露头尺度不能识别，需经区域对比恢复，露头上常见巨厚块状层(图4-61C)。三角洲平原及三角洲前缘内部辫状水道区的河流沙坝多呈枝状特征，构造沉降的平原区网状河的沙体呈垂直带状镶嵌于湿地的泥质沉积之中，形成镶嵌体状，均有利于沉积相的识别。

沉积体的体态(沉积状态)有水平、倾斜、上隆等不同类型。层状沉积体大部分沉积层是近于水平或极缓倾斜的，一般认为其层面是水平的。扇状或锥状沉积体的沉积层是向前倾斜(前积)的，其沉积体的体态应为倾斜的。上述碳酸盐建隆是向上隆起的丘状体，属于上隆型的体态。

沉积体的分布，尤其是扇状-锥状沉积体、丘状沉积体，常呈线状分布，如冲积扇断续分布于山区和平原的交接区，三角洲分布于河流和海洋(湖泊)的交接处，海底扇分布于大陆斜坡底部，台地或陆架边缘的生物礁分布于碳酸盐台地或浅水陆架边缘，它们都表现为断续的线状分布。

二、沉积相组合和沉积序列

沉积相识别中，在沉积连续的情况下，亚相的平面分布、垂向组合均受相律控制，因此会形成固定的规律组合关系。如果沉积物连续沉积，即沉积过程中没有发生沉积间断(侵蚀、暴露等)，横向上相邻的相在垂向上也一定相邻。譬如潮坪为潮上带→潮间带→潮下带→浅海带的平面展布，沉积物在垂向上相邻的相也一定会有这种相邻关系，不应该出现"跳相"的情况(如潮上带紧邻潮下带、潮间带紧邻浅海带等)。

沉积序列又称垂向序列，是具有普遍意义的与成因相关的岩相的垂向规律组合。所谓成因相关，指具有同一环境、相邻亚环境的成因联系。在多数情况下，沉积作用过程中沉积速率大于沉积盆地基底的沉降速率和(或)海平面的上升速率，因此形成盆地逐渐被充填、变浅，形成向上变浅(进积型)的沉积序列。但也有相反的情况，沉积速率小于盆地基底的沉降速率和(或)海平面的变化速率，盆地水深逐渐增加，形成向上变深(退积型)的沉积序列。

现以河流作用为主的三角洲(河控三角洲)为例分析沉积序列的形成过程。河口三角洲分为三角洲平原(河流分叉形成分流河道—海或湖盆水面之上)、三角洲前缘(水面之下—浪基面)、前三角洲(浪基面之下)3个亚环境。三角洲平原上有分流河道系统(河道、天然堤、决口扇)、河道之间的洼地(湖泊沼泽或洪泛平原)。三角洲前缘内部有水下河道系统(水下河道、水下天然堤)与河道之间的海(或湖)湾(分流间湾)，三角洲前缘外部为波浪改造的席状沙。这样的三角洲大致包括三角洲平原分流河道、分流河道间的湖沼、三角洲前缘的分流河道、分流间湾、席状沙、前三角洲等不同岩相。在绝大部分河控三角洲沉积过程中，由于河流带来大量泥沙，其沉积速率远远大于盆地基底的沉降速率或海平面的上升速率，因此引起三角洲向海推进，形成向上变浅(进积型)的沉积序列，即从下向上逐渐沉积前三角洲泥质岩→三角洲前缘外部席状沙→三角洲前缘内部水下河道沙→分流间湾泥质岩→三角洲平原分流河道系统沙→三角洲平原湖沼泥质岩。这种沉积序列在现代和地质记录中非常普遍，因此常作为河口三角洲的相模式(图4-62)。

三、古流分析

古流分析是沉积学分析的一种通用手段。所谓古流，是指通过地史时期沉积岩中保存的沉积标志恢复的古流向。广义地说，古流包括流体介质(水或大气)流动方向或沉积物(如重力流)的运动方向，由于大气运动反映的风向是多变的古风向，所以实用的古流分析多指古水流的方向以及重力流的沉积物运动方向。值得注意的是，古水流方向分析包括单向水流(河流)、双向水流(潮流)和波浪传递方向，它们具有不同的地质意义。

确定古水流的标志包括：①层面构造，如波痕的波脊走向(波脊走向垂直于古流向)、细流痕、障

柱状图	沉积特征	环境解释	
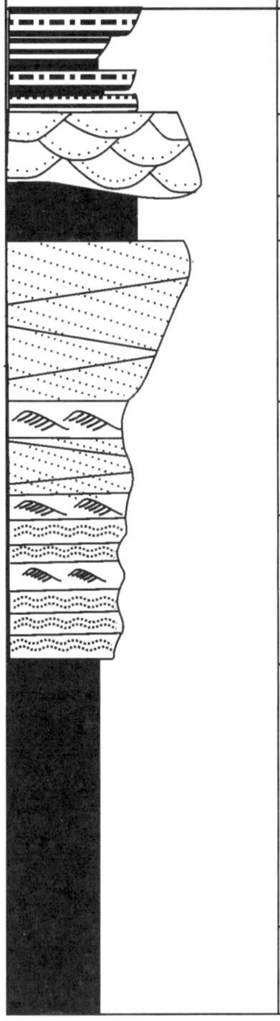	暗色块状泥质岩、碳质泥岩或煤层灰色中厚层粉砂岩夹暗色泥质岩	湖泊沼泽天然堤-决口扇	三角洲平原
	浅灰色厚层具水流交错层理的砂岩	分流河道	
	暗色薄层含广盐度生物泥质岩	分流间湾	三角洲前缘
	浅灰色厚层具水流交错层理的砂岩	水下分流河道	
	灰色中—薄层具浪成交错层理的细砂岩、粉砂岩	三角洲前缘席状沙和远沙坝	
	深灰色中—薄层具浪成交错层理、水平层理的细砂岩、粉砂岩		
	深灰色中—薄层具水平层理的泥质岩,具广盐度化石	前三角洲	
	深灰色中—薄层具水平层理的泥质岩,具窄盐度化石	正常浅海	

图 4-62 三角洲的沉积序列(据沉积构造与环境解释编著组,1984)

痕、菱形波痕等;②层理构造,一般应用交错层理的前积纹层(倾向指向古水流);③沉积组构,如叠瓦状组构(叠瓦状砾石倾向反方向指向古水流)。确定沉积物运动方向的标志主要包括沉积物表面的冲刷痕、工具痕(如沟痕)或底面充填的冲刷模(如槽模)、工具模等。

利用交错层理确定古流向需对层理的成因进行严格区别。譬如把水流交错层理的前积层和浪成交错层理的前积层混为一谈,造成水流方向和波浪传递方向的混淆,可能导致分析结论错误。不同成因的交错层理指示古流的意义不同。水流成因的交错层理包括单向水流(如河流)和双向水流(潮汐)形成的交错层理。一般水流交错层理的前积纹层指示古水流方向。在高流态情况下,逆行沙丘形成的反向交错层理前积纹层的相反方向指示古水流方向。同样,双向运动的潮汐流形成双向前积纹理可以很好地应用于古流分析。

浪成交错层理是浪成波痕迁移形成的交错层理。对称波痕形成的浪成交错层理纹层也对称,不对称波痕形成的交错层理纹层不对称。由于波浪传递方向和古风向相关,多数情况下波浪垂直岸线向陆传递,也不乏波浪传递方向斜交于海岸。浪成交错层理纹层只能指示波浪传递方向或古风向,而不能指示定向水流的古流向。

冲洗交错层理形成于海滩的前滨带,通常在前滨带形成海滩脊,冲洗的海水在向海和向陆两侧形成冲洗纹层,组成冲洗交错层理。地质记录中冲洗交错层理常常保存一组纹层,另一组纹层不发育。冲洗交错层理的纹层可以指示海岸的走向,也不能用于定向水流的古流向。

潮汐层理是潮汐在涨潮→平潮→退潮→平潮过程中形成沙泥互层的交错层理,潮汐层理中的沙层一般都具有相反方向的两组交错纹层,可指示潮流的涨潮、退潮方向。

严格地讲,除了风成交错层理反映古风向且很少进行古流分析外,只有在具有水流作用下的沉积环境(如冲积扇、河流、三角洲、扇三角洲、潮沟或潮道、等深流)才适合进行古流分析。由于湖泊、海洋环境主要发育波浪成因的交错层理,海岸带的冲洗交错层理、潮汐层理也具有特别意义,因此进行古流分析应特别慎重。即使做古流分析,也应严格在沉积环境识别的基础上,准确分析古流标志的成因,给出古地理的合理解释。

古流分析通常用于古环境、古地理、沉积盆地和古构造分析。在古流分析中,需首先进行古流向测量,通常编制玫瑰花图。玫瑰花图底图如图 4-63A 所示,圆周 360°代表古流产状,半径为该方向的统计数据,但一般是用简化图(图 4-63B)。

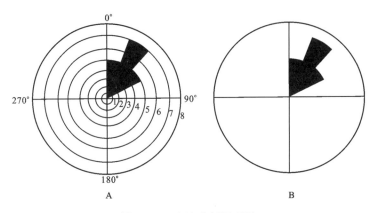

图 4-63 古流分析原理图
A.分析底图;B.简化图

第五章 沉积岩分类概述

沉积岩是在沉积过程中形成的沉积物经压实、固结形成的岩石,主要包括两大类:一是由盆地外源碎屑形成的他生沉积岩,包括由陆表风化作用形成的残余物质(砾石、砂、粉砂、泥)及其他来源的碎屑物质搬运到沉积区形成的碎屑岩(陆源碎屑岩),由火山作用喷出的碎屑物质漂浮或搬运到沉积区形成的火山碎屑岩两亚类;二是陆表风化形成的化学物质、盆地深部流体提供的化学物质,在盆地内部经化学、生物及生物化学作用与动力作用形成的自生沉积岩,包括以生物-化学成因为主(含机械作用)的生物-化学岩、纯化学成因的化学岩、生物遗体堆积形成的生物岩(表5-1)。广义的生物遗体堆积形成的生物岩包括由植物堆积经转化形成的煤岩,也包括由宏体生物堆积形成的礁灰岩或滩灰岩,一般将礁灰岩和滩灰岩作为碳酸盐岩的一种特殊类型。

表5-1 沉积岩基本类型划分表

分类	他生沉积岩		自生沉积岩	
组成	风化残余物质组成	火山碎屑物质组成	生物、生物-化学及机械成因	生物遗体组成
大类	碎屑岩	火山碎屑岩	生物-化学岩、化学岩	生物岩
亚类	角砾岩、砾岩、砂岩、粉砂岩、黏土岩(泥岩或页岩)	集块岩(沉集块岩)、火山角砾岩(沉火山角砾岩)、凝灰岩(沉凝灰岩)	碳酸盐岩、硅质岩、铁质岩、锰质岩、磷质岩、铝质岩、硫酸盐岩、卤化物岩	煤

第一节 碎屑岩分类

碎屑岩是指主要由碎屑物质组成的沉积岩,碎屑岩主要是按照其特征性的物质属性进行划分的。这些特征性的物质属性主要包括碎屑成分、粒度、支撑和填隙物类型等。

一、碎屑岩的碎屑粒度分类

碎屑岩由碎屑、杂基和胶结物三部分物质组成,杂基和胶结物也称为填隙物。碎屑岩的碎屑粒度是最显著的物质属性,因此一般碎屑岩的分类首先是根据碎屑粒度分类。

碎屑岩的碎屑粒度指碎屑颗粒的粒径,碎屑粒度一般具有一定的范围,用于进行碎屑岩分类的粒度是指碎屑的平均粒度(一般用粒度分布峰值,或50%以上的碎屑粒度值)。根据碎屑粒度值的大小,可将碎屑岩分为砾岩、砂岩、粉砂岩、黏土岩(或泥岩、页岩)(表5-2)。目前常用的粒度分级有十进制分级和2的指数分级。其中,2的指数分级为粒度(D)的2指数分级。相应的粒级命名为相应的岩类,如粒度为粗砂级的岩石称为粗砂岩。

表 5-2 常用的碎屑颗粒粒度分级表（据周江羽等，2010）

十进制式			2的几何指数制式	
颗粒直径(mm)	粒级划分			颗粒直径(mm)
大于1000	巨砾	砾	巨砾	大于256
1000～100	粗砾		中砾	256～64
100～10	中砾		砾石	64～4
10～2	细砾		卵石	4～2
2～1	巨砂	砂	极粗砂	2～1
1～0.5	粗砂		粗砂	1～0.5
0.5～0.25	中砂		中砂	0.5～0.25
0.25～0.1	细砂		细砂	0.25～0.125
			极细砂	0.125～0.062 5
0.1～0.05	粗粉砂	粉砂	粗粉砂	0.062 5～0.031 2
0.05～0.01	细粉砂		中粉砂	0.031 2～0.015 6
			细粉砂	0.015 6～0.007 8
			极细粉砂	0.007 8～0.003 9
小于0.01	黏土（泥）			小于0.003 9

需要补充说明的是，砾岩的砾石根据磨圆度不同，又可以进一步分为具有不同程度磨圆的砾岩和由不具磨圆的棱角状砾石组成的角砾岩。

碎屑岩中的黏土岩，根据内部构造可分为页岩和泥岩，泥岩内部无层理或层状构造，页岩具页理，多具水平层理，页理为压实成岩作用形成的，一般沿水平层理面发育。

砂岩大多数由颗粒状矿物（石英、长石和岩屑）组成，地质记录中也有片状矿物（如云母）、粒度为砂级的砂岩，一般形成于母岩为片岩的近源地区，这种砂岩称为叶砂岩或云母砂岩。

二、碎屑岩过渡类型的分类

不同粒度的碎屑岩常常出现一些过渡类型，比如砾岩和砂岩的过渡，砂岩和粉砂岩、黏土岩的过渡。这些过渡岩类常以5%（或10%）、25%、50%、75%、95%为界进行划分（表5-3）。碎屑岩和化学岩类（如灰岩、白云岩等）的过渡分类也常常采用相同标准命名。

表 5-3 过渡岩类的分类方案

XX碎屑含量	YY碎屑含量	命名	实例：砾岩-砂岩过渡	实例：黏土岩-粉砂岩过渡
大于5%	大于95%	YY岩	砾岩	黏土岩
5%～25%	75%～95%	含XXYY岩	含砂砾岩	含粉砂黏土岩
25%～50%	50%～75%	XX质YY岩	砂质砾岩	粉砂质黏土岩
50%～75%	25%～50%	YY质XX岩	砾质砂岩	黏土质粉砂岩
75%～95%	5%～25%	含YYXX岩	含砾砂岩	含黏土粉砂岩
大于95%	大于5%	XX岩	砂岩	粉砂岩

三、碎屑岩的填隙物类型分类

碎屑岩碎屑颗粒之间的填隙物包括杂基和胶结物。胶结物是颗粒支撑的碎屑沉积物之间的孔隙在成岩期被孔隙溶液中矿物质所充填而形成的结晶充填物,对颗粒起胶结作用。杂基是沉积过程中沉积的细粒沉积物,主要是黏土质或细粉砂。杂基的含量多少可作为碎屑岩分类的标准,杂基含量大于15%的,称为杂碎屑岩,如细砾杂砾岩、粗粒杂砂岩等;杂基含量小于15%的,称为正常碎屑岩,如细砾岩、粗砂岩等。

四、碎屑岩的碎屑成分分类

碎屑颗粒、杂基、胶结物是组成碎屑岩的三单元组分,其中碎屑颗粒是最重要的骨架组分。碎屑物质主要来源于陆源区母岩风化的残余物质,少量来源于火山喷发等漂浮物。碎屑岩中主要矿物为石英和长石,还有少量的岩石碎屑。岩石碎屑可以是岩浆岩屑,也可以是变质岩屑或再旋回的沉积岩屑。中细粒碎屑岩(砂岩及粉砂岩)常用三端元成分分类。Folk(1954)最早的分类三端元为Q(石英+硅质岩)、F(长石+火成岩屑)、R(变质岩屑+云母),Pettijohn(1975)分类的三端元分别为石英(Q)、长石(F)和岩屑(R)。国内的分类大多沿用Pettijohn(1975)的分类。考虑到多晶石英、多晶长石实质上属于岩屑,桑隆康和马昌前(2012)明确三端元分别为单晶石英、单晶长石和岩屑(图5-1)。

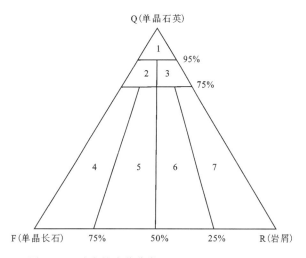

图5-1 砂岩的成分分类(据桑隆康和马昌前,2012)
1.石英砂岩;2.长石石英砂岩;3.岩屑石英砂岩;4.长石砂岩;
5.岩屑长石砂岩;6.长石岩屑砂岩;7.岩屑砂岩

第二节 碳酸盐岩分类

碳酸盐岩是地球表面分布的仅次于碎屑岩类的一种重要的岩石类型,主要矿物成分为方解石、白云石及其他少量的碳酸盐矿物,其组成矿物均为碳酸盐矿物,故称碳酸盐岩,主要包括灰岩和白云岩,其中,由菱锰矿($MnCO_3$)组成的归入锰质岩。与碎屑岩类似,碳酸盐岩也分为颗粒、基质、胶结物3种结构组分。颗粒是岩石的骨架。基质为细的沉积物,常见的为泥级的微细碳酸盐矿物,又称灰泥或泥晶方解石。胶结物为原生沉积的颗粒碳酸盐岩之间的孔隙充填的钙过饱和的孔隙水,由碳酸盐矿物结晶形成,常见的是结晶方解石,又称亮晶方解石。碳酸盐岩的物质组成是碳酸盐分类的标准,包括矿物组成分类和结构组分分类。

一、碳酸盐岩的矿物分类

碳酸盐岩主要由方解石和白云石组成,沉积记录中常见此两种矿物以不同比例组合成过渡类型,按照方解石和白云石的比例,可以划分成不同类型。与碎屑岩过渡类型一样,其矿物含量比例界线也为5%(或10%)、25%、50%、75%、95%(表5-4)。

表 5-4　灰岩和白云岩过渡类型的分类

岩石名称	灰岩	含白云石灰岩	白云质灰岩	灰质白云岩	含灰质白云岩	白云岩
方解石	大于95%	95%～75%	75%～50%	50%～25%	25%～5%	小于5%
白云石	小于5%	5%～25%	25%～50%	50%～75%	75%～95%	大于95%

二、碳酸盐岩的结构组分分类

碳酸盐岩的结构组分分类是根据碳酸盐岩颗粒、基质(灰泥或泥晶方解石)、胶结物(亮晶方解石)的相对含量及颗粒类型进行的。常见的碳酸盐岩颗粒包括内碎屑、鲕粒、生物碎屑、球粒等。碳酸盐岩结构组分分类方案很多,但分类基础均依据 Folk(1962)和 Dunham(1962)的结构-成因分类。这种结构组分分类一般用于非重结晶、原生结构保存完好的灰岩,也用于保存原生结构的白云岩(前寒武系)和白云岩化尚未破坏原生结构的显生宙白云岩。若准同生白云岩化或后生白云岩化强烈,不同程度地破坏了原生结构,可按照灰岩-白云岩过渡类型分类,或按照矿物颗粒粒径分类。具有交代残余的白云岩,可命名为具交代残余结构的白云岩,如具残余鲕粒的白云岩、具残余竹叶状砾屑的白云岩等。

1. Folk 分类

Folk(1962)引进类似碎屑岩的成因观点,认为灰岩基本上由异化粒、泥晶(微晶)方解石基质和亮晶方解石胶结物 3 个端元组分组成。Folk(1962)提出的"异化粒"相当于碳酸盐颗粒(粒屑)。其中泥晶方解石是海水中快速的化学及生物化学沉淀的,其晶粒直径为 1～4μm。亮晶方解石胶结物是干净的、较粗的方解石晶体,粒度常大于 10μm。

按照三端元组分相对比例,Folk(1962)把石灰岩划分为异常化学岩、正常化学岩、原地礁灰岩 3 类。根据异化颗粒类型和填隙物类型,将异常化学岩进一步划分为 8 种类型(图 5-2)。

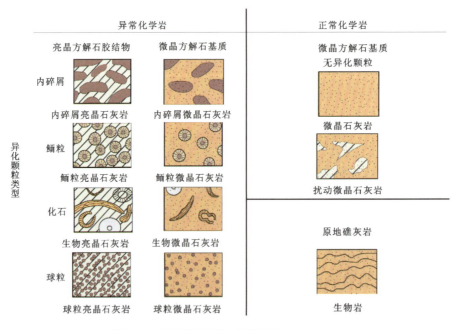

图 5-2　石灰岩的结构-成因分类(据 Folk,1962)

Folk(1962)特别强调亮晶方解石/微晶方解石的比值,认为亮晶胶结物的含量反映水动力条件,亮晶含量越高,反映水体的水动力作用越强,岩石的成熟度越高。Folk以微晶方解石和亮晶方解石的2/3为界,结合异化粒的含量,以生物碎屑为例,将灰岩划分为微晶石灰岩、含化石微晶石灰岩、生物微晶石灰岩、生物亮晶石灰岩等不同类型(图5-3,表5-5)。

	灰泥基质大于2/3				灰泥-亮晶	亮晶胶结物大于2/3		
异化颗粒百分比	0%~1%	1%~10%	10%~50%	大于50%		分选差	分选好	磨圆-磨蚀
岩石名称	微晶石灰岩及扰动微晶石灰岩	含化石的微晶石灰岩	缺少的生物微晶灰岩	密集的生物微晶石灰岩	冲洗差的微晶石灰岩	未分选的生物亮晶石灰岩	分选的生物亮晶石灰岩	磨圆的生物亮晶石灰岩
图示								
1959年命名	微晶石灰岩及扰动微晶石灰岩	含化石的微晶石灰岩	生物微晶石灰岩			生物亮晶石灰岩		
类似的碎屑岩	黏土岩		砂质黏土岩	黏土质或不成熟砂岩		次成熟砂岩	成熟砂岩	极成熟砂岩

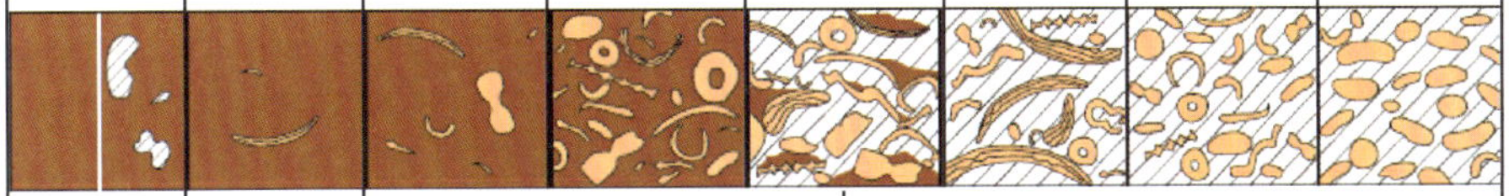

图5-3 石灰岩的结构成熟度图示(据Folk,1962)

表5-5 Folk碳酸盐岩分类表(据Folk,1962)

			石灰岩、部分交代白云岩化灰岩及原生白云岩				交代白云岩	
			异化粒>10% 异常化学岩		异化粒<10% 微晶岩		未受扰动礁灰岩	有异化粒	无异化粒
			亮晶胶结物>微晶基质	微晶基质>亮晶胶结物	异化粒 1%~10%	异化粒 <1%			
异化颗粒含量	内碎屑含量大于25%		内碎屑亮晶灰岩	内碎屑泥晶灰岩	含内碎屑泥晶灰岩	微晶灰岩或微晶白云岩	生物岩	细晶内碎屑白云岩	结晶白云岩
	内碎屑含量小于25%	鲕粒含量大于25%	鲕状亮晶灰岩	鲕状泥晶灰岩	含鲕粒微晶灰岩			粗晶鲕粒白云岩	
		化石/球粒 >3/1	生物碎屑亮晶灰岩	生物碎屑微晶灰岩	含生物碎屑微晶灰岩			隐晶生物白云岩	
		化石/球粒 >3/1~1/3	生物球粒亮晶灰岩	球粒微晶灰岩	含球粒微晶灰岩			极细晶球粒白云岩	
		化石/球粒 <1/3	球粒亮晶灰岩						

2. Dunham 分类

与Folk(1962)强调结构组分含量的分类不同,Dunham(1962)的碳酸盐岩分类强调岩石的填隙物类型和支撑方式。用支撑类型和填隙物类型代表环境能量指标,从而大大减少了岩石类别,也减轻了野外肉眼识别颗粒含量的难度,因此应用广泛(表5-6)。在表5-6分类的基础上,可按照颗粒类型进一步分出不同亚类,如生物碎屑粒泥灰岩、砂屑泥粒灰岩、鲕粒颗粒灰岩等。

表5-6 碳酸盐岩分类(据Dunham,1962)

沉积结构可辨认				沉积结构不可辨认
原生沉积组分未被黏结			原始组分被黏结	受重结晶影响,原生沉积结构不可辨认,形成结晶灰岩或白云岩
有灰泥填隙物		无灰泥填隙物	原始组分(主要是生物)被黏结,形成黏结岩	
灰泥支撑		颗粒支撑		
颗粒<10%	颗粒>10%			
泥状灰岩	粒泥灰岩	泥粒灰岩	粒状灰岩	

Embry和Klovan(1971)补充完善了Dunham(1962)的分类,将砾屑灰岩和礁灰岩细分并补充到分类表格中(表5-7)。其中砾屑灰岩砾石支撑的称为粗砾灰岩,基质(灰泥)支撑的称为漂砾灰岩。礁灰岩根据造礁方式分为骨架灰岩、黏结灰岩和障积灰岩。

表5-7 Embry和Klovan(1971)补充完善的Dunham(1962)分类

沉积结构可辨认,原生沉积组分未被黏结						原始组分被黏结		
粒径大于2mm的颗粒含量<10%				粒径大于2mm的颗粒含量>10%		障积作用	黏结作用	造架作用
有灰泥		无灰泥						
灰泥支撑		颗粒支撑		砾屑支撑	基质支撑			
颗粒<10%	颗粒>10%							
泥状灰岩	粒泥灰岩	泥粒灰岩	粒状灰岩	粗砾灰岩	漂砾灰岩	障积灰岩	黏结灰岩	骨架灰岩

三、碳酸盐岩的矿物粒径分类

碳酸盐岩的矿物粒径分类主要用于原生结构遭受破坏的重结晶碳酸盐岩(表5-8)。这种碳酸盐岩常产于经历深埋藏、经过较高温成岩环境的灰岩和白云岩中,也用于变质程度较低的区域变质岩及热接触变质岩。

表5-8 碳酸盐岩矿物粒径分类

岩石类型	结构	矿物粒径范围(mm)
巨晶灰岩或白云岩	巨晶	大于2
粗晶灰岩或白云岩	粗晶	2~0.5
中晶灰岩或白云岩	中晶	0.5~0.25
细晶灰岩或白云岩	细晶	0.25~0.0625
粉晶灰岩或白云岩	粉晶	0.0625~0.0039
泥晶灰岩或白云岩	泥晶	小于0.0039

第三节 火山碎屑岩

火山碎屑岩是指在火山活动过程中由火山喷发带来的火山碎屑沉积形成的岩石，不同于火山岩风化形成的火山碎屑搬运到沉积区形成的火山岩屑碎屑岩（此类属于陆源碎屑岩），与火山碎屑岩相伴生的还有熔岩、次火山岩（或超浅层侵入岩）和正常沉积岩类。火山碎屑岩常作为沉积岩的一种特殊类型，实质上更具岩浆岩（火山岩）属性，集块岩、火山角砾岩、凝灰岩由火山喷出的熔岩或碎屑堆积而成，记录的是火山活动的岩石信息和年代信息，可用于分析判别火山作用的性质、构造背景等。叠加沉积作用的沉集块岩、沉火山角砾岩、沉凝灰岩只是其碎屑物质来源于火山活动，也可用于判别火山岩的属性和构造背景。来源于火山物源的沉火山碎屑岩与来自火山岩风化物质的碎屑岩不易区分。火山碎屑岩的碎屑由火山直接喷发而来，碎屑未经搬运，磨圆极差，一般呈棱角状。碎屑岩的火山岩屑由火山岩风化，经搬运作用改造，一般具有一定的磨圆。沉积火山碎屑岩也经历搬运改造，碎屑的磨圆介于二者之间，有时难以区分。

值得指出的是，火山碎屑岩和火山岩屑的陆源碎屑岩代表不同的地质意义。火山碎屑岩指示同沉积期的火山活动，火山岩屑的陆源碎屑岩则指示早期形成的基岩在形成期有火山活动，二者应严格区分。

火山碎屑岩包括火山喷发直接形成的正常火山碎屑岩和火山喷发的物质经搬运形成的沉积火山碎屑岩两大类，再根据火山碎屑性质、粒度分为不同亚类（表5-9）。

表 5-9　火山碎屑岩分类（修改自余素玉和何靖宇，1989）

类		正常火山碎屑岩			沉积火山碎屑岩
亚类		熔结火山碎屑岩	正常火山碎屑岩	层状火山碎屑岩	沉火山碎屑岩
碎屑粒度(mm)	大于64	熔结集块岩	集块岩	层状集块岩	沉集块岩
	2~64	熔结角砾岩	角砾岩	层状角砾岩	沉火山角砾岩
	小于2	熔结凝灰岩	凝灰岩	层凝灰岩	沉凝灰岩

第四节　其他内生岩类分类

其他内生岩类包括由化学作用、生物或生物化学作用、生物作用形成的沉积岩，虽然这些岩类在地球表面分布较少，但多数岩类具有工业价值，属于沉积矿产资源，并具有认识地球表层演化的科学意义。其他内生沉积岩类包括硅质岩、铁质岩（沉积型铁矿）、锰质岩（沉积型锰矿）、磷质岩（磷矿）、铝质岩（铝土矿）、硫酸盐岩（石膏和碱矿）、卤化物岩（岩盐和钾盐）、煤岩等。这些沉积岩的分类依据各有差异，一部分的分类依据是沉积构造类型（如块状、条带状、纹层状、土状半土状），另一部分的分类依据是结构组分（如碎屑状、豆鲕状、致密状、肾状），还有一部分的分类依据是结晶程度（如微晶、细晶、中晶等）。现简述硅质岩、铝土岩（铝土矿）、磷质岩、锰质岩、铁质岩的常用分类（自然类型）。

一、硅质岩

硅质岩是指由化学或生物沉积的硅质矿物（不包括碎屑沉积的石英砂岩），如蛋白石、玉髓、石英等组成的沉积岩，SiO_2 含量在 50% 以上。硅质岩包括生物成因、生物化学成因、化学成因、机械成因、交代成因等不同类型，可详见表 5-10。

表 5-10 硅质岩分类（修改自余素玉和何靖宇，1989）

成因		结构	组分	岩石名称
有机成因	生物成因	生物结构	硅藻、放射虫、硅质海绵骨针	硅藻岩、放射虫岩、海绵骨针岩
	生物化学成因	非晶质结构、隐晶-微晶结构	蛋白石、玉髓、石英	蛋白土（岩）、叠层石或球粒硅质岩
无机成因	化学成因	隐晶、微晶、细晶、纤维状	玉髓、石英	燧石、层状硅质岩、碧玉岩、硅化
机械成因		内碎屑结构、鲕粒结构	自生石英、玉髓	内碎屑硅质岩、鲕粒硅质岩
交代成因		交代结构、交代残余结构	玉髓、自生石英	硅化碳酸盐岩

二、磷质岩

磷质（块）岩指 P_2O_5 含量大于 7.8%，相当于磷灰石含量大于 20% 的自生沉积岩。P_2O_5 含量小于 7.8% 时称含磷岩，P_2O_5 含量大于 18%，相当于磷灰石含量大于 50% 时称磷灰岩。我国规定的磷矿最低工业品位的 P_2O_5 为 12%，边界品位为 8%。除了对 P_2O_5 含量有要求外，对杂质也有要求，比如 Mg 等杂质的含量等，这些都会影响磷矿的质量。

磷质（块）岩的成因类似碳酸盐岩，因此磷质岩的分类倾向于与碳酸盐岩分类类似的结构-成因分类。孟祥化（1979）根据磷质岩的结构组分、支撑类型等进行了磷块岩的结构-成因分类（表 5-11）。

表 5-11 磷块岩的结构-成因分类（修改自孟祥化，1979）

大类	异化（地）磷块岩		正化（原地磷块岩）	生物磷块岩	次生磷块岩
组构	粒屑结构、颗粒支撑	粒屑-泥晶结构、泥晶支撑	泥晶结构、胶状结构	生物结构	重结晶、交代结构
类型					
内碎屑>50%	内碎屑（砾屑、砂屑、粉屑）磷块岩	内碎屑（砾屑、砂屑、粉屑）泥晶磷块岩	泥晶磷块岩 层胶状磷块岩 结核磷块岩	生物磷块岩	结晶磷块岩 交代磷块岩
骨屑>50%	骨屑磷块岩	骨屑泥晶磷块岩			
包粒>50%	包粒（鲕粒、豆粒、复鲕）磷块岩	包粒（鲕粒、豆粒、复鲕）泥晶磷块岩			
团粒>50%	团粒磷块岩	团粒泥晶磷块岩			
团块>50%	团块磷块岩	团块泥晶磷块岩			

三、铝土岩(铝土矿)

铝土岩指富含铝的含水氧化物和氢氧化物,是以三水铝石、一水软铝石或一水硬铝石为主要矿物所组成的沉积岩。铝土矿实际上是指工业上能利用的、具有工业价值的铝土矿。铝土矿不但要考虑 Al_2O_3 的含量,还要考虑铝硅比值(Al_2O_3/SiO_2)(即 A/S),要求 Al_2O_3 在 48% 以上,且 $Al_2O_3/SiO_2 \geq 2$。A/S 比值越大,铝含量越高,硅含量越低,越有利于工业利用。

从成因上分类,铝土岩可分为风化残积型铝土矿和沉积型铝土矿。风化残积型铝土矿是富铝的基岩岩石(或原生的铝土矿)在地表风化、淋滤导致铝的富集形成的铝土矿,包括现代地表风化型的铝土矿和地史时期古风化壳型的铝土矿。铝土矿的自然类型主要包括 4 类:致密状铝土矿、碎屑状铝土矿、豆鲕状铝土矿、多孔状(或土状、半土状)铝土矿。

铝土矿(岩)分类已经有很长的研究历史,并依据不同的分类标准提出不同的分类方案。据Bárdossy(1982)总结,计有母岩类型分类、地貌分类、基底岩石分类、矿体形态分类、海拔高度分类、环境成因分类、大地构造分类、成因和沉积要素分类等不同分类方法,但这些分类均没有得到广泛推广应用。国内外应用较广的主要是 Bárdossy(1982)的分类(表 5-12)、廖士范和梁同荣等(1991)的分类(表 5-13)。

表 5-12 铝土矿床分类方案(据 Bárdossy,1982)

类型	亚型		典型特征
喀斯特型 (Karst type)	地中海亚型 (Mediterranean subtype)	覆盖在岩溶化的碳酸盐岩之上	远源型(远离喀斯特区),狭义的岩溶型铝土矿。矿床由均匀、高品位的铝土矿构成。大部分矿床常常由高品位铝土矿向顶部、底部和侧部过渡为黏土质铝土矿或含铝质黏土。基底有不同程度的喀斯特化
	提曼亚型 (Timan subtype)		含矿岩系除含铝土矿和含铝矿黏土外,还含有大量黏土质和碎屑沉积物。黏土和碎屑物是最常见的次要沉积物。砾岩、角砾岩、富铁黏土岩、沉积铁矿和褐煤较少。铝土矿多富集成一个矿层。基岩有弱到轻微的喀斯特化,具平缓的隆起和凹陷
	哈萨克亚型 (Kazakhstan subtype)		近源型(靠近喀斯特区),碳酸盐岩基岩被与铝土矿密切相关的多种岩相盖层覆盖。铝土矿含矿岩系大部分由黏土、粉砂—砂、碳质黏土、褐煤、黏土质砂岩组成。含矿岩系,尤其是上部由铝土矿和含铝土质黏土构成几层透镜体或巢状矿体。基岩表面中等—强喀斯特化
	阿列日亚型 (Ariège subtype)		具两分性,下部为沉积黏土,偶夹黏土质泥灰岩或泥灰岩,上部由含黏土的铝土矿过渡到铝土矿,二者无明显界线。含矿岩系覆盖在喀斯特化的碳酸盐岩起伏面上
	萨伦托亚型 (Salento subtype)		铝土矿层及上覆岩层被剥蚀,剥蚀的铝土矿碎屑堆积在石灰岩表面的凹陷中。铝土矿碎屑散布于黏土质基质中
	塔尔斯克亚型 (Tulsk subtype)		覆盖于碳酸盐岩基底的喀斯特凹陷中,呈薄层土状易碎的铝土矿-富铝黏土,为赭色—黄色黏土覆盖。下部含矿岩系由三水铝石矿巢及夹层组成,上覆黏土岩含黄铁矿和薄煤层。认为黄铁矿氧化分解导致硫酸盐溶液向下渗滤,促使形成铝土矿
红土型 (Lateritic type)			残积红土原地或准原地覆盖在铝硅酸盐岩石之上的铝土矿
齐赫文型 (Tikhvin type)			残积红土经过搬运覆盖在铝硅酸盐岩石之上的铝土矿,包括层状矿床和谷底状矿床

Bárdossy(1982)分类包括:①铝土矿矿石类型分类(图 5-4),该分类目前仍为铝土矿矿石类型描述

最常用的分类;②铝土矿的成因分类(表5-12),该分类将铝土矿分为红土型(原地或准原地覆盖在铝硅酸盐岩石之上的残坡积型铝土矿)、齐赫文型(残积型红土经过搬运覆盖在铝硅酸盐岩石之上的铝土矿)和喀斯特型。Bárdossy(1982)的喀斯特型铝土矿主要是指喀斯特地貌上形成的铝土矿,这些铝土矿既有原地、近原地的(如哈萨克亚型),也有异地的(如地中海亚型),既包括原地喀斯特化过程中形成的,又包括异地的喀斯特化钙红土被搬运到喀斯特洼地中形成的,甚至还包括异地非喀斯特化红土被搬运到喀斯特洼地中形成的。因此,该分类的应用性受到了很大限制,其亚型的准确识别和判定存在较多不确定性。

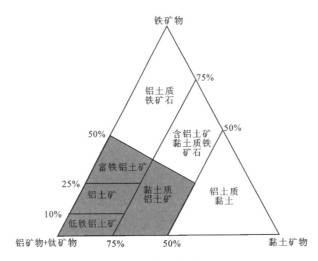

图5-4 铝土矿矿石类型划分方案(据Bárdossy,1982)

廖士范和梁同荣等(1991)审视了Bárdossy(1982)的铝土矿分类,认为喀斯特地貌或喀斯特作用与铝土矿的形成机理、杂质流失、有用的铝质(还包括铁质)残留无多大成因关系。铝土矿物质不一定来源于现在能看到的下伏基岩——碳酸盐岩,而是来源于已经被溶解剥蚀的岩石,是它们剩余下来的不溶残积物——黏土物质,逐渐积累在原地或异地堆聚演变改造而来的。因此,建议把现在暴露在地表、无沉积物覆盖的铝土矿统称为红土型铝土矿,把有上覆地层覆盖的铝土矿统称为古风化壳型铝土矿,并根据物源、环境将古风化壳型铝土矿分成若干亚型(表5-13)。

表5-13 中国铝土矿类型和亚类划分(据廖士范和梁同荣等,1991)

类型	亚型
Ⅰ型:古风化壳型由上覆地层覆盖的古风化铝土矿	Ⅰa 铝硅酸盐岩古风化壳原地残积亚型
	Ⅰb 碳酸盐岩古风化壳准原地堆积(沉积)亚型
	Ⅰc 碳酸盐岩古风化壳异地沉积亚型
	Ⅰd 碳酸盐岩古风化壳异地淡水或咸水沉积亚型
	Ⅰe 古风化壳异地海相沉积亚型
	Ⅰf 碳酸盐岩古风化壳准原地堆积(或沉积)-现代喀斯特堆积亚型
Ⅱ型:红土型	无上覆地层覆盖的近现代风化的铝土矿

杜远生和余文超(2020)通过对沉积型铝土矿的研究,认为高品位的铝土矿主要是在沉积的高铝黏土岩暴露于大气环境中提供准同生淋滤作用形成的,提出了沉积型铝土矿陆表淋滤成矿作用的新认识,

在此基础上提出一个新的分类方案(表5-14)。该分类的主要依据:①铝土矿含矿岩系的物源(原地—准原地还是异地)和沉积相(残坡积物还是沉积物);②含矿岩系的基底性质(铝硅酸盐基底还是碳酸盐岩基底);③铝土矿形成时代,是新生代以来(近现代的风化壳或老风化壳)还是前新生代(古风化壳)。

表5-14 中国铝土矿床分类方案(据杜远生和余文超,2020)

类型	亚型	特征
红土型（Ⅰ）	近现代红土型（现代风化壳,老风化壳）（Ⅰa）	暴露在地表,铝硅酸盐基底之上的现代风化壳或老风化壳型铝土矿,包括:①原地的残积层(风化壳或老风化壳);②准原地的坡积物,呈块状构造,无沉积层理
	古红土型（古风化壳）（Ⅰb）	被后期地层覆盖,铝硅酸盐基底之上的古风化壳型铝土矿,形成富铁层+富铝层组合,呈块状构造,无沉积层理
喀斯特型（Ⅱ）	近现代喀斯特型（现代风化壳,老风化壳）（Ⅱa）	暴露在地表,碳酸盐岩基底之上的现代或老风化壳型铝土矿,包括:①原地的残积层(风化壳或老风化壳);②准原地的坡积物,呈块状构造,无沉积层理
	古喀斯特型（古风化壳）（Ⅱb）	被后期地层覆盖,碳酸盐岩基底之上的古风化壳型铝土矿,形成富铁层+富铝层组合,呈块状构造,无沉积层理
沉积型（Ⅲ）	准平原洼地型（Ⅲa）	准平原洼地中的沉积铝土矿,具沉积层理和旋回性
	高喀斯特漏斗-峡谷型（Ⅲb）	以碳酸盐岩沉积为基底、喀斯特漏斗-峡谷中的沉积铝土矿,具沉积层理和旋回性
	低喀斯特洼地型（Ⅲc）	以碳酸盐岩沉积为基底、喀斯特洼地中的沉积铝土矿,具沉积层理和旋回性
	碳酸盐台地型（Ⅲd）	以滨岸碳酸盐台地或孤立台地为基底、喀斯特化界面上的沉积铝土矿,具沉积层理和旋回性

该分类首先将原地—准原地堆积和异地沉积的铝土矿,结合含矿岩系的基底(底板)、成矿时间、成矿作用分为3种类型。红土型(Ⅰ)和喀斯特型(Ⅱ)铝土矿分别是保存在铝硅酸盐岩基底与碳酸盐岩基底上的风化壳型铝土矿,包括:①现代地表的风化壳、老风化壳上的近现代铝土矿(Ⅰa或Ⅱa);②为上覆地层覆盖的古风化壳上的铝土矿(Ⅰb或Ⅱb);③其他具有沉积特征的铝土矿统称为沉积型(Ⅲ)。这3种铝土矿在野外矿区露头尺度很容易区分。Ⅰa或Ⅱa亚型均为现代地表残坡积物型的铝土矿,Ⅰb或Ⅱb是古风化壳上的残坡积物型的铝土矿,Ⅰ和Ⅱ型的区别在于含矿岩系的基底(底板)分别为铝硅酸盐岩和碳酸盐岩。

四、锰质岩(锰矿)

锰质岩是由锰矿物组成的沉积岩,当MnO_2含量达到12%以上时即称为锰矿。自然界中已知的含锰矿物有150多种,分别属氧化物类、碳酸盐类、硅酸盐类、硫化物类、硼酸盐类、钨酸盐类、磷酸盐类等。但含锰量较高的矿物则不多,主要有软锰矿、硬锰矿、水锰矿、黑锰矿、褐锰矿、菱锰矿、硫锰矿等类型。

锰矿主要包括风化型锰矿和沉积型锰矿两种类型,其中沉积型锰矿又包括氧化锰型和菱锰型两个亚类。沉积型锰矿一般按照沉积构造和结构组分进行分类。锰质岩可依据岩性划分出含锰硅质岩、含锰碳酸盐岩及含锰碎屑岩等不同类型,按照沉积构造和产状可以分为块状锰矿、条带状锰矿、纹层状锰矿、斑杂状锰矿、结核状锰矿等不同自然类型,按组分可以划分为角砾状锰矿、豆鲕状锰矿、球粒状锰矿、致密状锰矿等类型,按照矿物结晶程度可以划分为微晶质锰矿、细晶质锰矿等。

五、铁质岩

沉积型铁质岩是指铁矿物含量大于50%的沉积岩。铁质岩的主要矿物成分包括铁的氧化物、铁碳酸盐、铁硅酸盐、铁的硫化物4类。铁的氧化物包括针铁矿、赤铁矿、磁铁矿,铁碳酸盐为菱铁矿、镁菱铁矿及球菱铁矿等,铁的硅酸盐包括鲕绿泥石、鳞绿泥石、铁蛇纹石、海绿石、铁滑石、黑硬绿泥石等,铁的硫酸盐包括黄铁矿和白铁矿。形成工业矿床的铁矿物主要是氧化铁和菱铁矿,铁的硫酸盐主要利用其中的硫,为硫矿床。

铁质岩包括风化型铁质岩和沉积型铁质岩两大类型。风化型铁质岩为富铁的原生沉积在风化淋滤过程中铁质进一步富集形成的,尤其是铁碳酸盐(菱铁矿)、铁硅酸盐在风化过程中进一步富集,铁品位提高。风化型铁矿既包括现代地表富铁基岩风化形成的"铁帽",也包括地史时期与古风化壳相关的氧化铁层。沉积型铁质岩是在沉积作用过程中形成的。沉积型铁质岩的分类没有统一标准,一般可按含铁矿物成分分为氧化型铁质岩、碳酸盐型铁质岩、硅酸盐型铁质岩三大类。根据富铁沉积物可划分出化学富铁岩(如硅质铁岩、铝质铁岩)、富铁页岩(黄铁矿页岩及菱铁矿页岩)、其他富铁沉积物(如富铁红土、沼铁矿、大洋铁结壳、卤水富铁泥等)。铁质岩根据结构组分和构造特征,可进一步分为不同类型,如具有鲕状结构的为鲕状铁质岩(如鲕状铁矿、鲕绿泥石岩),具有肾状结构的为肾状铁质岩,具有叠层构造的为叠层石铁质岩,具有条带状构造的为条带状铁质岩(铁矿)。与古元古代早期大氧化事件相关的条带状铁矿具有规模大、品位高的特点,是目前钢铁工业利用最多的矿石。

第六章 风成沉积

第一节 概 述

风是空气流动形成的自然现象,也是地表环境的重要地质营力。风成沉积即是在风力作用下砂、粉砂和黏土等碎屑物质被搬运、堆积所形成的沉积物。风成沉积可以在海岸环境形成沙丘,为海洋提供陆源碎屑物质,同时也可在陆相环境形成沙漠和黄土堆积。

沙漠分布广泛,通常位于南、北纬10°—30°的副热带高压带,也可位于大陆内部、山脉雨影区和冰川影响的寒冷气候区,占地球陆地面积的20%~25%(图6-1)。沙漠地区的蒸发量大大超过降雨量,年均降雨量通常小于250mm,植被非常稀少。主要地质营力是风,但在暴雨期间可以形成一些间歇性河道(旱谷)。流水在沙漠低洼处可汇集成沙漠湖泊,这些沙漠湖泊多为间歇性的,但也有常年性的。随着湖水不断蒸发,沙漠湖泊可演变成盐湖或干盐湖,并形成膏盐沉积。

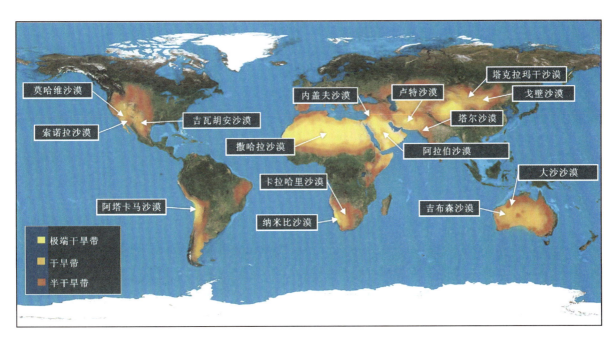

图6-1 现代地球主要沙漠分布图(据Cherlet et al.,2018修改)

沙漠通常被认为是以风力作用为主,并覆盖有风成沙的沉积环境。但实际上沙漠可以包括多个次级的环境单元,沙漠内部可以出现冲积扇、突发降雨所形成的暂时性河流、干盐湖、沙丘、沙丘间、基岩区等。在风成沙掩盖的沙漠区域,面积大于125km²的称为沙海,面积较小的叫作沙丘区。沙海和沙丘区约占现代沙漠的20%,其余的沙漠地区则为遭受侵蚀的山脉、基岩和洼地。现代面积最大的沙漠为非洲的撒哈拉沙漠，约 700 万 km^2，含有多个呈带状展布的沙海，其中最大的沙海面积达到 50 万 km^2。在沙漠周缘往往可形成风成粉尘堆积，形成黄土沉积。

黄土是第四纪陆地上风力搬运的松散黄色粉土沉积物，主要分布在北半球的中纬度干旱及半干旱地带，一般呈厚层状连续展布于低分水岭、山坡、丘陵等地区。世界上的黄土主要分布于中国北部、北美大平原区（great plains）、欧洲中部、俄罗斯部分地区和哈萨克斯坦等地，而南半球除南美洲和大洋洲新西兰外，很少有黄土分布。

第二节 沙漠风的搬运和沉积作用

大多数的沙漠环境由于缺少地表水及植被，因而会以天（如中午与夜晚）或年（如夏天与冬天）为时间单位出现极端的温度和风力变化。沙漠环境的年均降雨量小且降雨时段较为集中，降雨来临时往往形成大规模的洪水。洪水所形成的地表径流或片流通常排泄至沙漠盆地的中央，从而形成沙漠湖泊，并可能进一步形成盐湖的碳酸盐和蒸发盐沉积。突发性降雨形成剧烈洪水和暂时性河流是沙漠环境的重要沉积搬运介质，可以搬运砂、泥等碎屑物质。然而，在多数时间内，水力对沙漠沉积物的搬运作用不大，因为风力对沙漠沉积物的搬运和堆积起主导作用。

尽管风力不会像水流那样形成强烈的侵蚀作用，但是风可以有效搬运松散的砂和细粒沉积物。实际上，风不仅仅在沙漠环境搬运了巨量的碎屑物质，在冰川环境、河流洪泛平原和滨岸地区也可以搬运沉积物，特别是可以将滨海环境的碳酸盐和硅质碎屑搬运到内陆。当然，上述环境中的风成沉积规模相对于沙漠地区的沙海沉积来说是非常小的。此外，沙尘暴也将粉砂和黏土携带到距离源区很远的地方，甚至为深海远洋沉积提供重要的物质来源。

风的搬运作用跟水流一样，有 3 种搬运模式，即蠕移、跃移和悬移。风可以有效地将粒径小于 0.05mm 的细粒沉积物从粗颗粒沉积物中分选出来，并以悬移方式进行远距离运移。除异常高速的风力之外，粗颗粒沉积物的搬运将以蠕移和近地跃移的方式进行移动。跃移是一个较为重要的风力搬运模式，而跃移颗粒在触及地面的碰撞作用时也可驱动地表沉积物朝下风向发生蠕移。风力似乎可以更有效地搬运中—细粒的砂和更细的沉积物，大于 2mm 的粗颗粒在高风速时也可进行滚动和蠕移的搬运。

风的搬运和分选作用可以产生 3 种沉积物：①粉尘沉积，又被称为黄土，通常堆积在离源区较远的地方；②风成沙沉积，通常具有很好的分选；③滞留沉积，主要由砾级颗粒组成，通常不能被风搬运而在原地形成沙漠砾石覆盖层/风成戈壁（图 6-2）。另外，沙漠内部还可形成沙漠湖泊和内陆碱滩。

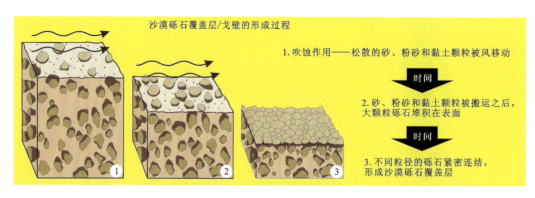

图 6-2 风的搬运作用和沙漠砾石覆盖层的形成

在风的吹蚀作用下，松散的砂、粉砂和黏土等细小颗粒物质被带走，较大粒径的砾石、石块等残留在地表并聚集在一起,最后这些大大小小的石块形成一片连续的覆盖层,阻止风的进一步吹蚀。

风力对所搬运的颗粒存在磨蚀作用,产生磨圆度极高的具撞击痕(碟形坑)的颗粒,或吹蚀砾石形成风棱石等。风力经常能对已沉积的风成沙发生再搬运作用。在地下水水位不太深的地区,例如当沙丘在内陆盐碱滩移动时,潜水面进入沙丘内,水的黏滞作用使湿沙粒黏结起来,潜水面以上的干沙被吹走,形成一个相当平坦的平面。如果新沙丘再移到此水平面上,并以同样的过程进行数次,这就形成了沙丘沉积层系间的水平削切面(图6-3)(Loope,1984;Kocurek,1981)。

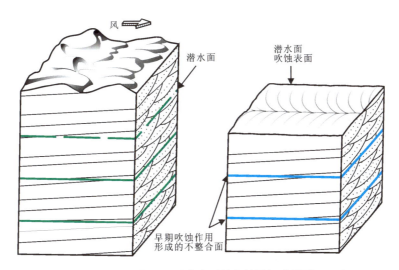

图6-3　风成沉积中在吹蚀作用下形成广泛展布的平坦型层面(修改自 Loope,1984)

风的搬运和沉积可以形成与水流作用一样的底形和沉积构造,例如沙波、沙丘和交错层理。风成底形是在风成沉积搬运过程中形成的,可以从厘米级的波纹到百米级的沙丘,在特殊情况下还可以形成称为鲸背的巨型沙丘,其波长可达数千米、高度可达400m(McKee,1982)。风成底形的波长一般随风速的增大而增大,波高一般与沉积物粒度成正比。在一定的粒度和风速条件下,沙波、沙丘和巨型沙丘可以共存,且沙丘形成于鲸背之后,而沙波形成于沙丘之后。巨型沙丘的形成需要数十万年,一般沙丘的形成需要几十年到几百年,且处于不断的移动中。

第三节　现代沙漠沉积

虽然风成沉积物可以在沙漠的一系列地形甚至在海岸带附近堆积,但其最主要堆积环境为沙海。沙海的形成受控于盛行风系,主要存在于干旱且有充足细粒沉积物供应的地区。现代沙海主要位于北非的撒哈拉沙漠和阿拉伯沙漠、南非的纳米比沙漠、北美西南部的莫哈维(Mojave)沙漠和索诺拉(Sonaran)沙漠、澳洲中部的澳大利亚沙漠(图6-1)。沉积物供应和风力强度是决定沙海地貌的主要影响因素。沙海中沙丘的形成主要与以下两个因素相关:①区域风场变化促使不同形貌特征的沙丘形成;②砂质类型、供应量充足与否、活动性等随时间变化导致沙丘出现不同的演化阶段。

沙漠的沉积环境可以划分为3个次级环境,即沙丘、丘间和沙席(Ahlbrandt and Fryberger,1982)。沙丘环境是砂质在风作用下发生搬运与沉积的主要场所,形成多种形态的丘形堆积体,常具有陡倾的滑落面或崩落面。沙丘的沉积主要通过滑塌作用、落淤作用和跃移作用来实现。丘间地区既可接受风成沉积,也可以形成洪泛平原或干盐湖而接受暂时性河流搬运和沉积的碎屑物质。沙席主要形成于沙丘的边缘地区,形成沙丘到丘间的过渡性沉积,或形成沙丘与其他沉积环境间的过程性沉积(图6-4)。

图 6-4 塔克拉玛干沙漠的沙丘、丘间和沙席沉积

沙丘形成于现代沙漠的沙海和沙丘区，类型多样，从不具有滑落面到具有 3 个或 3 个以上的滑落面。风成底形的尺寸从小尺度的沙波到高达百米的横向和纵向沙丘均有出现，还可形成更为复杂的巨型沙丘。沙丘的形貌取决于沙量、风力强度和风向的变化。沙丘沉积物通常由结构成熟的砂粒构成，碎屑颗粒具有很好的分选和磨圆，但在颗粒结构上也可存在较大的变化。沙丘形成过程中，在背风侧大致有 3 种搬运-沉积方式或层面形态（图 6-5），即落淤、颗粒流和沙纹。

图 6-5 现在沙漠的落淤、颗粒流、沙纹沉积记录和风成沙丘沉积模式

落淤是碎屑颗粒被风搬运越过沙丘脊线，因风速减弱而降落至背风面沙丘表面的过程。受到空气湍流的影响，落淤过程以半跃移-半悬移过程为主，缺少蠕移过程。颗粒流是碎屑颗粒在沙丘脊线背风一侧，由于背风一侧达到了休止角而发生滑塌并以重力流的形式顺背风坡下滑而形成。沙纹是沉积物受风力牵引而搬运的结果，经历了分选过程。

沙丘沉积物中石英颗粒含量通常较高，在海岸沙丘中可以含有较多重矿物和不稳定岩屑颗粒。位于热带地区的海岸沙丘可能含有较多的鲕粒、骨架颗粒和其他的碳酸盐颗粒。在一些沙漠中，沙丘以石膏为主要成分，例如新墨西哥的怀特沙漠。沙丘中可发育大型交错层理，同时也可以发育一些小型的内部沉积构造，如板状纹层、波状层层、波状交错纹层、爬升层理、落淤纹层、沙流交错层等。沙丘的迁移可以产生包含多种沉积构造的砂质垂向沉积序列。

由于不同的风力条件，沙丘可以表现为多种形态，使得风成交错层理指示的局部风向可以是单向或多向的。因此，古风向数据往往比较发散，使得过去的沉积物优势搬运方向难以准确确定。在一个区域尺度上，古风向可以围绕高压风系做上百千米的摆动。

丘间地区位于沙丘之间，为沙丘或沙席等其他风成沉积所包围，这里可以是风成沙的吹蚀区，也可以是沉积区。侵蚀型的丘间一般没有沉积物堆积，但会有粗的砾级滞留沉积，它们构成波状层面和反向粒序。这种丘间在沉积记录中形成一个不平行面，之上为薄层、不连续的筛积滞留沉积所覆盖。沉积型的丘间可以进一步划分为潮湿、干旱和蒸发 3 种丘间环境，能够形成较明显的沉积物堆积，包括水下和地表两种类型的沉积物。所有丘间沉积物都具有低角度（小于 10°）的地层特征，因为它们不是由沙丘迁移形成的。值得注意的是，很多丘间沉积因为次生过程、生物扰动等原因而不具有任何层理构造。总体而言，沙漠丘间多为干旱气候或偶有降雨。干丘间的沉积物通常由沙波相关的风搬运而来，在沙丘背风面的风影区发生落淤，或与源自邻近沙丘的沙流动有关。这些沉积物倾向于具有较粗的颗粒、双峰式的粒度特征，分选较差，且地层略微陡倾，不具有明显的纹层。同时，丘间沉积物由于动物和植物活动而具有较为强烈的生物扰动。湿丘间地区可以形成湖泊或小水塘，粉砂和黏土可以被半永久型的水体捕获而沉淀下来。这些沉积物种通常含有淡水生物，如腹足类、双壳类、硅藻类、介形类，生物扰动较为常见，也可见脊椎动物的足迹。一些潮湿丘间区的沉积物可以因沙丘沉积物的负载而发生挠曲变形。蒸发型丘间或内陆萨布哈(Sabkha)形成于暂时性浅湖的干旱化过程中，有碳酸盐、石膏和硬石膏等蒸发盐类矿物的结晶与沉淀。在砂质沉积物中，碳酸盐矿物和石膏的生长会导致原生沉积构造的扰动与破坏。泥裂、雨痕、蒸发盐层和假晶都是这类丘间沉积物的重要特征(Lancaster and Teller，1988)。

沙席是平坦状—弱波状起伏的环绕沙丘区的砂体。它们具有较为典型的中—低角度(0°～20°)倾斜的交错层理，可以与暂时性水流沉积形成互层。沙席沉积可以含有米级长度的弯曲或不规则状的侵蚀面，具有大量生物扰动遗迹，发育小尺度的冲刷-充填构造，可见有邻近落淤沉积而形成的低倾斜、弱纹理层，夹有不连续的、薄的粗砂层，也偶见有高角度的风成沉积。

沙漠环境可以分成潮湿型、干旱型和稳定型。在干旱的沙漠环境，地下水水位和它的毛细水带深度低于沉积界面，潜水面对表层和近表层沉积物没有稳定效应。因此，空气动力学条件或沉积物的表面形态(如沙丘的形貌)是决定沉积物发生沉积作用、搬运作用抑或侵蚀作用的重要因素。在潮湿的沙漠环境，地下水水位和它的毛细水带深度位于沉积界面附近，使得底形的湿度及其形态成为控制沉积物沉积、搬运或侵蚀的重要因素。在稳定的沙漠环境，植被、表层胶结作用或泥盖对沉积物有着重要的稳定作用，可以影响地表的沉积或侵蚀行为。这3种沉积体系可以一起出现在现代的主要风成环境中，如撒哈拉沙漠。

风成沉积作为地质记录是否能够得以保存或者能够保存多少的问题主要是由沉积物保存在怎样的环境中所决定的。风成沉积堆积的垂向空间称为堆积空间，只有那些位于侵蚀基准线之下的沉积物才能被保存(即为保存空间)。这一侵蚀基准线是由构造、负载和挤压导致的沉降和地下水水位所决定的。因此，在干旱风成体系中并非所有的沉积都可以被保存下来，只有那些低于侵蚀基准线的沉积物或被地下水淹没的干旱堆积层才能得以保存。在潮湿的风成体系下，因地下水水位接近沉积表层导致堆积空间与保存空间几乎重合。在稳定的风成体系下，区域侵蚀基准线之上的沉积物也可能保存下来。需要谨记的是，当沙丘迁移时，沙丘底形是不会被保存下来的。随着沙丘在沙漠的移动，风成沉积物可以被部分保存下来，常见的是前积纹层的下部。随着后期风成沙丘的移动，形成风成沉积的垂向叠置序列，不同沙丘沉积之间被沙丘界面和上层面所分隔(图6-6)。在沙丘区的边缘，风成沉积与非风成的河流或海相沉积界面可以发生频繁的摆动，从而形成风成沉积与非风成沉积互层的垂向沉积序列(图6-6)。

地层柱Ⓐ展示形成于沙丘环境的风成沉积序列，包括交错纹层和其他典型层理特征；Ⓑ展示形成于沙席环境的河流-风成沉积序列。

在风成沉积构架中，发育有因风成沙丘迁移冲刷已有沙丘底形而形成的各种侵蚀界面，称为风成沉积界面(Brookfield，1977；Kocurek et al.，1991；Fryberger，1993)。由沙丘底形迁移形成的三级风成界面级别由低到高分别为沙丘再活化界面、沙丘叠置界面和丘间迁移界面(图6-7)。除此之外，风成沉积与冲积扇、河流等水成沉积的分界面为超界面。沙丘再活化界面是三级界面，形成于沙丘背风坡阶段性的再沉积，主要是受到底形迁移方向、迁移速率、对称性和陡度改变的控制。背风坡气流的紊乱性使得这些改变十分常见。再活化界面形成于风成沙丘层内部，呈板状或扇状，界面倾角一般小于风成层理倾角，为10°～20°。垂直于沙丘迁移方向，该界面平行或近似平行于交错层理，延伸10～100m及以上，而在平行于沙丘迁移方向的剖面上，该界面或覆盖整个剖面或局限在底部。再活化界面的发育具有随机性，也可在层组内等间距发育。上覆沙丘的交错层可与该界面方向一致或下切该界面。沙丘叠置界

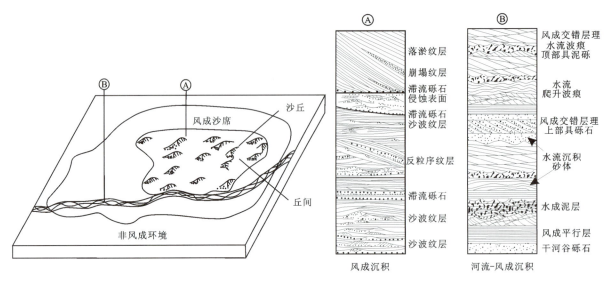

图 6-6 风成沙席和沙丘沉积的空间与地层分布特征(修改自 Fryberger et al., 1979)

面是二级界面,既可以形成在大型底形之上小型沙丘的叠置迁移,也可以形成于底形背风坡冲刷面的迁移过程中(Rubin,1987)。理论上,叠置沙丘和冲刷槽可以直接在大型底形的背风坡直上直下地迁移,但受到二次流动的影响,往往以斜向迁移的方式进行。叠置界面发育在风成层系组内部,以板状、大型扇状侵蚀面为特征,倾向变化范围较大。在平行于沙丘迁移方向,叠置界面与再活化界面相似,不易区分。在垂直于沙丘迁移方向,该界面一般斜交于下伏截切的交错层。叠置界面可截切再活化界面。丘间迁移界面是一级界面,形成于丘间与沙丘之间。该界面由侵蚀冲刷改造而成,位于连续沙丘之间的凹槽部位,其下切深度影响横向展布范围。该界面之上沉积物的特征受控于丘间环境的沉积过程。在局限的丘间凹地往往形成干沙波纹层,在潮湿丘间平地会形成黏土层,在湿丘间水塘会形成水下沉积层。丘间迁移界面倾角一般较小,顺着风向可延伸数百至数千千米。该界面作为层系或层系组的分界,在平行于沙丘迁移方向的界面上以板状或微扇状展布。丘间迁移界面可以截切再活化界面及叠置界面。

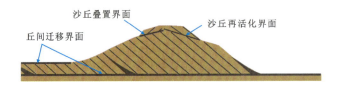

图 6-7 风成沉积系统的风成沉积界面(修改自 Kocurek et al., 1991)

第四节 地质历史时期的沙漠沉积

在世界的许多地方,被解释为风成沉积的古代砂岩可追溯到前寒武纪时期。研究最为深入的是美国西部内陆晚古生代和中生代的风成沉积记录(Blakey et al.,1988)。其中,侏罗纪 Navajo 组是厚度最大、分布最广、出露最好的古风成沉积系统(Kocurek,2003)。Navajo 组及其侧向对比的 Nugget 砂岩在厚度上达到 700m,跨越 5 个州,约 265 000km²,该沙海的原始面积可能是现在残留部分的 2.5 倍(Marzolf,1988)。尽管早期有部分学者认为 Navajo 砂岩是海相沉积,但现在学界一致认同为风成沉积。

Navajo 砂岩主要为中—细粒石英砂岩，石英颗粒通常具有好的磨圆度，且常发育有磨砂状的表面特征。该套砂岩最为显著的特征是可见有大型板状交错层理，具弧线型的前积纹层，且前积纹层倾角通常大于 20°。单个交错层的厚度为 1～35m，并发育有现代沙丘中常见的包卷层理等滑塌构造（图 6-8A）。在沉积序列上，Navajo 砂岩具有典型的沙海边缘沉积模式，在亚利桑那州东北部呈现出风成沉积与 Kayenta 河流沉积的交互特征（图 6-8B）。这一沉积序列整体显示出 3 个向上变干旱的沉积旋回，每个旋回表现出从河流沉积到风成沉积的转变，代表了 Navajo 沙海向 Kayenta 冲积平原的扩张，可能与区域干旱化气候的增强有关。湿润气候增强可导致沙海扩张的结束，使河流沉积再次出现，并在早期的风成沉积之上形成明显的侵蚀面。因此，在这一地层序列中，大型交错层理的 Navajo 风成沙丘沉积和淹没的丘间沉积与 Kayenta 洪泛平原等河流沉积在垂向上构成交互叠置的特征。

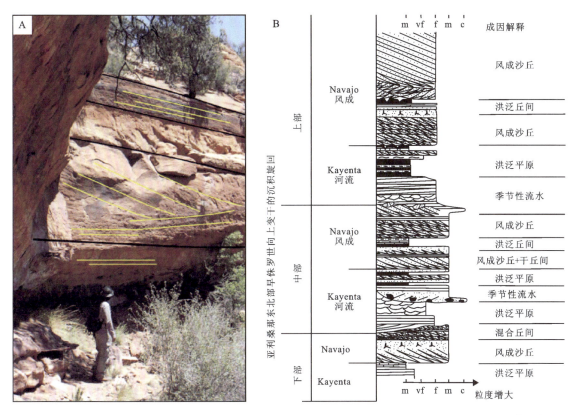

图 6-8　早侏罗世 Navajo 砂岩中的风成沙席和沙丘沉积互层（A，据 Hassan et al.，2018）和 Navajo 沙漠边缘的 Kayenta-Navajo 河流-风成交互沉积序列（B，据 Harries，1993）

中国古代的风成沉积主要形成于白垩纪，分布广泛且出露较好。早白垩世的风成沉积主要集中于我国西北部地区，例如鄂尔多斯盆地、河西走廊盆地、四川盆地、塔里木盆地等，多为大面积的沙漠沉积（江新胜，2003）。晚白垩世的风成沉积主要集中于中国中—东部，该区的古纬度大致位于 20°N～40°N 之间，发育有多个内陆沙漠盆地（江新胜和李玉文，1996），包括信江盆地、江汉盆地、苏北盆地、衡阳盆地等，构成盆山型沙漠沉积体系（曹硕，2020）。这些盆地在白垩纪位于当时的副热带高压带及其附近，其沉积作用主要受干旱带控制。上述盆地白垩纪的沙漠沉积总体以棕红色砂岩为主，发育巨型—大型的楔状和板状交错层理，多数交错层系界面较为平整，偶见有风蚀波状面，在波峰处有滞留砾石-风棱石，小者 2～5mm，大者 20～35mm。偶见大型槽状交错层理。单个交错层系的厚度为 3～8m，层系内的前积纹层倾角通常大于 20°，局部可达到 30°～35°，代表了风成沙丘沉积。沙丘砂岩主要为长石石英砂岩，石英含量高，分选、磨圆好，无黏土、云母等悬移组分。沙粒表面常具有红色铁膜，石英颗粒可见毛玻璃化表面、碟形坑和再沉淀现象。沙丘间沉积以干旱气候的风成粉尘或湿润气候的洪泛泥岩为主。湖南衡阳盆地东缘也发现有白垩系红花套组的风成沉积（黄乐清等，2019），为一套紫红色块状中—细粒长石石英砂岩、岩屑石英砂岩，普遍发育巨型板状、楔状、槽状交错层理和平行层理。交错层系呈平板状，前积层产状较陡，一般22°～30°，可达33°的前积角。单个沙丘高度可达25m以上，且前积纹层连续性非常好，延展长度达150m以上。局部见少量大型槽状交错层理，单个交错层理厚度极大，前积层产状相对平缓，一般15°～24°。风棱石主要由石英脉石构成，大小约2cm×4cm，棱角分明，呈刀口边，各磨光面交线呈直线状（图6-9）。丘间沉积较薄，发育平行层理，单层厚度为18～30cm，水平展布，多被沙丘截切，为反粒序的风成沙席沉积。

图6-9　湖南衡阳盆地上白垩统红花套组风成沉积的大型交错层理（A）和风棱石（B）（据黄乐清等，2019）

第五节　风成粉尘（黄土）沉积

黄土沉积为均质、多孔状构造，无层理，常含有古土壤层及钙质结核层，垂直节理发育，常形成陡壁。亚洲黄土分布最广，最北达74°N，最南抵32°N（南京附近）。欧洲黄土分布最北界为62°N，南界在40°N左右。在北美，黄土主要分布在40°N附近的第四纪冰川前缘地带。黄土一般呈不连续的、带状分布，东西延伸，连绵于南、北两半球的中纬地带。在欧洲、北美洲和亚洲西伯利亚地区，黄土都分布于第四纪大陆冰盖的外围；而中亚、东亚（中国）和南美洲地区，黄土分布在沙漠的外围，说明它们的形成与大陆冰盖和沙漠上的高压中心所产生的反气旋风有关。中纬度气候温暖地带以干旱、半干旱和温暖少雨、有强烈季节变化为特点，而高纬、低纬地区黄土少见。高纬度地区是黄土物质的吹扬区，中纬地带温暖，草原发育，雨量不大，冲刷不强，便于黄土的沉积与保存。低纬度地区距风源已远，黄土来源不多，加之雨量充沛，冲刷强烈，红土化作用盛行，不利于黄土的保存。据最新估计（Li et al.，2020），全球黄土沉积的分布面积约为$8.6×10^6$ km²，占地球陆地总面积的6%左右，其中欧洲黄土覆盖面积达全球黄土的17%，北美洲达6%，南美洲达3%，亚洲达10%。

黄土沉积物有"沙漠来源"和"冰川来源"两种成因假说，Li等（2020）基于全球黄土分布，将黄土沉积物总结为3种成因模式，即大陆冰川物源-河流搬运型、山脉物源-河流搬运型和山脉物源-河流搬运-沙漠过渡型。黄土的粒度成分是区别于其他第四纪沉积物的代表特征之一。黄土组成成分均一，以高含量粉土颗粒（0.005～0.05mm）为特征，其中粗粉粒（0.05～0.01mm）含量在50%以上，黏土颗粒（<0.025mm的颗粒）次之。总之，黄土以粉土为主，并含一定比例的细砂、极细砂和黏粒的沉积物。在矿物组成上包括碎屑矿物和黏土矿物，前者达70%以上，石英最多，长石其次，还有一些碳酸盐矿物（方解石、白云石等）。黄土中黏土矿物成分主要为水云母、高岭石及蒙脱石。黄土的化学成分由矿物成分决定，其中SiO_2含量很大，这是因为黄土中除了含有大量石英之外，还有铝硅酸盐矿物；其次为Al_2O_3，

因为黄土中主要矿物为长石；CaO 含量也很高,因为黄土中含有方解石。在结构构造上,黄土普遍具有发育良好的管状孔隙,孔径大者达 0.5～1cm,孔内大都填充有不同数量的碳酸盐,部分孔隙几乎全部被碳酸盐充填。黄土不具层理,其粒度在垂直剖面上虽然有粗细变化,但这样的变化并没有引起明显的成层交替现象。

第六节 实例：华南信江盆地晚白垩世沙漠沉积

位于江西省东北部的信江盆地保存有发育良好的晚白垩世沙漠沉积,曹硕等(2020)对该盆地的风成沉积序列和沉积模式开展了详细的沉积学研究,为深时沙漠沉积的识别和研究提供了很好的实例。信江盆地呈东西向展布,向东毗邻浙江金衢盆地,向西靠近永丰-崇仁盆地,北接怀玉山脉,南邻武夷山脉。该盆地总面积约 3600km²,轴向延伸约 130km。在区域构造上,信江盆地形成于赣杭造山带中段,受白垩纪时期燕山运动的影响发生地壳差异升降,演化为陆相断陷盆地。信江盆地经历了陆内碰撞造山、陆内裂谷期、拗陷期和反转期等不同阶段,构造背景随之从陆内会聚挤压体制转变为右行走滑挤压体制。

一、信江盆地白垩纪地层

信江盆地白垩系主要包括冷水坞组、茅店组、周田组、河口组、塘边组、莲荷组。下白垩统冷水坞组下部为浅灰色砾岩、砂砾岩、砂岩、粉砂岩、泥岩,上部为灰白色砂质砾岩、粉砂岩等,可见典型的逆粒序结构,整体为一套陆相河流、湖泊碎屑岩沉积组合。下白垩统茅店组由砾岩、含砾砂岩、细砂岩等构成,发育大型板状交错层理、虫管遗迹、钙质结核等,为辫状河-三角洲-滨湖相沉积。下白垩统周田组主要为紫红色细砂岩、粉砂岩和泥岩,为一套滨浅湖相沉积组合。上白垩统河口组分布最为广泛,岩性主要为紫红色、砖红色厚层、巨厚层状砾岩、砂质砾岩,夹少量砂岩及粉砂岩,可见大型交错层理、底冲刷面等构造,代表了一套山麓洪积扇到辫状河-三角洲相的沉积组合。上白垩统塘边组厚 300～900m,岩性为特殊的砖红色块状中砂岩、细砂岩夹粉砂岩,盆地边缘地区发育砖红色块状砂岩夹砂质砾岩、含砾砂岩,块状砂岩内部普遍发育大型高角度交错层理、平行层理等,具有典型的风成沉积特征,边缘地区则过渡为辫状河-冲积扇沉积。上白垩统莲荷组主要为砖红色厚层、巨厚层状砾岩,砂砾岩与厚层砂岩和粉砂岩构成,向上变为巨厚层状含砾砂岩与泥质粉砂岩互层,发育平行层理和交错层理,代表了冲洪积扇和河流相沉积。

二、信江盆地塘边组的风成沉积

在信江盆地的塘边组,曹硕等(2020)可识别出颗粒流砂岩、落淤粉砂—细砂岩、沙波层粉砂—细砂岩和水平纹层粉砂—细砂岩 4 种风成岩相,构成了沙丘相、丘间相和沙席相 3 种沉积相。颗粒流沉积层由砖红色—浅棕色、分选较好、次棱角—圆状的石英砂岩组成,单层厚 2～10cm,横向宽度可达 0.5m,呈舌状向下减薄,最终在底端尖灭,内部为松散堆积或发育逆粒序结构(图 6-10)。落淤沉积层呈砖红色—红棕色,由分选较好、次棱角—圆状的细砂岩组成,在沙丘沉积中较难识别,内部为松散堆积,呈楔形沿脊线向下减薄(图 6-10)。沿着沙丘背风坡,落淤层覆盖范围可达几十米远,这与颗粒流层形成鲜明的对比。对于小规模沙丘,落淤层可以从沙脊一直延伸到底部；但在较大规模的沙丘上,落淤层常呈楔状被颗粒流层截切,同时颗粒流层的砂粒也可能来自之前形成的颗粒流层沉积。沙波层为砖红色—浅橘色分选较好的细砂岩,单层厚 0.2～1m,发育近水平的平行层理(图 6-10),构成条纹状层组特征,内部发育生物扰动构造。水平纹层由砖红色—浅橘色分选较好的细砂岩构成,单层厚度达 10mm。由于分选较好,水平纹层不甚明显,加之生物扰动普遍发育,使得纹层更不清晰。水平纹层的层系组厚度 0.3~3m,内部可见逆粒序结构(图 6-11)。风成块状砂岩主要为砖红色—橘色的粉砂—细砂岩,内部不发育任何层理,偶见生物扰动、钙质结核和根迹,表面多发育多边形开裂。该砂岩单层厚度为 0.5~1.5m,层系组叠置厚度可达 5m 以上。这些岩相指示了 3 类沉积相,即风成沙丘相、风成丘间相和风成沙席相。风成沙丘相主要由风成粒流层、落淤层和沙波层 3 种岩相组成。

图 6-10 信江盆地上白垩统塘边组的风成沙丘交错层理(据曹硕,2020)

Ax. 颗粒流层;Af. 落淤层;Ar. 沙波层

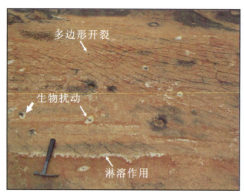 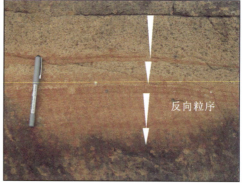

图 6-11 信江盆地上白垩统塘边组的水平纹层砂岩(据曹硕,2020)

1. 风成沙丘相

风成沙丘波长 5~250m 不等,一般分为迎风坡和背风坡两部分,前者倾角较缓(8°~16°),后者倾角较陡(20°~34°)。沙丘的存在对风力形成阻挡,翻过沙脊后风力减弱,在背风坡不断形成沉积,因而沙丘顺风向不断迁移。信江盆地晚白垩世风成沉积体系中,风成沙丘相最为发育,约占 60%。沙丘相由大型交错层理砂岩亚相、小型交错层理砂岩亚相和块状砂岩亚相组成(图 6-12)。沙丘砂岩为砖红色,分选较好,为次棱角—次圆状的中—细粒石英砂岩,颗粒支撑结构,可见明显的层理。在大部分石英颗粒表面可见明显的"沙漠漆"黑色外膜,在扫描电镜图像中可见有球状外轮廓、碟形撞击坑、新月形撞击坑、直撞击坑、上翻解理片、溶石坑等结构。

大型交错层理砂岩亚相由颗粒流层、落淤层和沙波层组成,主要由高角度槽状、板状交错层理砂岩构成。砂岩普遍为细粒结构,分选磨圆较好,颗粒支撑。平面上,这些交错层理的前积层呈现近直线到中度弯曲的形态。该亚相可进一步分为简单型和复合型两类。简单型交错层理由交替沉积的舌状颗粒流层和落淤层组成,底部穿插有向上爬升的沙波层。一般厚度可达 6～10m,横向延伸百米以上(图 6-12A、B)。简单大型高角度交错层理在盆地内广泛发育,边缘到中心均有分布。复合型交错层理主要由颗粒流层组成,落淤层夹于其中但厚度极薄,厚约几厘米的沙波层仍在层理底部出现。该类交错层理之间平行叠置,由横向展布稳定的低角度叠置界面分隔开来(图 6-12C、D)。一般情况下,复合型交错层理单层厚度仅为 3～5m,其叠置厚度可达几十米到上百米,横向延伸更是达到几百米到几千米且厚度变化较小。复合型交错层理是巨型沙丘沉积最重要的组成部分,仅发育在沙漠中心环境(Mountney and Howell,2000)。

图 6-12 信江盆地晚白垩世塘边组沙丘及丘间沉积野外照片(左)和素描图(右)
(据曹硕,2020;Cao et al.,2020)
A、C.露头位于盆地中心地区;E.露头位于盆地边缘地区。素描图中黑色实线代表3类风成痕迹界面,
灰色虚线代表交错层理的前积纹层

小型交错层理砂岩亚相由颗粒流层和沙波层组成,主要由高角度槽状交错层理构成,板状交错层理较常见,层厚一般小于 2m,平面展布在各个方向上只有几十米(图 6-12E、F),其规模远小于大型交错层砂岩亚相。该亚相层理底部呈冲刷槽状,沿轴向可对称发育,也可不对称发育。由于形成较小规模的沙丘,对风力的减弱程度不足,因而落淤层不发育,仅发生颗粒流层和底部低倾角的沙波层沉积。在信江盆地内,小型交错层理砂岩亚相一般发育在边缘或边缘向中心的过渡地区,常与丘间沉积互层。在过渡地区,该亚相也可与大型交错层理砂岩亚相共同发育,但其厚度和横向展布十分有限。

块状砂岩亚相由块状砂岩组成,主要由风成块状砂岩岩相构成,为分选好、次棱角—次圆状的细砂岩。该亚相在整个盆地内均有发育,覆盖在风成交错层理亚相之上,厚 5～10m,横向展布范围较大,一般均在百米以上。该亚相与其他亚相的界线十分明显(图 6-12A),内部偶见生物扰动构造、钙质结核或根迹,表面普遍发育多边形开裂,顶部为五边形或六边形,侧面为四边形。

2. 风成丘间相

相对于风成沙丘,丘间环境是指沙丘与沙丘之间的平缓地带,是风成底形系统重要的组成部分,主要由沙波层、波纹层和平行层理砂岩构成。信江盆地的晚白垩世风成沉积体系中,丘间相沉积约占15%,其沉积物组成与风成沉积十分相似。岩性主要为砖红色、分选较好、次棱角—次圆状的中细粒岩屑石英砂岩。丘间相可进一步分为干丘间和湿丘间两种亚相(图6-13)。

图6-13 信江盆地上白垩统塘边组的丘间沉积及其结构构造(据曹硕,2020)
A.干丘间沉积之上变为小规模沙丘;B.干丘间沉积内部的低角度沙波纹层和水平纹层;C.湿丘间沉积之上覆盖有小规模风成沙丘沉积;D.湿丘间沉积的内部构成

对于信江盆地晚白垩世风成沉积体系,70%以上的丘间沉积都属于干丘间类型,以平行层理和低角度沙波层理为特征(图6-13A、B)。主体由沙波层和沙波纹层组成,岩性为砖红色砂岩,砂岩成分、特征与沙丘砂岩类似,但粒度一般更细。单层厚度为3~5mm,内部可见逆粒序结构,内部根迹、虫迹等构造不发育。在风成系统的不同地区,干丘间亚相以不同的形态展布,其厚度变化可从几厘米到几米不等。在中心地区,干丘间沉积往往形成空间上彼此独立的透镜状凹陷,夹于大型交错层理之间;在过渡地区,干丘间沉积可形成狭窄的延伸走廊,与小型交错层理互层(图6-13A);在边缘地区可以形成广阔的平地。

湿丘间亚相一般发育在平坦广阔的地区,形成几米厚的沉积记录(图6-13C、D)。该亚相主体由沙波纹层和平行层理砂岩组成,岩性主要为深红色—砖红色泥质、粉砂质、砂质沉积物,内部发育波纹和包卷层理(图6-13C);另外,还偶见泥砾、生物扰动构造和小型根迹。在信江盆地风成沉积系统中,湿丘间亚相局限发育于边缘地区,一般与小型沙丘沉积或河流相砂砾岩共存(图6-13D)。

3. 风成沙席相

信江盆地风成沉积体系沙席相零散分布于边缘地区,约占总体沉积的10%。风成沙席相主要由沙波纹层和平行层理砂岩组成,通常与沙丘沉积、丘间沉积共存,横向延伸可达数千米,厚度稳定在5~15m(图6-14)。风成沙席相主要由横向爬升纹层构成,单层厚约几厘米,发育逆粒序结构。沙席沉积通常发育板状或低角度的超长波长巨型沙波层理。此外,生物潜穴、根迹、树皮形成多边形开裂构造在沙席相也十分常见。

图6-14 信江盆地塘边组的风成沙席沉积(据Cao et al.,2020)

三、小结

通过对信江盆地上白垩统的详细沉积学分析,曹硕(2020)共识别出与风成沙漠沉积有关的4种岩相和3类沉积相。基于岩相和沉积相分析,以及风成沉积内部沉积特征、横向展布特征和地层连续性,确认信江盆地上白垩统塘边组风成沉积形成于沙漠环境。结核盆地构造属山间断陷盆地,故认为该沙漠环境为典型的盆山型沙漠。

第七章 冰川沉积

第一节 概　述

冰川系统是包括冰、流水、风、湖泊等多种环境的复合体系,其中也可能包括一部分浅海环境。冰川环境仅存在于冰雪能够长期累积的地区,在现代,类似的环境仅存在于高纬度地区的大陆冰川或冰盖及中—低纬度地区的高海拔区域雪线以上的山麓冰川。现代冰川面积约为 $1600 \times 10^4 km^2$,大约覆盖了地球表面积的 10%,世界 80% 以上的淡水资源均存在于冰川系统中。冰川可以分为大陆冰川与山麓(或山岳)冰川:大陆冰川主要存在于高纬度地区,如在南极洲(约占全球冰川的 86%)和格陵兰岛(约占全球冰川的 11%)及其一些小规模的大陆冰川,如冰岛、巴芬岛、斯匹茨卑尔根岛等地,大陆冰川覆盖面积巨大,可以覆盖广大的陆地面积;山麓冰川在任何纬度的高山地区均有分布,是河流系统的重要发源地,其中重要的一类在谷地中呈带状分布的冰川,被称为山谷冰川(valley glacier)。

总体而言,冰川沉积在沉积记录中较为少见,但是在某些地质历史时期,冰川沉积具有非常重要的意义,如在新元古代晚期、晚奥陶世、晚古生代及更新世等(Menzies,2002)。在新元古代"雪球地球"事件时期,冰盖可能覆盖了地球大部分区域,晚古生代冰期时,冰川在南半球冈瓦纳大陆广泛分布,更新世的冰川极盛期冰盖可能覆盖了地球表面 30% 的面积。冰盖的广泛分布会导致大规模的冰川沉积。通过研究这些沉积记录,沉积学家能够对当时冰川的规模、分布、期次等重要信息进行恢复,从而了解地质历史时期的冰川作用过程及其对地球系统所造成的影响。同时,作为地球气候变化较为敏感的指示者,冰川的消融和扩张也控制着全球海平面的上升与下降。因此,研究冰川环境及冰川沉积对于认识地球深时全球变化具有重要意义。

第二节　冰川环境特征与沉积作用

一、冰川环境的划分与特征

冰川环境一般被认为是直接与冰川接触或直接受到冰川作用影响的自然地理单元,其范围变化较大,小至 $0.1 km^2$,大到数万平方千米。冰川环境可以划分为以下亚环境:①冰川底部或冰下环境(subglacial zone),以冰川底部直接接触的环境为主;②冰上环境(supraglacial zone),以冰川上表面环境为主;③冰接带环境(ice-contact zone),冰川最外侧区域;④冰川内部环境(englacial zone),冰川地带的内部区域(图 7-1)。此外,冰川边缘以外的地区主要受到冰川消融作用的影响,但不直接与冰川发生接触,这些环境被划归为冰前环境(proglaical environment),主要包括冰河环境(glaciofluvial)、冰川冲积平原(outwash plain)、冰湖环境(glaciolacustrine)及当冰川进入海洋后形成的冰海环境(glaciomarine)。

此外,在冰川学中还存在冰缘环境(periglacial)和近冰环境(paraglacial)等术语。前者主要用来描述冰川系统附近受到低温作用强烈影响的区域,例如冰川冻土带,有观点认为冰缘环境和冰前环境可视为等价术语;后者描述的是一个从冰川作用影响中恢复的过渡性地貌(图7-2;Slaymaker,2011)。

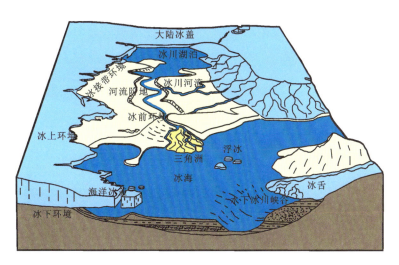

图7-1 冰川及相关联的典型地貌与沉积环境(修改自 Edwards,1986)

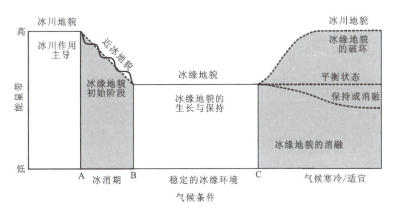

图7-2 冰川、近冰及冰缘等亚环境与地貌之间的转换关系示意图(据 Slaymaker,2011)

冰川环境往往具有低温、干旱、昼夜温差大、生物活动弱的总体背景,在该环境中,物理风化作用占据主导,化学与生物风化作用较弱。冰川底部或冰下环境以冰川对下伏基岩的刨蚀作用为主。刨蚀作用形成的碎屑物嵌入冰川底部,增大了粗糙程度与摩擦力,当冰川发生移动时,对基岩的刨蚀强度进一步加剧。冰上环境与冰接带环境主要沉积冰川融化作用释放出的碎屑物,这两个环境在地质历史时期的沉积记录中难以保存,仅见于现代冰川环境。冰前环境是冰川活动的主要沉积区域,可划分出数个亚环境(图7-3、图7-4):①冰河环境发育于冰川前缘的斜坡带上,可延伸至相对平缓的地形区,河流类型以辫状河为主,河流沉积物为冰川消融释放的粗粒碎屑;②冰川冲积平原一般位于终碛堤以外的地区,以冰川河流和风的沉积物为主;③冰川湖泊广泛分布于冰前环境,主要由冰川或沉积物的堰塞作用产生,冰融水形成的径流携带大量的粗粒碎屑物进入湖泊,可在湖泊边缘形成扇三角洲,较细粒的碎屑物则以悬浮物或浊流的形式进入湖泊更深处;④冰海环境是当冰川延伸到海洋中时形成的特殊沉积环境(图7-5)。融化的冰川会在海岸带释放出冰川内部携带的沉积物,或是以浮冰的形式将碎屑物带入陆架或大陆斜坡地区。

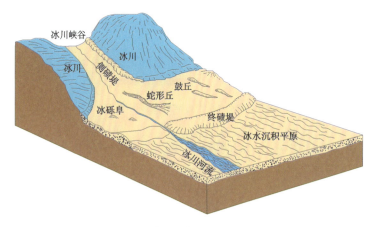

图7-3 大陆冰川的地貌特征与沉积环境(修改自 Nichols,2009)

图7-4 现代冰川环境

A.新疆帕米尔高原,图中可见冰川活动形成的U形谷及辫状河;B.西藏阿里,图中可见冰川成因辫状河及冰川冲积平原;C.西藏定结,图中可见冰川湖泊

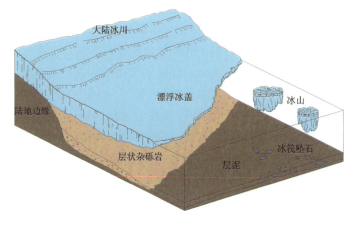

图7-5 海洋冰川及冰山的典型形态与沉积过程

二、冰川的侵蚀、搬运与沉积作用

虽然冰川主要以固体形式存在,但由于其具有可移动性(冰川移动速度最高可达80m/d,一般平均速率为每天移动数厘米),因此仍然可以将其视为高黏度非牛顿假塑性流体。这种冰川环境中特有的流体运移方式造成冰川环境中特有的沉积过程,此外,极地或高山区的冰川融水、风和再沉积作用也会强烈影响冰川环境的沉积过程。

冰川具有特殊的侵蚀方式。冰川的移动包括冰川内部形变或破碎与底部滑动两种主要方式,在冰川移动过程中会产生极大的摩擦力,相较于河流能提供更大的侵蚀力。因此,冰川的活动过程将会产生大规模冰蚀地形与巨量沉积物。冰川的侵蚀主要包括拔蚀(plucking)和磨蚀(abrasion)两种方式,一般而言,冷底冰川(cold-based ice)一般分布在高纬度极地地区,仅发生拔取基岩碎块的拔蚀作用(图7-6),即冰川在运动过程中,对与冰川底部或侧面冻结在一起的冰床基岩产生机械破坏作用。其发生机制是冰床底部或冰斗邻近的基岩因冰劈作用发生物理风化,冰川将破碎的碎屑物质拔起带走的过程(Boulton,1972)。暖底冰川(warm-based ice,图7-6)一般分布在低纬度高海拔地区,底部所携带的碎屑物质在冰床上摩擦形成岩粉,因为化学风化作用在冰川环境的低温条件下被极大抑制,因此岩粉的主要成分为新鲜的冰床基岩岩屑(粒径一般小于$100\mu m$)(Sugden and John,1988)。冰川的磨蚀作用还会产生磨光面、擦痕或刻槽等。

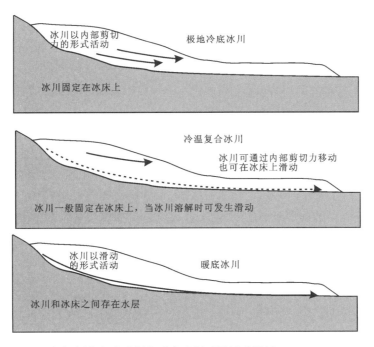

图7-6 冷底冰川、复合冰川与暖底冰川不同运动机制(修改自 Nichols,2009)

在冰川搬运过程中,碎屑物质可能出现在冰川的任何部分,但是多数集中于冰川的底部。冰川的底部冰层厚度范围最厚可达到15m,例如在阿拉斯加地区的 Matanuska 冰川(Lawson,1979),但是一般的冰川底部冰层不会超过1m(Boulton,1972),冰川底部的碎屑物含量变化范围较大,一般在25%左右,但是在低纬度地区冰川中,其体积占比最高可达90%(Drewry,1986)。由于大量剪切作用与磨蚀作用在此发生,这些碎屑物可以表现出一定程度的层理并存在定向性,但是分选性差,岩粉在此区域较为常见。碎屑物中擦痕和磨光面较为常见,但是由于磨蚀作用,冰下环境中的碎屑物圆度要大于冰上环境。

一些术语被用以描述冰川作用形成的沉积物,其中使用最为广泛的是冰碛物(till)或冰碛岩(tillite),这些术语是解释性术语,严格与冰川环境对应(图7-7)。为了克服这一问题,杂砾物及杂砾岩被用来描述未成岩或已成岩的分选性差的沉积物/岩,通常语境下如果没有特别强调其他成因,杂砾物/岩一般用来描述冰川成因的含砾沉积物/岩。

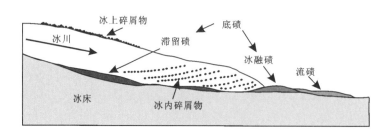

图7-7 大陆冰川形成的碎屑物分类(修改自Nichols,2009)

冰川中的沉积物可以直接从活动冰川或滞留冰川中发生沉积。在活动冰川下,底碛(base till)控制了冰川沉积作用,并在冰床上留下分布均匀的冰川底层碎屑物。在滞留冰川环境,沉积作用主要发生在冰川消融时期。滞留碛(lodgment till)的产生一般由两种机制控制:①地表的摩擦力大于或等于冰川对碎屑物的牵引力;②活动冰川底部的压溶作用导致附着于冰川底部的较小碎屑颗粒被释放,沉积在冰床之上。两种机制均受控于冰床的岩性,并将导致冰碛物分布与厚度的差异,其中第二种机制在暖底冰川的冰碛物形成过程中最为常见(Boulton,1972;Sugden and John,1988)。冰融碛(melt-out till)在滞留冰川的冰上环境或冰下环境中均可产出,因为其伴随着冰川消融的被动过程,因此冰载荷的证据往往得以保留,但是冰融化及冰融水的改造作用可能会对沉积物造成一定程度的改造。

除冰川活动之外,冰川融水也是冰川环境中重要的地质营力之一,特别是对于冰川消退区域或暖底冰川区域沉积物形成有重要意义。冰川融水在冰川的亚环境中广泛出现,在高沉积物载荷、季节性冰融水流变化、流速的突然改变(例如冰下水道中的流水突然进入盆地水体中)等因素的控制下,沉积速率可以非常高。冰下水流可以以径流或片流的形式存在,径流又分为切割下伏基岩的类型(Nye型)及切割冰川的类型(Röthlisberger型),前者主要在活动冰川环境中发育,后者主要在滞留型冰川环境中发育(Shaw,1985;Drewry,1986)。当冰下水道无法容纳径流流量或当径流水压大于或等于冰层压力时,将会形成冰下层流(subglacial sheet flow)。在冰前环境中,冰融水以河流、湖泊或海洋的形式存在,一些极端气候的发生可能会导致冰融洪水的爆发,洪水会搬运巨量的沉积物。各类型的重力流在大多数冰川系统中扮演非常重要的角色,重力流中的含水量是其性质的主要控制因素,往往随着含水量的变化而展现出流体性质的连续性变化,重力流在冰川边缘附近多见,可同时存在于陆上及水下环境。在冰川地区,强风作用同样较为常见,这主要是因为冰盖系统会影响大气循环,并且风力作用会因为缺少植被与大量裸露的碎屑物而被加强。

第三节 冰川沉积相与相模式

一、冰川相的划分

正如本章第一节所述,广义的冰川环境实际上包含其他受到冰川作用间接影响但没有冰川直接作用的环境,因此在讨论冰川相沉积时,有必要将冰川活动直接沉积的沉积相与受到冰川作用间接影响的沉积相区别开来。此外,对于陆地上的冰川相与海洋中的冰川相也有区分的必要。表7-1总结了冰川环境中所有可能出现的沉积相,其中相当一部分,如河流相、湖相、风成相、浅海相及深海相均可以在本书相应章节找到相关的定义与描述,冰川环境各亚环境与上述环境的总体特征一致,但是冰川亚环境形成的沉积物也会保留一些特殊的冰川环境成因特征。举例而言,冰川融水季节性的流量变化会在冰融水河流及湖泊的沉积物颗粒大小变化中得以反映,在接近冰川的沉积物中也会有因冰融作用引发的滑坡而产生各种类型的同沉积变形构造。此外,冰川湖泊中的季候层泥(varves)也是判断湖泊沉积冰川成因的重要鉴别标志。本节内容将着重讨论陆相冰川底部沉积相及海洋冰川相这两个最具有冰川沉积特点的沉积相特征。

表 7-1 冰川环境中的沉积相

分类	沉积相
大陆冰川环境	冰川底部沉积相、冰川河流相、冰川湖泊相、冰前湖泊相、冰缘湖泊相、寒冷气候冰缘相
海洋冰川相	冰川近端相、冰川大陆架相、冰川深水相

二、大陆冰川及其相关沉积相

冰川底部沉积相主要包括块状杂砾岩和层状杂砾岩两种类型。当砾石直接从冰川中掉落到地表,形成块状未经分选的砾石层,其间隙由砂、粉砂及泥质充填成为基质,在粒度统计结果中形成双峰分布。一些砾石可出现较为明显的磨圆特征,指示其可能来自被冰川裹挟的冰川河流中的砾石。扁长型的砾石可能表现出一定程度的定向性,其长轴平行方向指示冰川的移动方向,部分情况中甚至可出现近似叠瓦状组构。砾石的成分可能非常复杂,包括了冰川移动距离内冰床的岩石组分,有的砾石可能来自数百千米之外。基质中的砂级与粉砂级颗粒一般为棱角状或次棱角状,粉砂及泥级颗粒一般来自于冰川移动过程中对冰床的磨蚀和粉碎作用(图7-8)。

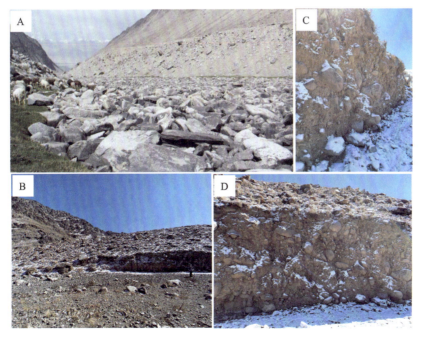

图 7-8 新疆哈密哈尔里克山现代山谷冰川沉积
A. 滞留碛;B、C、D. 块状杂砾岩(申添毅供图)

层状杂砾岩与块状杂砾岩的成因存在差别。除了从融溶的冰川中释放出的沉积物外，冰川沉积物还可能从流经冰上、冰川内部和冰下的冰川融水中发生沉积作用，沉积物一般由砾、砂、粉砂等粒度组成。这种由和冰川接触的冰川融水形成的沉积物被称为冰接沉积物（ice-contact sediment）。由于受到冰融水的改造作用，因此往往显示出一定程度的层理，其分选性也好于直接从冰川中形成的沉积物，一般不会出现双峰式的粒度分布特征。层状砾岩可沉积在水道中，可能以小丘或脊状形式存在，这些形态的地形被称为冰砾阜、冰砾阜阶地及蛇形丘。冰砾阜是圆形或不规则的丘陵，由冰水砂砾组成的有层理、经过一定分选的堆积物，可含有冰碛物包裹体。冰砾阜阶地的形成过程与河流阶地类似，一般分布在山岳冰川的边缘。蛇形丘主要由略具分选的冰水砂砾堆积物组成，可夹有冰碛透镜体。两坡不对称，大小不等，延伸方向与冰川运动方向较一致。层状杂砾岩多与滑坡及冰川垮塌等特征相伴生，包括同沉积变形及小型同沉积断裂等沉积构造。

三、海洋冰川及其相关沉积相

海洋冰川环境中所形成的两种主要沉积相分别为冰川近端相与冰川远端相。在冰川近端环境中，海水直接与冰川边缘接触，该环境中有相当一部分沉积物来源于冰川融水通道与水下扇中的水道，此外还有一部分沉积物来自消融的浮冰。较粗的砾石累积在距离冰川较近的地区，含砾砂质沉积物由于重力流一般累积在水道中，较细的沉积物悬浮在冰川融水中或在冰川活动平静期受海水重力控制发生垂向加积。此外，沉积物可能遭受诸如后期滑坡、重力失稳或周期性水流的改造。因此，冰川近端沉积可能出现从分选差的块状杂砾岩到砂泥质基质支撑的粗粒层状杂砾岩。当地表之下的冰体发生消融时，地面会发生沉陷，并引发同沉积变形与同沉积断层等现象。

当海水不与冰川直接接触时，冰川沉积物主要受附近海域的浮冰控制，此时海洋环境将会主导沉积作用。浮冰（冰筏）的消融会导致细粒和粗粒沉积物以沉积溶解、沉降的方式进入海底，这些沉积物可能会受到海浪、洋流及潮流的改造作用，同时冰山的底部若能接触到海底，也可能对这些沉积物进行改造。在水深更深的区域，一定比例的浮冰抛洒下的碎屑物被浊流搬运到更深的水域。而对于那些被浮冰携带到深海地区的碎屑物而言，则一般不会再受到沉积作用改造。总结而言，海洋冰川沉积可以通过更好的层理构造、海相生物化石及坠石构造等与陆相冰川沉积区别开来。其中，坠石构造是最易鉴别的特征，坠石一般是从消融的冰山中落入海底沉积物的砾石，可能会导致海底沉积中原有的水平层理围绕坠石发生弯曲。生物化石标志包括一系列证据，例如完整壳体原位保存（如生物被沉降的碎屑物快速埋藏）、海相软体动物或藤壶附着在有冰川擦痕的砾石上、保存在基质中的有孔虫与硅藻等化石。

四、地质历史时期的冰川沉积

冰川沉积由于亚环境的复杂性和冰进—冰退旋回的周期性，往往显示出非常复杂的沉积组合特征，在横向和纵向上均可能发生快速相变（图7-9）。总体而言，在冰川生长阶段，冰川沉积会覆盖于冰前沉积之上，在冰川消退阶段，冰川底部沉积及冰接沉积会受到冰前环境的改造。图7-9总结了冰川环境内部各亚环境中形成的典型沉积相模式。

冰川沉积的覆盖面积往往差异巨大，山谷冰川一般只能留下较小范围的沉积，大陆冰川则可以留下数千平方千米范围的冰碛岩。在地层中，大陆冰川形成的冰碛岩一般为冰川底部沉积相，以块状结构及分选性极差为特征。地层记录中保留的冰河、冰湖及冰海相沉积一般表现出较好的成层性及分选性，但是想要将这些冰前环境沉积在地层序列中严格与其他陆相沉积区分开往往难度较大，例如冰河沉积相所表现出来的特征可能与河流相高度一致。因此，如果要明确地层的冰川成因，需要寻找一些标志性证据，例如在冰湖沉积中寻找季候纹泥，或是确定冰融水的周期性所引发的沉积物粒度突变。冰海相沉积是沉积物中较为特殊的一种，它可以与其他冰川沉积物以海相生物化石的存在而区别开，也因较弱的分

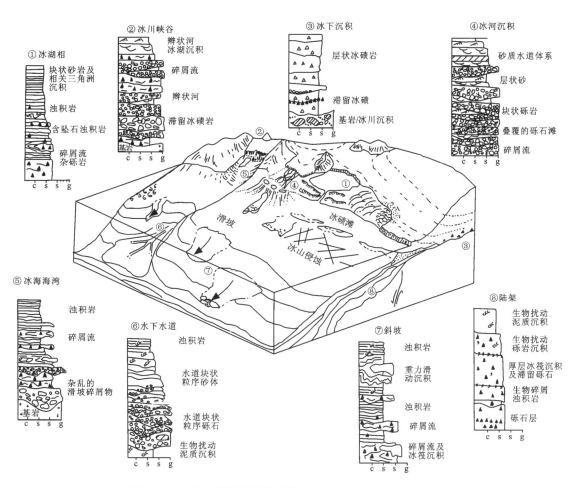

图 7-9　冰川亚环境与沉积相模式（修改自 Eyles and Eyles,1992）

选性和成层性与非冰川海相沉积相区别。此外，物源的复杂性及坠石构造也是冰海相沉积较为显著的标志。

目前已知的保存最好的冰川沉积来自更新统，这些冰川沉积广布于世界范围内，是第四纪冰期的沉积记录。更新世存在至少 4 次大陆冰川的主要旋回，此外还存在大量次级旋回。除更新世冰期记录外，世界范围内还广泛存在着新元古代晚期、晚奥陶世、晚古生代等时代的冰期记录。其中，我国地质历史时期的冰期记录主要来自新元古代晚期和更新世，我国的新元古代晚期冰期记录以我国南方的南沱组为主要代表，第四纪冰期在我国全境均有分布。晚奥陶世冰期沉积多见于南美洲与非洲部分地区，晚古生代（石炭纪—二叠纪）冰期沉积主要分布在南美洲、非洲西部、南极洲、亚洲印度及大洋洲澳大利亚等地区。

第四节　实例：华南地区南沱组冰川沉积

一、南沱组基本情况

南沱组是广泛分布于我国华南地区的岩石地层单位，形成时代为新元古代晚期，是一套典型的冰川成因沉积，是华南前寒武纪区域地层对比的重要标志性层位。南沱组最早由美国地质学家威理士（Willis）于 1907 年命名为"南沱冰碛岩"，1924 年李四光、赵亚曾建立南沱组，包括下部"南沱粗砂岩"和上部"南沱冰碛层"(Lee and Zhao,1924)。1963年刘鸿允、沙庆安将"南沱组"一名限用于"南沱冰碛层"范畴,岩性为以灰绿色为主的少量紫红、深灰色的块状冰碛泥砾岩(沙庆安等,1963),并沿用至今。命名剖面位于湖北宜昌三斗坪镇南沱一带长江沿岸,参考剖面位于宜昌县莲沱镇王丰岗。

南沱组最早归属于原震旦纪,第三届全国地层委员会将这套以冰期沉积为主的下震旦统归入南华系(全国地层委员会,2002)。我国的南华纪与国际上的成冰纪(Cryogenian)相对应,均代表720~635Ma这一时间段。该时间内的地球发生了广泛的冰期事件,被称为"雪球地球"事件,南沱组代表了南沱冰期,是国际通用的Marinoan冰期在我国华南地区的记录。近年来,地层同位素年代学工作为南沱组绝对沉积年龄限制提供了关键性证据:南沱组上覆地层陡山沱组底部年龄为635Ma(Condon et al.,2005;Zhou et al.,2019),说明南沱冰期的结束时间应不晚于该年龄。Rooney等(2020)报道了华南大塘坡组顶部的CA-ID-TIMS U-Pb年龄为(657.2±0.8)Ma,Zhang等(2008)在同一剖面利用SHRIMP测得年龄为(654.5±3.8)Ma。Bao等(2018)利用旋回地层学分析推算出南沱冰期在华南的开始时间约为650Ma,相比较以上年龄更年轻,可能更接近真实的南沱组底界年龄。由此将华南南沱组的时间限定在650~635Ma之间。

二、南沱组的沉积特征与沉积相分析

(一)总体沉积特征

在南沱组的命名区域华南峡东地区,南沱组与上覆陡山沱组底部盖帽碳酸盐岩及下伏莲沱组紫红色砂岩-粉砂岩均为平行不整合或微角度不整合接触关系,在其他地区则可能不整合覆盖在其他地层之上,如在神农架地区,南沱组不整合覆盖于中元古代神农架群(图7-10)。南沱组厚度变化较大,厚度

图7-10 南沱组野外特征(胡军供图)

A、B. 宜昌九龙湾剖面;C、D. 神农架剖面;A. 南沱组以底部杂砾岩混合层与下伏莲沱组呈平行不整合接触关系;B. 南沱组总体岩性特征;C. 南沱组与下伏神农架群呈微角度不整合接触关系;D. 南沱组与上覆陡山沱组,下伏神农架群地层序列

在不同地区从数百米到数米变化,部分地区缺失(Lang et al.,2018)。以湖北神农架地区南沱组厚度变化为例,在30km的距离内,南沱组厚度从280m骤减为小于2m,岩性特征也发生巨大变化(图7-11)。总体而言,南沱组典型的岩性特征为一套灰色—灰绿色厚层块状杂砾岩、含砾砂岩夹少量砂岩及粉砂岩,局部层位发育落石构造和粒序层理。杂砾岩中砾石与基质大小混杂分选差,主要为基质支撑,砾石磨圆以次棱角—次圆为主,也可见磨圆较好的砾石。砾石成分在各地区出现差异,砂岩和花岗岩砾石较为常见,其次为变质岩、碳酸盐岩和石英岩,部分砾石表面可观察到典型的冰川擦痕(图7-12)。要解释南沱组地层这种极端的岩性与厚度变化,需要对其进行沉积相划分与解释。

(二)沉积相划分与解释

以湖北省神农架地区南沱组沉积为例,在5个典型剖面中(图7-11),4种岩相被鉴别出来,包括:①块状杂砾岩相;②砾岩相;③含坠石砂岩相;④细碎屑岩相。它们分别形成于冰川环境的不同亚环境中(Hu et al.,2020)。

1. 块状杂砾岩相

块状杂砾岩是南沱组的主要岩性类型,层厚度2~150m,一般最厚的层位出现于组的中部位置。块状杂砾岩底部多见波浪起伏的载荷构造,总体显示出偏暗的色调,以暗灰色至暗绿色为主。砾石含量变化较大,可在5%~40%之间变化。砾石尺寸多为砾石至中砾级,散布在基质中无定向性。碎屑成分多为白云岩及砂岩,还包括部分砾岩和岩浆岩,砾石中可保留原岩中的一些沉积结构构造,如在白云岩中见叠层石与角砾。砾石可呈现出多边形、子弹状及马鞍状等,表面较为光滑,多见擦痕,有些砾石上可保留不止一组擦痕方向(图7-12)。块状杂砾岩的基质成分变化较大,在宋洛剖面以白云岩为主,而在武山湖及龙溪剖面则以石英和白云岩为主,在显微镜下可见一些软沉积变形现象。

块状杂砾岩的形成原因可能具有多解性,因此寻找冰川成因的证据是进行相解释的关键。对于神农架地区的南沱组而言,冰川成因的关键性证据来自块状杂砾岩内的碎屑组分及沉积构造,大量来自下伏神农架群的白云岩砾石出现在南沱组中,此外冰川擦痕及抛光面的出现也指示冰川成因。砾石的多种形状特征指示其来自冰下环境的可能性较大。

2. 砾岩相

在石家河及宋洛剖面中出现砾岩相沉积,碎屑物主要由白云岩组成,包括灰色微晶白云岩及灰黄色砂质-泥质白云岩,可见少量砂岩碎屑。颗粒主要为中砾至巨砾,形态为次棱角—次圆状。在石家河剖面中,砾岩层显示出反粒序层理(图7-13A),为重力流成因。不规则的侵蚀面在砾岩层底常见,上部与含坠石相沉积之间的接触界线平直且突变(图7-13A、B)。砾岩层与含坠石浊流相的紧密关联性可能与滑坡形成的沉积物重力流性质变化有关,例如从高密度重力流向低密度重力流转化。一些砾岩体以孤立透镜体或水道的形式存在于块状杂砾岩中(图7-13C、D),显示出典型冰川环境重力流特征。

3. 含坠石砂岩相

含坠石砂岩相在各剖面中较为普遍,层厚多为数厘米至数十厘米,在部分剖面,如宋洛剖面,砾石砂岩相总厚度可达南沱组总厚度的15%左右。在纵向上,含坠石砂岩相沉积与下伏杂砾岩存在突变接触,与上覆细粒沉积一般为过渡变化。在横向上,该岩相沉积厚度变化较大,部分显示出粒序层理(图7-14A、B)。坠石的尺寸变化较大,从卵石到巨砾均有分布,砾石主要成分为碳酸盐岩,也存在砾岩和石英岩。环绕坠石的纹层显示出典型的同沉积变形特征(图7-14C、D),含坠石砂岩层上、下一般为缺少坠石的纹层状砂岩或粉砂岩。

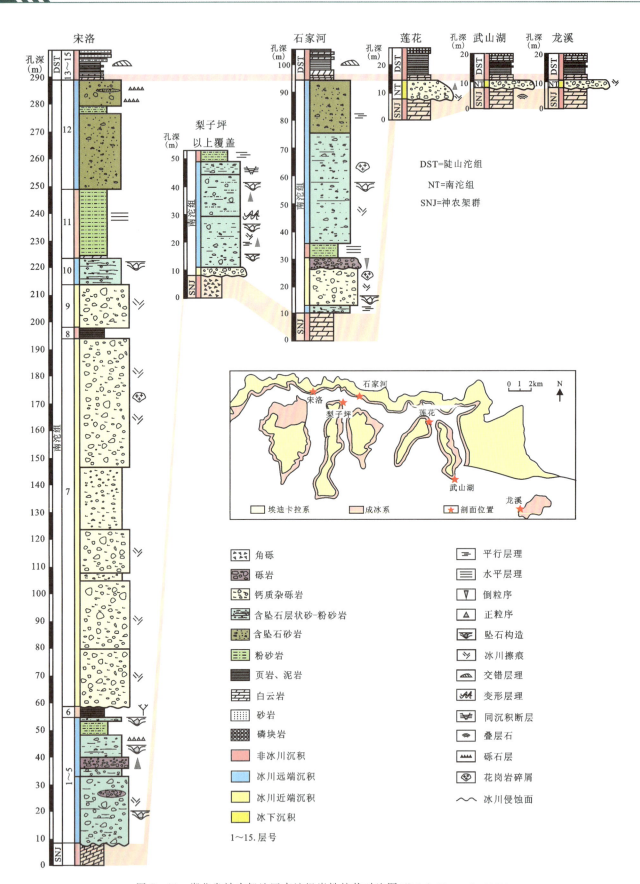

图 7-11 湖北省神农架地区南沱组岩性柱状对比图（修改自 Hu et al.，2020）

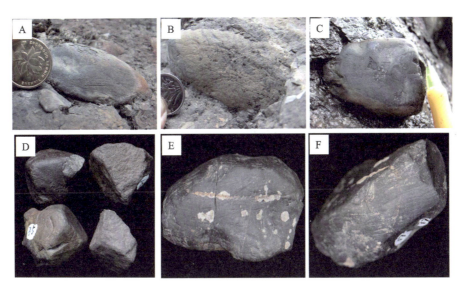

图 7-12 南沱组块状杂砾岩中的砾石特征(胡军供图)

A~C.神农架地区;D~F.宜昌地区,注意砾石的多面体形态及表面的冰川擦痕

图 7-13 神农架地区南沱组中的砾岩相沉积(胡军供图)

在微观尺度,纹层基质中也存在大量孤立的砂级至砾石级的坠石碎屑(图 7-14E~H),围绕着这些碎屑,周围微细纹层同样发生强烈变形与弯曲。部分碎屑被泥质至细粉砂质均匀包裹(图 7-14E、F),这显示碎屑曾经在水体中发生翻滚,因此外部均匀包裹住一层泥质成分,指示浊流沉积的特征。总结以上沉积学证据,含坠石砂岩相形成于受到冰山和浊流扰动的冰海沉积环境。

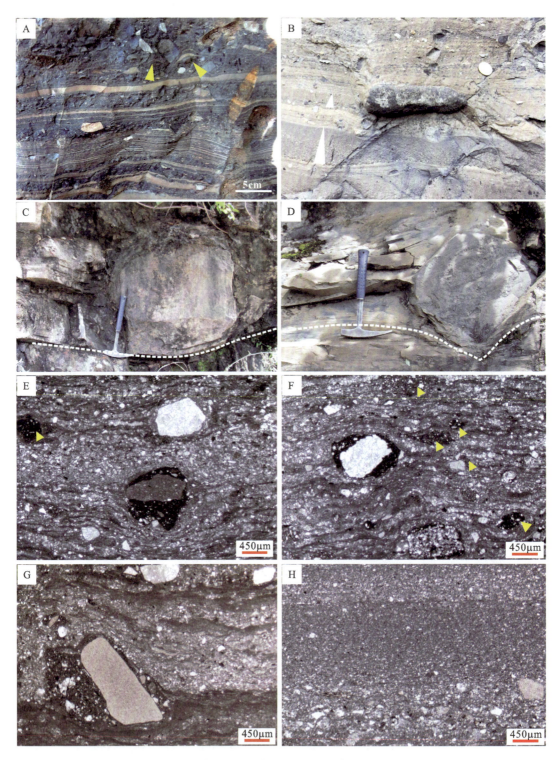

图 7-14 神农架地区南沱组中的坠石构造(胡军供图)

A~D.野外宏观照片,注意坠石对基质及层理的扰动情况;E~H.显微照片;E~G.砾石坠石的包裹及对微纹层的扰动;H.砾级坠石

4. 细碎屑岩相

细碎屑岩相主要出现在南沱组上部，横向上连续性可达数千米，主要包括粉砂岩与页岩沉积。细碎屑岩相一般与上、下含坠石砂岩相呈过渡变化关系。粉砂岩主要为灰绿色，层理发育，粉砂-泥粒级碎屑，页岩相为灰黑色，水平层理发育。细碎屑岩相中未出现指示冰川活动的沉积学证据，说明该套沉积物形成时未受到冰川或冰山的影响。细碎屑岩相也缺失波痕或丘状交错层理等指示牵引流成因的沉积构造，沉积物应主要以悬浮荷载的形式发生搬运，主要来自粉砂或砂质底流的细碎屑流。因此，厚度较大（最厚可达 25m）的粉砂岩沉积应该形成于冰川消退过程中的开阔海域，而上覆地层中的含坠石砂岩相则指示下一次冰川生长过程。

通过以上分析，对于南沱组主要岩相所指示的沉积环境可以进行恢复（图 7-15）：含有冰川擦痕碎屑物及同沉积变形构造的块状杂砾岩主要形成在冰川下部环境，该岩相沉积的大量产出可能代表冰川活动正处于活跃时期；砾岩及块状砾岩代表了冰川近端的碎屑流；含坠石的砂岩及细碎屑岩可能代表了冰川远端的冰筏沉积；细碎屑岩相代表了冰川消退时的沉积记录。

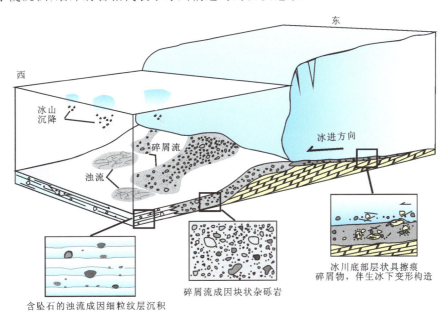

图 7-15　神农架地区南沱组形成模式示意图（修改自 Hu et al.，2020）

以宋洛剖面厚达 300m 的南沱组为例进行沉积相分析，该剖面至少保留了南沱组内部 3 期冰川生长—消退旋回，并且包括 4 个主要冰川演化阶段（图 7-16）。一个完整的冰川旋回从下到上包括：①底部的冰川侵蚀面或冰进面（对应阶段 A）；②块状杂砾岩（对应阶段 B）；③含坠石砂岩（对应阶段 C）；④细碎屑岩（对应阶段 D）。

旋回 1（10~60m）代表了南沱冰期初始阶段，包括一个冰进与冰退的旋回。通过南沱组与下伏神农架群之间的侵蚀面起伏程度来看，冰川在初始生长阶段强烈地切割了神农架群碳酸盐岩，形成了沟谷纵横的古地貌（图 7-16A$_1$ 阶段）。在冰退阶段，细碎屑岩覆盖在冰海相沉积之上。

旋回 2（60~250m）开始于旋回 1 顶部细碎屑岩的突变。旋回 2 主体为厚达 150m 的块状杂砾岩，砾石具有冰川擦痕及磨蚀面等特征（图 7-16A$_2$~B$_2$ 阶段）。当冰川消退后，海平面上升导致含坠石的砂岩及细碎屑岩形成（图 7-16C$_2$~D$_2$ 阶段）。巨厚的块状杂砾岩说明冰盖在旋回 2 中较为稳定，但是向上的岩性突变表明冰川的消融是一个快速的过程。

旋回 3（250~290m）内缺失块状杂砾岩，说明宋洛剖面在该阶段已经远离冰川边缘区域，大量含坠石砂岩的出现说明此时宋洛剖面所在地区已经主要由冰海环境控制,碎屑物主要来自冰筏沉积。此时期南沱冰期的冰盖可能更加局限,之后冰期结束,冰盖系统消失。

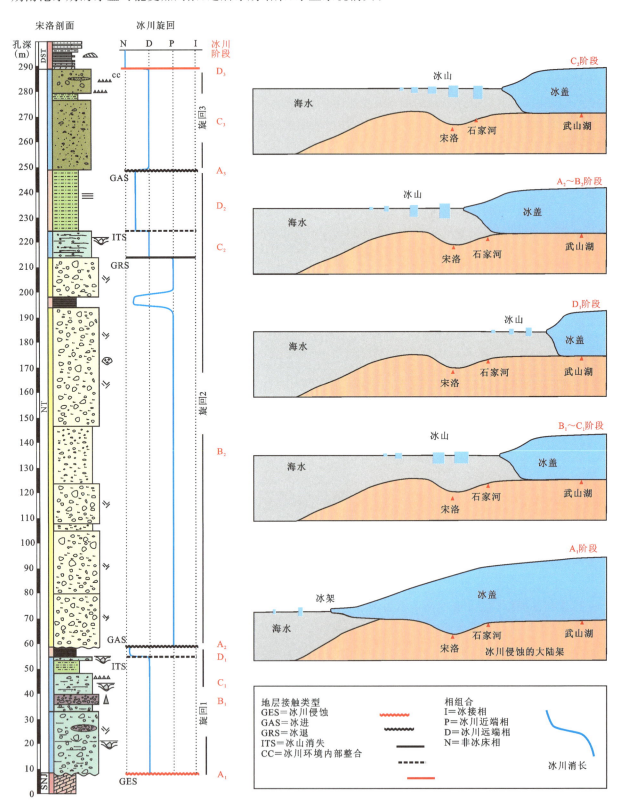

图 7-16 神农架地区南沱组沉积模式与冰川旋回(修改自 Hu et al.,2020)

注:图例与图 7-11 中一致。

第八章 河流沉积

第一节 概 述

一、河流的概念

河流是地表降雨汇集于沟谷中的地表径流,是现代地表和古代地质记录中最常见的沉积环境之一。现代地表上流动的各种类型和大小的河流都是发生在大陆表面具有相对固定水道的定向水流。河流在山区、整体隆升的高原区、稳定的平原区、断陷的平原区及山区-平原区(高原区)的过渡地带均有发育,并形成不同的河流类型。河流不仅是侵蚀改造大陆地形的主要地质营力,也是大陆区搬运风化物质到湖海盆地中沉积的主要营力。在适合的地质地理情况下,河流通常可以形成巨大规模的沉积物堆积。在古代地层中,河流沉积物占有极大的比例,是陆相地层的主要组成部分。

二、影响河流发育的主要因素

影响河流发育的主要因素包括构造稳定性、地貌形态(地形起伏)、基岩性质、气候(温度和降雨量)和植被发育等,常具有不同的类型。其中,构造稳定性决定地貌形态和基岩性质,气候决定植被发育。

1. 流域构造稳定性

河流流域的构造稳定性决定了河流流域的地形地貌及基岩性质,进而决定了河流形态和形态变化。强烈隆升的地区一般形成地形高差大的山区,山区河流多为直流河和低弯度河流,河流流出山口散开可形成辫状分布的分流河道。稳定的地块或微板块整体隆升通常形成高原,高原上曲流河发育。稳定和沉降微弱的板块区形成平原(如华北平原)或盆地(如四川盆地、中下扬子平原),这些地区曲流河发育。构造沉降较强的断陷盆地区常发育网状河类型。

河流流域的隆升强度还影响流域区的基岩性质,隆升幅度小的地区地表地层年龄较新,如沉积岩区一般为较新的沉积地区暴露。而隆升强烈的地区常出现在基底的中深变质岩地层(如北秦岭的元古宙地层秦岭群和早古生代的丹凤群变质岩)及花岗岩。

2. 气候

气候是影响河流发育的另一个主要因素。温度和降水不仅决定源区的化学风化强度,进而影响沉积物物源性质,还决定河流流水的流量、流量变化。降水量大且均衡的区域河流一般形成流量大的长流河,年降水量小但降水不均衡的区域的河流常形成干河期与洪水期交替的季节性河流。气候还影响流域区的植被覆盖率,温暖潮湿的区域植被覆盖率高,地表植被作为"天然水库"蓄水,减缓"瞬时"地表流水强度,减弱地表的剥蚀作用,常形成成熟度较高的沉积物。干旱和寒冷地区(尤其是干冷地区)一般植被不发育,地表流水侵蚀作用强,对河流沉积物的物源影响较大,常形成成熟度较低的沉积物。

需要说明的是,一个大的河流,流域面积大,可能经过不同的构造带和气候区带,因此河流的不同区段出现复杂变化。如长江起源于青藏高原腹地(高寒干旱气候带),流经青藏高原东斜坡进入四川盆地(温湿气候带),穿渝东-鄂西山区进入江汉平原,沿中下扬子盆地平原(温湿气候带)进入东海。同时长江流域面积大,支流多,这些支流既有源于较寒冷的高原区(如岷江)、较干旱的山区(如嘉陵江上游的西汉水),也有源于湿润气候的山区(如乌江、清江、湘江、赣江等),因此形成复杂的支流体系,对长江干流存在诸多复杂的影响。长江穿越青藏高原东缘斜坡带、渝东-鄂西峡谷带形成较高的地貌高差,在山前地区常常形成巨大的冲积扇和辫状河体系。

第二节 河流体系的分类

由于河流的大小不同、流域面积不同,不同大小和流域的河流类型复杂,河流主要依据较小的河流区段进行分类。小区段河流的差异主要表现在河道形态(宽深比、弯曲度、稳定性及变化性)、纵剖面梯度、径流状况(径流量及其变化)、负载的类型与数量以及河道迁移的特点等方面。

一、河流发育阶段分类

按照河流的发育阶段,河流可分为幼年期、壮年期和老年期。同一河系,上游河流相当于幼年期,多为山区河流,以侵蚀作用为主,许多支流汇成主流;中游河流相当于壮年期,形成泛滥平原;下游的海、湖岸边的河流相当于老年期,与幼年期支流汇集河网的情况相反,产生很多的分流,呈网状分叉,最后流入湖泊或海洋(图8-1)。大量的沉积作用发育于壮年期和老年期的平原河流。

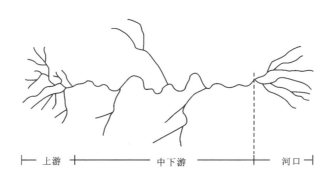

图8-1 河流上游、中下游和河口区的示意图(据 Reineck and Singh,1980)

二、河流的形态成因分类

现代河流多根据河道弯曲度和辫状指数来划分(Rust,1978)。河道弯曲度是指河道长度与河谷长度之比,通常称之为弯曲指数。弯曲指数越大,河道的弯曲度越大;反之,河道弯曲度越小。辫状指数或称为"分叉指数",是指在单位河曲中河道沙坝的数目,等于1者为单河道,大于1者为多河道(图8-2)。

根据河道弯曲度和辫状指数两个参数,可将河流区分为直流河、辫状河、曲流河和网状河4种形态类型(表8-1,图8-3)。其中,曲流河和辫状河分布最为广泛,网状河较为少见,顺直河通常出现在山区,在古代沉积记录中保存较少。

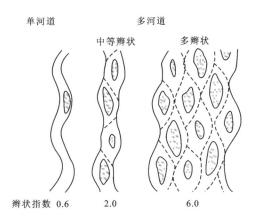

图 8-2 单河道和多河道河流示意图(据 Rust,1978)

表 8-1 河流分类(据 Rust,1978)

弯度	分类参数	
	单河道(河道分叉指数<1)	多河道(河道分叉指数>1)
低弯曲(弯曲指数<1.5)	直流河	辫状河
高弯曲(弯曲指数>1.5)	曲流河	网状河

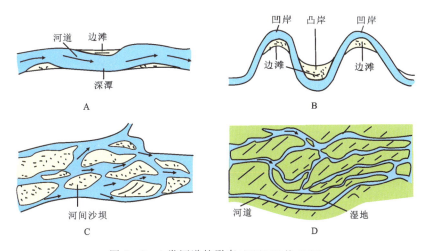

图 8-3 4 类河道的形态(据周江羽等,2010)
A.直流河;B.曲流河;C.辫状河;D.网状河

上述河流形态分类具有成因意义,故称为形态成因分类。在一般情况下,从山区到汇水盆地(湖泊或海洋),河流体系大致有如下变化:①直流河多分布于山区的河流上游,包括横向直流河、纵向直流河和斜向直流河;②在山区和平原(盆地)的过渡区,由于坡降大,狭窄的河床在山口之外散开为面状沉积区,会形成具有辫状河道的冲积扇体;③在河流中游,冲积扇之外,河床坡降仍较大,此处的河流变为辫状河;④在河流下游的平原区,曲流河道和网状河道发育,其中曲流河形成于构造稳定性较强的平原地区,网状河形成于具有一定构造沉降的断陷盆地平原区(图 8-4)。

需要强调的是,冲积扇常常发育辫状河道,其与辫状河的辫状水道不同,但常常被混淆。尽管在沉积记录中二者具有相似性,但辫状河的辫状水道与冲积扇上的辫状河道性质不同。冲积扇上的辫状河道是主河道分散形成的分流河道,由于冲积扇上的河流物源供给充足,早期的河道很容易被填满,从而造成河流向低洼地区改道。现代冲积扇上的分流河道多是河流改道形成的不同期的河道。二者在地质记录中很难区分,常常被误认为是同期的辫状河道。辫状河是在一个相对固定的河床中由河间沙坝分隔的辫状水道。更广泛地说,在扇状沉积体之上常常发育辫状河道,如三角洲平原和三角洲前缘内部(辫状河道区)发育辫状分布的分流河道,海底扇的中扇内部也发育辫状谷道。三角洲的辫状河道也不同于辫状河的辫状水道。

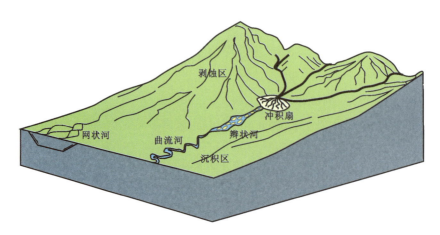

图8-4 不同河段河流的形态变化

除了上述根据河道弯曲度和河道辫状指数的分类外,还有人根据河流负载的类型及搬运方式将河流区分为底负载河道、混合负载河流体系和悬移负载河流体系(Schumm,1981)。辫状河主要是底负载水道,曲流河为混合负载和悬移负载水道,而网状河主要是悬移负载水道。在研究地质时期古河流沉积时,由于古河道的弯曲度难以直接判别,但不同形态的河流本身又具有不同的径流状态、不同的沉积物搬运方式和不同的沉积特点(图8-5),即河道的形态、负载类型、河流沉积的层序结构有着密切关系,所以按照河流负载分类有助于恢复古代河流的沉积环境。

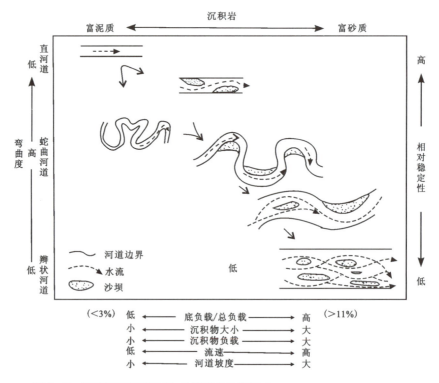

图8-5 河道类型及其流态、负载特点示意图(据Galloway and Hobday,1983)

第三节 冲积扇

冲积扇是指山谷出口处发育的由粗碎屑构成的扇状沉积体。冲积扇可以由长流水的山区河流在河流出山口地区形成，也常见季节性洪水在山口和沟谷下端形成，因此又称为洪积扇。冲积扇不同于扇三角洲，冲积扇是发育在地表的陆上沉积体，扇三角洲是冲积扇进入湖盆或海盆，并遭受湖泊或海洋作用改造而形成的一种陆上与水下过渡类型的沉积体。

冲积扇的形成要求有充足的陆源碎屑供应和山区向盆地过渡的高差悬殊的地形突变。被峡谷所限的山区河流携带着从源区剥蚀的大量碎屑物质，一旦冲出谷口，因地势突然展开，坡降减缓，河道加宽变浅，流速降低，搬运能力骤然减弱，大量底负载迅速堆积下来，从而在山前河谷出口外形成一个以谷口为顶点向外辐射散开的扇状沉积体，这就是冲积扇。在干旱—半干旱气候区，植被不发育，物理风化强烈，降雨虽少但多为暴雨，洪水短暂而猛烈，在山区向内陆盆地或平原过渡的地形转变地带多有冲积扇（旱地扇）发育。在潮湿或半潮湿气候区，降雨充沛，植被发育，但是如有合适的地质构造和地形条件及充分的物质供应，也可形成规模巨大的冲积扇（湿地扇）。

冲积扇的平面形态呈扇状或朵状体，从山口向内陆盆地或冲积平原辐射散开。在纵向剖面上，冲积扇呈下凹的透镜状或呈楔形；在横剖面上呈上凸状。冲积扇的表面坡度在扇根处可达 5°～10°；远离山口变缓，一般为 2°～6°；同时，沉积层厚度及沉积粒度变化从山口向边缘逐渐变薄、变细（图 8-6）。通常是许多冲积扇彼此相连和重叠，形成沿山麓分布的带状或裙边状的冲积扇群或山麓堆积。

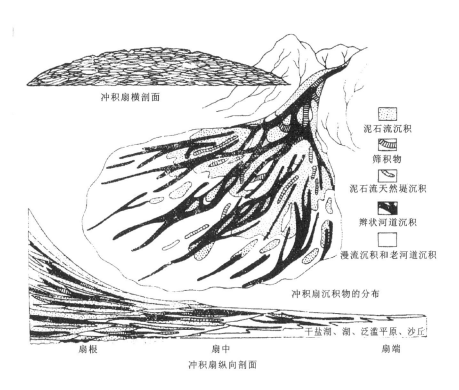

图 8-6　一个理想冲积扇的地貌剖面和沉积物分布（据 Spearing，1974）

冲积扇的面积变化较大，其半径可从小于 100m 到 150km 以上，但通常它们平均小于 10km；其沉积物的厚度变化范围可以从几米到 8000m 左右。冲积扇的发育受地质构造控制极为明显，在强烈差异升降的活动性断裂带的断陷盆地边缘，往往有分布广泛和厚度巨大的冲积扇分布。断裂带活动性越强，两侧地块升降差异幅度越大,地质经历越长,盆地范围越大,所形成的冲积扇规模也越大,其内部构造及层序结构也越复杂。

我国中新生代内陆盆地广为发育,这些盆地多受燕山期断裂构造控制而成断陷盆地及箕状盆地或掀斜盆地,在邻近断裂带一侧几乎都有大小、规模不等的冲积扇沉积体发育。西北地区沿祁连山—阿尔金山—昆仑山北麓地带发育有一系列冲积扇,它们相互叠置延绵长达数千千米,极为壮观。

一、冲积扇的沉积作用及沉积物类型

冲积扇的沉积物主要是在洪水期堆积的,沉积物类型比较复杂,既有粗大的砾石,也有不同粒度的砂、泥,但以粗碎屑为主。受水体流动机制的控制,各种类型岩石之间存在着相当复杂的组合关系。冲积扇上的水流既能形成高黏度洪流的泥石流,也能形成低黏度的液态流。这些水流通常可以限制在暂时的水道中,表现为水道沉积。但在洪水期则常溢出水道淹没冲积扇大部地区,形成宽而浅的片状漫流或席状洪流。粗碎屑沉积物具有大量粒间孔隙,有利于地表水向地下渗流。总体上,冲积扇的沉积作用可归结为两种类型:一种是牵引流性质的暂时性水流作用;另一种是重力流性质的泥石流及其有关的作用。

暂时性水流作用以悬浮、跳跃和滚动方式搬运沉积物为特征。因此,暂时性水流沉积一般成层性好,含有指示不同流态的各种沉积构造,而且杂基含量少,呈碎屑支撑,并含有叠瓦状及与流动方向有关的其他定向构造。泥石流及其有关作用的特点是含有大量泥质和粉砂质杂基。这些细粒物质支撑碎屑和岩块,并以黏性流体的块体方式进行搬运。因此,两种沉积作用及沉积物存在明显的差别。

根据冲积扇内不同的流动形式、类型及其产生不同的沉积物,可以将冲积扇区细分为 4 种沉积作用:泥石流沉积、辫状河道沉积、片流(漫流)沉积和筛积物(Bull,1972)。

1. 泥石流沉积

泥石流是由沉积物和水混合在一起的一种高密度、高黏度的流体。沉积物含量一般大于 40% 的(甚至可高达 80%)称作黏性泥石流;10%~40% 的称作稀性泥石流。泥石流因含有大量泥基,流体强度很大,可以将巨大漂砾托起和搬运走。稀性泥石流具有紊流性质。形成泥石流的必要条件是:植被稀少,有突发性的洪水和陡峻的坡度,以及大量碎屑和泥质基质的供应。泥石流在重力作用下开始流动,一般为具有陡峻圆滑前缘的长条状朵体。泥石流具有强大的侵蚀作用,在水道中央和两侧因剪切力不足以克服沉积物强度,可形成刚性的中央塞和天然堤,堆积着大量粗大的砾石。当泥石流的流速减缓时,便迅速地将大小不同的负载同时堆积下来,形成分选很差的砾、砂、泥混合的沉积物。所以泥石流沉积相为几乎没有内部构造的块状层,颗粒大小混杂,粒度相差悬殊,从直径可达数米的漂砾到极细的泥质混杂在一起。有时在粗颗粒中可见粒径具向上变粗的逆粒序。砾石很少呈平行排列或叠瓦状排列的组构。板状或长条状漂砾垂直定向排列、在泥基中漂浮状产出或突出在层面之上等,都是泥石流的标志性特征。泥石流混杂砾石层与上下岩层一般为突变接触(图 8-7A)。

2. 辫状河道沉积

冲积扇上的河道多分布在冲积扇的上半部(Bull,1972),因为在交会点(水道纵剖面线与扇面的交点)以下,河水易漫出水道形成片流。但当水道中有充足地下水补给时,交会点以下直到扇端都有水道发育。半旱—旱地扇上的水道多为宽而浅的间歇河,主要的沉积作用发生在雨季短暂的洪水期。水道充填物由分选不好的砾石和砂组成透镜层,成层性不好。砂层具过渡流态和高流态型的平行层理及粗糙的板状、槽状交错层理(图 8-7C、D),砾石常呈叠瓦状排列。底部具有明显的凹槽状突变接触关系。水道充填沉积层厚度一般不大(数十厘米至数米)。冲积扇上的水道很不稳定,经常迁移改道,每次洪水期的水系分布都有很大变化,因此扇面上的这些水道又称为"辫状水道"。老的水道充填沉积物常被以后的片流沉积物所覆盖,即水道沉积相向上多过渡到片流沉积相,构成向上变细的旋回。

3. 片流(漫流)沉积

片流是洪水期漫出水道在部分扇面或全部扇面上大面积流动的一种席状洪流。水浅流急,为高流态的暂时水流。片流多出现在交会点以下水道的下游地带。洪峰过后,片流又迅速变为辫状水道及沙坝。片流沉积物主要组成是分选较好的砂层,并常具小型透镜状砾石夹层和冲刷构造。砂层具平行层理和逆行沙波层理以及其他槽状交错层理(图 8-7B),衰退的洪流可产生向上变细的层序。

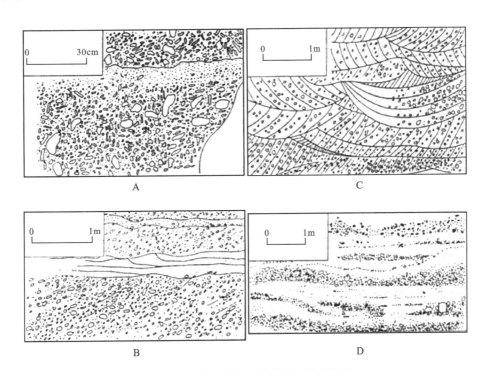

图 8-7 苏格兰老红砂岩冲积扇沉积物中的 4 种砾岩相(据 Bluck,1967)
A. 泥石流沉积块状砾岩;B. 片流沉积砂岩(中部);C. 辫状河道的槽状交错层理砂砾岩;D. 辫状河道的含砾砂岩

4. 筛积物

当洪水携带的沉积物缺少细粒的细碎屑填积在大砾石间的孔隙内,形成具双众数粒度分布特征的砂砾石,这就是筛积作用,形成的沉积物称为筛积物。

上述 4 种沉积相在冲积扇中的分布很不固定,常随洪水期径流量的变化和扇面水系分布的改变而变化。通常情况下,每次洪水泛滥并不是将整个冲积扇全部淹没,总有大小不等的部分地段暴露在水面之上。因此,沉积区内河道沉积相、片流沉积相是分布最广和最常见的相;在细粒物源充足的冲积扇上,泥石流沉积相也可占据冲积扇上部的相当大部分;筛积相通常只在局部发生。未被淹没和未接受沉积的地区,均遭受着各仲沉积期后的变化,风化作用使沉积颗粒不断崩解或覆盖一层沙漠漆;降雨可以使扇面发生坡面径流和冲沟,将风化物质向下游搬运;强烈的蒸发作用使细粒沉积物表面发生干裂或形成钙结层;强氧化作用可将含铁镁的暗色矿物分解成黏土和赤铁矿,并将沉积物染成红色。

二、冲积扇的环境单元划分及其沉积特征

一个简单的冲积扇,从扇顶向扇端的粒度与厚度的变化总是呈现由粗到细、由厚到薄的特点。泥石

流沉积相和筛积相多分布在上部；水道沉积相和片流沉积相虽然在整个扇内均发育，但在中下部主要是由这两个相组成的；再向外，冲积扇则过渡为内陆盆地（干盐湖、风成沉积）和泛滥平原（图8-8）。根据现代冲积扇地貌及沉积物的分布特征，冲积扇可进一步划分为扇根、扇中和扇端3个亚相（图8-9）。

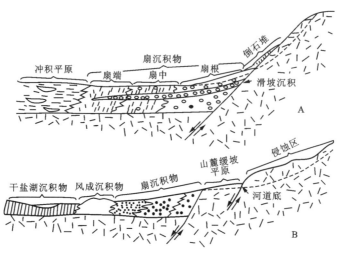

图8-8　冲积扇沉积相组合特征（据Nelson，1969）

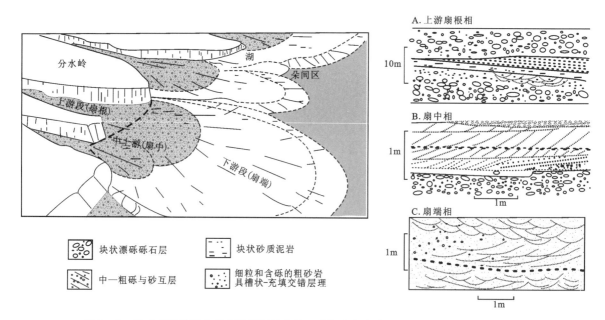

图8-9　得克萨斯前寒武系范霍恩湿地扇的3种沉积相组合（据McGowen and Groat，1971）
A. 近端相（扇根相），其中巨砾的直径可达1m，砾石是主要成分；B. 冲积扇中段相（扇中相），砾岩和交错层理含砾砂岩形成互层；C. 远端相（扇端相），主要是板状和槽状交错层理砂岩

1. 扇根

扇根或扇顶分布在邻近冲积扇顶部地带的断崖处，其特点是沉积坡角最大，并发育有单一的或2~3个直而深的主河道。其沉积物主要是由分选极差的、无组构的混杂砾岩或具有叠瓦状的砾岩、砂砾岩组成的，一般呈块状构造，其砾石之间为黏土、粉砂和砂的杂基所充填。但有时沉积物中也可见到不明显的平行层理、大型单组板状交错层理以及流速衰减而形成的递变层理。也就是说，扇根的沉积物由泥石

流、河道充填以及筛析沉积形成。

2. 扇中

扇中位于冲积扇的中部，并为其主要组成部分。它以具有中到较低的沉积坡角、辫状河道沉积为主，局部发育片流沉积。沉积物主要由砂岩、砾状砂岩和砾岩组成。与扇根亚相比较，砂砾比例增加，砾石碎屑多呈叠瓦状排列；在交错层中，它们的扁平面则顺倾斜的前积纹层分布。在砂和砾状砂岩中则出现主要由水流作用形成的不明显的平行层理和交错层理，甚至局部可见逆行沙丘交错层理。河道冲刷-充填构造较发育，也是扇中沉积的特征之一。沉积物的分选性相对于扇根来说有所变好，但仍然较差。

3. 扇端

扇端又叫扇缘，出现在冲积扇的趾部，其地貌特征是具有最低的沉积坡角，地形较平缓。该相带河道不发育，以片流活动为主。沉积物通常由砂岩和含砾砂岩组成，中夹粉砂岩和黏土岩；但有时细粒沉积物较发育，局部也可见有膏盐层，其砂岩粒级变细，分选性变好。除在砂岩和含砾砂岩中仍可见到不明显的平行层理、交错层理和冲刷-充填构造外，粉砂岩和泥岩则可显示块状层理、水平纹理以及变形构造和暴露构造（如干裂、雨痕）。

三、冲积扇的沉积序列

现代和古代大的冲积扇通常发育在边缘断层的下降盘一侧，除了气候的波动外，地质构造的活动对冲积扇的发育及内部层序的结构具有重要的控制作用。伴随着边缘断层的活动，冲积扇将不断迁移、退缩或推进。不同时期的和相邻的冲积扇朵体也将相互切割或叠置，从而形成厚度巨大、结构复杂的层序。它们可以是向上变粗变厚的层序，也可以是向上变细变薄的层序；可以是进端相叠置在远端相之上，也可以是相反的层序。而经常见到的是更为复杂的由多个向上变粗或变细旋回组成的复合层序（图8-10）。

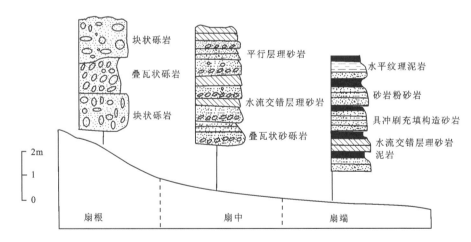

图8-10 冲积扇各亚环境的沉积序列（据孙永传等，1985修改）

冲积扇沉积的旋回性可用其中最大颗粒粒径在垂向上的变化来表示。根据旋回的成因和特点，可以区分出两种旋回：自旋回及它旋回。自旋回主要是由洪泛事件引起的朵体迁移、废弃和进积而形成的。它们一般为厚度1m至几米的小层序，可以是向上变细的，也可以是向上变粗的，但以前者最常见。自旋回通常与构造活动无直接联系。它旋回是由气候的周期性变化和构造活动引起的大层序，一般厚达几十米至几百米。

气候长期变化对旋回的影响常表现为大层序内沉积相组分和类型的变化,从干旱—半干旱气候向潮湿气候的转变,植被发育,粗碎屑物质减少,水系发育,远端相中缺少干盐湖和蒸发盐沉积,而常有沼泽相夹层,甚至可从旱地扇过渡为湿地扇。

构造活动引起的大层序变化比较复杂,通常与沉积中心的转移、盆地充填结构的变化以及扇体的侵蚀和整体迁移有关。Heward(1978)曾提出3种情况:①向上变粗变厚的大层序是由于物源区周期性抬升或盆地沉降,从而引起河流"返老还童",冲积扇向盆地进积,使近源粗粒沉积相向扇缘迁移并覆盖在远源细粒沉积相之上;②如果在物源区抬升或盆地沉降过程中速度减缓或出现短期停顿,在向上变粗变厚的层序之上将随着物源区变缓或被夷平产生一个向上变细变薄的层序,这时可形成对称的或近于对称的旋回;③简单的向上变细变薄的层序,往往是由于断层活动引起断崖后退及剥蚀区逐渐夷平产生的。

第四节 直流河和低弯度河流

直流河(又称顺直河)一般分布于强烈隆升、地形高差大的山区,山区河流呈现直流河或低弯度河,包括:①与山脉走向垂直,受横向断裂控制的横向直流河;②与山脉走向一致,受纵向断裂控制的纵向直河道河或河道微弯曲的河流;③与山脉走向斜交,受斜向断裂控制的斜向直河道河或河道微弯曲的河流。如东秦岭山阳—柞水一带的河流既有近南北向、垂直于造山带的横向河流(如县河),也有近东西向、平行于造山带的纵向河流(如县川河山阳段),还有北向西向、斜交于造山带的斜向河流(如丹江商南—丹江口水库段)。

山区河流一般为直流河和低弯度河,现代部分山区可发育曲流河,其为早期夷平面(准平原)上的曲流河在后期隆升过程中河道下切保持了原曲流河河道,如北京西山的十渡。这些曲流河属于回春河流,不代表原生的山区河流。

发育于山区的直流河、低弯度河一般呈现浅滩和深潭间列的特征。浅滩段主要为砾质沉积物,砾石大小不等,多为中细砾,砾石呈叠瓦状排列。深潭段为山区河流的深潭,深潭一般面积不大,数十平方米到数百平方米居多,深潭深度一般为1m至数米,深潭内多为细砾—粗砂级沉积,深潭外侧可发育类似浅滩的砾滩,砾石也呈叠瓦状排列。

由于山区河流处于剥蚀区,所以山区河流沉积在地质记录中保存较少,主要分布于山间断陷盆地,如前陆盆地系统的"猪背式"盆地中。

第五节 辫状河

一、辫状河概述

辫状河流是一种低弯曲度(弯曲指数小于1.5)、多河道的河流类型。辫状河的特点是河谷内发育有许多被沙坝分开的辫状水道,水道宽而浅,时分时合,频繁迁移,游荡不定,也称作游荡性河道。

辫状河流多发育在坡度较大的地带。河道坡降大,流速急,对河岸侵蚀快,一般不发育边滩,而发育河道沙坝及砾石坝,河道沙坝被洪水漫溢,细粒的碎屑和泥质沉积,之上可以发育植被和土壤,成为河漫滩。

辫状河流多出现在潮湿或较潮湿的季节性变化明显的气候带或冰水平原。河流的径流量随季节更替而变化,流量不稳定。春夏季节,降雨或融雪水供给充足,河流流量增大,常发生洪泛,可以将河道沙坝淹没,由于水流快,水体较浅,所有的沉积物颗粒都发生移动,沙坝向下游方向移动,沙坝上游端遭受侵蚀,下游端接受沉积;而在旱季,流量减小,河道沙坝露出水面,河水被局限在河道沙坝之间的狭窄河道中流动,由于水流速度较小,搬运能力低,较粗的沉积物都堆积下来。洪水期和枯水期的每次交替,都将改变河道沙坝与河道间的形态和布局,河道与河道沙坝的频繁迁移也是辫状河流的重要特征。

辫状河流的负载大,被称作"超负载"型河流。大量粗碎屑物质(主要是砾石和砂)以河道沙坝的形态迅速向下游搬运,所以辫状河流的主要沉积物是各种类型和大小的、暂时性的河道沙坝沉积物。根据河道沙坝的沉积物组成,可将辫状河流区分为两种类型:以砾石沉积为主的砾质辫状河流,通常形成湿地扇和山区河流;以砂质沉积为主的砂质辫状河流,常形成辫状河冲积平原。二者不仅在组成方面,而且在层序、结构和相特征方面都有明显区别。

砾质辫状河流多分布在剥蚀山区的河谷中、山前和冰水平原。发育在山间谷地中的辫状河流由于两侧受谷壁所限,只能形成线状沉积体,而且常因后期构造抬升,多被剥蚀掉,只有在一些大的山间谷地中的辫状河流沉积才可以保存下来。山前辫状河流坡度较陡,往往形成冲积扇。

砂质辫状河流是由多河道沙坝分隔开的一系列低弯度分流河道组成的辫状水系,其特点是河道宽浅、坡降大、易摆动,径流量变化大,底负载以砂为主,含量高。辫状河流常因河道摆动和决口迁移,可在很大范围内形成辫状河冲积扇或辫状河冲积平原。例如喜马拉雅山南麓雅鲁藏布江下游河段(布拉马普特拉河)和黄河中下游的某些河段。

砾质辫状河流向下游常过渡为砂质辫状河流。但除此一般规律外,一些穿越几个大地构造单位和地貌区的大型河流,由于不同河段的地质构造、地形、水情不同,砂质辫状河流可以出现在不同的河段。例如我国的黄河在禹门口出峡谷进入汾渭盆地,河床豁然展宽达20km,滩坝密布,无固定河槽,河道游荡不定,形成典型的砂质辫状河段;而在潼关以下,因流经秦岭山系与中条山之间地区,两岸山势陡峻,河床缩窄,河道弯多水急,转为深切的曲流峡谷河段;至下游进入华北平原,坡降突然减缓,泥沙大量淤积,河床内多汊道,洲滩棋布,串沟交错,又转为砂质辫状河段。

二、辫状河环境单元划分和沉积特征

辫状河主要包括辫状水道、水道间沙坝两个环境单元,其中水道内发育河道滞留沉积,河道沙坝主要是水流形成的砂质沉积,河道沙坝枯水期出露于河面之上,洪水期被洪水漫溢,形成河漫滩(图8-11)。

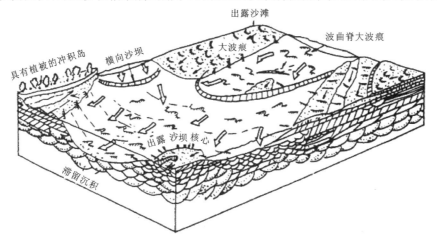

图8-11 砂质辫状河沉积环境立体模型(据Walker,1984)

1. 河道滞留沉积

活跃在河道沙坝之间的河道通常终年有水。洪水期流量增大,水位升高,流速大,对岸边沙坝强烈侵蚀;枯水期流量减小,水流局限在河道中,流速减小。洪水期从上游搬运的和从沙坝侵蚀下来的砾石被停积在河道底部构成滞留砾石层。砾石呈叠瓦状排列,与下伏沉积为清晰的冲刷接触。砾石层具向上变细的层序,顶部有时有交错层砂层发育。在废弃河道的砾石层上可有泥质沉积。

2. 河道沙坝沉积

河道沙坝是指分隔河道的或凸起于河底的大型砂体。在砾质辫状河中,这些坝体主要由砾石组成而称为砾石坝。低水位时,它们都出露在水面之上,只在洪水期或特大洪水期才被淹没,未被淹没的较高的沙坝则为永久性的坝岛,其上常发育茂盛的植被。河道沙坝的形状、位置和规模不同,可有不同的称谓,如侧沙坝、心滩、横交沙坝、河心岛、植被岛等。所有这些河道沙坝的内部构造均是由许多冲刷面分隔开的各种类型层系相互交错叠重组成的,每个层系都是某种大型底形迁移的产物。

Smith(1974)根据沙坝的形态、大小及与河岸的关系,将沙坝划分为4类,即纵向沙坝、斜向沙坝、横向沙坝和曲流沙坝(在辫状河中较为少见)(图8-12)。

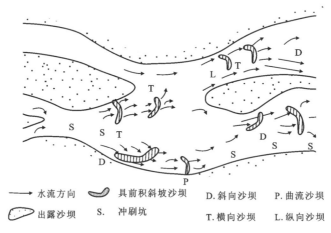

图8-12 辫状河沙坝类型(据周江羽等,2010)

斜向沙坝的砂体延伸方向与主水流流向斜交,一般靠近弯曲河段的任一侧河岸发育,由纵坝延展和改造而成,具板状交错层理。洪水时,斜向沙坝随着河道侧向迁移,纵坝一侧加积形成新坝,并与老坝合并成砾石滩。不同时期形成的坝之间的弧形低地常有薄的砂质披盖层沉积。

横向沙坝的砂体延伸方向与水流方向垂直,其上游部分较为宽阔,而下游边缘为直的、朵状或弯曲的略呈微三角的面貌,其高度可达数十厘米至2m,并具有较陡的崩落面,大多呈孤立状出现,有时可呈雁行式展布,内部构造以板状交错层理为特征。横向沙坝一般出现在辫状河向下游方向河道变宽或深度突然增加而引起的流线发散地区,在砾质辫状河流中比较少见,是砂质辫状河中的常见类型。

3. 河漫滩沉积

河漫滩沉积在辫状河流中发育不好,而且易被随后的河道迁移侵蚀掉。河漫滩沉积一般是在特大洪水河水漫出主河道时形成的。主要沉积物为洪水淤积的粉砂和黏土,洪水过后暴露在地表,有茂密的植被发育,可以形成泥炭层。河漫滩一般厚度较小,常出现在河道沙坝或坝岛的顶部,其上部常被更大洪水侵蚀而发育不全。

辫状河不发育天然堤、决口扇,且河道废弃一般不形成牛轭湖,这也是辫状河与曲流河的重要区别。

三、辫状河沉积的沉积序列和垂向模式

古代砾质辫状河流沉积相的一个典型实例可以 Rams 和 Sopena(1981)所描述的西班牙中央山区二叠系的砾石层为代表。该砾石层被解释为砾质辫状河环境,识别出 6 种岩相类型:①块状砾岩席(纵坝);②板状交错层砾岩相(横坝);③侧向加积砾岩相(具侧向加积的纵坝);④河道充填砾岩相;⑤薄层粗—中粒低角度交错层砂岩相(披盖层);⑥泥质细粒沉积相(泛滥平原局部低凹地,常被冲碎成泥砾与大型冲刷面伴生)。

砾质辫状河的层序是由一些规模不等的相互叠置的砾石层和砂层组成的巨厚的粗碎屑层系,其厚度从数十米至数百米。砾石层一般代表砾石坝和河道滞留沉积相;砂层均为较薄而不稳定的夹层,代表洪水期在砾石坝或废弃河道表面淤积的披盖层。层序内部冲刷面、冲刷充填物构造频繁出现。垂直层序的粒度变化可显示不明显的向上变细的小旋回层。

加拿大魁北克泥盆系巴特里角砂岩是世人公认的一个古代砂质辫状河流沉积的典型实例。Cant 和 Walker(1984)在厚达 110m 的巴特里角砂岩系中识别出 10 种砂质辫状河基本层序,通过对这些基本层序的综合,他们提出了一个具有概括性和普遍意义的砂质辫状河沉积相垂直层序模式。这个层序模式由 8 种岩相类型构成,分别为:SS. 河道底部冲刷面,冲刷面上为滞留砾石层;A. 不明显的槽状交错层理;B. 由非常清晰的槽交错层理组成的河道沉积;C. 大型楔状—板状交错层系;D. 小型楔状—板状交错层系;E. 孤立的冲刷充填构造;F. 由含泥岩夹层的交错纹层粉砂岩组成的垂向加积薄层,代表洪泛平原沉积;G. 模糊不清的低角度交错层理砂岩。在这个层序中,SS、A、B 及 C 代表河道沉积,D、F、G 代表坝顶沉积(图 8-13)。

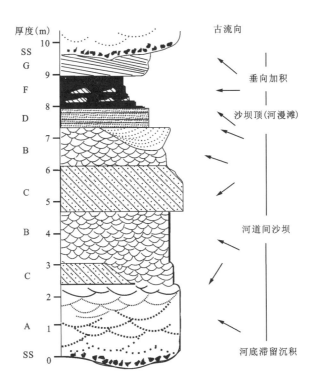

图 8-13　巴特里角砂岩砂质辫状河垂直层序模式(据 Cant 和 Walker,1984)

箭头表示古流向,字母表示岩相类型

与曲流河相比,辫状河在垂向层序上有以下特点:①河流二元结构的底层沉积发育良好,厚度较大,

而顶层沉积不发育或厚度较小；②地层沉积的粒度粗，砂砾岩发育；③由河道迁移形成的各种层理类型发育，如块状或不明显的水平层理、巨型槽状交错层理、大型板状交错层理等。

第六节 曲流河

一、曲流河概述

曲流河又称蛇曲河流，河道弯曲强烈，弯曲度大于 1.5。与辫状河流相比，曲流河道的分布更具有规律性。人们对曲流河沉积环境、沉积作用的认识比较早，研究比较深入。曲流河多出现在稳定的平原地带（包括高原），尤其在河流的中下游发育。

曲流河为弯曲的单河道，坡降缓，宽深比小于辫状河道。曲流河的沉积作用与侵蚀作用是同时进行的，决定这些作用的直接因素有两个：曲流河道中的水动力结构以及随季节变化而发生的水位涨落。

曲流河道中的水动力结构主要是不对称横向环流，局部河道相对平直的地段发育对称的横向环流。对称的横向环流常常形成心滩，如长江武汉段的白沙洲、天兴洲都是在对称横向环流作用下形成的心滩。需要说明的是，现代河流的心滩经常见到，但地质记录中的心滩沉积与边滩很难区别。故此处主要介绍边滩沉积。

不对称的横向环流形成于河道的弯曲处，主流线因惯性而偏向凹岸，因此形成不对称的横向环流。不对称横向环流的速度分布是不对称的，表层河水向凹岸运动，底层河水向凸岸运动，从而形成水体整体向前流动的螺旋状环流（图 8-14A）。这种横向环流在凹岸一侧形成向岸的侧向水力分量并导致表层河水向凹岸冲击，从而侵蚀河岸导致凸岸的垮塌。凹岸下沉的河水形成下切的环流底流，并侵蚀河底形成冲刷面。该环流底流向凸岸运动，携带沉积物形成凸岸的边滩（点沙坝）（图 8-14B、C）。当水流继续向前流动时，又在河流转弯处形成一个新的横向环流，相邻的两个横向环流流向相反，顺时针与逆时针流动交替出现，就构成一个不对称的螺旋状前进的横向环流体系。

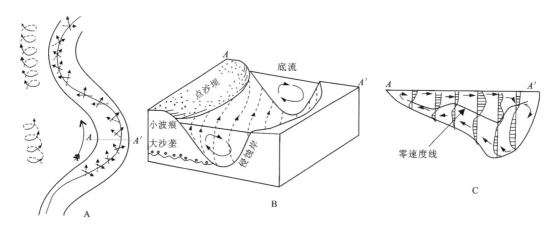

图 8-14 曲流河中螺旋状横向环流结构示意图

A.实线箭头表示表流流线和流向，虚线箭头表示底流流线和流向；B.曲流河段水动力结构立体示意图；C.曲流河段水动力结构流速断面图

在不对称横向环流作用下，遭受偏斜的主流和下切底流的凹岸不断坍塌后退和变陡，形成侵蚀的河岸（陡岸）；凸岸在流速逐渐减缓的上升底流影响下，底负载迅速沉积形成凸向河道的沉积河岸（边滩或缓岸）。在横向环流的水动力作用下，沉积边滩的凸岸与侵蚀的凹岸沿河交替出现在河流两岸。这种水

动力结构和地貌是曲流河最重要的特点。随着凹岸的侧向侵蚀,凸岸出现沉积物侧向加积,河道不断地侧向迁移,弯曲度也越来越大。

曲流河的另一特点是洪水期与平水期的交替。洪水期是河流最活跃、侵蚀与沉积作用最迅速的时期。洪水期流量增大,流速加快,凹岸侵蚀增强,边滩侧向加积增快,河道迅速向凹岸方向迁移。洪水期水位升高,当水位高于河槽时便溢出河道,将大量底负载堆积在河道两侧形成天然堤。若洪水冲破天然堤,河水外泄到天然堤之外的地区,则形成洪泛平原,缺口处形成决口扇。

此外,由于蛇曲河道弯度极度增大,常发生曲颈截直、流槽截直和冲裂决口作用而形成新河道,旧河道被遗弃形成牛轭湖或其他类型的滞留水槽。

二、曲流河环境单元划分和沉积特征

曲流河相可分出河道、边滩、河漫滩、天然堤、决口扇、洪泛平原和废弃河道等次级环境(图8-15),并归结为河床、堤岸、洪泛盆地、废弃河道充填4个亚相类型。

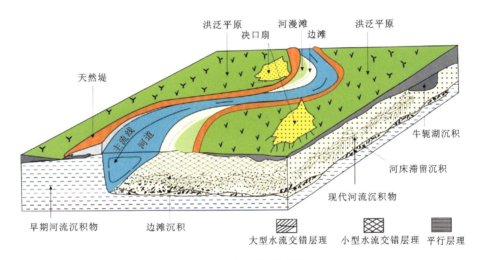

图8-15 曲流河沉积环境和沉积相模式图(据Allen,1970修改)

需要强调的是,曲流河也有河漫滩,曲流河的河漫滩位于天然堤之内、边滩靠河岸一侧。由于河漫滩位于边滩之上,很多教科书中未将二者分开,容易造成河漫滩和洪泛平原(又译为河漫平原)混淆。若明确区分,边滩主要是河流凸岸不对称横向环流形成的点沙坝,通常位于水下,洪水期被漫溢,边滩上一般没有植被发育。长期暴露的边滩上部,洪水期被淹没,悬浮负载的泥质沉积之上,通常有植被发育(如芦苇),即为河漫滩。洪泛平原(河漫平原)位于河岸(天然堤)之外,是洪水冲破天然堤且河水漫溢到河岸之外的低洼地区形成的。如长江武汉段,长江两岸旅游开发的"江滩"为河漫滩,武汉三镇的低洼地区(为明代之前的东西湖)为洪泛平原。在沉积剖面上,洪泛平原、决口扇沉积位于天然堤沉积之上,河漫滩沉积位于天然堤沉积之下、边滩沉积之上。

(一)河床亚相

河床是河谷中经常流水的部分,即平水期水流所占的最低部分。河床亚相可进一步划分为河道底部滞留沉积和边滩沉积两个微相。

1.河道底部滞留沉积

这个微相主要分布在邻近凹岸的深水区,是供水期产物。洪水期河水能量最大,在主流线或最深谷底线经过的地方侵蚀最强烈。从河底基岩侵蚀下来的、从凹岸上崩塌下来的以及从上游搬运下来的大量碎屑物质经河水不断淘洗簸选,砂级和泥级细粒部分均被洪水搬运到下游,而粗大的岩屑和岩块则被滞留在冲槽、冲坑和深潭中形成滞留砾石层。

滞留砾石层发育在河道沉积的最底部,其下均为起伏不平的冲刷面。砾石层呈厚度不大的似层状或透镜体,但随着河道迁移,砾石层也可延展很大面积。砾石一般为多成分,磨圆较好,具有一定的分选,常呈叠瓦状排列,长轴多与流向垂直,最大扁平面向上游倾斜,倾角最大可达15°~30°。在砾石层内还常混有从河岸崩塌下来的半固结的泥块,偶见碳化植物茎干碎块。

2. 边滩沉积

边滩也称曲流沙坝或点沙坝,是曲流河体系中最重要的沉积。它们均发育在凸岸一侧的河道中,为向河道微微倾斜的砂质浅滩,覆盖在河道滞留砾石层之上,向上可达平均水位线附近。边滩沉积厚度大体与河道平均水深相当,可以作为判断古河道水深和规模的标志。边滩随河道迁移不断侧向加积,以洪水期生长速度最快,新的边滩依次与老的边滩合并,形成一系列相间分布的弧形脊(涡形坝)和槽沟(图8-16)。大的涡形坝和槽沟地形起伏可达数米。洪水期边滩被淹没,较深的槽沟成为部分洪水的主要通道,称作流槽。流槽下游端发育流槽坝(图8-17)。

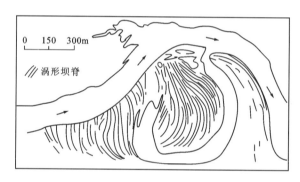

图8-16 曲流河边滩侧向加积形成的涡形坝(据Sundborg,1956)

组成边滩的沉积物主要是分选较好的砂级碎屑。从河底滞留砾石层向上至边滩的顶部,粒度逐渐变细。最顶部涡形坝及槽沟内在洪水过后常形成薄层的泥质披盖,但常在下次洪水期被冲刷掉,很少能保存下来。因此,边滩沉积中缺少泥质沉积物。

边滩表面发育了各种底形,下部多由大型沙垄迁移形成槽状交错层理、板状交错层理;向上发育有平行层理、小波痕层理、爬升层理等,反映流态自下而上变小的趋势,这与粒度变化是一致的。边滩沉积中几乎没有化石,但常见碳化的植物茎叶碎片(图8-18)。

粗碎屑边滩上的流槽中有砾石沉积,向上过渡为砂,具小型向上变细的层序。下游端的流槽坝具有侧向加积的滑落面和垂向加积的坝顶,形成一组大型前积层,顶部则覆盖平行纹层的砂层或泛滥平原的粉砂和泥(图8-19)。

总的来看,边滩沉积具有规律的向上变细变薄的垂直层序,尤其是在细粒型边滩沉积中更为明显。在粗粒型边滩中由于流槽和流槽坝含砾粗碎屑夹层的出现,向上变细的层序变得更加复杂。

(二)天然堤亚相

天然堤是沿河岸分布的线状砂体,横剖面不对称,靠近河道处较厚,远离河道变薄,呈向岸外倾斜变薄的楔状体。它们是在洪水溢出河道时,因水流分散、流速突然减小,搬运能力迅速降低,河水携带的沉积物快速沉积形成的。近河道处底负载和悬移负载中较粗的部分(细砂和粉砂)先沉积下来,更细的物

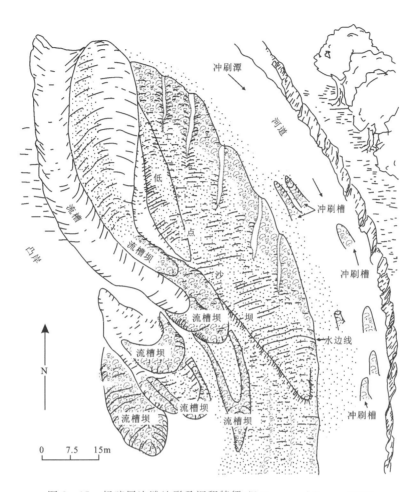

图 8-17 粗碎屑边滩地形及沉积特征(据 Gowen and Ganner,1970)

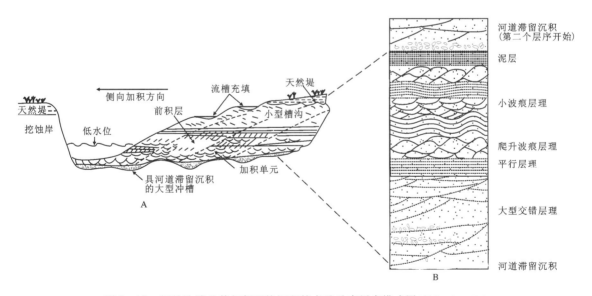

图 8-18 细粒边滩及其相邻环境沉积特点及垂直层序模式图(据 Davis,1983)

A. 切过边滩的横剖面;B. 细粒边滩沉积的垂向层序

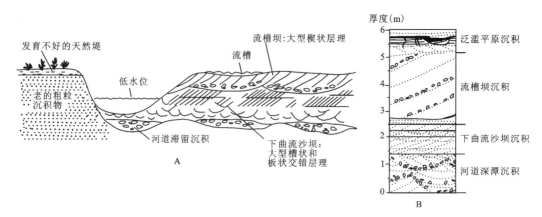

图 8-19 粗粒边滩及其相邻环境沉积特点及垂直层序模式图（据 Davis,1983）
A.切过边滩的横剖面；B.粗粒边滩沉积的垂向层序

质（粉砂和泥）则沉积在远离河道地带。所以，天然堤沉积相主要由细砂及粉砂的互层组成。内部构造有各种小波痕层理、爬升层理及平行层理等，波纹层理与平行层理互层的层序是在洪水位波动变化时形成的（Davis,1983）。

天然堤与边滩相比，粒度细，层系薄，但与上部边滩的层序十分相似，它们之间呈过渡关系，比较难以分开。天然堤沉积物中常含有细小的植物茎碎片，有时见有潜穴和生物扰动构造。层面上可以发育雨痕、冰晶痕和泥裂。

天然堤多发育在曲流河河道两侧。由于河道向凹岸方向侧向迁移，凹岸一侧的天然堤常被侵蚀掉而不易保存下来，但在河道发生截弯取直时则可免遭侵蚀，也能保存完好的天然堤沉积（图 8-20）。

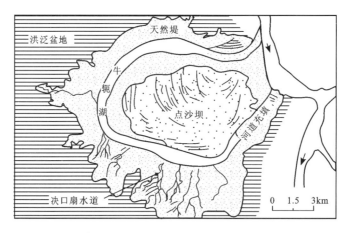

图 8-20 牛轭湖、点沙坝、天然堤、决口扇的相互关系（据 Fisk,1947）

（三）洪泛平原亚相

洪泛平原亚相包括洪泛平原（或洪泛盆地）和决口扇两个微相。

1. 洪泛平原（或洪泛盆地）

洪泛平原分布在河道两侧地势低平的地带，只有在洪水泛滥时它们才被洪水部分或全部淹没掉，可分为岸后沼泽和泛滥（洪泛）平原。由于盆地表面开阔，洪水被迅速分散到广大的面积上。水浅、流速缓慢，洪水携带的大量悬浮质（粉砂和泥）得以沉积下来。所以，洪泛盆地沉积相是曲流河沉积体系中分布面积最大而粒度最细的一个相。洪泛盆地中的沉积速率较低，每次洪水仅能形成1~2cm的粉砂和泥质层。通常每年可发生一两次洪水泛滥，特大洪水若干年发生一次，可以形成粉砂和泥质沉积交互的沉积层。层理类型主要是水平层理及各种类型的小波痕层理。在粉砂岩夹层间多发育小型波痕交错层理、波状层理。由于生物扰动强烈，许多层理被破坏，生物扰动构造非常普遍。泛滥盆地地势虽平，但也有不大的高低起伏。低洼地带可以发育小型湖泊、水塘和沼泽。除此以外，大部分地区没有发生洪水泛滥时均暴露在大气环境中，所以气候对洪泛盆地的影响很大。在潮湿气候区，雨量充沛，地下水面较浅，常有湖泊和沼泽发育。湖泊一般小而浅，生命期限短暂，主要沉积物为具水平层理的泥岩，含有淡水软体动物、鱼类等化石，晚期易发生沼泽化。潮湿气候区的泛滥盆地中沼泽分布很普遍，可以形成广阔的泥炭沼泽，是很好的聚煤环境。在干旱气候条件下，蒸发量很大，常发育小的干盐池、钙结层和泥裂构造。

2. 决口扇

决口扇是在洪水期由于天然堤决口，河水携带大量沉积物通过决口被冲到洪泛盆地上形成的扇状沉积体。在决口扇表面有一些从决口向外辐射状分布的小型辫状分流水道，水道间有漫溢而成的席状片流。决口扇常呈单个扇体发育在近河道的局部地带，而以凹岸一侧最为常见。决口扇的变化规模很大，小的决口扇从决口处到扇缘仅几十米至几百米，大的可达数十千米（图8-21）。决口扇沉积物一般要比天然堤沉积物粗，主要为各种粒级的砂。从决口处向扇缘沉积物颗粒逐渐变细，并具有向上变细的层序，反映决口水流向远离决口的方向逐渐减弱，且随时间推移而衰减。决口扇的沉积构造比较复杂多变，小波痕层理、爬升层理、槽状及板状交错层理均有发育，冲刷充填构造经常可见。沉积物中常含有许多植物碎屑，决口扇层序底部多具有明显的侵蚀面，与下伏洪泛盆地泥质沉积呈突变接触。多次的决口可在洪泛盆地中形成许多决口扇沉积夹层。

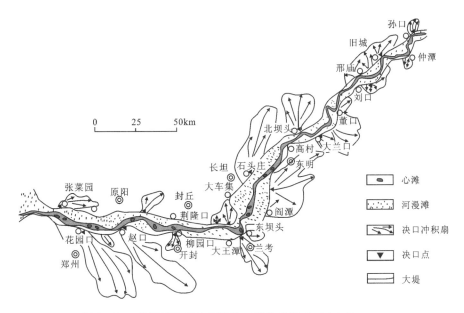

图8-21 黄河下游部分河段决口扇分布图（据叶青超等，1990）

（四）废弃河道充填亚相

废弃河道充填是曲流河沉积体系中特有的一种沉积相，它是河道作用、越岸洪水作用和湖泊作用综合影响的产物。河道废弃的方式通常有3种：曲流截直、流槽截直和冲裂作用。由于截直方式不同，沉积状况有所区别。

冲裂作用导致河流改道，原河道被废弃。这种被遗弃的古河道可能有复杂的沉积和演化历史，当前在沉积学方面还未见系统的描述资料。曲流截直和流槽截直作用在曲流河体系中很普遍。在曲流或流槽截直的过程中，由于曲流颈被切开或流槽转变为新河道，原河道突然缩短取直，坡降增大，流速加快，在被废弃的河道两端被出现的涡流带来的大量较粗的底负载（砂）堆积堵塞，致使废弃的曲流河段形成牛轭湖。这个湖泊的早期阶段是接受洪水补给的间歇性湖泊，后期可能逐渐远离主河道而变为完全隔离的滞流还原湖盆。湖水补给主要来自降雨和地下水。由曲流截直而形成的废弃河道的沉积特点是在较粗粒的活动河道沉积之上为细粒的砂和粉砂沉积层，具有低流态的小波痕交错层理，反映了由截直作用转变成废弃河道过程的突变性，再上则为牛轭湖相沉积（图 8-22）。

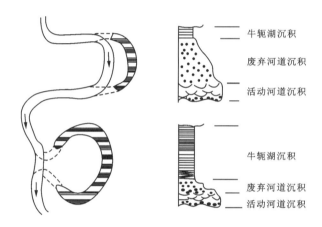

图 8-22　曲流河截直与流槽截直所形成的两种废弃河道充填沉积层序（据 Walker，1984）

牛轭湖沉积物为缓慢沉积的悬浮质泥，沉积速率低，具细的水平纹层。一般为暗色，富含有机质，常含丰富的鱼类和其他淡水动物化石，在强还原条件下还有黄铁矿、菱铁矿结核的形成。泥岩中常夹有小波痕层理的细砂岩和粉砂岩薄层，它们是在洪水漫溢到牛轭湖中形成的。牛轭湖沉积的厚度相当于废弃河道的水深，其形态和规模保持着原河道曲流环的轮廓。流槽截直形成的废弃河道沉积层序与曲流截直形成的牛轭湖层序基本相同，所不同的是前者在活动河道沉积之上覆盖厚度较大的交错层细砂层，然后才是湖相沉积，厚度也相对小一些（图 8-22）。

废弃河道充填沉积的晚期，易发生沼泽化，形成泥炭层。但由于曲流河道回迁，泥炭层常被侵蚀掉，所以上部层序多保存不全。

三、曲流河沉积的沉积序列和垂向模式

关于曲流河沉积层序，文献中经常提到的"河流相二元结构"就是对其最明确和简单的概括。曲流河典型的沉积层序是一个粒度向上变细、层理向上变薄的层序（图 8-23）。

曲流河沉积的最底部为一个非常清晰的冲刷侵蚀面，直接覆盖在侵蚀面上的是河道底部滞留砾石相，向上过渡为发育各种交错层理的边滩相。边滩沉积相的主要组成为砂岩，粒度层理向上变细变薄，再向上过渡为细砂和粉砂为主的天然堤相；河道底部滞留沉积和边滩沉积均为河道侧向迁移时的侧向加积产物；天然堤相既有侧向加积，也有垂向加积。上述几个相构成曲流河垂向层序的下部单元，称为底层沉积。

天然堤沉积之上以垂向加积形成的洪泛平原相为主，沉积物以粉砂质泥岩和泥岩为主，其中常夹有多层决口扇砂质层，它们构成曲流河层序的上部单元，又称为顶层沉积。底层沉积与顶层沉积的垂向叠

置,构成了河流沉积的"二元结构"。废弃河道充填相不是在任何河段都存在的,也不是在每一个曲流河剖面上都能遇到的。如果存在,其层位总是处于河道沉积与洪泛盆地相之间。

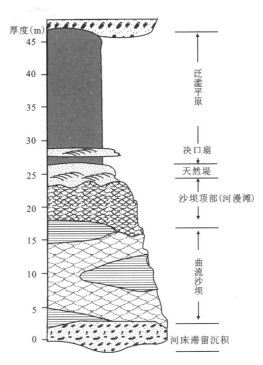

图 8-23　曲流河沉积的垂向模式图(据 Walker,1976 修改)

第七节　网状河

一、网状河的概述

网状河(anastomosed river)的术语最早是由 Jackson 于 1834 年提出来的。但长期以来,人们没有将这个术语与辫状河区别开来,在使用上也经常混淆。人们对网状河流环境及沉积作用的认识始于19世纪80年代初,由于发现网状河流与聚煤作用有密切关系,可以成为很好的成煤环境,才逐渐引起沉积学界的重视。

Smith 等(Smith and Smith,1980;Smith and Putnam,1980)对加拿大西部 Columbia 河、Saskatchewan 河等现代网状河流的沉积环境和沉积相进行了研究,为网状河流沉积学打下了基础(Walker,1984)。他们通过对现代和古代网状河流的研究,认为网状河流是被一些由植被岛、天然堤和湿地组成的洪泛平原分隔开的,具有细粒沉积物(粉砂和泥)、稳定堤岸、低坡降、深而窄、顺直到弯曲相互交织在一起的许多河道所形成的网状水系(图 8-24)。总之,网状河流可看作是快速填积的低能河道和湿地的综合体。

网状河流的网状化过程主要与河道的稳定性有关。与曲流河形成于基底较为稳定的平原区不同,网状河主要形成于基底沉降的平原或盆地区,由于盆地基底持续沉降,河流保持垂向加积,河道的侧向迁移(侧向加积)微弱。低的坡降和易固结的细粒河岸沉积物可以使河流水动力具有低的能量并减弱对河岸的侵蚀。植被的发育对稳定堤岸、保持河道的稳定也具有重要作用。此外,构造沉降、河流基准面变化、沉积物供应速率以及有利的气候条件等因素相互保持均衡状态,也是网状河流发育的必要条件。

现代网状河流在我国内蒙古自治区根河额尔古纳段、黑龙江嫩江齐齐哈尔段、江西抚河—信江南昌段、珠江三角洲地区东江东莞段都有发育。

图 8-24 网状河河道和湿地

二、网状河环境单元划分和沉积特征

Smith 和 Smith(1980,1983)通过对加拿大西部几条现代网状河流的研究,识别出 6 种沉积相:河道沉积相、天然堤沉积相、决口扇沉积相、泛滥湖泊沉积相、岸外沼泽相和泥炭沼泽相。前 3 种相主要与河道有关,后 3 种相为湿地环境。

1. 河道沉积相

河道沉积相主要为由砂和砾组成的深而狭窄的条带状沉积体。底部具有明显的侵蚀面,周围被湿地环境的细粒沉积物包围。在平原区以砂质河道沉积为主,底部也可有薄的砾石层;在山区则主要发育砾质河道(图 8-25)。河道充填的砂层具板状交错层理,为多层向上变细的层序。厚而狭窄的带状砂体反映了网状河道的稳定性和以垂向加积为主的沉积型式,这与以侧向加积的曲流河道明显不同。

2. 天然堤沉积相

天然堤沉积发育在河道沉积的两侧,一般厚数米,宽数十米至数千米。沉积物由纹层状细砂和粉砂薄层组成,偶夹有机质透镜体。在侧向上,随着与河岸距离增大,粒度逐渐变小;在垂向上,除近底部外,沉积物一般难见粒度变化。

3. 决口扇沉积相

砂质决口扇沉积在网状河流体系中极为普遍,通常是细砂及粗粉砂组成的叶状沙席,近源厚度一般 2～3m,向远源逐渐变薄(数十厘米)。粒度分布特征为:扇底部为纹层状粗粉砂和细砂,上覆有机质碎

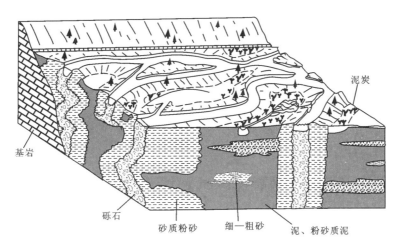

图 8-25　加拿大萨斯喀彻温河砾质网状河段沉积相及沉积环境再造图
(据 Smith and Smith,1980)

屑薄层,再上为一向上变粗的厚层序,具流水波痕和少量高角度交错层理的中粒砂及细砾沉积物,波痕谷中薄层有机质透镜体很普遍;上部扇沉积物粒度变细,为溢岸泥质沉积,其上植被繁茂,有大量根系,起着固定上部扇沉积物的作用(Smith,1983)。

4. 泛滥湖泊沉积相

湿地中普遍发育有大小不等的浅水湖泊次环境。沉积物主要为纹层状黏土和粉砂质黏土,但常因生物的扰动纹层完全破坏。

5. 岸外沼泽相

沼泽沉积多为生物扰动的泥质沉积物,有时由薄纹层有机质和碎屑泥沉积(粉砂质泥和泥质粉砂)组成,含有大量水生植物群。

6. 泥炭沼泽相

泥炭沼泽相一般为泥炭层,厚度多变,分布面积广泛,可达数十平方千米。总体上,网状河沉积的最大特点及其与其他类型河流的主要区别是泛滥湖泊、沼泽沉积分布极为广泛,几乎占河流全部沉积面积的 60%～90%。因此,厚度巨大富含泥炭的粉砂和黏土是网状河中居于优势的沉积物。

三、网状河的沉积相模式

尽管网状河的环境单元与曲流河类似,但各环境单元沉积的组合关系与曲流河存在很大的差别。图 8-26 所示为加拿大西部哥伦比亚河河道与湿地横剖面图及选择的 4 个钻孔岩芯的沉积相剖面图,表示一个砂质网状河流沉积环境与沉积相分布特点。网状河表现为:河道沉积(河道、天然堤)与湿地沉积(泛滥湖泊、决口扇、沼泽和泥炭沼泽)为横向变化,即河道沉积镶嵌于湿地沉积之间。野外露头观测表现为:一个地区以河道沉积为主,以具有水流交错层理的砂岩为特色;而另一个地区的同期地层则以湿地沉积为主,以含煤的暗色泥质岩(泛滥湖泊和沼泽)夹具小型水流交错层理、水流爬升层理的薄层粉砂岩(决口扇)沉积为特色。在钻孔剖面上,也呈现出河道相(图 8-26 孔 D)和湿地相的横向相变(图 8-26 孔 F)。

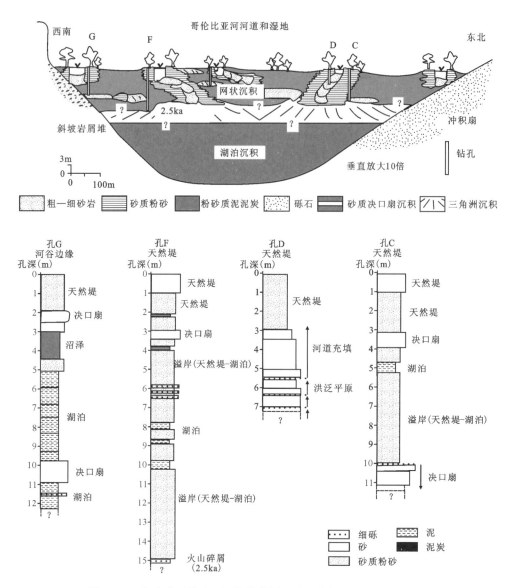

图 8-26 加拿大哥伦比亚河的钻井剖面及环境解释(据 Smith,1983)

注:G、F、D、C 代表钻井剖面及其位置。

第八节 不同类型河流沉积对比

不同类型的河流沉积(包括冲积扇)具有不同的典型特征,其沉积特点及区别见表 8-2。不同类型河流沉积的共同特征是发育水流波痕或水流交错层理,不发育浪成、潮汐、风成波痕和交错层理。水流搬运的砾石常见流水成因的叠瓦状组构。

冲积扇作为一种特殊类型,平面上呈扇状分布,横断面上呈凸镜状,纵断面上呈楔状。冲积扇上为辫状分流河道,分流河道多为粗粒沉积(砾或粗砂),河道间为片流(漫流)沉积,多为较细粒沉积(砂—粉砂),扇体自内向外,粒度逐渐减小。冲积扇中泥石流成因的砾岩可见直立组构,水流成因的砾岩常见叠瓦状组构,砂岩中发育水流波痕和水流交错层理。

辫状河沉积包括砾质辫状和砂质辫状河。由于冲积扇上的辫状河主要为砾质辫状河,因此正常的砾质辫状河与之很难区分,只有通过沉积体形态来区分。如沉积体呈扇状分布,断面上有厚度和岩性(粒度)的规律变化,则为冲积扇沉积;若沉积体呈带状分布,不具有冲积扇的形态特征,则为正常砾质辫状河。砂质辫状河表现为底部以具冲刷面的河道滞留沉积-河间沙坝具水流波痕或水流交错层理的砂岩为主,夹河漫滩的粉砂岩、泥质岩,河漫滩沉积中可具小型水流波痕或交错层理,或均质层理、水平层理。由于河漫滩可被后期洪水冲蚀,砂质辫状河仅仅发育下部河道和河道间沙坝的砂岩,不发育河漫滩的细粒沉积。由于辫状河河床深度不大,辫状河河道和河道间沙坝的沉积厚度也较小,一般厚度不超过10m,多为2m左右,河漫滩沉积通常小于1m,一般为10～20cm。

曲流河沉积的河道系统(河道底部滞留沉积、边滩、河漫滩、天然堤)和河外洪泛平原系统(决口扇和洪泛平原)均发育。曲流河沉积的河道系统的底部河道滞留沉积常常发育具有冲刷面的砂砾岩,向上边滩发育具水流波痕和水流交错层理的砂岩,自下而上砂岩粒度和波痕或层理规模变小,边滩顶部可见细粒沉积(细砂岩、粉砂岩、泥岩)的河漫滩和天然堤。边滩砂岩的厚度大致与河床的深度相当,多为几米到十几米。曲流河沉积的河外洪泛平原系统为河水漫溢出河床在天然堤之外洼地的沉积,以悬浮负载的泥质沉积为主,中夹决口扇的细砂—粉砂岩。曲流河沉积的典型特征为:下部河道系统和上部河外洪泛平原系统的厚度大致相当(砂泥互层),与以砂质辫状河的河道和河道间沙坝沉积为主的砂夹泥形成显著区别。

网状河沉积特征与曲流河类似,但其河道系统和河外洪泛平原系统(湿地)为空间相变,而非垂向叠置,因此很容易区别。

表8-2 曲流河、辫状河、网状河沉积环境及沉积特征的主要区别(据周江羽等,2010修改)

沉积环境	直流河	辫状河	曲流河	网状河	冲积扇
沉积体形态	带状体	带状体	带状体	带状体	扇状体
河道的稳定性	较稳定	不稳定	较稳定,侧向迁移	稳定	极不稳定
河道弯曲度	直—低弯度	低弯度	高弯度	低—中弯度	低—中弯度
河道宽深比	较小	大、宽而浅	较小	最小、深而窄	最大、宽而浅
坡降	大	大	较小	最小	最大
流量变化	不等	大	较大	较小	间歇性
负载类型	以底负载为主	以底负载为主	底负载及悬移负载	以悬移负载为主	以底负载为主
运载能量	大	最大	中等	最小	大
河道砂体类型	砂砾坝	河间沙坝	边滩发育	边滩小	砂砾坝
废弃河道特点	无	无牛轭湖	牛轭湖发育	牛轭湖不发育	无
洪泛盆地特点	不发育	薄的河漫滩	发育洪泛平原	湿地极发育	不发育
天然堤	不发育	不发育	发育	极发育	不发育

第九节　实例:湖北秭归盆地下侏罗统桐竹园组河流沉积

秭归盆地位于湖北省西部兴山—秭归—巴东一带,是由中生代地层组成的一个宽缓向斜,向斜边部为三叠系大冶组、嘉陵江组、巴东组和九里岗组,向斜主体侏罗系下沙溪庙组、千佛崖组和桐竹园组。沿秭归向斜四周,早侏罗世桐竹园组发育良好,典型剖面有秭归文化剖面、郭家坝江北渡口剖面、玄武洞剖面、两河口剖面等(图8-27)。桐竹园组大致可分为3个部分:底部为砾岩,主要由砾岩组成,砾石多为1~5cm,分选较好,磨圆度高,呈叠瓦状排列;中部自盆地边缘向盆地中心,由砂岩夹泥岩变为泥岩夹砂岩,砂岩具浪成交错层理;上部砂岩和泥岩互层,主要由中粒砂岩、粉砂岩和泥质岩组成,砂岩中发育水流交错层理。因此,桐竹园组底部为砾质辫状河沉积,中部为湖泊相沉积,上部为曲流河沉积。现以玄武洞剖面予以简述。

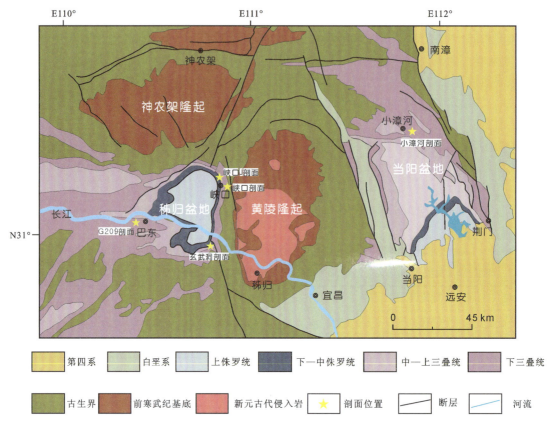

图8-27 秭归盆地简明地质图和剖面位置图

玄武洞剖面位于鄂西秭归县郭家坝镇西南玄武洞大桥南侧。该剖面出露相对完整的上三叠统九里岗组和下侏罗统桐竹园组(图8-28)。桐竹园组的底部为一套厚度近10m的砾岩-粗砂岩层,底部具有侵蚀冲刷面(图8-29A),砾石长轴排布具有定向性,砾石间夹粗砂岩层(图8-29B)。砾岩中砾石成分相对复杂,有硅质岩、石英岩和侵入岩等,颜色混杂,粒径较大,分选较差(图8-29C),为砾质辫状河沉积。砾岩之上,桐竹园组下部发育典型的砂质辫状河二元结构,可识别出河床砂体,天然堤和河漫滩序列。其中,河道砂体以灰色中粗粒砂岩为主,发育大型板状交错层理(图8-29D)和平行层理(图8-29E),砂岩中含有植物化石碎片,砂体上部水流交错层理规模变小。天然堤序列主要由水平层理块状泥岩、小型水流交错层理(图8-29F)粉砂岩和水流爬升波痕层理(图8-29G)细砂岩组成,底部以冲刷面与河道砂体接触(图8-29H)。河漫滩亚相主要为水平层理或块状泥岩,部分层位泥岩碳质含量较高,对应于本组发育的数层煤线(图8-29I)。

桐竹园组中部大部分层位发育湖泊相沉积,可大致分为湖泊三角洲亚相、滨湖亚相、浅湖—半深湖亚相,共构成正-反旋回。湖泊相段的主要特点为:以薄层的泥质岩和粉砂岩为主体,发育大范围延伸的层理和砂泥岩韵律层,砂岩、粉砂岩中发育水流交错层理和小型浪成交错层理组合。湖泊三角洲亚相主要为水流交错层理纯净砂岩,包括楔状交错层理、板状交错层理、槽状交错层理,为三角洲平原分流河道

第八章 河流沉积

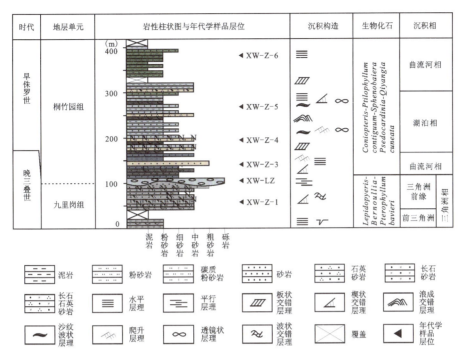

图 8-28 秭归盆地玄武洞剖面简明地层柱状图

图 8-29 玄武洞剖面下侏罗统桐竹园组沉积特征

A. 上三叠统九里岗组与下侏罗统桐竹园组接触界线，桐竹园组砾岩层底面具有侵蚀冲刷面；B. 桐竹园组底部河道滞留砾岩层，厚度近10m，砾石长轴排布具有定向性，砾石间发育粗砂岩层；C. 桐竹园组底部砾岩砾石成分复杂，野外可识别出硅质岩、石英岩和侵入岩等，分选较差，略具有定向性；D. 大型板状交错层理，层系底面标注如图；E. 砾岩层之上平行层理粗砂岩；F. 桐竹园组天然堤亚相小型水流交错层理；G. 桐竹园组边滩亚相上部水流爬升波痕层理，岩性为褐黄色粉砂岩；H. 桐竹园组边滩亚相与天然堤亚相；I. 河漫滩亚相泥岩中具有较高的碳质含量和三角洲前缘水下河道沉积,以及具浪成交错层理(图 8-30B)和顶底冲刷面砂岩-粉砂岩组合,代表三角洲前缘沉积。滨湖亚相以砂岩为主,发育浪成交错层理(图 8-30F)和平行层理,可见植物化石碎片。浅湖亚相以粉砂岩和泥岩为主,大量发育小型浪成交错层理、浪成爬升波痕层理(图 8-30),部分层位泥质含量更高。半深湖亚相在本剖面主要为层理更细的、颜色更接近于灰绿色的粉砂岩-泥岩序列,发育水平层理,有机质含量较高。

图 8-30 玄武洞剖面下侏罗统桐竹园组中部湖泊相沉积特征(据马千里,2021)

A. 桐竹园组湖泊三角洲相河道砂体,具楔状交错层理;B. 桐竹园组湖泊三角洲相河道砂体,具板状交错层理;C. 桐竹园组湖泊三角洲相河道砂体,具槽状交错层理;D. 桐竹园组湖泊三角洲相具浪成交错层理砂岩,对应了远沙坝微相沉积;E. 顶底波状起伏的暗灰色粉砂岩-泥岩组合,对应了分支间湾沉积 F. 桐竹园组滨湖亚相浪成交错层理;G. 滨湖亚相细砂岩中具有植物化石碎片;H. 桐竹园组浅湖亚相和滨湖亚相分界;I. 浅湖亚相以粉砂岩和泥岩为主,层薄且展布较广;J. 桐竹园组浅湖亚相发育沙纹波状层理;K. 浪成交错层理,发育于桐竹园组浅湖亚相;L. 爬升波痕层理,发育于桐竹园组浅湖亚相

桐竹园组上部转为曲流河沉积。该段曲流河序列相对于底部泥岩除规模更大等特点外,同样发育典型的二元结构,河道砂体具有大型楔状交错层理和平行层理,底部具冲刷底面。天然堤沉积为小型水流交错层理粉砂岩。洪泛平原亚相为粉砂质泥岩或泥质粉砂岩,发育钙质结核(图 8-31)。

图 8-31 桐竹园组上部曲流河沉积特征(据马千里,2021)

A.桐竹园组上部曲流河亚相边滩和河漫滩沉积分界;B.桐竹园组上部曲流序列河道沉积,发育大型平行交错层理;C.桐竹园组上部曲流序列河道沉积,发育大型楔状交错层理;D.洪泛平原亚相发育较多绿色钙质结核

第九章 湖泊沉积

第一节 概 述

一、湖泊的概念

湖泊是大陆地表地形相对低洼和流水汇集的水域。现在大陆表面上湖泊总面积为 250 万 km^2，约占全球陆地面积的 1.8%。我国现代湖泊总面积为 8 万 km^2，不到陆地面积的 1%。现代的湖泊面积一般较小，如鄱阳湖面积最大时为 4125km^2，洞庭湖面积为 2700km^2 左右，青海湖面积约 4500km^2。然而在中—新生代，我国湖泊非常发育，规模也巨大，如新生代塔里木盆地面积约 55 万 km^2，侏罗纪川滇湖泊（四川盆地）面积约 26 万 km^2；中—新生代柴达木盆地面积约 25.8km^2；早白垩世松辽盆地的湖泊面积高达 15 万 km^2；古近纪渤海湾盆地湖泊面积达 11 万 km^2；晚三叠世鄂尔多斯盆地的湖泊面积达 9 万 km^2。其他面积上千平方千米的湖泊还有很多，而且许多湖泊的水体很深，成为多种沉积矿藏赋存的场所，我国现已发现的石油主要是湖泊成因的。

二、影响湖泊沉积的主要因素

影响湖泊发育的因素很多，主要包括构造活动性和地貌因素、气候、湖泊的水动力及湖水分层因素等。一个大而深的湖泊的湖水特征与海洋近似。湖泊的水动力主要有湖浪、湖流、湖震，湖水具有温度分层和化学分层等，但湖泊缺乏潮汐作用，这是与海洋的重要区别之一。

1. 构造和地貌因素

构造活动性是控制湖泊规模、形态、深度的主要因素。湖区的构造活动性受其所在的大地构造位置控制。克拉通内部的坳陷盆地主要与岩石圈沉降有关，虽沉降区规模可大可小，但水深一般较小，湖盆与周缘地貌高差相对较小，进入盆地的物源较少，且细粒沉积（砂泥质）较多，如四川盆地、鄂尔多斯盆地。而克拉通内部或边缘的断陷盆地一般水深较大，与周围的地貌高差较大，进入盆地的物源充裕，粗粒沉积（砾石—砂）较多，如松辽盆地、渤海湾盆地。与造山带挤压碰撞（包括陆内碰撞）形成的前陆盆地晚期的湖泊也具很大的规模，且多为内陆湖泊。盆地与周围造山带的地貌高差大，通常水深也较大。盆地物源主要来自毗邻的造山带，物质供应充裕，如昆仑造山带、阿尔金造山带和天山造山带之间的塔里木盆地，昆仑山造山带、阿尔金造山带和祁连造山带之间的柴达木盆地。

2. 气候

气候对湖泊也具有重要影响，主要表现为源区的风化作用类型（物理风化、化学风化、生物风化）和湖泊水体的化学组成。气候主要包括温度和湿度两个方面。温度主要和湖泊所处的纬度有关，高寒地区的湖泊物源区物理风化作用强,化学风化作用相对微弱,影响湖泊沉积物的供给。热带亚热带(如热带辐合带)的温度较高,且较多的降雨,化学风化、生物风化作用均较强,从而影响进入湖泊的物质特征。湿度与降雨量和蒸发量有关,在气候干旱的内陆地区,蒸发量大于降雨量,促使湖泊盐度增高。同时由于降雨量小,物理风化作用增强,化学风化作用减弱。干旱地区地表径流少,且多为季节性河流,使得湖泊边缘碎屑沉积物较多,盆地内部以化学沉积为主。如中国西部的超大型盆地,径流主要来自高海拔山区的冰川融水,湖泊蒸发量大,通常形成蒸发岩化学沉积。当温度和湿度因素叠加时,对湖泊的影响更大。温度湿度叠加大致可以分为湿热型气候、干热型气候、温湿型气候、干湿性气候、冷湿型气候、干冷型气候等不同类型。不同气候类型对湖区的风化类型和强度、物源供给、湖水的化学组成均具有重要影响。

3. 波浪

除了上述湖泊所处的构造背景、气候及其造成的地貌、物源影响外,湖泊水体的水动力(包括波浪、湖流、湖震等)对湖泊沉积物的分布具有重要影响。

湖泊中的波浪又称湖浪,主要是由风吹拂湖面形成的风浪,是一种水质点周期性起伏的运动。风浪的发生、停息、强度与范围主要取决于风速、吹程和持续的时间以及水深等因素。风速大,吹程远(湖泊面积大),持续时间长,湖水深,则产生大浪。湖浪所引起的水体波动的振幅随水体深度的增加而减小,当达到湖浪波长 1/2 的水深时,水体质点运动几乎等于零,故常把相当于湖浪波长 1/2 的水深界面称为浪基面或浪底。浪基面以上的湖水动荡,属动荡环境;浪基面以下的湖水较平静,属静水环境。如果湖泊面积小,湖浪的规模也小,湖泊浪基面的深度比海洋浪基面的小。当风暴掠过湖泊产生风暴浪时,浪基面要比好天气的浪基面深,该浪基面可称为风暴浪基面。

湖浪作为一种侵蚀和搬运的动力,在浪基面之上的湖滨浅水区非常活跃。湖浪对湖岸和湖底进行冲刷并携带、搬运碎屑物质,形成各种侵蚀和沉积地形,如浪蚀湖岸、湖滩、沙嘴和障壁沙坝等,风暴浪还可在较深水区形成具有丘状交错层理的砂质堆积体。

4. 湖流

湖流是湖水水团大规模、有规律、流速缓慢的水流,按其成因可分为风生流和河水穿流(吞吐流)。风生流是风对湖面的摩擦或风对波浪迎风面的压力使表层湖水向前运动。由于水的黏滞力作用,表层水又带动下层湖水同时向前流动。风速越大,吹程越远,吹时越长,风生流越强烈,斜交湖岸的风可以产生风生沿岸流,沿岸流水体的汇聚可造成雍水,从而产生侵蚀能力较强的离岸流(或称裂流),形成了近岸环流体系。河水穿流是由于河湖水量交换引起湖面倾斜,入流处水量堆积,出流处水量流失,从而形成水力梯度使湖水向前运动。吞吐流主要受河水水情控制,当汛期出入水量及湖面比降显著时,流速增大,反之则减小。由于入湖水流不断向湖中扩散,断面扩大,比降减小,越向湖泊中心其流速越小。吞吐流流速还因湖底地形和汛情而变化。

5. 湖震

湖震是由强风应力和强气压梯度力引起湖水整体发生的周期性摆动或振荡运动,也称假潮或湖波。湖震开始时,湖水受到强劲的风力和不均衡的气压作用,在迎风端或低气压端由于湖水涌叠,水位升高,而在另一端则由于水的流失,水位下降,整个湖面发生倾斜。这种现象称作增减水现象,即迎风端出现增水现象,背风端出现减水现象。这种增减水现象在大型浅水湖泊环境中非常常见。通常两端出现的水位差可达几十厘米至几米。增减水现象只是一种短期的湖水运动,一旦风停后,增减水现象则逐渐停止。但如此反复可导致湖水周期性摆动,从而形成湖面波动,这就是湖震。湖震实际上是由湖水整体振荡而形成的一种驻波。水流在湖底摩擦阻力及内部紊动作用的影响下,振幅将逐渐减小,最后恢复到正常水位状态。湖震可搅乱湖泊水体的分层,或者降低温跃层的深度。

6. 湖泊水体分层

水体分层是湖泊体系的重要特点之一,包括水体温度分层和盐度分层。温度分层和盐度分层会导致密度分层。

湖水表层水温度随季节的变化产生密度分层,上部为湖面温水层(表温层),下部为湖水较冷、密度较大的湖底静水层(下温层),两者之间由温跃层隔开(图9-1)。温度分层现象在水体较深的湖泊中比较显著,而在浅水湖泊中则不明显。在水深较大的湖泊中,湖面温水层由于连续循环而含充足的氧,下部水层为缺氧的静水层,河流把磷酸盐和硝酸盐这类营养盐带入湖泊,加速了上部水层浮游生物的繁衍。浮游生物死亡产生的悬浮有机质沉淀导致下部水层缺氧,形成一个大部分生物不能生存的富营养环境。这种情况在热带地区最明显。热带地区由于高温、湖水的原始溶解氧含量较低,而且缺乏季节性湖水的对流作用,湖底水是永久缺氧的,富含有机质的沉积物可以在湖底聚集并保存起来。如我国云南抚仙湖(断陷深水湖)便存在湖水的热分层现象,而浅水湖(如太湖、鄱阳湖)垂直分层则不明显。

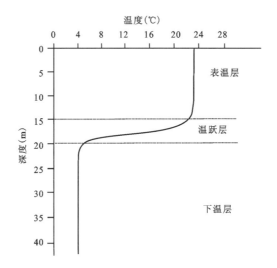

图9-1 湖泊水温的垂直分带示意图(据Richard and Davis,1983)
注:温度曲线随不同湖泊和季节有不同变化。

湖水温度分层也随季节变化而变化。夏季表层水温比底层高,属于正温层分布,冬季表层水温比底层水温低(小于4℃),属于逆温层分布。两种相反的垂直分层在春秋两季相互更替时,湖水上下交换形成回水,这种湖泊称双循环湖(图9-2)。高原和寒冷区表层水温一般不超过4℃,每年只有一次回水(如夏季),属单循环湖。有些深湖的底部水体稳定,只有上部水层参加上下循环,称局部循环湖。

蒸发作用和卤水补给会使盐度增高,从而产生密度差,随之高盐度水体下沉到湖底。一个盐跃层把低盐度的表层水和通常含硫化氢的高盐度的底层水分开,这一化学分层现象称为湖泊水体的盐度密度分层。

盐度密度分层对湖流存在一定影响。当河流流入分层湖泊中时,原先存在的水体分层现象就受到扰乱,从而形成复杂的循环形式(图9-3)。这些作用可以随季节而变,在一年中的不同时期,同一湖泊随密度变化而产生表流、层间流和底流。温暖的、密度较低的淡水羽状表流以不断变慢的形式向盆地分散沉积物。地球的自转使这些惯性流发生偏转,形成旋转环流。在层间流情况下,河水的密度介于湖底静水层和湖面温水层之间,因此这种湖流出现在温跃层顶部,也遵循旋转路径,细粒沉积物被分散到湖

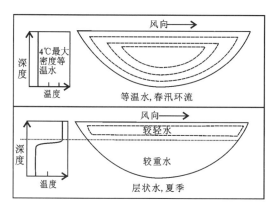
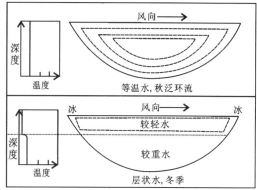

图 9-2　湖泊的温度分层及双季环流形成过程示意图（据 Richard and Davis,1983）

底的广阔区域,而最细的碎屑仍保留在温跃层内,在季节性湖水对流期才沉积下来。从温跃层内迅速降落的沉积物形成冬季纹层,它与夏季悬浮物质连续降落形成的不同纹层结合起来,构成一个年纹泥层偶（Sturm and Matter,1978）。

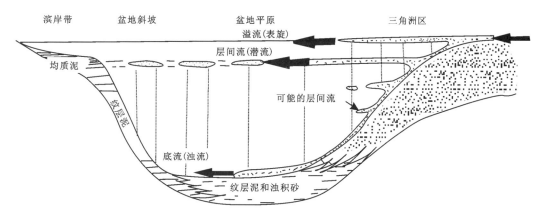

图 9-3　接受大量碎屑沉积物的正温层贫养湖中沉积物的搬运沉积过程及分布示意图
（据 Sturm and Matter,1978）

咸的或携带沉积物的较冷河水进入湖泊后,在密度较低的湖水之下产生底流,这一过程经常与春融期间浑浊冰川融水的注入同时发生。河流的沉积物负载类型和能力取决于气候和流域盆地的特性,地形起伏大和半干旱气候产生的湍急河流,以底负载搬运为主。在地形起伏小或降水分配均匀的情况下,其河流一般含较高的悬移负载。底流作为半连续的异重流把混杂的沉积物搬运到湖盆的深处。在温跃层之上,层间流具有密度底流的特性。

在注入水密度与湖水密度相等的地方,快速的三维混合作用造成推移质的迅速沉积,而悬浮物质则沉降在离岸不远的地方。这种局部性的沉积作用有利于三角洲的发育。

第二节　湖泊的分类

湖泊的分类可从湖盆的成因、形态、自然地理景观、湖水的含盐度和沉积物特点等不同角度进行。

一、湖泊的盐度分类

按照含盐度可将湖泊分为淡水湖泊和咸水湖泊，并以正常海水的含盐度 35‰ 作为分界线。按湖水盐度，可以把湖泊分为 4 类：①湖水盐度小于 1‰，称为淡水湖；②湖水盐度为 1‰～10‰，称为微（半）咸水湖；③湖水盐度为 10‰～35‰，称为咸水湖；④湖水盐度大于 35‰，称为盐湖。

二、按照湖泊沉积物的性质和气候环境分类

按照湖泊沉积物的性质和气候环境的不同，KuKal(1971)提出了 4 种不同的湖泊类型。Selley(1976)在 KuKal 的基础上又增加了 2 种类型，即干燥气候条件下，由暂时水流形成的内陆萨布哈和山麓冲积扇及干盐湖，这样便有 6 种湖泊类型（图 9-4）。

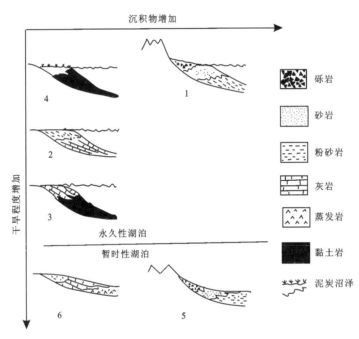

图 9-4　6 种湖泊类型简图（据 Selley,1976）

1.陆源沉积的永久性湖泊；2.内源沉积的永久性湖泊（深水区沉积灰泥）；3.内源沉积的永久性湖泊（湖泊中心沉积了腐泥）；4.永久性湖泊，边缘由沼泽组成；5.山麓冲积扇及干盐湖；6.内陆萨布哈

以上第 5、第 6 类湖泊发育在干旱气候带，如北美沙漠及澳大利亚内陆冲积盆地都有这种湖泊，我国新疆吐鲁番盆地的艾丁湖也有这类盐湖沉积。吐鲁番盆地中生代已发育山麓冲积扇及干盐湖，到新近纪沉积有泥岩、砂岩及少量砾岩，中夹石膏和岩盐。

按照湖泊沉积物特征，可将湖泊分为碎屑型湖泊和化学型湖泊。碎屑型湖泊沉积物主要为被搬运到湖中的陆源碎屑物质。化学型湖泊沉积物主要为各种碳酸盐类、硫酸盐类、硼酸盐类和氯化物类等蒸发盐矿物。化学型湖泊可根据化学沉积物的类型进一步细分为碳酸盐湖和盐湖。

三、湖泊的成因分类

按照成因可将湖泊划分为构造湖、火山湖（如吉林长白山天池）、冰川湖、河成湖（如鄱阳湖）、岩溶湖（碳酸盐岩发育区岩溶作用形成的湖盆）、堰塞湖、风成湖等。按照湖泊是否外泄可分为泄水湖（或称过水湖）和不泄水湖。在地质历史上存在时间较长、面积较大、最有研究价值的是构造湖。构造成因的湖

泊可进一步分为断陷型、坳陷型、前陆型 3 个基本类型和一些复合类型（如断陷-坳陷复合型）（表 9-1，图 9-5）。

表 9-1 中国中—新生代湖泊类型（据吴崇筠和薛叔浩，1992 修改）

湖水盐度	断陷型湖泊		坳陷型湖泊		断陷-坳陷复合型湖泊	
	近海湖泊	内陆湖泊	近海湖泊	内陆湖泊	近海湖泊	内陆湖泊
淡水湖	近海断陷淡水湖	内陆断陷淡水湖	近海坳陷淡水湖	内陆坳陷淡水湖	近海断陷-坳陷复合型淡水湖	内陆断陷-坳陷复合型淡水湖
盐湖	近海断陷盐湖	内陆断陷盐湖	近海坳陷盐湖	内陆坳陷盐湖	近海断陷-坳陷复合型盐湖	内陆断陷-坳陷复合型盐湖

断陷型湖泊的构造活动以断陷为主，横剖面呈双断式的地堑型或单断式的箕状型（图 9-5A、B）。控盆正断层的倾角高达 30°～70°，断距可达数千米，具有同生断层的性质。箕状湖盆内部可分为陡坡带、缓坡带和深陷带（中部），沉降中心位于陡坡带坡底，沉积中心位于中部偏断控陡坡一侧。断陷盆地内部还有次级断层控制地垒和地堑，形成次级沉积中心和水下隆起。断陷型湖泊发育的早中期为最大断陷扩张期，深水沉积发育，形成巨厚的含有机质丰富的暗色泥岩，为良好的生油层。在湖泊发育后期，湖泊萎缩，逐渐向坳陷型湖泊转化。我国东部古近纪的一些含油气盆地，如渤海湾盆地、南襄盆地、江汉盆地、苏北盆地等，均属于断陷型湖泊，并以箕状居多，多数具有大陆边缘裂谷性质，少数为山间小断陷湖泊。我国西部内陆的一些断陷型湖泊多属山间或山前的小断陷湖泊，其多沿区域大断层分布，往往位于次一级断层与主断层的交会处。

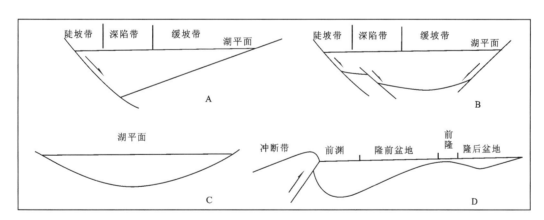

图 9-5 不同类型的构造湖盆的横剖面形态
A. 单断式断陷型湖泊；B. 双断式断陷型湖泊；C. 坳陷型湖泊；D. 前陆型湖泊

坳陷型湖泊以坳陷式的构造运动为特点，表现为较均一的整体沉降，湖底的地形较为简单和平缓，边缘斜坡宽缓，中间无大的凸起分割，水域统一形成一个大湖泊（图 9-5C）。沉积中心与沉降中心一致，接近湖泊中心，但在演化过程中略有迁移。在坳陷型湖泊中，粗粒和富含碎屑的相带将集中分布于湖泊边缘，而较细的沉积物则发育于碎屑沉积物非补偿的盆地中心。坳陷型湖泊深陷扩张期时深水区面积可以很大，但水体不一定很深，可形成广泛分布的生油层，生成的油气总量很大，如鄂尔多斯盆地是我国油气储量和产量最大的沉积盆地之一。

前陆型湖泊分布于活动造山带与稳定克拉通之间，为大陆碰撞或弧陆碰撞造成克拉通边缘岩石圈挠曲形成的前陆盆地晚期的湖泊。从克拉通向毗邻的造山带，沉降幅度逐渐增大，沉积底面呈斜坡状，克拉通盆地自造山带向克拉通可分为褶皱冲断带、前渊、斜坡带、前隆和隆后盆地,沉积剖面呈不对称箕状(图9-5D)。

断陷-坳陷复合型湖泊及其所在的沉积盆地兼有断陷和坳陷性质,如柴达木盆地侏罗纪—白垩纪时仅在北缘和西缘有些小的断陷盆地,至新近纪时发展成坳陷型盆地,具有二元结构的构造格局。

第三节 碎屑型湖泊

碎屑型湖泊是指以碎屑沉积物为主,很少或基本没有化学沉积物的湖泊。这类湖泊虽然在干旱的内陆盆地中也发育,但主要分布在潮湿气候区雨量充沛、地表径流发育的低洼地带。碎屑型湖泊一般淡水注入量大,湖水盐度低,营养物质丰富,生物繁盛。碎屑型湖泊主要是泄水湖(如鄱阳湖、洞庭湖),也有少量湖水不外流的不泄水湖。湖泊沉积物主要是通过河流搬运来的源区基岩风化剥蚀的碎屑物质(砂和泥),少量为以溶液形式搬运来的沉积物。另外,也有少量碎屑物质来源于湖浪对湖岸基岩的侵蚀和火山喷发产物(火山碎屑和火山灰)。在邻近冰川前缘地带,也可有大量冰携物质的混入。碎屑型湖泊沉积物可以说基本是外源的,内源沉积物仅有湖内生长或生活的动植物遗体或腐败产生的有机物质,化学沉积物非常稀少。

碎屑型湖泊沉积物绝大部分是由河流通过河口以底负载和悬浮负载形式向湖内供应的。沉积物组成受源区母岩成分控制,并随河流径流量和季节变化而变化。当这些物质搬运到湖中,又被湖浪、湖流等进行再搬运和改造,再分散到湖泊的不同部位,形成各种类型的沉积体。所以,湖泊沉积物的分布、沉积体结构特点主要取决于湖水的水动力状况。

由于湖泊与海洋不同,没有潮汐作用,湖水动力强度和规模也不如海洋强大,所以湖泊相的划分主要是以湖水位的变化和湖水动力状况为依据。一般选用枯水面、洪水面和浪基面3个界面作为相带划分的界线,根据这3个界面可以将湖泊相带划分为滨湖、浅湖、半深湖、深湖4个亚环境(图9-6)。

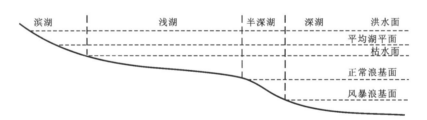

图9-6 湖泊相带划分示意图

受区域构造活动性影响,碎屑型湖泊可以分为断陷型湖泊和坳陷型湖泊。断陷型湖泊具有同沉积断层控制的湖岸,一般具有陡峻的湖岸(湖泊常常位于山前)、湖水较深(如滇池、抚仙湖、洱海)。坳陷型湖泊多为沉积型湖岸,一般湖岸坡度较缓,湖水较浅(如鄱阳湖、洞庭湖)。

一、坳陷型湖泊

1. 滨湖相

滨湖相带位于洪水岸线与枯水岸线之间,其宽度取决于洪水位与水位差和滨湖湖岸坡度。坡度较陡的湖岸和低水位差的滨湖相带很窄,只有几米;而坡度较缓和高水位差的滨湖相带宽度可达数千米,如我国现代的鄱阳湖,枯水面和洪水面高度相差10m,湖水面积相应地由1000km^{2}左右扩张到4000km^{2}左右。

滨湖相带是湖泊粗沉积物堆积的重要地带，沉积物的组分和分布受湖岸地形、水情、盛行风情（速度、风向等）以及湖流的影响，沉积类型非常复杂，主要沉积物有砾、砂、泥和泥炭。

砾质沉积一般发育在陡峭的基岩湖岸，砾石来自裸露的基岩。由于湖岸基岩遭受长期风化剥蚀及风浪的冲击而剥落、崩塌，就地堆积在岸边。在波浪的反复簸选下可形成磨圆和分选非常好的砾石滩，在地层中常呈透镜状层出现。砾石层具叠瓦状组构，扁平砾石最大扁平面向湖倾斜，长轴多平行岸线分布。

砂质沉积是滨湖相带中发育最广泛的沉积物，它们都是在汛期被河流带到湖中，又被波浪和湖流搬运到滨湖带堆积下来的。经过河流的长距离搬运，又经过湖浪的反复簸选，它们一般都具有较高的成熟度，分选、磨圆都比较好，其主要成分为石英、长石等，也混有一些重矿物。砂质湖岸类似于滨海海滩，具有波浪冲洗带，可见低角度的冲洗交错层理、平行层理和浪成波痕及浪成交错层理。滨湖砂质沉积中化石较稀少，可有植物碎屑、鱼的骨片、介壳碎屑等，有时可见双壳类、腹足类介壳滩。在细砂及粉砂层中常见垂直于层面的潜穴。

泥质沉积和泥炭沉积物主要分布在平缓的湖湾、背风的湖岸和低洼的湿地沼泽地带，沉积为富含有机质的泥和泥炭层，常夹有薄的粉砂层。泥质层具均质层理、水平层理，粉砂层具小型浪成交错层理。有的湖泊泥炭沼泽极为发育，尤其是在湖泊演化的晚期阶段，所以滨湖相带又是重要的聚煤环境。滨湖相带是周期性暴露环境，在枯水期由于许多地方出露在水面之上，常形成许多泥裂、雨痕、脊椎动物的足迹等暴露构造。因此，各种暴露构造及沼泽夹层是滨湖相带的典型标志。

2. 浅湖相

浅湖相带位于枯水期最低水位线至浪基面深度之间。该相带水浅但始终位于水下，遭受波浪和湖流扰动，水体循环良好，氧气充足，透光性好，各种生态的水生生物繁盛。植物有各种藻类和水草，动物主要是淡水腹足、双壳、鱼类、昆虫、节肢动物等。浅湖相带的岩性由浅灰色、灰绿色—绿灰色砂岩组成。碳化植物屑也是一种常见组分。砂岩常具较高的结构成熟度，常见浪成波痕和浪成交错层理，还常见垂直或倾斜的潜穴、水下收缩缝等沉积构造。

浅湖相带的分布与湖泊面积、水深和湖岸地形有关。地形平缓的湖泊浅湖相带较宽。有些深度很小的湖泊全部位于浪基面以上，除了滨湖相以外几乎属于浅湖相带。这种湖泊没有深湖相带，可称之为浅水充氧湖泊相。浅湖相带属弱氧化至弱还原环境，也具有一定的生油能力，但生油岩的质量和丰度远不及深湖相带。

滨-浅湖相带由于处于波浪作用的高能地带，是砂体发育的主要场所。其中，滩坝是最常见的砂体类型，也是湖泊相中常见的岩性圈闭类型。

滩坝砂体以粉细砂岩为主，沉积物成熟度高，十分发育生物潜穴、扰动构造、浪成波痕、干涉波痕、浪成交错层理等沉积构造。碎屑颗粒的圆度较好，以次圆状颗粒为主，次棱角状、棱角状颗粒较少见，具有较高的结构成熟度。

在平面上，滩坝砂体呈卵形或条带状平行湖岸线多排分布或位于水下隆起之上。单个滩坝砂体长10km左右，宽1km至数千米。在剖面上，滩坝砂表现为较厚层的、顶凸底平的透镜状或条带状，砂岩厚度较大，砂泥比值较高。

砂质滩坝的形成离不开岸流、波浪的再搬运和再沉积，其砂质物质主要来源于附近河流输入形成的三角洲和扇三角洲砂体，但不属于三角洲或扇三角洲中的砂体相，缺乏水下分流河道沉积，是湖盆中独立的砂体类型。据厚度和分布形态特点，滩坝砂体还可进一步分出滩沙和坝沙。

滩沙为面状砂体，厚度薄，一般小于1m，与浅水泥岩呈频繁互层，主要发育浪成交错层理。砂层顶底可渐变，亦可突变，有的砂层底部可具冲刷面。滩沙的分布面积大，呈较宽的条带或席状，平行岸线分布。

坝沙为线状砂体,泛指沙坝、沙嘴、障壁沙坝等。这种砂体多呈长条状分布,与湖岸平行或者与湖岸相交。障壁沙坝使得沙坝与湖岸之间出现局限浅湖沉积。坝沙的横剖面多为对称的透镜状或上倾尖灭状,岩性剖面为厚层砂岩与厚层泥岩互层。砂岩呈浅灰色,具低角度冲洗交错层理或浪成波痕或浪成交错层理。泥岩为灰绿色,多不纯,常含碳屑。沙坝砂体的顶底既可以是渐变的,也可以是突变的,可以出现向上变粗的序列,也可出现向上变粗再向上变细的序列(图9-7)。

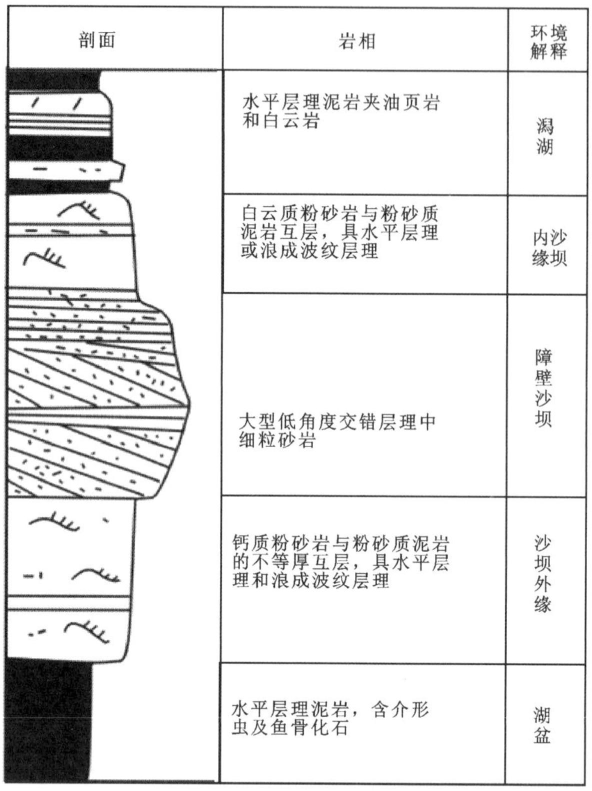

剖面	岩相	环境解释
	水平层理泥岩夹油页岩和白云岩	潟湖
	白云质粉砂岩与粉砂质泥岩互层,具水平层理或浪成波纹层理	内沙缘坝
	大型低角度交错层理中细粒砂岩	障壁沙坝
	钙质粉砂岩与粉砂质泥岩的不等厚互层,具水平层理和浪成波纹层理	沙坝外缘
	水平层理泥岩,含介形虫及鱼骨化石	湖盆

图9-7 黄骅坳陷沙二段湖泊障壁沙坝-半封闭湖湾沉积层序(据孙永传和李蕙生,1986)

此外,围绕湖盆中的古岛(古隆起、古潜山)亦可发育滩坝砂体,它们以透镜状及薄层席状沙的形式分布于古岛周围。在断陷-坳陷湖泊的断-坳转换期,湖泊面积增大,湖岸地形平坦,滩坝砂体最为发育,如济阳坳陷车镇凹陷沙二段时期呈较为宽缓的"碟形",在陆源河流-三角洲沉积物供给不是很充分的条件下,受湖平面涨落、湖盆水域扩展-萎缩的交替和大幅度湖岸线变迁的影响,滩坝相广泛发育,形成"满盆砂"的分布格局(马立祥等,2009)。

3. 半深湖相

半深湖位于正常浪基面以下、风暴浪基面之上,水体较深,为浅湖相带与深湖相带的过渡地带部位,地处弱氧化-弱还原环境。沉积物主要受湖流作用的影响,正常波浪作用难以波及沉积物表面。当湖盆面积较小,沉积特征不明显时,很难和深湖相区分。许多研究者不主张划分出半深湖相带。

半深湖相岩石类型以泥质岩(包括黏土岩和黏土-粉砂岩过渡岩类)为主,可见化学岩的薄夹层或透镜体。泥质岩常呈暗色,富有机质,水平层理发育。化石较丰富,以浮游生物为主,保存较好,底栖生物不发育,可见菱铁矿和黄铁矿等反映还原环境的自生矿物。

在风暴作用带,浅湖-半深湖亚相带也是湖泊风暴可波及的范围,相应地形成风暴砂体,20世纪80年代以来,我国沉积学工作者通过野外露头和钻井岩芯观察,逐渐开始认识和鉴别风暴岩,并进一步认识到,风暴流不仅可以出现在海洋陆棚地带,亦可出现在大陆湖泊中。事实上,湖盆中的风暴作用在历史上是很频繁的。近年来,在渤海湾盆地、松辽盆地、柴达木盆地、河西走廊等地区的湖相沉积,均已有湖泊风暴沉积的报道(张金亮等,1988;姜在兴等,1990;杜远生等,2001;袁静等,2006;孙钰等,2006;崔俊等,2009)。风暴岩的沉积特征详见第十四章,此处不再赘述。

4. 深湖相

深湖位于湖泊风暴浪基面之下、湖盆水体的最深部位,水体安静,处于缺氧的还原环境,底栖生物完全不能生存。深湖相沉积的总体特征是粒度细、颜色深、有机质含量高。岩石类型以质纯的泥岩、页岩为主,并可发育灰岩、泥灰岩、油页岩。深湖相主要发育水平层理和韵律层理,无底栖生物,常见浮游和游泳生物(如鱼类)化石保存完好。反映还原环境的黄铁矿是常见的自生矿物,多呈分散状分布于黏土岩中。

在许多深湖相带中,都有湖泊浊流的形成,它们也像海洋中的浊流沉积一样具发育良好的浊流序列,可以形成浊积扇。

二、断陷型湖泊

断陷型湖泊位于大陆地壳伸展区,湖泊边界呈断层边界。断陷型湖泊多呈长型湖泊,在垂直湖泊长轴方向上,断层边界可以是单断式箕状断陷湖泊,湖泊一侧为断层边界,形成陡峭的湖岸,另一侧为非断层边界或断陷作用微弱的断层边界,形成宽缓的湖岸。断层边界也可以是双断式湖泊,湖泊两侧均为断层边界,两侧均为陡峭的湖岸。在平面上还可以形成多断式湖泊(如拉分盆地),湖泊的四面均为断层边界,均为陡峭的湖岸。

与坳陷型湖泊类似,断陷型湖泊也分为滨湖相、浅湖相、半深湖相和深湖相。断陷型湖泊与坳陷型湖泊沉积存在明显差异。

(1)由于断陷型湖泊形成于伸展的构造背景下,一般盆地边界较陡,尤其在断层边界。因此断陷型湖泊的滨湖相常见粗粒碎屑岩沉积,其中多见砾岩或角砾岩,砾石具叠瓦状构造。

(2)断陷型湖泊的断层边界一侧,常发育扇三角洲,缓坡边缘一侧常发育辫状河三角洲(详见第十章)。

(3)断陷型湖泊的湖盆坡降大,且湖盆内多存在次级的同生断裂,一般浅湖、半深湖相带窄。

(4)断陷型湖泊湖水深度较大,深湖相发育,且深湖相常见重力流沉积,形成湖底扇。

三、断陷-坳陷复合型湖泊

中国东部断陷盆地发育,是我国主要的陆相地层产油区。这些断陷型湖泊经历了断陷盆地向坳陷盆地的转换过程,形成断陷-坳陷复合型湖泊。断陷-坳陷复合型湖泊的沉积相带划分和沉积相展布特征与上述坳陷型湖泊、断陷型湖泊类似。断陷-坳陷复合型湖泊经历了初陷期、深陷期和收缩期、坳陷期的演化过程。

1. 断陷型湖泊初陷期

这一时期湖盆中沉积物的分布型式较复杂,受构造活动、气候和物源影响较大。图9-8为我国中生代断陷型湖盆初陷期的湖泊相模式。湖泊充填沉积由火山喷发岩、火山碎屑岩夹湖相砂泥岩组成,有些地区常夹劣质煤层(王德发等,1991)。有的断陷型湖泊一开始断陷作用表现得较强烈,造成了明显的地形高差,为形成粗碎屑沉积物提供了条件。湖泊边缘分布有冲积扇和扇三角洲,向盆地方向可出现浅水湖泊相砂泥岩或膏盐湖沉积(图9-9)。而有的断陷湖盆(如东濮凹陷)在初陷期构造活动较弱,地形起伏较小,湖盆处于一种浅水充氧湖泊环境,形成大面积分布的浅水砂体。

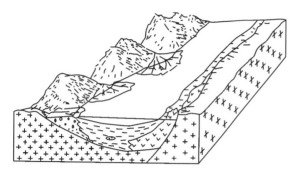

图9-8 中生代裂陷初期盆地充填型式图
（据王德发等，1991）

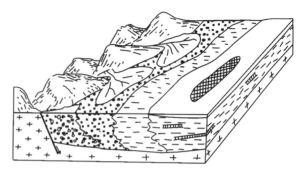

图9-9 古近纪泥膏湖沉积充填型式
（据王德发等，1991）

2. 断陷型湖泊深陷期

断陷型湖泊一般都存在断陷作用强烈的深陷期，断陷作用最强、湖泊最深湖区多位于边界大断层下降盘的深陷处，位置稳定，持续时间长，位移不大，沉积中心与沉降中心一致，沉积巨厚的暗色泥页岩，厚度大，可达千余米。虽然单个湖泊不一定很大，但一个盆地内有许多这样的湖泊，总面积不小。由于块断活动强烈，断层边界湖岸地形坡度较陡，滨浅湖亚相不发育，沉积作用主要发生在深水盆地相中。由于盆地不同位置具有不同的构造特征，沉积物可分为三大体系，即横向陡坡体系、横向缓坡体系和纵向体系（图9-10A）。在靠近盆缘大断裂一侧，近源、坡陡、流急的洪水直接入湖，形成近岸浊积扇体；在相对较缓的一侧或沿盆地轴部，也可形成具供给水道的远岸浊积扇。

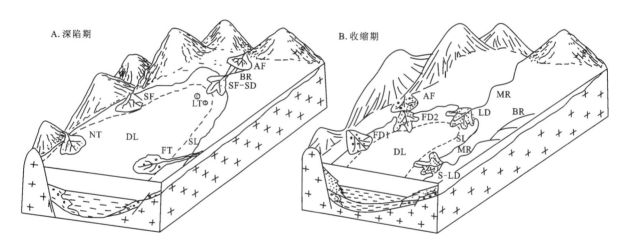

图9-10 断陷型湖泊深陷扩张期、收缩期沉积相示意图（据吴崇筠等，1993）

AF.冲积扇；BR.辫状河；MR.曲流河；SD.短河流三角洲；LD.长河流三角洲；S-LD.短—长河流三角洲；FD1.扇三角洲（靠山型）；FD2.扇三角洲（靠扇型）；SF.近岸水下扇；NT.近岸浊积扇；FT.远岸浊积扇；LT.浊积透镜体；SL.浅湖区；DL.深湖区

3. 断陷型湖泊收缩期

随着构造趋于稳定，湖盆性质由断陷向坳陷转化，湖滨环境开始发育。最常见的为三角洲、扇三角洲、沙坝和湖湾等。

经过深陷期的沉积充填和盆地的抬升，湖泊地形发生明显变化。湖底变得平缓，原来陡岸的坡度也减小，湖泊变浅缩小，深湖区缩小甚至消失，沉积和沉降中心逐渐远离陡岸，滨浅湖相所占比例增加，这时期砂体发育，并以浅水砂体为特色（图9-10B），这是断陷湖泊主要的储集层发育期。这一时期的砂体直接位于下伏生油层之上,本层也有油源,对聚集油气十分有利。

4. 坳陷期湖泊

中国东部大型断陷盆地之上常常叠置坳陷盆地,为断陷-坳陷复合型盆地。这些坳陷盆地较断陷盆地范围更大,断面上形成"碟状"形态,如渤海湾盆地古近系孔店组、沙河街组、东营组为断陷盆地期沉积,馆陶组、明化镇组为坳陷期沉积。坳陷盆地的坳陷湖泊面积更大,地形较为平坦,沉积相、岩性和厚度的变化较缓,砂体类型较简单,多以近岸浅水砂体为主,河流沿长轴方向提供沉积物,以粉砂和粉砂岩为主。湖盆沉积中心位于湖盆中央,与沉降中心一致。滨浅湖相带较窄并呈环状分布于深湖区周围,生油岩分布面积广且质量好,主体砂类型为曲流河三角洲或辫状河三角洲,扇三角洲不发育。湖中心可分布层状浊积岩。坳陷湖收缩阶段,三角洲砂体发育。三角洲水下分流河道叠置组成三角洲前缘相。在湖泊边缘缺乏恒定物源供给地区,发育滩坝砂体。

四、前陆盆地型坳陷湖泊

前陆盆地型坳陷湖泊分布于冲断造山带与稳定克拉通之间,是造山带逆冲到克拉通边缘的前陆地区造成岩石圈挠曲而成。从逆冲的造山带向克拉通方向,沉降幅度逐渐变小,沉积底面由近山带边缘的前渊到克拉通呈斜坡状,自造山带向克拉通可分为褶皱冲断带、前渊、斜坡带、前隆和隆后盆地,沉积剖面呈不对称箕状(图9-5)。

一般前陆盆地分为早期复理石阶段、晚期海相磨拉石阶段和陆相磨拉石阶段。前陆盆地型坳陷湖泊仅出现于晚期陆相磨拉石阶段。由于盆地的不对称性,靠近造山带一侧的前渊,具有陡峭的边缘,物源主要来自造山带,在湖岸附近形成的沉积物粒度较粗,多为砾岩、角砾岩、粗砂岩,形成的沉积相包括冲积扇、扇三角洲、砂砾滩。靠近克拉通边缘,地形坡度较小,物源主要来自克拉通的稳定物源,沉积物粒度较细,多为成熟度较高的砂岩。克拉通边缘通常形成前隆,将此边缘分为隆后盆地、前隆、隆前盆地,隆前盆地一般具有克拉通性质,可向隆后和隆前供应物源。

前陆盆地不同部位的古水流方式也具有很大差别。靠近造山带的边缘以短距离的横向水流为主。流向垂直于造山带。靠近克拉通一侧可发育长距离的横向水流,河流来自克拉通,古流垂直于前陆盆地。前陆盆地中心部位多发端于纵向河流,古水流向平行于造山带和前陆盆地的长轴方向,这些纵向河流可以连通前陆盆地中纵向排列的湖泊。

第四节 碳酸盐型湖泊

碳酸盐型湖泊是以沉积碳酸盐矿物沉积为主的湖泊。沉积的碳酸盐矿物主要为方解石、白云石。除了碳酸盐沉积之外,滨湖地区可混入少量陆源碎屑。碳酸盐型湖泊以碳酸盐岩为主,区别于碎屑型湖泊,又以蒸发岩为特色的盐湖不同。碳酸盐湖不同于形成于干旱-半干旱气候区的盐湖,它可以形成于干旱-半干旱气候区,也可以形成于温带气候区。

湖相碳酸盐岩的岩性和类型与海相碳酸盐岩存在相似之处,但其形成条件和沉积环境与海相碳酸盐岩却有很大差别。湖相碳酸盐岩与海相碳酸盐岩一样,都形成于陆源物质供应不足的地区,碳酸盐沉积和生物、生物化学作用关系密切。但湖泊一般没有潮汐作用,主要受波浪、湖流等水动力影响。湖相碳酸盐岩的形成还明显地受控于古气候和古介质条件的变化。

有关碳酸盐湖泊相带的划分,不同学者从不同角度出发,提出了不同的划分方案。一般来讲,湖盆边缘相和湖盆相的沉积特点存在明显差别。碳酸盐沉积主要发育在湖盆边缘浅水地带,沉积类型可有浅滩、生物礁、叠层石等，与海相相比沉积厚度较薄。由于碳酸盐沉积形成于湖盆边缘浅水环境中，在深水区域中较少，它们可向湖中心推进。在斯内克河（加拿大育空地区）平原地区的上新世裂谷湖中，鲕粒碳酸盐岩沿湖盆边缘建造了大型阶地（图9-11）。阶地在湖面稳定期向湖心进积，原来发育于阶地表面的鲕粒后来塌落到倾角为26°的陡的前积层上。前积层上部的颗粒流沉积形成反递变，而前积层下部由液化流形成的却是具有碟状构造的正递变层。前积层单元厚达18m。

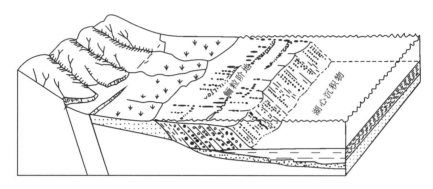

图9-11 沿湖边缘鲕粒阶地的示意性复原图（据Swirydczuk et al.,1980）

我国学者从整个湖相碳酸盐岩的沉积条件、沉积特征及其与陆源碎屑岩的组合关系，结合湖水的相对深浅、水动力条件和自然地理部位，将湖相碳酸盐岩划为滨湖相、浅湖相、半深湖相和深湖相4个相带（图9-12）。

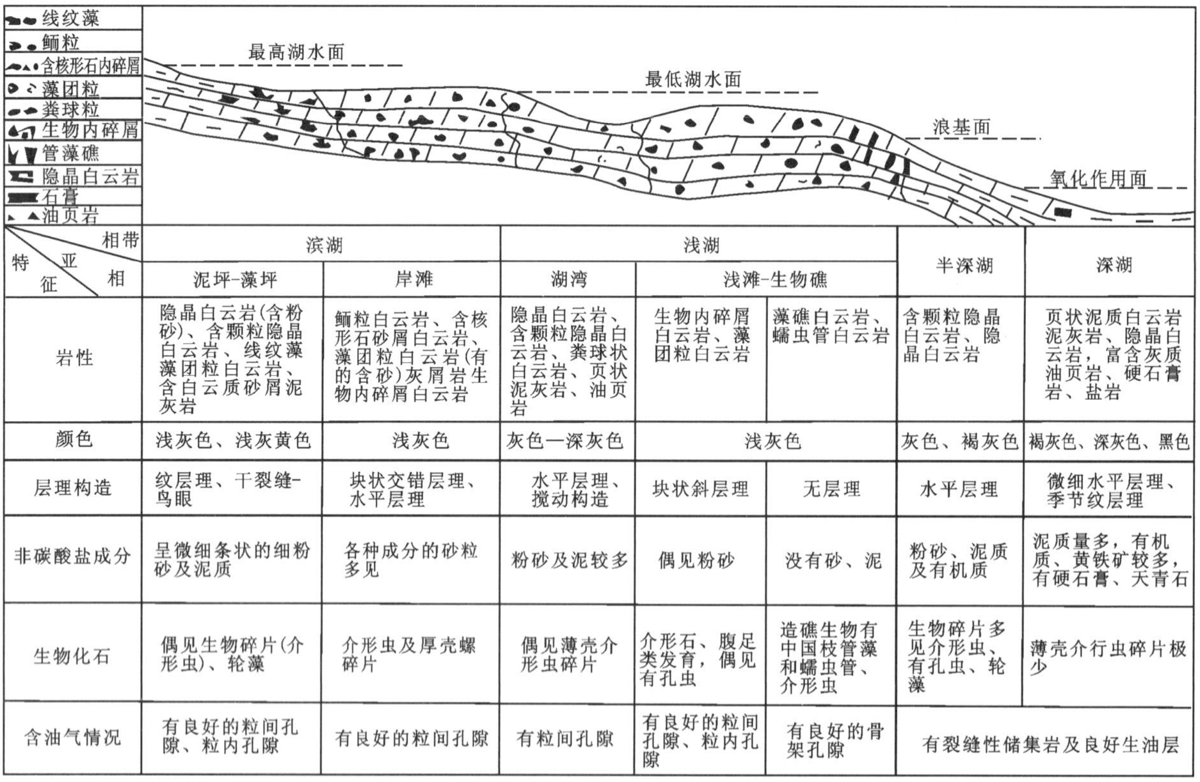

特征	相带	滨湖		浅湖		半深湖	深湖
	亚相	泥坪-藻坪	岸滩	湖湾	浅滩-生物礁		
岩性		隐晶白云岩（含粉砂）、含颗粒隐晶白云岩、线纹藻藻白云岩、含白云质砂屑泥灰岩	鲕粒白云岩、含核形石砂屑白云岩、藻团粒白云岩（有的含砂）灰屑岩生物内碎屑白云岩	隐晶白云岩、含核形石隐晶白云岩、藻团粒白云岩、页状泥灰岩、油页岩	生物内碎屑白云岩、藻团粒粪球状白云岩	藻礁白云岩、蠕虫管白云岩	含颗粒隐晶白云岩、隐晶白云岩	页状泥质白云岩、泥灰岩、隐晶白云岩、富含灰质油页岩、硬石膏岩、盐岩
颜色		浅灰色、浅灰黄色	浅灰色	灰色—深灰色	浅灰色		灰色、褐灰色	褐灰色、深灰色、黑色
层理构造		纹层理、干裂缝-鸟眼	块状交错层理、水平层理	水平层理、搅动构造	块状斜层理	无层理	水平层理	微细水平层理、季节纹层理
非碳酸盐成分		呈微细条状的细粉砂及泥质	各种成分的砂粒多见	粉砂及泥较多	偶见粉砂	没有砂、泥	粉砂、泥质及有机物	泥质量多，有机质、黄铁矿较多，有硬石膏、天青石
生物化石		偶见生物碎片（介形虫）、轮藻	介形虫及厚壳螺碎片	偶见薄壳螺碎片	介形石、腹足类发育、偶见有孔虫	造礁生物有中国枝管藻和蠕虫管、介形虫	生物碎片多见、有孔虫、轮藻	薄壳介行虫碎片极少
含油气情况		有良好的粒间孔隙、粒内孔隙	有良好的粒间孔隙	有良好的粒间孔隙	有良好的粒间孔隙、粒内孔隙	有良好的骨架孔隙	有裂缝性储集岩及良好生油层	

图9-12 济阳坳陷纯化镇组湖相碳酸盐岩沉积相模式图（据周自立等，1985；陈淑珠，1980）

1. 滨湖相

滨湖相是指最高湖水面到最低湖水面之间的相带,包括泥坪-藻坪和岸滩两个亚相。

(1)泥坪-藻坪亚相:平时多暴露在水上,最大湖侵时可被水淹没,属低能环境;主要有泥晶灰(云)岩,可混入少量的泥沙和生物碎屑等,可有纹层、波纹状叠层藻灰(云)岩;纹理、干裂和鸟眼构造常见。

(2)岸滩亚相:在平均湖水面到最低湖水面之间,常被水漫及,水体能量稍高,颗粒灰(云)岩多见;生物碎屑、内碎屑和藻类颗粒发育,并常有泥沙混入;可见块状、水平状和交错层理;储集性能较好。

2. 浅湖相

浅湖相为最低湖水面之下、浪基面之上的相带,包括湖湾亚相和浅滩-生物礁亚相。

(1)湖湾亚相:在湾岸或三角洲间的湖湾部位,其沉积常沿湖岸或浅滩-生物礁的向湖岸一侧分布;水体清澈,环境相对安静;主要为含颗粒泥晶灰(云)岩和泥灰岩,可含少量陆源碎屑、鲕粒、球粒、介形虫和腹足类等化石;多为纹理和水平层理,偶有短暂的水上暴露痕迹。

(2)浅滩-生物礁亚相:由于较强的波浪与湖流作用,水体搅动强烈,能量较高,加之水体清浅、阳光充足,适于生物生长,所以常见多种类型的颗粒灰(云)岩和生物灰(云)岩,如鲕粒灰(云)岩、内碎屑灰(云)岩、介形虫灰(云)岩、螺灰(云)岩和藻屑灰(云)岩等,从而形成颗粒浅滩;如果藻类等生物特别发育,可形成生物滩或生物礁,如平邑盆地、东营盆地、金湖凹陷等古近系湖相地层中,均发现藻滩和藻礁等灰(云)岩。藻滩和藻礁可交互出现,其中的岩石类型主要有枝管藻灰(云)岩、虫管灰(云)岩、介形虫-藻灰(云)岩和其他类型的藻灰(云)岩等。礁体多形成于清水区域的斜坡带和水下隆起带,尤其是在水体升降频繁、幅度变化不大的台地上更为发育。在该相带中,几乎无陆源碎屑混入。

3. 半深湖相

半深湖相是位于浪基面之下、氧化作用面之上的沉积,是浅滩与深湖之间的过渡类型;水体能量较弱,以泥晶灰(云)岩为主,含少量粉砂、泥质,常见介形虫、轮藻等生物化石;以水平层理为主。

4. 深湖相

深湖相位于氧化作用面以下的深水地区;主要为泥晶灰(云)岩和泥灰(云)岩,富含泥质、有机质、黄铁矿、硬石膏和天青石等非碳酸盐成分,含有少量薄壳介形虫碎片;多见水平层理和季节纹层,为裂缝性储集岩和良好的生油岩。

第五节 盐 湖

盐湖是沉积蒸发盐矿物的湖泊,并以硫酸盐和氯化物为特色。盐湖主要形成于干旱、半干旱气候带,湖水蒸发量大于湖区降水量,湖水逐渐浓缩,盐度增高,达到蒸发盐类矿物饱和度时便有某种蒸发矿物析出。我国西北地区处于干旱气候区,现代盐湖发育,如柴达木盆地的茶卡盐湖、查尔汗盐湖(图 9-13)。盐湖中的盐类矿物常按阴离子归纳成碳酸盐、硫酸盐和氯化物三大类,这亦大致代表了不同盐类的溶解难易和析出的先后顺序。卤水浓缩时,首先沉淀的是碳酸盐矿物(方解石),进而是镁质碳酸盐矿物(白云石)和石膏($CaSO_4 \cdot 2H_2O$),而后是石盐(NaCl)。石盐开始沉淀时,湖水体积将缩小到碳酸盐沉淀时的 1/60 以下,最后才是钾盐的沉淀。但是,自然界的情况要比实验室的条件复杂得多。由气候波动和地表径流量变化引起的湖水盐度与 pH 值的变化都可使这个理想沉淀次序遭到破坏。湖水的淡化常导致早期沉淀的矿物发生溶解和被交代,许多矿物的沉淀也与 pH 值的变化有密切的关系,加之受物源影响，一个盐湖中也很难同时含有各种盐类。因此，在地层中见到的实际层序是比较复杂的。

图9-13　柴达木盆地茶卡盐湖(A~D)、查尔汗盐湖(E、F)

一、深水盐湖相

深水盐湖相在我国东部几个沉积盆地中皆有发育。盐类富集的层位多属盆地的深陷期或其前期，如渤海湾盆地的沙三段、沙四段和孔店组，南襄盆地的核三段，江汉盆地的潜江组。渤海湾盆地东营凹陷内膏盐沉积最发育的地区位于凹陷北半部沉陷较深区，湖水也是最深的地带（图9-14、图9-15）。其中，石盐分布面积约800km²，累积厚度大于168m，单层最大厚度达10.5m以上；石膏分布面积约1900km²，累积厚度为190m，单层最大厚度为15.5m；钙芒硝18层累积厚度为16m；杂卤石17层累积厚度为14.5m。这些盐类在平面上呈明显的同心环带分布。

位于渤海湾盆地最南端的东濮凹陷，古近系厚7000m。盐类沉积很丰富，以石膏和石盐为主。从沙四段到沙一段下部都陆续有盐类出现，但主要集中在沙三段和沙一段这两次湖盆最大的深陷期和扩张期，尤其是沙三段盐层最厚，累积厚度达1000m，组成多个盐韵律。含盐层系组合为石盐、石膏和暗色泥页岩或钙质页岩及油页岩的互层。盐类沉积和砂泥沉积在平面分布上具明显的分带性，从湖心向岸，依次出现膏盐沉积区→膏盐和泥质沉积区→砂泥沉积区（图9-16）。据顾家裕（1986）计算，盐湖湖水的深度可达175m。盐分的来源是多样的，东濮凹陷四周的物源区和早古生代的碳酸盐岩基底能提供较大量的盐分。

二、浅水盐湖相

浅水盐湖相多发育在某些盆地演化的坳陷阶段和衰亡阶段。由于受所在自然地理环境的控制，入流量和降水量较少，一般湖水深度均比较小，例如柴达木盆地的盐湖水深都非常浅，一般只有数十厘米。柴达木盆地现代尕斯盐湖是一个常年性的浅水盐湖，分为3个区：西南区是以泥灰岩和白云岩为主的碳酸盐类，中区是以石膏为主的硫酸盐类，东北区是以石盐为主的氯化物盐类。这是因为西南方向有常年性河水注入，使其淡化，其他方向只有间歇性少量流水甚至无流水注入，因此往东北方向盐度增高。也正因为有西南方向的常年河水输入，整个湖泊的盐度达不到钾盐析出的程度，故不含钾盐沉积

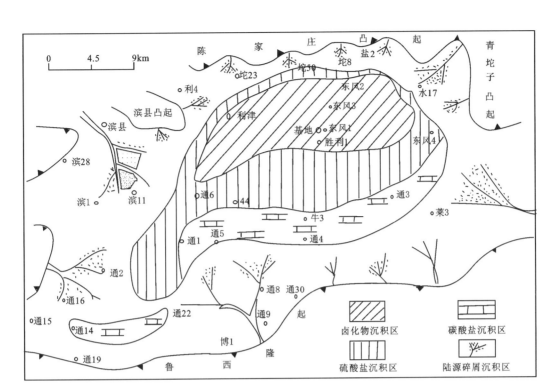

图9-14 济阳坳陷东营凹陷沙四段中期盐湖相沉积区划分图（据钱凯,1988）

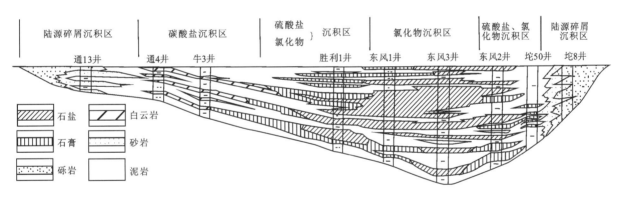

图9-15 东营凹陷沙四段盐湖相沉积剖面图（据吴崇筠和薛叔浩,1992）

（图9-17）。在这些盐湖中，不同成分盐类的分布状况大多不呈同心环带状。

三、干盐湖相

干盐湖通常分布在盐湖的外围或盐湖发育的晚期，它是盐湖湖水被蒸干或基本蒸干而裸露在地表的干盐滩。Surdam和Wolfbauer（1975）通过对Gosiute湖的绿河组（Green River Formation）地层的研究，认为其是一个干盐湖复合体。湖内及周围的沉积岩层可划分为3种不同的岩相：边缘粉砂和砂相、碳酸盐泥坪相、湖相。各相都有碳酸盐矿物的组合特征。边缘相以含方解石结核和钙质胶结物为特征，泥坪相以方解石和白云石为特征，湖相则以天然碱（碳酸钠）或油页岩（方解石或白云石质）为特征。岩相的平面分布呈同心带状，即：中心的湖相被泥坪相包围，而泥坪相又被边缘相环绕，油页岩形成于湖泊高水位期，而天然碱则形成于湖泊低水位期（图9-18、图9-19）。

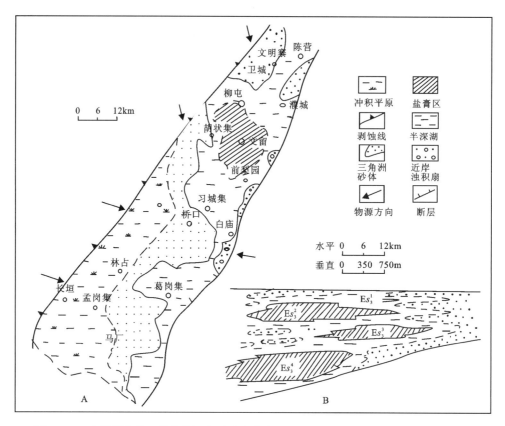

图9-16 东濮凹陷沙三段盐类沉积及砂岩分布(A)和盐韵律剖面(B)(据薛叔浩等,1993)

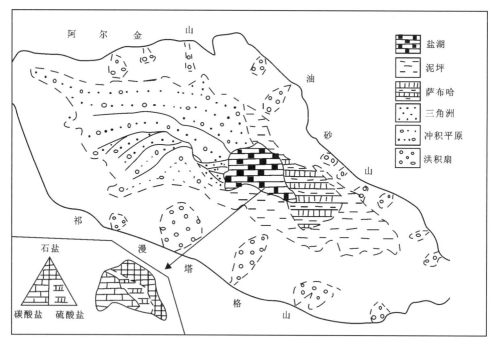

图9-17 柴达木盆地现代尕斯盐湖及其周围地区沉积相和盐湖内盐类沉积分区(据曲政,1989修改)

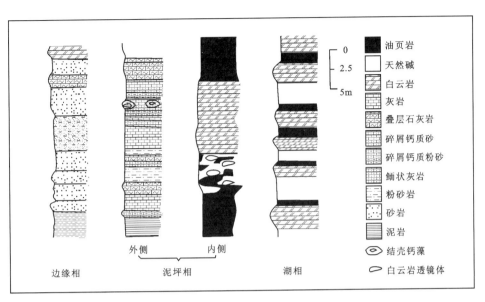

图 9-18 绿河组边缘、泥滩和湖泊环境的岩相剖面示意图(据 Surdam and Wolfbauer,1975)

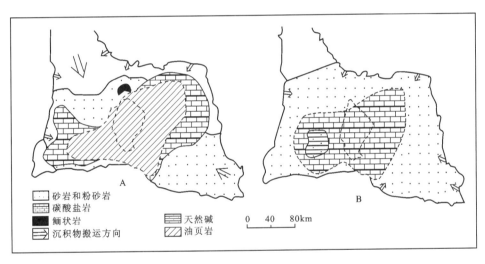

图 9-19 Gosiute 湖岩相分布图(据 Surdam and Wolfbauer,1975)
A. 在蒂普顿中期高水位时的岩相;B. 在威尔金斯峰中期水位时的岩相;湖相以油页岩和天然碱为代表;泥滩相以碳酸盐为代表;边缘相以砂岩和粉砂岩为代表。

第六节 实 例

一、秭归盆地峡口剖面侏罗系千佛崖组湖泊相沉积

秭归盆地位于湖北省西部兴山—秭归—巴东一带,是由中生代地层组成的一个宽缓向斜,向斜边部为三叠系大冶组、嘉陵江组、巴东组和九里岗组,向斜主体为侏罗系桐竹园组、千佛崖组和沙溪庙组。其中千佛崖组以湖泊相为主,典型剖面位于秭归大峡口附近(图 9-20),自峡口镇沿香溪河(南北向)东西两岸公路延伸至 G42 高速公路下部,剖面出露良好,交通方便。

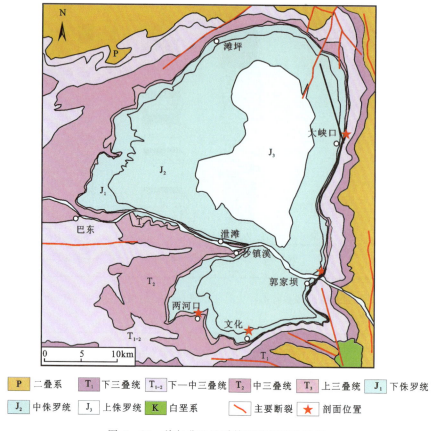

图 9-20 秭归盆地地质简图及剖面位置图

秭归盆地峡口剖面中侏罗统千佛崖组—下沙溪庙组以砂岩、黏土岩为主,主要为湖泊相沉积,下沙溪庙组顶部转化为曲流河沉积(图 9-21)。

中侏罗统千佛崖组下部主要为灰绿色—灰黑色中层—薄层粉砂岩和泥岩的韵律层,中部主要为灰色中厚层砂岩与紫红色厚层—中层粉砂岩、泥岩,上部出现大套的块状—厚层砂岩,夹灰绿色或深灰色中层细砂岩和粉砂岩(图 9-22)。总体来看,千佛崖组分布范围大,砂体稳定,总体为湖泊相沉积。湖泊相可以识别出滨湖亚相、浅湖亚相和半深湖亚相。

滨湖亚相位于高低湖平面消长带,以砂泥质沉积为主,发育浪成波痕和包括 Palaeophycus tubularis 在内的遗迹化石,以及反映异地搬运被高能波浪打碎的介壳层。此外,滨湖亚相受湖平面下降影响,发育典型的古土壤序列,自上而下依次为杂色泥岩代表的富有机质淋滤层(潜育化作用面,往往发育不全),紫红色富含碳酸盐瘤和铁质滑脱面的 Bk 层及灰绿色含碳酸盐瘤粉砂岩(图 9-22)。

浅湖亚相位于最低湖平面之下的波浪作用带,以延伸稳定的灰绿色或黄褐色中厚层砂岩沉积为特色,发育浪成交错层理和大型的楔状交错层理。该亚相中砂岩层厚 50~100cm,层面为平面,延伸较远,对应于浅湖的席状砂体。席状砂体常与红色泥岩或页岩形成韵律层,有时泥岩层中夹新月形细砂岩透镜体或以不连续粉砂层为主,细砂岩中发育小型浪成交错层理(图 9-22),为浅湖亚相与半深湖亚相过渡带(浪基面波动带)的沉积。

半深湖亚相位于浪基面之下、氧化-还原界面之上,为低能沉积环境。峡口侏罗系剖面千佛崖组中,尤其是剖面中部,黏土岩发育,岩石呈紫红色,中薄层状,内具水平层理,反映低能、静水、富氧的半深湖沉积。千佛崖组氧化-还原界面之下的深湖沉积不发育。

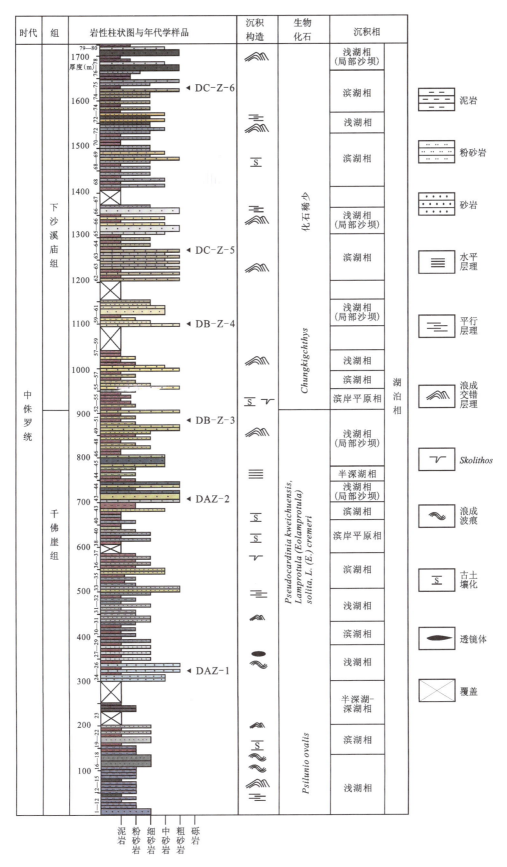

图 9-21　秭归盆地峡口侏罗系剖面沉积相柱状图(据马千里,2021)

图 9-22 峡口剖面中侏罗统千佛崖组沉积现象(据马千里,2021)

A. 千佛崖组下部的岩性组合,灰蓝色—灰黑色中层—薄层粉砂岩和泥岩的韵律层;B. 千佛崖组中部的主要岩性组合,即灰色中厚层砂岩与紫红色厚层—中层粉砂岩、泥岩;C. 千佛崖组中部的主要岩性组合,即块状—厚层砂岩,夹灰蓝色或深灰色中层细砂岩和粉砂岩;D. 灰绿色含碳酸盐瘤粉砂岩,代表滨湖平原亚相暴露标志;E. 冲洗交错层理,发育于中侏罗统千佛崖组滨湖亚相砂岩中;F. 小型浪成交错层理,发育于中侏罗统千佛崖组滨湖亚相砂岩中;G. *Palaeophycus tubularis* 遗迹化石发育于滨湖亚相,指示了生物扰动;H. 千佛崖组浅湖亚相下部全貌,以平整的砂岩层为特征,层面发育浪成波痕;I. 浅湖亚相砂岩中发育紫红色泥岩,呈新月形透镜体;J. 千佛崖组上部厚度巨大的块状砂岩,代表了局部沙坝沉积;K. 千佛崖组浅湖亚相浪成波痕构造;L. 千佛崖组浅湖亚相浪成交错层理;M. 千佛崖组浅湖亚相浪成交错层理;N. 下部为千佛崖组半深湖亚相沉积,上部为千佛崖组浅湖亚相沉积;O. 千佛崖组半深湖亚相,主要为灰绿色的水平层理页岩夹不连续粉砂岩,指示了安静水体和偏还原环境峡口剖面下沙溪庙组是一套巨厚的砂泥岩沉积。下沙溪庙组大致分为3段：下段为紫红色泥岩夹砂岩（图9-23A）；上段灰绿色泥岩和砂岩交互，反映气候逐渐潮湿；下段砂岩层横向分布稳定，分选性较好，见冲洗交错层理（图9-23B）和平行层理（图9-23C），为浅湖相上部沉积。泥岩大致分为两种：一是紫红色中—厚层黏土岩，具水平层理，夹钙质粉砂岩透镜体（图9-23D），粉砂岩中具浪成交错层理（图9-23E）和爬升波痕层理（图9-23F）等，为浅湖相和半深湖相交互沉积；另一种是块状泥岩，属于古土壤层，内见大量瘤状碳酸盐结核（图9-23G），部分为硬磐钙质结核（图9-23H），硬度大，粒径大。此外，古土壤层还发育铁质滑脱面、根管石（图9-23I）、遗迹化石 *Skolithos*（图9-23J）等记录。

下沙溪庙组上段主要发育曲流河相沉积，其河道边滩亚相为规模巨大的厚层砂岩，底部具冲刷面，发育大型槽状交错层理（图9-23K、L）。河道边滩砂岩之上为天然堤相的粉砂岩，具小型水流交错层理或爬升层理。洪泛平原亚相为泥质岩夹小型水流交错层理的粉砂岩，洪泛平原夹决口扇沉积。泥岩中也发育紫红色古土壤层，为洪泛平原暴露于大气中形成的。下沙溪庙组浅湖为具浪成交错层理砂岩（图9-23M、N）。半深湖亚相为具韵律层理粉砂岩、泥岩（图9-23O）。

二、济源盆地侏罗系湖泊相沉积

济源盆地位于华北克拉通南部，东部靠近郑州中牟地区，南部以三门峡-鲁山断裂为边界，西部可能与鄂尔多斯盆地相连，北部受焦作-长垣断裂控制，它是在三叠纪华北大型内陆沉积盆地的基础上继承和发展起来的。济源盆地侏罗系自下而上发育鞍腰组、杨树庄组和马凹组（图9-24）。其中，鞍腰组为一套重力流沉积（图9-25），物理和生物成因沉积构造尤为发育，典型剖面位于济源市承留镇三皇村附近；杨树庄组为一套湖泊三角洲沉积，典型剖面位于济源市承留镇杨树庄一带；马凹组为辫状河-三角洲-浅湖-滨湖沉积，典型剖面位于济源市承留镇马凹村附近。

下侏罗统鞍腰组主要为灰黄色中厚层—厚层状细砂岩、薄层—中厚层状粉砂岩与灰绿色、浅灰色薄层状泥岩互层。胡斌等（2004）根据岩性和沉积构造特征，在该组中识别出了浊流沉积，除此之外还发现滑塌沉积和碎屑流沉积，它们同属于深湖重力流沉积，在盆地内形成湖底扇，包括内扇亚相、中扇亚相和外扇亚相。

内扇亚相位于盆地斜坡处，以中厚层砂岩、粉砂质泥岩为主，发育滑塌沉积和碎屑流沉积。滑塌沉积出现在鞍腰组底部，是沉积物在重力不稳定的情况下，沿斜坡发生滑动形成的，常常伴生包卷层理、滑塌变形层理。野外特征表现为：①细砂岩层破裂成团块状，混杂在粉砂质泥岩层中，并发生滑动弯曲变形（图9-26A）；②砂岩层底部出现波状起伏的滑动面，层内也可见不规则的滑动剪切面，常形成头大尾小的卷曲纹层，也常常发现卷入的不规则泥岩团块；③块状砂岩层之上有时含有较多扁平的、呈透镜状的泥岩条带（图9-26B）。碎屑流主要出现在中下段（图9-26C），以砂质沉积物为主，以整体冻结的方式发生快速流动形成，常常伴生块状层理构造（图9-26D），砂岩底部较为平坦，其上部也会出现平行层理构造（图9-26E）。块状砂岩层顶部也可见大小不一的砾石，砾径多数在2~3cm之间，磨圆较好，成分主要为泥岩（图9-26F）。

中扇亚相位于内扇以外和外扇以内，黄绿色薄层—中厚层状细砂岩层数居多，黄绿色薄层状泥岩层数较少，水道沉积发育。该亚相主要分布在鞍腰组中部，在这类砂岩层底部常含有泥砾，发育火焰构造（图9-26G）、负载构造（图9-26H）、槽模（图9-26I）、沟模、工具痕等底面构造，具正粒序层理构造（图9-26J），属于典型的浊流沉积，可见鲍马序列 A→E 和 B→E，即 A 段为粒级递变段或块状段，B 段为平行层理段，C 段为流水波纹层段，D 段为水平层理段，E 段为浊流间的泥岩段。

外扇亚相位于中扇之外，地形较为平坦，以黄绿色薄层状粉砂岩和黄绿色薄层状泥岩互层为特征（图9-26K），基本无水道沉积。该亚相主要分布在鞍腰组中上部，岩层的韵律性较好，侧向延伸稳定，厚度变化小，单层厚度几厘米到十厘米左右。鲍马序列以 C、D、E 段或 D、E 段发育为特征。深水相遗

图 9-23 峡口中侏罗统下沙溪庙组沉积特征(据马千里,2021)

A. 中侏罗统下沙溪庙组底部滨湖平原亚相,主要由发育古土壤构造的紫红色厚层泥岩组成;B. 滨湖平原亚相,发育于紫红色厚层泥岩中的古土壤构造,古土壤层具有大量的碳酸盐瘤;C. 滨湖平原亚相,古土壤层中发育,比一般碳酸盐瘤粒度更大,硬度更大的部分为硬磐钙质结核;D. 下沙溪庙组滨湖亚相古土壤层中铁质滑脱面、根管石。E. 下沙溪庙组滨湖亚相,土黄色中厚层具平行层理粗砂岩;F. 下沙溪庙组滨湖亚相,淡紫红色中层具冲洗交错层理砂岩;G. 下沙溪庙组滨湖亚相,紫红色中层细砂岩,发育小型浪成交错层理;H. 下沙溪庙组滨湖亚相,杂色中层泥砾岩,泥砾具磨圆,粒度变化较大,反映了滨湖亚相短期暴露状态;I. 下沙溪庙组滨湖亚相,含植物碎片灰黄色中层中砂岩;J. 下沙溪庙组滨湖亚相,遗迹化石 Skolithos,反映了一定程度的生物扰动;K. 上部为下沙溪庙组浅湖亚相局部沙坝,岩性表现为厚度巨大的青灰色—暗色块状粗砂岩,下部为滨湖亚相泥岩组合;L. 下沙溪庙组浅湖亚相,灰绿色中厚层粗砂岩,发育浪成交错层理;M. 下沙溪庙组浅湖亚相局部沙坝,土黄色厚层粗砂岩,发育浪成交错层理;N. 下沙溪庙组浅湖亚相,灰绿色中薄层细砂岩,发育小型浪成交错层理;O. 下沙溪庙组半深湖亚相,韵律层理

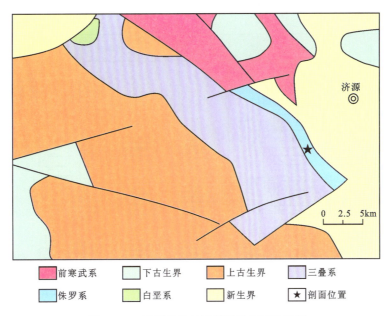

图 9-24 济源盆地地质简图及剖面位置图

迹化石在该段非常发育(图 9-26L),主要有 *Cochlichnus*、*Helminthopsis*、*Helminthoidichnites*、*Paracanthorhaphe*、*Tuberculichnus*、*Vagorichnus*、*Chondrites* 和 *Neonereites*。

中侏罗统杨树庄组主要由灰绿色、灰黄色中厚层状细砂岩与黄绿色薄层状粉砂岩、砂质泥岩和泥岩组成(图 9-27A)。下段主要形成于湖泊三角洲沉积环境中,可识别出三角洲前缘水下分流河道、分流间湾和河口沙坝沉积。水下分流河道主要形成平行层理细砂岩和交错层理细砂岩(图 9-27B、C),砂岩层面可见波痕和少量白云母碎片,部分砂岩底部含有少量砾石,偶有砾石滞留在砂岩纹层面上,砾径在2cm左右,主要成分为泥岩(图 7-27C)。分流间湾以砂质泥岩为特征,以水平层理构造为主。河口沙坝主要形成黄绿色中厚层状细砂岩和粉砂岩(图 9-27D),发育交错层理构造和缓波状层理构造。上段主要形成于浅湖沉积环境中,岩性特征主要为粉砂岩、粉砂质泥岩和泥岩(图 9-27E),包括缓波状层理构造和水平层理构造,泥岩层产有较丰富的植物、鱼类、叶肢介、介形虫、腹足类、双壳类(图 9-27F)等化石。

中侏罗统马凹组下段底部为黄褐色中厚层状细砾岩(图 9-28A),向上过渡为灰白色巨厚层状含砾粗砂岩与中粗粒砂岩(图 9-28B);上段下部为灰白色中细粒砂岩与粉砂岩、泥岩互层,上部以灰绿色、黄绿色泥岩、泥灰岩为主,夹数层薄层灰黑色硅质岩,顶部为紫红色厚层状泥岩夹紫红色中厚层状含砾中粗粒砂岩(图 9-28C)。

中侏罗统马凹组下段符合辫状河沉积特征。细砾岩底面为不平整的侵蚀冲刷面,砾岩中沉积构造不发育,砾石排列比较复杂,没有明显的定向结构,磨圆较好,分选较差,砾石成分主要是石英岩,砾径为2~4cm,为河道沉积。在含砾砂岩层中的砾石主要出现于砂岩底部,向上具有正粒序特征(图 9-28D),砾石面貌与该组底部细砾岩一致,为河床滞留沉积。中粗粒砂岩层中,大型槽状交错层理构造(图 9-28E)、板状交错层理构造(图 9-28F)、平行层理构造(图 9-28G)较发育,为心滩沉积。由于辫状河的河床宽而浅,多个河道反复分叉、反复会合,河道既容易废弃,也容易复活,天然堤、决口扇、泛滥平原沉积不发育。

中侏罗统马凹组上段以细粒沉积为主,主要发育湖泊三角洲、浅湖和滨湖3种亚相。湖泊三角洲沉积位于上段下部,自下而上由黄绿色泥岩、粉砂岩与黄绿色厚层状细砂岩构成三角洲沉积序列,可见植物化石碎片,发育平行层理构造和交错层理构造。浅湖亚相位于马凹组上段中部,以细粒沉积为主,发

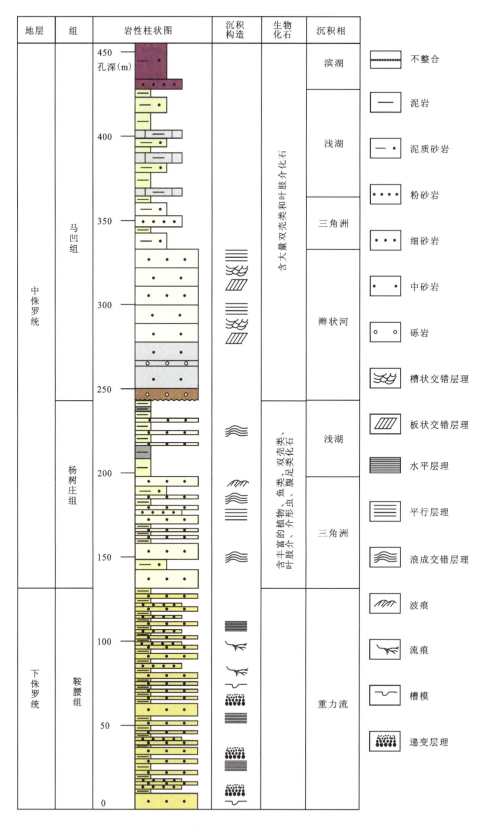

图 9-25 济源盆地侏罗系沉积相柱状图

图 9-26 济源盆地下侏罗统鞍腰组沉积特征

A. 鞍腰组底部滑塌变形构造，细砂岩层发生卷曲变形；B. 鞍腰组下段块状层理砂岩上部含有泥岩条带；C. 鞍腰组下段碎屑流沉积剖面，以块状—厚层砂岩为主；D. 鞍腰组下段砂岩块状层理构造；E. 鞍腰组下段砂岩平行层理构造；F. 鞍腰组下段砂岩顶面漂砾，砾石以泥岩为主；G. 鞍腰组中段砂岩底面火焰构造；H. 鞍腰组中段砂岩底面重荷模构造；I. 鞍腰组中段砂岩底面槽模构造；J. 鞍腰组中段砂岩粒序层理构造；K. 鞍腰组上段浊流沉积剖面，薄层细砂岩与薄层泥岩互层；L. 鞍腰组上段浊流沉积中的遗迹化石 *Helminthopsis*

育大量灰绿色、黄绿色、紫红色薄层状泥岩和少量灰黄色薄层状细砂岩(图 9-28C)，并夹有数层浅黄色中层状泥灰岩及少量黑色硅质岩透镜体(图 9-28H)，含有丰富的双壳类、叶肢介、介形类化石。滨湖亚相位于马凹组上段顶部，以紫红色粉砂岩、粉砂质泥岩为主，夹紫红色中厚层状含砾细砂岩。粉砂质泥岩层面可见大量裂痕及生物实体化石与遗迹化石(图 9-28I)。

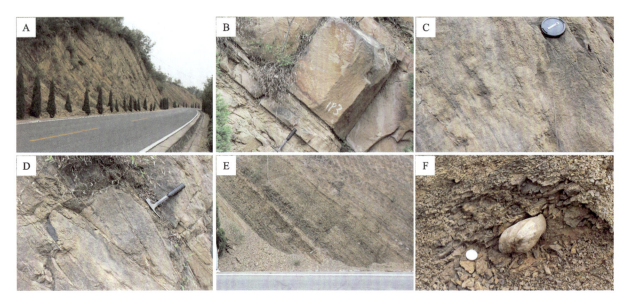

图 9-27 济源盆地中侏罗统杨树庄组沉积特征

A. 杨树庄组地层剖面;B. 杨树庄组下段三角洲分流河道沉积,表现为中厚层细砂岩;C. 杨树庄组下段含砾砂岩,砾石主要成分为泥岩;D. 杨树庄组下段河口沙坝沉积,表现为中厚层细砂岩、粉砂岩;E. 杨树庄组上段沉积剖面,以细粒沉积物为主;F. 杨树庄组上段泥岩层中的双壳类化石

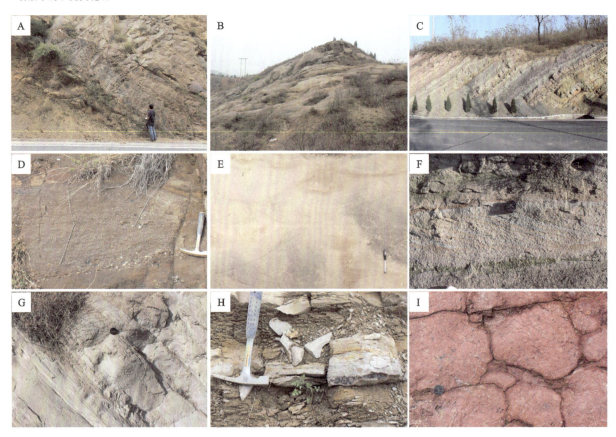

图 9-28 济源盆地中侏罗统马凹组沉积特征

A. 马凹组底部砾岩沉积剖面,与杨树庄组不整合接触;B. 马凹组下段厚层中粗粒砂岩沉积剖面;C. 马凹组上段沉积剖面,以黄绿色、紫红色泥岩沉积为主,夹灰黄色薄层状细砂岩;D. 马凹组下段含砾砂岩,砾石磨圆度较好,具正粒序层理;E. 马凹组下段槽状交错层理构造;F. 马凹组下段板状交错层理构造;G. 马凹组下段平行层理构造;H. 马凹组上段泥灰岩与硅质岩透镜体;I. 马凹组上段紫红色粉砂质泥岩中裂痕与生物化石

第十章 三角洲沉积

第一节 概述

一、三角洲的概念

三角洲是河流进入蓄水盆地(海洋或湖泊)在河口地区形成的沉积体。"三角洲"这个术语来自希腊字母"Δ"(delta),最早被古希腊人用于描述尼罗河三角洲沉积体的陆表形态,并被地理学家和地质学家沿用。三角洲沉积的物质主要来自河流搬运的碎屑沉积物。当河流进入蓄水盆地,流速下降,携带的沉积物沉积,形成平面上呈近似三角形的扇状、剖面上不对称透镜状的沉积体,即为三角洲。河流进入湖泊形成的三角洲为湖相三角洲,进入海洋形成的三角洲为海相三角洲。

Gilbert(1885,1890)最早对美国Bonneville湖更新世湖相三角洲进行了研究,指出三角洲具有"三褶构造"(three fold structure),开拓了三角洲研究的先河,该类型三角洲被命名为Gilbert型三角洲(按现代分类属扇三角洲)。Barrell(1912,1914)继承Gilbert的思路研究了阿巴拉契亚盆地上泥盆统卡茨基尔(Catskill)三角洲,划分出顶积层(topset)、前积层(forset)和底积层(bottom set),分别描述了各层的岩性、层理、化石等特点,开启了古代海相三角洲沉积相研究。Gilbert和Barrell所建立起来的三角洲沉积模式对20世纪初的三角洲研究产生了重要影响,学者习惯将大型前积层作为识别古代三角洲的一个重要标志。

20世纪中期以后,随着工业化进程对能源的需求,人们发现三角洲沉积中蕴藏了大量的煤炭、石油、天然气能源及贵金属矿产,三角洲研究受到了极大重视,学者对密西西比河、罗纳河、尼日尔河等现代三角洲的沉积环境、沉积作用及沉积体系进行了系统而全面的调查研究,同时对河口地区水动力学的研究为三角洲沉积相模式和沉积体系的建立奠定了理论基础。从20世纪60年代开始,美国路易斯安那州立大学(LSU)的海岸研究所持续进行10余年的现代世界主要大河三角洲的系统研究,奠定了三角洲形成的主控因素、三角洲形态的成因分类、三角洲的三维沉积格架和相模式的理论基础,这些理论一直为现代沉积学家所应用。

二、影响三角洲发育的主要因素

三角洲是在河流与蓄水盆地(海洋和湖泊)相互作用下形成的沉积体,影响三角洲发育的因素既有来自河流的,也有来自蓄水盆地的。可以说控制三角洲发育的因素是所有环境中最多的。这些因素综合起来形成复杂多变的沉积背景,控制着三角洲的沉积物性质、分布、形态及内部构型的复杂化。因此,三角洲沉积体系是所有沉积体系中最复杂的沉积体系。Coleman和Wright(1975)通过对现代世界上具有代表性的55个河流三角洲进行研究,分析了影响三角洲形成作用的400个参数,最后总结出对三角洲体及形态格架具有最重要地质意义的12种影响因素,包括气候、流域盆地的地形、流量变化、沉积物的生产量、河口的水动力学特征、近滨地区波浪的功率、潮汐作用、风系、近岸流、陆架坡度、受水盆地的大地构造和受水盆地的形态。综合起来,这些因素包括气候背景因素、构造稳定性及盆地背景因素、水动力因素几个方面。

(一)气候背景因素

三角洲发育区的气候因素包括湿度(降雨量及其变化)、温度、风系等。这些因素通过风化作用影响物源进而控制三角洲沉积,表现为:①气候可通过控制河流流域范围内风化产物、植被覆盖程度,影响河流向河口区域提供不同类型的沉积物;②降水量与蒸发量及其变化决定着河流径流量的变化;③风系通过影响三角洲平原区的沉积物再搬运、产生蓄水盆地的沿岸流,影响三角洲沉积体的物质组成和展布。比如,在温暖潮湿气候区,降水量大于蒸发量,植被发育,化学风化作用强烈,河流径流量大而稳定,河水负载中的悬浮负载含量高,有利于形成大型细粒沉积的三角洲;在寒冷干旱气候区,降水量小于蒸发量,地表植被不发育,物理风化强烈,河水中低负载和跳跃负载多,有利于粗粒沉积的三角洲发育。气候还决定了三角洲平原原地沉积物的成分和数量。潮湿地区的三角洲平原有利于沼泽植物的生长,沉积物中常保存大量有机质,并有泥炭层的发育;干旱地区的三角洲平原沉积物中常含有蒸发盐类矿物。风系对三角洲沉积的影响主要表现在强劲的风可以将三角洲平原的沉积物进行再搬运,并形成宽阔的风成沙原;在高风能影响的三角洲海岸,强劲的沿岸风可形成一系列与岸线平行的风成沙丘。

(二)构造稳定性及盆地背景因素

河流流域和沉积盆地构造稳定性控制着流域区与蓄水盆地的地形形态,对流域沉积物的风化、河流沉积物的供给以及三角洲沉积的形态都起着很大作用。地形的变化控制着植被的发育、风化剥蚀的深度、水系分布的密度及河流纵剖面的坡降。在相同的气候条件下,流域地形起伏越大,河流的侵蚀作用越强,结构成熟度差的粗粒碎屑沉积物供应量越多;反之,细粒沉积物和黏土含量增高。沉积盆地基底的构造稳定性决定了蓄水盆地可容纳空间的大小,盆地基底沉降,可容纳空间就大,三角洲沉积体厚度变大,常形成巨厚三角洲;反之,盆地基底稳定或抬升,蓄水盆地可容纳空间就小,常形成浅水三角洲,三角洲沉积体的厚度较小,三角洲体系内部变化缓慢。另外,蓄水盆地边界的构造也对三角洲沉积具有重要影响,断陷盆地边界常发育扇三角洲,三角洲沉积体的厚度突变且厚度较大;反之,稳定的坳陷盆地边界常发育正常三角洲,三角洲沉积体的厚度渐变,且厚度较小。

(三)水动力因素

影响三角洲沉积的最重要的因素是介入三角洲沉积的水动力因素,包括进入蓄水盆地的河流,蓄水盆地的波浪、沿岸流、潮汐等。

1. 河流作用

河流是形成三角洲的主导因素,河流因素包括河流动大小(包括流域大小)、河水的流量和流速、河流的负载类型和负载量等。

河流的大小主要取决于流域面积的大小,流域面积越大,河流越大,河水的流量越大。一般来说,河流的流域越广,沉积物的生产量越大;河流流量越大,年输入沉积物的数量越大,形成的三角洲规模越大。

河流流量和流速的变化对三角洲的形态和大小也有重要影响,甚至比平均流量、流速的影响还要重要。年径流量集中在短时间的河流与那些年径流量分配均匀的河流所形成的三角洲形态有很大的不同。流量不稳定的河流形成的三角洲平原上多出现迅速而频繁迁移的辫状分流水道和席状砂体;而流量变化稳定的河流则倾向于发育蛇曲河道和弯曲的带状(或称鞋带状)砂体。另外,河流流量的分布也影响着向三角洲输送的沉积物的粒度变化和分选性。河流流量变化越稳定,沉积物的粒度越细,分选性越好。河流流量小但不稳定,且集中于短暂洪水期的河流,要比流量较大但稳定的河流具有更强的搬运能力,将粗碎屑物搬运到三角洲内,形成的三角洲沉积物以颗粒粗且分选差的粗粒物质为特色。

河口地区是河流搬运的碎屑沉积物的集散中心,河流将沉积物搬运到河口,再从河口转移分散到蓄水盆地周围。这些沉积物的分布及各种砂体的形成均受河口区河水和蓄水相互作用控制。Bates(1953)研究了河口区的水动力学机制,将含有大量沉积物负载的河水流入较平静的蓄水盆地时所呈现的状态作为水力学中的自由喷流(free jet),根据河水和蓄水的密度差的不同,将其分为轴状喷流和平面喷流(图10-1)。当河水的密度与蓄水密度相等时,形成等密度轴状喷流。在轴状喷流中,两种水体立

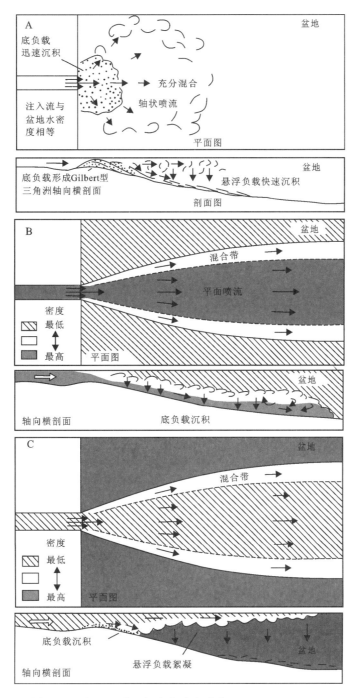

图10-1 河口区注入河水的喷流形式(据Fisher et al.,1969)
A.等密度轴状喷流;B.高密度面状喷流;C.低密度面状喷流

体混合,混合速度快而充分,注入水体的流速迅速降低,底负载搬运的沉积物首先堆积在河口,而悬体方式搬运的细粒沉积物则沉积在河口附近的外围地区。在自然界,河流流入淡水湖中的情况多属于这种喷流,常形成湖相三角洲。面状喷流是注入河水与蓄水密度不同时形成的,可以区分为高密度面状喷流和低密度面状喷流两种情况。高密度面状喷流是高密度的注入河水进入低密度的蓄水盆地形成的,注入的高密度水体沿着蓄水盆地底部面状混合,二者仅在相互接触处呈面状混合,流水速度降低缓慢,混合程度也较低。低密度面状喷流是低密度的注入河水进入高密度的蓄水盆地时,低密度的河水浮在高密度的蓄水表面流动而形成的,流水速度降低更缓慢,混合程度更差。自然界负载量小的河流进入海水属于低密度面状喷流,负载量大的河流进入蓄水盆地属于高密度面状喷流。

2. 波浪、沿岸流作用

波浪作用对河口砂体的改造和三角洲岸线的变化影响极大。在有波浪作用的岸线,三角洲平原、三角洲前缘砂体的分布和形态主要取决于河流供应沉积物的能力与波浪对沉积物改造和再分配能力的相互消长关系。在波浪作用强的河口区,河流搬运的沉积物受波浪作用改造,形成波浪作用主导的沉积砂体,如平行于岸线的沙坝(类似于无障壁海滩)。在波浪作用微弱或没有波浪干扰的情况下,河流不断将沉积物搬运到河口区沉积,常形成大致与岸线垂直的分流河道河口沙坝并向海延伸。Scott(1969)总结了河流作用和波浪作用相互消长情况下三角洲形态的变化,认为当波浪作用增强时,三角洲从以河流作用为主的伸长状(鸟足状),向被波浪改造的朵状、尖头状转化。同理,河流作用与潮汐作用的消长也可以形成类似情况,当潮汐作用增强、三角洲前缘形成潮汐沙坝,由此分为高建设性三角洲和高破坏性三角洲(图10-2)。

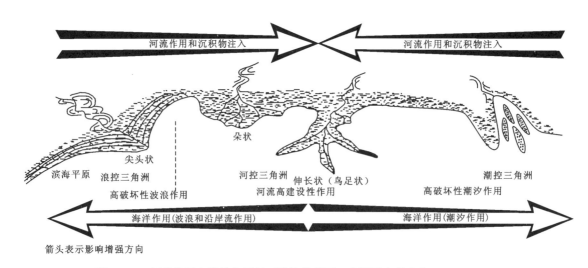

图10-2 河流作用和波浪作用相互消长条件下三角洲形态的变化(据Scott,1969)

在沿岸流发育蓄水盆地,沿岸流对三角洲也有重要影响。沿岸流可引起河流带来的沉积物沿岸进行大规模迁移,改变河口砂体的走向,甚至使河道改变入海方向(图10-3)。

3. 潮汐作用

潮汐作用对三角洲的形态也有强烈的影响,尤其在强潮汐作用的河口区。由于潮流涨落形成的双向潮流大致垂直于海岸线汇聚到河口,因此河流搬运的沉积物被潮流改造形成大致垂直海岸线的放射状潮汐沙脊。在涨潮流占优势的河口区,强潮汐的河口多呈喇叭形,潮汐沙脊可伸展到河道中(图10-4)。由于潮汐作用主要发育于海洋区域,潮汐作用对三角洲的改造主要发育于海相三角洲。

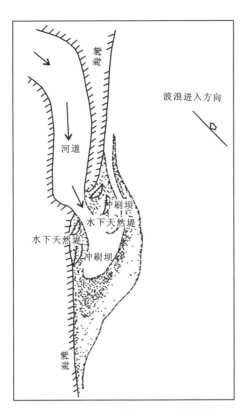

图 10-3　沿岸流改造的三角洲砂体的平面分布模式(据 Wright,1977)

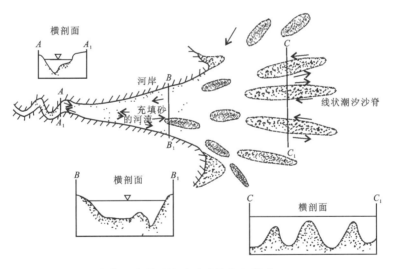

图 10-4　潮控三角洲及潮汐沙脊的分布模式(据 Wright,1977)

第二节　三角洲的分类

20 世纪中叶,大量学者对三角洲进行了深入和综合的研究,从不同角度对三角洲进行了分类。代表性的分类包括 Fisk(1955)提出的浅水三角洲和深水三角洲的分类、三角洲平原类型分类,Fisher 等(1969)和 Galloway(1975)根据三角洲的主控因素的三角洲形态成因分类等。

一、三角洲的水深分类

三角洲的水深分类最早由 Fisk 于 1955 年提出,按照形成三角洲的水深将三角洲分为浅水三角洲和深水三角洲。

浅水三角洲形成于水体较浅的盆地,一般水深数米到数十米,如构造稳定的浅水陆架和湖盆。这种三角洲沉积速率较快,三角洲前缘河道水深和盆地水深比值小,沉积界面坡度小,三角洲前缘沉积厚度较小,水下河道砂体多,沉积物分布范围广,缺少顶积层、前积层、底积层三层结构。

深水三角洲沉积水体较深,常见于具有较陡边缘的盆地边缘,如具有较大坡折的海盆或具有断裂坡折带的湖盆边缘。三角洲前缘水深与盆地水深比值大,沉积界面坡度较大,三角洲前缘厚度较大,水下河道砂体少,分布范围较小,常伴生重力流沉积发育。

二、三角洲构造-水系分类

此分类主要依据三角洲平原构造活动性控制的水系和沉积物类型分类,随着构造活动性的减弱,三角洲平原的地形坡度逐渐变缓,三角洲平原上的水系和沉积物会发生明显变化。在构造活动强、差异升降强烈的三角洲平原区,常常形成砾质辫状河和冲积扇,形成的三角洲为扇三角洲;在构造活动性中等、有一定差异升降的三角洲平原区,常常形成砂质辫状河,形成的三角洲为辫状河三角洲;在构造活动性稳定的三角洲平原,常常形成低弯度的曲流河,形成的三角洲为正常三角洲或曲流河三角洲。

扇三角洲由 Holmes(1965)和 McGowen(1970)提出,系指由相邻高地进入安静水体的冲积扇,即三角洲平原以冲积扇为特征。扇三角洲一般形成于具较陡地形差异的断裂边界盆地边缘。

辫状河道三角洲最早由 McPherson(1987)提出,指由三角洲平原上的辫状河道提供物源形成的富含砾石和粗砂的三角洲。辫状河道三角洲一般形成于大坡降的蓄水盆地边缘。

正常三角洲(曲流河三角洲)为在构造相对稳定的盆地边缘形成的以细粒沉积为特色的三角洲。

三、三角洲的形态-成因分类

三角洲的形态成因分类主要依据控制三角洲形成的主导因素进行分类,由于该分类中的形态与成因密切相关,实际上是形态-成因分类。不同学者先后提出了各种分类方案,最为流行和得到广泛应用的有 Fisher 等(1969)和 Galloway(1975)的分类,这两种分类均以控制三角洲的主导因素为基础,分为河控三角洲、浪控三角洲、潮控三角洲。河控三角洲属于高建设性三角洲,浪控三角洲、潮控三角洲属于高破坏性三角洲。

Fisher 等(1969)的分类强调在控制三角洲发育的诸因素中,海洋能量的类型、大小(波浪、潮汐和沿岸流)与河流能量和负载的相互消长关系对三角洲沉积具有决定意义。河流作用主要是向海盆输送沉积物,不断使三角洲向海进积,起建设作用,所形成的沉积相称建设相。海洋作用主要是将河流输入的沉积物进行改造和再分配,起破坏作用,所形成的沉积相称破坏相。以建设相为主的三角洲为高建设性三角洲,以破坏相为主的三角洲为高破坏性三角洲。以河流作用为主导的三角洲为高建设性三角洲(鸟足状和朵状三角洲)。以波浪和潮汐作用为主导的高破坏性三角洲包括浪控三角洲和潮控三角洲(图 10-5)。

Galloway(1975)通过对许多全新世海相三角洲的分析,指出三角洲的形态类型是一个连续的变化系列。为了将现代和古代各种三角洲都能纳入统一的分类系统,Galloway 在 Fisher 分类的基础上,采用三角图解的方法来表示各类三角洲的形成特点(图 10-6),这个图解是将河控、浪控和潮控三角洲作为三角形图解的 3 个端元类型,每个端元类型都有其独特的砂体格架特征(表 10-1)。其他过渡类型三角洲都可根据河流、波浪和潮汐 3 种主导作用的相对强度将其标在三角形图解的相应位上。该图解比较系统地表现了三角洲连续变化系列,不仅适用于现代三角洲的分类,同样也可应用于古代的三角洲。

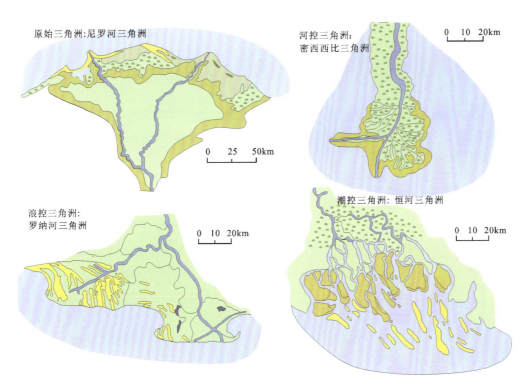

图 10-5 费舍尔等三角洲的形态成因分类（据 Fisher et al.，1969）

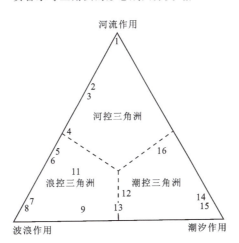

图 10-6 Galloway 三角洲分类的三角图解（据 Galloway，1975）

1.密西西比河三角洲；2.波河三角洲；3.多瑙河三角洲；4.埃布罗河三角洲；5.尼罗河三角洲；6.罗纳河三角洲；7.圣弗朗西斯科河三角洲；8.塞内加尔河三角洲；9.柏德金河三角洲；10.尼日尔河三角洲；11.奥里诺科河三角洲；12.湄公河三角洲；13.科珀河三角洲；14.恒河-布拉马普特拉河三角洲；15.巴布亚湾三角洲；16.马哈卡姆河三角洲

表 10-1 三角洲沉积体系的类型（据 Galloway，1975）

特征	河控三角洲	浪控三角洲	潮控三角洲
形态	伸展状—朵状	弓形	河口湾—不规则
分流河道类型	直—弯曲的	蛇曲形	张开的直或弯曲的
主要沉积物组分	泥质—混合质	砂质	可变的
格架相	分流河口沙坝和河道充填砂、边缘席状砂	障壁沙坝和海脊砂	河口湾充填和潮汐沙脊
格架定向	与沉积斜坡倾向平行	与沉积斜坡走向平行	与沉积斜坡倾向平行

第三节　海相三角洲

河流进入海洋在河口地区形成的三角洲为海相三角洲。由于海岸带波浪、潮汐及沿岸流对河流搬运来的三角洲沉积物不同程度地改造，海相三角洲成因多样，形态多异，主要分为河控三角洲、浪控三角洲、潮控三角洲等类型。

一、河控三角洲

现代河控三角洲有密西西比河三角洲、黄河三角洲、伏尔加河三角洲、多瑙河三角洲等。密西西比河三角洲为少有的典型伸展形（鸟足状）三角洲，黄河三角洲则可作为朵状三角洲的代表。下面以这两个三角洲为例，详细介绍河控三角洲的沉积环境、沉积相及其层序结构特点。

（一）河控三角洲的背景环境

河控三角洲最主要的特点是河流作用远远超过海洋作用。大径流量和输沙量、小潮差、低波能，以及浅而稳定的充水盆地是形成河控三角洲最主要的环境因素。现代密西西比河是世界最大河流之一，发育于北美洲落基山脉，流经美国中部平原，注入墨西哥湾，流域盆地主要位于温带，受水盆地一侧为迅速下陷的半封闭型构造盆地，三角洲则发育在盆地北部具有较缓坡度的稳定边缘，地处湿热的亚热带气候区。年平均径流量高达 15 631m³/s，是世界最大流量河流之一。密西西比河年输沙量很高，主要是黏土、粉砂和细砂，细的悬浮负载比例很大。受水盆地的波浪功率极低，潮差为 0.43m，所形成的三角洲形态为多河口的向海延伸很远的鸟足状高建设型三角洲（图 10-7）。

图 10-7　密西西比河三角洲形态及内部环境分布图（据 Stephen Marshak，2019）

（二）河控三角洲的内部环境及沉积相的特点

河控三角洲具有复杂多变的内部环境及相的变化，通常可以划分为三角洲平原、三角洲前缘、前三角洲 3 个组成单元。

1. 三角洲平原

三角洲平原为入海河流开始分叉为分流河道处至海岸线之间的水上部分，为一近海的广阔而低平的地区。三角洲平原主要由一系列活动的和废弃的低弯度或辫状分流河道以及河道间地区组成。分流河流两侧可发育天然堤和决口扇。河间地带为低洼地区，包括小型聚水盆地（湖泊）和沼泽（泥沼、草沼和树沼）。河控三角洲的分流河道呈伸长状或鸟足状延伸到海中。三角洲平原不同的环境具有不同的沉积相类型，主要的相类型及其特点如下。

（1）分流河道相：分流河道是河流将陆源物质向海搬运的主要通道，它们具有与大陆冲积环境河道相似的水动力特点和沉积作用。每条分流河道的沉积都为周期性水位变化的单向水流所形成的向上变细的正旋回层序，沉积物主要为砂质，构成三角洲平原体系中的砂质格架，底面为侵蚀面，向上为较粗的滞留沉积，再向上为槽状交错层理的砂层并过渡为小型水流交错层理的细砂和粉砂层，最上部为含有大量植物根系的粉砂和黏土层。密西西比河三角洲平原上的分流河道多为低弯度河道，一般曲流沙坝不发育，这些向上变细的河道层序常相互叠置重复出现，反映了河道的多次迁移或废弃。尽管这些河道与大陆冲积环境的河道有许多相似处，但也有许多不同。最明显的是在这些分流河道的下游，由于受到涨潮或向岸风浪的影响，在废弃河道的河口地段常有海滩砂的堵塞。在非洪水期的河道下游因底负载的搬运受阻，细粒沉积物将沉积在河道中形成细的覆盖层。

（2）分流河道河口沙坝相：从分流河道下游到入海口，常形成心滩即河口沙坝。河口沙坝以纯净的砂质沉积为主，内具水流作用形成的沉积构造，如水流波痕、水流交错层理等。它们与三角洲前缘的水下河道河口沙坝相连。

（3）天然堤相：与河流环境的天然堤一样，三角洲平原上的天然堤也是洪水期从河道中溢漫的水流沉积的，它们均分布在河道两侧，平行河道延伸，横断面呈楔状或不对称的透镜状，向河道一侧较陡，河道外侧较缓。上三角洲平原的天然堤发育较好，向下游高度减小，宽度增大。天然堤的物质组成主要是粉砂及粉砂质黏土，粒度向下游及远离河道变小。常见的沉积构造有小型水流交错层理、爬升层理、植物根痕以及动物的潜穴，生物扰动构造也很发育。由于洪水期与平水期的交替，天然堤的层序呈粉砂层与粉砂质黏土层互层的特点。

（4）决口扇相：与陆相河流类似，当洪水冲破天然堤向分流河道间地区倾泻时，便在天然堤外侧的分流河道间形成扇状沉积体。决口扇上分布有辫状或网状决口水道，充填在水道中的沉积物一般具有水流交错层理或爬升层理。这些小型河道砂呈透镜状层夹在分流河道间的湖泊或沼泽相细粒沉积物（泥或粉砂质泥）之间。洪水的反复泛滥可使决口扇不断扩大，并直接覆盖在分流间湾的黏土层上，规模巨大的决口扇被称作次三角洲。

（5）湖泊相：密西西比三角洲平原分布有许多大小不同的湖泊，从小的暂时性的水塘到直径达几十千米的大型湖泊（如波尔多湖）都有。它们多出现在低于潜水面的下陷地区或三角洲侧翼和泄水道地区，湖水较浅，多为淡水，水深小于4m，波浪及水流作用非常微弱。沉积物为含粉砂质透镜体的暗灰色及黑色黏土，具极细的纹层，多被生物强烈扰动，常含有双壳类介壳及黄铁矿，有的湖泊还有湖泊相三角洲沉积。

（6）沼泽相：分流河道间地区地势低洼，地下水位接近地表，湖泊被填满淤积，可形成沼泽。三角洲平原上沼泽分布广泛，有泥沼、草沼和树沼等，构成一个富含有机质的滞留还原环境。沼泽植物随盐度、排水情况等因素而不同。不同的沼泽植物群落形成不同类型的泥炭，所以三角洲平原是个很好的成煤环境。三角洲沼泽相与大陆其他环境的沼泽相具有相似的特征，其岩性主要为暗色、富含有机质泥、泥炭或褐煤沉积，其中常夹有薄的粉砂层，具均质层理和生物扰动构造，常含有大量植物碎屑、根系，以及介形类和腹足类介壳，内有黄铁矿、菱铁矿等还原矿物或结核。由于这些沼泽地临近海湾，常受海水的影响。从上三角洲平原向海方向，水体含盐度不断增大，可以从淡水过渡到半咸水以至海水，反映出生物由淡水生物、广盐度生物到狭盐度生物的变化。

2. 三角洲前缘

三角洲前缘是三角洲的水下部分，底界为海洋浪基面，呈环带状分布在分流河道的前缘地带。三角洲前缘是河流的建设作用和海洋的破坏作用相互影响最激烈的地带。河流携带的沉积物堆积在这里，波浪、潮汐和沿岸流可以迅速对这些沉积物进行簸选、搬运及再分配。该地带为三角洲体系中砂质沉积物最丰富、最集中的地区，常构成良好的油气储层。三角洲前缘的砂主要是纯净的石英砂，分选、磨圆均好，成分成熟度和结构成熟度均高。三角洲前缘砂体的形态受复杂的水动力影响，随着远离分流河道河口区，海洋作用不断增大。三角洲前缘内部水下河道区以河流作用为主，外部以海洋（波浪）作用为主。内部相区分为水下分流河道和河口沙坝、分流间湾，外部相区分为三角洲前缘席状沙及远沙坝。图10-8为密西西比河三角洲的一个分流河口前缘环境与相的分布图。从图上均可见这些沙坝呈环状围绕河口发育。

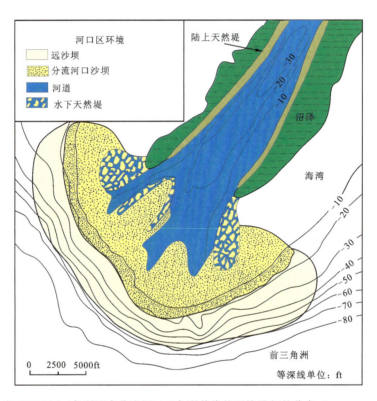

图10-8　密西西比河三角洲西南分流河口三角洲前缘的环境及相的分布（据Coleman et al.，1965）

（1）水下分流河道和河口沙坝相：水下分流河道是陆上三角洲平原分流河道向海水下延伸，河流作用越强（流量、流速越大），延伸距离越远。当流动的河水遇到海水阻碍并与海水混合，水流速度降低，河流搬运的沉积物就会沉积，形成分流河口沙坝。分流河口沙坝是在分流河道入海口附近形成的砂质浅滩。分流河道沙坝的岩性主要是砂及粉砂，分选磨圆均很好，缺乏泥质组分。常见的沉积构造为水流形成的波痕或交错层理。水下分流河道两侧可形成水下天然堤，其岩性较分流河道沉积物细，以细砂、粉砂为主，具小型水流波痕或交错层理。水下分流河道及河口沙坝底质活动性大，不利于底栖生物栖息，故化石稀少，偶有异地搬运来的破碎介壳分布在坝顶和坝的上部。河口沙坝在平面上多呈新月形或与河口平行的长轴状，横剖面呈双凸的透镜状。水下分流河道和陆上分流河道的砂体随河道延伸展布，空间上形成狭长的指状砂体，又称指状沙坝，是一种重要的油气储层（图10-9）。

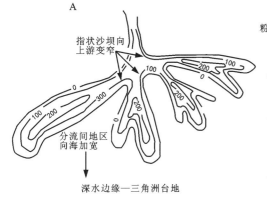
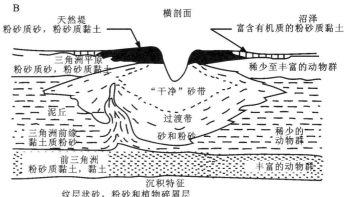

图 10-9 密西西比河三角洲指状砂体几何形态和沉积物特征(据 Fisk,1961;Fisher et al.,1969)
A. 平面图;B. 剖面图

(2)分流间湾相:分流间湾是指分流河道之间的海湾,部分文献中将其归为三角洲平原的一部分,因其位于水下,故本书将其归为三角洲前缘。分流间湾是与海相通的海湾,发育于分流河道之间的低地和废弃三角洲朵体的下陷地区,如密西西比三角洲的西南分流河道两侧的东湾和西湾等。分流间湾一般深度较小,且两侧有分流河道隔挡,海水的动能较小,主要沉积物为决口水道和泛滥洪水携带来的细粒悬浮的泥和粉砂,也可有细砂的沉积。分流间湾沉积物水平层理发育,底栖生物有双壳、腹足等,生物扰动构造强烈。当三角洲向海推进时,这些海湾最终多被决口扇、次三角洲或泛滥洪水带来的沉积物充填,所以在三角洲沉积序列中,分流间湾常呈泥质层被保存下来。

(3)三角洲前缘席状砂相:三角洲前缘席状砂位于三角洲前缘外部,是河口沙坝受波浪、潮汐和沿岸流强烈改造和再分配的席状沙层。沙层面积广大,层厚向海逐渐变薄,主要成分为细砂及粉砂,分选好,成熟度高,质纯,也可成为很好的储集层。席状沙沉积构造主要为小型浪成波痕的浪成交错层理。三角洲前缘席状沙常含有广盐度生物化石,生物遗迹常见,具有一定的生物扰动。

(4)远沙坝相:远沙坝位于三角洲前缘席状沙上,为新的水下河道向海进一步延伸而成,实际上是三角洲前缘外部新的水下河道沉积。远沙坝一般为细砂、粉砂沉积,常含有泥质。内具小型水流波痕或交错层理,也具受波浪改造形成的小型浪成波痕或交错层理。该带可有底栖生物生活,含有生物化石及潜穴遗迹,生物扰动构造非常发育。

3. 前三角洲

前三角洲位于三角洲前缘外部、浪基面之下。该带基本不受波浪作用影响,沉积物以细粒泥质沉积物为主,包括黏土质和细粉砂质沉积。由于该带物源来自河流搬运来的沉积物,故物源供应较为充裕,沉积速率较快,因此常见均质层理,也见水平层理。前三角洲生物非常发育,主要为广盐度的生物,如双壳类、介形类、腹足类、有孔虫等,生物遗迹和生物扰动构造发育强烈。富有机质的前三角洲沉积和埋藏速率快且处于还原条件,有利于有机质保存,是良好的生油层。

前三角洲与陆棚浅海沉积过渡,其沉积物均为细粒泥质沉积,前三角洲受河流影响,内含广盐度生物,而正常浅海不受河流影响,其生物为适应正常盐度海水的狭盐度生物。

(三)河控三角洲沉积的前积作用和沉积序列及其相变

三角洲沉积体系内部的各个次级环境和沉积相都有各自的特点,而且它们在时空分布上,即在垂直层序和横向变化方面也有着特定的共生关系。揭示这些规律对鉴别和解释古代三角洲环境具有重要的参照价值。

1. 河控三角洲的进积和退积作用

由于河控三角洲河流的堆积作用强,在盆地基底构造稳定和海平面变化稳定的情况下,三角洲沉积的堆积速度大于相对海平面变化上升的速度,造成三角洲沉积向海进积,即三角洲前缘的沉积覆盖于前三角洲沉积之上,三角洲平原沉积覆盖于三角洲前缘沉积之上,形成水体向上变浅、沉积物向上变粗的进积型沉积序列(图10-10)。进积型沉积序列在现代三角洲和古代三角洲都十分常见,如密西西比河三角洲。当盆地基底持续沉降或海平面持续上升,容纳空间持续扩大,三角洲沉积不足以补偿容纳扩大的空间时,也会形成退积型的沉积序列,即三角洲平原沉积之上依次覆盖三角洲前缘沉积、前三角洲沉积,形成水体向上变深、沉积物向上变细的退积型序列。退积型三角洲较为罕见,如湖北鄂西地区新元古界莲沱组形成于新元古代海侵和盆地构造沉降叠加的时期,发育典型的退积型沉积序列。

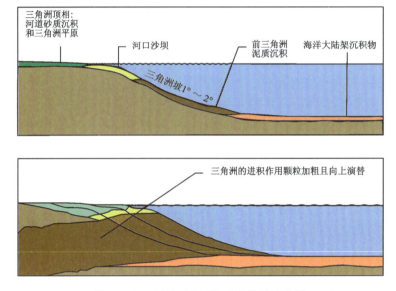

图10-10 河控三角洲的进积作用示意图

2. 河控三角洲的进积型沉积序列

河控三角洲的进积沉积序列自下而上可分为以下几种相类型(图10-11)。

(1)正常陆棚浅海相:由暗色中薄层泥质岩组成,内具水平层理或均质层理,含狭盐度生物化石,生物化石保存完好,可见生物遗迹或生物扰动构造。

(2)前三角洲相:主要岩性为暗色中薄层泥岩或页岩,泥质粉砂岩、粉砂质泥岩和粉砂岩,发育水平层理或均质层理,广盐度生物化石发育,如双壳类、腹足类、介形虫、有孔虫等,化石保存完好,可见生物遗迹或生物扰动构造。

(3)三角洲前缘席状沙和远沙坝相:席状沙主要岩性为灰色—深灰色中薄层细砂岩、粗粉砂岩、泥质岩,具小型浪成波痕和浪成交错层理。远沙坝主要为灰色—浅灰色中厚层中细粒砂岩、粉砂岩,内具小型水流波痕、水流交错层理和浪成波痕、浪成交错层理。该相具广盐度生物化石,生物化石有一定程度的破碎。

(4)水下分流河道和河口沙坝相:主要岩性为灰色厚—中厚层砂岩及粉砂岩,河道相砂岩具大型水流波痕和水流交错层理。水下天然堤的细砂岩、粉砂岩可具小型水流交错层理、爬升层理。层内也可发育大型浪成波痕和浪成交错层理。该相可具破碎的广盐度生物化石碎屑。

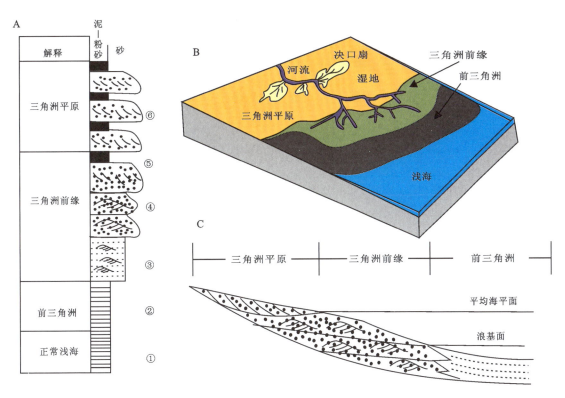

图 10-11 河控三角洲沉积相模式
A.沉积序列,①~⑥为序列号;B.平面模式;C.剖面模式

(5)分流间湾相:主要岩性为暗色中厚层—中薄层泥岩、粉砂岩、粉砂质泥岩和泥质粉砂岩。内具小型浪成波痕或浪成交错层理、均质层理或水平层理,含广盐度生物化石碎片。

(6)三角洲平原相:包括分流河直相和分流河道间湿地(湖泊沼泽)相。分流河道相主要岩性为浅灰色砂岩,砂岩底部可具含砾砂岩,底具冲刷面,自下而上岩性由中粗粒砂岩变为中—细粒砂岩,沉积构造由大型水流波痕、水流交错层理变为小型水流波痕和水流交错层理。上部天然堤相为细砂岩和粉砂岩,内具小型水流波痕、水流交错层理或爬升层理。顶部决口扇相为粉砂岩、泥质粉砂岩、粉砂质泥岩,具小型水流波痕、水流交错层理、爬升层理、均质层理等。分流河道相生物化石稀少。分流河道间湿地(湖泊沼泽)相主要岩性为暗色中厚层—中薄层泥质岩、粉砂岩,内具均质层理、水平层理及小型浪成波痕和浪成交错层理,或小型水流波痕或水流交错层理。沉积物中有机质含量高,可夹煤线或煤层,植物化石发育。

二、潮控三角洲

潮控三角洲主要发育在中—大潮差的地区,该区潮汐作用强烈,波浪作用和河流作用相对微弱。在强潮流作用下,河流搬运到河口地区的沉积物被潮流强烈改造,三角洲前缘形成大致垂直于岸线、平行于潮流方向的潮汐砂体。现代孟加拉湾是世界著名的大潮差地区,来自青藏高原的河流在孟加拉湾形成典型的潮控三角洲,如孟加拉湾恒河-布拉马普特拉河潮控三角洲(图10-12)。该三角洲潮汐作用强烈,砂体向海延伸95km左右。位于巴布亚新几内亚的巴布亚湾,潮汐作用强烈,弗莱河三角洲也是典型的潮控三角洲(图10-13)。

(一)潮控三角洲的内部环境及沉积相的特点

潮控三角洲也由三角洲平原、三角洲前缘、前三角洲3部分组成。

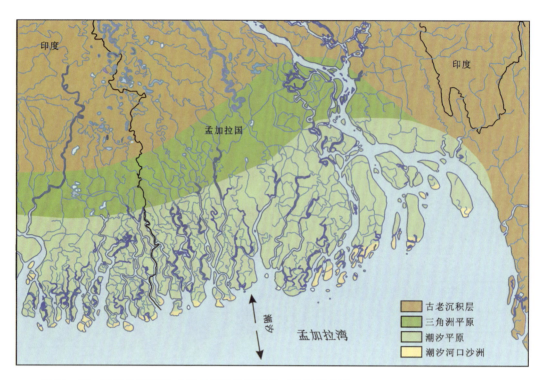

图 10-12　孟加拉湾恒河-布拉马普特拉河潮控三角洲示意图(据 Stephen Marsshak,2019 修改)

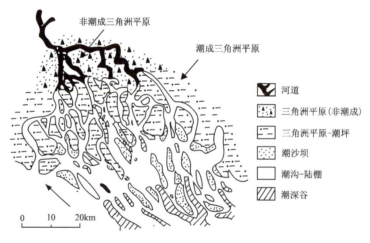

图 10-13　巴布亚湾弗莱河潮控三角洲(据 Fisher et al.,1969)

1. 三角洲平原

潮控三角洲平原为三角洲的水上部分。由于三角洲平原受河流和潮汐作用共同影响,因此形成上部(靠陆地部分)非潮成的河控三角洲平原和下部(靠海部分)潮成的三角洲平原。非潮成的河控三角洲平原主要受河流作用控制,类似于河控三角洲平原,由分流河道和河道间的湿地(湖泊或沼泽)组成,分流河道具有底部的冲刷面、下部的河道砂体、上部的天然堤及决口扇;湿地湖泊、沼泽为富有机质的泥质沉积,其沉积特征与河控三角洲平原类似。潮成三角洲平原主要受潮汐作用控制,沉积特征类似于潮坪,以具有潮汐层理(脉状层理、波状层理、透镜状层理)的砂岩和泥质岩交互沉积,或生物遗迹发育,生物扰动强烈,形成块状层理。

2. 三角洲前缘

潮控三角洲的三角洲前缘为三角洲的水下部分，底界为正常浪基面。三角洲前缘上部受强烈的潮汐作用改造，河流搬运来的沉积物受到潮流簸选，细粒的黏土和细粉砂被带走，主要为砂或粗粉砂沉积，类似于潮汐作用的滨海潮下带。三角洲前缘的沉积构造主要为潮汐水流形成的水流波痕、双向交错层理、双黏土层、潮汐束状体、B-C层理及浪成交错层理等。潮控三角洲前缘的砂体走向大致垂直于岸线、平行潮流方向，呈平行或放射状分布。三角洲前缘的下部席状沙潮流作用减弱，波浪作用增强，一般为具小型浪成波痕和交错层理、水平层理的细砂岩或粉砂岩及泥质岩。单个旋回的三角洲前缘的沉积厚度与浪基面深度大致相当。

3. 前三角洲

前三角洲位于浪基面之下的三角洲外缘，由于没有波浪或潮汐作用，水体安静。类似河控三角洲的前三角洲，主要为黏土质、粉砂质沉积，内具水平层理或均质层理，广盐度生物化石发育，可见生物遗迹或生物扰动构造发育。

（二）潮控三角洲的沉积序列

与河控三角洲类似，在沉积盆地基底稳定、海平面变化稳定的情况下，三角洲进积作用明显，形成水体向上变浅、沉积物粒度向上变粗的沉积序列(图 10-14)，该序列自下而上特征如下。

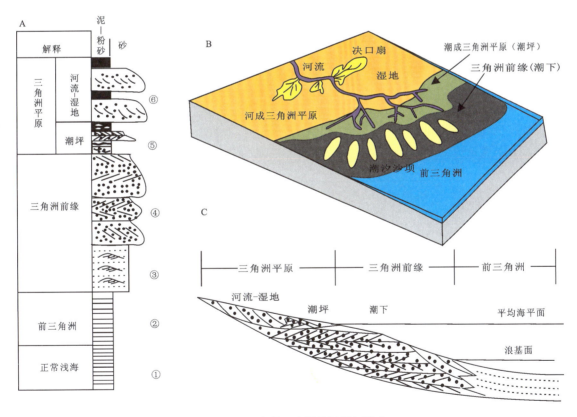

图 10-14 潮控三角洲的沉积相模式
A. 沉积序列，①～⑥为序列号；B. 平面模式；C. 剖面模式

(1)正常陆棚浅海相：主要岩性为暗色中薄层泥质岩，水平层理或均质层理发育，含保存完好的狭盐度生物化石，可见生物遗迹或生物扰动构造。

(2) 前三角洲相：主要岩性为暗色中薄层泥岩或页岩，泥质粉砂岩、粉砂质泥岩和粉砂岩，发育水平层理或均质层理，广盐度生物化石发育，化石保存完好，可见生物遗迹或生物扰动构造。

(3) 三角洲前缘席状沙相：主要岩性为灰色—深灰色中薄层细砂岩、粗粉砂岩、泥质岩，具小型浪成波痕和浪成交错层理，具广盐度生物化石，生物化石有一定程度的破碎。

(4) 三角洲前缘潮汐沙坝相：主要岩性为灰色厚—中厚层砂岩，砂岩底部具冲刷面，砂岩具大型水流波痕和双向水流交错层理、双黏土层、潮汐束状体、B-C层理及浪成交错层理，可具破碎的广盐度生物化石碎屑。

(5) 潮成三角洲平原相：主要岩性为暗色中厚层细砂岩、粉砂岩和泥质岩互层，具潮汐层理（脉状层理、波状层理、透镜状层理），具广盐度生物化石，发育生物遗迹或生物扰动构造。

(6) 非潮成三角洲平原相：包括分流河道相和分流河道间湿地（湖泊、沼泽）相。

分流河道相主要由浅灰色砂岩组成，下部河道砂岩底部粗砂岩具冲刷面，自下而上岩性由中粗粒砂岩变为中细粒砂岩，沉积构造由大型水流波痕和水流交错层理变为小型水流波痕和水流交错层理。上部天然堤相和决口扇为细砂岩、粉砂岩及泥质岩，内具小型水流波痕、水流交错层理或爬升层理。分流河道相生物化石稀少。

分流河道间湿地（湖泊、沼泽）相主要岩性为暗色中厚—中薄层泥岩、粉砂岩，内具均质层理、水平层理及小型浪成波痕和浪成交错层理，或小型水流波痕或水流交错层理。沉积物中有机质含量高，可夹煤线或煤层，植物化石发育。

三、浪控三角洲

浪控三角洲发育在中—高能波浪地区，一般都面向开阔海湾或大洋，潮汐作用、沿岸流作用及河流作用相对于波浪作用都比较小，或不起主导作用。在强波浪的影响下，河流搬运来的沉积物受波浪作用强烈改造，形成平行于海岸线的无障壁海滩或潟湖-障壁沙坝。图10-15为尼罗河流入地中海，在海岸强波浪作用下形成的典型浪成三角洲。在浪成三角洲中，河流倾泻在河口区的沉积物在波浪的强烈淘洗下，泥几乎完全被带到陆棚浅海中，沙堆积在海岸带，在河口侧翼形成海滩脊。河口沙坝在向海推进过程中不断被波浪改造为向海凸出的、与岸线平直的尖嘴形砂体。

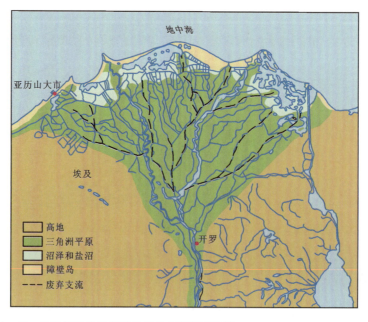

图10-15 尼罗河三角洲沉积体系的主要沉积环境（据Stephen Marsshak, 2019修改）

现代海相三角洲还有一种由波浪和沿岸流共同作用形成的三角洲,表现为受沿岸流影响河道转向与海岸线大致平行,然后进入海洋。与浪控三角洲类似,现代海相三角洲岸线附近也发育海滩。这种三角洲在地质记录中难以识别,故不单独论述。

(一)浪控三角洲的内部环境及沉积相的特点

浪控三角洲也分为三角洲平原、三角洲前缘、前三角洲3个环境单元。

1. 三角洲平原

在三角洲平原地带,河流与波浪作用相互消长,上三角洲平原河流作用仍占据主导作用,下三角洲平原才显现明显的波浪改造迹象,尤其在岸线附近形成波浪强烈改造的海滩或障壁沙坝(本书放在三角洲前缘一起描述)。浪控三角洲平原也可以分为河道或分流河道、河道间的湿地(湖泊、沼泽)等环境。浪控三角洲平原上的河道可以形成分流河道(如罗纳河三角洲和尼日尔河三角洲),也可以仅有一个主河道(如弗朗西斯科河三角洲),还有主河道迁移发育一个主河道(如尼罗河三角洲)。三角洲平原上的河道有较为顺直的河道,也有弯曲的河道,类似陆相河流的曲流河(如弗朗西斯科河和尼罗河)。

无论是三角洲平原的主河道还是分流河道,都发育类似陆相河流的沉积特征。河道发育心滩或边滩,河流沉积底部为冲刷面,自下而上由河道的中粗粒砂岩—中细粒砂岩逐渐变为天然堤和决口扇的细砂岩、粉砂岩、泥质岩,沉积构造由河道下部的大型水流波痕和交错层理变为河道上部及天然堤、决口扇的小型水流波痕、水流交错层理和爬升层理。

三角洲平原的河道间为湿地(湖泊、沼泽)环境。在热带亚热带地区可形成红树林沼泽(如弗朗西斯科河三角洲平原、尼日尔河三角洲平原)。与河控三角洲平原河道间湿地类似,其沉积物主要为暗色中厚层的黏土岩、粉砂质泥岩、泥质粉砂岩,内具水平层理或均质层理,沉积物有机质高,可形成煤线或煤层,植物化石发育且保存完好。

2. 三角洲前缘

浪控三角洲平原与三角洲前缘过渡区为波浪作用强烈改造的地区,河流搬运来的沉积物受强烈的波浪簸选、改造,形成类似于无障壁海滩或障壁沙坝。三角洲前缘的亚环境可分为后滨、前滨、临滨等。

后滨位于平均高潮线以上,只有大潮或风暴潮才被海水淹没。此处的沉积物为成分成熟度和结构成熟度均高的砂岩,若存在后滨海滩脊,海滩脊后侧洼槽积水可平行于海岸线流动,形成水流波痕和水流交错层理,受海岸风的影响也可形成风成波痕和风成交错层理。

前滨位于平均高潮线和平均低潮线之间。前滨沉积物主要由砂岩组成,由于波浪冲洗作用强烈,发育冲洗交错层理和极浅水沉积构造,如障碍痕、流痕和细流痕、菱形痕、泡沫痕等。前滨常见垂直于层面的潜穴等生物遗迹构造。

临滨是平均海平面之下、浪基面以上的地区,该区主要受波浪作用控制,沉积物也为不同粒度的砂岩或粗粉砂岩,内发育各类浪成成因的沉积构造,上临滨发育大型浪成波痕和浪成交错层理,下临滨发育小型浪成波痕和浪成交错层理。临滨的生物一般为破碎的生物碎屑,可发育垂直或斜交层面的生物潜穴。

3. 前三角洲

前三角洲位于浪基面之下,一般为具水平层理的泥质沉积。由于波浪作用的充分混合,此处海水盐度接近正常,因此与陆棚浅海难以区别,可发育广盐度生物,也可以出现狭盐度生物。

(二)浪控三角洲的沉积序列

与河控三角洲类似,在沉积盆地基底稳定、海平面变化稳定的情况下,浪控三角洲进积作用明显,形成水体向上变浅、沉积物粒度向上变粗的沉积序列(图10-16),该序列自下而上特征如下。

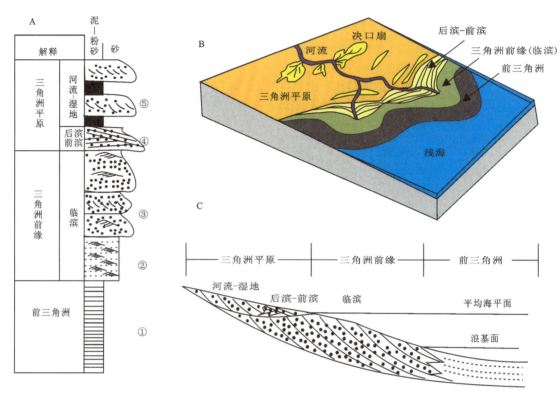

图 10-16 浪控三角洲的沉积相模式
A.沉积序列,①~⑤为序列号;B.平面模式;C.剖面模式

(1)前三角洲或正常陆棚浅海相:主要岩性为暗色中薄层泥质岩,水平层理或均质层理发育,含保存完好的广盐度或狭盐度生物化石,可见生物遗迹或生物扰动构造。

(2)下临滨相:主要岩性为灰色—深灰色中薄层细砂岩、粗粉砂岩、泥质岩,具小型浪成波痕和浪成交错层理,具广盐度生物化石,生物化石有一定程度的破碎。

(3)上临滨相:主要岩性为灰色厚—中厚层砂岩,砂岩具大型浪成波痕和浪成水流交错层理,可具破碎的广盐度生物化石碎屑。

(4)前滨和后滨相:主要岩性为中厚层砂岩、粗粉砂岩,具冲洗交错层理、水流波痕、水流交错层理和极浅水沉积构造,如障碍痕、流痕和细流痕、菱形痕、泡沫痕等,发育垂直于层面的生物潜穴。

(5)三角洲平原相:包括河道或分流河道相和分流河道间湿地(湖泊、沼泽相)。河道或分流河道相主要由浅灰色砂岩组成。河道下部砂岩底部粗砂岩具冲刷面,河道下部为中粗粒砂岩,具大型水流波痕和水流交错层理。河道上部为中细粒砂岩,沉积构造为小型水流波痕和水流交错层理。上部天然堤相和决口扇为细砂岩和粉砂岩及泥质岩,内具小型水流波痕、水流交错层理或爬升层理。河道或分流河道相生物化石稀少。分流河道间湿地(湖泊、沼泽相)主要岩性为暗色中厚层—中薄层泥岩、粉砂岩,内具均质层理、水平层理及小型浪成波痕和浪成交错层理,或小型水流波痕或水流交错层理。沉积物中有机质含量高,可夹煤线或煤层,植物化石发育。

综上所述,三角洲沉积层序具有以下几个明显特点:①三角洲沉积层序一般为进积型沉积序列,自下向上表现为从海相向陆相的过渡,具有水体由海水变为淡水,水体向上变浅,沉积物向上变粗的沉积特征;②三角洲具有河流和海洋(波浪)相互作用的特点,沉积剖面中既有典型的水流作用形成的沉积构造,也有波浪作用形成的沉积构造,且序列下部波浪作用形成的沉积构造发育,上部水流作用形成的沉积构造发育,中部水流作用和波浪作用形成的沉积构造交互;③三角洲受淡水和海水混合影响,盐度不正常,因此三角洲前缘广盐度生物发育,三角洲平原淡水生物发育,层序自下而上由正常浅海相的狭盐度生物逐渐变为三角洲前缘的广盐度生物,再变为三角洲平原淡水型生物;④单个的三角洲序列一般厚度不大,三角洲前缘的厚度与浪基面深度相当,当多个三角洲旋回叠置时,三角洲沉积厚度加大;⑤海相三角洲沉积发育于陆地与滨海的过渡区域,海相三角洲沉积在横向上向滨海相沉积过渡,剖面上与陆相(河流相)共生;⑥河控三角洲与浪控三角洲、潮控三角洲具有上述共同特点,其区别在于当三角洲平原与类似海滩沉积的三角洲前缘沉积共生,即为浪控三角洲,与类似潮坪及潮下带沉积共生,即为潮控三角洲。

第四节 湖相三角洲

湖相三角洲是河流搬运的沉积物进入湖泊在河口地区形成的沉积体。湖泊一般没有明显的潮汐作用,波浪作用微弱,因此湖相三角洲均为以河流作用为主的三角洲。湖湘三角洲以砂岩沉积为特色,是油气聚集的重要场所。

如前所述,湖泊受区域构造影响形成断陷型湖泊、坳陷型湖泊等不同类型,因此在不同背景下的湖泊类型,发育的湖相三角洲也存在不同类型。具有陡的断层边界的湖泊边缘,如伸展背景下的断陷湖泊、挤压背景下的前陆盆地毗邻造山带一侧的湖泊、走滑背景下断陷湖泊(走滑盆地或拉分盆地)一般形成扇三角洲。具有一定的活动性,但活动性不强的构造湖泊,如箕状断陷盆地非活动一侧的湖泊,前陆盆地毗邻大陆克拉通一侧、构造沉降强烈的凹陷盆地的湖泊,具有一定的地形高差,一般形成辫状河三角洲。构造相对稳定、沉降微弱的坳陷盆地湖泊,一般形成正常的河控三角洲,其中一种发育在浅水湖盆,称为浅水三角洲。湖相河控三角洲与海相河控三角洲类似,已在上节介绍,扇三角洲将在下节介绍,本节重点介绍浅水三角洲和辫状河三角洲。

一、浅水三角洲

浅水三角洲指在构造稳定、地形平缓、水体较浅的盆地边缘形成的三角洲。湖相浅水三角洲常见于构造稳定的克拉通坳陷盆地(如鄂尔多斯盆地北部、东部边缘),现代浅水三角洲可以构造稳定、坳陷微弱的洞庭湖和鄱阳湖三角洲为例。

湖相浅水三角洲的形成一般具有以下特点:区域构造相对稳定,盆地坳陷作用不强,湖盆宽阔,湖底坡度小,湖盆水深不大,相对潮湿的古气候导致河流发育且能量较强,短期年降雨量变化或长期湖平面变化导致的湖水消长明显。

(一)浅水三角洲环境的划分及沉积相特点

浅水三角洲可以分为浅水三角洲平原、浅水三角洲前缘、前浅水三角洲3个环境和沉积单元。

1.浅水三角洲平原

浅水三角洲平原地形平坦,主要发育易于分叉的、易改道的、具有一定弯曲度的网状河道,河道间低洼地区为泛滥平原,主要为小的池塘和沼泽。

浅水三角洲平原上的河道沉积包括河道边滩或心滩及天然堤、决口扇等沉积类型。河道沉积以砂岩为主，底部具冲刷面，内发育水流波痕和水流交错层理，波痕和层理规模向上变小，砂岩粒度向上变细。天然堤以细砂岩、粉砂岩为主，内具小型水流波痕和水流交错层理，常见爬升层理。决口扇平面上呈扇形，剖面上呈透镜状展布，主要为粉砂岩、泥质粉砂岩、粉砂质泥岩，夹于泛滥平原泥质岩之中，内具小型水流波痕、水流交错层理、爬升层理等，常见泥裂、雨痕等暴露标志。

浅水三角洲平原的泛滥平原是洪水期河水漫溢出河道形成的湿地，包括枯水期聚水的池塘、洪水期漫溢的消长带。该环境常常淤积形成沼泽，发育大量的灌木、草本植物（如芦苇），由于间歇性暴露，泥裂、雨痕、冰雹痕、动物（如鸟类及其他脊椎动物）足迹常见。

2. 浅水三角洲前缘

浅水三角洲前缘是三角洲的水下部分，底界为浪基面。由于盆地基底地形平缓，河流作用强，河流搬运的大量泥沙卸载到三角洲前缘地区。三角洲前缘包括内部的水下河道部分和外缘的席状砂体及分流间湾。

水下分流河道是三角洲前缘的重要沉积单元，构成三角洲前缘的骨架砂体。水下河道沉积主要为砂岩和粉砂岩，具水流作用形成的沉积构造，如水流波痕和水流交错层理。水下河道可见水下天然堤，由细砂岩、粉砂岩组成，具小型水流波痕和水流交错层理。

分流间湾为分流河道之间的湖湾，水动力较弱、沉积物颗粒较细，主要为泥质沉积，可见植物和淡水生物化石。

三角洲前缘外侧的席状砂，受波浪作用改造，岩性主要为细砂岩、粉砂岩，内具浪成波痕和浪成交错层理及水平层理等，可见保存较好的淡水底栖生物化石。

3. 前浅水三角洲

前浅水三角洲位于浪基面之下，三角洲前缘外侧。由于没有波浪作用改造，此处的沉积物以泥质为主，包括黏土岩、粉砂岩、粉砂质泥岩、泥质粉砂岩等，主要发育水平层理或均质层理，常见保存完好的淡水生物化石，可发育生物遗迹或生物扰动构造。

（二）湖相浅水三角洲的相模式

湖相浅水三角洲具有一般三角洲的共同特征，常常发生进积作用，形成水体向上变浅、粒度向上变粗的沉积序列。因此，浅水三角洲的沉积序列和相模式（图10-17）与河控三角洲类似，本节不再重复，二者主要区别在于：由于构造稳定，盆地基底坡度小，湖泊浅水三角洲分布范围更广；由于盆地水浅，湖泊浪基面也浅，单个浅水三角洲的厚度较小，顶积层、前积层、底积层三层式结构不明显。浅水三角洲前缘的厚度与浪基面深度相当，一般只有几米，最大不过10余米。只有在持续沉降或湖平面持续上升的情况下，多个单体浅水三角洲叠置才可能形成较厚的浅水三角洲沉积组合体。

二、辫状河三角洲

辫状河三角洲指辫状分流河道搬运沉积物进入蓄水盆地边缘卸载形成的沉积体。由于分流河道呈辫状分布，不完全同于河谷内辫状分布的水道的辫状河，严格的定义为辫状河道三角洲，此处仍沿用传统的辫状河定义。由于辫状分流河道形成于具有较大坡降的条件下，因此辫状河三角洲盆地基底的构造活动性介于强烈活动的扇三角洲和构造稳定的正常三角洲或浅水三角洲之间，是一种构造相对活动的构造背景。McPherson(1987)将辫状河三角洲细分为远离物源区的辫状河三角洲、冲积扇前缘的辫状河三角洲和与冰川平原有关的辫状河三角洲。这些辫状河三角洲的共同特点是三角洲平原上发育辫

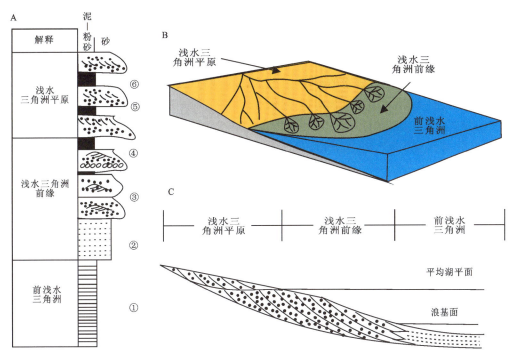

图 10-17 浅水三角洲沉积相模式
A.沉积序列,①~⑥为序列号;B.平面模式;C.剖面模式

状水系,沉积物比构造稳定的正常三角洲要粗,但比构造活动的扇三角洲砾质辫状河沉积要细,一般为砂质辫状河,即以细砾—砂为主。

(一)辫状河三角洲环境的划分及沉积相特点

湖相辫状河也可以分为辫状河三角洲平原、辫状河三角洲前缘、前辫状河三角洲3个环境和沉积单元。

1. 辫状河三角洲平原

辫状河三角洲平原为三角洲的水上部分,以发育密集的辫状水系为特色,分流河道沉积发育,在潮湿气候条件下,辫状河道之间可发育河水泛滥形成的湿地(水塘或沼泽)。

辫状河道以砂砾岩、中粗粒砂岩为主,夹中细粒砂岩或粉砂岩。河道砂体底部具冲刷面,底部常具底砾岩,向上粒度逐渐变细,内具不同类型的水流沉积组构和构造,常见由砾石的叠瓦状组构、水流波痕和水流交错层理,自下而上规模变小。辫状河道河漫滩发育,其枯水期一般暴露于水面之上,洪水期被河水淹没,一般为粉砂质、泥质沉积,可见小型水流波痕和水流交错层理。辫状河道可形成向上变粗的沉积序列,类似陆地河流的辫状河。

辫状河道之间的湿地是由洪水漫溢出河道形成的积水盆地或沼泽,其沉积物为暗色粉砂岩、粉砂质泥岩、泥质粉砂岩和黏土岩(页岩或泥岩)。由于洪水漫溢过程中沉积速率较高,沉积物中常发育均质层理。积水的水塘可见水平层理。由于处于间歇暴露环境,泥裂、雨痕、冰雹痕、动物足迹等暴露构造也十分常见。沉积物有机质含量高,可形成煤线或煤层,植物化石发育。

2. 辫状河三角洲前缘

辫状河三角洲前缘为三角洲的水下部分,底界为浪基面,包括水下河道、河道间分流间湾和三角洲前缘席状沙等环境单元。

水下分流河道为三角洲平原辫状水系的延续,其沉积特征类似于辫状河道砂体,一般为砂岩或含砾砂岩沉积,发育水流成因的沉积组构和构造,如砂体底部的冲刷面、砾石的叠瓦状组构、水流波痕和水流交错层理等。

分流河道间的分流间湾为较静水的环境,一般为暗色细粒的泥质、细粉砂质沉积,可发育小型浪成波痕或浪成交错层理等波浪成因的沉积构造,水流成因的沉积构造少见。

三角洲前缘的席状沙为河流搬运来的沙泥质受波浪作用改造的沉积,一般为细砂岩、粉砂岩,主要发育波浪成因的沉积构造,常见小型浪成波痕和浪成交错层理。

3. 前辫状河三角洲

前辫状河三角洲为浪基面之下的三角洲外缘,此处既没有河流作用,也没有波浪作用,是一种静水环境,其沉积物以黏土级、粉砂级为主,均质层理或水平层理发育。

湖相辫状河三角洲常发育淡水的生物化石,一般前辫状河三角洲、三角洲前缘席状沙和分流间湾生物化石保存较好,三角洲平原、三角洲前缘分流河道和水下分流河道化石较少或破碎,与环境的水动力破坏有关。

(二)辫状河三角洲的沉积序列和相模式

辫状河三角洲河流作用较强,河流搬运的沉积物负载量大,进积作用更加明显,因此水体向上变浅、粒度向上变粗的进积型更加发育,其自下而上可分为以下沉积单元(图10-18)。

(1)前辫状河三角洲相:主要岩性为暗色中薄层黏土质泥岩、页岩,发育水平层理或均质层理,具保存完好的淡水生物化石,可见生物遗迹或生物扰动构造。

(2)辫状河三角洲前缘席状沙相:主要岩性为暗色中薄层细砂岩、粗粉砂岩、泥质岩,具小型浪成波痕和浪成交错层理,具保存较好或稍破碎的生物化石。

(3)辫状河三角洲前缘水下河道相:河道下部为灰色厚—中厚层含砾砂岩或砂岩,砂岩具冲刷面和大型浪成波痕和浪成水流交错层理,上部可具水下天然堤的细砂岩、粉砂岩,具小型水流波痕和水流交错层理,可具破碎的广盐度生物化石碎屑。

(4)辫状河三角洲前缘分流间湾相:主要为暗色粉砂质、泥质沉积,小型浪成波痕、浪成交错层理、均质层理或水平层理发育。

(5)辫状河三角洲平原分流河道相:自下而上包括河道砂体和天然堤、决口扇等,主要岩性为中厚层砂砾岩、砂岩、粗粉砂岩,具大型水流波痕、水流交错层理。在剖面上自下而上粒度变细,沉积构造规模变小。

(6)辫状河三角洲平原河道间湿地相:主要岩性为暗色中厚—中薄层泥岩、粉砂岩,内具均质层理、水平层理及小型浪成或流水波痕和交错层理。沉积物中有机质含量高,可夹煤线或煤层,植物化石发育。

综上所述,湖相三角洲与海相三角洲虽然具有相似的构造稳定性、气候、水动力控制因素和相似的沉积构型,但也存在明显区别,具体为:①湖相三角洲沉积中所含的生物化石为淡水生物,而海相三角洲沉积中所含的化石多为广盐度生物化石;②由于湖泊不发育潮汐作用,波浪作用微弱,湖相三角洲砂体基本不受潮汐作用改造,波浪作用改造微弱(尤其在岸线附近);③由于湖泊浪基面较浅,单个三角洲前缘的沉积厚度小于浪基面深的海相三角洲,因此单个湖相三角洲的沉积厚度小于海相三角洲;④湖相三角洲与陆地系统(如河流、湖泊等)的沉积相邻,而海相三角洲与海洋系统(如滨海无障壁海滩、潮坪、障壁-潟湖等)的沉积共生。

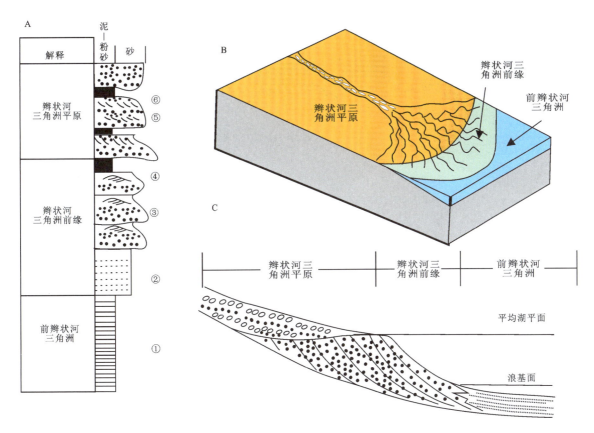

图 10-18 辫状河三角洲沉积相模式
A.沉积序列,①~⑥为序列号;B.平面模式;C.剖面模式

第五节 扇三角洲

　　扇三角洲最初由 Homes(1965)提出,原始定义为从邻近山地直接推进到稳定水体(湖或海)的冲积扇。McCowen(1971)和 Galloway(1976)认为类似冲积扇有旱地扇和湿地扇一样,扇三角洲也有两种气候类型,即干旱气候区的扇三角洲和潮湿气候区的扇三角洲。由于后者三角洲平原通常为辫状水系,所以 Galloway 将扇三角洲定义为由冲积扇和辫状河注入稳定水体形成的沉积体。随着扇三角洲研究的深入,扇三角洲的含义也不断被修订和充实。McPherson 等(1988)指出冲积扇与辫状河有明显区别,另用一个新术语辫状河三角洲代表纯粹由辫状冲积平原推进到稳定水体所形成的富砾石的三角洲。Orton(1988)则将辫状河三角洲限于由单一的辫状河流或低弯度河流派生的辫状支流水系形成的沉积体,而将那些与冲积扇没有直接过渡关系的辫状河冲积平原(如冰水冲积平原)形成的三角洲用辫状河平原三角洲来表示。

　　Nemec 和 Steel(1988)综合研究了关于扇三角洲的各种观点,对扇三角洲的含义提出了新的解释,认为扇三角洲是由冲积扇(包括旱地扇和湿地扇)提供物源,在活动的扇体与稳定水体交界地带沉积的沿岸沉积体系,这个沉积体系可以部分或全部沉没于水下,它们代表含有大量沉积载荷的冲积扇与海或湖相互作用的产物。扇三角洲可有湖泊扇三角洲和海洋扇三角洲。一系列相互交接和垂直堆叠的扇三角洲构成扇三角洲复合体。显然,该扇三角洲定义重点强调的冲积扇是物源供给体系而不是它的地貌形态,他们还用简明的立体图示(图 10-19)表明扇三角洲及有关体系术语的含义。

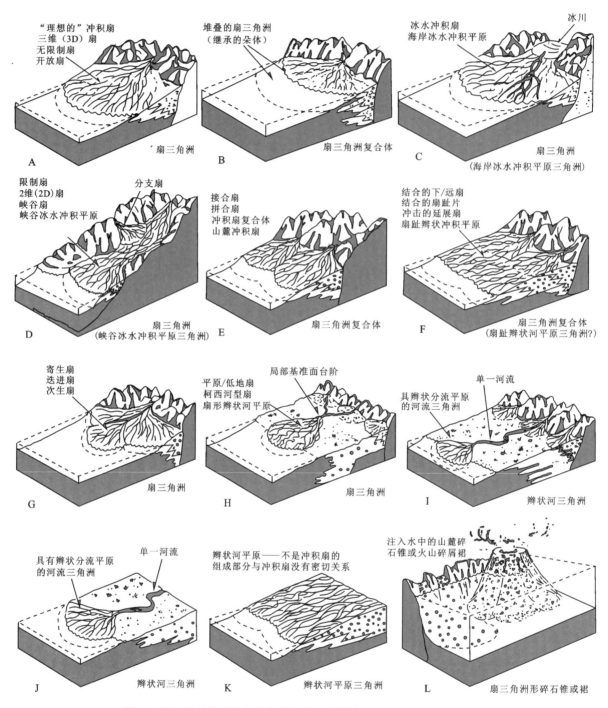

图 10-19 扇三角洲及有关体系术语含义图示(据 Nemec and Steel,1988)

一、扇三角洲发育的控制因素

扇三角洲的分布比较局限,一般发育于蓄水盆地的同沉积断层,具有陡峭的盆地边界,同时古气候对扇三角洲发育也有重要影响和控制作用。控制扇三角洲发育的因素主要包括构造稳定性和地形因素、气候因素等。

1. 构造稳定性和地形因素

蓄水盆地边缘陡的边界地形是扇三角洲形成的基本条件，形成这种地形条件的区域构造稳定性较差，尤其在构造差异升降的条件下，沉降区形成沉积盆地，隆升区形成山脉或高地，二者之间为分割性断层。来自山区和高地的河流在山口形成冲积扇，直接进入盆地，从而形成扇三角洲。因此，区域构造不稳定性是扇三角洲形成的重要条件。扇三角洲多发育于伸展型的断陷盆地边缘，如死海西岸的扇三角洲和古近纪渤海湾断陷盆地西侧的扇三角洲；但也可以发育在挤压型的前陆盆地临近冲断造山带一侧或走滑、拉分盆地边缘，前者如阿拉斯加科珀河（Coppee River）扇三角洲、中生代龙门山与四川盆地邻接区，后者如加利福尼亚的里奇（Ridge）盆地边缘的扇三角洲。临近山区的盆地边缘高差变化越大，坡度越陡，距山区越近，越易发育扇三角洲。

2. 气候因素

各种气候条件下均有扇三角洲的发育，但气候通过气温、降水等变化直接影响植被发育、物源区风化类型和强度、地表水文状况以及陆源物质的供应等，所以在不同的气候区形成不同类型的扇三角洲。干旱—半干旱地区多发育旱地型扇三角洲（如死海西岸的扇三角洲），潮湿的热带和温带地区易形成湿地型扇三角洲和辫状河三角洲（如牙买加的耶拉斯三角洲）。

二、扇三角洲环境的划分及沉积相特点

海相扇三角洲受周边地形、河流、波浪和潮汐作用的影响，形态会出现一些变化。河流作用为主导时常形成伸长状的河控扇三角洲；强波浪作用为主导常形成具湾头滩脊平原的扇三角洲；而在受保护的海湾环境下则形成潮控扇三角洲。由于湖泊环境没有潮汐作用，且湖浪作用弱，湖相扇三角洲一般为河控扇三角洲。

扇三角洲也可以划分为3个环境单元：扇三角洲平原、扇三角洲前缘和前扇三角洲。每个单元具有不同的沉积特征和沉积相组合。

1. 扇三角洲平原

扇三角洲平原是扇三角洲的陆上部分，范围包括从冲积扇扇根到岸线之间的地区。通常情况下扇三角洲平面形态呈向盆地倾斜的扇形。扇三角洲平原的沉积相特征主要取决于构造控制的地貌和气候控制的沉积物供给类型。干旱—半干旱地区的扇三角洲平原具有旱地冲积扇的沉积特征，而潮湿气候区的扇三角洲平原则以发育砾质辫状水系沉积为特征，二者的沉积背景、沉积相组合及沉积构型存在明显区别。

干旱—半干旱地区的扇三角洲平原地表水系为间歇性、突发性的洪流，其沉积特征类似于干旱—半干旱地区的冲积扇，除频繁交错叠置的水道沉积与片流沉积的砂砾层外，还有大量泥石流沉积和筛积物相伴，近断崖根部还可见崩塌沉积，砾石成分复杂、成熟度低，块状构造发育，成层型不明显，局部可见大型水流交错层理，冲刷充填构造发育。

潮湿区扇三角洲平原的地表水系为常流水的辫状河，其沉积特征类似于砾质辫状河。辫状河道沉积物主要为各种砾岩和砂砾岩，砾石具叠瓦状组构，大型水流波痕和水流交错层理发育，底部具冲刷面。由扇根（上扇）到扇端（下扇），砾石逐渐变少变小，细粒沉积逐渐增多。河道间的河漫滩主要为细砂岩、粉砂岩及泥质岩，具规模大小不同的水流交错层理、均质层理或水平层理，可见植物化石或泥炭层。

2. 扇三角洲前缘

扇三角洲前缘是扇三角洲的水下部分，位于岸线至正常天气浪基面之间的浅水区。海相扇三角洲

是大陆水流、波浪和潮汐相互作用地带。由于主控因素不同,扇三角洲前缘可分为河控型、波浪改造型、潮汐改造型、波浪和潮汐共同作用等不同类型。湖相扇三角洲常为河控扇三角洲。

河控扇三角洲前缘主要是由大陆水流作用主导形成的,常发育于断陷湖泊或小潮差、低波能断陷型海盆边缘。河控扇三角洲前缘围绕扇三角洲平原分布。三角洲平原的陆表水系进入湖盆或海盆之后,会延伸为一定范围的水下河道并逐渐在深水区域消失。河控扇三角洲前缘的沉积物主要为不同粒级的砾石砂或粉砂,粒度自岸线向盆地逐渐变细,水下河道沉积具水流波痕和水流交错层理,波浪改造可形成浪成波痕和浪成交错层理。

浪控扇三角洲前缘是在小潮差强波能的沿岸带,河流的沉积物是受波浪的改造形成的,表现为海滩沉积组合,包括后滨、前滨、临滨等环境。后滨和前滨一般为砂岩沉积及砾岩沉积,常发育较好的海滩脊,内具冲洗交错层理、平行层理和水流交错层理,砾石具叠瓦状构造。临滨带一般较窄,主要为具浪成波痕和浪成交错层理的砂岩。

潮控扇三角洲前缘发育于大潮差地区,河流搬运的沉积物受潮汐作用改造。扇三角洲平原外缘和扇三角洲前缘上部可发育具潮汐层理(脉状层理、波状层理、透镜状层理)的泥坪、混合坪、沙坪,潮坪上可发育潮沟,发育具双向水流形成的波痕或交错层理砂岩。扇三角洲前缘下部发育具双向水流波痕、双向交错层理、平行层理、B-C层理、双黏土层、潮汐束状体的潮汐沙坝,岩性以不同粒度的砂岩为主。

3. 前扇三角洲

前扇三角洲是指扇三角洲的浪基面以下部分,向下与陆架泥或深水盆地沉积过渡。又有扇三角洲通常发育于构造活动的盆地边缘,盆地边缘的构造对前扇三角洲沉积及其分布有重要影响。在构造活动微弱的缓坡边缘,前扇三角洲一般为静水泥质沉积,内具水平层理或均质层理。在构造活动强的断裂盆地边缘,扇三角洲通常向盆地过渡为盆地峡谷和海底扇,发育滑坡、滑塌和重力流沉积。

三、扇三角洲的沉积相模式

受构造活动性、地形、气候、河流与海洋或湖泊相互作用多方面的影响,扇三角洲的组成、结构存在很大差异,但其存在大致共性的特征。由于单个扇三角洲体堆积速度快,一般保存为向上变浅、向上变粗的沉积序列。但受盆地边缘构造沉降影响,可形成多个独立扇三角洲叠置的扇三角洲复合沉积体,现以经典的Gilbert型模式予以简述。

Gilbert型扇三角洲由顶积层、前积层、底积层3部分组成,大致相当于扇三角洲平原、扇三角洲前缘和扇前三角洲。Gilbert型扇三角洲表现为向上变浅、向上变粗的进积型沉积序列,自下而上分别如下(图10-20)。

1. 盆地相

盆地相主要岩性为暗色中薄层泥质岩,发育水平层理或均质层理,生物化石保存完好。

2. 扇前三角洲相(底积层)

扇前三角洲相(底积层)主要岩性为暗色中薄层泥质岩夹砂岩、粉砂岩或砂砾岩,泥质岩具水平层理或均质层理,碎屑岩可见递变层理或块状层理,可见保存完好的生物化石或生物遗迹。

3. 扇三角洲前缘相(前积层)

扇三角洲前缘相(前积层)主要岩性为灰色—深灰色中—厚层砂砾岩、砂岩、粉砂岩,呈向海倾斜的前积纹层,具浪成波痕和浪成交错层理。

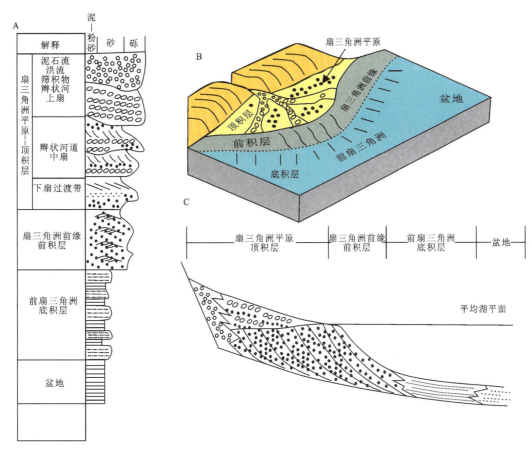

图 10-20　Gilbert 型扇三角洲沉积相模式（据 Wescott and Ethridge，1990 修改）
A. 沉积序列；B. 平面模式；C. 剖面模式

4. 扇三角洲平原相（顶积层）

（1）过渡型海滩相：主要岩性为中—厚层砾岩、砂砾岩、砂岩。砾岩具叠瓦状构造，砂岩具冲洗交错层理等浅水沉积构造。

（2）辫状河相：包括辫状河道的砂砾岩、砂岩和河漫滩的粉砂岩、泥质岩。河漫滩沉积一般受后期冲蚀而不发育。辫状河道相具水流波痕和水流交错层理。

（3）冲积扇根相：包括泥石流、砾质辫状河道、筛积相等不同类型的砾岩、砂砾岩或杂砾岩、杂砂砾岩。泥石流砾岩呈块状层理。砾质辫状河道砾岩、砂砾岩具叠瓦状构造和水流波痕或交错层理。筛积相砾岩为块状构造的纯砾岩，内无杂基填隙物。

综上所述，扇三角洲属于冲积扇进入蓄水盆地形成的沉积体，不论扇三角洲发育在何种盆地和气候带，均具有几个共同的特点：①扇三角洲沉积体一般位于同沉积断裂的盆地边界，具有较高的地形高差；②扇三角洲沉积体以平面上扇形、断面上楔形为特征，从山前向盆地方向厚度逐渐变薄乃至消失，粒度逐渐变细，扇三角洲平原规模较小，通常为几十平方千米左右；③扇三角洲沉积以含砾石为特色，岩性为粗碎屑岩，成分成熟度和结构成熟度总体较差；④扇三角洲沉积既有水流作用形成的沉积构造，如水流波痕和水流交错层理，又有泥石流形成的沉积构造，如块状层理或递变层理，还有波浪、冲洗作用形成的沉积构造，如浪成波痕、浪成交错层理、冲洗交错层理等；⑤单个扇三角洲一般形成向上变浅、向上变粗的沉积序列，活动性的断陷盆地边界多个扇三角洲单体叠置可形成厚达千米的扇三角洲沉积组合体。

第六节 实 例

一、海南昌江河流-波浪-潮汐复合控制的三角洲

昌江三角洲位于海南岛西岸，是源自五指山的昌江进入北部湾而形成的三角洲（图10-21）。由于昌江上游修筑水库蓄水，昌江三角洲的河流对三角洲的控制作用逐渐减弱，沿岸波浪及潮汐控制作用加强。因此，昌江三角洲属于介于浪控三角洲、潮控三角洲和河控三角洲之间的过渡类型，为受河流-波浪-潮汐复合控制的三角洲。

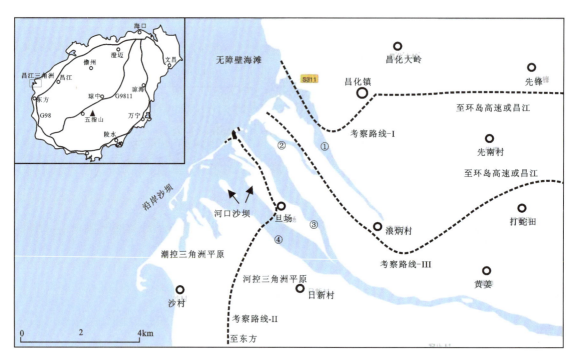

图10-21 昌江三角洲考察路线图
①②为残留分流河道；③④为分流河道

昌江三角洲基本保留了自然地质地貌，人工改造微弱，从东方可经旦场河口沙坝直达沿岸沙坝，从昌江经浪炳村也可达沿岸沙坝，或由昌江到昌化镇沿海岸到达海岸考察三角洲北侧无障壁海滩。昌江三角洲现有2个分流河道和2个残留分流河道，分流河道由昌江供应淡水，残留分流河道为原河道上游淤积堵塞的河道，现主要受潮汐作用控制。③④号河道近海有2个河口沙坝。沿海岸发育若干平行于岸线的线状沙坝。因此，昌江三角洲可分为分流河道、河口沙坝、沿岸沙坝、潮控三角洲平原、河控三角洲平原等不同亚环境。

1. 分流河道、河口沙坝

昌江三角洲的分流河道从上游河水流入，近海口处海水侵入，从东方沿南考察线沿途经多处分流河道（图10-22），河水较为平静，河道较为顺直，沿河岸见窄的河道边滩，沉积物主要为中细粒砂，局部见水流波痕。

图 10-22　分流河道(A、B)及河道边滩(C、D)

河口沙坝分布于河道之间(图 10-23),为河道心滩,心滩平面呈长透镜状,长轴方向平行于河道。沉积物主要为中细砂,河道岸线附近可见平行层理。心滩上局部为植被覆盖。

图 10-23　河口沙坝

2. 沿岸沙坝

由于昌江沿岸波浪作用较强,沿海岸分布一系列平行于海岸线的线状沙坝。北侧昌江镇西北海岸和南侧沙村一带均为无障壁海滩三角洲,河口外侧为浪控三角洲的沿岸沙坝(图 10-24)。沿岸沙坝高约 10m,沙坝顶部主要为细砾或粗粒沙,内发育风成波痕,局部陡坎处可见典型的冲洗交错层理。沙坝外侧岸线附近为较陡的(倾角 20°左右)砂砾质海滩,前滨带形成平行于岸线的海滩脊,发育冲洗交错层理。后滨具大型风成波痕和风成交错层理。

图 10-24 沿岸沙坝
A、B.沿岸沙坝远景；C.风成波痕；D.冲洗交错层理

3. 潮控三角洲平原

潮控三角洲平原位于沿岸沙坝内侧，由一系列低洼的湿地（水池或沼泽）组成（图 10-25）。由于潮汐作用较强，潮控三角洲平原分布一系列具有浅潮沟的潮坪，潮坪沉积为暗色中细砂至粉砂，潮沟沉积为浅色中细砂。潮坪上生物潜穴发育，反映生物扰动强烈。积水洼地中见大片的泥裂构造，泥裂裂缝宽度可达 10cm，深度可达 20～30cm，泥裂面上也可见生物潜穴。

图 10-25 潮控三角洲平原
A.沼泽化潮坪和潮沟；B.潮坪；C、D.湿地中的泥裂构造；E、F.潮坪上的生物潜穴

4. 河控三角洲平原

河控三角洲平原位于三角洲平原内侧，由于潮水不能到达，此处以河流作用为主，发育于分流河道两侧。因上游修建水库，现代分流河道未见天然堤和决口扇，河道两侧的湿地上以早期的河流漫溢沉积为主，上部发育草甸和盐碱化。三角洲平原高处常见耐旱植物（大片的仙人掌）和林地（图10-26）。

图 10-26 河控三角洲平原
A. 草甸；B. 草甸上的盐碱化；C. 沙地上的仙人掌；D. 沙地上的林地

二、鄱阳湖赣江中支三角洲

（一）鄱阳湖和赣江简况

鄱阳湖位于江西省北部，是我国第一大淡水湖。鄱阳湖上承赣江、抚河、信江、饶河、修水5河之水，从西、南、东南三面供水，然后注入长江。湖面南北长170km，平均宽度为16.9km（最大宽度70km），湖岸线长1200km。在正常的水位情况下，鄱阳湖面积为3914km²，容积达300亿m³，年流入长江的水量超过黄河、淮河、海河3河水量的总和。

鄱阳湖属亚热带湿润性季风型气候，夏季炎热潮湿，冬季干燥寒冷，冬季甚少出现霜冻。湖区最低温度为-4.9℃（1985年12月），夏季气温高达30℃以上，水温近似于气温。鄱阳湖湖水面积、容量和水位差受气候影响明显。鄱阳湖水位差为10m左右，洪水期水位21.69m时，鄱阳湖的积水面积达3210.22km²，蓄水量达251.7亿m³。枯水期水位9m时，面积仅216.62km²，蓄水量仅4.6亿m³。

鄱阳湖属于"吞吐型"湖泊或"过水型"湖泊，出湖量取决于入湖5条河和长江的水位差，平均每年出湖量为1347亿m³。一般来说，2—6月，进湖水量大于出湖水量，7月至翌年1月，出湖水量大于进湖水量，最大出湖量为28 800m³/s，最小出湖量可以是负数，即长江倒灌，达-9450m³/s。

鄱阳湖的泥沙淤积主要来自五大河流,每年入湖泥沙量达 210.4 万 t,其中半数流入长江,剩余部分沉积在鄱阳湖,使湖床每年升高 1.7mm。随着湖泊淤积和季节性的水位下降,形成 3300km² 的湿地。枯水季节,水落滩出,各种形状的湖泊星罗棋布,草地、湿地碧绿一片。

赣江位于长江中下游南岸,是长江主要支流之一,江西省最大河流,也是流入鄱阳湖的最大河流。源出赣闽边界武夷山西麓,自南向北纵贯全省,长 766km,有 13 条主要支流汇入,自然落差达 937m,流域面积 83 500km²。年平均流量为 2130m³/s。赣江通过鄱阳湖与长江相连,使鄱阳湖成为一个过水湖。

赣江分为上游、中游和下游,赣州以上为上游,赣州至新干为中游,新干至修水吴城为下游。赣江下游在南昌附近形成 3 个分支。北支为近南北向的主支,由南昌到吴城;中支北东向,由南昌到朱港农场入鄱阳湖;南支近东西向,由南昌到下尾阜一带入鄱阳湖。赣江中支和赣江南支形成大面积的三角洲沉积,尤其是中支三角洲,交通便利,易于考察(图 10-27)。

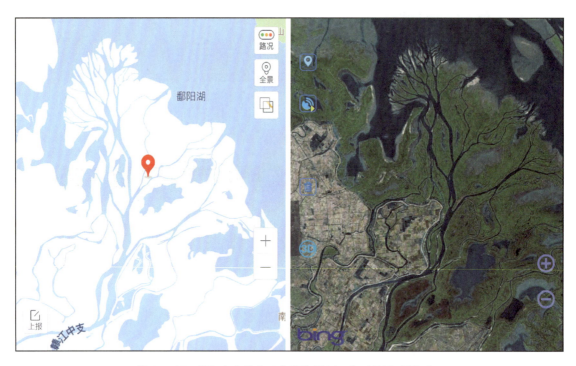

图 10-27　赣江中支浅水三角洲地图(左)和卫星遥感图(右)

(二)赣江中支三角洲特征

鄱阳湖水面大,平均水深仅 8.4m,最大水深 25.1m,平均水位为 12.86m,1998 年最高水位为 22.59m(湖口水文站)。赣江流域面积广,进水量大,由于雨季季节性暴雨洪水强,且流域内大部分地区为低山丘陵区,因此赣江河流负载量大,搬运大量泥沙进入鄱阳湖。因此,鄱阳湖的赣江三角洲为以河流作用为主的浅水三角洲,三角洲平原上为低弯度的分流河道。鄱阳湖夏季洪水期和冬季枯水期水位差约 10m,形成宽阔的湖水消长带,因此冬季枯水期是三角洲平原及消长带的最佳考察期。

赣江浅水三角洲平原自南昌分流河道(北支、中支、南支)起始,到鄱阳湖湖岸。由于防洪需要,三角洲平原上的低弯度分流河道大部分已经被人工固堤,枯水期可见河道边滩。三角洲平原上部经围湖造田,已经改造为农田,大部分失去了自然面貌。枯水期消水带暴露,是三角洲考察的理想地点。金振奎等(2014)对赣江三角洲进行了系统研究,现根据其研究成果并结合其现场考察材料予以简述。

1. 三角洲平原相

赣江三角洲平原分流河道十分发育，河道密布（图10-28），平面上具有网状河特征（王随继，2002）。河道大部分为低弯度河流，河道宽度几米到近百米不等。河道大部分为自然河道，少数被人工改造。三角洲平原可分为上三角洲平原和下三角洲平原。上三角洲平原从入湖河流分汊点开始，到平均高水位线附近，是三角洲长期处于水上的部分。下三角洲平原则位于平均高水位与平均低水位之间，每年枯水期暴露，洪水期淹没（金振奎等，2014）。三角洲平原上发育分流河道、天然堤、决口扇、湿地等。

图10-28 赣江中支三角洲的分流河道

分流河道沉积主要发育心滩、边滩两种类型，心滩位于分流河道中间，边滩位于河流边部，由于赣江三角洲平原上的河流为低弯度河流，边滩可进一步分为凸岸边滩和直岸边滩（金振奎等，2014）。

赣江中支三角洲的分流河道枯水期可见洪水期形成的滞留沉积，沉积物主要为砾、含砾砂或砂，从上游到下游粒度变细。砾石大小一般为2~3cm，最大可达5cm，呈次棱一次圆状，成分主要为石英岩等变质岩。砂多为中—粗砂，主要为石英、长石及岩屑。不同时期水流强度的波动可导致粗细交替的韵律构造（金振奎等，2014）。

边滩分布于三角洲平原低弯度分流河道两侧，心滩分布于河道内部。依据边滩所在的河流位置，可分为凸岸边滩和直岸边滩，以前者为主（金振奎等，2014）。凸岸边滩分布在分流河道的凸岸，多呈新月形；直岸边滩分布在分流河道较平直段，多呈半月形。有些边滩受后期洪水水流改造，在边滩与河岸之间又形成新的、浅一些的水道，使原来的边滩与河岸分离。有的近似平行的心滩之间也以水道隔离，类似于辫状河道（图10-28）。凸岸边滩与直岸边滩沉积主要由中、细砂组成，厚2~5m，具向上变细的沉积序列，内部交错层理构造发育，边滩表面可见不对称水流波痕。边滩或心滩顶部常见泥质层，金振奎等（2014）称其为落淤层，由富有机质的暗色黏土岩组成，盖层具有油气隔层的作用，因此具有重要意义。

天然堤是由于洪水期河水涨溢，沉积物在河道两岸堆积而成。其发育程度主要与河道稳定性有关，河道越稳定，堤岸沉积时间越长，天然堤发育程度越好。赣江中支三角洲平原上的分流河道天然堤高出地面约1m，宽几十米，由泥与细砂薄互层组成。天然堤上植被繁茂，沉积物中也常见植物根、叶化石。

决口扇是洪水期河水冲破天然堤在湿地之上沉积形成的扇状堆积体。决口扇沉积物主要为细砂—泥。从决口处向扇体的末端，沉积物逐渐变薄、变细，由细砂逐渐过渡为湿地的泥。决口扇剖面上呈底平顶斜的楔形，横剖面呈底平顶凸的透镜状。

湿地分布于分流河道之间，植物繁茂。湿地是一种地形平坦、地面潮湿或有浅水覆盖、植物繁茂的沉积环境，包括河漫湖泊和沼泽（图10-29）。河漫湖泊是洪水过后，在分流河道间低洼部位积水形成的池塘。这种湖泊面积小，直径一般为几百米到几千米，且湖水很浅，水深在2m以内。湖泊淤积即成为沼泽（图10-30E）。河漫湖泊和沼泽沉积物主要为暗色的泥质，富有机质，螺类生物、植物碎屑和生物遗迹（图10-30F）常见，枯水期可形成泥裂。

图10-29　赣江中支三角洲平原上的湿地环境

2. 三角洲前缘沉积

三角洲前缘指三角洲的水下部分，底界为正常浪基面。赣江三角洲水下河道不发育，三角洲前缘沉积主要发育河口沙坝、席状沙和分流间湾。

河口沙坝位于分流河道河口处，沉积物由细砂组成。由于三角洲前缘坡度极缓，水体极浅，容纳空间小，分流河道入湖受湖水顶托后，砂质沉积物呈扇状撒开，故河口沙坝高度不大，一般为几十厘米。席状沙，又称席状滩（金振奎等，2014），位于河口沙坝外侧，以粉砂质沉积为主。分流间湾发育于三角洲朵叶体之间无分流河道注入的地带，其沉积物主要为泥和粉砂。

3. 前三角洲沉积

前三角洲位于三角洲前缘的前方，水深在正常浪基面之下，水体安静低能，物源为河流带来呈悬浮状态搬运的泥和粉砂，沉积物主要为暗色泥、粉砂质泥夹薄层粉砂。

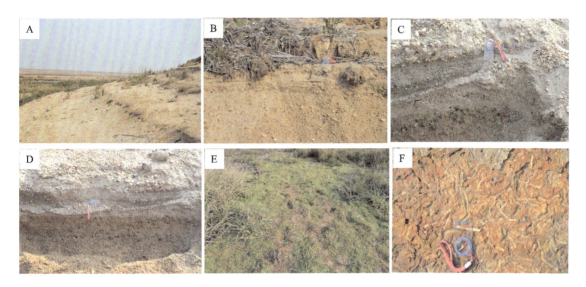

图 10-30 赣江中支三角洲沉积特征
A、B. 早期河道形成的含砾砂层；C、D. 含砾砂层的平行层理；E. 湿地沼泽沉积；F. 湿地沉积中的生物遗迹

三、鄂西长阳古城莲沱组辫状河三角洲

莲沱组辫状河三角洲剖面位于湖北宜昌市东南长阳县古城村，由翻坝高速车溪出口转 G241 国道可直接抵达。剖面沿乡道近南北向展布，出露良好。

鄂西地区的莲沱组具有悠久的研究历史。莲沱组由李四光等(1924)的莲沱群演变而来。莲沱组指黄陵花岗岩与南沱组之间的一套紫红色碎屑岩沉积，可分为两段：下段为紫红色、棕黄色中厚—厚层状砂砾岩、含砾粗砂岩、长石质砂岩、凝灰质砂岩、凝灰岩等，底部有时具砾岩，厚 39~63m；上段为紫红色、灰绿色中厚层状细粒岩屑砂岩、长石质砂岩夹凝灰质岩屑砂岩、晶屑、玻屑凝灰岩等，厚 91~105m。据赵自强等(1988)研究，本组产微古植物计 11 属、19 种。其中主要是球藻亚群 *Leiopsophaera minor*，*Trachysphaeridium plamum* 等。另外，赵自强等(1985)采自峡东莲沱组层凝灰岩的锆石 U-Pb 年龄为(748±12)Ma。Lan Zhongwu 等(2015)在三峡地区王凤岗剖面莲沱组下部获得 U-Pb 同位素年龄(776Ma)，顶部为 724Ma，说明莲沱组的时代属于青白口纪。

关于莲沱组的沉积相，长期有河流相和滨海相的不同认识。其原因之一是原命名剖面在宜昌莲沱村，后为三峡水库淹没，附近的剖面或为断层破坏发育不全，或为植被覆盖发育不好。长阳古城莲沱组剖面虽底部不全，但记录了典型的辫状河沉积序列。

（一）莲沱组地层特征

长阳古城剖面莲沱组底部有一断片，断片地层为一套冰碛岩，岩性为含砾泥岩。之上为莲沱组，主要岩性为碎屑岩，局部夹泥质岩。自下而上粒度变细，由砂砾岩逐渐变为粗砂岩、中细粒砂岩、细砂岩-粉砂岩，泥质岩向上逐渐增多。莲沱组厚 611.03m，具体分层如下（图 10-31）。

(1) 灰色块状含砾砂岩、砾岩，砾石分选较好，磨圆较好，砾石直径为 1~2cm，砾石成分包含石英砂岩等，厚 16.55m。

(2) 灰色含砾泥岩，分选差，磨圆较差，砾石直径为 1~20cm，厚 75.77m，为古城组断片。

(3) 灰色块状含砾粗砂岩，厚 37.84m。

(4) 灰色块状砂岩夹粉砂岩，偶见砾石，砾石分选较好，直径为 1~5mm，具水流成因的槽状交错层理、板状交错层理、楔状交错层理等，厚 47.45m。

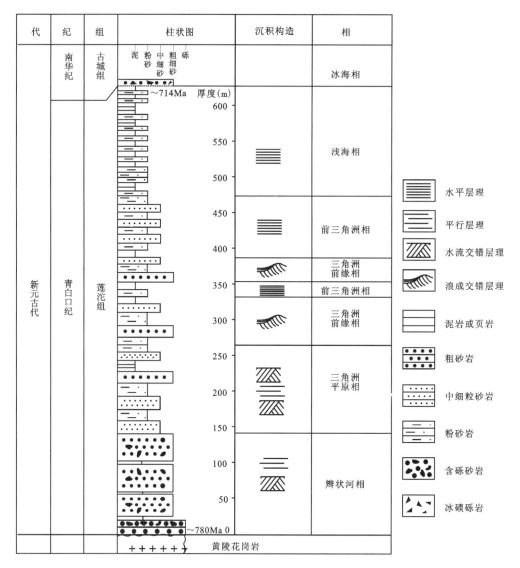

图 10-31　长阳古城莲沱组柱状图

(5)灰色中—厚层砂岩夹薄层粉砂岩/泥岩,具水流成因的槽状交错层理、楔状交错层理等,厚32.51m。

(6)灰色巨厚层砂岩夹薄层粉砂岩,具水流成因的板状交错层理、槽状交错层理等,厚24.28m。

(7)灰色中厚层砂岩与薄层粉砂岩/泥质粉砂岩互层,具大型浪成交错层理,厚16.92m。

(8)灰色中厚层砂岩,夹紫红色薄层粉砂岩、灰绿色粉砂质泥岩、红色粉砂质泥岩,具水流交错层理,厚55.77m。

(9)紫红色、绿色薄层砂岩与泥质粉砂岩互层,偶夹灰色厚层砂岩,具小型浪成交错层理,厚101.46m。

(10)紫红色薄层砂岩、粉砂岩,偶夹厚层砂岩,具水平层理,厚59.05m。

(11)紫红色薄层粉砂岩与中层砂岩互层,具水平层理,厚20.31m。

(12)灰绿色中—厚层粉砂岩与薄层泥岩、细砂岩互层,具小型浪成交错层理,厚24.11m。

(13)紫红色中层粉砂岩、泥岩,具水平层理,厚14.73m。

(14)灰绿色—深灰色中—薄层粉砂岩泥岩,具水平层理,厚19.3m。

(15)灰绿色—深灰色中—薄层粉砂岩、泥岩,具水平层理,厚64.98m。

(二)莲沱组沉积特征

莲沱组主要分为以下沉积相类型。

1. 陆地辫状河沉积

辫状河沉积主要分布于莲沱组底部。在秭归地区,莲沱组沉积接触覆盖于黄陵花岗岩之上(图10-32A、C),底部为厚10cm左右的含砾砂岩,向上变为中粗粒砂岩夹泥质岩。局部见砂砾岩(图10-32B)。泥质岩夹层厚10cm左右(图10-32D)。砂岩中底部为冲刷面,内部发育平行层理和水流交错层理。该砂砾岩沉积被解释为陆地辫状河河道沙坝沉积,泥质岩为河漫滩沉积。

图10-32 莲沱组底部辫状河沉积
A、C.莲沱组底部的不整合;B.莲沱组的砂砾岩;D.莲沱组砂岩中的泥质岩夹层

2. 三角洲平原辫状河沉积

三角洲平原辫状河分布于莲沱组下部,与陆地辫状河难以区别。由于莲沱组中部为具水流交错层理砂岩和浪成交错层理砂岩的交互叠置,为典型的三角洲前缘沉积特征,根据Walther相律的原则,推测其为三角洲平原上的辫状河沉积。与陆地辫状河的区别是,此处三角洲平原辫状河沉积几乎不含砾石,主要岩性为浅灰色厚层中粗粒砂岩,夹薄层紫红色泥质岩。砂岩中具有典型的水流交错层理。层理纹层单一方向,纹层平直且倾角较陡(20°~30°)(图10-33)。

3. 三角洲前缘沉积

三角洲前缘沉积位于莲沱组中部,主要岩性为浅灰色中细粒砂岩和紫红色泥质岩(图10-34)。砂岩/泥质岩比值较高,为(4~5):1。下部砂岩中既有水流交错层理(图10-34A),也有大型浪成交错层理(图10-34B),上部砂岩仅具小型浪成交错层理(图10-34E、F)。因此下部中粒砂岩/泥岩解释为三

图 10-33 莲沱组三角洲平原辫状河沉积的水流交错层理

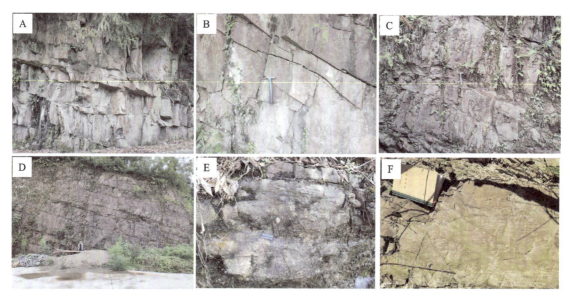

图 10-34 莲沱组三角洲前缘沉积

A. 水下河道（下部具水流交错层理）；B. 大型浪成交错层理砂岩；C、D. 三角洲前缘席状沙；E、F. 三角洲前缘席状沙中的小型浪成交错层理

角洲平原水下河道沉积；上部细砂岩/泥岩解释为三角洲前缘席状沙沉积。

4. 前三角洲沉积

前三角洲沉积位于莲沱组上部，主要岩性为紫红色中薄层细砂岩、粉砂岩和泥质岩互层，均具水平层理或均质层理（图 10-35），不发育水流或波浪成因的交错层理，反映静水沉积环境。

图 10-35　莲沱组三角洲前缘和前三角洲具水平层理的细砂岩、粉砂岩、泥质岩

5. 陆棚浅海沉积

陆棚浅海沉积位于莲沱组顶部，主要岩性为灰绿色—深灰色粉砂岩、泥质岩，内具水平层理。由于新元古界没有反映古盐度的宏体生物化石，与前三角洲沉积难以区分。考虑到区域海平面变化和古地理演化，该沉积解释为陆棚浅海沉积。

（三）莲沱组辫状河三角洲的沉积序列和相模式

鄂西秭归—长阳一带的莲沱组，具有典型的辫状河沉积特征，尤其是具辫状河水流交错层理的砂岩和浪成交错层理的砂岩共生叠置，反映出典型的三角洲前缘沉积特点，因此应为辫状河三角洲。但该三角洲沉积呈现向上变细的沉积特征，水动力解释具向上变深的特征，为退积型的沉积序列，与传统的向上变浅、向上变粗的进积型沉积序列不同。形成该退积型沉积序列可能的原因有二：一是新元古代晚期（800Ma 以后），上扬子乃至江南造山带地区处于基底沉降的构造背景；鄂西地区围绕黄陵隆起，发生了较明显的区域沉降，发育一套不整合于基底变质岩和花岗岩之上的粗碎屑沉积；二是 800Ma 之后，华南地区持续海侵，鄂西地区由陆相地层向海相地层转换。

莲沱组的退积型沉积序列自下而上包括以下沉积单元（图 10-36）。

①浅灰色厚层具大型水流交错层理和平行层理的含砾砂岩、中粗粒砂岩夹紫红色薄层泥质岩，为陆地辫状河沉积。

②浅灰色厚层具大型水流交错层理和平行层理的中粗粒砂岩夹紫红色薄层泥质岩，为三角洲平原辫状河沉积。

③浅灰色中厚层具大型水流交错层理、浪成交错层理的中细粒砂岩夹紫红色泥质岩，为三角洲前缘内部朵叶体沉积。

④紫红色中薄层具小型浪成交错层理的细砂—粉砂岩和泥质岩，为三角洲前缘席状沙沉积。

⑤紫红色中薄层具水平层理的细砂—粉砂岩、泥质岩,为前三角洲沉积。

⑥灰绿色—深灰色具水平层理的细砂—粉砂岩、泥质岩,为陆棚浅海沉积。

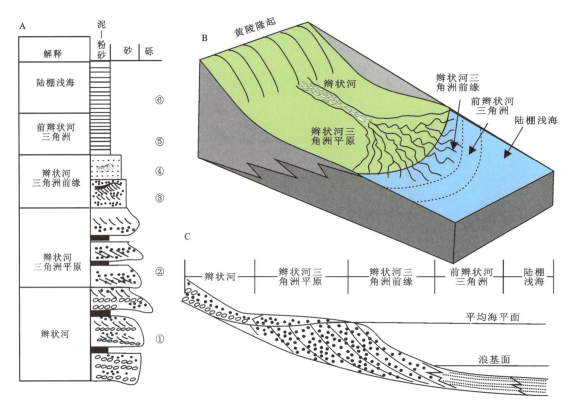

图10-36 莲沱组辫状河三角洲沉积序列和相模式

A.沉积序列,①~⑥为序列号;B.平面模式;C.剖面模式

第十一章 滨浅海碎屑岩沉积

第一节 概 述

海洋通常可根据水深和地形进一步划分成不同的环境。根据海底地形可以划分为大陆架(或称陆棚)、大陆坡、大陆隆、深海平原。大陆架指大陆向海延伸的平缓区域,海底坡度为1°左右,水深一般在200m以上;大陆坡位于大陆架之外海底地形较陡的区域,地形坡度一般3°~6°,大的可达20°以上,水深达2000m;大陆隆指大陆坡底部和深海平原的过渡地带,海底地形坡度为0.5°~1°,水深为2000~4000m;深海平原指大陆隆之外的平原地区,水深4000~5000m。根据水深可以划分为滨海、浅海、半深海、深海。滨海指海面到浪基面之间的区域,水深0m至数十米;浅海指正常天气浪基面之下、陆架边缘(大致相当于自由氧补偿界面)之上的区域,水深数十米到200m;半深海指陆架边缘之下到大陆隆底部,水深200~4000m;深海指深海平原区域,水深大于半深海,多在4000m以上。可以看出,海洋的水深分带和海底地形分区具有大致的对应关系(图11-1),因此在海相沉积环境和沉积相分析中常常通用或混用,如大陆斜坡相、深海平原相、陆棚浅海相等。

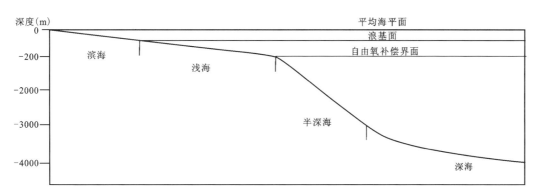

图11-1 海洋环境单元划分示意图

滨海,又称海岸带,位于陆地与海洋的交界区域。沉积学中滨海的上限向陆延伸到最大风暴潮可以波及的地带或某些自然地理特征变化带,如海蚀崖、海岸沙丘、永久性植物生长带等;其下限向海可达到正常天气浪基面深度。滨海区海岸地貌多姿多彩,海水和大气运动形式多种多样,而且在地质记录中十分常见,因此是一种重要的沉积环境。

影响滨海环境沉积作用的主要因素包括海岸地形、海水和大气运动形式以及沉积基底的构造活动性、海平面变化、古气候等。

从海岸地形上看,海岸带可见侵蚀性海岸和沉积型海岸。当海岸地区为基岩时,海浪侵蚀海岸基岩,即为侵蚀性海岸。侵蚀型海岸地貌多种多样,但很难保存在沉积记录中。侵蚀性海岸可见砾石(砾岩)沉积(内具叠瓦状组构),但砂质沉积(砂岩)更常见。沉积型海岸以碎屑沉积(碎屑岩)居多,开放(面向广海)的滨海或海湾一般形成开阔的海滩砂质沉积;在深入陆地的海湾可形成以泥质沉积为特色的潮坪沉积;在被障壁岛或障壁沙坝围限的区域可形成潟湖-障壁型海岸。这几种海岸还有一些过渡型地貌。

从介质运动来看,滨海带的海水主要包括波浪、潮汐、岸流等,但海岸上水流也是一种非常重要且常见的运动形式。海岸带大气运动(风)也非常常见,在海滩的后滨,风成沙丘可以形成很多沉积记录。

沉积基底的构造活动性和海平面变化的沉积记录虽然肉眼不可见,但其对沉积体的垂向组合有重要影响。在构造沉降强烈、海平面上升剧烈(幅度大于沉积速率)时,会形成退积型的沉积相组合。相反,构造稳定、沉积基底上升或海平面下降时,会形成进积型的沉积相组合。

气候或古气候(温度、湿度、大气运动)对滨浅海沉积也有重要影响,低温干旱区的陆地以物理风化为主,沉积物的成分成熟度较低;湿热的气候区化学风化作用强,沉积物的成分成熟度较高。大气运动也会对海岸带沉积产生影响,如热带风暴会在滨浅海带形成风暴潮的粗粒沉积,盛行风可以在海岸地区形成更多的风成沉积记录。

第二节　滨海区水动力状况及环境的划分

滨海带内海水的主要运动形式包括波浪、潮汐、沿岸流等。除此之外,海岸风的作用也是影响海岸带沉积的重要因素。

一、波浪

波浪是海洋中最重要的海水运动形式,尤其在滨海(浪基面之上)对沉积物具有重要影响,在海滩塑造和沉积物搬运改造过程中都起着至关重要的作用。海洋波浪分为风成浪、风暴浪、津浪和地滑浪,其中,风成浪是经常性持续起作用的浪,是影响滨海沉积作用的主要因素,风暴浪、津浪和地滑浪都为突变性事件,它们在短暂时间内可以释放出巨大的能量,对滨浅海具有极大的破坏性。

1. 风成浪

风成浪是指正常天气时风吹过水面时形成的海面波动,是向沿岸传送能量的主要形式,它们不仅具有侵蚀海岸和搬运改造沉积物的作用,而且还派生沿岸流,引起沉积物沿岸运动。风成浪从其生成区传播到沿岸地带,波谱不断发生变化,随着海水深度变浅,依次出现风浪、涌浪、升浪、破浪、激浪和冲洗浪(图11-2)。值得指出的是,现代海岸常常见到岸上风向与海中风向不一致的现象,这是由于海上风向与岸上陆地风向不一致造成的。海上风向来自远海,岸上风向取决于陆地风向,二者常常出现不一致的现象。

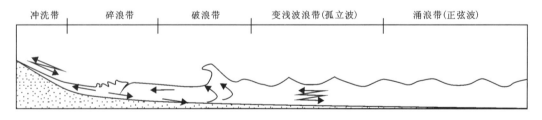

图11-2　波浪向海岸传播过程的波浪变形类型(据Shepard and Inman,1966)

风浪仅限制在生成区内,海水深度在浪基面之下,一般对海底沉积物没有影响。

涌浪是在深水中传播的一种波浪。风浪一旦离开生成区,不再受风的影响时,波浪便通过波浪弥散(waved dispersion)对自身进行周期性特征调整,波形变得比较规则,尖状波峰开始消失,波峰变得圆滑,从而过渡为涌浪。涌浪的波长很长,连续的涌浪具有近于相等的波高。涌浪具有非常狭窄的周期范围,波形呈近似简单的正弦波(图11-2),在深水传播的涌浪具有大范围传播的特点,最长周期的波浪传播最快,并能在几乎没有大的能量损失的情况下横越大洋传播数千千米。涌浪主要在浪基面之上的深水海域传播,一般对海底沉积物没有影响。

升浪是变浅的孤立波。当深水涌浪进入浅水时,它们便发生变形。大约在1/2波长的深度,波浪开始触及海底,至1/4波长的深度,波浪变形更加明显,这时波速和波长逐渐减小。由于波浪能量守恒,周期保持不变,波高逐渐增高,波峰变陡而成尖峰状,并为较平坦的波谷所分隔,这就是孤立波。孤立波是一种对称的推进波,水质点朝向波浪传播的方向运动而没有回流。当孤立波触及海底时,海底细粒沉积物发生往复运动。

破浪是当波浪继续向岸传播时,由于波峰进一步升高而变得过陡,波峰向前倾倒、破碎或崩解为浪花。波浪的破碎主要是由于波峰处水质点运动速度超过了波形的相速度而向前冲泄造成的,发生破浪的水深大致相当于波高。波浪破碎后,不同大小的破浪波列依次向岸传播。破浪具有对海底沉积物强烈的搬运改造能力,它们是塑造海滩剖面的最重要营力。

激浪是当破浪传播到岸线附近,波浪完全破碎,波形不再保存,完全形成破碎的浪花。当海岸上有高的沉积基底(如基岩块体、海蚀崖)时,激浪就形成拍岸浪。

冲洗浪分布在海岸带,是激浪产生的非常浅(几厘米到几十厘米)的高速向陆的冲流和回流。冲流可以爬上向海倾斜的滩面,由于海水与滩面的摩擦作用、搬运沉积物以及克服重力影响,冲流达到滩面上一定高度后因能量消耗殆尽而出现一个短暂的静止期,然后海水在重力作用下开始沿斜坡向海运动,形成回流。冲洗浪是塑造滩面和形成前滨沉积物的主要因素。波浪冲流速度一般大于回流速度。冲流搬运的沉积物持续停留在海岸上的某一位置,可形成相对高的沿岸线分布的砂体,即为海滩脊,有时大的冲流越过海滩脊,海水会遗留在海滩脊后的低洼处,形成海岸上的水流。

2. 灾害性波浪

最常见的灾害性波浪是风暴浪和津浪,少见的有地滑浪。

风暴浪是由于热带风暴(又称台风、飓风或热带气旋)吹刮海面而形成的巨浪。由风暴在海岸上形成的海面抬升称为风暴潮。海洋热带风暴是在热带海洋低气压区的涡旋状云系,热带风暴眼(台风眼)外壁风速最高,如1969年"开米耳"飓风的阵风速度高达370km/h。同时,低气压海区的海面随着气压降低而抬升,气压梯度每降低100Pa,大约可使海面上升10mm,因此会在海面上产生巨浪。据记载,1933年美国海军邮轮"罗梅波"号在马尼拉至圣迭戈的航途中曾连续记录浪高为24m、27m、30m、33m,最后达到34m最大值的逐渐增大的巨大风暴浪波列(Komar,1976)。在热带开阔大洋中波高10~20m的风暴浪是经常发生的,巨大的风暴浪传播到滨海带引起风暴潮的涨落,波幅可达几米,对海岸造成巨大的破坏,如海岸沙丘被摧毁,障壁沙坝被冲裂,海岸滩脊被冲刷,滨海平原被淹没,热带风暴带来的暴雨会引起近岸地区的洪涝,因此是一种严重的自然灾害。1969年"开米耳"飓风袭击了密西西比海岸,使海水抬升9m,并伴有猛烈的拍岸浪,几乎摧毁了波及地区的所有建筑物,导致许多人丧生。风暴浪引起的地质效应更重要的是浪基面的降低,风暴浪基面可深达100m以上,对正常浪基面(20m左右)之下的浅海区具有波浪作用改造,形成陆棚浅海风暴沉积。

津浪又称为海啸(tsunami),tsunami一词来自日本语,意思是指一个港口出现的异常高水位。津浪是一种长周期、长波长、波速高的巨型波浪,波长可达160km,周期长达10~30min,波速可达每小时数千千米以上,因此津浪可以横过大洋传播而无大的能量损失。深水区波高很小,仅为0.5~1m,一般不易察觉。当传播到浅海陆架和滨海带时，由于受沿岸地形约束，波速和波长迅速减小，波高迅速增大，巨大的能量可以激起十几米至几十米高的波浪。

津浪的起因主要与海底地壳变动（地震）、火山活动及海底块体异动有关。所谓海底地块异动是指受地震引起的块体断陷和逆冲或沉积体的重力垮落，造成海面水体的大幅度升降。海岸岩崩导致巨大的岩块或山体滑入海洋也可以激起巨浪，称为地滑浪。地滑浪可以引起水体急剧升高，但其仅在局部地区造成灾害。如1958年阿拉斯加南部一次由地震引发的巨大岩崩，使3060万 m^3 的岩石从900m高度滑落到利图亚海湾中，引起的巨浪穿过3km宽的峡湾，冲上对岸500m高的山地。

二、潮汐

潮汐是另一种重要的海水运动形式，对滨海带的沉积作用和沉积物的分布具有极为重要的影响。

海洋潮汐是一种长周期全球性海面波动，是在天体（太阳、月亮和地球）之间的引潮力及地球自转产生的离心力作用下，海平面发生的周期性升降现象。海水水位的上升过程称为涨潮，水位下降过程称为退潮。当水位在高潮水位和低潮水位转换时有一个短暂的停息时间，称作平潮。海面的一涨一落形成一个潮汐循环。在一个潮汐循环中，涨潮水位和退潮水位的水位差称为潮差。在潮位升降过程中，因水位变化引起的海水侧向流动即为潮流。潮流是一种水流，在海岸带附近，涨潮过程中向陆运动，退潮过程中向海运动，因此形成双向反向水流。

由于地球的自转以及地球、月球、太阳在运行过程中相对位置的不断变化，潮汐活动还出现日不等量、月不等量等不同周期的变化。地球上的潮汐主要和靠近地球的月球关系密切，与太阴日有关。太阴日是指任何一点先后两次对月的时间间隔，大约24小时50分，略大于太阳日。这些不等量现象主要表现为在一个太阴日涨潮流或退潮流流速和潮位不相等；在一个太阴月中潮流强度也有大小的差异，即有大潮和小潮之分。一个太阴日内只有一次高潮和低潮，一个高低潮周期大约为12小时25分，这种潮汐称为全日潮。一个太阴日内出现两次高潮和低潮的交替，即为半日潮。由于潮流受地形、风向、地球自转引起的科里奥利效应的影响，潮流活动还具有非对称性质，即有主潮流和次潮流的分异及涨潮流与退潮流在空间上的分离现象。总之，潮汐活动及其引起的水动力状况是十分复杂的，但也具有明显的规律性，概括起来特点为：①潮流活动的全球性，只有与大洋相互连通的海域才有潮汐活动；②潮汐活动的周期性；③潮流流向的双向性；④潮汐活动期与静止期周期性交替及流速周期的变化；⑤潮汐活动具有日不等量和月不等量，与此有关的涨潮流与退潮流在空间上的分离以及潮汐活动的非对称现象。

潮汐活动的这些特性对沉积作用具有明显的影响，并均能真实地记录在潮汐沉积中。

潮流的强度主要与潮差大小有关。根据大潮潮差，可将潮汐划分为3类：①小潮差，潮差小于2m；②中潮差，潮差为2~4m；③大潮差，潮差大于4m。在大洋中部开阔水域潮差一般都很小，约50cm。中、小潮差普遍见于面临大洋的开阔海岸和半封闭或近于封闭的内陆海，如地中海、红海、黑海以及我国的渤海等。大潮差一般出现在一些海湾，尤其是具有喇叭形开口的河口湾和海湾内。当潮波进入那些逐渐缩窄的海湾时，逐渐变狭的两岸限制了潮波向外扩散，从而使水体互相拥挤，潮波波高迅速增高形成特大潮差，例如加拿大的芬地湾（Bory of Funcly）内潮差可达15.6m，成为世界上最大的大潮差区，我国钱塘江口潮差可达8m以上，均属大潮差区。

一般来说，潮差越大形成的潮流也越强，但是在一些内陆海、潟湖、半封闭海湾等的入口处以及一些海峡内，即使是在中、小潮差区，也能产生强劲的潮流，流速一般可达到1~4m/s。例如日本本州与北海道之间的津轻海峡内潮流流速达3.5m/s；加拿大不列颠哥伦比亚西摩水道的进口处，在炸掉阻挡水道的岩体之前，潮流流速高达7.5m/s。潮流不同于流速随深度急速递减的风海流和定常流，潮流流速在整个水内变化不大。因此，如此强劲的流速对海底具有极大的侵蚀力，在入口处和狭窄的海峡底部常侵蚀出很深的壶穴或深槽，如美国旧金山湾进口金门处形成约110m深的洼地，美国路易斯安那州巴拉塔利亚湾进口处的壶穴釜穴深达50m，杭州湾口的深槽可达50m。

潮汐作用对滨海带沉积物的搬运和沉积、沉积相带的分布以及沉积层的结构都有重大影响。Barwis和Hayes(1976)指出海岸形态、砂体的分布与潮差大小有密切的联系(图11-3)，即：在小潮差地区，潮流动能较弱，易发育具狭长的障壁沙坝的海岸带，进潮口数量少，冲溢扇发育，障壁岛后常有潟湖发育；在中潮差地区，有较多的入潮口切障壁岛，障壁岛短小，而潮汐三角洲较发育，障壁岛后潮坪发育广泛；在大潮差地带，潮流能量大，常在河口湾内形成平行潮流方向的潮汐沙脊，沿岸地带有广阔的潮坪出现。

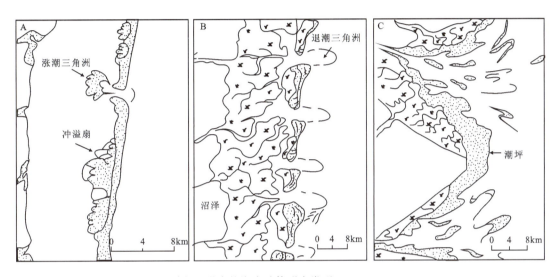

图11-3 不同潮差形成的海岸砂体形态类型(据Barwis and Hayes, 1976)
A. 小潮差形成的狭长的障壁沙坝；B. 中潮差形成的短的障壁沙坝；C. 大潮差形成的河口湾内平行于潮流方向的潮汐沙脊

三、沿岸流

在海岸带，如果波浪传递方向斜交海岸线，斜射波会促使海水平行于海岸线运动，形成沿岸流(又称近岸流)。这种沿岸流是形成沉积物沿岸漂流的主要动力，波浪能量越高，与岸线夹角越小，沿岸流越明显。由于波浪作用强度远大于近岸流强度，近岸流在沉积记录中很难显示，但障壁沙坝一般和近岸流有关。在相对固定风向、持续近岸流的地区，边流可促使近岸砂体沿着风向方向延伸，从而形成延续的砂体，并使砂体后的海域与广海分隔，这种砂体即为障壁沙坝。

四、海岸风

海岸风指海岸上的风系，是现代海岸沉积的一种重要的营力。海岸风主要受陆地或陆海邻接区大气运动控制，常常与海洋风系不一致。现在观察的沿岸风多数平行于海岸或斜交于海岸(向陆方向)，常常在后滨和海岸沙丘形成典型的风成沉积记录，如风成波痕、小型风成沙丘等。

五、陆源碎屑型滨海环境的分类

陆源碎屑型滨海环境的类型划分取决于控制因素，而影响这种滨海环境的因素包括滨海区水动力状况、构造稳定性、地形、气候及物源供给等。滨海水动力是最重要的，根据波浪、潮汐及沿岸流等对滨海环境影响的主导性，可将滨海环境区分为以下3种类型。

1. 浪控型滨海环境

浪控型滨海环境以波浪作用为主导，通常发育在面向开阔大洋的滨海带。由于滨海外侧无障壁阻隔，大洋波浪可直接到达滨海区，故又称无障壁滨海（海滩）环境。该海岸以波浪作用为主，潮汐作用为波浪作用所掩盖，海岸上形成海滩，故又称海滩型滨海环境。

浪控型滨海可以出现在线状海岸，也可以出现在海湾中。一般线状海岸上波浪作用强，形成的海滩坡度较大（可达 20°以上），沉积颗粒较粗（可达细砾级）。而海湾中的海滩滩面坡度较小（一般 5°～15°），沉积物颗粒较细，一般为细砂级。这种细砂级的海滩海浪小、沉积物细，适合于开发滨海浴场和旅游地。国内外的海滩旅游均分布于海湾区。

2. 潮控型滨海环境

潮控型滨海以潮汐作用为主控因素，多发育中—大潮差的海湾区，尤其是在深入陆地的海湾区，由于没有直接来自开阔大洋的强波浪冲击，一般形成低能的泥沙质潮坪，故又称潮坪型滨海环境。

3. 障壁-潟湖型滨海环境

障壁-潟湖型滨海是受波浪、潮汐以及沿岸流综合影响的滨海环境。此类海岸外侧为障壁，由基岩组成的障壁为障壁岛，由沉积沙坝组成的障壁为障壁沙坝。障壁后侧为潟湖，潟湖与广海沟通的通道为潮汐通道（进潮口）。该环境次级环境较为复杂，包括障壁沙坝、潟湖、环潟湖潮坪、潮汐通道、潮汐三角洲等亚环境。

第三节　浪控型滨海环境及沉积相模式

一、环境的划分及沉积特点

面临开阔大洋的海岸一般都发育海滩。海滩除了分布在无障壁海岸外，还出现在障壁岛的外侧。无障壁海滩可见低能平缓型海滩（如海南省陵水清水湾海滩）和高能陡坡型海滩及两者之间的过渡类型。障壁岛外侧的海滩多为高能陡坡型海滩（如海南陵水黎安潟湖外侧的海滩）。波浪是塑造海滩剖面的主要因素，当大洋波浪从深水向浅水传播时，依次出现不同的浅水波浪变形带，每种波浪变形类型具有不同的水动力特点，波浪变形带控制着海滩剖面的结构和沉积特点。根据波浪的变形机制，可将海滩环境从海向陆依次划分为远滨带、临滨带、前滨带、后滨带和风成沙丘带（图 11-4），各带沉积环境及沉积相特点如下。

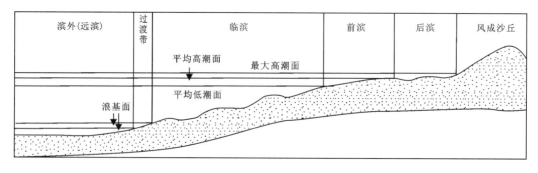

图 11-4　滩海环境的划分示意图（据 Keinson，1984）

1. 风成沙丘带

风成沙丘带指海滩最大高潮水位之上的区域；后滨带则指海滩上高潮水位与风成沙丘之间的区域。它们平时都暴露在大气中，仅在特大高潮和风暴潮时后滨带才被海水淹没。风成沙丘在地层中保存不多，但在现代海岸上十分常见。

风成沙丘一直暴露于大气中，因此受海岸风的影响，形成各种风成的沉积特征，如风成波痕。现代一些风成沙丘带为植被覆盖，而有些风成沙丘带植被不发育，裸露风成沉积物，沉积物主要为细砂。如海南陵水清水湾后滨带之上的风成沙丘带主要为椰树、木麻黄、苦楝树等植被覆盖。

海岸沙丘的沙主要由石英组成，并含有少量重矿物，缺乏泥级组分。石英砂分选极好，大多数为细到中粒级，表面多呈毛玻璃状。颗粒磨圆度是海滩沙中最好的。海岸沙丘的层理主要是风成沙丘交错层理，交错层理的前积纹层倾角较陡（30°~40°）。沙丘内部常具有弯曲的侵蚀面（图 11-5）。背风面小型重力变形构造相当普遍。沙丘之间常有植物生长，植物腐烂后可形成泥炭层和保留碳化的根系。

2. 后滨带

后滨带大部分时间暴露于大气中，只有大潮或风暴潮时间被海水淹没。低能平缓海滩的后滨带地形一般较平坦（5°~10°），沉积物以细砂为主。但当有海滩脊发育时，则具有波状起伏的地形，在海滩脊后侧的低洼处常有积水甚至形成湿地。高能陡坡型海滩的后滨带海滩脊不发育，地形呈稍陡的缓坡（10°~20°），其沉积物较粗，可达细砾至粗砂级沉积，其为大潮或风暴潮搬运残余下来的粗粒沉积和生物碎屑。

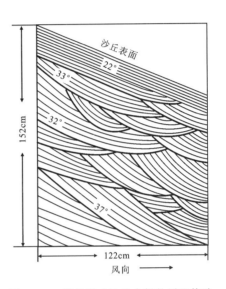

图 11-5 海岸风成沙丘内部的层理构造

由于长时间暴露于大气环境中，后滨带发育良好的风成波痕和风成交错层理。由于海岸风多平行于海岸线，因此后滨带风成波痕的波脊多垂直于海岸线。后滨带波痕以小型风成波痕为主，波痕波高为 1~2cm，波长为 3~5cm。这种风成波痕波脊较平直，波痕不对称，具有分叉复合现象，尤其是迎风面和波脊沉积物颗粒粗，背风面波谷中沉积物颗粒细，具有典型的风成波痕特征。

3. 前滨带（海滩或海沼沙岭）

前滨带位于海滩平均高潮线和平均低潮线之间的潮间地带，此处的波浪作用强，潮汐指示水位的变化，沉积物主要受波浪作用控制。前滨带相当于波浪冲洗带。受海岸波浪作用强度影响，前滨带地形坡度存在较大差别。低能海滩前滨带的坡度一般为 2°~5°，很少超过 10°，如海南陵水清水湾海滩。而高能海滩前滨带的地形坡度可达 20°~30°，如海南陵水黎安潟湖外侧的海滩。

冲洗带的水流特点是破碎的激浪以面状水流的方式垂直或近于垂直岸线的往返流动，一般向岸冲流的流速大于向海回流的速度。由于受到长期往返水流的冲洗，前滨带沉积物的成分成熟度和结构成熟度均高，形成的岩性主要为纯石英砂岩或砂砾岩，碎屑颗粒磨圆和分选均好，粒度分布较集中，概率累积曲线较陡且存在向岸冲流和向海回流造成的两个跳跃总体。低能平缓型海滩前滨带的沉积物主要是中、细粒级的纯净石英砂，高能陡坡型海滩前滨带的沉积物为粗砂到细砾级的纯净砂砾。

前滨带具有多种典型的指相沉积构造，包括冲洗交错层理、流痕、细流痕、泡沫痕、菱形痕、障碍痕等。前滨带被打碎的生物碎屑较发育，也常见垂直于层面的生物潜穴（石针迹）。

前滨带和后滨带常常形成平行于海岸线的沙垄，又称海滩脊。海滩脊长数百米到数千米，宽 10m

左右,高1m至数米,向海一面稍陡(5°~30°),向陆一面较缓(5°~10°)。前滨带上的海滩脊是由波浪冲洗作用形成的。冲洗带的向岸冲流随着向岸冲流(爬坡)能量逐渐降低,少部分沉积物慢慢沉积(大部分随回流向海移动),逐渐堆积起一个高的沙垄(海滩脊),沙垄后(向陆一侧)形成一洼地。海滩脊向海一侧面状冲流形成倾向向海的低角度纹层,越过海滩脊形成向陆缓倾斜的另一组纹层,组成了冲洗交错层理的基本纹层(图11-6)。当海滩脊不发育时,冲洗交错层理以向海纹层为主,当海滩脊发育时,向海纹层和向陆纹层均发育。后滨带上的海滩脊是由大潮期或风暴潮期的波浪冲洗形成的,一般沉积颗粒比前滨带的海滩脊更粗。

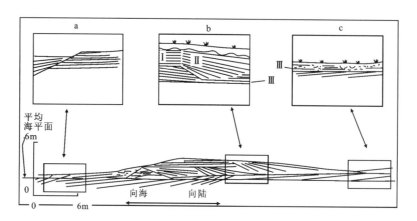

图11-6 海滩脊内部层理构造(据Reineck and Singh,1980)
a.与前滨带相连的滩肩;b.倾角平缓的(Ⅰ)和陡倾角的(Ⅱ)向陆倾斜的前积纹层;
c.复杂近地面组分的冲流层理(Ⅲ)超覆在海滩上,常见向海倾斜的交错层理

海岸上的冲流常常越过海滩脊的脊顶,到达海滩脊后侧的洼地。这些积水会沿着洼地走向向低处流动。因此,现代海滩上常见水流波痕,有时可见水流、波浪成因的干涉波痕,是既有水流作用又有波浪作用形成的。

4. 临滨带

临滨带是位于平均低潮线至好天气时的浪基面(10~20m)之间的海域。临滨带全部处于浪基面之上,是浅水波浪作用带,沉积物始终遭受着波浪的冲洗、扰动。水动力状况随深度变浅呈规律的变化。一般来说,波浪对海底扰动的总能量随深度增大而减弱,不同的波浪变形带进行着不同的沉积过程,具有不同的沉积特点和塑造成不同的地形,根据波浪活动的特点及地形表现,可将临滨带区分为下临滨、中临滨和上临滨3个部分(Reinson,1984)。

上临滨与前滨紧密相邻,位于破浪带之上的碎浪带,由于受潮汐水位波动的影响,其位置常发生一定程度的摆动迁移,因此与前滨带不易区分,有人将二者合并(Davies et al.,1971),或统称为临滨-前滨过渡带(Howard,1982)。上临滨的沉积物从细砂至砾石(高能海滩)都可出现,但以纯净的石英砂最常见。沉积构造多为大型的浪成波痕或交错层理,常夹有低角度双向交错层理、平行层理或冲洗层理。该带可见生物碎屑,生物潜穴也较常见,但并不丰富。

中临滨出现在海滩坡度突变的内陆一侧,即在水深变浅的破浪带内,为高能带,地形坡度较陡(1:10左右)并有较大的起伏,平行岸线常发育有一个或多个沿岸沙坝和槽,沙坝的数目与坡度大小有关。坡度越平缓,沙坝越多,常见的是2~3列,最多可达10列,相互间隔大约25m(Kindle,1963)。沙坝长度可达几千米至几十千米。沙坝的深度随离岸距离的增加而增大,外部沙坝水深一般比近岸沙坝的深度大。破浪带是决定沙坝离岸距离、规模和深度分布的主要因素,每一个沙坝都与一定规模的破浪带相对应,很陡的海滩一般没有沿岸沙坝发育。中临滨的沉积物主要是中、细粒纯净的砂,并夹有少量粉砂层和介壳层。总的粒度变化随着离岸距离变小,粒度变粗。但由于有沿岸沙坝和洼槽相间发育,粒度也相应地有所变化。一般在沙坝顶部粒度较粗,槽部粒度变细。中临滨带的沉积构造主要为各种大型浪成波痕交错层理,层理类型也随沙坝-洼槽的起伏而变化。图11-7为加拿大新不伦瑞克省库契布加克湾内沿岸沙坝的相模式,表示沿岸沙坝及洼槽内沉积构造的变化特点。此带生物也为狭盐度生物,但常被波浪打碎形成生物碎屑,生物扰动构造也常见,但不如下临滨带丰富。

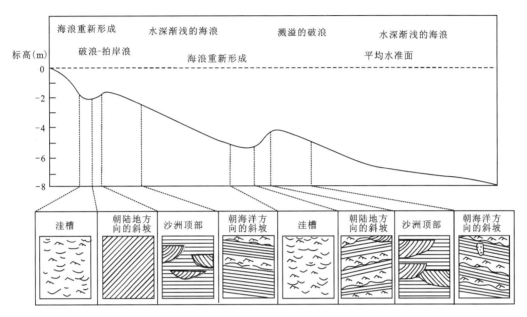

图11-7 加拿大新不伦瑞克省库契布加克湾海滩剖面的波浪变形与沿岸砂的相模式
(据Davidson-Arnott and Greenwood,1976)
注意内外沙坝沉积构造的重复

下临滨是临滨带最深的部分,下界位于正常浪基面附近,与陆棚浅海过渡,上界在破浪带以外。下临滨是波浪刚开始影响海底的较低能带,大致相当于深水波开始变浅的孤立波带。在孤立波的作用下,沉积物的净运动方向是向陆做缓慢的移动。但在强风暴影响下,由于风暴浪基面的降低,沉积物常遭受风暴浪的侵蚀。该带的沉积物主要是细粒的粉砂和细砂,并含有粉砂质泥的夹层。沉积构造主要是小型浪成波痕层理、水平纹层,含有正常海的底栖生物化石。底栖生物的大量活动可以形成丰富的遗迹化石或强烈的生物扰动。强烈的生物扰动常严重地破坏原生沉积构造形成均匀的块状层理。

5. 远滨(滨外)带

远滨(滨外)带位于临滨带之外,正常浪基面之下,属于浅海沉积。由于海底没有波浪作用影响,故沉积物以黏土质或细粉砂为主,发育水平层理。狭盐度生物较多,生物量大,生物分异性强,生物保存完好。该带可出现较多遗迹化石,若生物扰动强烈,可形成具均质层理的泥质岩。

值得指出的是,由于风的强度变化,浪基面也是波动变化的。浪基面波动的深度范围即为过渡带。过渡带沉积物既有下临滨具小型浪成波痕或交错层理的细砂岩—粉砂岩,也夹具水平层理的泥质岩,是下临滨和远滨的交互沉积。

二、进积型海滩沉积相模式

在沉积基底构造稳定、海平面也相对稳定,沉积物供给充足的条件下,一般沉积物的沉积速率大于相对海平面上升的速率,这时海平面之下(临滨带)逐渐为沉积物填满而变为前滨带,同样的原因导致早期的前滨带变为后滨带，早期的后滨带变为风成沙丘带。这种过程造成滨海沉积物不断向海推进（进积）（图 11－8），近岸沉积物依次叠加在远岸沉积物之上，从而形成一个自下而上逐渐变粗的进积型沉积层序。该层序自下而上依次出现陆架泥相、临滨-陆架过渡相、临滨相、前滨相、后滨相、风成沙丘相（图 11－9），各沉积相的基本特点如下。

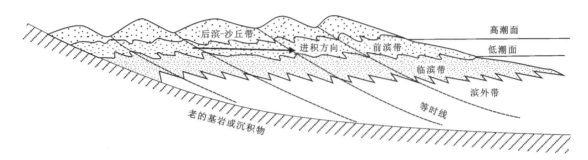

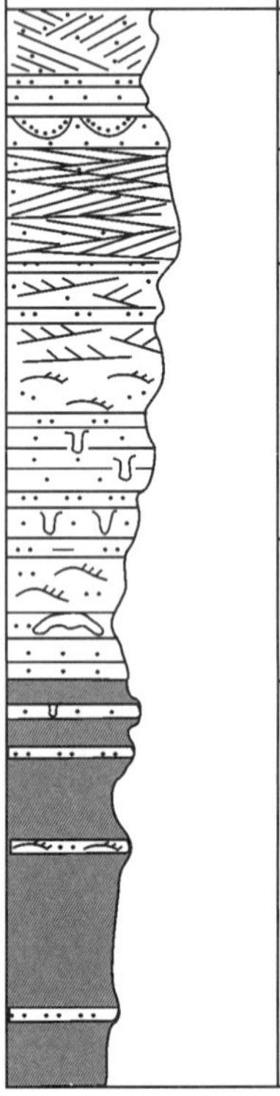

图 11－8　无障壁海滩的进积作用（据 Reinson，1984）

剖面	相	环境解释
	风成交错层理中细砂岩	风成沙丘相
	平行层理水流交错层理粗砂岩或中细砂岩	后滨相
	冲洗交错层理砂岩，具极浅水沉积构造	前滨相
	大型浪成波痕和交错层理砂岩 小型浪成波痕和交错层理细砂岩、粉砂岩，具生物扰动构造	临滨相
	小型浪成交错层理粉砂岩与水平层理泥质岩互层，生物扰动强烈	临滨-陆架过渡相
	水平层理粉砂质泥岩和泥质粉砂岩，含保存完好的海相化石	陆架泥相

图 11－9　无障壁海滩进积型沉积序列（相模式）

1. 陆架泥相

陆架泥相位于正常天气浪基面以下，为陆棚浅海沉积。沉积物（岩）主要为粉砂质或泥质等细粒沉积，具水平层理。该带狭盐度底栖生物发育，常保存完好的生物化石。但常因底栖生物强烈扰动，保存遗迹化石或生物扰动构造。如遭受大潮或风暴影响，则夹有具双向交错层理、丘状交错层理的粉砂、细砂或贝壳层等。

2. 临滨-陆架过渡相

临滨-陆架过渡相大致在正常天气浪基面附近,主要沉积物为粉砂质泥及泥质粉砂,以水平层理及小波痕层理为主,生物扰动强烈。

3. 临滨相

临滨相位于临滨带,正常浪基面之上,平均海平面之下。低波能海岸以粉砂-砂质沉积物为主,高波能海岸以砂-细砾为主,自下而上粒度变粗。自下而上由小型浪成波痕、交错层理变为大型浪成波痕和交错层理。生物扰动构造向上逐渐减弱。

4. 前滨相

前滨相位于临滨带之上,高、低潮水位变化区域。低波能前滨沉积物主要为细—中细粒砂,高波能前滨为中粗粒砂-细砾沉积。前滨相成分成熟度和结构成熟度均高,内具冲洗交错层理,平行层理发育,发育大量极浅水沉积构造或暴露构造(如流痕、细流痕、菱形痕、气泡构造等),海滩脊后可见水流交错层理。生物化石稀少,主要是破碎的贝壳和生物骨屑。

5. 后滨相

后滨相位于平均高潮面和最大高潮面之间。低波能海滩的后滨沉积物以细砂为主,并夹有粉砂质泥甚至沼泽泥,高波能海滩(如风暴影响的海滩)的后滨带由各种细砾-粗砂级生物碎屑、陆源碎屑沉积组成。后滨相成分成熟度和结构成熟度均高。后滨相海滩脊之后可见小型水流波痕和水流交错层理、小型风成波痕和风成交错层理。地质记录中有的剖面后滨相不发育。

6. 风成沙丘相

风成沙丘相位于最大高潮面之上靠近海域的陆上环境。低波能海滩为成分成熟度和结构成熟度均高的细砂级沉积,高波能海滩为粗砂-细砾级的沉积。该带缺乏细粒的泥,以发育小—大型风成波痕、风成交错层理为特征。

三、海沼沙岭

海沼沙岭又称千尼尔沙岗(Chenier)或滩脊型潮滩(beach ridge type tidal bank),是位于高潮线以上在沼泽向海一侧的沙脊。千尼尔沙岗是介于无障壁滨海(海滩)和潮控滨海(潮坪)之间的一种过渡类型,既有波浪冲洗作用,又有潮汐作用,且海岸沉积物富泥缺砂。

Chenier一词来源于法文le chéne(橡树),是法国海岸上的一种常见沉积类型,以沙岗上橡树繁盛为特征。千尼尔沙岗位于现代滨岸沼泽地区,宽可达150~200m,高3m,长可达50km。千尼尔沙岗形成的环境陆源碎屑沉积物供给不足,河流供给的沉积物以粉砂质、黏土质沉积物为主,也有砂粒沉积物但量小。波浪作用改造这些沉积物,将砂质沉积物相对集中成一个平行于岸线的线状砂体,形成砂质滩脊。滩脊后侧为滨海沼泽(图11-10)。这一过程反复进行,就会形成一系列具有前缘沼泽的滩脊。因此,这种环境可以分为两个亚环境:滨海沼泽和海沼沙岭。

滨海沼泽以暗色泥质沉积为主,由于间歇性暴露,泥裂、雨痕等暴露沉积构造发育,可见潮汐作用形成的潮汐层理,生物潜穴、生物扰动也很常见。滨海沼泽中可形成泥炭或煤层、煤线。

海沼沙岭以纯净的中细粒石英砂岩为特色,内有冲洗交错层理及极浅水沉积构造,如小型浪成波痕、障碍痕、流痕、细流痕等。

在盆地基底构造稳定、相对海平面较稳定的情况下，海沼沙岭可形成进积型的沉积序列，即海沼沙岭沉积之上为滨海沼泽沉积，多条海沼沙岭和滨海沼泽组合，可形成多个旋回。地层中黑色具潮汐层理、块状层理的含煤泥质岩与纯净的具冲洗交错层理的中细粒石英砂岩的组合和交互，一般为海沼沙岭沉积。

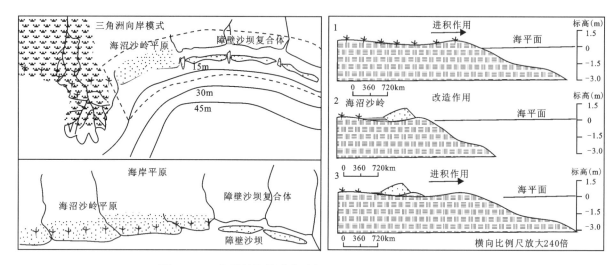

图 11-10　海沼沙岭的形成过程（据 Scholle and Spearing，1982）

第四节　潮控型滨海环境及沉积相模式

一、环境划分与沉积特征

潮控型滨海环境以潮汐作用为主，以发育潮坪沉积为特色。潮控型滨海主要出现在低波能和中—大潮差的海湾区域（尤其是深入内陆的海湾），在障壁潟湖周围，潮控三角洲平原也有潮坪发育，本节重点介绍潮控型潮坪。环障壁潟湖的潮坪将在下节介绍，潮控三角洲平原的潮坪沉积详见第十章相关部分。

潮控型滨海与浪控型海滩环境具有显著差别。潮控型滨海以潮汐活动为主导，波浪作用微弱，但并非没有波浪，是相对低波能环境。浪控型海滩以波浪作用为主导，潮汐的水位变化限定了前滨带的范围，是一种高波能环境。根据潮汐活动的特点，可将潮控型滨海分为潮上带、潮间带和潮下带 3 个区域，其中潮间带按沉积物性质进一步分为泥坪、混合坪、沙坪（图 11-11）。

1. 潮上带

潮上带位于平均高潮线以上地带，只有在特大高潮或风暴潮时才被海水淹没，基本上为暴露环境，受气候影响明显。在温暖潮湿气候条件下，沼泽植物茂盛，草沼和树沼均有发育。在干旱气候条件下，植被较少，蒸发盐坪很普遍，常有石膏、石盐等蒸发盐类形成。

潮湿气候正常潮控海岸的潮上带沉积物一是正常潮汐能量消耗后带来的细粒泥质沉积，二是由大潮或风暴潮带来的粗粒砂或生物碎屑。前者可形成泥质沉积，后者可形成混有海相生物碎屑的贝壳堤或贝壳滩。潮上带长期暴露在大气中，受大气影响明显，常常发育沼泽，泥质沉积有大量暴露构造，如泥裂、雨痕等。干旱气候的潮上带有盐沼，可发育石膏、石盐等指相矿物或矿物假晶。

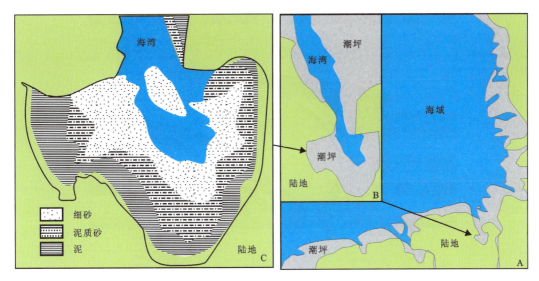

图 11-11　德国北海雅德湾潮控海岸环境及潮坪分布特点(据 Reineck and Singh,1950)
A.德国—荷兰—丹麦海岸带潮控海岸潮坪分布图;B.雅德湾潮控海岸环境图;C.雅德湾潮间坪沉积物分布

2. 潮间带

潮间带位于平均低潮线与平均高潮线之间。受气候湿度影响,潮间带分为潮湿气候的潮间带和干旱气候的潮间带。干旱气候的潮间带以发育盐沼并形成石膏、石盐等指相矿物或矿物假晶为特色。潮湿气候的潮间带不发育蒸发盐矿物。

潮间带的垂直范围取决于潮差大小,一般从不足 1m 至数米。潮间带宽度既与潮差有关,更与海岸带坡度有关。小潮差陡坡度的潮间带宽数米到数十米;而大潮差缓坡度的潮间带宽可达数千米到数万米(如海南文昌清澜港、澄迈市澄迈湾)。潮间带总的地势低平而略向海倾斜,包括潮沟(溪)和潮坪两个次级环境单元。由于潮流周期涨落和往返侵蚀,潮间带上发育了许多蛇曲形潮汐进出水道,称为潮沟或潮溪。潮沟和潮溪无论在高涨期和低潮期始终被海水淹没,它们是潮流进退的主要通道。潮汐水道内潮流水深流急(可达 1.5m/s),具有较大的侵蚀力。由于潮沟中潮流的侧向侵蚀,潮汐水道侧向迁移非常迅速(可达 25~100m/a),因此蛇曲形的潮沟边滩(类似河流边滩)也侧向迁移和侧向加积,形成纵向交错层理(图 11-12)。潮沟和潮溪围限的潮间带地势平坦,只有在高水位时才被海水淹没,退潮时出露水面,是随潮汐涨落周期性暴露的环境,称为潮坪。潮间带生物非常发育,常形成大量的生物潜穴,强烈的生物扰动甚至会完全破坏原生的沉积构造。

根据潮坪的微地貌特点、沉积物性质和随潮汐涨落而暴露时间的长短,一般可将潮坪划分为低潮坪(沙坪)、中潮坪(混合坪)和高潮坪(泥坪)3 个带。低潮坪平均有一半以上时间被海水淹没,由于被海水淹没时间长,水较深,波浪影响较大,沉积物以床沙载荷搬运为主,主要沉积物为细砂和粉砂,常有双向交错层理和脉状层理发育,所以又称沙坪。中潮坪平均有一半左右时间被淹没,沉积物悬浮载荷与床沙载荷交替出现,为砂泥质沉积,以波状层理发育为主,又称混合坪。高潮坪大部分时间暴露在水上,高潮时短暂时间被淹没,水浅流缓,沉积物以悬浮质泥为主,仅有少量粉砂。由于砂的供给不充足,多发育孤立小波痕和透镜状层理,又称泥坪。

潮坪上潮流流速缓慢(一般为 30~50cm/s),可发育大量小水流波痕,或受波浪影响形成小型浪成波痕,并常见具有潮汐作用特色的沉积构造,如潮汐层理、B-C 层理等。最为常见和最有指相意义的有波痕、层理、暴露构造。

图 11-12 潮沟(溪)的侧向迁移和侧向加积(据 Reineck and Singh,1950)

(1)波痕：潮坪上发育的主要是小型波痕、孤立波痕，大波痕比较少见。小波痕既有潮流形成的具双向特征的水流波痕，也有波浪作用形成的小型浪成波痕，还有水流-波浪共同作用形成的干涉波痕、改造波痕(双脊波痕、圆脊波痕、平顶波痕)、叠加波痕。

(2)层理：潮坪上最常见的是潮汐层理(脉状层理、波状层理、透镜层理)组合和双向交错层理。其中，脉状层理(又称压扁层理)形成于潮坪下部(沙坪)；波状层理形成于中潮坪(混合坪)；透镜状层理形成于低潮坪(泥坪)；双向交错层理主要发育于潮沟(溪)中。

(3)暴露构造：潮间带间歇性暴露可形成大量暴露沉积构造，如泥裂、雨痕、障碍痕、细流痕等。

潮间带生物以底栖生物为主，为适应潮汐涨落周期性变化的环境，底栖生物多挖掘垂直的深而坚固的潜穴，潜穴形态一般以简单的直管状到"U"形管状为代表，造迹生物多为甲壳类、蠕虫类、双壳类、腹足类等。潮间带生物常常引起强烈的生物扰动构造，因此潮坪沉积常常出现块状层理或均质层理。

3. 潮下带

潮下带位于平均低潮线以下，向下延至正常浪基面附近，与陆棚浅海逐渐过渡。潮下带始终处于水下环境，受较强的潮汐和波浪作用共同控制，是潮汐控制的滨海带中比潮上带、潮间带水动力更强的高能环境。潮下带上部通常发育许多与海岸大致垂直的水下潮道和潮汐沙坝。潮下带的生物以正常海底栖生物为主，常有大量潜穴生物等生物遗迹。

控制潮下带沉积的主导因素是潮流，其次为波浪。潮下带沉积体主要为潮汐沙坝，由中粗粒或中细粒砂岩组成。受潮流进退影响，可形成大型双向交错层理；受波浪作用改造，浅水区域可形成大型或小型浪成交错层理；因潮流活动期和平静期交替影响，可形成潮汐束状体和双黏土层。潮下带生物以狭盐度底栖生物为特色，受潮汐或波浪作用影响，生物化石破碎，常见生物潜穴或生物扰动构造。

二、潮坪海岸沉积相模式

与无障壁海滩环境的进积作用类似，在沉积基底构造稳定、海平面也相对稳定、沉积物供给充足的条件下，一般沉积物的沉积速率大于相对海平面上升速率。这时海平面之下的潮下带逐渐为沉积物填满而变为潮间带，同样的原因导致早期的潮间带变为潮上带。这种过程造成潮控海岸的沉积物不断向海推进，形成进积型的沉积序列，这种序列常常保存在地质记录中，当然仍有少数的退积型序列保存。进积型序列自下而上依次出现陆架泥相、潮下带相、潮间带相、潮上带相(图 11-13)，各沉积相的基本特征如下。

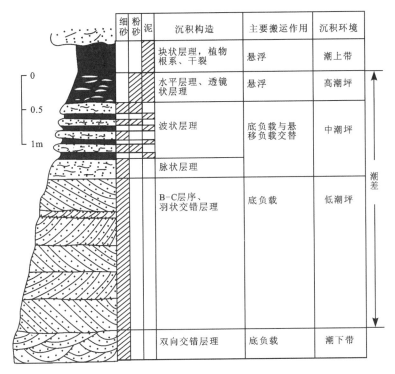

图 11-13 潮坪海岸进积型沉积相层序模式(据 Klein,1977 修改)

(1)陆架泥相:位于正常浪基面以下,为陆棚浅海沉积。该相带主要由细粒的粉砂质或泥质组成,具水平层理。该带处于氧补偿界面之上,为富氧环境,底栖生物繁盛,可保存为原地异位的生物化石,若生物扰动强,可保存遗迹化石或生物扰动构造;若遭受大潮或受风暴影响,则夹双向交错层理或丘状交错层理的砂或贝壳层等风暴沉积。

(2)潮下带相:位于正常浪基面之上,平均海平面之下。沉积物以砂为主,成分成熟度和结构成熟度均高。潮下带相以具有潮汐成因的双向交错层理、潮汐束状体、双黏土层为特色。自下而上由小型双向水流波痕、交错层理变为大型双向水流波痕和交错层理。生物扰动构造向上逐渐减弱。

(3)潮间带相:位于临滨带之上,高、低潮水位变化区域。潮间带沉积自下而上由沙坪、混合坪逐渐转化为泥坪,沉积物由含泥质砂、砂泥交互转化为含砂质泥,层理类型由脉状层理、波状层理变为透镜状层理。潮间带沉积常夹有中细粒砂质沉积,内具双向水流交错层理,为潮沟(溪)沉积。潮坪上可发育大量极浅水浪成沉积构造或暴露构造,如小型浪成波痕、干涉波痕、改造波痕、叠加波痕、浪成交错层理、细流痕、泥裂、雨痕等。潮间带底栖生物发育,生物化石丰富,潜穴类遗迹化石发育,有时生物扰动强烈,形成块状层理或均质层理。

(4)潮上带相:位于平均高潮面之上。由于潮上带潮汐作用能量被消耗,因此该区域为低能环境,沉积物以泥质为主。由于长期暴露于大气中,暴露沉积构造十分发育,如泥裂、雨痕、冰雹痕等。该带生物不发育,但可见陆地生物行走形成的足迹化石。在能量稍高、具砂质沉积物的潮上带,可见狭窄的冲洗带。冲洗带沉积物以中细粒砂及生物碎屑为主,具小型冲洗交错层理。

在进积型潮坪海岸向上变细的层序中,低潮坪、中潮坪和高潮坪沉积物的总厚度基本上相当于该潮坪所在地区的潮差,因此有可能通过对古代地层中潮坪海岸层序的识别和厚度测量,经压实校正恢复古潮差。

第五节 障壁-潟湖环境及沉积相特点

一、环境划分与沉积特征

障壁-潟湖环境是中、低潮差海岸发育,由障壁沙坝或障壁岛围限一个潟湖组成的沉积环境,潟湖和外海之间由一潮道沟通。障壁沙坝(岛)是平行于岸线延伸的狭长砂体。由砂质沉积物组成的障壁为障壁沙坝(如海南万宁小海潟湖),由基岩组成的障壁为障壁岛(如海南陵水新村潟湖),由基岩岛连接沙坝形成的障壁称为连岛沙坝(如海南陵水黎安潟湖)。障壁沙坝(到)将向海一侧的开阔海与向陆一侧的潟湖分隔开,之间有一狭窄的通道联通潟湖和外海,称为潮汐通道。因此该环境可以划分为3个亚环境组合:障壁沙坝(岛)组合、潟湖及其环潟湖潮坪组合、潮汐通道及潮汐三角洲或潮汐沙坝组合(图11-14)。

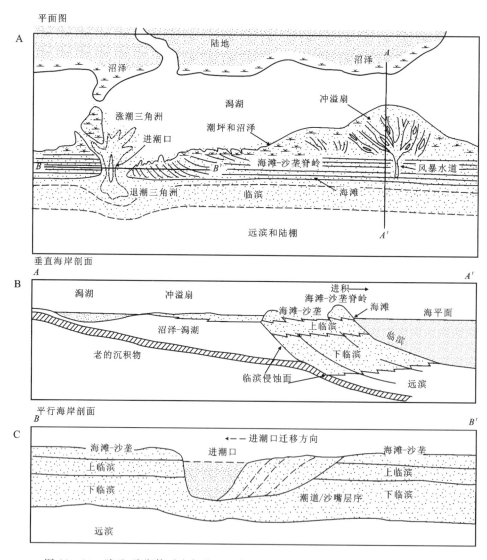

图11-14 障壁-潟湖体系中各种亚环境分布示意图(据 Scholle and Spearing,1982)
A.平面图;B.通过障壁-潟湖的剖面图;C.通过潮道的剖面图

1. 障壁沙坝(岛)组合

障壁沙坝位于潟湖外侧,面向广海,类似无障壁海滩,由临滨带、前滨带、后滨带、风成沙丘带组成。受风暴作用影响,障壁沙坝被风暴流冲破可形成冲溢沟和冲溢扇。关于临滨带、前滨带、后滨带和沙丘带的环境与沉积特点在海滩环境中已做过详细介绍,下面仅对冲溢扇沉积相做补充论述。

冲溢扇是在风暴期间由风暴引起的巨浪冲破并越过障壁沙坝,将侵蚀下来的大量沉积物搬运到沙坝后堆积在环潟湖潮坪或潟湖沉积之上的扇状砂体,障壁沙坝被冲开的缺口称作冲溢沟,大多数冲溢沟的切割深度在正常海面以上,风暴时被水淹没,风暴后即行干涸。但在某些特大风暴时,冲溢沟也可切割到海平面以下,风暴后仍有海水相通,下次风暴时将继续受冲刷侵蚀而不断扩大,进而转化为进潮口(潮汐通道)。

冲溢扇在平面上为细长椭圆状或朵状的席状砂体,宽可达几百米,与障壁岛走向近于垂直。许多相邻的冲溢扇相连或叠置形成复合扇体,宽可达数千米(图11-15)。每次冲溢作用均可以形成几厘米至2m厚的沉积层。冲溢扇主要由细—中粒砂质沉积物组成,也可有粗砂及细砾。在障壁沙坝后或潮坪上一般形成平行层理,在进入潟湖的地方可形成类似三角洲前积层。风暴过后冲溢扇表面可生长少量植物,沉积构造也常因生物扰动而破坏。单个冲溢扇自下而上形成冲刷面→富含混合生物介壳的底层→具平行层理或大型水流交错层理或逆行沙丘层理的砂层的层序。在复合冲溢扇中,各个冲溢扇单元常被冲刷面或风改造的薄层砂分隔。冲溢扇构成了障壁沙坝的重要组成部分,尤其是在海侵条件下,冲溢扇的发育加宽了障壁沙坝的宽度。

2. 潟湖及其环潟湖潮坪组合

潟湖是被障壁沙坝(岛)阻隔而成的半封闭水域,为浅水低能环境,波浪作用微弱,潮汐作用明显。环绕潟湖为潮汐作用控制的滨岸,为潮坪沉积。环潟湖潮坪和潟湖沉积也可以分为潮上带、潮间带、潮下带、潟湖(浪基面之下)。

环潟湖潮坪沉积大致类似于上述潮坪,潟湖向陆一侧的潮坪以泥质潮坪居多,主要沉积泥质岩、粉砂质泥质岩或泥质粉砂岩,内具潮汐层理(脉状层理、波状层理、透镜状层理等)、小型浪成波痕及交错层理,也常见沼泽相的暗色均质泥岩(含煤),如海南万宁小海潟湖靠陆的西侧、潮坪及浅潮下就发育沼泽沉积。

在潟湖外侧(靠障壁沙坝一侧),由于受障壁沙坝的沉积物影响,或冲溢扇提供砂质沉积,多发育砂质潮坪。此处的潮间带以发育潮汐层理的细砂-粗粉砂为主,内具大量小型浪成波痕、交错层理及潮汐层理。但此带生物活动强烈,现代环潟湖潮坪常见大量生物遗迹,地层中多发育生物扰动构造,形成块状砂岩。潮间-潮上过渡带常出现小的冲洗带,类似于无障壁海滩的前滨带,发育小规模的冲洗交错层理。

由于潟湖的波浪作用微弱,其潮下带很窄,一般为含泥质的细砂-粉砂沉积,内具小型浪成波痕或交错层理。位于浪基面之下的潟湖为静水沉积,主要为泥质沉积,内具水平层理。

潟湖及环潟湖潮坪中的生物与盐度有关,没有河流注入的潟湖(如海南陵水黎安潟湖)以狭盐度生物为特色,有河流注入的潟湖(如海南万宁小海潟湖)可具广盐度生物。由于潟湖波浪作用微弱,生物化石保存较好。

3. 潮汐通道及潮汐三角洲或潮汐沙坝组合

潮汐通道是沟通广海和潟湖的水道。涨潮时潮水经过潮汐通道涌进潟湖,平潮期有短暂的停留,退潮时潮水又从进潮口排出。潟湖的海水均通过该水道由广海随潮水涨落进出潟湖,因此潮汐水道是一个强水流动力的环境。潮汐通道宽度一般几百米至几千米,深可达10~20m。在潮道的广海一侧和潟湖一侧常发育潮汐砂体,有时多条平行进出潮流方向、大致垂直于岸线(障壁沙坝)的砂体呈扇状特征,

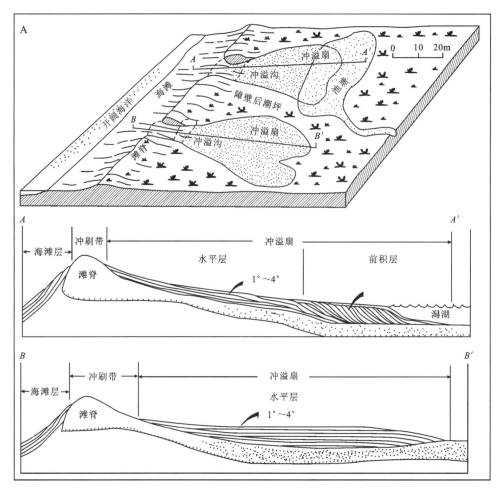

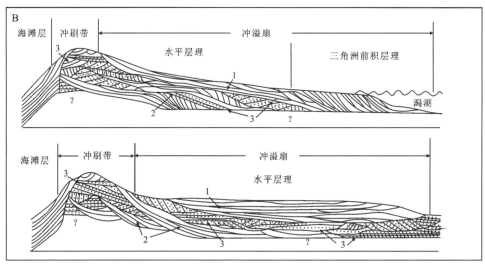

图 11-15 冲溢扇的立体图(A)及内部构造剖面图(B)(据 Schwartz et al.,1975)
A.两个小型单一冲溢扇立体图及断面图；B.复合冲溢扇体的内部构造图
1.新沉积的冲溢扇；2.老冲溢扇；3.风成沉积

故称为潮汐三角洲。现代障壁-潟湖海岸的潮汐通道两侧多发于单个的沙坝，宜称潮汐沙坝。进潮形成的潟湖内的三角洲称为进潮三角洲或潮汐沙坝。

潮汐通道是由强潮流往复进出的通道，一般形成粒度较粗的中粗粒砂质沉积，其成分成熟度和结构成熟度均高,内以双向水流交错层理为特色。由于涨潮-退潮流速可能存在不对称性,或涨潮、退潮过程中的潮流速度逐渐变缓,因此常发育 B-C 层理。潮汐通道多受沿岸流的影响不断向下游迁移,沿岸流上游为沉积岸,沿岸流搬运的沉积物堆积使障壁沙坝向下游延伸;下游岸是侵蚀岸,潮汐通道受沿岸流的冲刷侵蚀而后退,因此可形成侧向加积(图 11-16)。

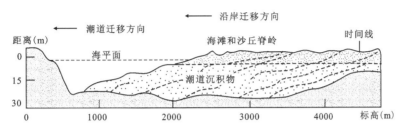

图 11-16 潮汐通道侧向加积示意图(据 Reinson,1984)

潮汐通道充填沉积相的一般层序是:底部有侵蚀面,其上为介壳和砾石组成的滞留沉积;再上为深潮道沉积砂层,具有双向大型板状交错层理和中型槽状交错层理;再上为浅潮道沉积,为具双向小型至中型槽状交错层理和波纹层理构成的中细粒砂层。从下而上粒度变细,层理变薄,为向上变细的层序(图 11-17)。深潮道沉积主要受涨潮流和退潮流往返流动的影响。浅潮道通常在浪基面以上,既受潮汐流的影响,又遭受波浪的作用。

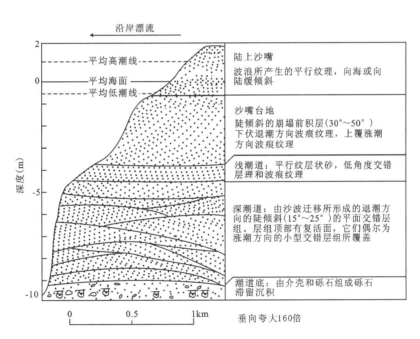

图 11-17 纽约长岛菲尔岛进潮口的垂直剖面和层序(据 Kumar and Sanders,1974)

潮汐三角洲或潮汐沙坝为强动力的潮流进出潮汐通道进入潟湖或广海后流速减缓形成的沉积体。与潮汐通道沉积相比,其粒度略细,尤其是潟湖一侧的涨潮三角洲或潮汐沙坝,内具双向水流波痕或交错层理或浪成波痕、浪成交错层理。若沙坝露出海面,可形成冲洗带而发育冲洗交错层理。

二、障壁-潟湖体系的沉积相模式

障壁-潟湖体系沉积受海平面波动、沉积基底的下沉速度和沉积物供给率变化的影响,会出现种种不同的变化。在沉积物供给充分、海平面稳定以及沉积基底较为稳定,相对海平面相对稳定的条件下,沉积相带会向海推进,形成进积型的沉积序列。相反,当海平面上升、沉积基底下沉,相对海平面上升的情况下,沉积相带会向陆推进,形成退积型的沉积序列。但地质记录中,完整的障壁-潟湖体系的沉积序列比较少见,常见局部的沉积序列,如潮汐通道沉积序列、障壁沙坝沉积序列、潟湖-潮坪沉积序列。这些序列的组合可以帮助确定障壁-潟湖沉积体系。

障壁沙坝的进积型序列类似无障壁海滩,自下而上为临滨相→前滨相→后滨相→海岸沙丘相的向上变粗垂向序列(图11-18A),有时还可以出现潟湖相超覆在障壁沙坝相之上的层序。障壁潟湖退积型序列下部为潟湖相,向上依次为涨潮三角洲→潮坪→潮道或冲溢扇,向上为前滨相→后滨相→海岸沙丘相覆盖(图11-18B)。

潮汐通道的沉积序列常表现为潮道-障壁沙坝的垂向序列,底部具有明显的侵蚀面,自下而上依次为深潮道、浅潮道、连接的沙脊、沙嘴海滩、沙丘(图11-18C)。

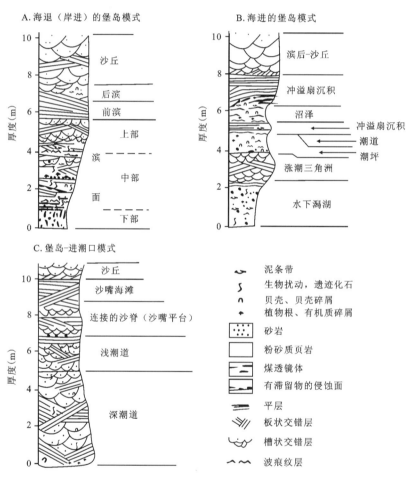

图 11-18　障壁-潟湖体系的沉积序列图(据 Reinson,1984)

潟湖及环潟湖潮坪相为浅水低能环境,波浪作用微弱,潮汐作用明显。潟湖沉积一般是由砂、粉砂、泥及泥炭层等彼此互层或交替叠置的沉积相组合体。砂质沉积包括沉积到潟湖中的席状冲溢扇、涨潮三角洲。细粒沉积物包括水下潟湖悬浮质泥和粉砂,一般具有水平层理。潟湖的伴生沉积为潮坪沉积,它们围绕在潟湖周边发育,具有潮坪沉积特征。图11-19为美国肯塔基州东部和西弗吉尼亚南部石炭系中障壁-潟湖体系的综合沉积序列(Horne and Ferm,1975)。

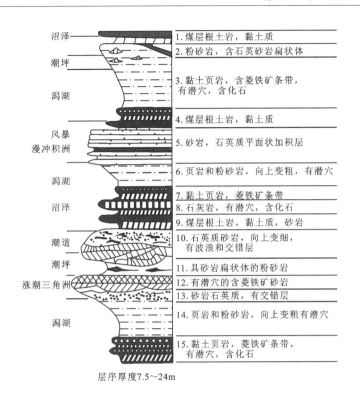

图 11-19 障壁-潟湖体系的沉积序列(据 Horne and Ferm,1975)

第六节 潮控陆架浅海环境及沉积特点

一、潮控陆架浅海的环境特点

陆架浅海处于浪基面之下,深度为 10~200m。控制陆架浅海沉积作用的因素主要有沉积物补给的类型和速率、水动力状况、海平面波动、构造稳定性和气候、沉积作用(物理沉积、化学沉积、生物沉积)等。

沉积物补给的类型和速率对陆架浅海沉积具有至关重要的作用。陆架浅海的沉积物主要来自毗邻大陆的河流、冰川、风及近源火山的作用,海浪对海岸基岩的侵蚀也提供极少的沉积物,其中最重要的是河流的搬运作用。河流搬运到浅海的沉积物大部分是细粒悬浮沉积物,主要是泥及少部分粉砂、细砂。靠近大河河口的陆架沉积物供应充足,可形成厚的陆架浅海沉积,相反,远离河口的陆架沉积物供应不足,陆架浅海沉积厚度较薄。

陆架浅海区的水动力状况是复杂多变的。由于陆架浅海坡度平缓和水深较浅,密度流不是主要的,入侵洋流一般都出现在大陆的陆架边缘,对沉积的分布起主要作用的是潮汐流和风暴浪。潮汐流和风暴浪的控制形成两种典型的陆架浅海:潮控陆架浅海和风暴控陆架浅海。

海平面波动通过水深变化影响到达海底基准面的变动,从而决定沉积物容纳空间、沉积物供给的数量和速率。海平面的长期波动决定了浅海沉积的时(垂向层序)、空(相带的空间布局)结构。

构造稳定性和气候主要是通过对陆地的风化类型、侵蚀类型和速率影响控制陆架浅海的沉积,从而影响着搬运到浅海中的沉积物类型。

海洋的沉积作用除了陆源物质搬运的物理作用,还有生物沉积作用和化学沉积作用。陆架浅海浅水、富氧、透光的良好条件促使海洋生物大量繁盛(可达150~500g/m²),远超过深海平原的数量(仅1g/m²),生物遗体可直接参与浅海沉积。生物遗迹、生物扰动构造也是浅海沉积中最普遍的现象。陆架浅海区化学沉积作用可形成一系列自生矿物,如绿泥石、海绿石、磷块岩等,具有重要的指相意义。

传统认为,由于陆架浅海区没有波浪作用,潮汐作用微弱,一般形成细碎屑-黏土质沉积,形成粉砂岩和页岩或泥岩,内具水平层理,含有保存完好的底栖生物化石。但在典型的陆架浅海泥质沉积中,常常夹有具水流波痕和双向水流交错层理、丘状交错层理、平行层理的粗碎屑(砂岩-细砾岩)沉积,生物化石破碎,反映此处经历了大潮、大浪的改造。

现代大量的海底调查和取样也证实陆架沉积比较复杂,可形成复杂的砂泥镶嵌图案(Shepard,1973),其原因部分是由于存在"残留沉积物"(relict sediments)。这些粗粒的残留沉积物是在过去低海平面时,由冰川作用与河流作用沉积在陆地和浅水环境中,后来在冰期后全新世海侵时,因海平面升高才被海水淹没。这些沉积物尚未受到完全改造,与现代陆架作用仍处于不平衡状态。

Curray(1964,1965)和Swift(1969,1970)通过对与现代沉积过程有关的陆架沉积物分布形式研究,提出了一个陆架沉积作用的动力模式,将现代陆架沉积划分为3个主要陆架相:①陆架残留沙毯,由全新世前的沉积物组成,与现代沉积过程仍处于不平衡状态;②近滨现代砂体,为滨岸海滩、障壁、临滨带及向海变薄的远滨沙带;③现代陆架泥毯,由越过临滨带沉积在陆架的细粒沉积物组成,相当于滨海碎屑沉积部分介绍的传统远滨(滨外)。当海平面上升时,老的沉积物可以部分或全部被改造,与陆架过程达到部分或全部动力平衡,这种沉积物称作"变余沉积物"(palimpsest sediments),从而将"变余沉积物"与"残留沉积物"区别开来。

Swift(1971)提出影响陆架沉积过程的有4种水流类型,即入侵洋流、潮汐流、气象(风暴)流以及密度流,将陆架浅海体系划分为3种类型:①潮汐控制的陆架;②风暴控制的陆架;③入侵洋流控制的陆架。

值得指出的是,现代陆架浅海沉积处于第四纪冰后期海平面上升时期,海平面上升时间还不长,现代陆架浅海沉积物还处于不平衡状态,现代陆架与古代陆架的性质还不能完全对比,因此很难将现代陆架与地质记录中的浅海沉积对比。

由于风暴沉积为事件沉积,且在碎屑岩、碳酸盐岩中均有发育,故风暴控制的陆架将在事件沉积一章介绍。入侵洋流的陆架实例不多,研究尚不深入,此节重点介绍潮汐控制的陆架浅海沉积。

二、潮控陆架浅海沉积特征和砂体类型

1. 陆架浅海潮汐作用特点

陆架浅海的潮汐作用与近岸地带不同,近岸带潮汐涨落引起的潮流是搬运沉积物的主要动力,而陆架浅海的潮流则来自深海的潮波传播(内潮汐),潮汐大小取决于深海潮波的自然振动周期,而自然振动周期与大洋盆地的自然地理状况和平均水深有关。当自然振动周期与主要引潮力的周期一致时,潮汐最大。在开阔的陆架海中,由于地球自转而产生的科里奥利效应可使潮流改变方向,水质点在水平面上沿着椭圆形路线前进,所以开阔海的潮波多为高潮线围绕某一无潮点(潮差为0m)运动的旋转潮波系统。旋转潮波在北半球多为逆时针方向旋转,在南半球多为顺时针方向旋转,所以陆架浅海的潮流方向是多向的,因地而不同。潮流的涨落速度的最大强度和持续时间常常是不等的,且涨潮流和落潮流可沿着相互不同的各自流动路线前进,以及伴随着旋转潮的滞后效应延迟了沉积物的搬运,单潮流方向可能被风生流所加强。所以,虽然潮流流向是双向的、直线的或旋转的,但它们搬运沉积物的路线基本上是单向的,例如西欧北海陆架上潮流状态图中所示的情况(图11-20)。

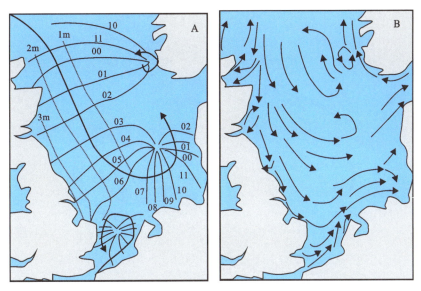

图 11-20　西欧北海潮汐状态略图（据 Harvey,1976；Houbolt,1968）

A. 潮波围绕无潮点环流的旋转系统，实线为等潮线，表示"太阳时"的高潮时间，点线为等潮差线，表示平均潮差；B. 平均表层流

2. 浅海潮汐砂体类型

现代潮控陆架潮流研究显示，陆架浅海多为具有大潮差的半日潮，最大表层流速可达60～100cm/s，甚至更高，足以搬运砂级沉积物形成各种波状底形。潮控陆架浅海潮汐流的典型产物是一些大型线状沙脊和巨型沙波，并沿潮流搬运路线的不同而具有不同特征。Stride(1963)和 Johnson 等(1982)证实了从英吉利海峡至南部北海陆架沿潮流搬运路线潮汐砂体形态的变化依次为：具有滞留砾石的裸露岩带和沙垄、散布的沙丘带、具有沙丘的潮流沙脊、小波痕或平坦泥底(图 11-21)。

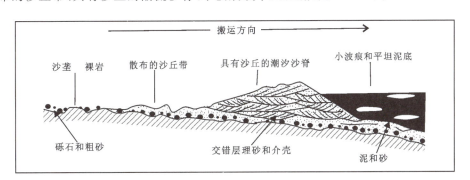

图 11-21　英国南部陆架沿潮流搬运路线潮汐砂体形态的变化（据 Walker,1984）

根据砂体的形状、规模、内部构造，可将潮控陆架浅海砂体区分为 3 种类型：沙垄、巨型潮汐沙波和大型潮流沙脊。

1）沙垄

沙垄主要为变余沉积物。沙垄发育的水深一般在 20～100m 之间，发育在潮控陆架沉积上游的裸露岩带，与滞留的底砾岩共生。沙垄的形成必须具备足够大的潮流流速（大于 100cm/s）和砂级沉积物的供应。沙垄可垂直于潮流方向（横向）排列，也可平行于潮流方向（纵向）排列，可形成长达 15km、宽达 200m 左右、厚不超过 1m 的沙垄和沙带，之间为稳定的底砾岩带。Keayon(1970)根据沙垄的外部形态及形成时的表层流速将沙垄分为 4 种类型（图 11-22）。

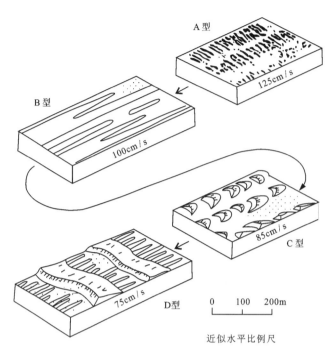

图 11-22 北欧潮控陆架浅海沙垄的主要类型（据 Keayon，1970）

A型：沙垄似带状，由横向排列在砂质海底上短而直的脊组成，形成时表层流速为 125cm/s。

B型：沙垄为纵向延伸较薄的砂层，为最常见的一类。沙垄上偶尔覆盖有不对称水流波痕，波长大于 1m，波高几厘米，形成时表层流速仅次于 A 型流速，一般为 100cm/s。

C型：沙垄为一系列脊线弯曲的波状体或类波痕似带状排列而成的砂体。类波痕波状体长 150m 左右，高度小于 1m，形成时表层流速约为 85cm/s。

D型：沙垄形成于巨波痕的波谷中，它们沿长轴方向比较连续，只有几米厚，宽度分布似乎与共生的巨波痕长度有关。

A型、B型、C型沙垄的分布一般限于紧邻侵蚀带的下游地段。

2）巨型潮汐沙波

巨型潮汐沙波是一种大型横向底形，具有平直的波脊和明显的崩落面，是许多现代潮汐陆架沉积常见的底形。这种底形波长一般大于 30m，波高大于 1.5m，常见的波长 150～500m，波高可达 3～15m。此类沙波在北海陆架上广泛发育，荷兰近海巨型沙波覆盖面积达 150km^2，波高可达 7m，向流面坡度为 5°～6°（McCave，1971）。巨型潮汐沙波表面大都覆盖频繁迁移的大波痕，形态可以从对称到极不对称。不对称的巨型沙波常发育在双向潮流强度不等的地区，并形成不对称的双向交错层理（图 11-21）。

3）大型潮流沙脊

大型潮流沙脊是现代潮汐陆架上特征最典型、分布最普遍的一种巨大的线状底形，其长轴方向平行最强潮流方向。此种沙脊一般高可达 10～40m，宽 1～2km，长达 60km，脊线间距为 4～12km，浅滩脊之间水深为 30～50m，脊峰处水深仅 3～13m。由于潮汐流趋于不对称，沙脊一边受涨潮流控制，另一边受退潮流控制，因此沙脊随着潮流方向的变化而发生扭曲。

3. 浅海潮汐矿体的典型标志及相模式

潮汐砂体虽然在形状、规模和分布等方面各不相同，但它们均具由潮汐作用形成的典型沉积构造，其中最重要的有双向和多向水流形成的波痕或交错层理、泥盖、潮汐流侵蚀面等。

相差约 180°的双向古水流沉积构造反映了往返的涨潮-退潮流特征，多向古水流的沉积构造反映流向在时间上发生变化或旋转潮流的特征。

泥盖是夹在大型交错层系之间或存在于再作用面上的薄泥层,泥盖一般厚达几毫米。泥盖不同于潮坪上形成的潮坪层理间的黏土层或双黏土层,很可能是在具有非常高的悬浮沉积物供应速率,并有较长时间低流速和低波浪能量的条件下形成的。

潮控陆架浅海沉积的相模式可以北美西部晚侏罗世奥克斯福德砂体为代表(图11-23)。奥克斯福德砂体是一个叠加风暴作用的浅海潮汐线状砂体。其下部为夹有生物碎屑灰岩和贝壳砂岩薄层的泥岩,为低能浅海陆架环境。根据砂岩成熟度、含海绿石组分,局部有强烈的生物扰动及双壳类软体动物化石富集,表明砂岩是浅海潮下成因的。双向或多向古水流标志反映潮流作用并叠加有风暴作用。其上部砂岩横向上与细粒泥质砂岩和灰岩互层,宽200~2000m,高21m,长1000~5000m,具原生线状砂体形态,并具双向或多向古水流标志。砂岩具有向上变粗的序列,被解释为线状沙坝及其细粒坝间槽横向迁移的结果。

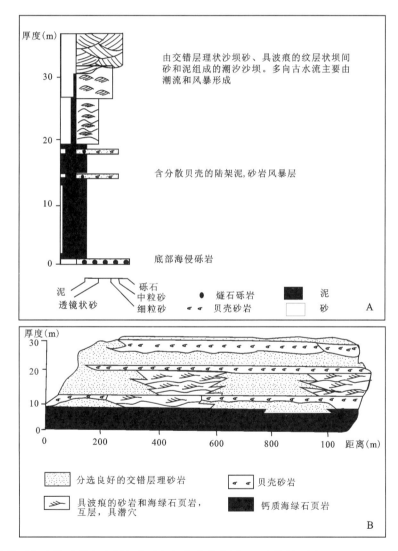

图11-23 北美西部晚侏罗世奥克斯福德沙坝沉积的柱状图(A)和横剖面图(B)(据Brenner and Davies,1973)

根据奥克斯福德沙坝沉积总结,潮控陆架浅海沉积的相模式的典型特征是在陆架浅海具水平层理的泥质沉积中夹有具双向或多向古水流标志的砂岩,表明在正常浪基面之下的浅海环境具有大潮的潮汐作用。

第七节 实 例

一、海南陵水清水湾低能海滩

清水湾位于陵水县南部英州镇附近,西段以赤岭与三亚海棠湾分界,东段接新村潟湖和南湾猴岛(图11-24),大致平行海岸线1km左右,由海南环岛高速在英州互通,清水湾大道横贯湾区,从清水湾大道步行可到达湾区海岸,通达性良好。清水湾海滩是全国著名的四大"会唱歌的海滩"之一,海浪较小,海滩平缓(龙头岭以东冲洗带坡度为5°~10°),滩沙细(以细砂—粗粉砂为主),沉积构造及其发育,赤脚走在沙滩上非常舒适,是海南海岸旅游圣地和沉积学科考基地之一。

清水湾海滩人为改造微弱,基本上是一个自然海滩。海滩分为风成沙丘带、后滨带、前滨带、临滨带,前滨带还发育海滩脊(图11-24),可直接观察各带的风、海水的水动力状态和沉积物特征。

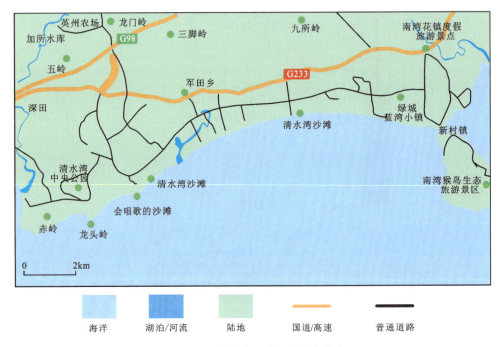

图11-24 清水湾海滩地图及考察点

清水湾海岸沙丘带位于最大高潮线之上,现多为植被覆盖,海岸植物主要是木麻黄、椰树、其他乔本植物以及众多藤本植物(图11-25),局部被人工揭露的区域可见小型沙丘。

清水湾后滨带位于海岸沙丘向海一侧,没有植被覆盖,晴天时没有海水冲洗作用影响,风暴期可被风暴潮淹没。后滨带坡度较缓,一般为10°左右,沉积物颗粒细,沉积物表面以粉砂、细砂为主,风成沉积构造发育,包括平行海岸的风形成的波脊和垂直于海岸的风成波痕(图11-26)。

清水湾前滨带位于后滨带向海一侧,下界是碎浪带。随着涨潮、退潮影响,冲洗带也随之变化。清水湾的潮差约为2m,但海浪一般规模较小(浪高不超过2m),海滩平缓,前滨带宽度较大(可达20m以上),沉积物颗粒以粗粉砂—中细砂为主。前滨带是观察碎浪-冲洗作用的极佳地区,浅水沉积构造十分发育。可观察的沉积构造包括流痕、菱形痕、障碍痕、泡沫痕、水边线、垂直潜穴等,断面上可见冲洗交错层理和平行层理(图11-27)。

图 11-25　清水湾无障壁海滩环境分带
A. 无障壁海岸分带；B. 海岸沙丘和后滨带；C. 缓前滨带；D. 海滩脊

图 11-26　清水湾海滩海岸沙丘和后滨带
A. 海岸沙丘带（植被覆盖）和后滨带；B、C、D. 后滨带垂直岸线的风成波痕

在清水湾前滨带上可直接观察海滩脊的形成和伴生的沉积构造。海滩脊的形成与波浪冲洗作用有关。在由海向陆持续的冲洗作用搬运沉积物的过程中，多数向陆一侧的冲流只能达到一定的距离，因此逐渐形成一个稍高的平行于岸线的沉积砂体，砂体后侧（向陆一侧）形成平行于岸线的低洼槽，该砂体即

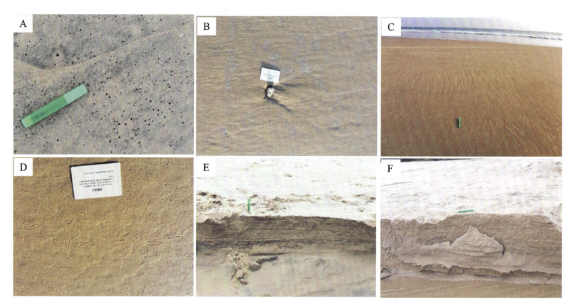

图 11-27 清水湾海滩的沉积构造
A.泡沫痕;B.障碍痕;C.流痕和菱形痕;D.生物游移迹;E、F.冲洗交错层理

为海滩脊。在逐渐涨潮的过程中,冲流可以越过海滩脊,海水越过海滩脊到达洼槽中。洼槽中的海水自高处向低处流动,可形成水流波痕;当水流受风影响形成波浪时,可以形成水流和波浪的干涉波痕;早期浪成波痕为后期水流改造可形成改造波痕(图 11-28)。

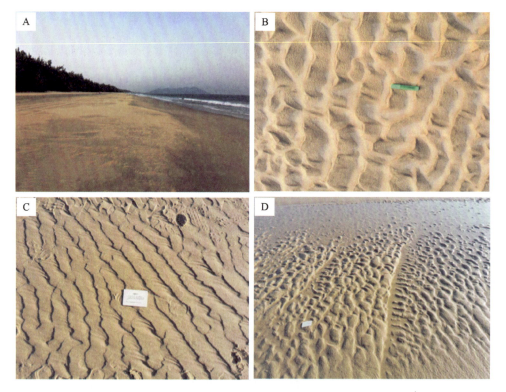

图 11-28 清水湾海滩脊沉积构造
A.海滩脊;B.浪成改造波痕;C.水流波痕;D.水流改造波痕

清水湾赤岭—龙头岭之间的前滨带还发现一套生物碎屑和陆源碎屑混合的海滩岩。海滩岩一般发育于碳酸盐岩海岸,是由准同生成岩作用、胶结作用胶结碎屑沉积形成的。此处的海滩岩由粗砂—细砾级陆源碎屑(以石英为主)和珊瑚等生物碎屑组成,二者含量各占50%左右。珊瑚碎屑包括块状珊瑚、枝状珊瑚(鹿角珊瑚),块状珊瑚碎屑大小不均等,最大可达20cm左右,鹿角珊瑚呈枝状,长度以2~5cm居多。海滩岩呈薄层状向海倾斜,倾角15°左右,是早期形成的前滨沉积,由现代钙质胶结作用固结(图11-29)。

图11-29 清水湾海滩的海滩岩
A、B.海滩岩;C、D.海滩岩中的生物碎屑

清水湾临滨带位于水下,由于海湾海浪较小,可直接下水感受临滨带的沉积,也可以根据前滨带的沉积推测临滨带的沉积,同时可直接观察临滨带的海浪变化。清水湾的临滨带外侧的原始波浪复杂而凌乱,由许多对称的独立单波组成。近岸地区才由小波随机叠加形成线状的波浪。当波浪触及海底,波浪变为不对称的孤立波,向陆逐渐变为起浪花的具有波形的破浪,破浪向陆很快过渡为失去波形的碎浪,碎浪呈席状扑向海岸形成冲浪。根据前滨带沉积物推测,清水湾的临滨带沉积物以中细粒砂为主,成分成熟度高,以石英为主,沉积物分选好,结构成熟度高。根据破浪带的浪花出现的部位变化,包括不同波浪的破碎位置不一致,斜交海岸的同一破浪的浪花侧向迁移,反映海底存在大致平行于海岸的沙坡和槽谷。

二、海南陵水新村、黎安潟湖

新村、黎安潟湖位于陵水县东南海岸新村镇和黎安镇,为相邻的两个潟湖。其中,新村潟湖外侧大部分为障壁岛(南湾猴岛),北侧与黎安潟湖之间为沉积沙坝。黎安潟湖外侧为港门岭的连岛障壁沙坝,内侧为黎安潟湖(图11-30、图11-31)。新村潟湖和黎安潟湖交通方便,由海南环岛高速在黎安互通沿文黎大道可到达两镇。从新村镇码头过潟湖对岸可见发育良好的环潟湖潮坪。沿黎安潟湖外侧沙坝可达港门岭,可直接观察潟湖通道、潟湖外侧高能海滩、潟湖内侧环潟湖潮坪,从黎安镇也可向西下海考察潟湖和潮坪。

图 11-30 新村潟湖和黎安潟湖交通图

1. 潟湖通道组合

黎安潟湖的潟湖通道位于港门岭外侧。潟湖通道北侧为港门岭岛，南侧为平缓的沙坝，潟湖通道（进潮口）宽 150m 左右（图 11-31C）。自港门岭一侧，低潮期可见对面沙坝上保存的退潮时形成的大型流水波痕。水流波痕常为冲洗作用改造，或在冲洗作用形成的海滩潟湖一侧可见涨潮三角洲（涨潮潮汐沙坝）（图 11-32）。

图 11-31 新村潟湖、黎安潟湖远景
A.新村潟湖潮坪(南岸向北)；B.黎安潟湖(南岸西北)；C.新村潟湖东岸潮沟；D.黎安潟湖潮汐通道

图 11-32　黎安潟湖潮汐通道沉积特征
A.退潮形成的水流波痕；B.涨潮三角洲；C.冲洗作用改造水流波痕；D.冲洗作用形成的海滩

2. 障壁沙坝组合

黎安潟湖的障壁沙坝是一个面向广海的高能海滩。此处波浪浪高3m左右，海滩坡度30°左右，沉积物颗粒粗，主要为细砾和粗砂。碎屑颗粒主要为石英，成分成熟度高，内含少量破碎的生物介壳。碎屑颗粒无基质，分选、磨圆好，结构成熟度高（图11-33）。

黎安潟湖的障壁沙坝（高能海滩）也可以分为海岸沙丘带、后滨带、前滨带（含海滩脊）、临滨带等亚环境。

黎安潟湖障壁沙坝的海岸沙丘带被植被覆盖，除边部外多被黎安镇民舍占据。邻近后滨带的局部地区见风成沉积物，发育风成波痕。

黎安潟湖障壁沙坝的后滨带以细砾及粗砂沉积为主，其粒度比前滨带更粗，很显然是夏季风暴（台风）搬运来的粗碎屑沉积。后滨带风成作用不甚明显，仅局部可见风成波痕。

黎安潟湖障壁沙坝的前滨带冲流和回流均很强，沉积物以粗砂和细砾为主。由于冲流作用强，前滨带坡度较大（25°～30°），因此前滨带宽度较小（<20m）。前滨带发育平行于岸线的海滩脊，海滩脊后侧为一槽谷，海滩脊高于槽谷50～100cm。由于沉积物粗、孔隙度高，越过海滩脊的海水向下泄露，故槽谷内未存水。

根据前滨带的沉积特征，推测黎安潟湖障壁沙坝的临滨带以中粗砂—细砾沉积为主。

3. 潟湖和环潟湖潮坪组合

新村和黎安潟湖环潟湖潮坪非常发育，潟湖内风浪作用微弱，浪高一般小于0.5m。低潮时可由潮坪进入潟湖，是观察潟湖和环潟湖潮坪沉积的理想地区。

新村和黎安潟湖的潮间带均较宽，最低水位时可达500m以上，以暗色富有机质的细砂为主，含有一定的泥。新村潟湖外侧可见潮沟，为潮水进出潮坪的通道。潮沟发育典型的水流波痕和浪成波痕（图11-34）。

图 11-33 黎安潟湖障壁沙坝沉积特征
A. 后滨带；B. 前滨带；C. 后滨带的细砾—粗砂；D. 前滨带和粗砂—细砾

图 11-34 海南新村潟湖的潮沟和潮坪
A、B. 潮沟人工拓宽，之间的潮坪种植红树林；C、D. 潮沟的浪成波痕

潟湖潮上带在不同地区的发育存在差异。如新村潟湖南侧、黎安潟湖东侧发育窄的介壳滩（图 11-35A、B）；黎安潟湖南侧沼泽内具泥裂等暴露构造（图 11-35C、D）。潮间带在涨潮、退潮过程中，受风浪作用影响，可形成小型对称或不对称的浪成波痕（图 11-35E）。水流和潮间带底栖生物发育，可形成类型繁多的生物遗迹，挖掘后显示层内生物扰动强烈，呈现块状层理。生物遗迹包括海星形成的潜穴、腹足类行动形成的爬迹、螃蟹形成的潜穴、软体类下潜形成的潜穴、排泄堆和粪球等（图 11-35F～I）。

潟湖内浪基面很浅，走在潟湖里可感觉底部为泥质沉积，潮下带为粉砂—细砂沉积，浪基面之下的潟湖为泥质沉积，内发现块状珊瑚和枝状珊瑚。

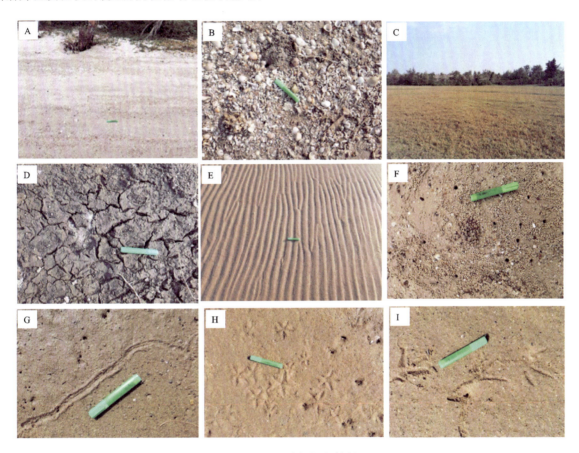

图 11-35　潮坪沉积特征

A、B. 潮间带顶部—潮上带介壳滩；C、D. 潮上带沼泽和泥裂；E. 浪成波痕；F～I. 生物遗迹和粪球粒

三、海南澄迈湾潮坪（富力湾红树林）

1. 红树林简介

红树林是热带和亚热带海湾、河口泥滩上特有的常绿灌木及小乔木群落。它生长于陆地与海洋交界带的滩涂浅滩，是陆地向海洋过渡的特殊生态系统。红树林的突出特征是根系发达、能在海水中生长。红树林形成的地质环境为潮间带，高潮时常常被淹没，低潮时出露海面，因此是一种特殊的潮坪环境。地史时期（如我国的石炭纪—二叠纪）的海相煤层可能形成于类似的环境。

全球红树林主要在热带分布，主要受热带气候限制，表面洋流作用会使其分布超出热带区域。北美大西洋沿岸的红树林可达百慕大群岛；东亚红树林可达日本南部，超过北纬 32°的界线。南半球红树林分布范围比北半球更远离赤道，可见于南纬 42°的新西兰北部。

中国的红树林属于东亚红树林分支,主要分布在热带亚热带的海南岛、广西、广东和福建沿海淤泥沉积的海湾、河口潮间带的泥质沉积物中。红树林一般分布于高潮线与低潮线之间的潮间带。随着海岸地貌的发育和红树林本身的作用,红树林常不断向海岸外缘扩展。

红树林植物是喜盐植物,对盐土的适应能力比任何陆生植物都强。据测定,红树林带外缘的海水含盐量为3.2%~3.4%,内缘的含盐量为1.98%~2.2%,在河流出口处,海水的含盐量要低些。通常它们不见于海潮达不到的河岸。温度对红树林的分布和群落的结构及外貌起着决定性的作用。赤道地区的红树林高达30m,组成的种类也最复杂,表现出某些陆生热带森林群落的外貌和结构,林内出现藤本和附生植物等。在热带的边缘地区,如中国海南岛的红树林一般高达10~15m。随着纬度升高,温度降低,红树林可不足1m,构成红树林的种类也减至1~2种。

红树林树种以红树科为主。红树科有16属120种,一部分生长在内陆,另一部分组成红树林(约有55种),如红树属、木榄属、秋茄树属、角果木属。此外还有使君子科的锥果木和榄李属、紫金牛科的桐花树(蜡烛果)、海桑科的海桑属、马鞭草科的白骨壤(海榄雌)、楝科的木果楝属、茜草科的瓶花木、大戟科的海漆、棕榈科的尼帕棕榈属等。在红树林边缘还有一些草本和小灌木,如马鞭草科的臭茉莉(苦郎树)、蕨类的金蕨、爵床科的老鼠簕、藜科的盐角草、禾本科的盐地鼠尾粟等。靠近红树林群落的边缘还有一些伴生的所谓半红树林的成分,它们都具有一定的耐盐力,如海杧果、黄槿、银叶树、露兜树、海棠果、无毛水黄皮、刺桐。

由于独特的近海生长环境,红树林植物具有一系列特殊的生态和生理特征。为了防止海浪冲击,红树林植物的主干一般不无限增长,而从枝干上长出多数支持根,扎入泥滩里以保持植株的稳定。同时,红树林生长在缺乏空气的滩涂上,常从根部长出许多指状气生根或板状气生根(又称呼吸根)并露出海滩地面,在退潮时甚至潮水淹没时用以通气。胎萌是红树林的另一适应现象,表现为:果实成熟后留在母树上,并迅速长出长达20~30cm的胚根,然后由母体脱落,坠落于水中,或随着海流漂流,或插入泥滩、扎根、发芽形成新个体。不具胚根的种类也具有一种潜在的胎萌现象,如白骨壤和桐花树的胚,在果实成熟后发育成幼苗的雏形,一旦脱离母树,能迅速发芽生根。在生理方面,一方面红树林植物的细胞内渗透压很高,这有利于红树林植物从海水中吸收水分。细胞内渗透压的大小与环境的变化有密切的关系,同一种红树林植物,细胞内渗透压随生境不同而异;另一方面是泌盐现象,某些种类在叶肉内有泌盐细胞,能把叶内的含盐水液排出叶面,干燥后现出白色的盐晶体。泌盐现象常见于薄叶片的种类,如桐花树、白骨壤及老鼠簕等;不泌盐的种类往往具有肉质的厚叶片,作为对盐水的适应。同一种红树林植物生长在海潮深处的叶片常较厚;生长于高潮线外陆地上的叶片常较薄。

红树林里的动物主要包括海生底栖生物双壳类、腹足类及几种寄居蟹,浮游植物浮游藻类(硅藻)、浮游动物鱼类及其他类等。红树林里还有小型哺乳类(如松鼠)、各种鸟类(水鸟、海鸥)及部分陆栖鸟类,也有某些蜂类、蝇类和蚂蚁等,它们对红树林植物的传粉和受精起着一定的作用。

红树林具有显著的生态效应。首先,红树林生物资源丰富,也是候鸟的越冬场和迁徙中转站,更是各种海鸟觅食栖息、生产繁殖的场所,红树林还是重要的香料、消炎止痛的药物资源;其次,红树林具有显著的海水净化作用,为天然的污水净化厂,有红树林存在的海域,几乎从未发生过赤潮;最后,红树林具有防风消浪、促淤保滩、固岸护堤的功能。茂密高大的枝体宛如一道道绿色长城,有效抵御风浪(尤其是台风引起的风暴潮、风暴浪)的侵袭,保护海岸地貌。盘根错节的发达根系能有效地滞留陆地来沙,减少近岸海域的含沙量。

一段时间以来,我国红树林受围垦、砍伐的影响,遭受了严重破坏,因此红树林的保护应引起足够的重视。

2. 澄迈湾红树林潮坪沉积

澄迈湾位于海南岛北岸,澄迈市北侧沿海,岸线长50余千米。澄迈湾红树林由澄迈县人民政府于

1995年12月批准建立"海南花场湾红树林地方级自然保护区",其保护范围共约1.5km²(图11-36)。

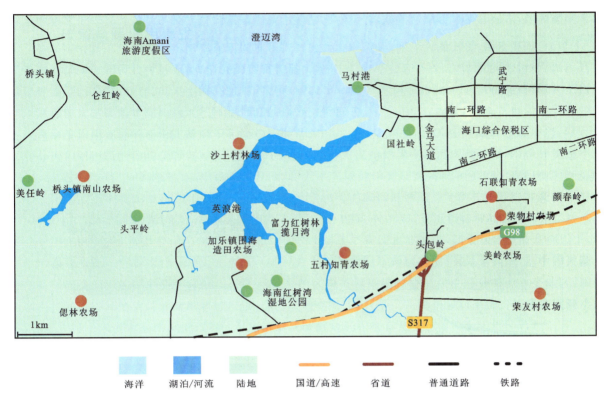

图11-36 海南澄迈湾(富力红树湾)潮坪

澄迈湾具滩广、水浅、波浪小、水质好等特点,基本无污染,适于红树林的着床、繁殖、生长,以红树林为核心形成了典型的潮间带海洋生态系统,有多种红树、半红树和红树伴生植物及丰富的海水水生生物,是水生种苗和多种鸟类的天然栖息地,也是抵御风暴潮最有效的天然屏障。相对于海口东寨港、文昌清澜港,澄迈湾红树林保存较好,目前部分被用于开发房地产,既开发了参观线路,便于考察,也对红树林的原始生态有一定的破坏。

澄迈湾海岸为一向东延伸的海岸沙坝,进潮口位于国社岭西侧,进潮口外侧有一近东西向的潮汐沙坝。进潮口向陆为潮道及潮道围限的潮坪(图11-37),其亚环境可以分为外部海滩、潮汐沙坝体系的海岸沙坝、潮汐沙坝及内部潮坪体系的潮上带、潮间带、潮下带和潮道等。

外部体系的海岸沙坝和进潮口潮汐沙坝现有植被覆盖,海岸上主要为较弱的波浪作用,形成低能海滩,发育波浪冲洗作用,保存有冲洗交错层理、流痕和细流痕、障碍痕及垂直层面的生物潜穴等。

澄迈湾内部潮坪体系的潮上带为红树林、类红树林植被覆盖,可见泥质沉积和暴露沉积构造,部分区域为房地产开发。

澄迈湾潮坪的潮间带包括两种类型:一是原生的红树林;二是人工种植的红树潮池。前者可见密集的红树林,发育密集的支柱根和气根(图11-38A~C)。退潮时红树林暴露于海面之下,涨潮时为海水淹没。红树林植根的沉积物以暗色粉砂和黏土质为主,内有海生底栖生物,生物扰动较强(图11-38E)。红树潮池为潮间带未被红树林覆盖的区域,退潮时暴露于水面之上,涨潮时为海水淹没(图11-38D),其沉积物为暗色细粒的泥砂质沉积。内海生底栖生物发育,可见生物潜穴、小型浪成波痕等。

潮下带潮坪的潮下带主要为潮道,为潮水进出潮坪的水道。退潮时,潮道边部可见沉积物及其伴生的沉积构造。潮下带沉积物仍以暗色、细粒的泥砂质沉积为主,海生底栖生物发育,形成大量的潜穴,泥

图 11-37 澄迈湾潮坪远景

图 11-38 澄迈湾红树林潮坪沉积特征
A.潮沟;B.红树林的支柱根;C、D.潮间带红树林;E.生物潜穴;F.火烈鸟

裂的暴露构造也很常见。沿岸浅色的砂体中可见水流波痕、小型浪成波痕及干涉波痕等。

四、湖北黄石柳家湾泥盆系五通组海滩沉积

鄂东地区泥盆系五通组分布十分广泛,下部以石英砂岩为主,上部为泥质岩,底部为砾岩,与下伏志留系呈平行不整合接触。关于五通组砂岩的成因,业界一直有河流相和滨海相的不同认识。湖北省黄石市汪仁镇柳家湾水库大坝附近五通组砂岩发育,且出露完好,是典型的无障壁海滩沉积。

1. 地层剖面特征

柳家湾剖面地层特征如下。

上覆地层:上石炭统黄龙组灰色—灰白色厚层白云岩、灰岩。

------平行不整合------

16. 灰白色厚层砂岩,层面为含砾砂岩,砾石分选、磨圆中等—较好,具交错层理及不规则坑凹面,厚2.5m。
15. 灰白色厚层粗砂岩夹砾石,砾石磨圆、分选较好,具大型冲洗交错层理,厚2.7m。
14. 灰白色巨厚层石英砂岩,且被3个含砾自然层面分开,具大型不对称浪成波痕,厚2.0m。
13. 灰白色中层细砂岩,具交错层理,厚1.65m。
12. 灰色中层石英砂岩,顶部夹薄层粉砂岩,厚1.8m。
11. 灰白色巨厚层含砾粗砂岩,砾石磨圆中等,主要为石英和硅质团块,具大型不对称波痕,厚0.7m。
10. 灰白色巨厚层含砾粗砂岩,砾石主要为石英,具大型交错层理,厚1.4m。
9. 灰白色巨厚层石英砂岩,夹少量的含砾砂岩,具明显的浪成交错层理,厚2.3m。
8. 灰白色略带肉红色砂岩,底部为含砾砂岩,砾石分选、磨圆较好,具浪成交错层理,厚1.8m。
7. 灰白色巨厚层砂岩,含少量的砾石,顶部为土黄色的粉砂岩,厚1.3m。
6. 紫红色中层细砂岩,厚0.53m。
5. 红褐色—灰褐色中层粉砂岩,具均质层理,厚0.38m。
4. 灰白色—肉红色巨厚层砂岩,具浪成交错层理和平行层理,厚1.8m。
3. 灰白色中厚层细—中砂岩,具平行层理和浪成交错层理,厚1.2m。
2. 灰白色薄层状泥质粉砂岩,风化后呈土黄色,厚0.16m。
1. 肉红色中厚层底砾岩和砂岩,厚0.4m。

------平行不整合------

下伏地层:中志留统坟头组灰黄色中厚层粉砂岩、泥质粉砂岩。

2. 岩性特征与沉积构造

柳家湾剖面五通组主要的岩石类型为砾岩、砂岩、粉砂岩。砾岩呈灰白色,以底砾岩的形式存在。砂岩呈灰白色或肉红色,以中厚层状产出,包括石英砂岩、含砾砂岩和含海绿石石英砂岩。砂岩中稳定组分(石英和石英岩)含量高,说明碎屑是经过长期的搬运而沉积的,成分成熟度高。砂岩中含有团粒状的海绿石,反映为氧化的海相沉积环境。粉砂岩主要以单层或夹层的形式出现。

五通组砂岩沉积构造主要包括浪成交错层理、大型浪成波痕、冲洗交错层理、平行层理等(图11-39)。冲洗交错层理是五通组砂岩的典型构造,纹层为楔状,平直延伸较长,纹层倾角和层系交角均小于15°,为海滩中波浪冲刷-回流作用形成的。大型交错层理在砂岩中发育广泛,主要是在中粗粒砂岩中,一般大于10mm。波痕为大型不对称状,波脊圆滑平直,波面光滑,层面有滞留石英质砾石,波高约20cm,波长1.2m,波痕指数为6,属于典型的浪成波痕。顶部砂岩中波状起伏的坑凹面则是砂体暴露地表时受各种物理因素、生物因素破坏而形成。

3. 沉积相和沉积序列

五通组主要沉积相类型为临滨亚相、前滨亚相和后滨亚相。

临滨亚相沉积包括临滨下部、临滨上部。临滨下部为灰白色细砂岩、红褐色—灰褐色泥质粉砂岩,颗粒分选中等—好,磨圆中等,粉砂岩中石英颗粒多呈棱角状。单层的厚度较小,一般为中—薄层状,发育小型波痕交错层理、水平层理。临滨上部主要为灰白色—浅灰色的石英砂岩,成分较单一,有些层位含铁量高,呈褐红色—肉红色。砂岩结构成熟度、成分成熟度高,发育大型交错层理及不对称波痕。

图 11-39 五通组无障壁海滩的沉积特征

A. 剖面远景；B. 五通组底部含砾砂岩与志留系茅山组泥质岩之间的平行不整合；C、D. 临滨下部砂岩；E. 临滨上部砂岩（具大型浪成波痕）；F. 前滨沉积（具冲洗交错层理）

前滨沉积为成熟度好的纯净的中—粗粒石英砂岩，颗粒分选、磨圆均好，粒度分布较稳定，概率累积曲线具两个明显的跳跃总体，是向岸冲洗和向海回流造成的。砂岩具大型冲洗交错层理，其交角小于15°，反映海岸平直，海滩宽阔平坦。

后滨为砂岩相，中间夹含有滞积的砾石，砂岩中砾石磨圆较好，分选中等，成分单一，略具定向性，具交错层理及不规则的坑凹面。

五通组从下至上大致为临滨上部→临滨下部→临滨上部→前滨→后滨沉积，上部为典型临滨下部至后滨的退积型序列。

鄂东地区五通组的盆地背景与下扬子及东秦岭—大别地区的构造演化密切相关。志留纪后期的加里东运动，使下扬子地区隆升形成下扬子古陆。直至晚泥盆世早期，来自北侧的秦岭-大别海槽使长期隆起的剥蚀地区接受沉积，鄂东地区为无障壁海滩环境，直至晚泥盆世晚期，海退作用使海盆收缩和变浅，无障壁海滩才逐渐变为滨岸沼泽环境，形成五通组上段的泥质岩沉积。

第十二章　碳酸盐岩滨浅海沉积

第一节　概　述

碳酸盐岩是地表仅次于陆源碎屑岩的一类沉积岩,且绝大部分是海洋碳酸盐岩,陆相成因的碳酸盐岩只占极少的比例。20世纪50年代以前,人们对碳酸盐岩的认识比较肤浅,关于碳酸盐沉积作用及其沉积环境的知识也极为贫乏。当时人们对碳酸盐岩地层的兴趣主要偏重于古生物化石的采集和鉴定,进行岩类学的描述以及地层的划分和对比,并将其归因为主要受碳酸盐岩纯化学成因观点的影响,泛泛地认为大部分碳酸盐岩都是浅海化学沉积物。上述情况极大地阻碍了人们对碳酸盐岩岩石学及其形成条件的深入认识,限制了人们对碳酸盐沉积相的正确划分和鉴别。

"第二次世界大战"之后,由于全球经济对能源的需求,相继在中东、中北美等地的碳酸盐地层中发现了许多高产量的油气藏,从而引起人们对碳酸盐沉积学的极大关注,许多西方国家的石油公司率先组织了大量人力、物力和财力对现代碳酸盐沉积物与古代碳酸盐岩进行有计划的、系统的及全面的研究,20世纪50年代中后期开始,全世界地质界很快掀起了一个碳酸盐沉积学研究的热潮,从而导致碳酸盐沉积学领域中许多理论的发展和观点的更新,形成了具有独立体系的碳酸盐沉积学分支学科。需要特别提出的是关于现代海洋碳酸盐沉积环境、沉积作用以及沉积产物的研究,为沉积相模式的建立和古代沉积环境的恢复奠定了坚实的基础,在现代海洋碳酸盐沉积物发育地区中,以佛罗里达、巴哈马群岛、加勒比海、中东波斯湾以及澳大利亚沙克湾等地区研究得最为详尽,常被用作解释古代碳酸盐沉积环境的对比依据。

一、碳酸盐沉积物的产生条件

碳酸盐岩是由大于50%的碳酸盐沉积物经成岩固结而成的一类沉积岩。一般认为,碳酸盐岩主要形成于温暖、清洁的浅水环境。碳酸盐沉积物的主要矿物包括方解石、文石和白云石,这些矿物都是一些易溶矿物。根据实验得知,碳酸钙($CaCO_3$)在不含CO_2的水中溶解度是非常低的,在正常温度和压力下的表层海水或近地表的地下水中,方解石的溶解度仅有14.3mg/L,文石仅有15.3mg/L,而当水中注入CO_2后,它们的溶解度可以增加到几百毫克/升,所以CO_2的进入和逸出对$CaCO_3$的溶解与沉淀有着极大的影响。现代热带海洋的海水对于碳酸钙基本上是饱和的,只要发生CO_2的逸出作用,都可导致$CaCO_3$的产生而形成碳酸钙矿物。在自然界中,促使这个过程的发生有以下一些情况:温度的升高、压力的减小、植物的光合作用以及水体扰动的增强等。所以,温暖、清洁的浅水条件是海洋碳酸盐产生的最有利因素。

现代海洋碳酸盐沉积物主要分布在北纬30°之间热带及亚热带地区(图12-1)。只有北大西洋、西太平洋等地因低纬度表层洋流的影响,温暖的水才可以延伸到较高的纬度。浅水碳酸盐沉积物主要分布在加勒比海、中东的波斯湾和红海以及西南太平洋与澳大利亚北部陆架浅海3个海域。在这些浅水碳酸盐沉积物发育的地区,海水温度较高,平均水温一般为15～30℃,局部地区可达40℃左右。例如巴哈马群岛地区的开阔海表层海水月平均温度为22～31℃(2—8月);波斯湾开阔海表面月平均温度为23～34℃。海水温度升高则蒸发作用强,盐度增高,同时也促使水中CO_2反应速度加快并向外逸出,有利于$CaCO_3$的沉淀。另外,温暖的浅海又是生物大量繁盛的场所,各种水生植物通过光合作用吸收CO_2,对$CaCO_3$的形成产生重要影响,钙藻及许多具有钙质骨骼和介壳的动物也能向海底提供大量钙质颗粒及文石质软泥。

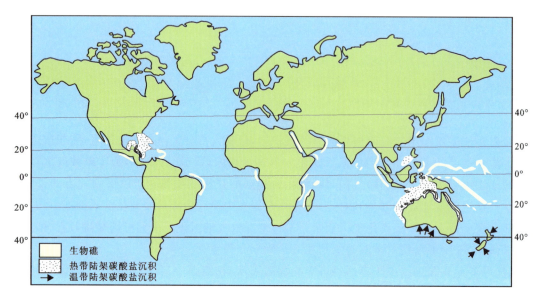

图12-1 现代浅海碳酸盐沉积物和礁的分布示意图(据Wilson,1975)

二、碳酸盐沉积物的成因

无论是古代的还是现代的海洋碳酸盐沉积物,它们的主要供给来源是陆表大陆风化。大陆风化使易溶解的碳酸盐岩溶蚀,活性较强的Ca、Mg元素以离子状态进入水体,并最终进入海洋。海水中以离子状态存在的巨量Ca^{2+}、Mg^{2+}、HCO_3^-等在合适的条件下通过化学作用和生物化学作用转化为碳酸盐矿物沉积下来。在这个转变过程中,由生物和生物活动所提供的沉积物在数量上占有最大比例,可以认为碳酸盐岩基本上是有机成因的,在盆地内部形成内源沉积岩(Wilson,1975)。

碳酸盐沉积物和碳酸盐岩基本由各种碳酸盐颗粒与灰泥组成,少量由造礁生物的钙质骨架建造。碳酸盐颗粒类型很多,一般可以区分为生物骨骼颗粒和非骨骼颗粒。生物骨骼的化学成分绝大多数为碳酸钙,少数为蛋白石或磷酸钙。能够分泌碳酸盐的生物是碳酸盐沉积物的直接提供者。

非骨骼颗粒有内碎屑、鲕粒、豆粒、球粒、聚合粒和团块等。这些非骨骼颗粒均是在海水中形成的,也是内源颗粒。内碎屑是盆地内部形成的固结/半固结的碳酸盐岩再破碎形成的。传统认为鲕粒、豆粒一般是无机成因的,但越来越多的证据显示微生物不同程度地参与了鲕粒、豆粒的形成过程,其中一种微生物鲕(曾称为藻鲕)是以微生物作用为主形成的。球粒一类是生物排泄物,称为粪球粒;另一类是微生物凝聚形成的,为微生物球粒(曾称为藻球粒)。聚合粒或团块成因较复杂,和其他颗粒一样,其最细小的物质单元主要为灰泥质,即粒径为泥级的细小颗粒。

灰泥一般是由单个晶体组成的。这些晶体均是针状文石,平均长度仅3μm,古代的多为方解石,它们多是由文石转变成的。

值得指出的是,在海洋环境中,由较老的碳酸盐岩基岩露头经受风化剥蚀,被水流搬运来的岩屑是极少的。这是由于碳酸盐岩易于溶解,抗风化磨蚀能力较弱,很少能搬运较长的距离。但是在陡峭的碳酸盐岩石海岸脚下、老的碳酸盐岩岛或礁石以及遭受底流强烈冲切的水下台地陡坡附近,零散发育有来自碳酸盐岩基岩的碳酸盐沉积物,这类碳酸盐沉积物的性质与硅质陆源沉积物一样,成岩以后可以形成灰岩砾岩、灰岩岩屑砂岩、灰岩岩屑粉砂岩,实际上这类碳酸盐岩属于外源或陆源碎屑岩类。

综上所述,海洋碳酸盐沉积物的产生主要是化学和生物化学作用的结果,其来源除有部分是无机的以外,绝大部分是有机的。它们不同于来自大陆基岩风化剥蚀产生的陆源碎屑,几乎全部都是海洋盆地本身的内源物质。有机来源和盆内成因是海洋碳酸盐沉积物的显著特点。

三、碳酸盐沉积物堆积的有利地带

碳酸盐沉积物的有机来源决定了其生产带与海洋生物分布带的一致性。由于生物的生活条件依赖于生物链的底层——微生物和低等植物(藻类)在温暖、富氧、透光、清洁的海水中更繁盛。因此,热带和亚热带的浅海陆棚以及大洋表层水域是海洋生物最繁盛的生长栖息场所,同时也是碳酸盐沉积物生产量最大的地带。这里水浅,透光性好,有利于菌藻类生长,菌藻类是海洋动物的第一食物来源,各种产生碳酸钙的海洋动物的活动领域基本上受菌藻类分布范围制约。菌藻类生长的深度一般在几米至几十米之间,只有极少数(如红藻)在水温较高的热带海洋中可生长在100m以下。由于菌藻类繁盛,可提供给高等动物充裕的食物营养,潮下带高等动物也十分繁盛,在通常情况下可形成生物礁、生物丘、生物层或灰泥丘,统称为生物建隆或碳酸盐建隆。因此,热带和亚热带浅海陆棚的潮下带就成为海洋碳酸盐沉积物的最主要生产带,同时也是最大的堆积带,被称为浅水碳酸盐工厂。

另一个生产带是远洋的表层水域,但是在远洋表层水域生活的各种钙质生物只有在死亡后才将其遗骸缓慢地沉降到深海底,形成广泛分布的各种钙质软泥(如抱球虫软泥、翼足类软泥、颗石藻软泥等)。所以,远洋碳酸盐的生产带仍在表层水域,而堆积带则在深海底。由于分泌钙质的浮游生物从侏罗纪才开始大量出现,所以在古生代和前寒武纪的深海沉积物中缺少碳酸盐沉积物,只在碳酸盐陆棚斜坡下面及附近发育由重力流搬运到深海的异地碳酸盐沉积物,或被洋流搬运来悬浮的灰泥质沉积物。

在潮湿气候的低能滨岸即潮坪地带,仅有少数能分泌钙质的生物(如腹足类、双壳类、棘皮类等),但菌藻类广泛发育。虽然蓝绿藻不是直接造骨骼植物,但对碳酸盐的沉积起着极为重要的作用。有些钻孔藻类对碳酸盐底质及钙质介壳的钻孔破坏可以提供许多灰泥,藻类还通过提供食物吸引许多食藻生物聚集在潮下带和潮间带的藻垫中,藻丛对海底沉积物的固定作用可以保护它们不被海水冲走,菌藻类通过丝体的生长和分泌的黏液,能黏结和捕获被波浪和潮流从潮下带搬运来的各种灰砂和灰泥,它们在隐藻类碳酸盐岩的形成中起决定性作用。显然,滨岸潮坪虽然本身不是主要的碳酸盐生产带,但都是重要的碳酸盐堆积带。干旱气候潮坪可形成白云岩等蒸发岩沉积。

综上所述,在海洋环境中,有2个碳酸盐生产带(热带和亚热带浅海陆棚的潮下带,以及远洋表层水域)和4个堆积带(热带和亚热带浅海陆棚的潮下带、潮间带和潮上带、碳酸盐台地斜坡下部的重力流活动带以及远洋深海带)。图12-2标示碳酸盐的主要生产带和堆积带的分布情况。

四、碳酸盐沉积物的搬运和沉积

碳酸盐沉积物一旦产生,它们就和陆源碎屑沉积物一样被波浪、潮流和洋流等作用簸选和搬运。因此,碳酸盐沉积物在海洋中也可形成与陆源碎屑沉积物相似的堆积地形和沉积体。例如,在波浪带它们可以形成水下滩坝;在潮汐作用下可以形成潮坪、潮道和潮渠等;在沿岸流的作用下,也可形成与海岸平行的障壁沙坝,构成障壁-潟湖体系。同样,在水流、波浪、潮汐作用下可以形成与陆源碎屑沉积相同的各种沉积构造;在坡度较陡的海底斜坡带,松散的或半固结的碳酸盐沉积物也会受重力作用发生滑塌并被重力流搬运,形成块体搬运和沉积物重力流等。但由于碳酸盐沉积物主要是有机来源和盆内成因,其搬运和沉积作用与陆源碎屑沉积物又有极大的不同。

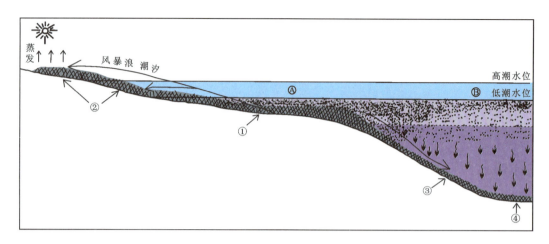

图 12-2　海洋碳酸盐沉积物的主要生长带和堆积带(据 James,1984)
生长带：Ⓐ潮下带；Ⓑ远洋表层带。堆积带：①潮下带；②潮上-潮间带；③斜坡重力流带；④深海盆地带

(1)牵引流作用下绝大多数粗粒碳酸盐沉积物搬运的距离都不远,只有在重力流或风暴流作用下才能搬运较远的距离。绝大部分粗的碳酸盐颗粒在其生长的地方堆积,生物颗粒或停留在生物生长、死亡和分解的地方,或为波浪、潮汐破碎成生物碎屑在近原地堆积。一些细小的质点(粉屑或灰泥)可能被波浪、潮汐搬运较远,甚至被风暴浪搬运到深水盆地中去。但是在广阔的浅海陆棚或潟湖中的细粒质点则是原地产生和沉积的,为绝大多数碳酸盐质点的原地成因提供了极方便的解释环境。尽管碳酸盐颗粒类型繁多,但它们基本上都能反映沉积地带海洋环境的特点(温度、盐度、深度、水动力条件、底质性质以及生态和生境特点)。对于这些,陆源碎屑沉积物是无能为力的。

(2)由于碳酸盐沉积物的生物来源及就地堆积的性质,碳酸盐沉积物的粒度分布具有完全不同于陆源碎屑沉积物的特征,不同的生物产生的碳酸盐质点具有各种不同的外部形态和内部构造。菌藻类及超微浮游生物可以形成几微米的细小质点和文石针,而腕足、软体和珊瑚等则可形成个体巨大的介壳和骨骼碎块；有的具有形状各异的外形,有的具有复杂的内部结构(如具房室的有孔虫、腹足类、头足类,多孔的钙质海绵、苔藓类、珊瑚类等)。尽管所有碳酸盐质点的矿物组成都具有相同的抗磨蚀性能,但这种悬殊的大小、多变的外形和复杂的内部构造使它们在水动力搬运过程中表现出截然不同的特性。同时形态、大小和内部构造各异的生物又常常生活在同一生境中,因此在碳酸盐沉积物中常常见到巨大的介壳和骨骼与细小的文石针灰泥混杂在一起,或为粒度均一且圆度很好的颗粒(如鲕粒、球粒等),或沉积物中掺杂有大小不等的介壳碎片。因此,陆源碎屑沉积物研究常用的粒度分析方法不适用于碳酸盐沉积物的研究。所以判断解释碳酸盐沉积物的水动力条件主要不是根据颗粒的分选和圆度,而是考虑沉积物中灰泥基质的多少,或颗粒与灰泥的比值(Leighton and Pendexter,1962),以及颗粒的填集特点(Dunham,1962)。

(3)陆源碎屑颗粒一般随着水动力强度和搬运距离的增大而磨蚀愈趋强烈,粒径逐渐变小。碳酸盐颗粒则不完全如此,除了生物碎屑、内碎屑等有相似的特点外,鲕粒、核形石则会在搬运过程中不断生长变大,形成更多的层圈。一些造礁生物可以分泌钙质骨骼形成骨架岩、黏结灰砂和灰泥形成黏结岩,以及捕获碳酸盐沉积物形成障积岩,它们可以在原地向上建造起巨厚的碳酸盐岩建隆来抵御强大波浪的冲击。这种特有的沉积方式在陆源碎屑沉积作用中是不可能出现的。

(4)碳酸盐沉积作用的另一特点是：沉积物通常同时大面积向上生长,垂向加积作用明显。除了碳酸盐建隆(生物礁、生物丘、灰泥丘)显示垂向加积,生活在表层海域的浮游生物遗体和悬浮搬运的灰泥的向下降落,以及底栖生物的生长、死亡、分解产生的骨骼颗粒和灰泥的原地堆积都是在大面积内,像下"毛毛雨"一样同时降落沉积。而陆源碎屑的沉积只有悬浮质在低能环境才如此,而粗碎屑沉积物主要受水动力状况控制,通过点源(一般为河口)向外散布,沿着水流方向进行侧向加积。

五、碳酸盐沉积物的沉积速率

海洋碳酸盐沉积物的沉积速率在不同堆积带有极大差别,在陆棚浅海潮下带,海水温暖、深度小、透光性强、水体扰动强烈、含氧充足,是分泌钙质骨骼生物栖息活动的主要场所,这里的生物种属较多、数量很大、浮游和底栖并存、巨大个体与微细的颗粒同时沉积。各类造泥生物也主要在这里繁衍生息,因此浅海潮下带是碳酸盐沉积物堆积速率最高的地带。根据 Wilson(1975)的统计,全新世浅水碳酸盐的沉积速率平均为 1000mm/ka(表 12-1),其中礁带(如佛罗里达)可达 3000mm/ka,开阔碳酸盐滩大于 1000mm/ka,滨岸潮坪也是碳酸盐沉积速率较大的地带,大巴哈马滩的安德罗斯岛潮坪的沉积速率可达 700mm/ka,在干旱的波斯湾南岸萨布哈和潮间带为 500mm/ka,潮坪沉积向海推进的速度非常迅速。据估计,波斯湾潮坪碳酸盐沉积 100ka 以后将扩宽到 100~200km,将填满整个阿拉伯联合酋长国沿岸海湾,几百万年以后整个波斯湾将被潮坪和潟湖沉积物填满(Wilson,1975)。与浅水环境相反,深水环境碳酸盐沉积物堆积速率要低得多,由于碳酸盐沉积物的产生带主要在浅水波浪带,如水深低至波基面以下,沉积物供应量迅速减少,这是由于随着水深加大,透光性减弱,水的扰动也减弱,氧气含量减少,生物逐渐稀少,碳酸盐沉积物生产量也迅速降低。在深海远洋地区,随着深度增大,碳酸钙的溶解度增加,海水对碳酸钙处于不饱和状态,不仅没有碳酸钙的产物,从表层水域散落下来的钙质生物遗骸和介壳以及灰泥还会遭受溶解。因此深水海底碳酸盐沉积物的沉积速率是极为缓慢的,约为 10mm/ka,甚至更小或没有。

表 12-1 现代和古代碳酸盐岩沉积速率对比(据 Wilson,1975)

地点	最大厚度(m)	时间(a)	速度(m/ka)	沉积环境
佛罗里达礁带	25	7000	3+	礁及礁屑
罗德里格斯滩	5	<5000	1+	开阔海滩
佛罗里达贝克兰礁岛	3	3000	1	潟湖
安德罗斯岛	1.5	2200	0.7	潮坪
费哈萨布哈	4	4000	1	萨布哈
阿拉伯联合酋长国沿岸	2	4000~5000	0.5	萨布哈-潮间
尤卡坦东北	5	5000	1	潟湖-滩
全新世浅水碳酸盐岩产生的平均速率			1	潟湖、潮坪、盐坪(萨布哈)、礁
安德罗斯苏必利尔井	4600	120×10⁶	0.035	滩沉积物
佛罗里达苏尼兰油田	4000	120×10⁶	0.03	滩-浅陆棚
黄金港滩	1500		0.08	滩沉积物
波斯湾中—新生界	6000	200×10⁶	0.03	浅海-潮坪
阿尔布克群下奥陶统	3000	100×10⁶	<0.03	潮坪-潟湖
古代岩石碳酸盐岩产生的最大速率			0.04	浅水沉积物的变化与全新世相似

六、碳酸盐沉积体的特有形态

碳酸盐沉积物的有机来源、盆内成因,大面积均衡沉积,以及浅水区高速率与深水区低速率的明显差异,往往使碳酸盐沉积体具有不同于陆源碎屑沉积物堆积的形态。

滨海的海滩、潮坪、水下高地等浅水地区是碳酸盐沉积物优先沉积的地区。浅水碳酸盐的高沉积速率特点可导致碳酸盐沉积物堆积到海平面附近的高度。碳酸盐的沉积速率与盆地基底构造沉降速率、全球海平面上升的速率三者之间的平衡关系决定了碳酸盐沉积体的形态。当沉积速率与盆地基底沉降速率＋海平面变化速率达到平衡时，即相对海平面或沉积水深基本不变（容纳空间不变）时，碳酸盐沉积呈向上加积状态，形成巨厚的碳酸盐沉积体。当沉积速率大于盆地基底沉降速率＋海平面变化速率，即相对海平面下降或沉积水深变浅（容纳空间缩小）时，碳酸盐沉积向深水区域推进，形成向海方向进积型的沉积特征。当沉积速率小于盆地基底沉降速率＋海平面变化速率，即相对海平面上升或沉积水深变深（容纳空间扩大）时，碳酸盐沉积向浅水地区迁移，形成向陆退积的沉积特征。

在地质记录中，尤其是宏体生物繁盛的浅水地区，常常出现上述第一种情况，即沉积速率大致等于盆地基底沉降速率＋海平面变化速率，沉积物向上加积，形成巨厚的向上隆起、侧向变薄（尤其向深水方向）的碳酸盐沉积体，这种碳酸盐隆起称为碳酸盐建隆或生物建隆（由原地生物堆积而成）。碳酸盐建隆或生物建隆是碳酸盐岩不同于碎屑岩而特有的沉积体形态。由于生物建隆主要发育于水深50m左右的陆棚中上部，当滨浅海碳酸盐岩生物建隆发育，生物建隆前侧（向海一侧）常形成具有一定坡度的斜坡，生物建隆后侧（向陆一侧）常为浅水碳酸盐岩充填，由此形成一个顶部大致水平的浅水平台，该平台称为碳酸盐台地。若台地位于靠近大陆的滨海地区，则为连陆碳酸盐台地（或称滨岸碳酸盐台地）；若台地远离陆地而孤立于海中，则为孤立碳酸盐台地。若生物建隆不发育，则形成向海缓倾斜的碳酸盐缓坡（图12-3）。

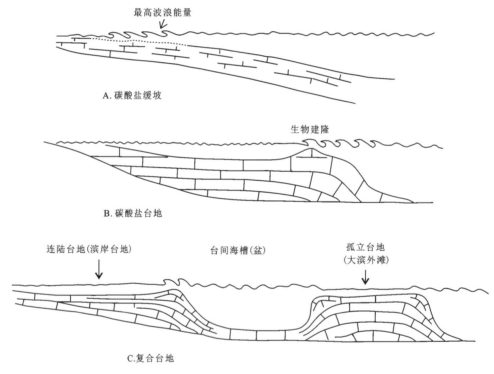

图12-3 碳酸盐岩沉积地貌（据Wilson，1975）

1.碳酸盐缓坡

碳酸盐缓坡指碳酸盐沉积体表面为一从滨岸向海盆缓慢倾斜的正地形沉积体，斜坡上没有明显的坡折，最高能量的波浪带在靠近海岸地带，如现代的波斯湾南部陆棚。碳酸盐缓坡一般形成于生物礁不发育的时期,如全球生物绝灭之后的生物复苏期,宏体生物收到重创,造礁生物尚未复苏,不足以形成生物建隆而构筑台地。

2. 碳酸盐台地

滨岸碳酸盐台地具有以下特征:①通常具有宽广的近水平的顶面;②台地边缘具有镶边的生物建隆;③发育于陆地边缘的滨浅海地区。如佛罗里达海域的滨浅海即为滨岸碳酸盐台地。

3. 孤立碳酸盐台地

孤立台地指开阔海中远离陆块的碳酸盐台地,周围被深水海盆包围,周围都有明显的台地边缘和台地斜坡,Wilson(1975)称其为大滨外滩。如现代的大巴哈马滩即为孤立碳酸盐台地。

4. 复合碳酸盐台地

复合碳酸盐台地指由滨岸碳酸盐台地、孤立碳酸盐台地及之间的台间深水海槽相连组成的联合体。我国华南晚古生代扬子滨岸碳酸盐台地(滇东-黔中-湘中南)和南盘江-右江盆地(广西、滇东南)孤立碳酸盐台地即组合成一个复合碳酸盐台地。

第二节 滨浅海碳酸盐岩环境划分和沉积特征

对世界上主要碳酸盐沉积环境的调查发现,碳酸盐岩主要发育于热带亚热带的浅水区。如前所述,浅水陆架碳酸盐岩分为碳酸盐缓坡和碳酸盐台地两种类型。具镶边的碳酸盐台地水深一般不超过10m,如南佛罗里达陆棚水深小于9m,大巴哈马滩大部分地区小于7m。碳酸盐缓坡海水较深,但一般不超过60m,例如尤卡坦陆棚、危地马拉-洪都拉斯陆棚以及波斯湾南岸陆棚等。显然,该深度范围基本上位于正常浪基面深度线以上。人们习惯上将在这个深度范围内形成的碳酸盐沉积物称作浅水碳酸盐岩,超过这个深度的碳酸盐岩称作深水碳酸盐岩。

浅水碳酸盐岩分布区(尤其在滨岸地区)地形变化多样,加上不同气候的影响,因此浅水碳酸盐岩的形成环境较为复杂。表12-2划分了浅水碳酸盐岩的沉积环境,现对各沉积环境的沉积特征予以简述。

表 12-2 浅水碳酸盐岩沉积环境划分

环境类型	环境	特点
碳酸盐潮坪	正常(潮湿气候)潮坪	分布于潮湿气候区、温暖洁净的滨岸区
	干旱潮坪	分布于干旱气候区、温暖洁净的滨岸区
	生物礁坪	分布于潮湿气候区、温暖洁净的滨岸区
碳酸盐海滩		分布于潮湿气候区、温暖洁净的滨岸区
局限潮下(台地)(潟湖)	正常低能潮下(潟湖)	分布于潮湿气候区、温暖洁净的滨海区
	半咸水潟湖	分布于干旱气候区、温暖洁净的滨海区
	高盐度潟湖	

续表 12-2

环境类型	环境	特点
开放潮下（台地）	开放潮下（台地）	分布于浪基面之上的浅水区
	滩	分布于台地边缘浅水高能区
生物建隆	生物礁、生物层	
	生物丘、灰泥丘	
台地前缘斜坡		分布于台地前缘斜坡区
浅海陆棚区		分布于台地外侧、浪基面以下地区

一、潮坪环境及其沉积特征

潮坪是位于低能海岸上潮间带及潮上带的近于水平展布的平缓沉积体，是间歇性暴露环境，对气候变化反应极为敏感。气候通过气温、降雨量的变化控制海水温度、盐度，控制潮坪环境沉积物的组分和分布，影响着生物的组成和生态特点。因此，不同气候条件下形成的潮坪类型不同。处于温暖潮湿气候的热带亚热带的潮坪称为正常潮坪（如南佛罗里达），处于炎热干旱带的潮坪（如波斯湾）称为干旱潮坪（图12-4）。另外一种特殊的潮坪为礁坪，即海岸上的生物礁形成顶部平缓的沉积体，将在生物礁一节简述。

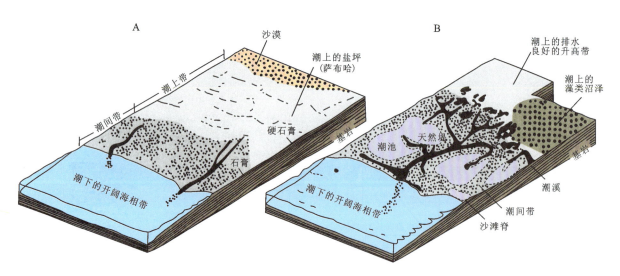

图 12-4 潮坪环境中的地貌单元和次级环境分布的示意图（据 James，1984）
A. 干旱气候的干旱潮坪；B. 潮湿气候的正常潮坪

（一）潮湿带正常潮坪环境及其沉积特征

潮湿带的正常潮坪一般有较多的降雨量，气候比较湿润。由于地处热带和亚热带，气温较高，蒸发量较大，因此潮坪上海水盐度一般比正常海水要高，甚至旱季可出现超咸水，只是在临近有地表径流注入的地带或暴雨过后的低洼地区才出现局部的或暂时性的半咸水。

潮坪一般形成于受局限的环境，如海湾、障壁潟湖周缘，主要受潮汐及风暴潮影响，很少受到来自开阔大洋的强大波浪和涌浪的直接冲击。潮坪地形平缓，宽度范围变化很大，可从几米至几千米宽（甚至更大），沿海岸延伸几千米至几十千米。与陆源碎屑型潮坪一样，碳酸盐潮坪也可划分出潮上带和潮间带,但其内部亚环境及沉积特点存在明显差异。

1. 潮上带

潮上带位于平均高潮面以上,基本上是处于海面之上的暴露环境,只有发生风暴时风暴潮被潮水淹没(图 12-5A)。潮上带的地形略有起伏,在一些分散的较低洼地带发育小的水塘和沼泽。这些水塘和沼泽在雨季充满淡水或微咸水,菌藻类和其他沼泽植物繁盛,形成层状的垫状层(传统称为藻垫)。藻垫是腹足类等食藻动物栖息的理想场所,藻垫上常常聚集大量腹足类。有的水塘在旱季干枯,可以暂时沉淀出蒸发盐矿物石膏等,雨季时又可能被溶解掉。

图 12-5　潮坪沉积特征
A. Andros 潮坪分带;B、C. 波斯湾潮坪微生物席和干裂;D. 得克萨斯白垩纪潮坪的角砾岩

由于热带亚热带风暴作用频繁,藻垫上常有风暴带来的沉积夹层,沉积物包括灰泥及砂屑、粉屑及生物碎屑。由于菌藻类的黏结作用和富钙的海水的早期胶结作用,这些藻垫和夹层通常"固化",形成半固结的沉积层。由于长期暴露在大气中,藻垫及风暴夹层通常形成干裂等暴露构造(图 12-5B、C);干裂把藻垫破碎成碎屑,再经受风暴作用改造,这些碎屑被磨圆成扁平状砾屑(图 12-5D),形成潮坪上的风暴岩夹层。

潮上带生物以菌藻类及低等植物为主,也保存有摄食菌藻类、低能植物的腹足类等,可见潜穴等生物遗迹。由于气候炎热,藻垫的有机质腐烂产生气体,形成气鼓空洞,这些空洞被富钙的海水充填,结晶亮晶方解石,即形成鸟眼构造。因此鸟眼构造是潮坪沉积及其发育的指相沉积构造。潮上带蒸发作用较强,易于发生白云岩化形成白云岩。通常正常潮坪的潮上带会出现白云岩或白云岩化的岩石,如灰质白云岩、白云质灰岩。

总之,正常潮坪潮上带的典型沉积标志包括菌藻类纹层、鸟眼构造、干裂、扁平砾屑层和白云岩化等。

2. 潮间带

潮间带位于平均高潮面和平均低潮面之间,是间歇性暴露环境。潮间带的主要水动力是往返流动的潮汐流,以及间歇性的风暴流。潮间带要比潮上带具有更为复杂多样的地貌和沉积特点。潮间带可以区分出许多不同的亚环境,潮沟、潮池、沼泽(菌藻沼泽)可以长期处于水下,潮溪两侧的天然堤及分布在近海地带的滩脊大部分时期暴露在水上(图 12-5A)。真正的间歇性被潮水浸没的潮间坪散布在上述亚环境之间。潮沟、潮池和菌藻沼泽的广泛发育是潮湿气候下潮间带环境的显著特点。潮间带不同的亚环境具有不同的沉积特点。

(1)滩脊是在风暴期间潮下带的沉积物被冲溅到岸边而建造起来的滩坝,这种滩脊一般可高出水面 1~2m,滩脊向海坡度较陡(1°~5°)。其沉积组成一般是具纹层的细砂级生物碎屑,常具有冲洗交错层理、平行层理或小型浪成交错层理,层理通常得以很好地保存。滩脊上可有红树林和藻类生长,有时可见植物根迹,由于经常遭受淡水淋滤、渗透和海水的淹没,淡水透镜体常导致混合白云岩化。

(2)潮沟是海水进入潮坪的通道。在宽阔平缓的潮间带可以形成具多级支流的复杂水系。潮沟内的水流速度决定于潮汐涨落速度,潮沟内的沉积物既有颗粒,也有灰泥。沉积层底面冲刷面发育,沉积层内具潮流成因的双向交错层理,粒度自下而上变细,层理规模变小。潮沟内底栖生物常见,如软体动物、甲壳类、环节类、棘皮类、有孔虫、鱼类等。流速大的地方菌藻类不发育,流速小的浅潮沟或废弃潮沟菌藻类发育。

(3)天然堤是潮沟两侧平行于潮沟的线状沉积体,一般高数十厘米。沉积物主要为砂级颗粒或球粒。粒度粗于周围的潮坪,细于潮沟。天然堤常被菌藻类覆盖,形成微生物席,内发育鸟眼构造。这些沉积物易发生白云岩化,形成白云质灰岩、灰质白云岩或白云质结壳。

(4)潮池是潮坪上的低洼区域,平时为水体充满。雨季水体淡化,旱季雨水咸化。潮池内沉积物以灰泥质级球粒沉积为主。潮池中菌藻类繁盛,广盐度生物发育,生物扰动强烈,层理不发育。

(5)潮间坪和菌藻沼泽位于潮沟之间,是潮坪沉积的主体。潮间坪菌藻类极其发育,常常形成沼泽。因此潮间坪和菌藻沼泽以微生物岩为特色,常以微生物席的特征出现,内鸟眼构造发育。该带常发生白云岩化,形成具微生物席的灰质白云岩或白云质灰岩。潮间坪或菌藻沼泽为生活大量菌藻类生物(主要是腹足类),造成食菌藻生物和菌藻类的消长关系,即富生物层菌藻类稀少,富菌藻层食菌藻生物稀少(图 12-6)。

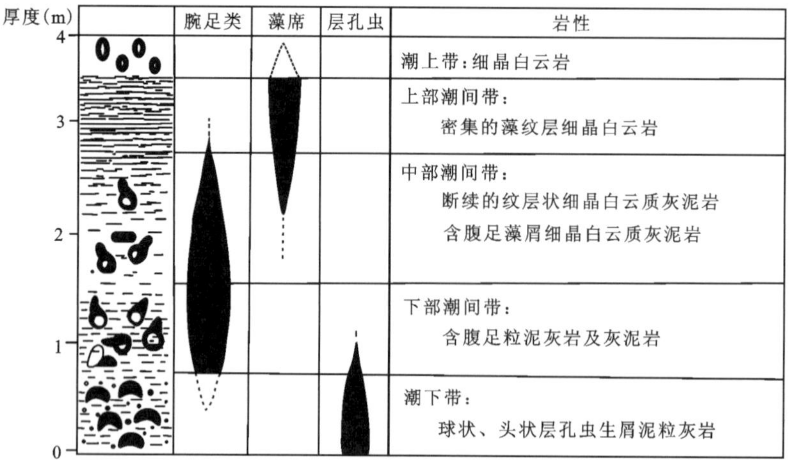

厚度(m)		腕足类	藻席	层孔虫	岩性
4					潮上带:细晶白云岩
3					上部潮间带: 密集的藻纹层细晶白云岩
2					中部潮间带: 断续的纹层状细晶白云质灰泥岩 含腹足藻屑细晶白云质灰泥岩
1					下部潮间带: 含腹足粒泥灰岩及灰泥岩
0					潮下带: 球状、头状层孔虫生屑泥粒灰岩

图 12-6 湖南桂阳泥盆系棋梓桥组潮坪上微生物席和腹足类的消长关系(据王良忱和张金亮,1996)

微生物席生长可从潮坪延伸到浅潮下带。潮上带—潮间带上部菌藻类泛滥频率急剧减少（图12-7），微生物席也变得稀疏，微生物席生长最繁盛的地带是潮间带的中下部。Hoffman(1976)研究西澳大利亚沙克湾的现代叠层石时，将微生物席划分出3个基本类型，每个类型都是由几个蓝绿藻种组成的一个复杂群落，其中又以一个特有的种群为主。每个藻席类型在外貌、捕获和黏结沉积物形成叠层石的方式，以及所形成的叠层石的内部纹层或非纹层组构等方面都有区别。这些藻席在空间上具有明显的分带性。控制其分带的主要因素是潮坪上的干化程度、沉积作用、胶结性质以及遭受波浪和潮汐水流的冲刷情况。不同类型的藻席可能形成不同类型的叠层石。Hoffman还通过对沙克湾叠层石形态分布特点的观察，揭示出叠层石形态与环境的依赖关系(图12-8)。

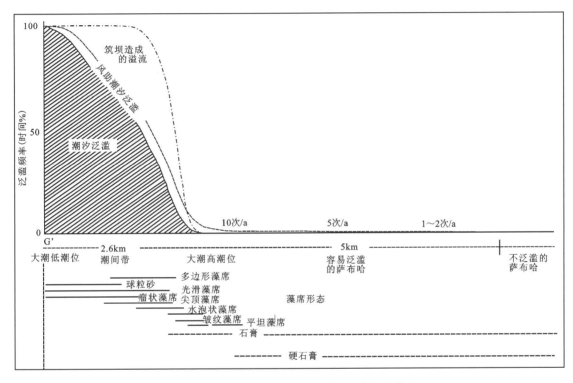

图12-7　阿布扎比地区潮坪上的微生物席与洪泛频率间的关系(据Park,1973)

叠层石可以分为不同类型，层纹石（微生物席）一般发育于波浪、潮汐作用微弱的区域，如大海湾区。柱状、板状和朵状叠层石发育于波浪和潮汐作用较强的区域。枝状叠层石发育于波浪、潮汐强的区域。柱状、朵状叠层石体的高度与波浪、潮流的大小成正比。波浪的波高越大，叠层石高度越大。单个叠层石的长轴与波浪传递和潮流流动方向平行，一般与岸线垂直(图12-8)。

潮间环境除了藻席发育以外，还有一些耐盐度生物存在，主要是腹足类、小型有孔虫、介形类等。这些生物有的可以产生粪球粒，有的可以扰乱沉积物形成潜穴构造和生物扰动构造。周期性的干旱可以使藻席发生干裂，鸟眼构造、窗孔构造也很常见。白云岩化也是相当普通的，尤其是在上部潮间带。在藻席中也可有石膏的沉淀，它们常呈细小的晶体分散在沉积物中。

（6）风暴潮沉积夹层：在热带亚热带风暴作用带，潮坪沉积中常夹有粗碎屑颗粒和生物介壳夹层，其为强动力的风暴潮或风暴浪带来的沉积物。

（二）干旱带潮坪环境及其沉积特征

干旱带潮坪分布于气候干旱炎热的低能滨岸地区，又称干旱潮坪。干旱潮坪区降雨量小，蒸发量大，缺少或没有淡水输入，以致水体常年都保持着超咸度状态，海水的盐度可高达7%左右。这类潮坪

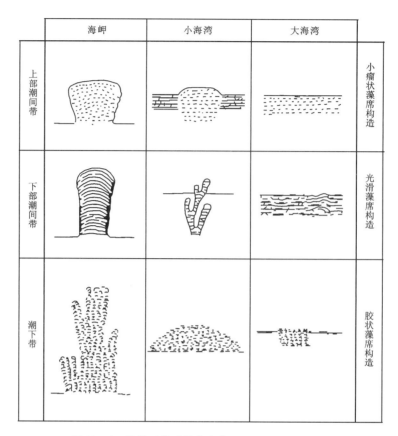

图 12-8 叠层石类型及分布位置(据 Hoffman,1976)

一般地势平坦,潮汐不发育。由于海陆大气热力差而引起的海陆风对海水的影响,加上风暴潮的推波助澜,高盐度的海水在低缓的潮坪地区形成大面积的泛滥,干旱潮坪常常规模宽广,宽几千米至几十千米,多与沙漠平原邻接。

强烈的蒸发作用使干旱的潮上带发育了很厚的盐壳,成为荒凉而贫瘠的不毛之地。这种荒芜的潮上盐坪在阿拉伯沿海分布很广,阿拉伯语称之为萨布哈(sabkha)。所以,干旱潮坪以具有萨布哈潮上带为特征,故又称为萨布哈型潮坪。由于萨布哈型潮坪潮上带与潮间带均以具有蒸发岩矿物为特色,现就干旱潮坪的总体特征予以论述。

干旱潮坪的潮上带即萨布哈。萨布哈分布于干旱炎热的滨岸地区,位于平均高潮面之上,只有当发生风暴潮或大潮等洪泛时才被暂时性的海水淹没,在阿拉伯湾南岸阿布扎比,这种洪泛每年有 1~2 次,即使在近海地带也不超过 10 次/a,而向陆一侧基本上没有洪泛。干旱潮坪的潮间带处于高潮面与低潮面之间,间歇性(大致有一半时间)暴露于大气环境之中。干旱潮坪上除了原地生长的菌藻类,沉积物主要是从滨外搬运来的灰泥和灰砂,此外还有少量来自大陆内部的风成陆源碎屑。

干旱潮坪强烈的蒸发作用和表层沉积物的毛细管泵吸作用使地下水大量损失和迅速浓缩,而失去的水分又通过泛滥洪水向下渗透,大陆淡水通过地下透水层向萨布哈渗流,海水从地下向陆地方向渗流,从而使萨布哈地区具有特殊的地下水循环体系和水化学特征。地下水补给方式常因地形而异。在萨布哈向海一侧如有海滩脊相隔,风暴潮因受阻而不再或极少淹没萨布哈,这时再补给水源主要是地下水的渗流,强烈的蒸发作用和毛细管泵吸作用使萨布哈地下出现高度浓缩的卤水,这些卤水又因其密度大而向下移动形成渗透回流(图 12-9)。如向海一侧地势低平,洪泛海水的补给就很重要,这时在地下的海水渗流与大陆淡水渗流的接触地带可形成盐水和淡水的混合带,毛细作用带的蒸发、卤水的渗透回流以及盐水和淡水的混合都将引起萨布哈地区以及潮间带已有的沉积物白云岩化,以及孔隙间石膏、硬石膏和石盐等蒸发盐矿物的沉淀与交代,导致早期成岩作用的发生。所以,萨布哈实际上是沉积作用和早期成岩作用的共同产物,而成岩作用可能更为重要。

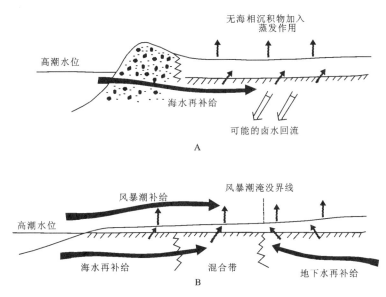

图12-9 萨布哈中水的两种补给方式(据Kendal,1984)
A.具海滩脊的萨布哈;B.地势平缓不具海滩脊的萨布哈

干旱潮坪白云岩化非常普遍。卤水中Mg/Ca比值的增加,文石泥中有机质的存在和碳酸盐的流失都有助于白云岩化。在成岩早期形成的蒸发盐矿物,有些是地下水浓缩到一定程度直接沉淀的,有些则是地下卤水与早期沉积物发生交代或置换反应产生的。当海水浓缩到原体积的1/3时,石膏开始沉淀。石膏一般不在暴露的沉积物表面沉淀,而常在藻垫中或潮坪其他沉积物中形成厚的石膏晶体糊(crystal mushes)。在渗滤带和上潜水带的砂质沉积物中,石膏多以单个晶体出现。一般认为石膏在多数条件下是原生矿物,主要出现在地表浅处,形成硬石膏要求更高的温度和更浓的卤水。虽然在极端的条件下也可在地表沉淀,但主要可能是交代石膏晶体而形成的(Blatt et al.,1972)。古代地层中这种交代成因的硬石膏很常见,它们多呈石膏假象和结核出现,有时也形成扭曲层,常被称为"肠状构造",许多硬石膏结核被挤压结合在一起可形成鸡笼组构(图12-10)。硬石膏交代石膏一般是在地下较深处进行的,如在阿拉伯湾南岸通过钻井了解到石膏的深度不超过60m,在这个深度以下石膏即转变为硬石膏。当岩层被后期地壳运动抬升并遭受剥蚀而出露到地表时,硬石膏又被石膏交代,甚至进一步被方解石交代发生去膏化作用,所以在现代地表露头上所见到的多是具石膏或硬石膏假象的灰岩或次生灰岩。

当海水浓缩到原体积的近1/10时,石盐开始沉淀。潮上带的石盐多以盐壳的形式沉淀在地表。在毛细作用带上部,多在其他颗粒周围形成一层薄膜。在砂泥质沉积物中,石盐在粒间孔隙中结晶,其结晶力在沉积物中形成实心的立方体晶形。在细粒沉积物中置换的石盐立方体常具有漏斗形骸晶形态,由于石盐晶体的生长,原始沉积物等组构常常被破坏。

除了石膏、硬石膏、石盐之外,还可以出现少量的其他蒸发矿物。石膏的沉淀可使卤水中钙质含量减少,Mg/Ca比值增大,从而导致沉积物中文石的白云岩化和菱镁矿($MgCO_3$)的沉淀。文石的白云石化可以释放出锶,从而形成天青石。当卤水浓度更高(海水蒸发到原体积的1/20)时,还可以形成杂卤石等,但潮坪环境很难达到这种条件,所以一般卤族矿物较为罕见。

石膏、硬石膏和石盐等蒸发盐矿物及其形成的岩石都具有易溶性与较大的塑变性,在地表很易被淡水溶解或被方解石交代。蒸发盐矿物的溶蚀可使其围岩或夹层岩石崩塌破碎成角砾,形成盐溶(或膏溶)角砾岩。盐溶角砾岩的最突出特点是角砾的岩性比较单一,通常是白云岩、菌藻类纹层白云岩或含

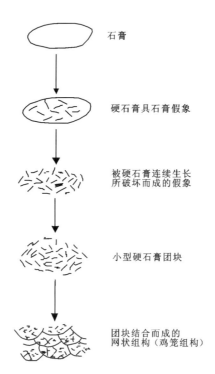

图 12-10　硬石膏交代石膏形成的鸡笼组构（据 Reading，1986）

石膏假象的白云岩。角砾无分选，无磨圆，大小混杂，没有经过流水搬运或磨蚀的痕迹。

干旱潮坪长期干旱和超咸水的环境极大地限制了宏体生物生长。在低洼的盐沼中有一些耐盐度微生物、低等植物生长可以形成叠层石。高等动物则极为少见，一般没有生物遗迹或生物扰动构造，沉积物的原始特征能很好地保存下来。长期的干旱常使沉积物发生大面积干裂，干裂的楔形裂隙的宽度可达 10cm 以上，深度数十厘米。在风的作用下，裂隙或被风成沉积物填充，或破碎成板状角砾，固结后形成砾屑层。

二、碳酸盐海滩

与陆源碎屑型滨浅海一样，碳酸盐海滩发育于高能的滨岸环境，其外侧没有障壁（碳酸盐建隆），面向开阔海，且风浪作用巨大。

碳酸盐海滩可以划分为后滨-前滨带、临滨带。

1. 后滨-前滨带

后滨带位于平均高潮面以上，只有风暴潮才能波及，大部分时间暴露于大气环境中。前滨带位于平均高潮面与平均低潮面之间，主要水动力为波浪冲洗作用。前滨带主要由中粗粒的碳酸盐颗粒组成，岩性为颗粒灰岩，颗粒类型主要为生物碎屑及内碎屑，内具冲洗交错层理、平行层理，可见泡沫痕成因的气孔构造（图 12-11B，C），障碍痕、流痕、菱形痕等极浅水沉积构造。后滨带继承了早期前滨带的沉积物，加上风暴带来的粗碎屑（主要是生物碎屑），一般沉积物颗粒更粗，达细砾—粗砂级，颗粒以生物碎屑为主。主要岩性为颗粒灰岩及少量泥粒灰岩。后滨-前滨带可形成海滩脊，海滩脊后洼槽可发育水流波痕和水流交错层理。

后滨带和前滨带的一个重要特色是海滩岩发育，其为碳酸盐沉积物早期成岩作用所致。后滨带具有明显的渗流带淡水胶结特征，前滨带渗流带海水胶结特征明显。胶结物为文石、高镁方解石或低镁方解石（图 12-11）。

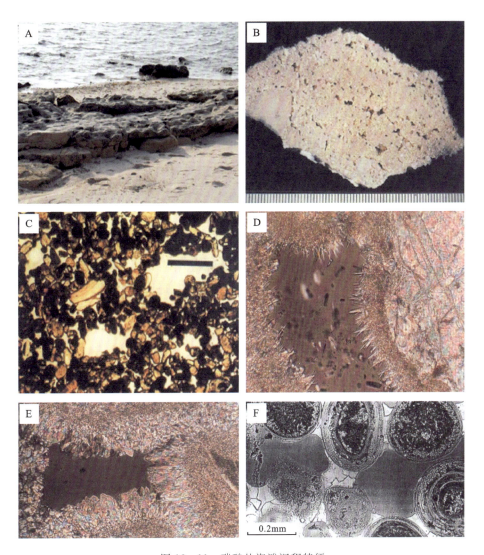

图 12-11　碳酸盐海滩沉积特征

A.海滩岩；B、C.海滩岩的气孔构造；D.渗流带的文石胶结物；E.渗流带的高镁方解石胶结物；F.渗流带桥式低镁方解石胶结物

2. 临滨带

临滨带位于平均低潮面之下、浪基面之上，为波浪作用带。临滨带上部水动力较强，岩性以粗颗粒（砾级—中粗砂级）的颗粒灰岩为主，可见泥粒灰岩，颗粒主要是生物碎屑及内碎屑，也可由鲕粒、核形石、球粒等其他颗粒组成，内具典型浪成波痕和浪成交错层理。临滨带下部波浪作用较弱，岩性以细颗粒（砂级—粉砂级）的颗粒灰岩、泥粒灰岩为主，颗粒主要为生物碎屑、砂屑、粉屑及球粒等。临滨带内具小型浪成波痕和浪成交错层理。

三、局限海（潟湖）环境及其沉积特征

局限海又称受限制的海，是碳酸盐滨岸带一种典型的沉积环境。在地质记录中常见局限海环境与潮坪环境共生，现代碳酸盐滨岸的局限海实际上就是潟湖。潟湖是由外侧的障壁围限的低能地区，所谓受限制即外侧有一个限制广海波浪的障壁体，这个障壁体可以是生物礁、生物丘，也可以是沙坝甚至是基岩岛。该障壁可以出露海面，也可以为海水淹没但水体极浅（一般小于5m）。如前所述，以镶边生物

建隆的碳酸盐滨岸为碳酸盐台地,其局限海常称为局限台地;无镶边生物建隆的碳酸盐滨岸为碳酸盐缓坡,其局限海称为局限潮下。二者应予以区分,不宜混淆。

局限海位于平均低潮面之下,包括浪基面之上的潮下带以及浪基面之下浅海区域。因该浅海与后述的陆棚浅海存在区别,可称为潟湖浅海。该带沉积速率较高,沉积层以中厚层为主。潮下带处于浪基面之上,海水动荡、透光、富氧,以浅色中—厚层微生物或生物碎屑粒泥灰岩、泥粒灰岩居多;潟湖浅海处于浪基面之下,以暗色中—厚层灰泥质沉积为主,如泥状灰岩、含生物粒泥灰岩。

根据潟湖海水的盐度变化,可划分为 3 种类型:正常盐度潟湖、半咸水潟湖和超盐度潟湖(Milliman,1974)。

1. 正常盐度潟湖

正常盐度潟湖的盐度与相邻大洋表层海水相近,主要发育于水下障壁后侧,或断续障壁之间具有联通水道的潟湖区域,或大洋环礁之间的潟湖区域。这些潟湖和广海具有一定的连通性,所以盐度基本正常。虽然这些潟湖水体盐度是正常的,但仍具有一定的封闭性,使得水体波浪作用微弱,潮汐作用也不强。正常盐度的潟湖沉积物主要是反映低能环境的泥状灰岩或含生物或生物碎屑的粒泥灰岩,生物以狭盐度生物为特色。在菌藻类发育的地区,正常盐度潟湖菌藻类十分发育,可形成以菌藻类球粒为主的泥粒灰岩,也可见枝状叠层石灰岩或核形石粒泥灰岩或泥粒灰岩,甚至形成小规模的叠层石点礁。

2. 半咸水潟湖

半咸水潟湖一般是与陆地相接的潟湖,多出现在热带亚热带潮湿气候带,相邻的陆地地势平坦,没有大的河流注入,可有小的地表径流注入。潟湖外侧通常有障壁与开阔海隔离,与开阔海海水交换不通畅。由于较强的蒸发作用,潟湖水体呈现半咸水环境。这种潟湖海水能量较低,一般没有大的波浪搅动,再加上盐度不正常等因素,潟湖内可发育较多的菌藻类微生物和钙质藻类、海草等,以及各种适应于广盐度的及在其中栖息的蠕虫、甲壳类、腹足类、双壳类、有孔虫和介形类,通常没有狭盐度的宏体生物。这些生物常常分散在潟湖底,不能构成生物礁。在古代地层中还有某些能适应广盐度的层孔虫、海绵类等。这些生物是供给潟湖沉积物的主要来源。它们的供给方式包括以介壳和骨骼形式的直接堆积、非钙质藻类通过生物化学作用促使文石的沉淀或形成微生物球粒、菌藻类腐烂散解、底栖生物排泄的粪球粒等。所以半咸水潟湖的沉积物大部分来自潟湖本身,沉积物比较细,主要是含生屑的泥状灰岩、球粒粒泥灰岩、球粒泥粒灰岩等,沉积物中常见生物遗迹,生物扰动构造普遍,原生沉积构造常被破坏。

3. 超盐度潟湖

超盐度潟湖分布于干旱气候带,与干旱潮坪相连。局限的水体限制开阔海与潟湖的海水循环、高蒸发量和低降雨量导致潟湖中海水盐度增高。如阿拉伯湾阿布扎比的潟湖盐度变化在 54‰～67‰ 之间。超盐度环境极大地限制了生物的生长,只有为数不多的耐盐生物得以大量繁殖,主要是腹足类、有孔虫及菌藻类。超盐度潟湖中的沉积物以非生物颗粒为主,灰泥、球粒、隐晶团块等是主要的颗粒类型。生物种属稀少,分异性差,但个体数量较多。生物遗迹(潜穴)和生物扰动构造经常可见。超盐度潟湖常见蒸发岩矿物,如石膏、硬石膏均常见,甚至可见石盐等。有时形成石膏层,以及后期淋滤、交代形成的膏溶角砾岩、次生灰岩等。

综上所述,气候、地理位置、与开阔海的海水交换程度控制着潟湖内海水的盐度变化,决定了潟湖的类型。不同类型潟湖的生物特征和沉积特征各具特色。生物组合面貌反映盐度变化非常明显,蒸发盐矿物存在与否也是判别潟湖盐度的重要依据。潟湖沉积以垂向加积为主,横向加积作用微弱。潟湖被沉积物填满即转变为潮坪环境。在古代地质记录中,潟湖沉积-潮坪沉积的共生现象极为常见。

四、开放海环境及其沉积特征

开放海又称开阔海,是指与广海连通、海水循环通畅的海域。碳酸盐台地的开放海称为开放台地,碳酸盐缓坡的开放海为开放潮下。开放海水深在平均低潮面之下、浪基面之上。由于与广海沟通性良好,且处于浅水环境,开放海盐度正常,波浪、潮汐作用强,海水动荡富氧、透光,是微生物和高等动物生活最理想的场所。由于海水富氧,沉积层以白色、灰白色、浅灰色为主;由于沉积速率高,沉积层以厚层、巨厚层为主,甚至出现块状层。沉积物中颗粒类型复杂,几乎所有的碳酸盐颗粒可以出现,但不同环境出现的颗粒类型相对单一。生物骨屑是开放海沉积的主要颗粒类型,与局限海明显不同的是,开放海生物以狭盐度的生物为特色,生物类型多样,分异性强,生物含量高,生物量大。由于处于高能环境,开放海以富颗粒的灰岩为主,包括粒状灰岩、泥粒灰岩及粒泥灰岩,泥状灰岩罕见。

五、生物建隆(或碳酸盐建隆)及其前缘斜坡的沉积特征

生物建隆(或碳酸盐建隆)是滨浅海碳酸盐岩的一种特殊类型,主要分布于陆棚中部或边缘。建隆(buildup)包括建设或建筑(build)和向上隆起(up)双重涵义,意指碳酸盐岩中原生建造(筑积)的具正向隆起的沉积体。生物礁即为一种典型的建隆,有时甚至将二者用于同义词,图12-12所示的地层礁和生态礁都是建隆。

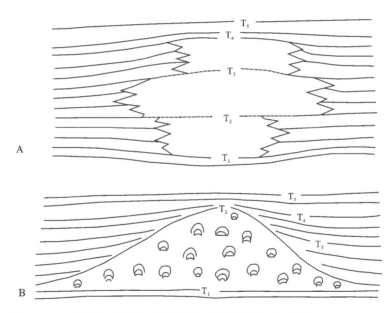

图12-12 碳酸盐建隆(A.地层礁)和生物建隆(B.生态礁)(据James,1984)

(一)有关建隆的概念

由于生物建隆或碳酸盐建隆的特殊性,并对航海具有不利影响,加上是碳酸盐岩重要的油气储层,所以一直受到学界的关注,产生一系列相关但内涵略有差别的术语,现作一简述。

礁:礁是最原始的建隆术语。礁的概念最早来源于航海业,指凸起于海底之上的岩石块体或水下高地,影响着航海安全。达尔文(Darwin,1842)最早赋予礁地质意义,意指生物原地堆积的具正向隆起的块状沉积体。

地层礁和生态礁:碳酸盐岩地层中,厚度巨大、具正向隆起的块状沉积体多数是由生物原地堆积形成

的,但也有非宏体生物、由灰泥为主组成的。前者称为生物礁或生态礁,后者称为地层礁(图12-12)。生态礁强调生物的原生筑积作用:一是筑积生物礁的生物一般为复体生物,多呈块状、丛状、枝状、层状(如珊瑚类、海绵类、层孔虫、苔藓虫、古杯类等)等,个别也有单体生物,如双壳类;二是这些生物是生物联结的,即晚期的生物生长在早期的生物体之上,生物体联结形成生物骨架,由于生物礁形成于波浪带,生物骨架之间的灰泥或细粒沉积物被簸选,残留的孔隙为后期胶结物充填形成亮晶胶结物。

生物礁(reef)、生物丘(bioherm)、灰泥丘(lime-mud mound):在地质记录中,除了上述生态礁之外,还有大量的非生物联结、没有形成生物骨架的富生物的碳酸盐建隆,甚至宏体生物极少的碳酸盐建隆,可以进行进一步的区分。生物礁(狭义的生物礁)指上述生态礁,因生物骨架为其最重要的特征,又常称为骨架礁。生物丘是指主要由造礁生物原地生长但又不形成生物骨架的碳酸盐丘状隆起。生物丘内的造礁生物可以是保存原始生长状态的原位保存,也可以是生物体倒伏的异位保存,岩性主要包括生物灰岩、生物粒泥灰岩或泥粒灰岩。灰泥丘是以灰泥沉积为主的碳酸盐丘状隆起,其宏体生物较少,岩性以泥状灰岩为主,可有生物障积作用形成的障积岩或粒泥灰岩。

生物层(层状礁):指由生物原地生长(筑积)、或形成生物骨架、或不形成生物骨架的巨厚的层状沉积体。生物层单层厚度可达2~5m,沉积体厚度可达10m以上。有人主张,高度/宽度比值大于1/3的为生物礁或生物丘,小于1/3的为生物层,所以生物层在露头上不发育丘状隆起地貌,但区域上呈厚度巨大的透镜层。其成因为生物原地筑积的,故可归于生物建隆。生物层具有与生物礁、生物丘一样的生态和地质意义。

滩:由碳酸盐颗粒组成的席状、缓丘状巨厚的沉积体,也属于广义的碳酸盐建隆。组成滩的颗粒包括鲕粒、核形石、生物碎屑(如棘皮类海百合、海胆碎屑,腕足碎屑,有孔虫、珊瑚碎屑等)。它们可以形成单组分滩(如鲕粒滩、核形石滩),也可以形成复组分滩(如鲕粒生物碎屑滩、核形石生物碎屑滩等)。滩常见于镶边台地的生物建隆的后侧,也可以单独形成于开放潮下或开放台地环境。

(二)生物礁

1. 生物礁的形成条件

对国内外大多数学者采用的生态礁来说,礁的形成必须具备以下3个条件。

(1)温暖、正常盐度、富氧、透光、清洁的动荡浅水海洋环境给生物提供良好的生活条件,保障巨量的造礁生物迅速繁盛。一般生物礁发育于热带亚热带、远离陆源输入、与广海连通、开放的潮下带浅水环境。

(2)造礁生物一般为造架的复体生物。造架生物迅速繁盛形成生物联结,筑积成坚固的生物骨架,这种骨架足以抵抗强大的波浪冲击而不至于被损毁。

(3)造礁生物形成的生物筑积作用沉积速率高,形成的沉积体具有巨厚的单层(单层厚度通常在10m左右及以上)。生物筑积作用包括造架作用、黏结作用、障积作用,沉积体具有高出海底的正地貌隆起。具有骨架岩的为狭义的生物礁(或称骨架礁、生态礁);不具骨架岩的以生物灰岩为主的为生物丘;以灰泥为主要成分组成的为灰泥丘;高宽比小于1/3的为生物层或层状礁。

2. 造礁生物、喜礁生物或附礁生物

决定生物礁或生物建隆形成的主要因素是造礁生物的大量繁殖和迅速生长,造礁生物的钙质骨骼是构成生物礁格架的基础,具有钙质骨骼的生物很多,但不是都能形成生物礁。因此可以根据组成生物礁的生物的生态功能分为不同类型。

(1)造礁生物。具有造礁功能的生物为造礁生物。造礁生物一般是具有钙质骨骼、底栖,固着生长的复体生物,常见的有底栖钙质藻类(如珊瑚藻类、管孔藻类、松藻类、伞藻及叶状藻等)、古杯类、钙质

海绵、珊瑚类、层孔虫、苔藓虫、厚壳蛤等。按照造礁生物的形态，可以分为不同的形态类型（图12-13），不同形态的生物与水动力强度有密切关系，具有不同的造礁功能，如丛状、柱状、球状、枝状等复体生物，原地生长、生物联结的生物通过造架作用形成骨架灰岩；层状、板状、结壳状生物覆盖，捕捉灰泥和细碎屑沉积物形成黏结灰岩；丛状、柱状、枝状等复体生物阻挡波浪，促使灰泥和细粒沉积物沉积（障积）形成障积灰岩。

生长形态		生活环境	
		波浪能量	沉积作用
	纤维状、分枝状	低	高
	薄层状、脆弱的、似板状	低	低
	球状、球茎状、柱状	中等	高
	苗壮的树枝状	中等—高	中等
	半球状、穹状、不规则状块状	中等—高	低
	结壳状	强烈	低
	板状	中等	低

图12-13 造礁的后生生物形态类型及其与水动力强度的关系（据James，1984）

（2）在礁相生物群落中，除了造礁生物外，还有许多其他生物，称为喜礁生物或附礁生物。这些生物不具有造架功能，但却是构成礁生态系不可或缺的一部分，甚至大于造礁生物的占比。多数喜礁生物为单体的具有钙质骨骼的底栖或游泳生物，如腕足类、双壳类、头足类、腹足类、棘皮类、有孔虫、介形类、三叶虫和鱼类等。喜礁生物可以通过缠绕、黏结、捕获其他造礁或喜礁生物骨骼加固生物骨架，更多的是啃食、刮锉、钻孔，进行生物礁体的侵蚀和破坏。

在地质历史中，生物经历了由低级到高级、由简单到复杂的演化过程，并通过大规模生物绝灭、生物复苏将这个过程复杂化。因此，不同地质时期的造礁生物存在显著差别（图12-14）。

前寒武纪：菌藻类可形成叠层石礁。

寒武纪：主要造礁生物为古杯类和钙藻。

奥陶纪：主要造礁生物为床板珊瑚、钙质海绵、苔藓虫，其次还有层孔虫和钙藻。

志留纪：主要造礁生物为层孔虫、床板珊瑚。

泥盆纪：主要造礁生物为层孔虫、珊瑚，此外还有钙藻、苔藓虫。

石炭纪：主要造礁生物有四射珊瑚、床板珊瑚，苔藓虫和钙藻等（如叶状藻）。

二叠纪：主要造礁生物为钙质海绵、珊瑚类、钙藻类。

三叠纪：主要造礁生物为红藻、六射珊瑚和海绵类。

侏罗纪：主要造礁生物有六射珊瑚、海绵和藻类。

白垩纪：主要造礁生物为厚壳蛤、珊瑚和藻类。

新生代：主要造礁生物为珊瑚，还有钙藻以及牡蛎、蛇螺和龙介等软体动物。

值得指出的是，地史时期发生一系列生物绝灭事件，尤其是几次大的生物绝灭事件，如二叠纪—三

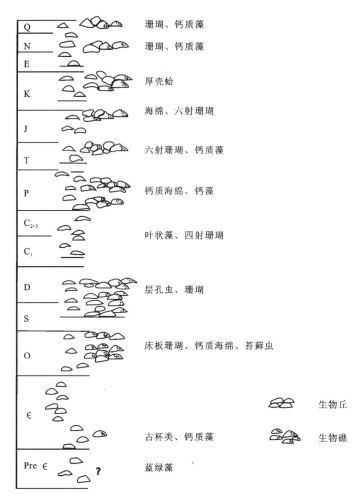

图 12-14 地质时期主要造礁生物分布示意图（据 James，1984）

叠纪之交、白垩纪—古近纪之交、泥盆纪弗拉斯期—法门期之交、奥陶纪—志留纪之交、三叠纪—侏罗纪之交、中—晚三叠世之交的生物绝灭事件，造成礁生态系的毁灭性破坏。生物绝灭之后、新的生态系恢复之前，一般没有高等动物造礁形成的生物礁，常被微生物形成的礁、丘、层（叠层石礁）所取代。

3. 生物礁的类型

生物礁是一种复杂的生态系和特殊的沉积体，可以出现在不同的地理位置，由不同的造礁生物通过不同的造礁方式形成不同的形态。因此，生物礁的类型可以根据造礁生物类型、地理位置、形态不同进行分类。

1）造礁生物分类

根据主要造礁生物类型和分异性（类别多少），可以分为简单类型的生物礁和复合类型的生物礁。简单类型的生物礁一般只有一个造礁生物门类，常见的如珊瑚礁、古杯礁、海绵礁、层孔虫礁微生物礁（过去称为藻礁）等。复合类型的生物礁由两种及两种以上的造礁生物门类组成，如二叠纪由钙藻类、钙质海绵、珊瑚类及菌藻类复合形成的生物礁。

2）地理位置分类

根据生物礁分布的地理位置及其与陆地的关系，可以分为岸礁和堤礁。岸礁分布于海岸线附近的礁体，一般具有平缓的礁顶（又称礁坪）和陡的礁前斜坡。堤礁也称堡礁或障壁礁，指分布在大陆架潮下高能带、与陆地由潟湖相隔、平行于海岸延伸的生物礁。堤礁是陆棚边缘最常见的类型。现代最大的堤礁是澳大利亚东北海岸的大堡礁,平行海岸延长达1200km。远洋礁分布于大陆架之外的远洋区。由于生物礁必须生长在浅水环境,因此远洋礁只能分布于远洋的浅水地质体之上,常见的为活动大陆边缘水下火山锥或火山台地顶部。

除了依据生物礁分布的地理位置之外,还可以根据生物礁与主风向的关系进行划分。面向主风向的生物礁为迎风礁,背向主风向的生物礁为背风礁。迎风礁一般面向广海,由于风大浪急,骨架岩更为发育;背风礁通常背向大陆,风小浪弱,骨架岩相对不发育。有时一个大的礁体或一个孤立台地,向广海一侧发育迎风礁,向大陆一侧发育背风礁,以此可帮助恢复古地理。

3)形态分类

生物礁体形态多样,大致可分为以下类型。

斑礁或称点礁、补丁礁。这种礁体一般规模较小,直径为几米至几百米,高度仅有数米;礁体呈圆形、近圆形或不规则星点状孤立分布。斑礁的内部分带不明显,有时可略显示出迎风侧和背风侧的差异。斑礁常出现于碳酸盐台地的局限台地(正常盐度潟湖)、碳酸盐缓坡的潮下带(图12-15)等区域。

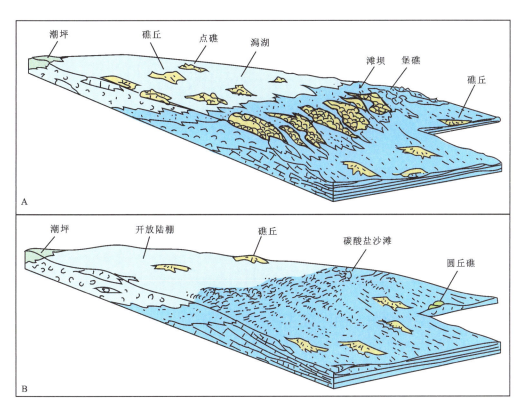

图12-15　滨浅海碳酸盐建隆的分布(据James,1983修改)
A.碳酸盐台地;B.碳酸盐缓坡

小圆丘礁或称丘状礁,是一种近于圆形的孤立礁,一般分布在波基面以下的陆棚边缘或较深水盆地中。

宝塔礁是一种高度大、直径小、高度与直径之比大的礁体,为多呈锥状、柱状和塔状的孤立礁体,主要分布于开阔海洋的深水区。

环礁一般呈环状或不甚规则的圆形,边缘有凸起的礁缘,环礁内部为潟湖。环礁可以在水下,也可以露出水面成为礁岛。环礁主要发育于活动大陆边缘的火山岛之上,沿火山口边缘发育,火山口形成潟湖。

马蹄形礁类似于环礁,迎风侧礁体发育,背风侧礁体不发育,呈现不对称马蹄状特征,常见于开阔海或远洋区。

堡礁为宽大的带状礁体,发育于碳酸盐台地边缘,大致平行于海岸线分布。堡礁内部分带性明显,横向、纵向相变显著,是现代和地质记录中常见的生物礁类型。

4. 生物礁的相带划分及沉积特征

除了堡礁之外,上述其他类型的小型生物礁分带性不明显,现重点介绍堡礁的内部分带。

1)生物礁的垂向分带

在垂直岸线和主风向的横向剖面上,生物礁可以分为礁后、礁坪、礁顶、前礁、礁前5个相带(图12-16)。

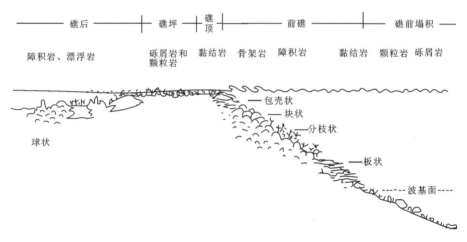

图12-16 生物礁相带划分(据James,1984)

(1)礁后相:位于礁坪后侧(向陆一侧)的背风处,与潟湖相连。该区域位于浪基面之上,有波浪作用但较微弱,因此海水较为平静。礁后相的生物主要是非造礁生物,如棘皮类(海百合、海胆、海星等)、钙质绿藻、腕足类、软体类、介形类等。局部可见复体造礁生物。礁后相形成的主要岩石类型为具生物或生物碎屑的粒泥灰岩、泥状灰岩、泥粒灰岩,以及造礁生物形成的障积灰岩。

(2)礁坪相:位于礁缘的内侧,是礁体不断生长向海推进过程形成的平台。礁坪顶面位于平均低水位之下。礁坪上既有造礁生物原地生长形成礁灰岩,也有风暴浪带来的大小不等的礁块、生物碎屑和砂屑。原地生长的造礁生物常常生长于潮坪上低洼的礁塘区,此处波浪作用较弱,枝状以及球状、朵状造礁生物发育,常常形成障积灰岩,偶见骨架灰岩。礁坪或潮沟常常分布大量大小不等、圆度较低的砾级碎块,部分是礁顶生物礁岩被风暴浪打碎搬运来的礁块,部分是礁顶造礁生物被破碎搬运来的生物碎屑,以及礁顶的砂级碎屑。

(3)礁顶相:为生物礁的核心,也是最重要的组成部分。礁顶相位于生物礁向海的边缘,长期处于礁体的最高部位。水深上限一般在平均低潮水位附近,下限大致可延深到破浪带。该带是生物最繁盛、生长最迅速的地带。礁顶的生物类型取决于造礁生物的地史分布和波浪作用强度,既包括以纵向生长为主导的丛状、柱状、枝状、球状等造架生物,也包括水平生长的层状、结壳状黏结生物,形成骨架岩或黏结岩。礁顶带的造礁生物群分异性一般较低,常见较少的造礁生物主导,造礁生物的生态功能类型也较为相似。

(4)前礁相:位于礁顶的向海一侧,水深大致在浪基面以上。由于生物礁沉积速率高,形成高的沉积体,因此前礁带坡度较陡,可达45°左右。前礁带处于波浪作用带,生物的生活条件优越,是造礁生物极其发育的区域。前礁带的特点是造礁生物分异度高、生物类别多样、生态分异性也很强。造礁生物的形态从丛状、柱状、半球状、球状、枝状至席状复体生物均有发育。随海水深度增大,波浪动能减小,造礁生物从高抗浪粗大的形态逐渐过渡为适应低能环境的纤细形态。前礁带附礁生物非常发育,如腕足类、双壳类、棘皮类、珊瑚藻和分节的钙质绿藻等。前礁带的沉积包括骨架灰岩、黏结灰岩、障积灰岩等不同的礁岩类型。骨架灰岩和黏结灰岩常发育于该带上部,障积灰岩多见于该带下部。

除了原地的造礁生物筑积形成的礁灰岩之外,该带还存在由风暴浪破坏形成的由礁块组成的角砾岩。由于生物礁常常发育于热带亚热带风暴作用带,强烈的风暴流常常侵蚀礁顶或前礁,形成冲蚀沟槽或使生物礁体破碎,或使生物礁削顶,从而形成礁岩或生物块体组成的角砾,或生物碎屑。这些角砾和碎屑在地形较陡的前礁区常常形成垮塌角砾,形成角砾灰岩,称为异地礁灰岩,包括角砾支撑的粗砾灰岩和基质支撑的漂砾灰岩。

(5)礁前塌积相:位于前礁带外侧的斜坡坡脚地带,深度较大,一般均在浪基面以下。礁前带造礁生物稀少,仅有非造礁的底栖生物,原地沉积物多为灰泥。礁前带主要由重力搬运、来自礁顶和前礁的生物礁块或生物碎屑组成。礁前带常常形成垮塌成因的粗砾灰岩和漂砾灰岩,以及沉积物重力流成因具块状构造生物碎屑砾岩、砂砾岩(碎屑流沉积)和具粗尾递变层理的碎屑灰岩-泥状灰岩(浊流沉积)。与前礁带的区别在于此带不含原地形成的礁灰岩,只有重力搬运形成的垮塌和沉积物重力流沉积。

2)生物礁的纵向分带

在平行于堡礁长轴(大致平行于岸线)方向上,生物礁可以分为礁核、礁翼、礁间等相带(图12-17)。

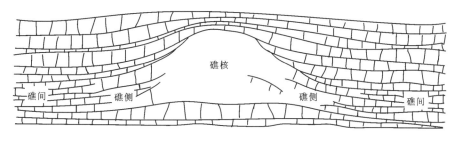

图12-17 生物礁的沉积模式(据James,1978)

礁核相是生物礁的主体,主要由礁顶相、前礁相、礁坪相及部分礁后相组成,岩性由骨架灰岩、黏结灰岩、障积灰岩及其他生物灰岩组成。礁核相为一巨大的块状沉积体,内无层理或层面分隔。

礁翼相指礁核相的侧翼,与礁核相呈指状交错的相变。礁翼相一般为层状或似层状含大量生物碎屑的颗粒灰岩、泥粒灰岩,也可夹有一些粒泥灰岩。

礁间相位于块状的礁体之间,为正常潮下带沉积,岩性以泥粒灰岩、粒泥灰岩为主,可见颗粒灰岩,内部层理和层面发育,多呈中—厚层。

5. 生物礁的发育和消亡

1)生物礁的发育

生物礁的生成、发展、消亡过程既有内在原因,也有外在原因。内在原因主要是造礁生物的迅速繁殖及生态演替,即随着礁的生长,一种造礁生物群落被另一种群落所代替。外在原因主要是适合造礁生物大量、迅速繁盛的环境条件,包括温暖、清洁、富氧、透光、正常盐度的动荡海水。为了维持适合生物礁生长的苛刻条件,需要稳定或缓慢上升的相对海平面变化。James(1984)将一个成熟的生物礁分为4个发育阶段(图12-18)。

(1)先驱阶段或定殖阶段:生物礁发育之前,一般需要一个比海底略高的地形,常常是碳酸盐颗粒浅滩,常见的有生物碎屑滩、鲕粒滩、核形石滩或上述碎屑组合的复合滩,岩性主要为颗粒灰岩或泥粒灰岩。造礁生物在此基础上开始固着。造礁生物一般常有发达的根部和固着器,具有强烈的固着能力,可

阶段	灰岩的类型	种的多样性	造礁生物的形状
统殖	黏结灰岩到骨架灰岩	低到中	层状、结壳状
泛殖	骨架灰岩（黏结灰岩）	高	穹状、块状、层状、分枝状、结壳状
拓殖	具有泥状灰岩到粒泥灰岩基质的障积灰岩到黏结灰岩	低	分枝状、层状、结壳状
定殖	粒状灰岩到碎块灰岩（泥粒灰岩到粒泥灰岩）	低	骨骼碎屑

图 12-18　生物礁的发育阶段及特征（据 James,1984）

以牢牢地固着在海底。初始造礁生物一旦固着下来,活动的沙滩表面区域稳固,大量的造礁生物迅速繁殖,即进入生物礁的拓殖阶段。

(2)拓殖阶段:拓殖阶段是造礁生物开始拓展生长的初步繁盛期。该时期造礁生物类别相对较少,其生态习性主要为复体枝状、丛状、柱状生物,层状、似层状、块状生物较少。这些生物障积灰泥或细碎屑沉积物,形成以障积灰岩为特色,包括生物泥粒灰岩、粒泥灰岩乃至黏结灰岩的岩石组合。拓殖阶段形成的地层较薄,占整个生物礁体的比例较小。

(3)泛殖阶段:泛殖阶段是生物礁体的主体发育时期,也是生物礁向上建造最迅速时期。该期造礁生物类别数目迅速增多,几乎包括造礁生物所有的生态习性,造礁作用方式(如造架作用、黏结作用、障积作用)开始多样化,可形成各种礁灰岩类型,包括骨架灰岩、黏结灰岩及障积灰岩、生物灰岩等主要礁灰岩类型。礁内产生各种大小不同的孔隙和洞穴,吸引大量的其他喜礁生物共存共生。由于生物极其繁盛,沉积速率大,该阶段形成的岩层厚度大,占整个礁体的大部分。

(4)统殖阶段或顶峰阶段:统殖阶段为生物礁发育"物极必反"的顶峰阶段。由于造礁生物的生存竞争,该阶段仅存少量竞争力强的少数属种,生态习性也变得单一,一般结壳状、纹层状生物居多。其岩性以黏结灰岩为特色,骨架灰岩次之。受风暴浪影响,可见礁角砾灰岩。该期形成的地层一般厚度不大,仅占礁体的一小部分。

2)生物礁的消亡

生物礁的消亡既有内在原因,也有外在原因。当生物礁发展到统殖阶段,造礁生物属种数大为减少,对环境适应能力越来越局限,造礁能力逐渐减弱,不利于礁的发育。如现代生物礁的主要造礁生物为珊瑚,它们对环境的变化十分敏感,外界条件略有变动,珊瑚虫就大量死亡。但更重要的是外在因素,包括:①海水温度的变化;②海水盐度的变化;③陆源碎屑沉积物的大量注入;④海平面的波动。

毋庸置疑,海水温度、盐度的突然变化,陆源输入突然增加,直接破坏了适合造礁生物的生活环境。由于环境条件的突变,造礁生物不再迅速繁殖和繁盛生长,必然造成生物礁体的停滞生长。地史时期温室气候向冰室气候的转换,就会造成生物礁的停滞,如华南中—晚二叠世之交,温室期的茅口组发育大量生物礁,而冰室期的吴家坪组则很少发育生物礁。再如二叠纪—三叠纪之交的极高温事件,造成高等动物的巨量绝灭,也促使三叠纪生物礁生态系的毁灭。

对单个的礁体来说,相对海平面变化的影响更为重要。当海平面快速下降时,早期形成的礁暴露出海面,造礁生物死亡,生物礁发育停滞,礁体顶部常见白云岩化或发育渣状层的古暴露面。当海平面快速上升时,造礁生物来不及向浅水迁移而迅速消亡,造礁作用停滞,生物礁消亡,礁体顶部常被深水硅质岩、硅泥质岩覆盖。

Longman(1981)详细总结了海平面变化与生物礁发育和礁体迁移的相互关系(图12-19),用以加深对生物礁随相对海平面变化的迁移和礁体形态、规模、内部组构的理解。相对海平面变化可以由盆地基底构造升降引起,也可以由全球海平面变化导致。

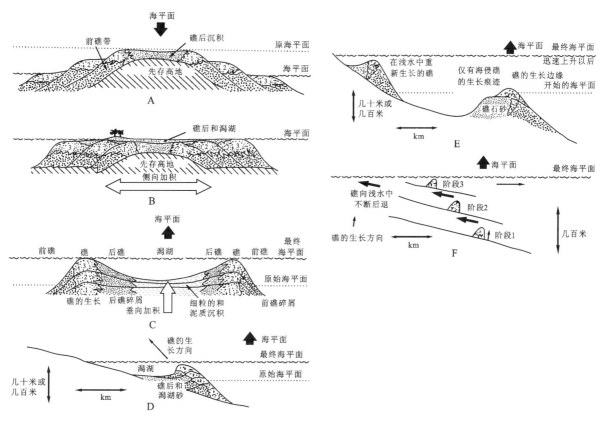

图12-19 生物礁的生长和海平面变化关系(据Longman,1981)

A.海退时生物礁的暴露;B.海平面稳定时生物礁的侧向迁移;C.海平面缓慢上升时生物礁的加积;D.海平面较快上升时生物礁的退积迁移;E.海平面快速上升时生物礁的迁移;F.海平面连续快速上升时生物礁的迁移

(1)当相对海平面下降或海退时,早期的礁将露出水面停止生长,早期的礁多因暴露在海平面以上遭受暴露溶蚀或白云岩化。但在海平面下降后的浅水区又会形成新的礁体,新的礁体将向深水迁移。

(2)当相对海平面长期保持稳定时,生物礁将逐渐向深水连续迁移,礁组合横向延展范围很大,厚度比较稳定。

(3)当礁的生长速率与相对海平面上升速率保持均衡时,礁体将持续向上加积,礁体厚度增大,而相带侧向迁移不明显。由于礁体与邻近相带(潟湖及深水盆地)的沉积速率差异悬殊,必将导致海底地形起伏更加突出,礁前斜坡坡度更陡,礁前塌积砾岩更为发育。

(4)相对海平面上升速率超过礁的生长速率时,礁在向上加积的同时向陆连续迁移,形成海侵礁。

(5)当快速海侵、相对海平面迅速上升时,礁体生长速率赶不上相对海平面的上升速率,早期礁体被淹没而消亡,在新的浅水区将出现不连续的新礁体。

(6)如果海侵是阶段性幕式快速海侵,生物礁将阶段式地向陆方向迁移。

(三)生物丘

1. 生物丘的一般特点

生物丘(bioherm)是一种由原地生物堆积形成生物建隆,多呈圆形、椭圆形或不规则状高出周围海底的正地形。主要生物为原地生长的造礁生物和非造礁生物,内有大量灰泥,内部无明显的层理构造,地层中多呈巨大的透镜体或透镜状夹层出现。可能是水体较深,水动力条件不强,或者生物本身的因素影响,生物丘与生物礁具有一定差异。生物丘造礁生物量小,常含大量灰泥,有时高达80%以上,不足以形成生物礁中特征的骨架岩,不构成坚固的格架,不具备抗浪构造。

生物丘主要出现于潮下带下部、浪基面附近。有时发育于台地边缘构成镶边的台地边缘(如华南湘黔桂地区泥盆系的生物丘),也可以出现在碳酸盐缓坡的潮下带(如华南石炭系的叶状藻丘),甚至出现在局限海潟湖或深水盆地中,如Neuman等(1972)曾在佛罗里达海峡水深700m的海底发现有深水生物丘的存在。

与生物礁一样,不同地质时期具有特殊的造丘生物群落(与图12-12大致一致),形成不同类型的生物丘。

2. 生物丘的岩石组成和层序

尽管生物丘的形成时代不同,生物组成各异,但在岩石组成和层序结构上具有共同的特点。Wilson(1975)总结了地质历史生物丘的共性特点,建立了生物丘的相模式。该模式由以下7个岩相组成(图12-20)。

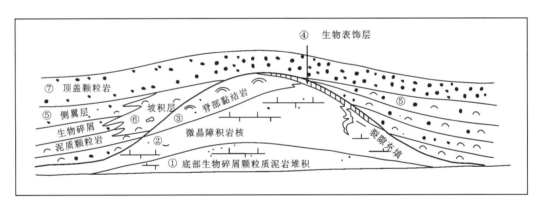

图12-20 生物丘的理想模式(据Wilson,1975修改)

(1)底部生物碎屑颗粒质灰泥堆积:绝大多数的丘底部都是灰泥沉积,含有大量生物或生物碎屑。它们可能是在较弱的水动力条件下堆积而成的。该层中一般没有障积的和黏结的生物。

(2)微晶障积岩核:障积岩丘核是丘的最厚部分,主要由障积灰岩和泥状灰岩组成。层内含有很多脆弱枝体的复体丛状、枝状生物,具有原地原位垂直的生长状态,能起到捕集或障积灰泥的作用。

(3)脊部黏结岩:当生物丘向上加积,深度到达浪基面以上,层状、似层状生物发育时,这些生物会捕获、黏结灰泥或细碎屑形成黏结岩。

(4)生物表饰层:如果丘顶沉积作用继续进行但没有造架生物广泛生长,则丘的上部表面就会被各种结壳生物形成薄的表饰层壳覆盖。有些丘中表面发育大量垂直裂缝,其中被一些波浪簸选的产物(暗色、磨损或包壳的细碎屑)充填。

(5)侧翼层:当海平面变化稳定,丘顶一些脆弱的枝状生物繁殖,在中等能量海水扰动和某些生物的破坏下,就可产生大量生物碎屑,这些碎屑不断从丘核向外侧加积形成侧翼层。侧翼层体积可大于丘核部分。如果相对海平面缓缓上升,侧翼层几乎可以完全掩盖丘核。

(6)坡积层:坡积层是一种罕见的侧翼层。坡积层是由岩屑和生物碎屑组成的坡积物,岩屑是主要成分,它们是由于崩塌作用或波浪作用从丘表面冲刷下来的石化或部分石化的灰岩岩屑。由于丘一般见于低波能地区,许多生物丘中坡积层常常缺失。

(7)顶盖颗粒岩:当相对海平面保持稳定,生物丘持续生长,生物丘顶部会形成颗粒灰岩的盖层,称为顶盖颗粒岩。顶盖颗粒岩可横过生物丘顶,使整个生物丘被具交错层理的颗粒灰岩覆盖,变为高能环境,丘的生长也完全终结。

(四)灰泥丘

灰泥丘(lime-mud mound)是低能的沉积环境下以灰泥为主组成的碳酸盐建隆。灰泥丘具有建隆的典型特征,即巨厚的块状(厚度可达10m以上),内无层理和层面分隔,地貌上形成正向凸起。但其内部组成与生物礁、生物丘不同,一般有泥状灰岩、粒泥灰岩或障积灰岩组成。

灰泥丘常常发育于低能环境,如低能潮下带(如湖北黄石二叠系栖霞组),更常见于镶边的生物建隆之下浪基面附近的区域。

(五)滩相

滩不同于生物礁、生物丘和灰泥丘,滩是在波浪、潮流或沿岸流作用下,由各种碳酸盐颗粒形成的大型底形。滩一般具有低缓的正地形,没有任何原地生长的造礁生物生长,没有造架、黏结和障积作用,不形成坚固的骨架抗浪构造。滩主要由松散的碳酸盐颗粒组成,包括生物骨屑和其他颗粒,如内碎屑、鲕粒、球粒、核形石等,可形成单颗粒滩(如鲕粒滩、生物碎屑滩、核形石滩),也可形成多种颗粒组成的混合颗粒滩。

滩一般形成于高能破浪带,因此滩相的岩石组成以亮晶胶结的颗粒灰岩为特色,如鲕粒颗粒灰岩、生物屑颗粒灰岩、球粒颗粒灰岩、复合颗粒灰岩等。少数可为泥质填隙的泥粒灰岩,如核形石泥粒灰岩。滩内常常发育各种类型的交错层理,如大型浪成交错层理、双向交错层理等。

滩可以形成于具有高能条件的不同环境,常见的有碳酸盐海岸(如现代海岸上的介壳滩)、开放潮下(或开放台地)高能带、孤立台地边缘、潮汐通道。

碳酸盐海岸的滩多为生物碎屑滩,典型的有:无障壁海滩前滨-临滨上部的生物碎屑滩、礁坪顶部(潮间带顶部及潮上带)的介壳滩、潟湖潮坪顶部的介壳滩。无障壁海滩的生物碎屑滩和礁坪岸线附近的介壳滩,主要由造礁生物碎块或其他非造礁的生物碎屑组成,多具冲洗交错层理和平行层理等反映高能冲洗作用的沉积构造。这种生物碎屑滩常常发育准同生成岩作用,形成海滩岩。海滩岩是沉积期可见于海滩上已经固结、半固结的岩石,系由富钙的海水或地下水提供的碳酸钙在颗粒孔隙沉淀胶结形成的,如海南三亚小东海北侧无障壁海滩和南侧礁坪都发育海滩岩,反映现代海岸上的早期成岩作用。潟湖潮坪顶部的介壳滩系由潮坪上的介壳生物(常见的双壳类、腹足类及地史时期的腕足类等)被潮流搬运到岸线附近堆积而成的滩,形成于潮间带及潮上带下部。

开放潮下或开阔台地高能条件下的滩是碳酸盐沉积的主要类型。这些滩可以呈席状分布,也可以形成具有一定隆起的正地形宽带状。碳酸盐缓坡的高能潮下带形成的滩不具障壁效应,后侧不发育障壁潟湖,而碳酸盐台地高能潮下带形成的滩常具有障壁效应,后侧具有障壁潟湖(局限台地),虽二者难以识别,仍可以从空间相组合和垂向相序中寻觅踪迹。开放潮下或开放台地的滩的岩性多样,可以是单颗粒滩,如华北寒武系的鲕粒滩;华南泥盆系的核形石滩等,也可以是复合颗粒滩,如华南上扬子地区由寒武系天河板组、奥陶系红花园组的生物碎屑、鲕粒、核形石等组成的复合颗粒滩。开放潮下或开阔台地的滩常见大型浪成波痕或浪成交错层理。

孤立碳酸盐台地边缘的滩常见于孤立碳酸盐台地边缘，典型的如现代巴哈马孤立碳酸盐台地边缘的鲕粒滩。孤立碳酸盐台地边缘的滩见平行层理或低角度的冲洗交错层理。

潮汐通道的滩形成于潮汐通道发育的区域，其岩石组成与潮汐通道周围环境关系密切，可由生物碎屑颗粒灰岩组成，也可以由复合颗粒的颗粒灰岩组成。潮汐通道的滩灰岩中常见潮汐作用形成的双向交错层理。

（六）陆棚浅海及深水盆地

陆棚浅海位于碳酸盐缓坡浪基面以下，碳酸盐台地边缘斜坡外围、浪基面之下，大陆架坡折以上的区域。该区域大致在自由氧补偿界面之上（自由氧消耗和补偿接近平衡，此面以下为贫氧-缺氧条件，此面以上为有氧或富氧条件），因此属于静水、富氧的沉积环境。陆棚浅海生物较多，但不受波浪作用影响，一般保存完整，原地原位或原地异位保存，可具生物遗迹，形成的岩性为含生物的泥状灰岩、生物粒泥灰岩为主，水平层理发育，或由生物扰动形成均质层理。

深水盆地相位于自由氧补偿界面之下，宏体底栖生物稀少，主要为浮游或游泳的生物（如笔石、头足类等），由于深水、贫氧或缺氧，沉积速率低，岩石颜色多为暗色（黑色、灰黑色或深灰色），层厚多为薄层或薄板状，岩性为黏土质页岩、泥岩、硅质岩、硅泥质岩等。

第三节　浅水碳酸盐岩的相模式

碳酸盐滨浅海环境较为复杂，尤其是现代处于地史时期地形高差最大、陆表海面积最小、陆源碎屑进入海洋最多的时期之一，加上气候带和生物类型的影响，使得现代滨浅海碳酸盐沉积范围小，也更分散。现代碳酸盐岩沉积主要发育于中东波斯湾，北美佛罗里达，澳大利亚昆士兰、沙克湾（shark bay），中美洲尤卡坦、巴哈马等海域。地史时期碳酸盐沉积面积更广，从元古宙到古—中生代，大部分板块均长期为碳酸盐岩沉积覆盖，如我国华北板块的古元古代—中元古代、寒武纪—奥陶纪，扬子板块的埃迪卡拉纪（震旦纪）、寒武纪—奥陶纪，华南板块的泥盆纪—早三叠世，塔里木板块的早古生代均发育大面积的碳酸盐岩。总结现代和地史时期滨浅海碳酸盐岩，大致可以划分为不同的类型（表12-3）。

表12-3　滨浅海碳酸盐环境类型

类型	亚类	小类	特征
缓坡型碳酸盐岩	陆表海	匀斜边缘	分布于陆表海区域，罕见镶边的碳酸盐建隆
	陆棚海缓坡	匀斜边缘的缓坡	分布于陆棚海区域，不具镶边的碳酸盐建隆，平缓缓坡
		边缘变陡的缓坡	分布于陆棚海区域，不具镶边的碳酸盐建隆，缓坡边缘变陡
碳酸盐台地	陆棚海台地		分布于陆棚海区域，具镶边的碳酸盐建隆
孤立碳酸盐台地			孤立分布于大陆边缘深水区
碳酸盐海台和洋岛			分布于大洋盆地

依据不同的水动力状况，或依据滨岸-陆架地形，可以建立不同类型滨浅海碳酸盐岩的相模式。比较有影响的相模式包括：①依据波浪作用水动力的相模式（Irwin,1965）；②依据潮汐作用水动力的相模式（Show,1964；Yang,1965；Laport,1967）；③依据滨岸-陆架地形的相模式，包括碳酸盐匀斜缓坡相模式、远

端变陡缓坡模式(Tucker et al.,1990;Read,1985)、碳酸盐台地-陆棚相模式(Wilson,1975;Tucker,1981)。现根据上述相模式的精华,简要介绍碳酸盐缓坡、碳酸盐台地几种地史时期常用的相模式。

一、碳酸盐缓坡相模式

碳酸盐缓坡相模式包括 Irwin(1965)以波浪作用划分的相模式和 Show(1964)等以潮汐作用划分的相模式。由于 Irwin(1965)的相模式应用很少,现以 Show(1964)等以潮汐作用划分的相模式予以简介。这种模式既适用于陆棚海、也适用于陆表海碳酸盐沉积。

以潮汐作用划分的相模式适应于无镶边碳酸盐建隆的滨岸-陆棚地区,按照碳酸盐缓坡边缘坡度,可划分为匀斜边缘的碳酸盐缓坡和陡坡边缘的碳酸盐缓坡(又称边缘变陡的碳酸盐缓坡)两种类型。根据气候状况,又可以分为潮湿气候的碳酸盐缓坡和干旱气候的碳酸盐缓坡两种类型。现归纳为潮湿气候匀斜边缘的碳酸盐缓坡(图 12-21)、潮湿气候匀斜边缘的碳酸盐缓坡、干旱气候匀斜边缘的碳酸盐缓坡(图 12-22)、陡坡边缘的碳酸盐缓坡相模式(图 12-23)4 种类型,其沉积特征如各图所示。

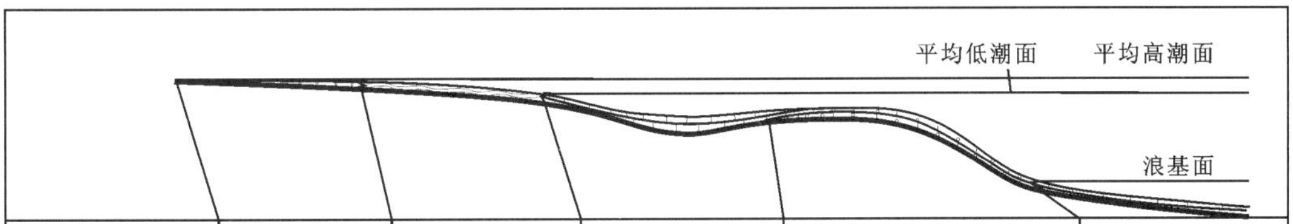

环境单元	潮上带	潮间带	局限潮下带	开放潮下带	浅海带
地貌单元	后缓坡			浅缓坡	深缓坡
颜色	浅灰色—灰色	浅灰色—灰色	灰色—深灰色	浅灰色	深灰色—灰黑色
层厚	中—厚层	中—厚层	厚—中层	厚层	薄层
岩性	菌藻类白云岩、灰质白云岩	微生物席、叠层石白云质灰岩、灰质白云岩	含生物屑或球粒泥状灰岩、粒泥灰岩	泥粒灰岩、颗粒灰岩及泥粒灰岩,颗粒类型多样	泥状灰岩
结构	泥状结构	泥状结构	泥状、粒泥、泥粒结构	泥粒结构、粒泥结构	泥状结构
沉积构造	泥裂、鸟眼	鸟眼及泥裂	均质层理	浪成泪痕及交错层理	水平层理
生物	生物碎屑	生物或生物碎屑	广盐度生物	狭盐度生物	狭盐度生物
生物保存状态	异地	原地或异地	原地、近原地	异地	原地
生物遗迹	罕见	罕见	潜穴、牧食迹	可见潜穴	潜穴、牧食迹

图 12-21 潮湿气候匀斜边缘的碳酸盐缓坡相模式

碳酸盐缓坡的共同特点是无镶边碳酸盐建隆,其顶部为向海倾斜的缓坡地形,不具有碳酸盐台地镶边的碳酸盐建隆。

匀斜边缘的碳酸盐缓坡可以根据地形分为后缓坡、浅缓坡、深缓坡 3 个部分(Tucker,1900),后缓坡相当于潮上带、潮间带、局限潮下带,以低能环境的沉积为特色。浅缓坡相当于开放潮下高能带,为波浪作用强烈的高能带。深缓坡相当于浪基面以下的陆棚浅海带。

潮湿气候匀斜边缘的碳酸盐缓坡(图 12-21)不发育蒸发岩,潮上带、潮间带以菌藻类碳酸盐岩为主,包括具微生物席、叠层石的碳酸盐岩,该带鸟眼构造为典型的指相沉积构造。潮下带发育微生物球粒的泥粒灰岩或具广盐度生物的粒泥灰岩。由于滨岸地区具有较大的蒸发量,虽然达不到蒸发岩形成的条件,但此处盐度较高,常常发生白云岩化。自潮上带到局限潮下带,白云岩化逐渐减弱,即潮上带通常发育白云岩,潮间带常常发育白云岩、灰质白云岩,潮下带常常发育灰质白云岩或白云质灰岩。潮上带、潮间带(上部)常常暴露于大气中,常见泥裂构造。

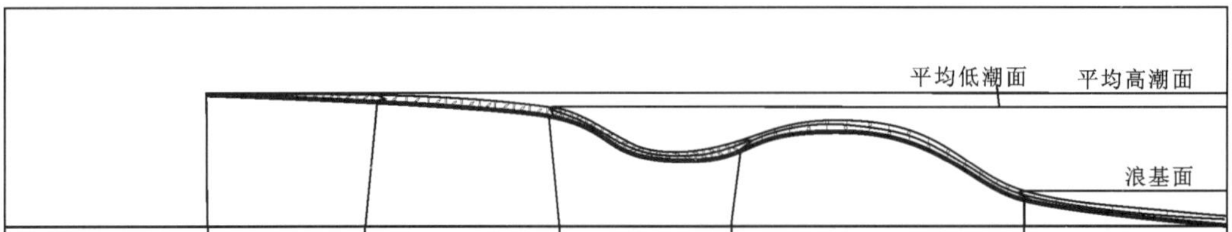

环境单元	潮上带	潮间带	干旱潟湖	开放潮下带	浅海带
地貌单元		后缓坡		浅缓坡	深缓坡
颜色	浅灰色—灰色	浅灰色—灰色	灰色	浅灰色	深灰色—灰黑色
层厚	中—厚层	中—厚层	厚—中厚层	厚层	薄层
岩性	含石膏假晶或鸡窝状石膏的白云岩	含石膏假晶、石膏层的白云岩，膏溶角砾岩	夹石膏层的白云岩、膏溶角砾岩	泥粒灰岩、颗粒灰岩及粒泥灰岩，颗粒类型多样	泥状灰岩
结构	泥状结构	泥状结构	泥状结构	泥粒、粒泥结构	泥状结构
沉积构造	泥裂	泥裂	均质层理	浪成泪痕及交错层理	水平层理
生物	缺乏	菌落类	罕见	狭盐度生物	狭盐度生物
生物保存状态				异地	原地
生物遗迹	缺乏	罕见	罕见	可见潜穴	潜穴、牧食迹

图 12-22 干旱气候匀斜边缘的碳酸盐缓坡相模式

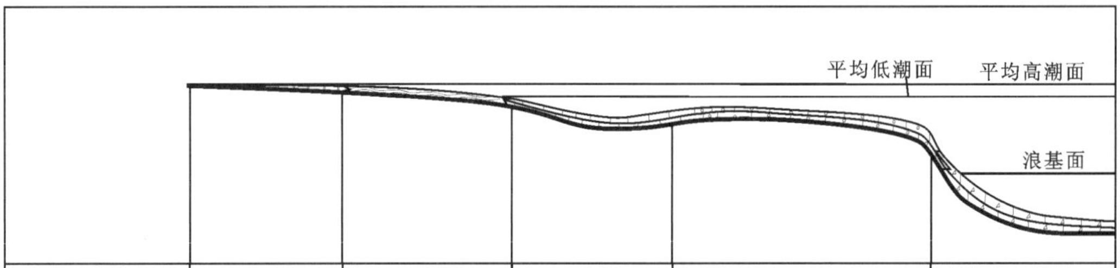

环境单元	潮上带	潮间带	局限潮下带	开放潮下带	浅海-盆地带
地貌单元		后缓坡		浅缓坡	深缓坡
颜色	浅灰色—灰色	浅灰色—灰色	灰色—深灰色	浅灰色	深灰色—灰黑色
层厚	中—厚层	中—厚层	厚—中厚层	厚层	薄层
岩性	菌藻类白云岩、灰质白云岩	微生物席、叠层石白云质灰岩、灰质白云岩	含生物屑或球粒泥状灰岩、粒泥灰岩	泥粒灰岩、颗粒灰岩及粒泥灰岩，颗粒类型多样	泥状灰岩、砾屑灰岩、递变灰岩
结构	泥状结构	泥状结构	泥状、粒泥、泥粒结构	泥粒、粒泥结构	泥状结构、角砾结构
沉积构造	泥裂、鸟眼	鸟眼及泥裂	均质层理	浪成泪痕及交错层理	水平层理、块状层理、递变层理
生物	生物碎屑	生物或生物碎屑	广盐度生物	狭盐度生物	狭盐度生物
生物保存状态	异地	原地或异地	原地、近原地	异地	原地
生物遗迹	罕见	罕见	潜穴、牧食迹	可见潜穴	潜穴、牧食迹

图 12-23 陡坡边缘的碳酸盐缓坡相模式

干旱气候匀斜边缘的碳酸盐缓坡(图 12-22)的浅缓坡、深缓坡与潮湿气候下的匀斜边缘缓坡类似，其区别主要在于后缓坡。由于滨岸地区受干旱气候影响更明显，尤其是潮上带、潮间带蒸发作用强，降雨或海水补给量不足以抵消蒸发量，造成该区盐度升高。后缓坡普遍发育白云岩化，一般以白云岩为主，内夹石膏、石盐等蒸发岩矿物。它们可以以假晶的方式出现，也可以形成鸡窝状、层状、似层状。石膏、石盐容易被溶解或为方解石交代，蒸发岩层溶解后垮塌形成盐溶角砾岩，被交代后形成石膏或石盐假晶，石膏层被交代可形成次生灰岩。

陡坡边缘的碳酸盐缓坡（图12-23）、后缓坡、浅缓坡与匀斜边缘的碳酸盐缓坡类似，二者的区别在于深缓坡。陡坡边缘的深缓坡位于浪基面之下的浅海区域，甚至可达自由氧补偿界面之下的深水盆地（半深海）区。斜坡具有一定的坡度，其除了沉积正常前海的含生物泥状灰岩外，一定夹有碎屑流成因的角砾灰岩或浊流成因的递变层灰岩。

二、碳酸盐台地相模式

碳酸盐台地是具有镶边碳酸盐建隆的滨浅海碳酸盐沉积体。所谓镶边是指在高能潮下带造礁生物发育，由原地生物大量堆积形成正地形的隆起，主要是生物礁或生物丘，或者是由大量生物碎屑或其他颗粒（如鲕粒、核形石等）形成具有一定隆起地貌的滩。这些碳酸盐建隆起着阻挡风浪的作用，建隆后侧（向陆一侧）逐渐被填平形成一个顶部大致水平的平台。建隆的前部（向海一侧）形成一个较陡的边缘斜坡。自岸线到碳酸盐建隆之间大致水平的平台称为碳酸盐台地（图12-24）。因此碳酸盐台地具有镶边的碳酸盐建隆、建隆后侧的碳酸盐平台、建隆前的斜坡3个组成要素，3个要素缺一不可。

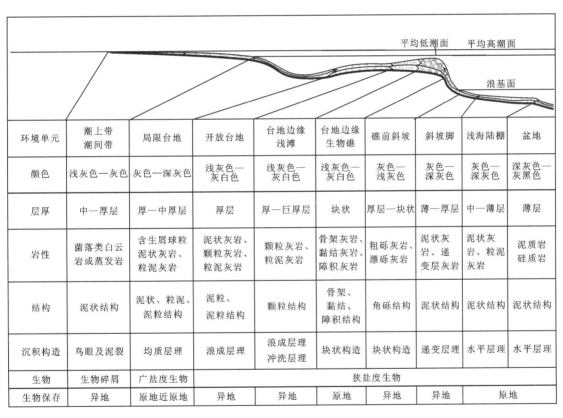

环境单元	潮上带潮间带	局限台地	开放台地	台地边缘浅滩	台地边缘生物礁	礁前斜坡	斜坡脚	浅海陆棚	盆地
颜色	浅灰色—灰色	灰色—深灰色	浅灰色—灰白色	浅灰色—灰白色	浅灰色—灰白色	灰色—浅灰色	灰色—深灰色	灰色—深灰色	深灰色—灰黑色
层厚	中—厚层	厚—中厚层	厚层	厚—巨厚层	块状	厚层—块状	薄—厚层	中—薄层	薄层
岩性	菌落类白云岩或蒸发岩	含生屑球粒泥状灰岩、粒泥灰岩	泥状灰岩、颗粒灰岩、粒泥灰岩	颗粒灰岩、粒泥灰岩	骨架灰岩、黏结灰岩、障积灰岩	粗砾灰岩、漂砾灰岩	泥状灰岩、递变层灰岩	泥状灰岩、粒泥灰岩	泥质岩硅质岩
结构	泥状结构	泥状、粒泥、泥粒结构	泥粒、粒泥结构	颗粒结构	骨架、黏结、障积结构	角砾结构	泥状结构	泥状结构	泥状结构
沉积构造	鸟眼及泥裂	均质层理	浪成层理	浪成层理冲洗层理	块状构造	块状构造	递变层理	水平层理	水平层理
生物	生物碎屑	广盐度生物	狭盐度生物						
生物保存	异地	原地近原地	异地	异地	原地	异地	异地		原地

图12-24　碳酸盐台地相模式（据Wilson,1975修改）

碳酸盐台地与碳酸盐缓坡内部相带划分具有相似性，如碳酸盐缓坡的局限海称为局限潮下带，开放海称为开放潮下带，碳酸盐台地分别称为局限台地和开放台地。碳酸盐台地与碳酸盐缓坡主要区别在于镶边碳酸盐建隆存在与否，碳酸盐建隆是否具有障壁作用，以及是否形成平顶的碳酸盐平台。

值得指出的是，碳酸盐台地一直有扩大化的趋向，应值得纠正。

（1）对绝大多数碳酸盐台地来说，镶边的主要是生物建隆，理论上存在镶边的滩，但符合上述3个组成要素的实例很少。因此，只有造礁生物大量繁盛的时期才能形成生物礁或生物丘，不具生物建隆的时期不宜称为碳酸盐台地。显生宙以来,最早的造礁生物为寒武纪的古杯类,但其在寒武纪第二世晚期(如华南的天河板组)才开始繁盛,之前的寒武纪地层不宜称为碳酸盐台地。之后的寒武系苗岭统和芙蓉统也罕见生物建隆,也不宜称为碳酸盐台地。奥陶纪处于生物辐射的时期,除局部地区、局部层位(如扬子地区的红花园组),生物建隆也不发育,因此除红花园组之外,基本是碳酸盐缓坡而不是碳酸盐台地。晚泥盆世法门期—石炭纪,受弗拉斯期—法门期、泥盆纪—石炭纪之交生物绝灭的影响,造礁生物受到重创,仅局部层位(如晚石炭世早期黄龙组或威宁组)、局部地区(如鄂东、黔南、桂西)发育以叶状藻为主的生物丘,因此石炭纪大部分时期也不发育碳酸盐台地,而发育碳酸盐缓坡。三叠纪处于古生代—中生代之交生物大绝灭之后的生物复苏期,至少早三叠世不发育造礁生物形成的生物建隆,因此也属于碳酸盐缓坡。

(2)碳酸盐台地一般发育于陆棚海区,陆表海碳酸盐台地发育较少。可能的原因是陆表海地形平坦,不宜形成巨厚的生物建隆。陆表海带形成大量的滩(如华北寒武系苗岭统张夏组鲕粒滩),但不发育滩建隆前缘的斜坡,严格地讲也不属于典型的碳酸盐台地。

第四节 滨浅海碳酸盐岩的沉积序列

滨浅海的浅水碳酸盐岩,其沉积物为盆内成因,在潮下带具有高的沉积速率。在盆地基底构造相对稳定的条件下,碳酸盐沉积的垂向变化主要受海平面变化影响。一般情况下,当相对海平面较为稳定时,碳酸盐沉积可以迅速接近或略高出海平面,此时碳酸盐沉积速率迅速降低,并向海方向迁移到更适合碳酸盐沉积的潮下区域,形成进积型的沉积作用。因此,在地质记录中,常常见到向上变浅的沉积序列。当然,当相对海平面较快上升时,碳酸盐沉积向陆方向迁移,也可以形成向上变深的沉积序列。

一、浅水碳酸盐岩向上变浅的沉积序列

James(1984)总结了浅水碳酸盐岩向上变浅的沉积序列,提出该序列由5个沉积单元组成(图12-25)。

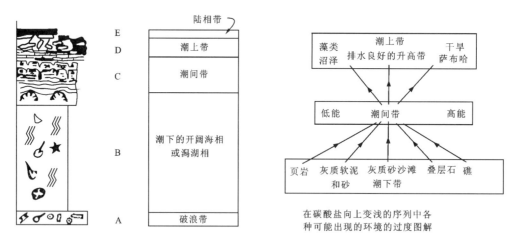

图12-25 理想的浅水碳酸盐岩向上变浅的沉积序列的5个单元(据James,1984)

A 破浪带(开放潮下)单元:代表高能潮下(破浪带)的高能沉积物,由富含碳酸盐颗粒的灰岩组成,如生物碎屑、内碎屑或其他非骨屑颗粒的颗粒灰岩、泥粒灰岩及粒泥灰岩。

B 潮下开阔海相或潟湖单元:代表潮下低能带的沉积,由含生物的粒泥灰岩或泥状灰岩组成。

C 潮间带单元:代表潮间带的沉积,由菌藻类纹层或叠层石的白云岩、白云岩化灰岩组成,内具泥裂、鸟眼构造等。

D 潮上带单元:代表潮上带沉积,为菌藻类纹层白云岩,具泥裂、鸟眼或同生角砾。

E 陆相带单元:代表近岸陆相环境。由泥质岩、钙质胶结的砾岩(岩溶角砾岩或渣状白云岩)组成,代表大陆风化淋滤和溶蚀环境,此单元经常缺失。

由于浅水碳酸盐岩受气候、滨岸水动力、沉积物类型不同的影响,浅水碳酸盐岩的沉积序列各异,James(1979,1984)总结出 7 种向上变浅的沉积序列,对识别各种类型的浅水碳酸盐岩具有重要的指导意义。

1. 多泥的序列

多泥的序列发育于潮湿气候下宽阔的低能潮坪海岸,由潮坪不断向海推进(进积)形成(图 12-26 左)。该序列底部单元(A)具有破浪带沉积特点,通常是粗颗粒沉积物。潮下单元(B)是被生物强烈扰动的粒泥灰岩和泥粒灰岩,含有多种多样的正常海狭盐度生物化石,中古生代以前的沉积物中常含有枝状叠层石;潮间带(C)和潮上带(D)沉积具有典型的潮坪沉积特征。潮间带发育菌藻类微生物席、鸟眼及泥裂构造,可见柱状、球状、朵状叠层石。岩性主要是菌藻类纹层白云岩化灰岩,潮间带常见大量牧食和潜穴的生物活动痕迹,沉积物常发生不同程度的生物扰动,原始沉积构造被破坏,形成均质层理。如果潮坪上发育潮沟,潮沟的往返迁移改道,形成潮沟沉积夹层。潮沟沉积以碎屑沉积为主,如颗粒灰岩、泥粒灰岩,内具双向交错层理。该序列的陆相单元(E)为陆相淋滤层。多泥的沉积序列在地层记录中十分常见,如华南泥盆纪、三叠纪地层中可见典型的多泥序列(图 12-27)。

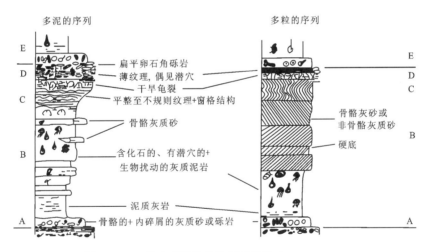

图 12-26　浅水碳酸盐岩的沉积序列(据 James,1984)

2. 多粒的序列

多粒的序列发育于具有高能潮间—潮下带的地区。其潮上带(D)、潮间带(C)与多泥的序列类似,以菌藻类纹层状白云岩为特色,内具泥裂构造和鸟眼构造等。潮下带(B)截然转化为高能带沉积,潮下带上部岩性以颗粒灰岩、泥粒灰岩为特色。颗粒类型包括内碎屑、鲕粒、生物碎屑、球粒、核形石等,可以由单颗粒组成(如鄂东地区大冶组第四段的鲕状颗粒灰岩),也可以由复合颗粒组成。潮下带下部颗粒减少,以粒泥灰岩为主。底部单元(A)为该序列形成之初的海侵层,由生物碎屑、内碎屑的泥粒灰岩、颗粒灰岩、粒泥灰岩组成(图 12-26 右)。该序列下部 B-A 单元常见浪成波痕和浪成交错层理、双向交错层理等,规模由上向下逐渐变小。该带生物为正常海相的狭盐度生物,但生物较破碎,可发育生物潜穴。如果该系列暴露时间较长，顶部可发育 E 单元的钙结层和土壤层，一般为不规则的黄褐色渣状白云质角砾岩岩溶角砾岩及薄的泥岩层。

图 12-27 多泥的序列实例
A.广西桂林泥盆系唐家湾组；B、C.湖北黄石三叠系大冶组

3. 叠层石型序列

叠层石型序列发育于叠层石发育的滨岸地区，常见于前寒武纪、早古生代地层中，晚古生代及以后的地层中偶见。可能的原因之一是当时食菌藻类动物不够繁盛，菌藻类得以大量繁殖并形成叠层石。该序列基于澳大利亚西部沙克湾的叠层石潮坪建立，突出表现为叠层石的大量繁盛，不同单元具有不同的形态类型（图 12-28 左）。

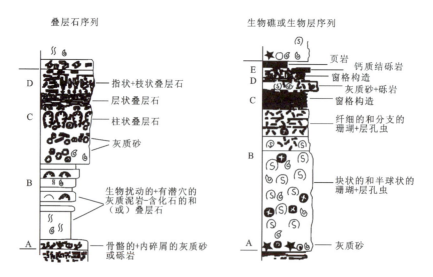

图 12-28 叠层石型序列左和礁型序列右（据 James,1984）

该序列的 A、B、E 单元与多泥的序列类似,区别在于潮间带(C)和潮上带(D)。潮间带能量略大,形成柱状、朵状、球状叠层石,向上变为纹层状微生物席,潮上带能量较弱,微生物席更平坦,潮上带潮池中常具指状叠层石、细枝状叠层石。潮上带泥裂发育,泥裂破碎、堆积形成角砾灰岩。

4. 礁型序列

礁型序列发育于岸礁型海岸。该序列 A 单元以生物碎屑颗粒灰岩、泥粒灰岩为主,B 单元主要是原地堆积的礁灰岩,包括骨架灰岩、黏结灰岩及障积灰岩等。造礁生物多为枝状、丛状、块状、层状或似层状复体生物。由于潮间带间歇性暴露,C 单元一般生物碎屑发育,多数为死亡的生物碎块,也有少量活体生物,岩性为生物碎屑泥粒灰岩或粒泥灰岩。该单元可发育菌藻类微生物席,内具鸟眼构造。D 单元常见生物碎屑泥粒灰岩和菌藻类灰岩,菌藻类灰岩中具鸟眼构造。序列顶部 E 单元多为暴露淋滤形成的钙质结壳砾岩(图 12-28 右)。

5. 碳酸盐岩-蒸发岩型序列

碳酸盐岩-蒸发岩型序列发育于干旱气候下的潮坪地区。该系列以发育潮坪蒸发岩为特色。其中,A 单元、B 单元与多泥的序列类似,但 B 单元的生物以广盐度生物为主,若盐度较高,也可见含石膏晶体甚至石膏层的灰岩。C-D 单元发育石膏、硬石膏结核、肠状硬石膏,石膏以假晶的形式出现在白云岩中或以夹层形式夹于白云岩层之中。顶部 E 单元为具风成交错层理的碎屑岩(图 12-29 左)。

由于蒸发盐矿物都是易溶的盐类矿物,在准同生期和后期构造隆升暴露期,蒸发盐矿物在地表常常被淡水淋滤溶解或被方解石交代。被方解石交代形成石膏假晶或石盐假晶,甚至被交代成次生灰岩。蒸发岩层被溶解、垮塌形成盐溶角砾岩,因此形成被淋滤的蒸发岩序列,该序列以盐溶角砾岩为特色(图 12-29 右)。

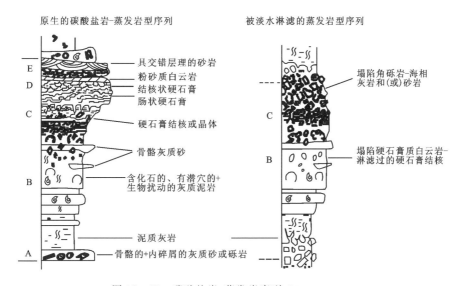

图 12-29 碳酸盐岩-蒸发岩序列(据 James,1984)

6. 高能潮间带序列

高能潮下带序列发育于高能潮间带地区,实际上是一种海滩序列。该序列以 C 单元(海滩)的具冲洗交错层理的颗粒灰岩为特色,顶部为钙结壳砾岩覆盖,之下为临滨带的颗粒灰岩、泥粒灰岩或粒泥灰岩(图 12-30)。

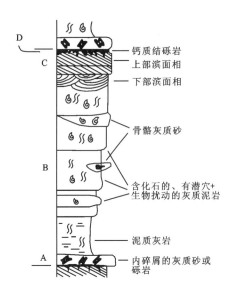

图 12-30 高能潮间带(海滩)沉积序列(据 James,1984)

二、浅水碳酸盐岩向上变深的序列

虽然向上变浅的序列在浅水碳酸盐岩中普遍发育,是浅水碳酸盐沉积的典型特征,但也常见相反的、向上变深的旋回。这种向上变深的序列最早在洛弗尔和维也纳之间阿尔卑斯山地区的晚三叠世地层中发现(Fischer,1964,1975),故称为洛弗尔旋回(Lofer cycles)(图 12-31)。洛弗尔旋回是由潮上带(A)、潮间带(B)和潮下带沉积(C)3 部分组成的,每个旋回的底部有一个间断面,该间断面是个古风

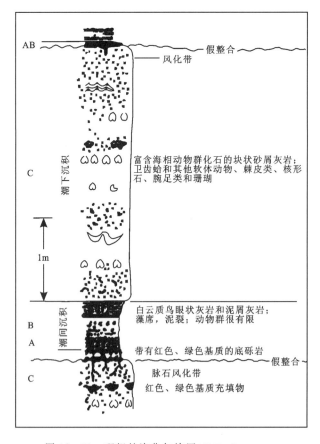

图 12-31 理想的洛弗尔旋回(据 Fischer,1975)

化溶蚀面,高低起伏不平。间断面下伏基底岩层表面发育了许多溶蚀孔洞和裂隙,内充填有灰岩砾石及红色、绿色泥质沉积物。旋回的底层为含有灰岩砾石的红色、绿色泥质沉积物,被解释为古土壤层(A)。古土壤层之上为具有大量鸟眼构造的菌藻类微生物层泥状灰岩,并发育泥裂等暴露标志,代表潮间带沉积环境(B)。潮间带沉积之上为含有丰富海相化石的块状砂屑灰岩,生物化石主要有双壳类、海绵类、珊瑚类、苔藓虫、腕足类、棘皮类及其他软体动物,代表潮下带沉积环境。显然这种旋回具有向上变深的特征。洛弗尔旋回被认为是在相对海平面缓慢上升(退积)并迅速下降的交替条件下形成的(Tucker,1985)。每个旋回都反映一个缓慢海侵(退积)-快速海退(暴露淋滤)的沉积过程。

第五节 实 例

一、海南三亚现代碳酸盐海岸沉积

海南省三亚市三亚湾、小东海、大东海一带发育大面积的海岸碳酸盐沉积,易于到达,是中国大陆考察现代碳酸盐沉积的理想地区(图12-32)。三亚地区现代海岸碳酸盐沉积主要分布于3个地区:一是大东海滨海浴场东侧的碳酸盐礁坪;二是小东海碳酸盐海滩;三是三亚湾碳酸盐岸礁。低潮且风浪小的时段,可直接下水观察礁坪,现象丰富,对理解现代碳酸盐沉积很有帮助。

图12-32 海南省三亚湾、小东海、大东海岸礁位置示意图

1. 大东海岸礁

沿大东海滨海浴场沿海岸向东即可抵达。岸礁可以分为潮上带、潮间带、潮下带(图12-33A)。潮上带为一狭窄的海滩,海滩上主要是造礁生物碎屑及陆源碎屑(主要为石英细砾和粗砂)。潮间带为平缓的礁坪,低潮期可到达礁坪,礁坪上可见块状的生物礁岩,主要是由已死亡的造礁生物形成的骨架岩。礁坪上分布宽1~2m大致垂直于海岸的潮沟(图12-33B),潮沟内分布一些礁块。礁坪上的一些洼槽

中发育活体珊瑚,主要是块状复体珊瑚,形态多球状、朵状或宽柱状(图12-33C)。潮下带为地层水位淹没(图12-33D),主要分布活体生物,以块状复体球状、枝状珊瑚(鹿角珊瑚)为主,见较多藻类(图12-33E、F)。

图12-33 大东海岸礁沉积特征
A.礁坪全景;B.礁坪上的潮沟;C.潮下带;D.礁坪洼槽中的活体复体珊瑚;E、F.潮下带活体生物

2. 小东海碳酸盐海滩

20世纪80年代小东海南侧原为一岸礁,北侧为一碳酸盐海滩(图12-32)。现南侧的礁坪破坏严重,礁坪上仅见大的礁块,罕见活体造礁生物(图12-34)。但北侧的海滩保存较好,礁坪沿岸地带发育良好的海滩岩,可作为海滩岩的考察地点。

小东海海滩的后滨-前滨带主要受波浪冲洗作用影响,沉积物主要是生物碎屑,生物碎屑含量占50%以上,包括造礁生物珊瑚碎屑以及其他生物碎屑(如双壳类)(图12-35A、B),其他碎屑主要是细砾—粗砂级的石英。生物碎屑大小不等,一般为1~5mm,个别可达10mm以上。前滨冲洗带上可见类似碎屑岩海滩的极浅水沉积构造,如水边线、冲刷痕、菱形痕等,断面上可见低角度交错层理,属于冲洗交错层理。

第十二章 碳酸盐岩滨浅海沉积

图 12-34 小东海礁坪和海滩

图 12-35 小东海海滩和海滩岩

A、B. 海滩上的生物碎屑；C. 海滩岩远景；D、E. 海滩岩的近景；F. 海滩岩的胶结物小东海海滩岩主要发育于南侧礁坪的滨岸地区。现为成层的具有一定固结性的沉积物层(图12-35C)。沉积物中可见大量的生物碎屑,主要为枝状珊瑚碎屑。生物碎屑大小不等,既有细小的砂级碎屑,也有粗的砾级碎屑(图12-35D、E)。这些碎屑为胶结物胶结固化,胶结物为结晶方解石(图12-35F)。

3. 三亚湾岸礁

三亚湾岸礁位于三亚湾东侧(图12-32)。该岸礁发育宽阔的礁坪,自海岸向海可以分为潮上带、潮间带、潮下带(图12-36)。

潮上带—潮间带顶部为一受高潮期冲洗作用形成的海滩(图12-36A)。海滩宽度较小,约10m,主要沉积物为陆源碎屑和生物碎屑。生物碎屑主要为块状或枝状造礁生物珊瑚的碎屑,陆源碎屑为石英。

图12-36 三亚湾岸礁
A.潮上带;B、C.潮间带礁坪;D.潮间带低洼处的藻类生物

潮间带位于高潮线和低潮线之间,为一宽缓的礁坪,礁坪宽度达1km以上(图12-36),礁坪上部以枝状、块状造礁生物的生物碎屑为主(图12-37A),活体生物较少,潮坪下部可见活体的枝状珊瑚(图12-37B)。潮间带生物还包括双壳类、腹足类、海胆等(图12-37C、D)。

潮下带位于低潮线以下,长期为海水淹没。潮下带以活体的造礁生物为特色,主要是枝状珊瑚(鹿角珊瑚),也见少量块状珊瑚(如牡丹珊瑚、脑纹珊瑚等),可见双壳类、腹足类、海胆、海参等附礁生物(图12-38)。

二、河南卫辉市池山河—沙滩寒武系陆表海碳酸盐缓坡沉积

池山河、沙滩剖面位于豫北地区卫辉市北部,邻近云梦山风景区(图12-39),两剖面出露良好,自下而上为中元古界云梦山组、寒武系—奥陶系朱砂洞组、馒头组、张夏组、崮山组、炒米店组、三山子组(寒武系凤山组—奥陶系冶里组、亮甲山组)、马家沟组(图12-40)。

图 12-37　三亚湾岸礁潮间带礁坪生物组合

图 12-38　三亚湾岸礁潮下带生物组合

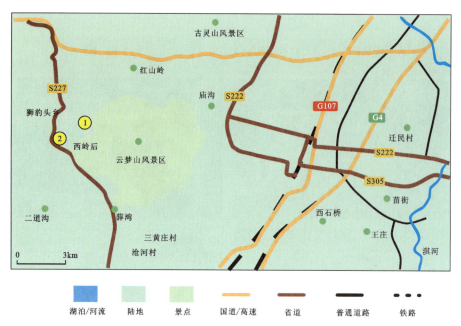

图 12-39 新乡池山河、沙滩剖面位置示意图
①池山河剖面；②沙滩剖面

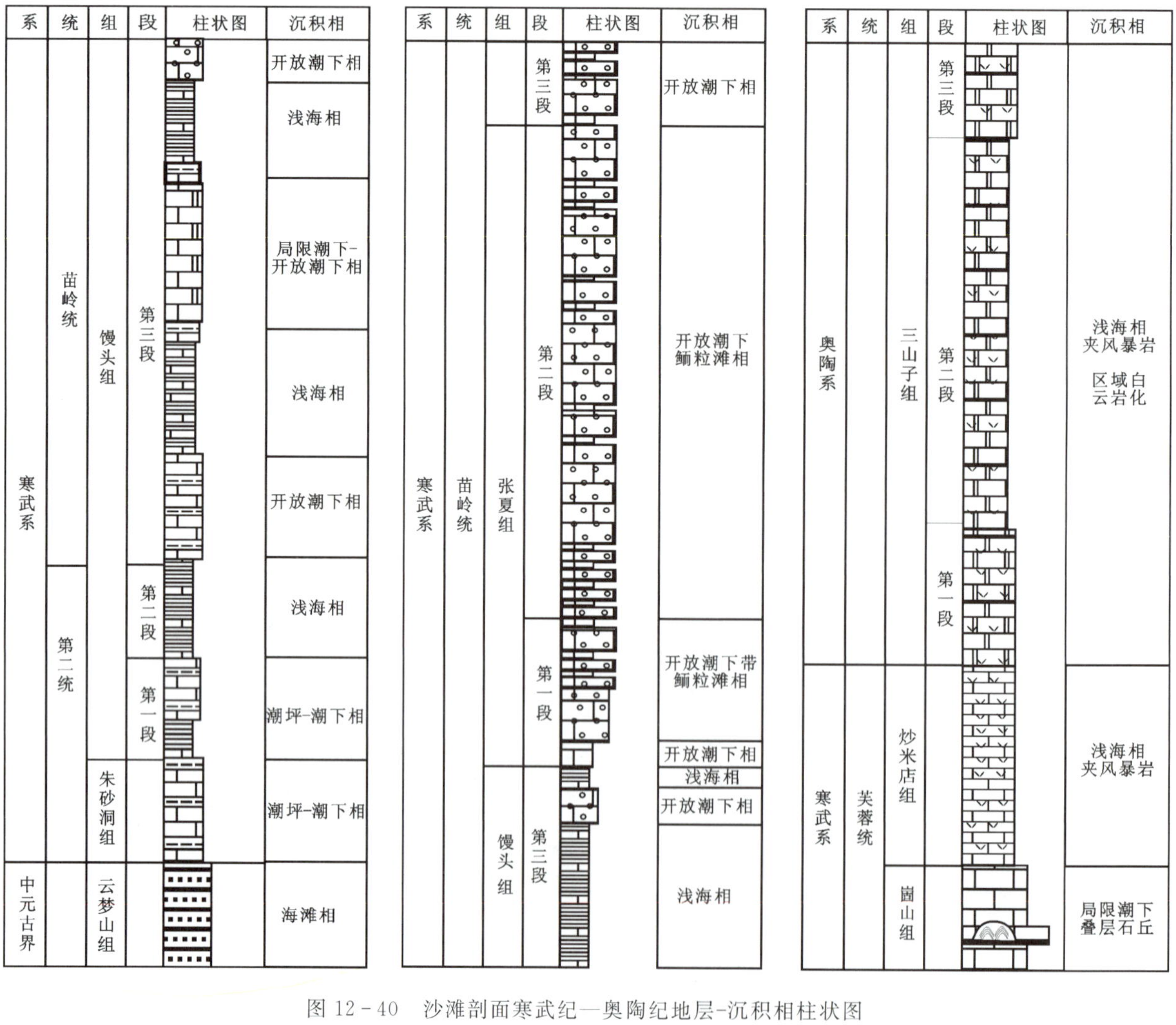

图 12-40 沙滩剖面寒武纪—奥陶纪地层-沉积相柱状图

328

(一)地层特征

1. 云梦山组

云梦山组为华北板块南缘中元古代的一套碎屑岩地层。池山河剖面底部为 20m 左右的石英砂岩。砂岩为中粗粒砂岩，内具冲洗交错层理和大型浪成交错层理。底部与太古宙变质岩角度不整合接触，顶部与寒武系朱砂洞组平行不整合接触。

2. 朱砂洞组

朱砂洞组下部为土黄色中厚层状含砂质条带白云岩及薄层纹层状白云岩，局部见角砾白云岩；上部为灰黑色厚层豹斑状、条带状白云质灰岩、灰质白云岩及纹层状白云岩。朱砂洞组厚 20.88m，邻区内含 *Redlichia chinensis* 等化石，时代为寒武纪第二世。朱砂洞组与下伏地层云梦山组角度不整合接触。

3. 馒头组

馒头组自下而上分为3段，相当于传统的馒头组、毛庄组、徐庄组。馒头组一段为紫红色—米黄色中厚层白云岩、中薄层状白云质灰岩及紫红色泥岩，局部夹竹叶状灰岩和角砾状灰岩，内见鸟眼构造和帐篷构造，厚 67.96m。馒头组一段化石稀少，仅见 *Redlichia chinensis*，*R. noetlingi* 等，时代为寒武纪第二世。馒头组二段下部为紫红色夹灰色纹层状灰岩，上部为紫红色页岩夹灰色凝块石、核形石、叠层石灰岩，厚 29.34m，内含三叶虫化石 *Ptychoparia* sp.，*Shantungaspis aclis* 等。馒头组三段为灰色中厚—厚层鲕粒灰岩、豹斑状白云质灰岩，具紫红色、灰绿色页岩互层或夹层，厚 133.55m，内含三叶虫 *Sunaspis lui*，*Poshania* sp.，*Proasaphiscus* sp. 等。馒头组一段为寒武纪第二世，二段、三段时代为寒武纪苗岭世。馒头组与下伏地层朱砂洞组整合接触。

4. 张夏组

张夏组岩性以灰色、深灰色厚—巨厚层鲕状灰岩为主，底部具斑杂状凝块石灰岩，厚 161.2m。张夏组与下伏地层馒头组整合接触，其时代为寒武纪苗岭世。

5. 崮山组

崮山组岩性主要是灰色薄层状含砾砂屑灰岩，夹泥晶灰岩、菌藻类灰岩、叠层石灰岩、砂屑灰岩、鲕粒灰岩，厚 22.96m。崮山组含三叶虫化石 *Blackwellderia paronai*，*Cyclolorenzella yentaiensis*，*Drepanura premesnili*，*Damesella* sp. 等，其时代为寒武纪芙蓉世，崮山组与下伏地层张夏组整合接触。

6. 炒米店组

炒米店组相当于传统的长山组，岩性为灰色—深灰色中薄层泥晶灰岩、疙瘩状泥晶灰岩夹竹叶状灰岩，厚 46.3m，产三叶虫 *Homagnostus hoi*，*Changshania conica*，*Changshania conica* 等，时代为寒武纪芙蓉世。炒米店组与下伏地层崮山组整合接触。

7. 三山子组

三山子组指华北广泛分布的寒武系顶部—奥陶系底部的一套白云岩，这套白云岩是一套穿时地层，在豫北新乡一带三山子组相当于传统的凤山组到亮甲山组。三山子组主要由灰色中厚层中细晶白云岩组成，内见交待残余的竹叶状砾屑，厚 162.9m。三山子组化石稀少，邻区下部产三叶虫 *Chalfontia* sp.，*Dikelocephalites flabelliformis* 等。根据生物化石和地层接触关系，判别其时代为寒武纪芙蓉世到早奥陶世。三山子组与下伏地层炒米店组整合接触，与上覆地层奥陶系马家沟组平行不整合接触。

8. 马家沟组

马家沟组可以分为8段，该剖面仅见第一段（又称贾汪段），其底部为10cm左右的碎屑岩，之上为含碎屑的白云岩，厚20m左右。

（二）沉积相和考察要点

豫北地区中元古界云梦山组以滨海海滩碎屑岩为主，寒武系—奥陶系以碳酸盐沉积为主，现分述如下（图12-41）。

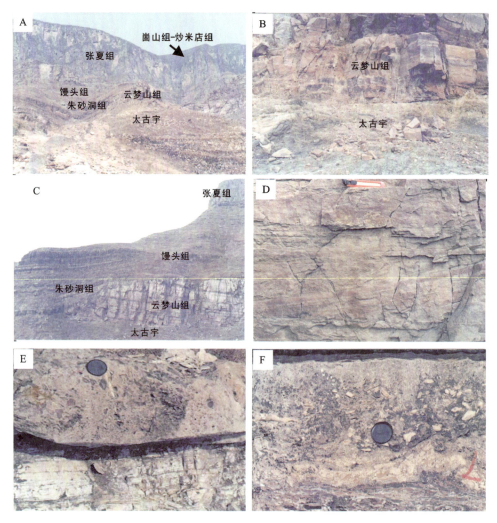

图12-41 云梦山组和朱砂洞组沉积特征

A.池山河剖面远景；B.云梦山组顶底接触关系；C.云梦山组与太古宇的角度不整合；D.云梦山组的海滩冲洗交错层理；E.朱砂洞组古暴露面的渣状层；F.朱砂洞组纹层状白云岩（下）和渣状含角砾白云岩（上）

1. 中元古界云梦山组及顶底接触关系

云梦山组由中粗粒石英砂岩组成，局部含砾石。该剖面可见云梦山组与下伏太古宙地层的角度不整合关系。太古宇为中深变质的变质岩，云梦山组为沉积的石英砂岩。云梦山组地层产状近于水平，太古宇产状缓倾斜,为一典型的角度不整合(图12-41B)。云梦山组顶部与上覆寒武系朱砂洞组为平行不整合接触。二者地层产状基本一致,但朱砂洞组超覆于云梦山组之上,形成超覆不整合(图12-41C)。云梦山组发育平行层理、低角度的冲洗交错层理、浪成交错层理(图12-41D),为典型的海滩沉积。

2. 寒武系朱砂洞组

朱砂洞组主要由灰白色中厚—中薄层白云岩、灰质白云岩组成,内具微生物纹层和鸟眼构造。该组发育黄褐色、淡红色角砾状白云岩(图12-41E)、渣状角砾状白云岩(图12-41F),角砾为白云岩,渣状白云岩呈土状,内含角砾,局部显不典型的帐篷构造(图12-41F)。朱砂洞组主要为滨岸浅水碳酸盐潮坪及低能潮下沉积。受海平面变化影响,原始沉积多次暴露于海平面之上,由于气候较为干旱,形成代表干旱气候条件下古暴露面的渣状、角砾状白云岩。

3. 寒武系馒头组

馒头组总体岩性以碳酸盐岩和黏土质页岩为主,自下而上黏土质页岩减少,碳酸盐岩增加。

馒头组一段(相当于传统的馒头组)下部以紫红色钙质泥岩为主,上部夹灰岩。泥质岩中具有泥裂、浪成波痕、皱痕等沉积构造(图12-42A～C),为混积海岸低能潮坪沉积。上部为灰岩夹页岩,灰岩中具有叠层石灰岩、核形石灰岩(图12-42D～G),页岩中具水平层理。灰岩为潮坪、高能潮下带沉积,页岩为浅海沉积。

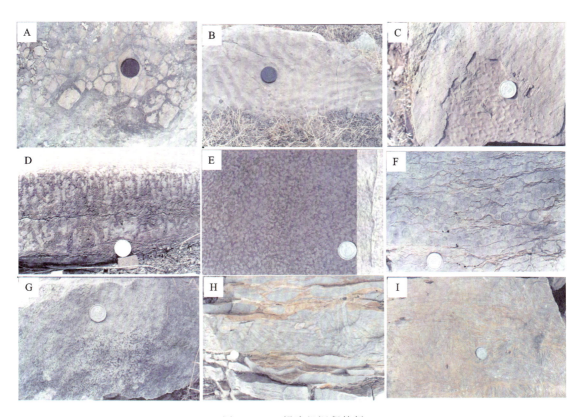

图12-42 馒头组沉积特征
A. 泥裂;B. 干涉波痕;C. 皱痕;D. 叠层石(垂直层面);E. 叠层石(层面);F、G. 核形石;H、I. 竹叶状灰岩

馒头组二段—三段(大致相当于传统的毛庄组、徐庄组)以灰岩和页岩交互为特色。页岩具水平层

理,应为浪基面之下的浅海沉积。灰岩为具有竹叶状砾屑灰岩(图12-42H、I)、砂屑灰岩、鲕粒灰岩,内具潮汐作用形成的双向交错层理、槽状交错层理(图12-43)和浪成波痕及交错层理(图12-43)。该地层为高能潮下带到浅海沉积。

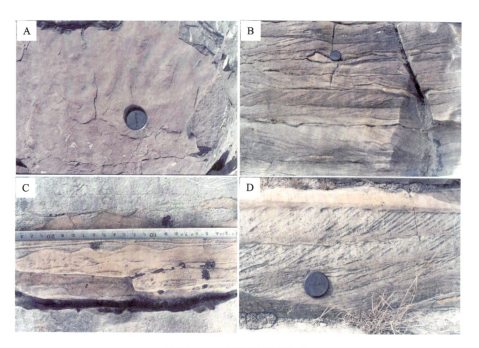

图12-43 馒头组沉积构造
A.波痕;B.双向交错层理;C.波痕和交错层理;D.槽状交错层理

4. 寒武系张夏组

张夏组主要由浅灰色—深灰色厚—巨厚层鲕粒灰岩组成,底部为微生物成因的凝块石灰岩,呈斑杂状构造(图12-44A)。张夏组鲕粒灰岩总体呈巨厚层块状,但内具条带状构造发育(图12-44B~D),并具竹叶状砾屑(图12-44D),尤其发育一类剖面上呈碟状、层面上呈环状的鲕粒灰岩,环内可见鲕粒灰岩砾屑(图12-44E、F)。推测张夏组下部凝块石灰岩为低能潮下带沉积,上部鲕状灰岩是受风暴作用改造的高能潮下带鲕粒滩沉积。

5. 寒武系崮山组

崮山组主要为灰色厚层灰岩及白云质灰岩,内夹巨厚层丘状白云质灰岩。丘状白云质灰岩中具微生物席或叠层石(图12-45A~C)。局部被风暴冲蚀的形成冲蚀沟槽的叠层石丘(图12-45D),沟槽内具竹叶状砾屑。推测崮山组为较低能的潮下带沉积,并有风暴作用改造。

6. 寒武系炒米店组

炒米店组为中薄层的泥状灰岩夹竹叶状砾屑灰岩。泥状灰岩常夹泥质条带,泥质条带灰岩中可见撕裂状的砾屑化灰岩(图12-46A),竹叶状灰岩有大砾屑灰岩(图12-46B~D),也有小砾屑灰岩(图12-46E、F),砾屑具放射状组构,为典型的浅海风暴沉积。

7. 寒武系—奥陶系三山子组

三山子组分为3段,分别相当于传统的寒武系凤山组与奥陶系的冶里组、亮甲山组。三山子组为白

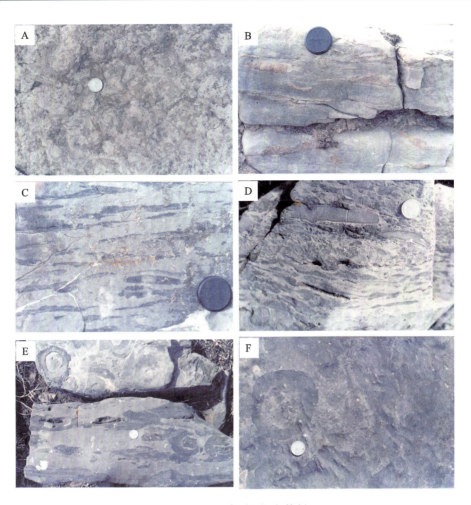

图 12-44 张夏组沉积特征
A.菌藻类斑杂状白云质灰岩;B、C.鲕状灰岩;D.角砾状鲕状灰岩;E、F.环状构造鲕状灰岩

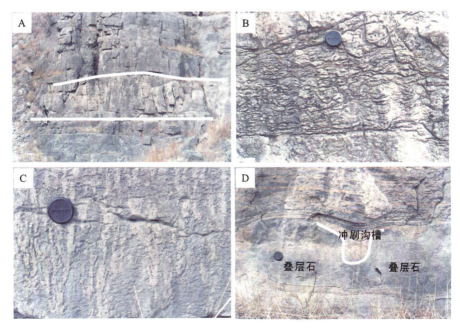

图 12-45 崮山组沉积特征
A.微生物丘;B.微生物岩;C.叠层石;D.具风暴冲刷槽沟的叠层石丘

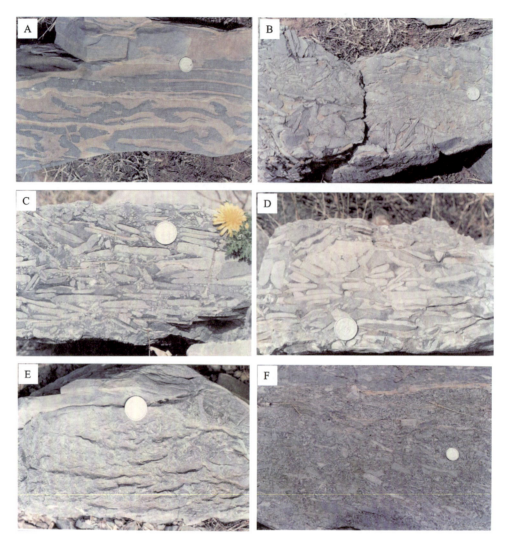

图 12-46 炒米店组沉积特征
A.断裂状碎屑化灰岩；B~D.竹叶状灰岩；E、F.小碎屑灰岩

云岩，内部具有交代残余的沉积特征，包括交代残余的砾屑、豹斑状构造和生物遗迹（图 12-47），局部还见交代残余的叠层石。三山子组白云岩是华北的一套具穿时性质的区域白云岩化地层。豫西地区三山子组白云岩底部为张夏期残余鲕粒结构的白云岩，豫北地区三山子组白云岩底部为寒武系顶部凤山期灰岩交代的白云岩，河北则为奥陶系冶里组—亮甲山组灰岩交代的白云岩。因此，豫北地区三山子组白云岩交代前的沉积环境为潮坪到低能潮下带。

从大区域来看，寒武纪和奥陶纪华北板块处于陆表海构造背景，寒武系—奥陶系以碳酸盐沉积为主，期间未见宏体生物形成的生物建隆，个别层位见菌藻类形成的微生物或叠层石丘，不构成台地边缘的障壁。张夏组是一个穿时的地层单位，全华北均为鲕粒滩灰岩，很显然也不构成台地边缘的障壁滩。因此，豫北卫辉市的寒武系—奥陶系属于陆表海碳酸盐缓坡环境。

三、广西横县六景泥盆纪碳酸盐沉积

横县六景位于南宁市东约 40km，G80 和 G72 高速公路交叉处，交通十分方便。六景泥盆系剖面是广西壮族自治区地质遗迹保护剖面，泥盆系发育齐全，出露良好，是华南泥盆系的知名剖面之一。

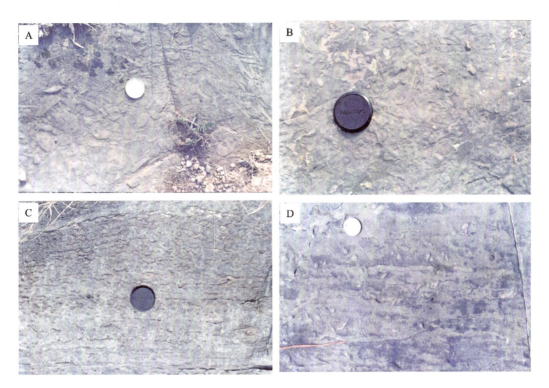

图 12-47　三山子组白云岩沉积特征
A、B. 具残余角砾构造的白云岩；C. 具残余豹斑状构造的白云岩；D. 具残余生物遗迹的白云岩

（一）地层

六景剖面发育自下泥盆统莲花山组、那高岭组、郁江组、莫丁组，中—下泥盆统那叫组，中泥盆统民塘组、上泥盆统谷闭组、融县组，地层特征如下。

1. 莲花山组

莲花山组的岩性主要为底部砾岩、砂岩、粉砂岩和页岩，与下伏寒武系角度不整合接触，厚334.3m。该组底部砂岩中具大型浪成交错层理，中部砂岩、粉砂岩中具小型浪成交错层理和垂直层面的潜穴，上部粉砂岩中具双向交错层理。莲花山组含有较多的腕足类、双壳类、介形类及鱼类化石，如腕足 *Kwangsirhynchus liujingensis*，双壳 *Leptodesma guangxiensis* 和 *Dysodona angulata*，鱼类 *Yunnanolepis chii* 等，其时代为早泥盆世洛赫考夫期。

2. 那高岭组

那高岭组主要为灰绿色粉砂质泥岩、钙质粉砂岩、泥质粉砂岩、页岩，中上部夹泥灰岩、灰岩薄层或透镜体，厚147m，与下伏莲花山组整合接触。那高岭组普遍具水平层理，含有大量腕足类、双壳类、珊瑚、竹节石、牙形类化石。根据牙形石 *Eognathodus sulcatus* 等化石建立的 *Eognathodus sulcatus* 带，确定其地质年代为早泥盆世布拉格期。

3. 郁江组

郁江组自下而上分为4个岩性段：霞义岭段岩性以细砂岩、粉砂岩、泥岩或页岩为主；四洲段以粉砂质页岩、页岩、泥灰岩、灰岩为主；大联村段为灰岩和泥灰岩；六景段为含泥灰岩、泥灰岩、泥质灰岩和灰岩。郁江组与下伏那高岭组整合接触,厚251.6m。郁江组下部细砂岩中发育小型浪成交错层理,局部具平行层面的潜穴化石,其他均为均质层理或水平层理。郁江组含有大量的腕足类、竹节石、三叶虫、头足类、牙形类化石。根据内含的牙形石 *Polygnathus dehiscens*，*Polygnathus pireneae* 等判别,该组时代为早泥盆世早埃姆斯期。

4. 莫丁组

莫丁组岩性为硅质条带白云岩含硅质条带白云岩,厚度大于19m,与下伏地层郁江组整合接触。莫丁组内含菊石 *Anetoceras*,牙形石 *Polygnatus perbonus*,竹节石 *Nowakia barrandei* 等,其时代为早泥盆世埃姆斯期。

5. 那叫组

那叫组主要岩性为生物碎屑白云岩、细晶白云岩、藻纹层白云岩,与下伏地层莫丁组整合接触,厚189m。那叫组白云岩为后期白云岩化的白云岩,白云岩内层孔虫、珊瑚、腕足等发育,并有藻纹层构造。那叫组含腕足化石 *Zdimir-Megastrophia* 组合,并有少量牙形石 *Polygnatus* 及块状层孔虫,其时代为晚埃姆斯期到埃菲尔期。

6. 民塘组

民塘组主要岩性为薄板状灰岩、生物屑灰岩、砾屑生物灰岩夹硅质岩、燧石条带或结核。与下伏那叫组整合接触,厚88.2m。民塘组发育大量砾屑生物灰岩(粗砾灰岩或漂砾灰岩),角砾中含有大量造礁生物,并发育块状层理、粒序层理、滑塌构造等。民塘组具珊瑚、腕足、层孔虫等宏体生物,并有牙形石 *Polygnathus asymmetricus*，*P. pseudofaliatus*，*Ancyrodella rotundiloba* 等,其时代为中泥盆世吉维特期。

7. 谷闭组

谷闭组主要岩性为条带状、扁豆状灰岩,硅质条带及团块灰岩、生物或生物屑灰岩,局部发育粒序层理,与下伏地层民塘组整合接触,厚76.9m。含珊瑚、腕足、层孔虫、竹节石、牙形石等化石。谷闭组底部出现 *Polygnathus disparilis* 带化石,包括牙形石 *Polygnathus disparilis*，*P. dubius*，*P. latifossatus* 等,并发育 *P. asymmetricus* 带化石,其时代为晚泥盆世弗拉斯期。

8. 融县组

融县组主要岩性为藻灰岩、白云岩、溶孔白云岩等,与下伏谷闭组整合接触,厚352.2m。融县组白云岩中含有大量藻类,包括藻球粒、藻屑、藻纹层等。融县组宏体化石较少,主要受F—F生物绝灭事件影响,但出现牙形石 *Palmatolepis gigas* 等带化石,反映其时代为晚泥盆世法门期。

(二)沉积相

六景剖面泥盆系的沉积相如图12-48所示。莲花山组以砂岩、粉砂岩、泥质岩为主,总体以无障壁海滩前滨、临滨到浅海为主。那高岭组、郁江组、莫丁组为粉砂岩、泥质岩、含泥质灰岩、泥灰岩、泥状灰岩,内含大量保存完好的腕足类等化石,总体为临滨到浅海沉积(图12-48、图12-49)。

六景剖面那叫组之上以碳酸盐岩为主,总体为碳酸盐台地沉积(表12-2,图12-48)。

第十二章 碳酸盐岩滨浅海沉积

地层				累计厚度(m)	岩性柱	颜色	层厚	颗粒类型					沉积结构	沉积构造	生物组合	岩性描述	沉积相
系	统	组	段	层				内碎屑	生物屑	藻屑	鲕粒	石英 黏土					
泥盆系	上泥盆统	融县组		70	1484.1					○				泥状结构 粒泥结构	藻纹层	≋○	浅灰、灰白色厚层块状薄层粉—细晶白云岩，中部微浅灰白色粉晶残余蓝藻及蓝藻屑灰岩，产牙形石	局限台地-开放台地
				69	1464.4				●				粒泥结构	藻纹层	≋○○		局限台地
				68	1447.6					○			泥状结构 粒泥结构	藻纹层	≋○	上部灰白色、浅灰红色厚层块状白云质含生物屑、砂屑泥—粉晶灰岩；下部浅灰色、灰蓝蓝藻及蓝藻屑泥—粉晶灰岩夹花斑状蓝藻屑泥—粉晶灰岩，厚层状，含花斑灰色白云质、砾屑灰岩，岩石中常见不规则透镜体白云岩。产牙形石	局限台地-开放台地
				67	1378.2	浮土掩盖										浮土掩盖	
				66	1356.3					○			泥状结构 粒泥结构			上部浅灰色、灰白色厚层白云岩质粉—细晶蓝藻屑灰岩夹少量浅褐红色中薄层泥—粉晶蓝藻屑灰岩及白云岩透镜体，含腕足；中部灰白色厚层块状生物屑泥—粉晶灰岩及浅灰色、灰色厚层白色白云质晶—中晶砂—砾屑灰岩；下部浅灰色厚层块状白云质残余蓝藻屑泥—粉晶灰岩	局限台地-开放台地
				65	1351.4					○			泥状结构 粒泥结构	藻纹层	≋○		
				64	1304.8					○			泥状结构 粒泥结构		≋○		
				63	1289.9					○			泥状结构 粒泥结构 泥粒结构	藻纹层	≋○	上部灰色厚层白云质泥—粉晶灰岩，局部致密具和鸟眼构造，产牙形石；中部浅灰色厚层含粉砂—细晶泥—粉晶灰岩夹含砾屑—泥晶和厚层色、灰白色粉—细晶白云岩	潮坪-局限台地
				62	1241.2					○			泥状结构 粒泥结构	藻纹层	≋○	浅灰色厚层块状蓝藻粉晶灰岩及花斑状蓝藻屑泥—粉晶灰岩，其花斑或豹皮状构造，局部夹中层泥—粉晶灰岩，产牙形石	局限台地-开放台地
				61	1185.9	浮土掩盖										浮土掩盖	
		谷闭组		60	1165.1				○	●			泥状结构 粒泥结构		❀○	灰色厚层块状含蓝藻屑泥—粉晶灰岩，藻黏结岩夹含孔虫，局部夹砾屑灰岩包体，藻屑结岩组成丘，产珊瑚、腕足	潮坪-藻礁 局限台地
				59	1139.9				●				碎屑结构		❀	浅灰色厚层块状、角砾状灰岩，角砾岩大小不均匀，多呈棱角状，产珊瑚	风暴岩 局限台地
				58	1131.9				●				泥状结构			灰色—深灰色薄—中层扁豆状、条带状含生物泥—粉晶灰岩，局部扁豆构造清楚，产牙形石	陆棚 开放台地
				57	1099.9				○				泥状结构		●	上部深灰色扁豆状或疙瘩状硅质条带含生物屑泥—中层含生物屑灰岩夹一层蓝晶灰岩含生物屑枝状、扁豆状或疙瘩状灰岩，夹一层块状复体，产腕足；下部深灰色薄片状团粒灰岩夹中薄层—砂屑灰岩夹生物碎屑灰岩及透镜体，产牙形石	陆棚 开放台地
				56	1087.8				●				泥状结构		❀○		
				55	1070.5				●				泥状结构 碎屑结构		∽❀		
				54	1055				●				碎屑结构				
	中泥盆统	民塘组		53	1047.6				●				碎屑结构	递变层理	☆○	上部灰色中层夹薄层生物碎屑灰岩，厚—中层状生物屑灰岩孔虫、珊瑚为主；中部灰色薄层状生物屑灰岩夹白云岩，具粒序层理。灰色中层亮晶生物砾屑灰岩，层孔虫富，产珊瑚；下部深灰色薄片状团粒灰岩夹含生物竹节石、珊瑚、腕足、牙形石等	台地斜坡-开放台地
				52	1021.8				●				碎屑结构	递变层理	▓❀		
				51	1015.6				●				碎屑结构		▓❀		
				50	995.2				○						∽		
				49	982.0				○				泥状结构		∽❀		
				48	968.3				○				泥状结构		☆		
				47	966.8								粒泥结构		∽☆	灰色中层夹薄层含生物屑、残余团粒白云岩，生物碎屑以海百合为主，少量腕足、牙形石	局限台地
	下—中泥盆统	那叫组		46	956.8								粒泥结构				
				45	935.0				○	○			泥状结构 粒泥结构		∽❀❀ ☆∽	灰色中—薄层含生物屑细晶白云岩，生物屑以海百合为主，少量腕足类、珊瑚，竹节石大部分沿层面富集排列	开放台地
				44	888.9								泥状结构 粒泥结构		∽☆	底部灰色中层夹薄层白云岩。中部中薄层白云岩生物屑灰岩，海百合为主、含竹节石白云质碎屑灰岩，具正粒序层理。上部灰色厚层生物屑白云岩，生物屑极为丰富，以海百合为主，少量腕足，溶孔发育	局限台地 开放台地
				43	844.4					○			泥状结构 粒泥结构		∽❀❀	深灰色厚层含海百合白云岩，其化石稀少，仅中部见少量腕足、珊瑚碎片	开放台地
				42	798.8											灰色中—厚层白云岩夹薄层生物屑白云岩	局限台地
				41	783.0								碎屑结构		▓∽	深灰色中层夹薄层细晶生物屑白云岩，凝灰岩微晶白云岩及生物屑白云岩，含层孔虫、海百合、腕足	开放台地
				40	778.5								泥状结构				
				39	763.7								泥状结构 粒泥结构		▓❀☆	下部灰色中层含生物微晶白云岩，生物碎屑以海百合、层孔虫为主；上部灰色中厚层生物屑白云岩，砾屑以层孔虫、腕足、珊瑚为主	局限台地 开放台地
				38	747.6				○				泥状结构 粒泥结构				
				37	719.8				○				泥状结构				

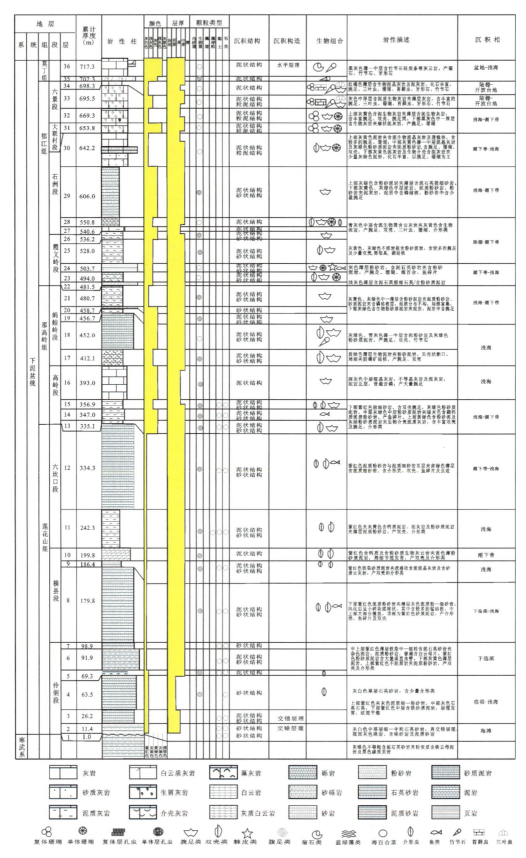

图 12-48 广西六景剖面沉积相图

图 12-49 六景剖面莲花山组—郁江组沉积特征

A. 莲花山组砂岩；B. 莲花山组粉砂岩-页岩；C. 那高岭组泥灰岩；D. 那高岭组含腕足类的泥灰岩；E. 郁江组泥质岩；F. 郁江组含腕足类泥岩

表 12-2　广西六景泥盆系碳酸盐台地沉积特征

沉积相	潮坪相	局限台地相	开放台地相	微生物丘	台前缘斜坡相	陆棚相
颜色、层厚	浅灰色、中—厚层	灰色、中—厚层	浅灰色、厚层	灰白色、块状	深灰色、厚层	深灰色、中薄层
颗粒组分		生物屑、藻屑	生物屑、内碎屑	藻屑	内碎屑	生物
结构、组构	泥状结构	泥状、粒泥结构	泥粒、粒状结构	黏结结构	粗砾、漂砾结构	泥状、粒泥结构
沉积构造	藻纹层、鸟眼			块状构造	块状构造	水平层理
岩石类型	藻纹层白云质灰岩、白云岩	生物屑、藻球粒白云岩	泥粒、粒泥、颗粒灰岩、白云岩	黏结灰岩	粗砾灰岩、漂砾灰岩	泥状灰岩、粒泥灰岩
生物组分	蓝绿藻、极少生物屑	枝状层孔虫、腹足、双壳类	珊瑚、层孔虫、腕足、软体类等	蓝绿藻类		腕足、珊瑚、三叶虫等
生物分异度	低	低	高	高	低	中
生物保存	异地	原地异位	异位、异地	原地原位	异位	原地
层位	那叫组	那叫组、融县组	那叫组	融县组	民塘组、谷闭组	民塘组、谷闭组

六景剖面泥盆系位于桂中台地南部边缘，桂中台地北侧为河池-宜州裂陷槽，东南侧为柳州-来宾裂陷槽，西南侧为南丹-南宁裂陷槽，为一受裂陷槽围限的孤立台地。六景剖面未见典型的生物建隆（生物礁或生物丘），但广西泥盆系吉维特阶-弗拉斯阶生物礁或丘发育，民塘组、谷闭组发育造礁生物或礁角砾，也说明桂中泥盆系为碳酸盐台地沉积。

那叫组以浅灰色厚—巨厚层中细晶白云岩为特色，白云岩砂糖状结构、刀砍纹构造发育，内见大量溶蚀孔洞，孔洞边部可见粒状淡水方解石充填（图 12-50）。白云岩局部可见交待残余的不规则纹层，推测为微生物席，近邻的黎塘一带同期地层可见潮坪-局限台地的微生物席和生物粒泥灰岩。推测那叫组原始为潮坪-碳酸盐台地沉积，后期经历强烈的准同生白云岩化，形成准同生交代白云岩，并经历准同生期暴露于大气环境中，由此形成具有淡水方解石胶结的溶蚀孔洞。

图 12-50　六景剖面那叫组白云岩

民塘组沉积环境发生了突变,沉积环境变为台地前缘斜坡环境,岩性主要为薄板状泥质灰岩、页岩及中薄层泥状灰岩,内夹厚层角砾状砾屑灰岩。砾屑灰岩的角砾以造礁生物层孔虫、珊瑚为主,并具棘皮类、腕足类等,反映相邻地区可能存在生物礁或丘。砾屑灰岩的砾石大小不等,无分选或磨圆,反映为重力流沉积(图 12-51)。

图 12-51　六景剖面民塘组沉积特征

A.泥质灰岩页岩互层;B.中薄层灰岩;C～F.生物角砾灰岩,生物以造礁生物层孔虫、珊瑚为主,并具棘皮类、腕足类等谷闭组下部以灰色—深灰色中薄层泥质条带透镜状灰岩为主,内夹角砾状砾屑灰岩,上部具灰色厚层生物灰岩(图12-52)。生物主要是造礁生物层孔虫等。谷闭组下部为台地前缘斜坡,上部向碳酸盐台地转换。

图12-52 六景剖面谷闭组沉积特征
A、B.泥质条带灰岩;C~E.砾屑灰岩;F.层孔虫灰岩

虽然六景剖面代表的斜坡相区未见典型的局限台地、开放台地的原始沉积,但在相邻地区同一层位(如黎塘、桂林)发育。局限台地为灰色中厚层生物粒泥灰岩,生物单调,主要是枝状层孔虫或腹足类、双壳类等广盐度生物,而开放台地相为灰色厚到巨厚层生物泥粒灰岩或粒泥灰岩,内含大量狭盐度生物,如层孔虫、珊瑚、腕足类等(图12-53)。

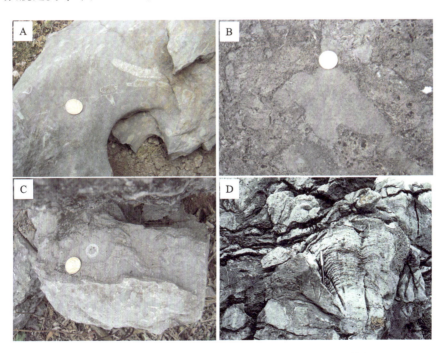

图12-53 桂林泥盆系唐家湾组局限台地(A)和开放台地沉积特征(B~D)
A.含枝状层孔虫和腹足类粒泥灰岩;B、C.生物泥粒灰岩;D.块状层孔虫灰岩

六景剖面谷闭组和融县组的界线大致与弗拉斯期—法门期(F—F)生物绝灭事件一致(曾雄伟等,2010)。融县组底部发育一套巨厚层竹叶状砾屑灰岩(图 12-54G),可能与弗拉斯期—法门期之交的小行星碰撞地球造成的大海啸有关(Du et al.,2008)。F—F 生物绝灭事件之后,海洋中宏体动物大量绝灭,菌藻类微生物发育,F—F 界线之上的融县组底部发育微生物丘,由块状微生物灰岩组成(图 12-54A~D),微生物主要为肾形藻和附枝藻,微生物为亮晶胶结,为微生物骨架岩(图 12-55)。融县组中上部均为浅灰色中—厚层状微生物灰岩,为台地相沉积(图 12-54F、H)。

图 12-54 六景剖面融县组沉积特征
A.微生物丘远景;B~D.块状微生物灰岩;E.条带状白云质灰岩;F、H.为微生物灰岩;G.竹叶状灰岩

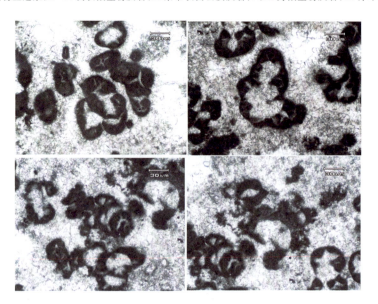

图 12-55 融县组微生物灰岩

第十三章 深海-半深海沉积

第一节 概 述

相比其他沉积环境,地球上深海-半深海环境占据约65%的表面积,地球表面大部分面积被大陆架地区向海一侧、水深大于200m的海洋环境所占据(图13-1)。但是人类无论是对深海-半深海环境及其沉积的认识和了解直到19世纪方才开启,目前的认识程度仍然较其他沉积环境低。

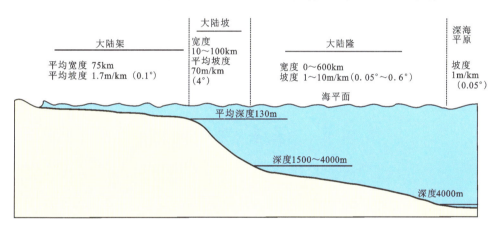

图13-1 大陆边缘至深海沉积环境分区

对深海沉积物的探索开始于挑战者号科考航程(HMS Challenger,1872—1876),在该次航程中相关学者开展了深海盆地的地形探索,并对采集到的现代深海沉积物开展了分类研究,在之后很长一段时间中,该航程所得到的观察结论被视为深海研究的标志性成果:大洋海底是较少扰动的平静区域,深海沉积被认为以深海黏土和生物成因软泥为主,砂岩主要形成于浅水地区。上述观点长期以来统治着人们对深海环境及其沉积物的认识,并被运用到对沉积岩的解释中。

事实上,地质学家对深海-半深海沉积记录的探索早在19世纪末至20世纪初就已开始。地质学家在苏格兰、加勒比海及阿尔卑斯山等地区发现了一系列深海沉积,例如含有鲨鱼牙齿和锰结核的灰岩、放射虫沉积及红色放射虫黏土等。其中争论的焦点在阿尔卑斯山中部地区中生代灰岩是否可以等价于现代大洋生物成因钙质软泥,有学者进一步提出硅质岩往往与镁铁质-超镁铁质岩石形成沉积组合,这实际上是蛇绿岩套概念的雏形。但是这些观点在20世纪60年代之前均遭受了强烈反对,直到现代板块构造理论与浊流概念提出之后才逐渐被接纳。

20世纪50—60年代,得益于Kuenen与Bouma等的卓越工作(请参考第十四章中海洋重力流沉积),研究者逐渐意识到现代深海沉积中的浊流体系也会带来大量粗碎屑沉积物,由此解释了此前长期争议的地层中深海-半深海沉积记录内部出现砾岩-砂岩的问题。1959年,Gorsline与Emery通过对美国加尼福利亚南部深水沉积的研究,提出了一些至今仍在使用的沉积环境术语,如洋盆底、深海扇及陆坡裙。此后,海底扇的模式连同更为广适的深水沉积模式被用以解释古老沉积中的相关记录。1968年后,随着深海钻探计划(DSDP,1968—1983)及大洋钻探计划(ODP,1985—2003)的开展,深海环境研究得到了极大的推动,计划实施过程中钻探了数百口平均深度约300m,最深超过1000m的洋底钻孔。此外,作为DSDP与ODP大洋深钻的补充,各国海洋科研机构还实施了数千口活塞浅钻,数千千米的地震剖面也交会形成复原海底地形的关键素材。虽然这些研究工作旨在尝试从全球板块构造理论的角度揭示大洋盆地的结构、起源与演化历史,但是在项目实施过程中收集到大量深海-半深海环境的沉积物与沉积环境信息,通过这些信息,沉积学家得以对深海-半深海环境开展研究。

总体来看,相对于浅海沉积,深海-半深海环境中除了特殊的事件沉积(如重力流)外,其背景沉积物总体具有较为缓慢的沉积速率(表13-1)。下一节将对典型的深海-半深海沉积环境展开介绍。

表13-1 不同海洋沉积物的平均沉积速率

海洋沉积物类型	平均沉积速率	一个百万年后的沉积厚度
粗碎屑沉积物,浅海沉积	1m/ka	1000m
生物软泥,深海沉积	1cm/ka	10m
黏土,深海沉积	1mm/ka	1m
锰结核,深海沉积	0.001mm/ka	1mm

第二节 深海-半深海环境

一、大陆斜坡

大陆斜坡区域从大陆架的终点处向海的方向开始延伸,此处海水的平均深度在现代海洋中约为130m,一般由大陆架末端至大陆斜坡末端被认为是半深海环境。大陆斜坡的下界深度在各海域并不一致,总体在1500~4000m范围内变化,但是在一些较深的海沟地区,大陆斜坡可一直延伸到10 000m深度。大陆斜坡相较于其他环境而言延伸宽度较窄(10~100km),向海一侧的倾斜角度相较大陆架更陡。现代大陆斜坡的坡度可达到4°,但是在不同区域其坡度也可以存在较大差别,如在三角洲之前可以小于2°,而附近若存在珊瑚礁则可以超过45°。

依据板块边界类型,大陆斜坡的环境特征在活动型边界(太平洋型)与被动型边界(大西洋型)不同,这主要表现在大陆架与大陆斜坡之间的过渡环境所出现的障壁存在不同类型。在被动大陆边缘,碎屑沉积物覆盖在基底隆起、褶皱或断层之上,碳酸盐滩或台地、火山隆起及盐建造(盐体发生流动所形成的隆起或底辟构造)也可能同时存在(图13-2)。在活动大陆边缘,则可能存在弧前环境或同时存在弧前及弧后环境,例如太平洋板块与欧亚大陆板块的俯冲带上(图13-3),从最北方的千岛海沟(the Kuril Trench)到南部的雅蒲海沟(the Yap Trench),沉积作用可以在弧后盆地、弧前盆地、弧后及弧前斜坡等环境中发生。

大陆斜坡一般具有平滑、微微隆起的表面地形,最为典型的是以陆源碎屑沉积为主的被动大陆边缘(图13-2A),但是在某些区域,地形可能会出现不规则形态,例如在由褶皱或底辟构造控制的大陆边缘区域(图13-2B、F)。在活动大陆边缘,大陆斜坡的形态趋向于不规则状,例如日本海沟的深度可达水下7000m,平行于日本海岸线延伸,一系列构造阶地及盆地、背斜镶边及断层限定的脊部呈雁列式排布。

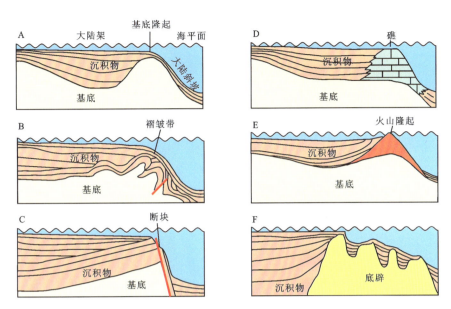

图 13-2　大陆架边缘向海一侧不同种类的障壁类型(修改自 Hedberg,1970)

这些脊部及褶皱形成显著的构造阻隔,造成沉积物在盆地中不断沉积。总结而言,在不规则大陆斜坡区域的构造阻隔可以阻止海底沉积物沿大陆斜坡运移,因而形成沉积物的会聚盆地。

现代大陆斜坡区域被海底峡谷切割成不同的坡度,为浊流通过斜坡提供了通道。大部分海底峡谷起始于斜坡带起点区域,并未切割大陆架地区,但是少部分海底峡谷会一直向大陆架地区延伸,并且可以到达非常接近海岸带的区域。一些巨型的海底峡谷甚至能在深海平原延伸数百千米,例如日本海的大和海底峡谷从大和海沟向深海平原一直延伸了约 500km。

海底峡谷的成因自 20 世纪上半叶以来就存在争论,虽然海平面下降时期河流的下切作用可能是一些陆架区域海底峡谷的初始成因,但是浊流才是大陆斜坡与深海平原上所发育的海底峡谷的最主要成因。海底峡谷可能起于局部的滑坡作用,伴随着硬底侵蚀作用。浊流在其启动阶段就具有极强的侵蚀性,经过时间的推移,在向源侵蚀和下切作用的协作下,不断加深加宽峡谷地貌。

二、大陆隆及深海盆地

大陆隆及深海盆地组成了大陆斜坡以下深度的主要海底环境,面积占比可达海底面积的 80% 以上,该深度及以下环境被认为是深海环境。大陆隆仅出现在被动大陆边缘地区,紧接着大陆斜坡的结束处出现,整体上大陆隆呈现出稍具坡度的表面地形特征,逐渐向大洋盆地方向延伸,一般发育在大陆斜坡脚处形成的海底扇(海底扇请参看第十四章"海底扇及其沉积模式")上。与海底峡谷及海山等地形相比,在大陆隆表面一般缺乏地形起伏。在活动大陆边缘(如在太平洋边缘地区),大陆隆缺失,取而代之的是深海海沟地形(图 13-5)。海沟地区是活动性较弱的俯冲带,其中可以填满沉积物,例如俄勒冈-华盛顿海岸线就是一个典型的海沟地区。进入深海盆地区域,两种主要的环境包括洋底及洋脊,洋底进一步包括深海平原、深海丘陵(一般是火山,高度小于 1km)及海山(一般是火山,高度大于 1km)。深海平原是其中最重要的沉积环境,以海底平坦的地貌为主,其中零星分布着深海丘陵与海山(图 13-5、图 13-6)。

在现代大洋,洋中脊延伸超过 $6 \times 10^4 km^2$ 的距离,构成了洋底面积的 30%~35%。在大西洋地区,洋中脊最为发育,可以从海底向上隆起平均 2.5km 的高度,洋中脊主要由火山岩组成,并伴随着大量转换断层出现,洋中脊区域在海底扩张过程中扮演着重要角色,但是其中并未出现显著的沉积作用(图 13-6)。

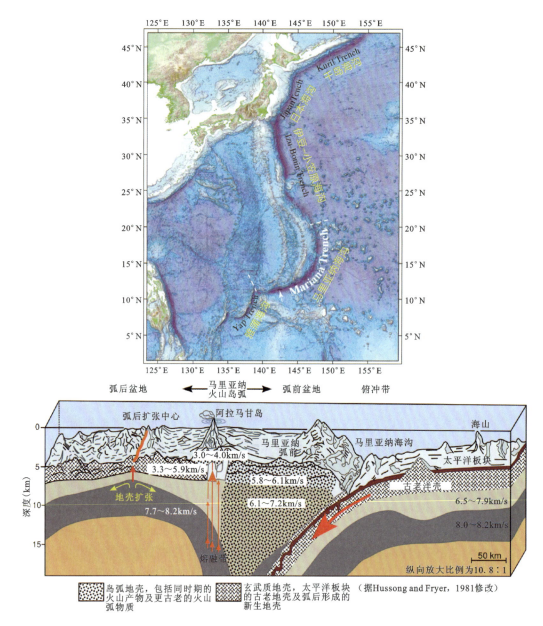

图 13-3 上图为太平洋板块向欧亚板块俯冲形成的火山岛弧分布情况；下图为马里亚纳海沟附近活动大陆边缘次级沉积单元划分示意图，包括弧前盆地、海沟、火山岛弧及弧后盆地

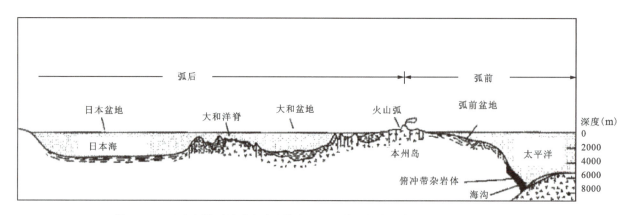

图 13-4 日本岛附近活动大陆边缘次级沉积单元划分示意图（修改自 Boggs, 1984）

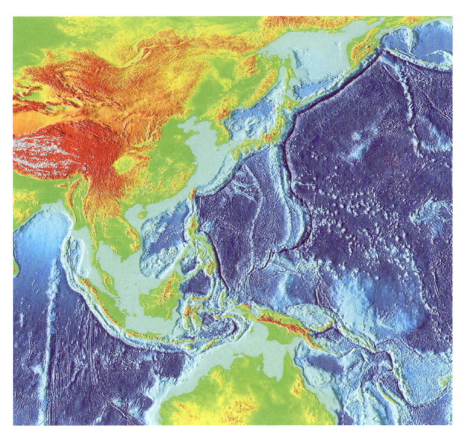

图 13-5　西太平洋及邻近地区陆地和海底地形卫星遥感图，可见俯冲带及海岭等海底正地形分布在深海平原上，图中颜色不同指示海拔高度差异，蓝色越深的地区指示水深越深

（图像来源 https://www.sciencephoto.com/media/159931/view）

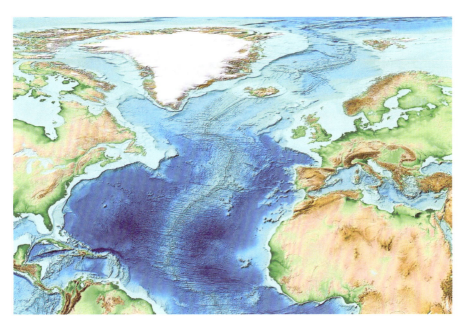

图 13-6　北大西洋及邻近地区卫星遥感地形图，可见大西洋中部的洋中脊及大洋盆地内海山分布，图中颜色不同指示海拔高度差异，蓝色越深的地区指示水深越深

（图像来源 https://www.iatlantic.eu/news/hunting-hydrothermal-vents-on-the-reykjanes-ridge/）

第三节 深水搬运与沉积过程

除了风搬运的沉积物外,深海-半深海环境中的碎屑沉积物一般都会经历大陆架地区的搬运作用再进入到深海-半深海地区。较粗的碎屑物一般经过浊流搬运,而较细粒的沉积物可以通过悬浮物的形式由大陆架地区向远洋扩散。在深海盆地中,一系列地质过程都可以带来沉积物,例如大气运动所携带的细粒沉积物,大洋盆地内部或外部火山活动所产生的火山灰物质经由风的搬运或海底喷发进入深海-半深海环境,悬浮沉积物、浮冰、重力流、各类底流与表面流以及远洋沉积物等都可以为深海-半深海沉积作用提供搬运与沉积过程。沉积学意义上的深水底流是由牵引流主导的底层水流,主要包括4种类型:①温盐循环导致的地转等深流;②风牵引形成的底流;③潮汐牵引形成的底流;④内波(internal wave)与内潮汐(internal tide)牵引形成的斜压流体(baroclinic current)。深海-半深海环境中可能出现的搬运与沉积过程如图13-7所示。重力流沉积由于在本书第十四章中海洋重力流沉积中会详细介绍,此处将不再赘述,下面将深海-半深海特有的其他沉积物类型分别进行介绍。

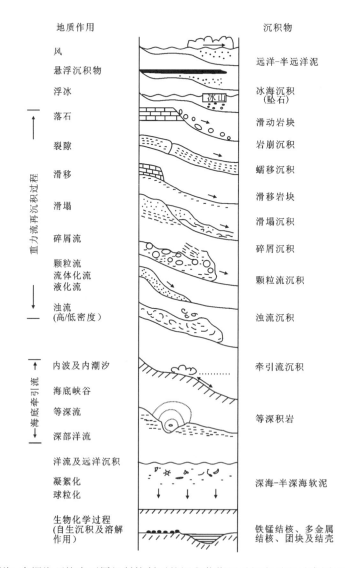

图13-7 深海-半深海环境中不同机制控制下的沉积物搬运及沉积过程示意图(修改自Stow,1996)

一、等深流与等深积岩

等深流最初被定义为是平行深海等深线运动的温盐循环底流,其形成的沉积物即为等深积岩。在早期研究阶段,等深积岩被限制在深海环境,所有研究报道均来自大陆隆地区。但是在20世纪80年代,研究者发现等深流也可以存在于海洋中相对浅水的环境(例如陆架边缘及大陆坡顶部),甚至湖泊环境中。因此等深流的概念被扩大化了。为避免术语上的混乱,当前主流观点将等深积岩定义为相对深水环境(水深至少大于500m)中由地转力所形成的稳定牵引流或经由该类流体改造后形成的沉积物。需要指出,该定义当中的"地转力引发的稳定牵引流"可以是温盐循环形成的地转力流,也可以是风生表面流,大部分风生表面流及部分温盐流体可以在浅海环境中被发现,也是浅海环境中等深积岩的成因,对于这部分沉积物,一般将其称为"浅海等深积岩",以与深海形成的狭义等深积岩相区别。

1. 等深流的形成基础——大洋温盐循环

广义的等深流当前已成为现代大洋中最重要的深海地质营力之一,要认识这种流体的搬运与沉积作用,需要先从其成因基础——全球地转力洋流循环的认识开始。全球地转力洋流主要分为两大部分:表面流与深层流,两种洋流由不同水深和不同外动力地质作用形成。全球尺度的风生表面流受到大气环流与科里奥利效应的控制,在北半球,科里奥利力导致所有流体向其前进方向的右方偏移,在南半球则向左方偏移,其流速主要由大气传输速度与科里奥利效应共同决定(图13-8)。表层流的主要组成由各类洋流及海流所组成的涡流体系构成(如北太平洋洋流、加利福尼亚海流、北赤道流及黑潮共同构成了北太平洋涡流)。

此外,表层流可能对深部海水造成影响,当海洋中摩擦效应和科里奥利效应相平衡时,将出现埃克曼螺旋(Ekman spiral)及其伴生的埃克曼输送效应(Ekman transport)。埃克曼螺旋描述了表层水在不同深度的流动速度和方向(图13-9),其主体模型假设一个均匀水柱由吹过其表面的风引起运动,在北半球情况下,由于科里奥利力的影响,最表层的水向风右侧45°方向运动。表层水以一个薄层的形态在深层水顶部运动,伴随着表层水的运动,下面其他各层水体也开始运动,进而通过水柱向下传递风能。随着水柱深度的增加,下层受摩擦力作用的水层流速减小,但是科里奥利力增加了其向右的弯曲度,水柱从上到下形成一个螺旋,因此连续水层便呈现出速度逐渐减慢、方向比上层水体逐渐右偏的一种运动。当深度足够大时,摩擦力将抵消风产生的能量,风的牵引运动在此消失。一般而言,虽然风速的大小与纬度会对该深度产生影响,通常在100m左右的深度风生运动将完全消失。在理想情况下,表层水体应该在偏移风向45°的方向运动,当所有水层结合起来,就产生了偏移风向90°的净水体输运,这种平均的输运被称为埃克曼输送,它在北半球右偏移90°,在南半球左偏移90°。

除表层洋流系统外,地转温盐循环是本章关注的重点内容。在高纬度地区,因降温及盐度增加而密度增大的表层水下沉形成现代大洋中的深层水,产生水体分层效应,包括物理性质(如温度、密度等)及化学性质(盐度)的分层性。这类深层水体可以运移相当远的距离,例如地中海流出水形成于阿尔沃兰海(the Alboran Sea),但是可以一直传输到苏格兰罗科尔地区。稳定水团一般形成于水柱中达到密度平衡的水体深度,水体下沉时产生的动能使其能缓慢移动数千千米的距离。

分层性是现代大洋的稳定性质之一,但是由于受密度差异量、水团边界混合、与表面洋流的交互及海底地形等诸多因素的影响,深部洋流呈现出复杂的运动模式。在现代大洋中,南、北两极是温盐循环的两个主要策源地(图13-10)。温度最低且密度最大的水团形成于南极洲附近海域,代表了全球大洋中最大的底流来源,其中威德尔海(the Weddell sea)形成的底流主要供应大西洋,罗斯海(the Ross sea)形成的底流主要供应印度洋及南太平洋。北极海域形成的水团密度较南极水团稍小,北大西洋深层水(North Atlantic Deep Water)向南方流动,覆盖在同样向南流动的南极底层水体(Antarctic Bottom

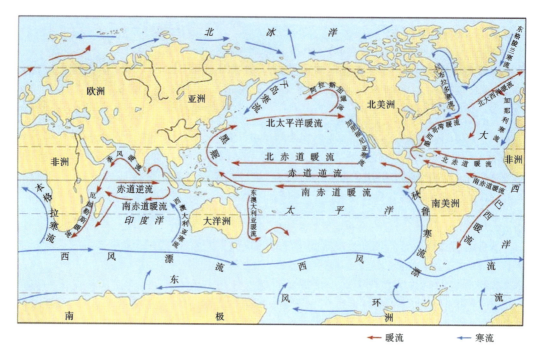

图 13-8　现代海洋表面主要洋流分布示意图(红色箭头表示暖流,蓝色箭头表示寒流)

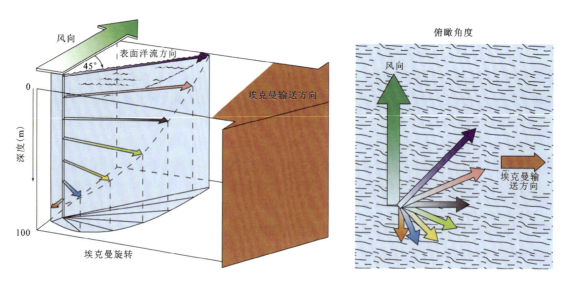

图 13-9　埃克曼螺旋如何产生埃克曼输送的投影图(左)及俯视图(右)

左图中表示北半球场景,表层水体偏向风向右侧45°,随着深度增加,深层水体继续向右偏移,运动速度减慢,形成埃克曼螺旋,在特定深度可以形成与风向相反的流向;右图中指示埃克曼输送的总体方向,在风向右侧90°方向,即与风向垂直

Water)之上,并最终汇入印度洋与太平洋的底层水体循环中(图13-11)。

北大西洋深层水的起源较为复杂,包括挪威海与拉布拉多海形成的低温咸水、部分南极底层水体及少量地中海来源的温咸水。温盐循环的其他来源还包括地中海、加勒比海与大西洋等海域。地中海地区的强蒸发量造成表层水体盐度上升,形成高密度温咸水水团下沉,通过直布罗陀海峡进入大西洋,由此形成地中海流出水。加勒比海形成底流的机制与地中海类似,所产生的水体流经佛罗里达海峡进入西北大西洋。

大西洋由于其南北延展的形态与明确的两主(南极与北极)两次(地中海与加勒比海)底层水来源成为当前研究海洋温盐循环及其对沉积物作用机制的良好地区。来自两极的底层水流以缓慢的流速

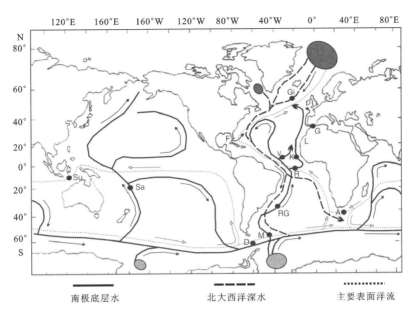

图 13-10 现代大洋温盐循环及主要洋流示意图

A. 厄加勒斯海道(Agulhas Gateway);D. 德拉克海峡(Drake Passage);F. 佛罗里达海峡(Florida Strait);G. 直布罗陀海峡(Gibraltar Strait);Gi. 吉布斯断裂带(Gibbs Fracture Zone);K. 凯恩海岭裂口(Kane Gap);M. 福克兰海道(Falklands Channel);RG. 里奥格兰德隆起(Rio Grande Rise)及维马深海道(Vema deep channel);R. 罗曼什海岭裂口(Romanche Gap);Sa. 萨摩亚海道(Samoan Gateway);Su. 松巴海峡(Sumba Strait);V. 维马断裂带(Vema Fracture Zone)

注意：英文中会使用"channel""gap""strait""seaway"及"gateway"来表达海水通道的不同含义，一般"strait"表示水深较浅的海水通道，翻译为海峡；"channel"为较深的海水通道；洋中脊区域的通道称为"fracture zone gap"，即断裂带海岭裂口；沟通不同大洋之间的海水通道则为"gateway"。

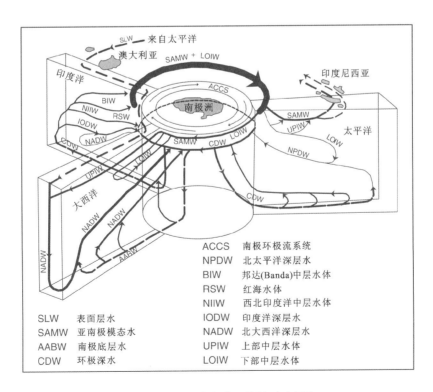

图 13-11 现代海洋温盐循环示意图

大西洋、太平洋、印度洋温盐循环路径由包围大陆的箭头显示，由中部南大洋辐射出来(修改自 Schmitz,1996)

(1~2cm/s)相对运动,形成大西洋温盐循环的基本模式。

这种模式的启动时间相对较晚。新生代以来,随着极地冰盖的生长及第四纪冰期等环境因素的改变,该温盐循环模式才逐步稳定。因此用现今大洋温盐循环模式去推测地质历史时期的模式是难以做到的,以白垩纪为例,在温室气候背景下浅海陆架所形成的温咸水可能才是当时控制地层水循环的重要驱动力,此外,板块位置的移动也会造成温盐循环模式的改变。

2. 等深流的性质与控制因素

温盐底流在全球大洋中分布复杂主要有以下控制因素:深层水体来源、科里奥利效应、控制洋流路径的海底地形及不同水团之间的剪切力。需要指出,温盐循环造成的水体流动并不总是等深流形式,例如当洋流因密度较大而发生下沉时所形成的洋流即不属于等深流。当洋流到达其平衡深度,科里奥利效应将其推至海盆内涡流的西部边缘位置,从而开始沿海底盆地边缘的等深线发生流动,形成真正的等深流。等深流被限制在海盆的西部边界,并得以进一步加强,形成西部边界潜流(Western Boundary Undercurrent)。最终,这些沿斜坡等深线运动的洋流将输送很长一段距离,并在此过程中缓慢地向东发生扩散。在赤道地区这种东向扩散作用效应更强,因为低纬度地区的科里奥利效应相对减弱。

以赤道地区大西洋为例(图13-10),南极底层水并未被限制在洋盆边缘地带,而是向东横穿大西洋洋中脊区域,持续向东北部大西洋提供底层水。在洋流移动的过程中,随着能量耗散及与浅层水的混合作用,底层水的密度下降并逐渐向海面上浮,成为风生环流的一部分。以上机制代表了深层洋流混合机制中缓慢均一化向上扩散的现象,但是在部分沿岸带及广阔大洋区域,上升流作用显著增强,北大西洋深层水即属此种情况。在西大西洋,该水体由北向南输送,随着密度降低,其深度不断减小,当遭遇南极底层水后,又重新向北发生下沉。南极底层水与大西洋深层水均在位于南纬60°~65°处环绕南极大陆发生涌升,该区域被称为南极辐散带(Antarctic Divergence)。

通过海洋学研究工作的积累,海洋学家已经可以大致恢复出现代海洋表层与深层海水在截面上(图13-11)与平面上(图13-12)的总体运动模式,可以看出洋流沿着极其复杂的路径运动。海底地形对洋流的分布起较大影响,并展示出组成西部边界潜流的等深流主体贴近南美洲与北美洲大陆边缘发生运移。在大西洋,海底火山及海山与洋盆边缘呈垂直正交关系(图13-6),由此形成了一系列洋流移动的屏障(图13-12),这类海底地形带来两个主要结果:①导致深海次级盆地间的水体交流不畅,部分底流可能滞留在洋盆底部区域,例如在阿根廷海盆,南极底层水的主体部分被限制在该区域内,形成复杂的涡流系统;②在大多数情况下,相邻海盆之间的水体交流依赖于狭窄且深的海道,海道中的流体被地形严格限制且被加强,例如在切过里奥格兰德海隆的维马海道,沟通了阿根廷海盆与巴西海盆。

虽然大部分深海底流以每秒数厘米的慢速扫过海底,但是在局部也观测到高流速底流,例如西部边界潜流流速均值可达10~20cm/s,速度峰值可达70cm/s。高流速底流一般出现在特定环境中,如下降流和局限的海底地形环境,因此不同底流之间的流速差异可以很大,同一底流系统的流速也可能随着时间和空间的变化而发生改变。例如地中海流出水在直布罗陀海峡西部流速为2.5cm/s,至加迪斯海湾西部(西班牙西南)已迅速增长至10cm/s。在底流运动路径上,海底不规则的地形将极大地改变底流流速(图13-13):①深海道中流速将增加;②当科里奥利效应主导底流运动时,海底斜坡的性质将决定流速,越陆的坡产生更大的流速;③在海底平原地带,底流流速将减慢。有些底流由不同密度的次级底流共同构成,例如之前提及的加迪斯海湾地中海流出水,是由3股底流合并而成。

温盐底流运动也与时间因素相关。在短时间尺度(数天至数年),底流变化与潮汐及季节周期相关。其他可能的因素还包括内波及深海风暴。深海风暴指底流呈现高流速,以侵蚀作用为主的深海高能过程,可持续数天到数周,造成大规模水体涡流解体与流向偏转效应。在地质历史尺度,深海沉积记录显示自始新世以来大洋温盐循环经历过巨大改变。第四纪冰期全盛期时,稳定且缓慢的大洋环流有利于深海沉积过程与沉积物累积,期间伴随着短暂的侵蚀事件并形成广泛分布的沉积间断与侵蚀面。这

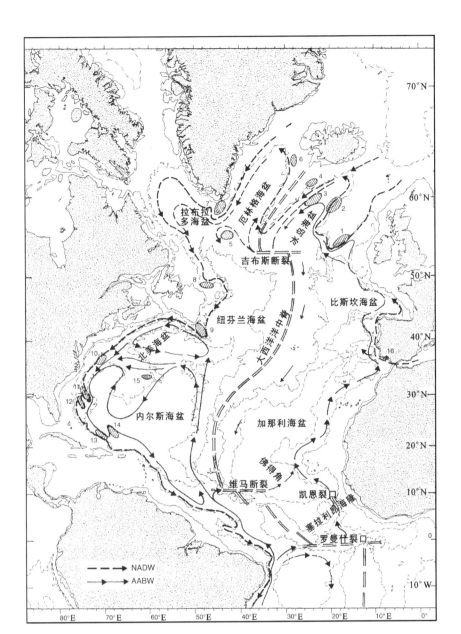

图 13-12　北大西洋次级海盆、深层温盐循环及洋流主要漂移方向(引自 Faugères et al., 1993)
NADW 代表北大西洋深层水，AABW 代表南极底层水体；图中数字代表深层洋流主要漂移发生的地点：1. 芬尼，2. 哈顿，3. 加达，4. 比约恩，5. 格洛里亚，6. 斯诺里，7. 埃里克，8. 萨克维尔·斯普尔，9. 纽芬兰，10. 哈特勒斯，11. 布莱克，12. 巴哈马，13. 凯科斯群岛，14. 大安的列斯群岛，15. 北百慕大群岛，16. 法鲁

些侵蚀事件被称为"水文事件(hydrological event)"，其机制是极地冰川增长造成高密度水体活动的增强。

因此，地质历史时间尺度的深海底流变化与全球气候变化及全球构造事件等均存在重要联系。自新近纪以来，温盐底流变化频率更高，但是变化幅度下降，例如侵蚀作用仅在局部地区发生，这种变化似乎符合快速且规律的冰期—间冰期循环。

3. 等深流的沉积作用

等深流以其平行于大洋盆地等深线的运动区域而与垂直于等深线沿大陆斜坡运动的浊流相区别。

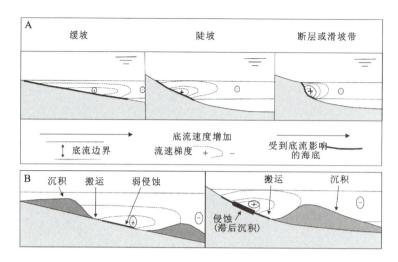

图 13-13　海岸带地形与等深流流速之间的关系(A)及沉积过程(B)(修改自 Faugères and Mulder,2011)
在更陡的斜坡,由于科里奥利效应更加显著,等深流流速更快(在北半球流体方向流出纸张,在南半球流体方向流入纸张)

等深流是深海-半深海环境中沉积物搬运与沉积的有效地质过程,它也能对沉积物进行改造(图 13-14)。等深流沉积过程中的动力学基础包括液体温盐动力、风力、风暴与科里奥利效应中水柱产生的向下转移表面势能等。等深流的碎屑物质来源主要依赖于输送到深海环境的碎屑颗粒,即形成雾状层(nepleoid layer)的陆源碎屑。

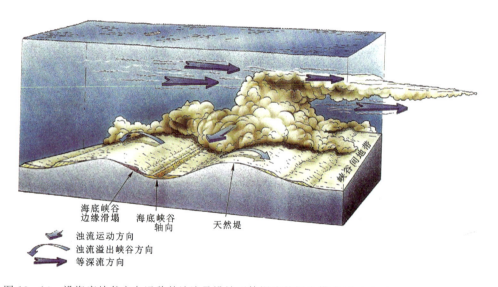

图 13-14　沿海底峡谷方向运移的浊流及沿坡面等深流的概念模式(修改自 Shanmugam et al.,1993)
注意,该图所展示的两种流体同时连续作用的情况在自然界中极为少见。浊流通过重力搬运的形式将沉积物从物源区搬运至盆地中,等深流在此作为沉积改造因素,没有提供物源

海洋学观测表明,高流速的等深流(如西部边界潜流)往往与深部厚层(水体厚度可达到 500～1500m)浑浊地层水体相关联,这种浑浊水体被称为雾状层。在西大西洋边界、南极洲及太平洋北部边界等海域,雾状层充分发育(图 13-15)。雾状层内部显示出悬浮颗粒物浓度随深度增加上升的趋势(图 13-16,底层海水中的悬浮颗粒含量由 $10\mu g/L$ 上升至 $300\mu g/L$),造成水体中持续存在悬浮颗粒的原因主要是涡流中悬浮颗粒的扩散作用(图 13-14),其滞留时间可以达到 1 年至数年。雾状层可能有多种物质来源,包括浊流沉积搬运、沉积物再悬浮、陆源碎屑沿密跃层搬运、生物碎屑及底栖生物活动等。

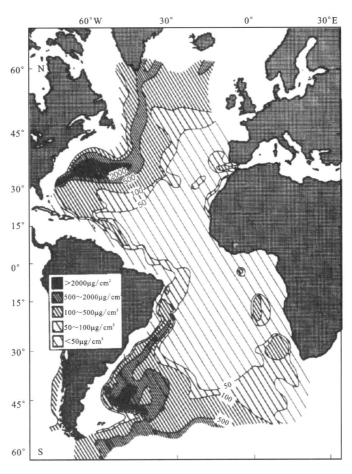

图 13-15　大西洋深海地区雾状层中悬浮载荷分布图（引自 Biscaye and Eitreim,1977）

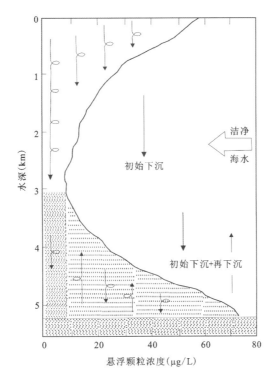

图 13-16　充分发育的雾状层中的悬浮颗粒浓度-水深关系剖面图（修改自 Biscaye and Eitreim,1977）

作为等深流输送物质的重要来源,雾状层的结构比较复杂,其中可能存在多次密度分布的倒转变化,形成多层模式,每一个单独的浊流层都伴随着一个总体向上密度变低的旋回(图13-17)。密度不连续层出现在特定深度,形成密跃层束缚悬浮颗粒。因此,当细碎屑颗粒随着低密度浊流向盆地方向发生运移时,浊流中稀释最强的碎屑颗粒会沿水体密跃层发生侧向迁移。等深流所搬运的物质与海洋雾状层之间有很大的相似性,主体包括浊流沉积携带来的物质与先沉积物质的再搬运过程,物质组成主要为陆源碎屑(黏土及细粉砂)与生物颗粒(软体生物壳、有孔虫与球石粒、钙藻、放射虫等)。

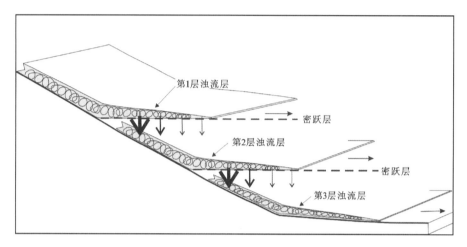

图13-17　在约900m厚度的雾状层中颗粒阶梯及浊流层分布示意图(修改自McCave,1986)

雾状层的输送距离可沿着大陆边缘延伸上千千米,例如挪威海形成的物质经过15年的搬运过程到达布拉克-巴哈马漂流系统,搬运距离达到约6500km。又如西北大西洋高纬度地区形成的富绿泥石及钙藻沉积物可以经由南极底层水沿阿根廷与巴西海盆边缘搬运超过3000km。1978—1988年实施的多学科深海综合原位观测科研项目的高能底部边界层实验(High Energy Benthic Boundary Layer Experiment)表明,以上搬运过程是由一系列长时间的运动与沉积及短时间的侵蚀和再悬浮过程组成的,最终的结果导致等深流物质来源与搬运过程变得极为复杂。此外,深海风暴的加入可能导致等深流内粗碎屑物的出现。但是要形成稳定的粗碎屑等深流沉积需要更加稳定的高流速状态,因此需要特殊的海底地形及水动力环境,例如在大陆斜坡上部、深海沟及海道体系等环境。

总结而言,等深流及其沉积过程的控制因素主要有3点(图13-18):①大洋地转流过程,包括表面流及温盐循环;②海底地形及相关地质背景;③海平面变化及沉积物成分与输入量。其中大洋地转流及海平面变化可能与天文旋回、高频次气候变化(小于2万年)相关。海平面变化是一个综合性因素,当海平面处于高位时,陆源碎屑输入量减少,海水缺氧程度增加,碳酸盐补偿深度(CCD)上升,在陆架及大陆边缘的沉积量上升,但是在深海环境中的沉积量下降,此时深海沉积以泥盖及凝缩段沉积为主。与之相反,在海平面低位时期,陆源载荷量提高,在陆架及斜坡上存在大量侵蚀不等时面,浊流体系在大陆隆及深海平原大量发育。

二、深海软泥

大多数远洋沉积物都是陆源碎屑沉积与生物沉积的混合物,例如大多数钙质软泥含有部分硅质物质,黏土粒级颗粒不仅含量丰富,而且容易被风或洋流搬运,可以成为各种类型沉积物的一部分,生物沉积物中可以最高含70%的细粒陆源黏土物质,大多数陆源沉积物中也含有少量生物碎屑,此外,稀少的宇宙沉积物与其他类型的沉积物均可以发生混合。深海沉积以生物钙质软泥为主(图13-19),这类沉

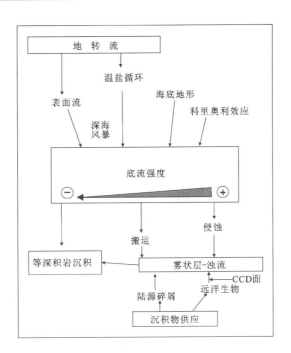

图 13-18 等深流沉积的控制因素总结(据 Faugères and Stow,1993)

积物多分布于大洋中脊附近的较浅深海区。生物硅质软泥分布于硅质生物生产力较高的区域(图 13-20),如北太平洋地区、环南极地区、赤道太平洋地区。在较深水区域,陆源深海软泥沉积较为常见。从不同深海沉积物所占比例来看,钙质软泥占比最大,约为全球深海沉积的 48%,远洋黏土约占 38%,硅质软泥占 14%。随着海水深度的加深,钙质软泥占比逐渐减少,在全球最深的洋底区太平洋地区,沉积物以远洋黏土为主,而在较浅的大西洋及印度洋区域,钙质软泥分布最广。硅质软泥分布较为局限,与硅质生物高生产力区域重合。

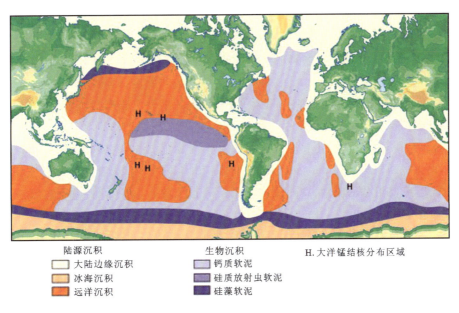

图 13-19 现代大洋不同深海沉积物分布区域图

硅质软泥指硅质生物壳体含量超过 30% 的深海软泥。硅质软泥的次级划分主要以造硅生物类型为依据:当硅质软泥主要由硅藻组成时,称之为硅藻软泥;主要成分为放射虫时,称之为放射虫软泥;主

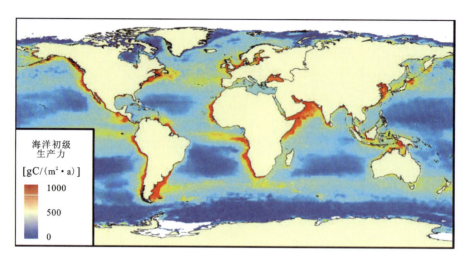

图 13-20 现代大洋不同区域海洋初级生产力分布图

要成分为硅鞭藻,则为硅鞭藻软泥。从现代大洋硅循环的角度而言,海水均处于硅不饱和状态,所以硅质生物碎屑在现代海洋中理论上始终处于不断溶解的状态。因此若要形成成规模的硅质沉积,需要满足硅质沉积物的堆积速率大于溶解速率。例如,大量的硅质生物碎屑同时沉降时,洋底形成硅质软泥沉积,当被后来的碎屑掩埋时,将抑制溶解作用的发生。这也是解释为何硅质软泥发育于表层水之下的硅质生物高生产力区。

钙质软泥指钙质生物壳体含量大于30%的软泥。与硅质软泥类似,钙质软泥的次级分类也是以钙质生物种类命名:当钙质软泥主要组分为颗石藻时,称为颗石藻软泥;主要组成为有孔虫时,称为有孔虫软泥,抱球虫软泥是现代最常见的有孔虫软泥类型之一,在大西洋及南太平洋分布最广;其他常见的钙质软泥还包括翼足虫软泥、介形虫软泥等。

碳酸盐的溶解与海水深度有关。在相对温暖的海面及浅海区,海水通常为碳酸盐饱和溶解,因此方解石不会发生溶解。但是在深海区,较冷的海水中二氧化碳含量高,导致碳酸的形成,进而引起碳酸盐的溶解。此外,深层海水的压力增大,进一步促进了碳酸钙的溶解。当水深达到压力、二氧化碳浓度与碳酸钙溶解平衡状态时,该深度所连接的平面即为溶跃面(Lysocline)。在溶跃面之下,随着深度的加深,碳酸钙的溶解速率逐渐加快,并在一定深度达到碳酸盐饱和深度(Carbonate Compensation Depth,简称 CCD)。在 CCD 之下,由于碳酸盐极易发生溶解,因此几乎没有碳酸盐沉积,即使很厚的生物壳也会在数天内溶解(图 13-21)。现代海洋的溶跃面和 CCD 的平均深度分别为 4000m 与 4500m,但是不同海区的溶跃面和 CCD 不尽相同,主要取决于深海水体的物理-化学性质,如大西洋部分海域的 CCD 可达到 6000m,而太平洋仅为 3500m。在地质历史时期,由于大气中二氧化碳含量的波动所引起的古海水成分及温度变化,因此也会造成 CCD 的变化。如在中生代温室气候时期,由于大气中二氧化碳含量高且海温较高,海水较现代偏酸性,导致 CCD 变浅。

现代海洋中在 CCD 以下深度仍有被掩盖的古老钙质软泥存在,其形成机制如图 13-22 所示。洋中脊为洋底上的正地形,洋中脊高度超过 CCD,当钙质生物壳体沉降至洋中脊之上时,并不会发生溶解。随着海底扩张,洋中脊中部向两侧推远,形成新的洋壳及之上的钙质软泥,最终将其推至 CCD 以下。但是若在该过程中有不受 CCD 影响的沉积物(如深海黏土、硅质软泥)覆盖在钙质软泥之上,则这部分钙质软泥即使在 CCD 之下的深度也不会发生溶解,从而得以保存。从现代大洋钙质软泥分布情况来看(图 13-19),钙质软泥的富集区域多沿洋中脊分布,有的区域甚至能达到 80% 的钙质软泥覆盖率,而 CCD 以下的大洋盆地在沉积物表层几乎不含钙质软泥。此外,由于在高纬度海域,水温较低,钙质生物稀少,因此深海沉积物中钙质含量也很低。

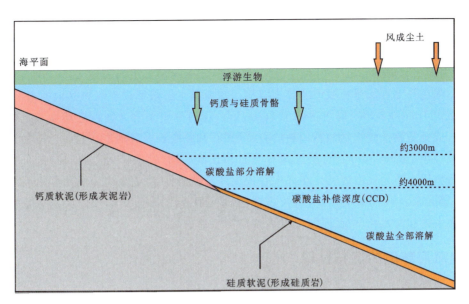

图 13-21 现代海洋碳酸盐补偿深度(CCD)及该深度上下不同类型沉积物分布图

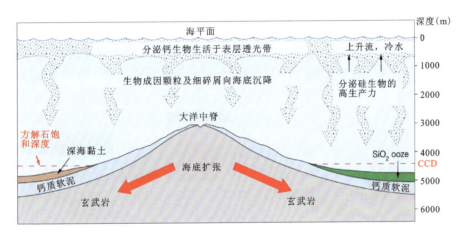

图 13-22 洋中脊区域沉积物堆积过程示意图

当 CCD、洋中脊高度、生物生产力及破坏、沉积物类型等因素之间达到平衡时,可导致钙质软泥在 CCD 以下海域得以保存

总体而言,可以认为硅质软泥及钙质软泥的分布在一定程度上代表了其沉积环境条件(表 13-2)。硅质软泥通常在较冷的表层水之下形成,如在上升流地区,深部冷水上涌带来了丰富的营养供给,促进了表层海水生产力提高。而钙质软泥则多在温暖的较浅海域发育,此时钙质生物在表层海水生产力中占主导。

表 13-2 深海表层沉积物中钙质软泥与硅质软泥的沉积环境对比

	硅质软泥	钙质软泥
表层水温度	寒冷	温暖
主要分布位置	高纬度、冷表层水之下的洋底	低纬度、暖表层水之下的洋底
其他因素	上升流将较冷且营养丰富的深层水带至表层	钙质软泥在 CCD 之下溶解
其他分布位置	赤道地区在内的上升流发育区覆盖的洋底	低纬度沿洋中脊分布的暖表层水之下的洋底

三、深海黏土

沉积物中生物成因物质占比小于25%，陆源碎屑组分中的黏土组分可达60%以上，包括现代海洋中的红色黏土、褐色黏土等深海环境中的黏土沉积。深海黏土一般形成于深海盆地的最深部分，沉积速率极低，通常小于1mm/ka，但有时可达到7.5mm/ka。深海黏土主要为细粒悬浮物和胶体物质以及生物残骸沉积物，成分是黏土矿物（伊利石、高岭石、绿泥石和蒙脱石及其混层矿物等），陆源石英和长石一般较少，平均粒径小于0.005mm。自生矿物有沸石和铁锰矿物（针铁矿、显微结核）等。生物成因物质较为稀少，火山物质主要为火山玻璃。在洋中脊或大洋玄武岩发育地区，常富含金属和稀有元素，如铜、镍、钴、铍及铝等元素及其他稀土元素，以及富含铜、镍、钴、锰的多金属结核。大部分物质来自风运尘土，其次是远洋生物和海水化学沉淀物，以及少量宇宙尘和火山灰。

四、其他深海环境的沉积过程

内波与内潮汐是随着海洋科学的观测结果而提出的海水运动形式，但是目前对其基本运动模式及其对深海环境的影响尚存在一定争议。内波作为深海中水体的运动形式，正如本节开头所提及，是与流体的斜压作用联系起来的。

斜压波最初用来描述气象学中大尺度流场的不稳定而自发生成并存在于不稳定流场中的波动现象，在海洋的密跃层附近，可以产生类似的斜压作用。正压作用是流体中与深度无关的部分，在经典的风生海洋环流理论中，它是由海面坡度产生或与海面坡度平衡的流体。斜压作用是流体中随深度变化的部分，它是液体中因密度分布产生的流动分量，起到了抵消海洋表面流的作用。内波产生的基础是斜波的不稳定性，其能量来源是中尺度湍流体系利用了分层流体中包含的可用势能，该过程一般发生在温盐梯度大的海区（图13-23）。

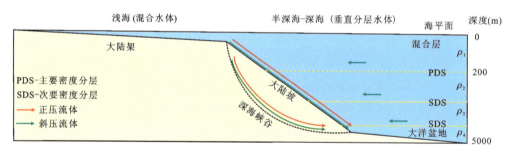

图13-23 内波与内潮汐产生环境示意图（修改自Shanmugam，2013）

图13-23表示海洋中的密跃层位置（主要密度分层）及次要密度分层位置，在密跃层界面上不同密度的混合层（上部）及深层（下部）之间的密度梯度达到最大。内部与内潮汐沿着主要及次要密度分层界面处传播。注意：陆架边缘在此处被定义为浅海混合水体与深海垂直分层水体的界线。风生表面波在浅海（陆架）环境中占据主导地位，而海洋内波和天文内潮汐沿深海环境中的密度分层界面传播。正压流（红色箭头）由表面波和潮汐产生，而斜压流（绿色箭头）由内波和内潮汐产生。流体层密度随水深增加的差异由ρ_1、ρ_2、ρ_3和ρ_4表示。图中密跃线仅与存在坡度的海底地形相交，并不与近水平的深海平原相交。图13-23不适用于碳酸盐缓坡或海平面低位期

因此，可以将内波视为一种重力波，即在两层密度不等的海洋水体界面附近由振荡作用形成的。除海洋中稳定的密跃层外，任何流体静力学意义上的稳定密度分层（如深海中的次级密度分层）均可形成海洋中内波形成的初始条件。内潮汐被定义为这种具有潮汐周期的低频内波，是海洋内波的一种，它是正压潮汐在特定海底地形中产生的斜压潮汐作用。

此外，位于或围绕在洋盆边缘的火山活动可以为大陆架及深海盆地提供重要的物源供给，特别是位

于火山弧附近的区域。火山灰、火山角砾及火山弹等物质可以经过喷发作用进入海洋环境。除海底火山或火山岛弧环境的爆裂式喷发情况外,粗粒的火山沉积物一般难以进入深海环境中,而细粒火山灰物质如果遭遇到较强的盛行风则可能会沿风向通过风力搬运到较远位置。火山浮石甚至可以随表面洋流在海洋中漂浮很长一段距离后再发生沉积或溶解过程。

第四节 深水沉积与相模式

一、等深积岩相模式

20 世纪 70 年代,沉积学家们开始关注等深积岩的沉积判断依据问题,但是直到目前也只是解答了部分问题。得益于世界范围内等深流海区的大量钻孔资料,较为可信的现代等深积岩特征及相模式得以建立。但是,由于等深积岩可能与其他深海沉积物相似,仅凭肉眼有时难以准确判断,因此需要借助其他辅助手段,如粒度分析、X 光射线及岩石薄片分析等(图 13-24)。细粒等深积岩很可能会与细粒浊积岩或深海黏土等沉积混淆,特别是被底流改造的浊流沉积物与等深积岩具有高度相似性。

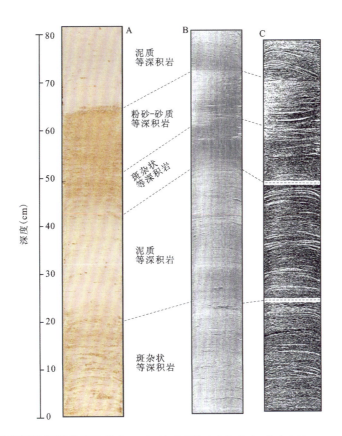

图 13-24 现代等深流沉积物钻孔岩芯(西班牙加的斯海湾法鲁地区)(修改自 Faugères and Mulder,2011)
A. 钻孔照片;B. X 光照片;C. 处理后的 X 光照片

依据流体性质,现代海洋中等深积岩相的性质、结构和成因也呈现出不同变化。等深积岩沉积过程主要取决于底流流速,较慢的流速使得雾状层中的悬浮颗粒得以发生垂直沉降,高流速流体存在更多底荷载搬运及沉积现象。此外,高速底流还会造成大范围的侵蚀作用,产生滞后沉积现象。在此过程中,化学作用(溶解与自生矿物形成)伴随着物理作用(侵蚀、搬运与沉积)。

等深积岩中的碎屑大小可以从砂级(含砾石的情况非常少)到泥级。碎屑物的组成可能较为复杂，包括陆源碎屑、火山碎屑或生物碎屑(硅质或钙质都可能存在)，各类组分混合的情况更为多见。不论等深积岩的颗粒大小或组成如何，不同等深积岩相都展示出3种共同的成岩作用特征：①丰富的生物扰动改造，特别是各种类型的潜穴构造，底栖生物群落取决于底流强度与频率。生物扰动构造可以用来判断泥质等深积岩、深海黏土沉积岩及细粒浊积岩。泥质等深积岩中生物扰动构造沉积种类繁多且在序列垂向上大量存在，深海黏土中潜穴构造类型单一，细粒浊积岩中生物扰动构造一般仅存在于沉积物最表层。②由于广泛的生物扰动构造的存在，细粒等深积岩中反映水动力的沉积构造往往保存情况不好。③纵向上粒度不规则的变化。完整发育的向上变粗与向上变细的重叠变化使等深积岩区别于向上变细的浊积岩，但可能与异重流沉积混淆。等深积岩主要类型及其分类依据见表13-3。

表13-3 等深积岩的主要类型

粒度分类	等深积岩成因			
	碎屑等深积岩	生物成因等深积岩	碎屑-生物混合等深积岩	化学成因
砂质	如：含石英砂质等深积岩	如：有孔虫砂质等深积岩	如：陆源碎屑钙质砂质等深积岩	少见
泥质	如：泥质等深积岩	如：放射虫(或)硅藻粉砂质等深积岩	如：陆源碎屑-含钙泥质等深积岩(最为常见)	如：含锰泥质等深积岩
斑杂状(粉砂质-泥质)	如：斑杂状碎屑等深积岩	少见	如：斑杂状陆源碎屑含钙等深积岩	少见
泥质碎屑、粉砂	如：含微角砾碎屑泥质等深积岩	少见	如：微角砾碎屑-生物成因泥质等深积岩	少见
滞后沉积	可为任何组分，如：含砾及富砂等深积岩			
改造浊积岩	可为任何组分			少见

砂质等深积岩相：主要由交替出现的强烈生物扰动的砂质及粉砂质/泥质层组成。水平层理(对细粒层)及交错层理(对粗粒层)一般很难用肉眼观察到。不规则状冲刷面及粗粒砂质团块(滞留沉积)可能得以保存。粒度分析结果一般出现两个粒度峰值，显示出含粉砂/泥级碎屑砂岩的特征。由于生物扰动，分选情况一般较差。沉积物一般以陆源硅铝酸盐或生物成因颗粒单一物源为主，有些地区还可出现由生物碎屑占主导的成分，反映出较局限的物质来源。由于砂质等深积岩主要伴随着强烈的底流活动，因此在深海环境中，砂质等深积岩一般较为少见，多形成几厘米至几十厘米厚的夹层保存在泥质等深积岩、深海锰结核层或浊流沉积中。砂质等深积岩多见于大陆边缘上部区域，这些地区平行于大陆斜坡或垂直于大陆斜坡的水流活动强烈，水流所搬运的碎屑物可呈大范围席状沉积体分布于海底地形上，如大陆斜坡、海山平台、海底峡谷两侧等。这些席状体多为分米—米级层厚的混合(硅酸盐/生物碎屑)砂层夹泥质-粉砂质等深积岩。

泥质等深积岩相：该类岩石以均质构造为主，缺少或很少出现肉眼能够观察到的层理或纹层，生物扰动会极大地改造或破坏原生沉积构造，常见遍布沉积层的斑杂状构造及潜穴构造。最常见的构造是不规则集中的粉砂-砂粒级团块。总体而言，泥质等深积岩由含粉砂泥级沉积物组成，其中以陆源硅酸盐碎屑为主，可混合有生物成因钙质、硅质颗粒。该种等深积岩是现代海洋中最常见的等深积岩类型，它们组成了北大西洋巨大等深流漂移区域的主要沉积物，被描述为深海含钙粉砂质黏土沉积。但是部分新近纪等深积岩沉积主要由生物成因泥质等深积岩混合锰结核组成，如在布莱克-巴哈马海山外脊的沉积物中。

斑杂状粉砂质/泥质等深积岩相：该类型沉积构成了深海洋流的主要沉积物之一。以极不规律的泥、粉砂或砂质粉砂碎屑呈带状、透镜状或条状分布，少数情况下出现3种不同粒度的不规则薄层旋回。强烈的生物扰动形成斑杂状构造，原生层理一般较难识别，多见弯曲状、间断或连续、不规则状或波浪状纹层。该沉积相形成厘米至米级层厚的沉积物，见向上变粗或向上变细的沉积序列。可与泥质或砂质等深积岩互层出现，斑杂状层的顶部和顶部为侵蚀接触或递变接触关系。

含泥质砾屑等深积岩相：一般为厘米至分米级层厚，中间含有粒径为数毫米至数厘米的泥质碎屑。该沉积相一般包含在较均匀的泥质等深积岩层中，成分与泥质碎屑一致。泥质碎屑的成因被解释为底流侵蚀、搬运的沉积物。该类型沉积一般形成于强烈底流活动控制的低沉积速率区域，可出现于一些深海盆地局部区域，如巴西海盆。

等深积岩滞留沉积相：该类沉积是由于强劲底流的冲刷、剥蚀及改造作用而形成的，其中粒度分布较宽、成分杂乱，一般形成不规则的厘米至米级别的沉积层，分选性差，以粗砂粒级为主，可含有细砾—中砾粒级砾石。陆源碎屑及生物成因碎屑成分普遍，可见铁-锰包壳。多沉积于海峡、水道、海底峡谷等具有高流速底流的环境。

含锰泥质等深积岩沉积相：具有明显的铁锰富集层，可以极细颗粒、微结核及散布于粉砂质/泥质层内部的结核形式出现（形成红色黏土），或是以包壳状，厚达数厘米或几十厘米的纹层产出。形成该类沉积的时间取决于金属离子溶解度及成岩作用时间，产生于低沉积速率且铁锰离子浓度大的区域，该类区域有利于化学-生物化学沉积作用的发生，多在低流速的深海洋流区域的CCD之下出现。

底流改造的浊积岩相：等深积岩与浊积岩之间的过渡类型，由先沉积的浊流沉积物在原地遭受底流（以等深流为主）改造而成。由底流强度决定遭受改造的浊流沉积物厚度，该沉积相可被砂质等深积岩相覆盖。

等深积岩沉积序列的纵向变化以频繁且不规律的岩相变化为特征。向上变粗与向上变细的沉积序列可以频繁交替出现。向上变粗的沉积序列由以下岩石组合构成：①泥质等深积岩；②粒度增加的斑杂状粉砂质和泥质；③粉砂质/砂质等深积岩。向上变细的序列岩性组成与向上变粗的相同，只是岩性组合顺序相反（图13-25）。这种厘米级至分米级层厚的序列可能在地层中保存不完整，部分沉积相可能发生缺失，层间出现截然的侵蚀接触关系或递变接触关系。

当前公认的标准等深积岩序列建立于西班牙加的斯湾地区，沉积序列厚度可以在数厘米到3m之间变化，代表了大于2000年至10 000年的沉积时间。这是等深积岩区别于浊流沉积及异重流沉积的重要特征，后两者代表了几乎是瞬间发生的沉积作用。一个完整的等深积岩沉积序列垂向上的岩相及粒度变化可解释为等深流强度变化的结果，从流速稳定增加直到流速下降。

二、深海软泥与深海黏土沉积相模式

深海软泥中最主要的特征是较低的沉积速率（表13-1），一般为1~10mm/ka，在上升流地区，沉积速率一般较快。深海软泥沉积的一般特征是伴随着强烈生物扰动的均质沉积，原生沉积构造一般难以见到。沉积中可以保留不同类型的潜穴构造，或者依水深、粒度、沉积速率及氧化-还原条件等因素所决定的遗迹化石组合。一些主要的遗迹化石类型包括 *Zoophycos*，*Chondrites*，*Planolites*，*Scolicia*，*Trichichnus*，*Teichichnus* 及 *Lophoctenium* 等。不同遗迹化石组合可以在沉积中重复出现。

深海软泥和深海黏土之间可能存在一种过渡类型沉积，即泥质深海软泥。其中含有25%~75%的生物成因物质，其余则为深海软泥。它们与半深海沉积不同，其组分主要为黏土矿物而非陆源硅酸盐矿物碎屑，并且主要在深海盆地中分布，而不见于大陆边缘地区。

深海黏土沉积是深海-半深海环境中沉积速率最低的沉积物之一，仅有深海铁锰结核及壳体的生长

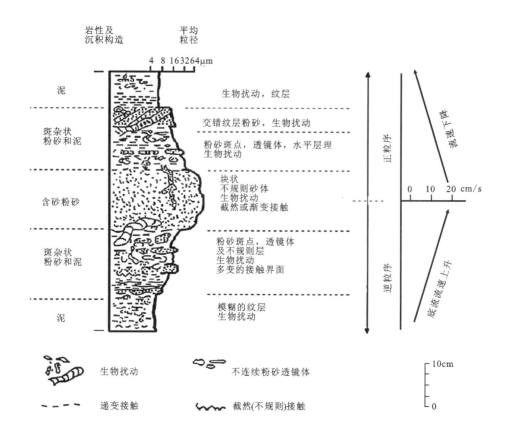

图 13-25 等深积岩综合沉积模式图(修改自 Stow et al., 1998)
显示出在泥—粉砂—砂序列变化中的粒度与沉积构造变化规律及其与底流流速的关系

速率低于该沉积速率(可能低 1~2 个数量级,表 13-1)。深海黏土一般具有充分氧化及强烈生物扰动特征,遗迹化石组合具有发育在最深水最细粒沉积物之上的组合特征。从结构上而言,深海黏土为细粒结构,粒度均一,黏土至细粉砂粒级,分选性差到中等。

深海黏土沉积与软泥沉积可以出现共生现象,如图 13-26 所展示的远洋沉积相模式中,钙质软泥、红色黏土及硅质软泥出现互层,并且在红色黏土沉积底部发育铁锰结核。块状构造、生物扰动及细粒结构是这些沉积物的共同特征。

三、半深海沉积相模式

半深海沉积是大陆边缘地区最典型的背景沉积物,当大陆边缘地区未发生浊流、滑坡、岩崩等事件沉积,且沉积区内缺乏强劲底流影响时,会出现该类型沉积。它们与深海黏土及软泥沉积最大的区别在于陆源物质供应丰富,沉积速率较快(图 13-27)。

半深海沉积物由含砂屑粉砂质黏土组成,其中可含有 1%~15% 的生物成因碎屑。一般分选性差,没有规则的粒度变化。陆源组分较多,但随着远离大陆逐渐减少。在高纬度地区,常可见冰筏物质混入。有机质、钙质及硅质组分含量随着表层海水生产率、CCD 的变化而不同,常形成富黏土和富生物碎屑的不同分层。生物碎屑主要为浮游类型与当地底栖类型的混合。在正常含氧情况下,沉积物普遍受到生物扰动,具有块状及斑杂状特征。遗迹化石组合与深海沉积类型在缺乏生物扰动时,如缺氧环境中可保存水平层理。

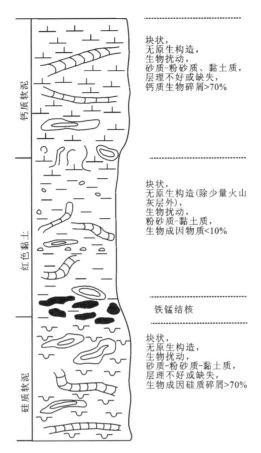

图 13-26　远洋沉积相模式（修改自 Stow and Piper，1984）

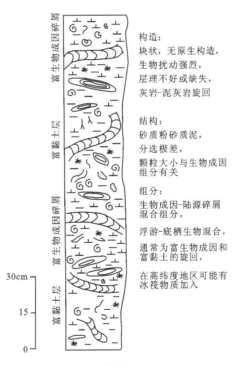

图 13-27　半深海沉积相模式（修改自 Stow and Piper，1984）

第五节　地质历史记录中的深海-半深海沉积

深海沉积在地质记录中没有浅海或滨岸沉积普遍，因为能够使得深海-半深海沉积抬升事件较为少见，并且洋壳的俯冲循环过程将导致深海沉积的消失，一般在造山带区域可见此类沉积。尽管如此，深海-半深海沉积仍然在世界范围内绝大多数地质时代的地层中得以发现。最为典型的沉积组合是硅酸盐碎屑浊积砂岩、页岩和砾岩，深海-半深海页岩，并可能与层状燧石、白垩、泥灰岩、灰岩角砾、碳酸盐浊积岩等伴生，燧石来自硅质软泥的重结晶作用，白垩与泥灰岩来源于钙质软泥及泥质深海软泥，灰岩角砾来自大陆斜坡。除了浊积岩及灰岩角砾这类粗粒沉积岩外，深海-半深海沉积总体呈现出细粒沉积特征。从沉积构造上而言，浊积岩可出现爬升层理、递变层理等，等深积岩中可出现交错层理，在其他深海沉积物中则以块状层理及水平层理为主。

深水沉积的颜色一般以灰黑色到黑色为主，类似深海红色软泥的情况较为少见。深水泥质岩一般都受到了较强生物扰动，少数情况下（如水体缺氧）则完全缺乏生物扰动。深水沉积中具有较为特征的遗迹化石组合。细粒深水沉积中往往具有富集的浮游生物化石，生物种类包括钙藻、放射虫、有孔虫、颗石藻等，在古老沉积中含有已灭绝的生物类型，如笔石与箭石。从空间产出上，深海沉积岩一般以层状产出，并且可以与洋壳岩石（如海底玄武岩）及蛇绿岩套共生。从所占比例上看，浊积岩是目前最普遍的深海沉积岩类型。一般情况下，浊积岩和等深积岩可以在同一套深海沉积物中发现，具体请参考第十四章。

第十四章 事件沉积

第一节 事件沉积概述

在地质演化进程中，一直存在着长时间、稳定的渐变过程和短时间、突发的突变(灾变)过程，因此引起地质学发展史上的"均变论"和"灾变论"之争。均变论的思想最早由 Hutton(1785)提出，他认为地质营力作用过程及其产物之间的相互关系无论是现在还是地史时期在原则上和质的方面都是不变的。英国地质学家 Lyell(1832)继承和发展了 Hutton 的思想，建立了将今论古的现实主义原理或均变论的思想体系。灾变论的代表人物为法国动物学家 Cuvier(1825)，他认为地层中生物化石的更替是突然的、瞬时的，而不是缓慢的、渐进的。居维叶的灾变论思想后来被其追随者与神创论相联系，并被神学论者大加宣扬，从而导致长期对灾变论和居维叶本人的诸多批判。20 世纪 70 年代以来，随着人们对白垩纪—古近纪之交恐龙及其他生物的集群灭绝、二叠纪—三叠纪之交大量无脊椎动物集群灭绝以及其他诸多生物灭绝事件的认识，地质学界再度掀起灾变论的浪潮，时称"新灾变论"。最近的研究表明：地质作用是一个漫长的历史发展过程，无论是有机界还是无机界，既存在相对均匀、缓慢、渐进的发展变化，也存在不均匀、突然、瞬时的发展变化过程，而且这两种发展变化过程是相互交替出现的，即较长期的缓慢渐进和瞬时的快速突变相交替，从而形成地球发展过程中演化的"节律"，这是一种新的地球历史观。

地质事件指具有开始的突发性、过程的短暂性(瞬时性)、结果的突变性(灾变性)，且具有地质记录的自然过程。在全球或巨域(地理上是洲际，地质上是跨板块的)发生的、对全球具有重要影响的事件称为"重大地质事件"，如古元古代大氧化事件(GOE)(Holland,2002)、新元古代氧化事件(NOE)(Och and Zhou,2012)、新元古代冰室气候事件(Spence et al.,2016;Hoffman et al.,2017)、晚古生代冰室气候事件(Shi and Waterhouse,2010;Montaee and Poulsen,2013)、造山旋回-超大陆聚合事件(李三忠等,2015)、超大陆裂解事件、中生代温室事件(王成善和李祥辉,2003)、小行星碰撞事件(杜远生等,2008)、生物集群灭绝事件(沈树忠和张华,2017)、缺氧事件、大火成岩省事件(徐义刚,2002)等。这些重大地质事件均具有开始的突发性、结果的突变性特征，虽然有的事件持续时间较长，但相对于漫长的地质历史平静期，也具有一定程度上的过程短暂性，这些事件之间可能也存在密切联系，甚至是耦合关系(孙枢和王成善,2009;王成善等,2017;Skrimshire,2019)。

沉积事件是地质历史上发生的具有突发性、短暂性、灾变性的沉积过程，形成的沉积记录称为事件沉积。与之对应，地质历史上平静期的沉积称为背景沉积，事件沉积常常夹持于背景沉积之中。事件沉积包括风暴事件、地震事件及其触发的海啸事件、重力流事件(岩崩、滑移、滑塌、沉积物重力流，如泥石流、颗粒流、液化流、浊流等)等。

事件沉积主要受地质事件本身控制，基本不受沉积环境控制，因此事件沉积可以出现在不同的沉积环境中。如地震和海啸事件可以发生在地球的不同构造活跃地区，地震岩和海啸岩可以出现在大陆和海洋的不同部位。风暴事件虽然起源于热带海洋，但是可以影响到热带亚热带陆架，也可以影响到近岸湖泊环境形成陆相风暴岩。重力流事件在大陆地表、湖泊、海洋具有斜坡的背景下均可以发生,因此重力流沉积可以出现在陆表、湖泊和大陆坡等不同环境中。

第二节 风暴岩

风暴岩是由热带海洋大气圈突发的风暴事件引起水体突发快速扰动形成的沉积事件。风暴沉积最早由 Kelling 和 Mullin(1975)发现,用于解释陆棚浅海具递变层理的沉积岩的成因,Aigner(1979)将其命名为风暴岩,曾被誉为沉积学的一次革命。

热带风暴起源于热带洋面上,是热带洋面上的一种强烈热带气旋。受东风带影响,绝大多数向西或西北方向运动,当风暴运动到近海岸风暴浪基面以上的浅水地区,以及受风暴影响的近岸湖泊地区,就会形成风暴沉积。风暴出现的地点不同,称谓也有所差异。在北太平洋西部、国际日期变更线以西,包括西北太平洋地区称作台风;而在大西洋或北太平洋东部的热带气旋则称飓风,也就是说在美国一带称飓风,在印度半岛一带的印度洋被称作"热带气旋",在南半球则称"旋风"。与温带气旋不同,热带气旋规模宏大,其直径可达上千千米。温带气旋一般规模较小,其直径多为十来米到数千米。

一、风暴(台风)的基础知识

1. 台风的词源

台风的英文为 typhoon,若追溯其词源,大致有以下几种不同的说法。第一类是"转音说",主要包括 3 种:一是由广东话"大风"演变而来;二是由闽南话"风台"演变而来;三是荷兰人占领我国台湾省期间根据希腊史诗《神权史》中风神泰丰(Typhoon)命名。第二类是"源地说",由于我国台湾省位于太平洋和南海大部分台风北上的路径要冲,很多台风都是穿过台湾海峡进入大陆的,所以称为台风。

2. 风暴(台风)的形成发展过程

台风起源于热带洋面上,是热带洋面上的一种强热带气旋。台风规模宏大,直径可达上千千米,因此影响范围巨大,台风途经地区,常常形成大面积强降雨。台风主要形成于南北纬5°~20°的热带洋面上。热带洋面上60m深度之上的表层海水温度较高(高于26℃),蒸发的高温、高湿的低层大气就会向上运动,形成一个低气压中心。低层大气逐渐向低压中心辐合(流入),低气压中心的高层大气向外辐散(流出),且高层大气辐散强于低层大气的辐合,足以维持的上升气流。地球的地转偏向力有利于低气压中心的气流螺旋式上升,从而形成气旋。由于赤道附近地转偏向力接近于0,所以大部分台风不形成于南北纬5°之间的热带洋面上,地球偏转力较大的5°~20°之间的热带洋面一般是台风的起源地。当热带气旋形成后,低气压中心附近的低层大气不断补充、汇入,逐渐上升。如此循环,顶层大气逐渐辐散,云带越来越大,不断扩大的云团受到地转偏向力影响旋转起来(北半球逆时针旋转,南半球顺时针旋转),形成台风。台风经过漫长的发展之路,变得越来越强大,具有了造成灾害的能力。当台风经过陆地时,台风登陆,就会给陆地提供大量降雨,同时也会促使台风风力逐渐减弱为热带风暴到热带低气压,进而逐渐消失。

3. 风暴(台风)的结构

台风是一个强大而具破坏力的气旋性漩涡,发展成熟的台风,按辐合气流速度大小,其平面上可以分为3个区域(图14-1):①外圈,又称为大风区,自台风边缘到涡旋区外缘,半径200~300km,其主要特点是风速向中心急增,风力可达 6 级以上;②中圈,又称涡旋区,从大风区边缘到台风眼壁,半径约为 100km,是台风中对流和风、雨最强烈区域,破坏力最大;③内圈,又称台风眼区,台风眼多呈圆形,半径为 5~30km,风速迅速减小或静风。

图 14-1　风暴的平面结构(引自百度图片)

在垂直方向上,台风可以分为低空流入层(大致在 1km 以下)、高空流出层(大致在 10km 以上)和中间上升气流层(1~10km 附近)共 3 个层次。在台风外围低层,有数支同台风区等压线的螺旋状气流卷入台风区,辐合上升,促使对流云系发展,形成台风外层区的外云带和内云带;相应云系有数条螺旋状雨带。卷入气流向台风内部旋进,切向风速也越来越大,在离台风中心的一定距离处,气流不再旋进,于是大量的潮湿空气被迫强烈上升,形成环绕中心的高耸云墙,组成云墙的积雨云顶可高达 19km,这就是云墙区(图 14-2)。

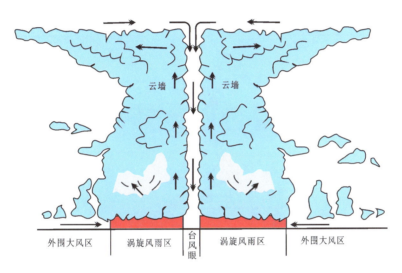

图 14-2　风暴的垂向结构(引自百度图片)

台风中最大风速发生在云墙的内侧,最大暴雨发生在云墙区,所以云墙区是最容易形成灾害的狂风暴雨区。当云墙区的上升气流到达高空后,由于气压梯度的减弱,大量空气被迫外抛,形成流出层,而小部分空气向内流入台风中心并下沉,造成晴朗的台风中心,即台风眼区。台风眼半径在 10~70km 之间,平均约 25km。云墙区的潜热释放增温和台风眼区的下沉增温,使台风成为一个暖心的低压系统。

4. 台风的分类

我国习惯称形成于 26℃以上热带洋面上的热带气旋为台风。台风中最大风速和最大暴雨区发生在台风眼壁的云墙内侧。自 1989 年起,我国采用国际热带气旋名称和等级划分标准,依据台风中心附近(台风眼壁)最大风力,台风可以分为 6 个等级:①热带低压,最大风速 6~7 级(10.8~17.1m/s);②热带风暴,最大风速 8~9 级(17.2~24.4m/s);③强热带风暴,最大风速 10~11 级(24.5~32.6m/s);④台风,最大风速 12~13 级(32.7m/s~41.4m/s);⑤强台风,最大风速 14~15 级(41.5m/s~50.9m/s);⑥超强台风,最大风速≥16 级(≥51.0m/s)。

5. 台风源地和路径

台风源地,指经常发生台风的海区。全球台风主要发生于 8 个海区,包括北半球的北太平洋西部和东部、北大西洋西部、孟加拉湾、阿拉伯海 5 个海区,南半球的南太平洋西部、南印度洋西部和东部 3 个海区。全球每年平均可发生 60 多个台风,大洋西部发生的台风比大洋东部发生的台风更多。其中西北太平洋海区最多(占 36% 以上),而南大西洋和东南太平洋至今尚未发现有台风生成。西北太平洋台风的源地主要为菲律宾以东、关岛附近洋面,这类台风发育于行星风系的东风带。少量台风形成于南海中部,为季风影响形成的台风。

由于台风源地主要形成于行星风系的东风带,因此台风的主要路径为向西运动。在西太平洋地区,台风移动大致有 3 条路径。第一条是向西路径,台风经过菲律宾或巴林塘海峡、巴士海峡进入南海,西行经海南岛到越南或广西沿海登陆,称为西移路径,对我国影响较大。第二条是西北路径,台风向西北偏西方向移动,在台湾省登陆,然后穿过台湾海峡在福建省登陆。这种路径也叫作登陆路径。第三条是转向路径,台风从菲律宾以东的海面向西北移动,到我国福建、浙江沿海登陆,在 25°N 附近转向东北方,向韩国和日本方向移动(图 14-3)。以上 3 条路径是典型的情况,不同季节盛行不同路径,一般盛夏季节以登陆和转向路径为主,春秋季则以向西和转向为主。

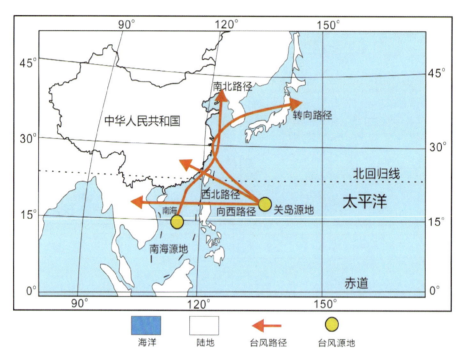

图 14-3　西太平洋的风暴(台风)路径示意图

除了与行星风系密切相关的台风之外,与季风风系相关的台风也发育于热带洋面,但其移动路径与行星风系不同(图 14-3)。如 2021 年 8 月 5 日卢碧台风在南海生成之后,大致向北向台湾海峡、东海、黄海方向运动,途中先后在广东、福建沿海登陆。

二、风暴水动力学

虽然风暴是一种热带海洋的气候事件,但风暴的低气压和形成的狂风必然扰动途经海面,引起海水扰动,在风暴途经近海的湖盆中,也会引起湖面水体的波动,从而影响沉积物的破坏、搬运和沉积。风暴引起的水体扰动包括风暴潮和风暴回流、风暴浪、风暴流和风暴涡流等,风暴回流还可以触发盆地底部沉积物重力搬运形成风暴碎屑流、风暴浊流和异重流(图 14-4,表 14-1)。

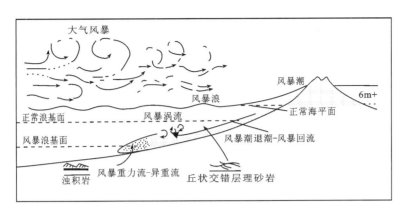

图14-4 主要风暴流的形成关系理想图解(据 Norward et al.,1983)

表14-1 风暴流及其形成环境关系表

环境单元	水深范围	风暴流作用方式
海岸带(最低海平面以上)	0～+6m	风暴潮、风暴涡流
滨海带(浪基面之上)	−30～0m	风暴浪、风暴回流、风暴涡流
浅海上部(风暴浪基面之上)	−150～−30m	风暴浪、风暴回流、风暴涡流、风暴重力流、异重流
浅海下部(风暴浪基面之下)	−150m以下	风暴重力流

1. 风暴潮和风暴回流

风暴潮是由热带气旋引起的海面异常升降现象,又称"风暴增水""风暴海啸""气象海啸"或"风潮"。风暴潮的空间范围一般由几十千米至上千千米,时间尺度或周期为1～100h,潮面高度介于地震海啸和低频天文潮波之间。有时风暴潮影响区域随大气扰动因子的移动而移动,因而有时一次风暴潮过程可影响一两千千米的海岸区域,影响时间多达数天之久。

灾害性风暴潮常常呈喇叭口状形成于海岸线或海湾地形的海滩平缓地区。风暴引起的海浪直抵湾顶,不易向四周扩散。当风暴中心接近海岸时,会导致海水急剧上升,从而形成灾害性风暴潮。若逢农历初一、十五的天文大潮,天文大潮与风暴叠加时,会形成破坏性更大的风暴潮。

风暴潮是发生在海洋沿岸的一种严重自然灾害,这种灾害主要是由大风和高潮水位共同引起的,使海岸地区猛烈增水,酿成重大灾害。如果风暴潮恰好与影响海区天文潮位高潮相重叠,就会使水位暴涨,海水涌进内陆。风暴潮的高度与台风或低气压中心气压和外围的气压差成正比,中心气压每降低1Pa,海面约上升1cm。风暴潮的潮位大大地超过正常潮位,通常比正常高潮面高6m以上,因此风暴潮流可影响到潮上6m以上的地带。如1969年的"卡米尔"飓风将海水抬升9m,风速高达370km/h,猛烈的拍岸浪摧毁了波及地区几乎所有的建筑物。1961年"卡拉"飓风的风暴将水深15～24m处的各种底质(岩石碎屑、大型无脊椎动物及珊瑚碎块)搬运到海滩并散布在障壁岛复合体和潮坪上。

当风暴潮退潮时,海水会形成巨大、快速的回流,称风暴回流。由于风暴潮的潮位高,风暴回流的影响范围也大。正常天气下的海滩冲洗带仅限于前滨及浅水的碎浪带,而风暴回流可使退潮的海水推到水深数十米的深部,从而触发海底的沉积物形成重力流和异重流。

2. 风暴浪

风暴浪是由风暴吹刮海面引起的巨涛,风暴浪周期为0.5～25s,波长可达几百米,波高多达15～

20m,最大可达34m左右。风暴浪的浪基面也因此下降到150～200m深,远高于正常浪基面深度(20～30m)。风暴浪具有极强的破坏力,在海上常能掀翻船只,摧毁海上工程和海岸工程,造成巨大的灾害。

一般来讲,在海上或岸边能引起灾害损失的海浪叫灾害性海浪,但实际上很难规定什么样的海浪属于灾害性海浪。对于抗风抗浪能力极差的小型渔船、小型游艇等,波高2～3m的海浪就构成威胁。而这样的海浪对于千吨以上的海轮则不会有危险。结合实际情况,在近岸海域活动的多数船舶对于波高3m以上的海浪已感到有相当的危险。对于适合近海、中海活动的船舶,波高大于6m甚至波高4～5m的巨浪也已构成威胁。而对于在大洋航行的巨轮,则只有波高7～8m的狂浪和波高超过9m的狂浪才是危险的。本书所指灾害性海浪是海上波高达6m以上的海浪,即国际波级表中"狂浪"(highsea)以上的海浪,对其造成的灾害称为海浪灾害或巨浪灾害。通常,6m以上波高的海浪对航行在海洋上的绝大多数船只构成威胁。

灾害性海浪给海上航行、海上施工、海上军事活动、渔业捕捞等带来危害。在岸边不仅冲击摧毁沿海的堤岸、海塘、码头和各类构筑物,还伴随风暴潮,沉损船只、席卷人畜,并致使大片农作物受淹和各种水产养殖珍品受损。海浪所导致的泥沙运动使海港和航道淤塞。灾害性海浪到了近海和岸边,对海岸的压力可达到每平方米30～50t。据记载,在一次大风暴中,巨浪曾把1370t重的混凝土块移动了10m,20t的重物也被它从4m深的海底抛到了岸上。巨浪冲击海岸能激起60～70m高的水柱。

3. 风暴流和风暴涡流

除了风暴潮和风暴浪外,当涡旋的风暴气流掠过水面,势必形成水体的定向流动和涡旋,从而形成风暴流和风暴涡流。风暴结构表明,对下伏水体影响最大的是风暴低层气流流入层,该层大气即呈涡旋式流动,并有向内的气流作用。因此该层气流和水体表面摩擦就形成强大的涡流层,该涡流层除与气流涡流一致的大涡流外,内部包含有一系列不规则的大小不等的小规模涡旋,风暴涡流是贯穿风暴作用始终的最重要的一种动力作用。由于风暴作用伴随狂风暴雨,人们很难观察到风暴中心附近的这些流体。风暴沉积中常见陡壁的长形沟渠和圆形的坑窝,推测是由这些风暴流和风暴涡流形成的。风暴砾屑灰岩和砾岩中常见的放射状组构可能也是风暴涡流形成的。

4. 风暴碎屑流、风暴浊流和异重流

强烈的风暴回流将巨量的海水沿海底向海流动,可以触发海底沉积物以重力搬运的方式向深水地区搬运。地质记录中常见这些沉积记录,包括未固结的碎屑物质和生物碎屑搬运到浪基面之下形成具有递变层理的碎屑岩与生物碎屑层,也包括固结或半固结的沉积岩破碎形成砾屑(扁平状或竹叶状)形成的块状层理、杂基支撑的风暴碎屑流沉积和具有递变层理、杂基支撑的风暴浊流沉积,还包括颗粒支撑且具有水流沉积特征(如平行层理)的异重流沉积。

三、风暴沉积作用

风暴作为一个强大的气旋,强烈地搅动水体,形成一系列的侵蚀、破坏和沉积作用。

1. 风暴的侵蚀作用

风暴的侵蚀作用主要指风暴流及其触发的重力流对沉积基底的冲蚀、挖掘等,常见的有以下几种类型:一是风暴流形成的冲刷侵蚀构造,风暴冲刷侵蚀常常形成冲刷面,表现为薄层、细粒的正常背景沉积之上,粗的碎屑或内碎屑沉积底部的明显的波状起伏的冲刷面,强的风暴流和风暴涡流常形成陡壁的冲刷渠。二是风暴流对先成的未固结的沉积体(如障壁砂坝)的冲蚀,常形成宽大的冲蚀槽,冲蚀槽多垂直于沙坝,坝后形成冲溢扇。三是风暴流对固结或半固结的沉积体(如生物礁、丘等)形成的侵蚀构造,常

见生物建隆上陡深的刻蚀槽(图14-5)、削顶的截切面(截切面上堆积造礁生物的碎屑层)。四是风暴重力流形成的冲刷槽,与常见的浊流沉积相似,冲刷槽多呈一端浅缓一端陡深的定向浅槽,在风暴重力流沉积的底层形成槽铸型。

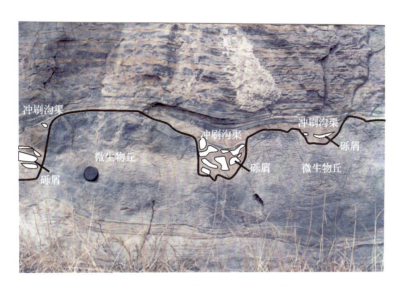

图14-5　风暴侵蚀形成的刻蚀槽

2. 风暴的破坏作用

风暴的破坏作用主要表现为对先成颗粒的破坏,包括对内碎屑、生物碎屑、鲕粒、核形石、球粒及其他颗粒的破碎。尽管对这些颗粒破坏的机会均等,但对一些不牢固的颗粒的破坏性更强,如生物介壳。对一些形态固定的颗粒(如鲕粒、核形石等)的破坏比较容易识别,表现在这些圆形或具同心纹层的颗粒(如鲕粒)呈缺口状、棱角状、半圆状的异常性碎裂,这种碎裂后的颗粒在风暴过后的正常波浪作用下不能复原,因此可以识别。湖北阳新等地三叠系大冶组第四段鲕状灰岩中可见这种异常鲕粒,推测是风暴破碎而成的(图14-6)。

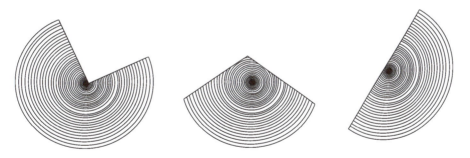

图14-6　风暴破坏的异常形态的鲕粒(湖北阳新等地三叠系大冶组第四段鲕状灰岩)

3. 风暴的沉积作用

风暴作为一种突发性的异常事件,可在其途经并波及到的所有环境中留下异常的沉积物或其他痕迹。由于风暴所经的滨岸地区具有各种不同的复杂地形,加上沉积物和底质各异,因此风暴的沉积记录类型复杂,其中风暴岩典型的指相标志包括以下几种。

(1)丘状交错层理。丘状交错层理是一种纹层、层系面均为缓波状起伏(倾角一般均小于15°)的交错层理。丘状交错层理一般丘高 20~50cm，宽 1~5m；底部与下伏细粒的背景沉积呈侵蚀接触，顶面有时可见到小型的浪成波痕。在一个层系内，横向上有规则地变厚，因此，在垂直断面上多呈"扇形"。纹层和层系面倾角有规则地减小；层系之间以低角度的截切层系面分开。丘状交错层理主要出现于较粗粒的砂质碎屑和内碎屑（砂屑）中。丘状交错层理代表典型的风暴浪沉积特征。

（2）放射状组构。放射状组构常见于砾屑灰岩中。风暴岩的砾屑常呈扁平状特征，断面上显示为竹叶状，国内学者常称为竹叶状。竹叶状灰岩常见定向排列特征，但可见放射状组构，常见以下典型类型：一是倒"小"字形，表现为3个砾屑呈倒"小"字形分布；二是菊花状排列，表现为多个砾屑向上放射状排列；三是砥柱状，表现为两组砾屑向中心拱起（图 14-7）。这种组构的共同特征是竹叶状砾屑向上放射状排列的特点，反映沉积过程中上旋的水动力存在，无疑是风暴涡流的产物。

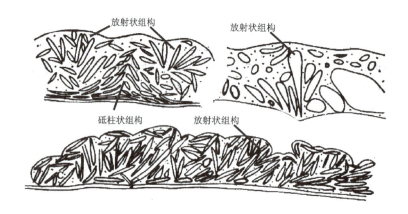

图 14-7 风暴岩中砾屑的放射状组构（据何镜宇和孟祥化，1987）

（3）介壳灰岩的扣伏-渗滤组构。介壳灰岩的扣伏-渗滤组构常见于风暴成因的介壳灰岩中（图 14-8），表现为单瓣的生物介壳绝大部分凸面向上，扣在沉积层表面，这是一种强水动力水体中最稳定的形式。介壳之间常见砂质内碎屑渗漏其中，上翘的介壳中部常见示顶底构造（顶部为亮晶方解石胶结物，下部为沉积的碎屑或灰泥）。

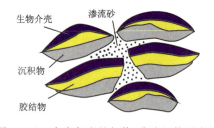

图 14-8 介壳灰岩的扣伏-渗滤组构示意图

（4）块状层理和递变层理。风暴岩中的块状层理常见于砾屑灰岩或介壳灰岩中。它主要包括以下两种类型：一是竹叶状灰岩或介壳灰岩中的块状层理，这种灰岩多呈现碎屑颗粒支撑，常被解释为风暴鼎盛期的沉积；二是具有灰泥质杂基的内碎屑灰岩、灰泥质内碎屑灰岩，一般认为是风暴碎屑流沉积。

风暴岩中的递变层理可见粒序递变层理和粗尾递变层理两种类型。前者内碎屑粒度自下而上逐渐变小，但呈颗粒支撑且颗粒之间无或少灰泥杂基。后者可呈颗粒支撑，也可以呈杂基支撑，颗粒之间含较多的灰泥基质。前者一般解释为异重流沉积，后者为风暴浊流沉积。

四、不同背景的风暴沉积

所有风暴途经的风暴浪基面以上的浅海区域，都可能记录风暴沉积，包括热带亚热带的滨浅海和近岸湖泊。在海岸带，风暴沉积可发育于碎屑岩海滩、潮坪、障壁潟湖，碳酸盐缓坡、台地及岸礁等不同的海岸类型，尤其在正常浪基面和风暴浪基面之间的区域更容易保存，现对各种类型的风暴岩予以简述。

1. 海岸带风暴沉积

海岸带是地形地貌最复杂的地区，就地形、地貌而言可以区分出无障壁的海滩海岸、潮坪海岸和有障壁的沙坝-潟湖海岸、堡礁-潟湖海岸及岸礁型海岸等。依沉积物性质的不同，海岸带可以分为碎屑岩型（砾、砂、泥质）、碳酸盐型及混合型，因此典型的海岸类型不少于8种。海岸带是风暴作用影响最强的地区之一，各种不同的海岸都可能受到风暴的影响而产生异常的沉积物。

潮坪海岸的背景沉积是以较低能条件较细粒沉积为特色的。正常的碳酸盐潮坪以含鸟眼构造、藻纹层的泥状白云岩、白云质灰岩为主，潮沟中多具双向交错层的颗粒灰岩或泥粒灰岩。碎屑岩潮坪则以泥坪、砂坪、混合坪的分异，具典型的潮汐层理（透镜状层理、波状层理、脉状层理、双黏土层韵律层理），潮沟具双向交错层理。风暴作用沉积常表现为底部具有冲刷面或刻蚀槽的砾屑灰岩、生物介壳层或其他异常的粗砾沉积，它们夹在背景沉积中。北京周口店中元古代雾迷山组（图14-9）、豫北卫辉一带寒武系馒头组、湖北通山三叠系嘉陵江组均见微生物席灰岩或与叠层石共生的竹叶状灰岩，内有风暴沉积特有的放射状组构及底部冲刷面与冲刷渠，推测是潮坪上的风暴沉积。

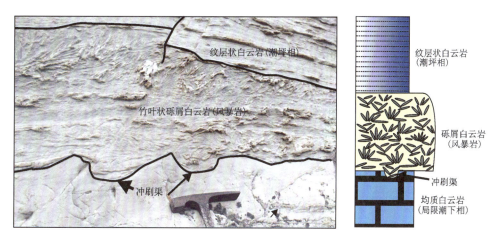

图14-9　碳酸盐潮坪中的风暴岩沉积序列（北京周口店中元古代雾迷山组）

海滩是一种高能海岸，其沉积物以粗、纯、分选好、圆度高并具海滩冲洗交错层理为特色。当风暴来临，巨大的风暴潮伴随风暴浪在后滨及后滨以上形成一系列沙坝（海滩脊）和槽谷，有时可搬来一些砾石和介壳在后滨上形成粗的粒序递变层（如海南八所等地）。风暴潮也可冲断、摧毁沿岸滩坝，淹没近海盆地，在近海盆地土壤层或其他细粒物上覆盖具破碎海相生物介壳的异常粗粒沉积。尽管海滩上风暴沉积难以识别，但通过其底部截然的冲刷面、异常的沉积特征，可以追寻风暴作用的痕迹。

障壁海岸以障壁-潟湖体系为特色。碎屑型障壁沙坝上的冲溢沟及其后的冲溢扇已为许多教科书记述，它们是由风暴作用引起的，表现为细粒的潟湖沉积中存在异常的粗碎屑夹层，底部具有特征的冲刷面和特殊的冲溢扇内部结构。

碳酸盐堡礁-潟湖体系的风暴沉积更易于识别，风暴来临时横扫堡礁，形成大量的造礁生物碎块，并把其中一部分搬到礁后潟湖的细粒静水沉积中，因此在潟湖沉积中形成异常的由造礁生物碎块形成的粗粒层。在堡礁上常见造礁生物突然死亡，礁被截顶的大型冲刷面及造礁生物碎屑层。

沿岸礁受风暴影响的后果与堡礁类似，但生物碎块多被搬运到礁坪或海岸上。

2. 潮下带风暴沉积

潮下到正常浪基面之间也是风暴强烈作用的地区。该区不仅有风暴涡流和风暴浪作用，风暴潮退潮引起的风暴回流也强烈作用该带。风暴涡流作用常形成特征的刻蚀槽(渠模或口袋构造)和异常的颗粒组构,如扁平砾石的菊花状排列、倒"小"字形排列或砥柱状排列等。风暴浪则以典型的丘状交错层理为特征,并形成明显的突变侵蚀面。风暴回流则形成冲刷构造。风暴作用还常常破坏正常潮下形成的各种颗粒(如鲕粒、核形石、球粒及生物屑等),它使这些具固定形态的颗粒形成异常的破碎形态从而保存风暴破坏的痕迹,常见的有尖锥状、半圆形、缺口状、碎片状、弯月状、花瓣状等。除此之外,风暴还可以在各种生物建隆上形成各种刻蚀槽,风暴扫荡建隆的筑积生物,使之充填刻蚀槽或铺在建隆体及邻近沉积物上。

需要强调说明的是,风暴过后,潮下带(临滨)还要受到正常潮流或波浪的改造,因此难以保存完整的风暴沉积序列,尤其在潮下带(临滨)的中、上部,通常保存风暴侵蚀沉积物基底、刻蚀生物建隆和异常破碎先成颗粒的残余痕迹,也可见正常波浪改造不了的丘状交错层理砂岩,如广西北海涠洲岛的更新世湖光岩组风暴岩(杜远生,2005)。

3. 陆架上部(近源盆地)风暴沉积

陆架上部(近源盆地)指正常浪基面到风暴浪基面之间的地区,正常天气时位于浪基面之下,风暴期间形成的风暴沉积部位在风暴过后不受正常波浪改造,所以该区是风暴沉积保存最完整的地区。国内外大部分学者总结的风暴岩序列即为此带形成的。

4. 陆架下部(远源盆地)风暴沉积

陆架下部(远源盆地)位于风暴浪基面之下,因此基本不受风暴水动力控制,也不受正常波浪影响,是一个相对安静的环境。远源盆地的风暴沉积主要为风暴触发的重力流沉积,包括风暴碎屑流沉积和风暴浊流沉积,前者显块状层理,后者显粗尾递变层理。风暴浊积岩常具有发育完好的鲍马序列。

五、风暴沉积序列

风暴沉积作为一种事件沉积,其沉积过程不像环境相受沉积环境单元的变迁控制,而主要受作用方式控制。在风暴运动中,相对一个地区,一般经历外围大风带—涡旋风雨区—台风眼—涡旋风雨区—外围大风带的过程。由于前半段形成的沉积常常受后半段的破坏改造,所以地质记录中经常保存后半段,即涡旋风雨区—外围大风区的沉积记录。加上陆架沉积物底质(陆源碎屑或碳酸盐岩)不同,且深度不同,从而形成不同类型的沉积序列。

1. 潮坪风暴沉积序列

潮坪风暴沉积序列常见于碳酸盐潮坪沉积中。由于潮坪主要受控于潮水涨落,潮水上涨过程中能量逐渐消减,且波浪作用微弱,所以潮坪为低能的沉积环境。碳酸盐潮坪常见微生物席(纹层状)、叠层石白云岩或白云质灰岩。在潮坪沉积中夹有异常的粗粒的内碎屑(竹叶状砾屑)或介壳层,常被解释为风暴沉积。图14-9为北京周口店中元古代雾迷山组的潮坪风暴岩沉积。该地层受后期热接触过程中的重结晶作用明显,竹叶状砾屑清晰可见,竹叶状砾屑存在放射状组构,砾屑层底部具明显的冲刷渠,为典型的风暴沉积。风暴层下部为均质白云岩,为局限潮下带沉积;上部为纹层状白云岩,推测为微生物席成因,为潮坪相沉积。该风暴沉积层夹于局限潮下带和潮坪沉积之间,无疑是潮坪环境的风暴岩沉积。

2. 陆架上部(近源盆地)风暴岩沉积序列

陆架上部(近源盆地)处于风暴浪基面与正常浪基面之间,是最容易保存风暴岩序列的区域。陆架上部(近源盆地)的风暴水动力不仅有风暴涡流和风暴浪作用,也可有风暴回流触发的风暴重力流,在不同的沉积背景下形成不同的风暴沉积序列。一般情况下,风暴沉积包括以下沉积单元:A.底面为冲刷面或冲刷渠(渠模或称口袋构造)的粗碎屑单元,包括陆源碎屑砂砾岩、碳酸盐岩的竹叶状灰岩或介壳灰岩等,该单元是风暴中圈"涡流风雨区"风暴流改造的滞留沉积,内常具块状层理、放射状组构、扣伏介壳和淋滤组构;B.底面为冲刷槽(槽模)的递变层单元(陆源碎屑砾-砂岩或砾屑-砂屑灰岩),内具块状层理或递变层理,为风暴重力流沉积;C.具丘状交错层理的碎屑岩或碎屑灰岩,为风暴浪沉积;D.具均质层理的泥质岩或泥状灰岩,为风暴过后的快速悬浮沉积;E.具水平层理的泥质岩或泥状灰岩,为风暴间隔期间正常天气低沉积速率的背景沉积(正常浅海沉积),详见图14-10。

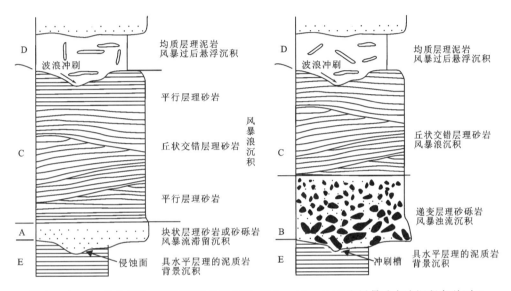

图14-10　陆架上部陆源碎屑型风暴流(左)(据Brenchley,1985)和风暴重力流沉积序列(右)

根据背景沉积类型(碎屑岩或碳酸盐岩)的不同及沉积作用类型(风暴浪、风暴涡流、风暴重力流)的差异,陆架上部(近源盆地)发育的风暴沉积序列也各有不同,常见的有:①陆源碎屑型风暴流-风暴浪沉积序列;②风暴重力流-风暴浪沉积序列;③碳酸盐岩风暴涡流-风暴浪沉积序列;④碳酸盐岩风暴重力流-风暴浪沉积序列。其中碳酸盐岩风暴序列常见于内碎屑和介壳灰岩两种类型中。

陆架上部碎屑岩风暴沉积最典型的为丘状交错层理砂岩,其为风暴浪成因的沉积层,说明沉积环境位于风暴浪基面之上。背景沉积为水平层理的泥质岩,说明沉积环境位于正常浪基面之下。此处风暴岩沉积序列底部可以是风暴流沉积(图14-10左),也可以是浊流沉积(图14-10右),上覆风暴流成因的丘状交错层理砂岩,顶部为风暴过后的悬浮沉积。

陆架上部碳酸盐岩风暴岩与碎屑岩类似,其背景沉积为薄层状泥状灰岩或泥质条带灰岩、泥灰岩,内含保存完好的生物化石。根据粒屑类型,碳酸盐岩风暴岩常见粒屑灰岩型和介壳灰岩型两种类型,根据沉积作用性质,可以分为风暴流和风暴重力流两种类型。因此风暴序列下部可以分为块状层理竹叶状灰岩(竹叶状砾石具放射状组构)、块状层理介壳灰岩、递变层理竹叶状灰岩、递变层理介壳灰岩不同类型(图14-11)。风暴岩序列中部为丘状交错层理的砂屑灰岩或生物碎屑灰岩,即为风暴浪沉积。风暴岩序列顶部为均质泥状灰岩,可具生物扰动构造,即为风暴过后的悬浮沉积。

3.陆架下部(远源盆地)风暴重力流沉积序列

陆架下部(远源盆地)位于风暴浪基面之下,此处没有风暴浪作用,不发育丘状交错层理的风暴浪沉积层。陆架下部(远源盆地)常见风暴浊流序列(也可分为粒屑灰岩型或介壳灰岩型),具有鲍马序列特征(图 14-12)。需要说明的是,风暴浊流序列一般保存不完整,或某一段发育不典型,但递变层理段一般都发育良好,是识别风暴浊积岩的特征标志。

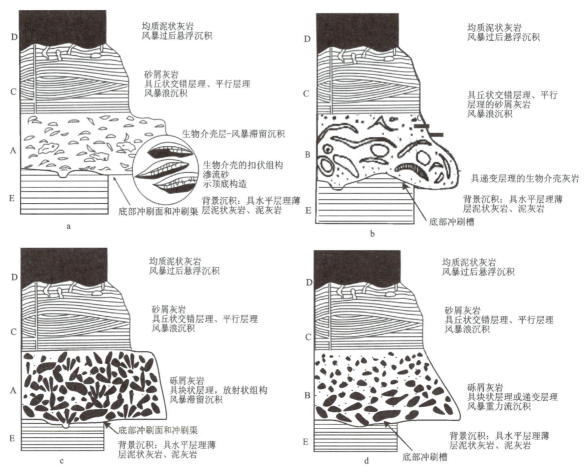

图 14-11 陆架上部碳酸盐岩风暴沉积序列

a. 介壳灰岩型风暴涡流-风暴浪序列(据 Kreisa and Bambach,1982);b. 介壳灰岩型风暴重力流-风暴浪序列;c. 粒屑灰岩型风暴涡流-风暴浪序列;d. 粒屑灰岩型风暴重力流-风暴浪序列

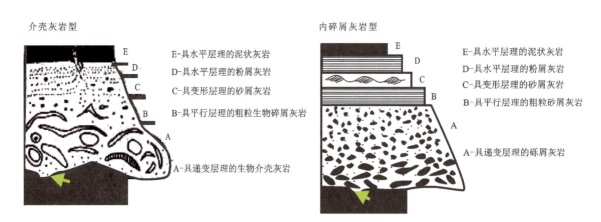

图 14-12 陆架下部(远源盆地)碳酸盐风暴重力流沉积序列

第三节　地震岩、海啸岩、震浊积岩

地震事件沉积是由地震作用触发的一系列事件沉积，包括由地震引起先成沉积物的改造形成的地震岩(seismites)、由强烈地震触发的海啸形成的海啸岩(tsunamite)，以及由地震触发的浊流形成的震浊积岩(seismoturbidites)。由于地震、海啸、地震引起的浊流具有相同的地震成因，地震岩、海啸岩、震浊积岩可以共生。但海啸和地震引起的浊流可以远离地震中心，因此海啸岩、震浊积岩也可以单独出现，可能会带来海啸岩和震浊积岩识别的困难。

一、地震

地震是地壳破裂、快速释放能量过程中造成的地壳振动，从而产生地震波的一种自然现象。地球上板块与板块之间相互挤压碰撞，造成板块边缘及板块内部产生错动和破裂，是引起地震的主要原因。地震开始发生的地点称为震源，震源正上方的地面称为震中。破坏性地震的地面振动最剧烈处称为极震区，极震区往往也就是震中附近的地区。地震常常造成地表强烈变形以及表层岩石滑坡、滑塌及泥石流，可能造成严重人员伤亡，引起火灾、水灾、有毒气体泄漏、细菌及放射性物质扩散，还可能造成海啸、海底滑坡和崩塌等次生灾害。

据统计，地球上每年约发生500多万次地震，即每天要发生上万次地震，其中绝大多数属于微震，震级太小或太远，以至于人们感觉不到，必须用地震仪才能记录下来。真正能对人类造成严重危害的地震有10～20次，能造成特别严重灾害的地震有一两次。

(1)地震的成因。地震是地壳岩层受力后快速破裂错动引起地表振动或破坏。地球上绝大多数地震是由于地质构造活动引发的地震，称为构造地震；地球上的火山活动也可以造成地震，称为火山地震；地表(包括海底)的岩层塌陷引起的地震叫塌陷地震。由爆破、核试验等人为因素引起的地面震动称为人工地震。在特定的地区因某种地壳外界因素诱发(如陨石坠落、水库蓄水、深井注水)而引起的地震称为诱发地震。

地震通过地震波由地震中心向外传播能量。地球内部传播的地震波称为体波，分为纵波和横波。沿地面传播的地震波称为面波。纵波(P波)的振动方向与传播方向一致，纵波会引起地球表面的上下颠簸振动。纵波传播速度较快，到达地面时人感觉颠动，物体上下跳动。横波(S波)的振动方向与传播方向垂直，横波能引起地球表面的水平晃动。传播速度比纵波慢，到达地面时人感觉摇晃，物体会来回摆动。面波：当体波到达岩层界面或地表时，会产生沿界面或地表传播幅度很大的波，称为面波。面波传播速度小于横波，所以跟在横波的后面。

纵波的传播速度大于横波，面波的传播滞后于纵波和横波，所以地震时，纵波总是先到达地表，而横波和面波总落后一步。这样，当发生较大的地震时，人们先感到上下颠簸，过数秒甚至十几秒后才感到有很强的水平晃动。横波和面波是造成破坏的主要原因。

(2)地震的分类。根据地震发生的位置，构造地震可以分为发生在板块边界上的板缘地震(板块边界地震)和发生在板块内部的板内地震。前者如环太平洋地震带上绝大多数地震，后者如欧亚大陆内部(包括中国内陆)的地震。板缘地震主要与岩石圈运动过程中的挤压、伸展、走滑变形造成的地壳破裂有关，板内地震除与板块运动有关外，还要受板内断裂活动的影响，其发震的原因与规律比板缘地震更复杂。

根据震源深度，地震可以分为：①浅源地震，震源深度小于60km的地震，大多数破坏性地震是浅源地震；②中源地震，震源深度为60～300km的地震；③深源地震，震源深度在300km以上的地震。到目前为止，世界上记录到的最深地震的震源深度为786km。

构造地震常常发生主震和余震,根据主震和余震的组合特征,可以将地震分为孤立型地震、主震-余震型地震、双震型地震、震群型地震。孤立型地震有突出的主震,余震次数少、强度低;主震所释放的能量占全序列的99.9%以上,主震震级和最大余震相差2.4级以上。主震-余震型地震主震突出,余震也十分丰富;最大地震所释放的能量占全序列的90%以上;主震震级和最大余震震级相差0.7~2.4级。双震型地震指一次地震活动序列中,90%以上的能量主要由发生时间接近、地点接近、震级大小接近的两次地震释放。震群型地震指有两个以上震级大小相近的主震,余震十分丰富;主要能量通过多次震级相近的地震释放,最大地震所释放的能量占全序列的90%以下;主震震级和最大余震震级相差0.7级以下。

(3) 地震的震级和烈度。地震震级是地震大小的一种度量,根据地震释放能量的多少来划分,用"级"来表示。震级的标度最初是由美国地震学家Richter于1935年研究加利福尼亚地方性地震时提出的,规定以距震中100km处"标准地震仪"(安德生地震仪、周期0.8s,放大倍数2800,阻尼系数0.8)所记录的水平方向最大振幅(单振幅,以μm计)的常用对数为该地震的震级。后来发展为远台及非标准地震仪记录经过换算确定的震级。震级分面波震级(MS)、体波震级(Mb)、近震震级(ML)等不同类别,彼此之间也可以换算。根据计算,最大地震可达8.9级。最小的地震则已可用高倍率的微震仪测到3级。4.5级以上的地震可以在全球范围内监测到。

按震级的大小,地震又可划分为以下不同的震级。

弱震:震级小于3级。如果震源不是很浅,这种地震人们一般不易觉察。有感地震:震级3~4.5级,这种地震人们能够感觉到,但一般不会造成破坏。中强震:震级4.5~6级,属于可造成破坏的地震,但破坏轻重还与震源深度、震中距等多种因素有关。强震:震级等于或大于6级,其中震级大于或等于8级的又称为巨大地震。

同样大小的地震,造成的破坏不一定相同;同一次地震,在不同的地方造成的破坏也不同。为衡量地震破坏程度,科学家又"制作"了另一把"尺子"——地震烈度。影响烈度的因素有震级、震源深度、距震源的远近、地面状况和地层构造等。在中国地震烈度表上,对人的感觉、一般房屋震害程度和其他现象做了描述,可以作为确定烈度的基本依据。

(4) 地震带的分布。地震主要发生于地表的构造活动带,据统计,现代全球85%的地震发生在板块边界上,仅有15%的地震与板块边界的关系不那么明显。现代地球上主要有四大地震活动带:环太平洋地震带、阿尔卑斯-喜马拉雅-印度尼西亚地震带、大洋中脊地震活动带、大陆裂谷地震活动带。

环太平洋地震带分布在太平洋周围的近岸地区,包括南、北美洲太平洋东岸和西太平洋西岸从阿留申群岛、堪察加半岛、日本列岛南下至中国台湾省,再经菲律宾群岛转向新西兰。这里是全球分布最广、地震最多的地震带,所释放的能量约占全球的3/4。该地震带与环太平洋的板块俯冲带的岩石圈板块俯冲作用相关。

阿尔卑斯-喜马拉雅-印度尼西亚地震带从地中海向东,经中亚至喜马拉雅山再至印度尼西亚。该地震带与非洲板块、印度板块与欧亚板块中新生代以来的板块碰撞密切相关。

大洋中脊地震活动带蜿蜒于各大洋的大洋中脊中部裂谷,几乎彼此相连。总长约65万km,轴部宽度100km左右。大洋中脊地震活动带的地震活动性较之前两个带要弱得多,均为浅源地震,且距离大陆远,尚未发生过特大的破坏性地震。

大陆裂谷地震活动带规模最小,不连续分布于各大陆内部裂谷带,如东非裂谷、红海裂谷、贝加尔裂谷、亚丁湾裂谷等。

根据将今论古的现实主义原理,地史时期的地震也常常发生于板块边缘的俯冲带、板块碰撞带和板缘或板内裂谷带,这些地震带一般位于现代地表的造山带。古代的造山带,尤其是印支期以后的造山带目前仍处于构造挤压和持续隆升的时期,也常常发生破坏性地震,如中国的昆仑山—祁连山—秦岭—大别山一线的中央造山带及阿尔泰山、天山—阴山一线的中亚造山带。

(5) 地震灾害。地震是一种突发性、瞬时性的灾害事件,常常对地表和人类社会生活造成巨大灾难。

大陆地区发生的强烈地震，会引发滑坡、崩塌、地裂缝、建筑物坍塌等灾害，给人类社会生活造成巨大损失。

地震直接灾害是地震的原生现象，如地震断层错动以及地震波引起地面振动所造成的灾害。主要有地面的破坏，建筑物与构筑物的破坏，山体等自然物的破坏（如滑坡、泥石流等），海啸、地光烧伤等造成的破坏。

地震时，最基本的现象是地面的连续振动，主要特征是明显的晃动。极震区的人在感到大的晃动之前，有时首先感到上下跳动。因为地震波从地内向地面传来，纵波首先到达。横波接着产生大振幅的水平方向的晃动，是造成地震灾害的主要原因。1960年智利大地震时，最大的晃动持续了3min。地震造成的灾害首先是破坏房屋和构筑物，造成人畜的伤亡，如1976年中国河北唐山地震中，70%～80%的建筑物倒塌，人员伤亡惨重。

地震对自然界景观也有很大影响，最主要的后果是地面出现断层和地震地裂缝。大地震的地表断层常绵延几十千米至几百千米，往往具有较明显的垂直错距和水平错距，能反映出震源处的构造变动特征。但并不是所有的地表断裂都直接与震源的运动相联系，它们也可能是由于地震波造成的次生影响。特别是地表沉积层较厚的地区，坡地边缘、河岸和道路两旁常出现地裂缝，这往往是由于地形因素，在一侧没有依托的条件下晃动使表土松垮和崩裂。地震的晃动使表土下沉，浅层的地下水受挤压会沿地裂缝上升至地表，形成喷沙冒水现象。大地震能使局部地形改观，或隆起，或沉降，也使城乡道路断裂、铁轨扭曲、桥梁折断。在现代化城市中，由于地下管道破裂和电缆被切断造成停水、停电和通讯受阻。煤气、有毒气体和放射性物质泄漏可导致火灾、毒物、放射性污染等次生灾害。在山区，地震还能引起山崩和滑坡，常造成掩埋村镇的惨剧。崩塌的山石堵塞江河，在上游形成地震湖。1923年日本关东大地震时，神奈川县发生泥石流，顺山谷下滑，远达5km。

地震次生灾害是指地震发生后，破坏了自然或社会原有的平衡或稳定状态，从而引发出的灾害，主要有火灾、水灾、毒气泄漏、瘟疫、通讯事故、计算机事故等。其中火灾是次生灾害中最常见、最严重的。

二、地震触发的海啸和重力流

1. 海啸

海啸，是由海底地震、火山爆发、海底滑坡或气象变化所产生的破坏性海浪，海啸的波速高达每小时600～1000km，在几小时内就能横过大洋；海啸波长可达数百千米，可以传播上万千米而能量损失很小。现代海洋中一般波高数米，但当海啸到达海岸浅水地带时，海啸波长减短而波高急剧增高，可达数十米，形成含有巨大能量的"水墙"。呼啸的海啸水墙每隔数分钟或数十分钟就重复一次，摧毁堤岸，淹没陆地，夺走生命财产，破坏力极大。呼啸巨浪，以摧枯拉朽之势，越过海岸线，越过田野，迅猛地袭击着岸边的城市和村庄。人们瞬时都消失在巨浪中，港口船舶被掀翻和抛到岸上，建筑设施在狂涛的洗劫下被席卷一空。事后，海滩上一片狼藉，到处是残木破板和人畜尸体。

(1)海啸是一种灾难性的海浪，通常由震源在海底下50km以内、里氏震级6.5级以上的海底地震引起，可分为地震海啸、火山海啸、滑坡海啸3类。其中，火山海啸(volcanic tsunami)指火山津浪、火山津波等，发生的原因有地震时因海床之垂直位移、海沟斜坡崩塌、海底火山爆发等，其现象是因地震或火山爆发所引起的一连串极长周期的长浪，其危害可造成重大的破坏，并使海岸地区的生命财产受损。滑坡海啸(slide-generated tsunami)是海底滑坡或岩石、冰山等崩塌入海所引发的。本节主要讲述地震海啸。

按照地震海啸造成的海底地形及水体运动方式，地震海啸可以分为两种形式：下降型海啸和隆起型海啸。

下降型海啸是地震引起的海底地壳大范围的断裂下陷（正断层式），海水首先向突然错动下陷的空间涌去,其上方的海水大规模积聚,当涌进的海水在海底遇到阻力后,即翻回海面产生压缩波,形成长波大浪,并向四周传播与扩散。这种下降型海啸在海岸首先表现为异常的退潮现象。1960年智利地震海啸就属于此种类型。

隆起型海啸是地震引起的海底地壳大范围的急剧上升(逆断层式),海水也随着隆起区一起抬升,在隆起区域上方出现大规模的海水积聚,在重力作用下,海水必须保持一个等势面以达到相对平衡,于是海水从波源区向四周扩散,形成汹涌巨浪。这种隆起型海啸在海岸首先表现为异常的涨潮现象。1983年5月26日,由日本海7.7级地震引起的海啸属于此种类型。

(2)按受灾现场可将海啸分为遥海啸和本地海啸两类。

遥海啸是指横越大洋或从很远处传播来的海啸,也称为越洋海啸。海啸波属于海洋长波,一旦在源地生成后,在无岛屿群或大片浅滩、浅水陆架阻挡情况下,一般可传播数千千米而能量衰减很少,因此可造成数千千米之遥的地方也遭受海啸灾害。如2004年底发生在印度尼西亚的大海啸就波及到几千千米外的斯里兰卡、印度和非洲东海岸。1960年智利海啸也曾使数千千米之外的夏威夷、日本都遭受到严重灾害。

本地海啸是从地震及海啸发生源地到受灾的滨海地区相距较近,所以海啸波抵达海岸的时间也较短,只有几分钟,多者几十分钟。大多数海啸属于本地海啸。本地海啸预警时间更短或根本无预警时间,因而往往造成极为严重的灾害。2011年3月11日,日本发生9.0级地震,引发的巨大海啸即属于本地海啸。

现代全球的海啸发生区大致与地震带一致,多发育于环太平洋地区,以及印度洋东北部印度尼西亚板块碰撞区,全球有记载的破坏性海啸大约有260次,平均六七年发生一次。发生在环太平洋地区的地震海啸约占80%,日本列岛及附近海域的地震又占太平洋地震海啸的60%左右。受海啸影响的地区为夏威夷群岛、阿拉斯加区域、堪察加-千岛群岛、日本及周围区域、中国及其邻近区域、菲律宾群岛、印度尼西亚区域、新几内亚区域-所罗门群岛、新西兰-澳大利亚和南太平洋区域、哥伦比亚-厄瓜多尔北部及智利海岸、中美洲及美国、加拿大西海岸,以及地中海东北部沿岸区域等,但日本是全球发生地震海啸并且受害最深的国家。

2. 地震触发的重力流

海底重力流通常具有一定的触发因素。一般学者认为,地震、海啸,甚至风暴、大潮等都可以触发海底重力流。但对大陆斜坡海底重力流的触发因素,多归结于地震的触发。早在20世纪50—60年代,一些学者就注意到地震作用对海底沉积物变形和位移的影响,如Heezen和Ewing(1952)、Heezen和Dyke(1964)对1929年加拿大Grand Bank大地震对海底电缆延时性切断进行了报道,并对海底沉积物位移、变形和引发的浊积岩进行了研究。之后,很多学者开展了对地震岩及其伴生的浊积岩的研究,丰富了人们对地震触发重力流沉积的认识,并将其命名为震浊积岩(Mutti et al.,1984;Shiki et al.,2000)。

三、地震岩

1. 地震岩的概念

地震岩(seismite)系由地震作用形成的岩石,主要表现为已经形成的未固结的沉积物的准同生变形(软沉积物变形)。地震岩早期译为震积岩,考虑到地震本身仅仅形成准同生变形,并不形成沉积作用,冯增昭(2017)建议译为地震岩。

地震岩源于Heezen和Ewing(1952)、Heezen和Dyke(1962)对1929年加拿大Grand Bank大地震

造成的海底沉积物位移、变形和引发的浊积岩的发现和研究。1969年,Seilacher将地震作用改造未固结的水下沉积物形成的再沉积层定义为地震岩(seismites)。1984年,*Marine Geology*刊出了"地震与沉积作用"专辑,对地震事件沉积作用进行了系统总结(Cita and Lucchi,1984)。2002年,美国地质学会刊出了"古代地震岩"专辑(Ettensohn et al.,2002)。*Sedimentary Geology*刊出了3期相关的专辑,分别是由Shiki等(2000)编辑的"震浊积岩、地震岩、海啸岩"专辑;由Storti和Van-nucchi(2007)编辑的"自然界和实验室中的软沉积物变形"专辑;由Owen等(2011)编辑的"软沉积物变形的识别:通常的理解和未来的方向"专辑。地震事件沉积已经成为当今沉积地质学研究的一个热点领域。

所谓的地震岩,是指在不同构造与沉积背景下的地震作用过程中地壳颤动引起的各种作用力(地震振动力、剪切力、挤压力和拉张力等)对沉积物改造而形成的岩石,由地震引起的海啸或重力流对沉积物改造分别形成海啸岩或震浊积岩。这种改造既包括地震对沉积阶段表层沉积物的改造,也包括对早期埋藏阶段软沉积物的改造,甚至还包括对后生或抬升地表的已固结沉积岩的破坏或改造(如现代地震引起的滑坡和泥石流等)。

软沉积物变形是指沉积物沉积之后、固结之前,由于地震引起的破裂、褶皱、差异压实、液化、滑移、滑塌等形成的变形构造。这些变形往往伴随地壳颤动的触发因素,因此常和地震、海啸、火山活动、重力滑坡、滑塌等作用相关。

与地震岩早期研究不同,20世纪90年代后期以来,国外学者非常重视对由地震引起的软沉积物变形研究(Mohindra and Bagati,1996;Molina et al.,1998;Rossetti,1999)。Wheeler(2002)对地震和非地震成因的软沉积物变形特征进行了区分。国内学者也逐渐关注于地震引起的软沉积物变形研究,并对地震引起的软沉积物变形进行了系统分类(表14-2)(乔秀夫,2009;杜远生,2011)。总体来说,软沉积物变形通常由强烈的外力触发引起,包括同沉积期外力触发的软沉积物变形,也包括沉积期后沉积物液化过程中形成的各种软沉积物变形。虽然软沉积物变形是地震岩的最重要特征,但并不是所有的软沉积物变形都和地震相关,或者难以证明与地震相关。杜远生和余文超(2017)对地震和非地震引起的软沉积物变形进行了对比分析,认为与地震相关的软沉积物变形应与地震形成的唯一性构造共生。地震形成的唯一性构造包括地震过程中形成的地裂缝(地震岩墙或岩脉、表层沉积物微褶皱、同沉积断裂等)。因此地震、与火山伴生的地震以及地震引起的海啸、重力滑坡、滑塌形成的软沉积物变形应与上述地震形成的"唯一性"构造相伴生,否则就很难确定是与地震相关的。

表14-2 地震引起的软沉积物变形构造(据杜远生,2011修改)

事件沉积类型	成因类型	软沉积变形构造
同生地震事件沉积	伸展、挤压、剪切	地裂缝、同沉积断裂、微褶皱、地震角砾岩
准同生地震事件沉积	震动变形	负荷构造、火焰构造、枕状构造、球状构造、枕状层
	液化变形	液化脉、液化角砾岩、液化卷曲变形层理、砂火山、底辟构造、泄水构造(泄水管状构造、碟状构造)
后生地震事件沉积	伸展、挤压、剪切	地震断裂、地震角砾岩、滑坡、滑塌、泥石流
地震引发的海啸沉积		津浪丘状层理、越岸席状砂层
地震引发的重力流沉积	重力变形	岩崩、滑坡、滑塌、泥石流、震浊流沉积

2. 地震引起的软沉积物变形

(1)地震断裂。地震断裂指地震发生时的同地震破裂,常见地表或沉积物表面形成的地裂缝和同沉积断裂。

地裂缝是在地震发生期间,地表和沉积物表面形成的断裂裂缝,现代大陆地震常常发育地裂缝,有时在地表(甚至公路的水泥路面)形成破裂,破裂宽度可达10余厘米到几十厘米。地裂缝上部宽度大,向下尖灭,深度十余厘米到几十厘米,延伸数米到百余米。水下沉积物表面也可以发育地裂缝,地裂缝剖面上呈楔状,裂缝顶部宽大,底部尖灭(图14-13A)。裂缝内充填含少量细砂的泥质岩脉。裂缝内的泥质岩脉岩性与围岩接近,但内含生物屑更多、颜色略浅,与围岩界线明显。地裂缝不同于泥裂,泥裂在层面上常常显示近于规则的多边形,地裂缝一般在层面上单独出现,呈线状分布,有时可呈斜列状特征。

同沉积断裂表现为沉积层内的断裂,所谓同沉积,指发生于沉积作用期间,区别于沉积物形成之后的后期断裂,这种断裂常常被后期沉积物覆盖,沉积物覆盖层之下沉积物错断(图14-13)。同沉积断裂常常发育阶梯状断裂,正断层多见,也见逆断层。与后期断裂的另一个重要区别是地震形成的断裂面被沉积物充填,形成沉积岩脉(或沉积岩墙),后期构造的断裂面常充填后期结晶物,如方解石脉或石英脉。

图14-13 地震断裂

A.地裂缝(澳大利亚悉尼盆地二叠系);B.地震断裂平面分布(澳大利亚悉尼盆地二叠系);C、E.同沉积断裂(北京周口店中元古界雾迷山组);D.地震断裂(中国云南中元古界落雪组)

(2)微褶皱。微褶皱又称震褶层,是地震过程中形成的同沉积褶皱。所谓同沉积,指沉积物沉积之后(未脱离水体)形成的小型褶曲。这种微褶皱被后期沉积物覆盖,褶皱局限于上覆层之下的沉积层中,微褶皱形态复杂,不具优势的方向性。与后期形成的褶皱区别在于:后期褶皱一般规模较大,具有一定的方向性,所有层均发育岩层褶曲。地震形成的微褶皱规模较小,局限在一定的沉积层中,空间上也局限分布,变形复杂,方向性不强。

(3)地震角砾岩。地震角砾岩指地震过程中已固结或成岩的岩石破碎形成的角砾岩。Spallctta和 Vail(1984)命名为自碎屑角砾岩和内碎屑副角砾岩。自碎屑角砾岩是指地震颤动破坏原沉积层形成的初始断裂角砾岩,这种角砾岩完全是原地原位的。而内碎屑副角砾岩是指自碎屑进一步位移形成的近原地异位的角砾岩。杜远生和韩欣(2000)通过对原地地震岩观测,发现存在两种不同角砾组成的角砾岩。一种是角砾呈软沉积物变形特征,角砾呈复杂的拉长、侧向变细和弯曲,具撕裂状和藕断丝连痕迹,称为塑性角砾岩(图14-14);另一种是角砾呈脆性破裂特征,无磨圆和分选,称为脆性角砾岩。

图14-14 地震角砾岩(据杜远生和韩欣,2000)
A.自碎屑角砾岩;B.塑性内碎屑副角砾岩,云南中元古界大龙口组

(4)液化变形构造。液化变形构造是沉积物液化形成的变形构造,液化变形通常是泥质盖层(隔水层)覆盖的砂质层在上覆岩层的压力下,泥质层的层内水被挤入含水的砂层,造成砂层中高压水将砂质颗粒悬浮形成液化。这些液化的砂体在地震等强外力颤动作用下,常常沿地震形成裂隙挤入形成液化沉积岩脉(简称液化脉),若沿管状通道喷出沉积物表面,则形成砂火山(图14-15)。

(5)陷落构造。陷落构造指泥质、砂质沉积物界面上,上覆的砂层沉陷到下伏的泥层中形成的,包括负荷构造、火焰构造、枕状构造、球状构造。砂层下沉在砂层底部形成负荷构造,泥层挤入砂层形成火焰构造。当砂层呈枕状或球状坠入泥层,则形成枕状构造或球状构造。陷落构造常常伴随着未固结的沉积物颤动,虽然不排除非地震成因的陷落构造存在,但地震过程中形成的颤动可以提供这种构造成因的满意解释。

(6)枕状层。不同于陷落构造形成于泥质、砂质沉积物界面上,枕状层形成于砂质沉积物内部,也是由于地震颤动引起的。Roep和Events(1992)将枕状层划分为3种类型:完全变形的枕状层、非完全变形的枕状层和刚性变形的枕状层。枕状层底面呈下凹的枕状,剖面上为长椭圆状。单个枕状体宽度一般为10~20cm,高度10cm左右。枕状体呈层状分布,枕状层厚度在20~150cm不等。枕状层通常形成大的负荷体,伴生枕状构造和火焰构造。

(7)落石沉陷构造。落石沉陷构造是杜远生等(2005)发现的由火山引发的地震形成的一种特殊沉积构造。该构造发现于广西北海涠洲岛更新世湖光岩组破火山口附近的火山碎屑沉积中,该沉积中大量火山岩巨砾沉陷于砂岩层中,砂岩层理向下弯曲。落石沉陷构造被认为是火山巨砾喷发碎屑物落入火山口附近的软沉积物中,在频繁的地震颤动过程中沉陷而成。

四、海啸岩和震浊积岩

海啸岩指由海啸作用形成的沉积记录。由于海啸具有巨大的浪高(几十米到百余米)和波长(数千米至数百千米),因此海啸浪基面远低于正常浪基面和风暴浪基面。海啸浪基面深度可达数百米。理论

图 14-15 液化脉(A、B)和砂火山(C、D)(澳大利亚悉尼盆地二叠系)

上说,海啸浪基面之上的地区均可以发育海啸沉积记录,近海岸地区的滨浅海和近海陆相盆地也可以存在海啸沉积。目前对海啸沉积的研究还很欠缺,关于海啸沉积的报道较少,大致可从以下方面认识海啸沉积:①深水沉积(如仅含游泳或富有生物化石、具水平层理的暗色泥质岩、硅质岩)中发育的具巨型浪成层理(如巨型丘状交错层理)的粗碎屑异常沉积。②近海陆相湖泊中出现的海泛层(具破碎的海相生物化石)。本地海啸形成的海啸沉积可以和地震沉积共生,而遥海啸形成的海啸沉积可单独出现。Du Y S et al. (2008)报道过华南泥盆系弗拉斯期—法门期之交深水相沉积中普遍存在一套砾屑灰岩和浊积灰岩。该沉积可与比利时的 Hony 地区、美国内华达的 Devils Gate 地区、摩洛哥的 Atrous 地区、俄罗斯的南乌拉尔、西伯利亚东北部的 Fore-Kolyma、波兰-摩拉维亚盆地南部 Holy Cross 山脉、Cracow 和 Brno 地区法门阶底部的浊积岩、角砾岩对比。如此广泛的全球性分布的等时性事件沉积可以与巨大的外星体坠入到海洋中引起的全球性海啸相联系。

震浊积岩是地震触发的重力流沉积的统称,包括滑移、滑塌、沉积物重力流(碎屑流、浊流)沉积等。滑移和滑塌构造指未固结的沉积物受重力作用影响,沿斜坡滑动形成的软沉积物变形,内部变形微弱的整体滑动为滑移(slide),内部发生变形的为滑塌(slump)。碎屑流是以杂基支撑为特色的沉积物重力流,主要为块状层理的泥基支撑杂砾岩。浊积岩为具完整或不完整的鲍马序列的砂泥质沉积的韵律层。滑移、滑塌和沉积物重力流是大陆斜坡常见的事件沉积类型。滑移、滑塌、沉积物重力流的启动,常常有一种触发因素,地震、风暴、海啸都可能触发滑移或滑塌,但如果这些沉积与地震形成的软沉积物变形共生,可以确定为地震触发。澳大利亚悉尼盆地 Ulladalla 附近的二叠系 Wandrawandian 粉砂岩组中发育典型的滑塌构造(图 14-16)。

图 14-16 澳大利亚悉尼盆地 Ulladalla 附近的二叠系 Wandrawandian 粉砂岩组的滑塌构造
A. 剖面全景(底部具地裂缝,左侧为 1 人);B~D. 滑塌构造;E. 剖面北端远景

第四节 海洋重力流沉积

重力流(gravity flow)沉积是一种重要的事件沉积类型,也具有突发性、瞬时性、灾变性特征。不同于介质牵引着沉积物运动的牵引流,重力流主要依靠沉积物的重力驱动流动而沉积。重力流可以发生在陆表,也可以发生于水下,包括水体中和水体底部与沉积物界面上。广义的重力流沉积包括受重力影响的岩崩垮塌、滑移、滑塌,也包括沉积物重力流。沉积物重力流系指重力作用推动的含有大量弥散物的一种密度流。沉积物在重力流作用下保持明显的边界整体流动,故又称"块体流沉积"。根据沉积物重力流中悬浮颗粒的支撑机理,一般将沉积物重力流分为碎屑流、颗粒流、液化流和浊流 4 种类型。由于沉积物重力流较介质密度更大,因此重力流又称为密度流(density flow)。除了上述 4 种类型,异重流也常作为重力流的一种特殊类型。异重流指两种或者两种以上密度相差不大、可以相混的流体,因密度差异而发生的相对运动。如果一种流体沿着不同密度流体的交界面流动,在流动过程中不与其他流体发生全局性混合,就是异重流。由于异重流的密度相对其他 4 种类型较低,也称低密度浊流。

人们对深海重力流沉积的认识有一个漫长的过程,以被誉为沉积学第一次革命的 Kuenen 和 Migliorini(1950)发表的《浊流是递变层理的成因》著名论文为起点,开创了深水沉积物重力流研究的新时代,从而打破了传统的机械分异学说在沉积学中的统治地位。Bouma(1962)应用浊流理论提出了被称为"鲍马序列"(Bouma sequence)的著名浊流层序模式,Walker(1977)建立了进积型浊积扇的沉积序列和模式。20 世纪 70 年代至 80 年代初,人们又在深海细粒岩类中发现大量细粒浊积岩,从而极大地深化了对深海浊流理论及其沉积相的认识。本章主要从事件沉积的角度出发,重点对碎屑岩重力流沉积予以概述。

一、重力流的沉积类型

块体-重力搬运是将陆源碎屑再搬运到深海的主要方式。块体-重力搬运作用包括在重力直接作用下沉积物整体顺坡向下运动的全部过程。根据运移的沉积物块体内部解体程度可依次将水下块体-重力搬运作用及其沉积产物区分为以下几类：岩崩、滑移、滑塌和沉积物重力流。沉积物重力流是沉积物和液体的混合物总称，其层内的粘连性已破坏，单个颗粒在液体介质中因受重力作用而移动，并带动液体一起流动。在一次块体搬运事件中，上述重力流类型可能一起发生，也可以相互转化（图14-17）。

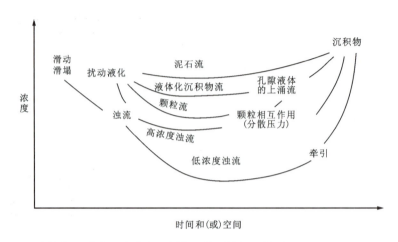

图 14-17　一次块体-重力搬运事件中不同作用推测的相互关系（据 Middleton and Hampton，1976）

1. 岩崩

岩崩是已石化的巨大岩块受重力作用自由崩塌滑落而移动。水下岩崩多发生在水下裸露的岩石陡崖和礁前地带，分布比较局限，岩崩常伴生有碎屑流沉积。

岩崩沉积常常形成倒石堆，现代陆表的倒石堆多呈沿陡崖零星分布的堆状沉积体，沉积体内为大小不一，没有磨圆、分选的砾石，砾石之间一般没有基质。古代地层中的倒石堆也常常见于海蚀崖岸边，或沿着海底的陡崖（如断陷盆地的陡崖、大陆斜坡的陡崖等）分布。倒石堆沉积由角砾岩组成，砾石大小混杂，砾石无分选、无磨圆，呈棱角状，角砾支撑，无基质，填隙物为后期的胶结物。

2. 滑移与滑塌

滑移（sliding）与滑塌（slumping）是半固结的沉积物在重力作用下破裂的底面，顺坡向下滑动，内部仍保持一定的粘连性，滑移主要强调沉积块体作用沉积物外来岩块的整体移动，而滑塌则指在移动过程的同时发生内部变形、方位变动及破裂。滑动与滑塌常紧密共生在一起，因此，许多文献中将两种作用统称为滑塌，在英文文献中，"sliding"与"slumping"有时也作为同义语相互通用。滑塌是深海中一种重要的搬运作用，尤其在大陆斜坡上，各种规模的滑塌作用经常发生，滑塌沉积分布非常普遍。现代水下滑塌块体沉积物常对海洋钻探、海底电缆铺设等水下工程构成灾害性威胁。古代地层中的滑塌沉积是古斜坡的主要佐证（Cook，1979），也是古地震的标志之一。水下滑塌可以在很缓的坡度（甚至只有1°）上发生。水下大型滑塌常可导致大规模的水下碎屑流和浊流发生，从而形成分布更广泛的碎屑流沉积和浊流沉积。例如著名的1929年Grand Bomk地区因地震触发斜坡坍塌，坍塌体长和宽约100km，厚约400m，顺坡移动距离达数百米以上。由滑塌沉积形成的浊流沉积物一直搬运到深海平原，移动距离达数百千米，含水浊流沉积物散布在 $10\times10^4 km^2$ 的面积上。滑塌作用还常伴随有各种变形构造，如滑塌褶皱、滑塌断层、球状构造、钩状构造等。

3. 碎屑流（泥石流）沉积

碎屑流英文词为debris，国内学者将陆表环境译为泥石流，水下环境译为碎屑流或水下泥石流。碎屑流是一种具有高黏度的非牛顿流体，其流动方式常常表现为层流。现代干旱半干旱山区若突降暴雨，因山体植被稀少、岩石和坡积物裸露，常常出现泥石流。泥石流是由暴雨带来的大量碎屑和泥质与水的混合体，靠其本身的重力作用顺沟向下运动（而非由水搬运沉积物运动）。水下泥石流与陆表泥石流类似，但其含水量更高，受上覆水体的压力更大。

碎屑流的主要特征是含水的泥质沉积物（基质）搬运碎屑在重力主导下运动。由于泥质沉积物相对密度高（可达2.5），因此基质产生的浮力和屈服强度更大，能够搬运更大的砾石。碎屑流触发以后，可以在小于2°的缓坡上流动，流速可变。随着碎屑流脱水，在重力产生的顺坡引力不再超过碎屑流块体的剪切强度时，碎屑流就被"冻结"而突然停止运动，从而形成碎屑流沉积物。

碎屑流沉积物的成分复杂，粒度从黏土质到漂砾都有，砾石有时可达数米。砾石无分选，砾石圆度主要取决于砾石的物源，一般碎屑流的砾石圆度较差。由于碎屑流为泥基支撑的沉积物向前推进，导致砾石直立，因此沉积物内部可见砾石的直立组构。因碎屑流无水流牵引，故纹层不发育，多呈块状构造。由于碎屑流有一个逐渐加强的过程，碎屑流沉积底部常显反递变特征（图14-18）。

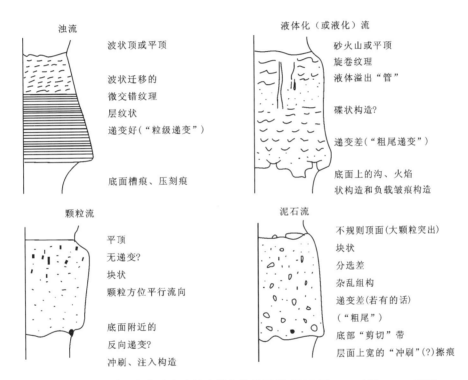

图14-18 4种沉积物重力流的内部构造及层序（据Middleton and Hampton，1973）

陆表的泥石流常常发育于干旱-半干旱气候条件下的山区或山前，多见于冲积扇中。水下泥石流（碎屑流）常见于大陆斜坡海底峡谷的出口区域和斜坡底部，构成海底扇的一部分。

4. 颗粒流沉积

颗粒流沉积指在斜坡上由颗粒之间相互碰撞所产生的分散应力导致的沉积物运动。颗粒流的概念很大程度上来源于Bagnold（1954）的理论研究和实验工作，自然界中颗粒流可直接实验观察。在一个散布碎屑颗粒的较陡的斜坡上，如果碰撞上部的一个颗粒，该颗粒受重力作用下滑过程中就会碰撞其他颗粒，从而导致这些颗粒重力下滑，这些下滑的颗粒会碰撞更多的颗粒，从而导致更多的颗粒重力下滑。如此反复，斜坡上可形成面状的颗粒流。水下颗粒流具有大致类似的过程。

由于颗粒流是由颗粒之间的碰撞效应形成的，因此颗粒流沉积常为颗粒支撑的碎屑岩（如细砾岩和粗砂岩），层内无层理，块状构造，具突变的顶底面，底面较平整或有滑动模等特殊的底痕。当颗粒流流动时,由于动力筛分效应,小颗粒将在大颗粒之间的孔隙中下沉,逐步表现为小颗粒在下部集中的现象,从而形成反递变的粒序层(Middleton,1970)。

颗粒流主要发育于陡坡上并主要由碎屑颗粒组成的沉积物中,如沙漠中沙丘的陡坡面或其他陡坡的碎屑颗粒中。由于形成颗粒流需要很大的坡度(18°~37°),海底很少有如此大的坡降地带,加上颗粒流沉积难以识别,所以颗粒流沉积很少有报道。Shepard 和 Dill(1966)通过海底摄影曾在海底峡谷端部发现小规模的沙崩(流沙层),并将其解释为颗粒流沉积物。

5. 液化流沉积

液化是松散的碎屑沉积物中富含水,碎屑颗粒之间的孔隙水呈超孔隙压力状态,碎屑颗粒不是颗粒支撑,而是在超压的孔隙水中悬浮,是一种亚稳定状态。液化流指液化的沉积物受到强烈的外力影响,这种亚稳定状态瓦解,触发液化的砂体顺坡流动。液化现象可以出现在沉积物表层或浅层(1~2m),更多的是出现在深层,砂层顶底为黏土质隔水层。沉积物表层或浅层的液化砂可以像高黏性的流体一样运动,可以顺 2°~3°平缓的斜坡向下流动。流动过程中,孔隙水不断溢出,超孔隙水压迅速消耗,液化流便"冻结"固化沉积下来。液化流从启动到冻结固化,不存在牵引流作用,因此不会形成牵引流成因的沉积构造。液化流沉积呈颗粒支撑,内无杂基,呈块状层理,可具泄水构造,如碟状构造等。深部液化砂受强外力作用(如地震)形成沉积层的破裂,形成一系列的地震成因的液化软沉积物变形构造,如碟状构造、液化脉、砂火山等。深层的液化砂仅仅是液化砂的软沉积物变形,应不属于液化流沉积。自然界的液化流偶尔可见,古代的沉积记录中也难以识别,故文献中很少报道。

6. 浊流

浊流是深湖、深海中最常见,分布最广的一种沉积物重力流,古代复理石地层主要是由浊流形成的。浊流也是碎屑颗粒和水的混合体,在斜坡上靠自身重力向下运动。浊流中的颗粒在运动过程中主要由流体的湍流机制支撑,不同于碎屑流泥质杂基支撑和液化流的超压孔隙水悬浮。浊流启动以后,可以在极缓(小于 1°)的斜坡上流动。当流速降低和湍流能量减小,浊流搬运的沉积物便会迅速沉积下来。浊流开始沉积时粗粒碎屑较多,随着流速减慢,细粒碎屑的比例逐渐增大,从而形成向上变细的粒序层。

浊流在流动时,浊流体可以分解为头部、颈部、体部和尾部 4 个部分(图 14-19),头部和颈部呈舌状,流动型式为辐散流向,具有向前和向上的环流型式,绝大部分的槽模和底痕是由头部侵蚀出来的,最粗的沉积物也主要集中在头部和颈部,体部厚度比较均匀,流动缓慢而稳定。尾部厚度迅速变薄变稀,浊流体部和上面水体之间,由混合作用产生低浓度沉积物披载层,并被下面的浊流拖曳前进,由于惯性和摩擦力小,披载层可以跟随在体部后面继续流动,并对体部和尾部沉积物进行改造,也能形成一些细粒沉积物。据 Kuenen(1976)计算,对于一次浊流来说,粗粒沉积物沉积较快,约数小时即可沉积下来,而尾部的细粒沉积物则可能需要持续一个星期才能完全沉积下来。

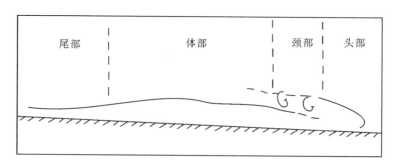

图 14-19 浊流沉积体的划分(据 Middleton and Hampton,1978 简化)

一次浊流事件形成的沉积层在平面上一般为向外呈扇状散开的朵状体。随着浊流的扩散,距离的增大,浊流强度不断减弱。由于粗粒物质不断沉积下来,流体中沉积物粒度也逐渐变细,海水对流体的稀释作用也随着时间和流动距离的增大而不断增强,浊流密度也逐渐变小,流层厚度逐渐减小。一次浊流事件形成一个特征的沉积序列。该序列最早由 Bouma(1962)发现并报道,故称为鲍马序列(图 14-20)。

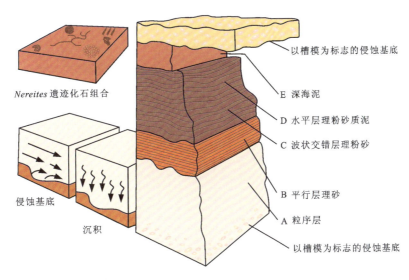

图 14-20 鲍马序列示意图

鲍马序列是经典浊积岩最特征的标志,自下而上由 5 个单元组成。

A 段:递变层段,是鲍马序列的底部单元,为具粗尾递变层理的含砾杂砂岩。底部有一明显的侵蚀冲刷面,常具冲刷槽,浊流底面保留槽模构造。当浊流底部含砾石时,浊流推进过程中砾石划过下伏沉积层顶面可形成沟痕,也可以跳跃形成跳跃痕或戳动下伏沉积物形成戳痕,浊流沉积底面保存沟模、跳跃模、戳模等底模构造。

B 段:平行层理段,由具平行层理的砂岩组成,与递变层段呈渐变关系。

C 段:波纹层理段,由细砂及粉砂岩组成,小水流波痕层理发育,一般层系厚度小于 5cm,长小于 20cm。也常发育卷曲变形层理(又称变形层理段)。

D 段:水平纹层段,由极细砂至粉砂质黏土组成,具有清楚的水平纹理。

E 段:泥质岩段,一般由泥岩组成,具均质层理或水平层理。

有时在泥岩段之上还发育一个代表深海泥岩沉积的 F 段,含有典型的远洋浮游生物化石,代表浊流事件平息后正常远洋深海沉积。但 F 段常缺失或与 E 段不易区分,所以一般笼统地称为 E 段。

鲍马序列各单元的形成与浊流流态的不断减弱有关。A 单元代表浊流在高密度流动时粗粒沉积物快速沉积形成的沉积层。B 单元是流速开始减缓时高流态形的平坦底床产物。C 单元是密度流被海水稀释,流速进一步降低,从高流态过渡为低流态而形成的,小水流波痕发育具有牵引流的特点。D 单元及 E 单元则是由残留的悬浮的细碎屑缓慢沉积形成的。最后浊流作用结束,逐渐过渡为背景(深海或深湖)沉积。Bouma(1978)指出,上述 5 个单元发育齐全的序列在浊流沉积中并不是处处可见,实际上所看到的序列大部分都是不完整的,常常缺乏最顶部或最底部的层序,或者顶底层序都缺失。据 Bouma(1978)统计,具有 5 段完整序列的浊积岩层只占 10%~20%,但自下而上从 A-E 单元的次序从未发生过颠倒和混乱。这种现象与浊流沉积物的空间分布特点有关,每次浊流事件各层段在空间上都发育成舌状体,延展面积可达几百平方千米至几千平方千米,厚度仅几厘米至几十厘米。由于浊流在顺流方向上流速逐渐减小、密度逐渐减小,面积却逐渐扩大,因而舌状体的分布范围、粒度和厚度也发生递减的变化。在近源区 A-E 各单元发育齐全。向下游方向,从最底部开始依次缺失,形成底部发育不完全的序列:B-C-DE,C-D-E,DE,到最外缘则仅有 E 单元。一次浊流事件停息后,如再一次发生浊流事件,常可将前一次浊流沉积体的顶部单元侵蚀掉,随着侵蚀深度加大,顶部单元便依次缺失,形成顶部缺失的序列:A-B-C-D,A-B-C,A-B,A。在浊流沉积体近中部多出现既缺顶又缺底的序列(图 14-21)。

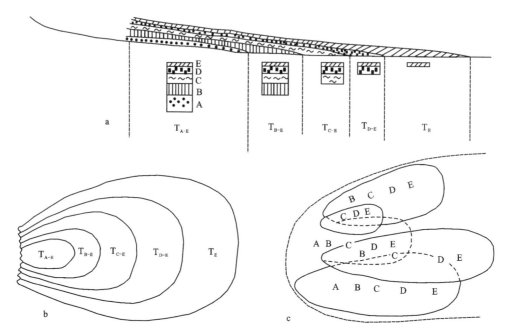

图 14-21 浊积岩层序形成与分布特点示意图(据 Bouma,1978)
a.剖面;b.平面分布图;c.多次形成的浊流舌状体相互叠置关系

7. 细粒浊积岩

与上述砂质浊积岩不同,细粒浊积岩主要由粉砂级碎屑和黏土质组成。细粒浊积岩在深海中分布非常广泛,其沉积速率也非常迅速,几小时或几天之内就可形成。细粒浊积岩与深海中其他细粒沉积岩(如远洋岩和等深岩)相比,具有自己的特点:①一般具有正递变的序列;②具有快速沉积作用形成的沉积构造,仅在层的顶部才具有生物扰动构造;③组成、结构、构造和其他特点都表明沉积物是外来的。

(1)粉砂质浊积岩。在远源浊流沉积中,粉砂质碎屑比砂质碎屑更丰富,通常形成薄—中层浊积岩层。粉砂质浊积岩层序具有与经典的鲍马序列类似的层序。粉砂质浊积岩常常在砂质浊流发生衰减时沉积,通常形成缺底的序列(如 C-D-E 单元或 D-E 单元),一般厚度 1~10cm,缺顶的序列(如 A-B 或 B)及缺失中部单元的 A-E 序列更为少见。当浊流的物源为细粒沉积物时,也可以单独形成粉砂质浊积岩序列。

粉砂质浊积岩的沉积序列自上而下包括以下单元(图 14-22):F.半远洋或远洋沉积物,生物遗迹、生物扰动构造发育;E.递变的泥,常常有生物扰动;D.粉砂、细粉砂,少量黏土互层并形成平行层理;C.中粒粉砂,交错层理,偶见卷曲层理,有递变;B.中粒粉砂,平行层理,有或无递变;A.中—粗粉砂或砂质粉砂,块状层理,分选不好或无分选,具漂浮碎屑,底部有小的冲刷。

(2)泥质浊积岩。深海中在陆源物质组成的沉积中存在很多泥质浊积岩。但由于这种沉积非常薄,且易风化破碎,其内部特征不易被识别,因此常被人们忽视。在现代海洋中的取样调查,以及古代地层

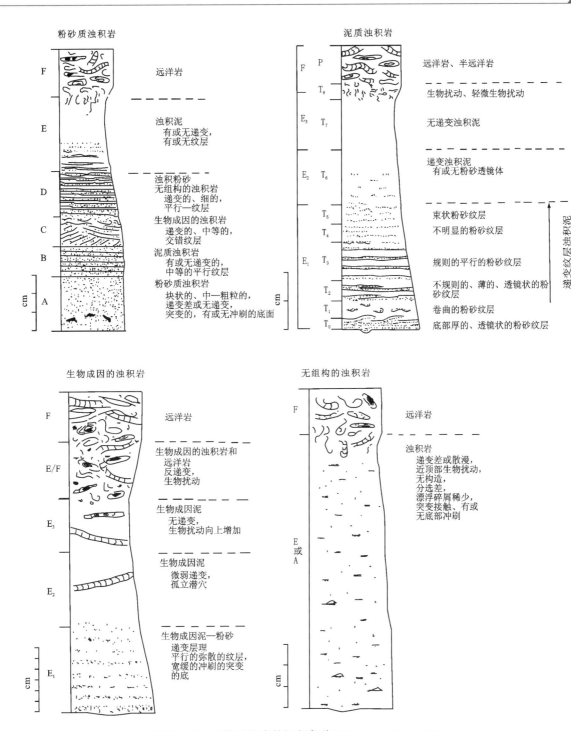

图 14-22 细粒浊积岩的沉积序列（据 Stow and Piper,1984）

中都已证明存在有这类浊积岩,并对其沉积序列进行了详细描述。Stow(1977)、Stow 和 Shantaugam (1980)建立了泥质浊积岩的沉积序列(图 14-22B),该序列自上而下为:P.远洋或半远洋沉积,具生物扰动构造;T_8.浊积岩(有或没有部分远洋沉积),具微生物扰动构造(microbioturbated);T_7.无递变泥,偶具粉砂质假结核;T_6.递变泥,常具有分散的粉砂透镜体;T_5.在泥中有束状卷曲的粉砂纹层;T_4.在泥中具有不清楚的、断续的粉砂纹层;T_3.在泥中具有薄的、规则的、连续的、平行的粉砂纹层;T_2.在泥中具有薄的、不规则的、微细的粉砂纹层,常具低振幅的爬升水流波痕;T_1.厚的泥层,常具薄的包卷粉砂质纹层;T_0.底部厚的透镜状粉砂岩层,顶部具有衰减波痕(fading ripple),内部为微纹层(microlaminated),

底部具有冲刷模和负载模。

需要指出的是，上述泥质浊积岩的完整层序具有极大的变异性，真正完整的层序比较少见。多数情况下泥质浊积岩层序都很薄，通常小于10cm，平均2～5cm，有时也发现有中层和厚层的泥质浊积岩，其厚度可达10～50cm，甚至可达几米，可能是含有大量细粒物质的浊流形成的，也可能是由于泥质浊流的尾部被堵在堰塞盆地的结果。泥质浊积岩常常只保留上部层序（T_4-T_8），底部缺失；或者只有下部层序（T_0-T_4）而缺失上部。前者形成无粉砂纹层的黏土或泥质浊积岩，后者可过渡为粉砂质浊积岩，有时可发现只有中部层序（T_2-T_5），或缺失中部层序。

(3) 生物成因浊积岩 生物成因的远洋沉积物在开阔大洋中分布极为广泛。在海底高地，海山、洋中脊等构造活动带，远洋生物成因的钙质和硅质软泥可以形成浊流甚至碎屑流。这种生物成因的重力流沉积在碳酸盐台地的外缘斜坡处也比较常见，这里着重介绍其细粒沉积部分。

生物成因浊积岩主要有两类：生物成因钙质细粒浊积岩和生物成因硅质细粒浊积岩。钙质细粒浊积岩主要由钙质微生物遗骸及其他生物成因的钙质软泥和粉砂组成。硅质细粒浊积岩主要由含硅藻、放射虫、硅质海绵骨针和其他硅质生物的细粒沉积物组成，二者之间还可能存在一些过渡类型。Stow (1984)还描述过泥灰质、硅质-黏土质和硅质-钙质-黏土质的生物成因浊积岩。这些生物成因细粒浊积岩常与远洋-半远洋沉积物共生（互层或夹层），因此难以区别。目前人们对钙质细粒浊积岩的了解更清楚。硅质细粒浊积岩和钙质细粒浊积岩除了成分以外有许多相似处，可以采用同一个模式来表示（图14-22）。生物成因浊积岩自上而下为：F. 半远洋和远洋沉积，具生物扰动构造；F/E. 生物成因浊积岩与远洋沉积混合物，具反向递变，强烈的生物扰动；E_3. 生物成因的泥，极细粒，均质无递变，生物扰动向上增多，具孤立的潜穴；E_2. 微弱的递变，细粒至极细粒的生物成因泥，孤立的潜穴稀少；E_1. 生物成因的泥和粉砂，具递变层、平行及发散的纹层，由较粗的（生物成因）和细粒的（黏土-生物成因）物质互层，底部纹层为砂及粉砂级生物碎屑，具明显的冲刷面，与下伏层呈突变接触。

(4) 无组构浊积岩。无组构浊积岩指缺乏层理及生物扰动的浊积岩，或完全无构造的浊积岩。生物扰动有时仅限于最顶部（图14-22D）。无组构浊积岩的物质组分主要是碎屑砂、黏土、生物碎屑及其混合过渡的岩石，内部没有粒度大小和组分分异的纹层，分选较差。底部与下部层突变接触，常常有冲刷面，顶部逐渐过渡，层序厚度从几厘米至几米。

无组构浊积岩分布比较广泛，可以构成某一地区浊积岩的主要类型，也可以在一系列具有组构的浊积岩中呈单独的层出现。无组构浊积岩的成因解释还不够清楚。在某些情况下，它们可能是各类浊积岩层序的一部分，如块状粉砂岩和无递变泥层（Piper，1975），有时可能是一个大的浊流被堵塞在一个小盆地中形成的。在近源的陆架边缘或陆坡地带，可能由于浊流的内部负载分选不够成熟，或在更远的地方由于地形的影响而非常迅速地沉积而成。

二、海底扇及其沉积模式

现代海洋调查发现，在大多数大陆坡都发育垂直海岸线的海底峡谷，陆坡下部海底峡谷出口处的深海底都有规模巨大的扇状沉积体，这就是通常所称的海底扇。它们主要是由浊流形成的，故又称作浊积扇（图14-23）。20世纪70年代以来，大量的海底调查证实，几乎所有深海扇的表面起伏都很大，内部构成也比较复杂，可以区分出许多不同亚环境。

(一)海底扇的一般特点和亚环境

海底扇的形状与大陆上的冲积扇有某些相似。Walker(1979)在研究现代和古代深海扇沉积的基础上提出了深海浊积扇沉积相平面分布特点。在深海扇中，各种块体-重力搬运作用及其产物有机地组合在一起，构成相互密切联系和相互转化过渡的统一沉积体系（图14-24）。海底扇自上而下可分为海

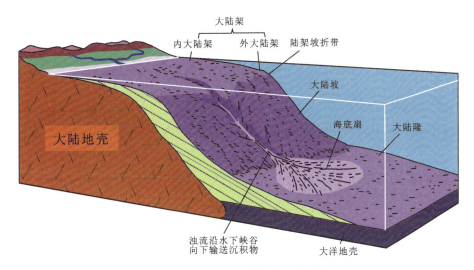

图 14-23 海底扇的自然地理景观

底峡谷、上扇、中扇和下扇 4 部分。上扇主要是主谷道发育区。谷道英文词为 channel，传统文献中多译为水道，因该谷道中流动的主要是重力流沉积物，而非水，不宜译为水道，故此处用谷道而非水道。在海底峡谷和主谷道内，主要为各种粗碎屑（砾岩或角砾岩）组成的非浊流的块体-重力搬运沉积物，如滑塌沉积层、碎屑流沉积和混杂砾岩。谷道两侧天然堤上则发育由粉砂和黏土组成的低密度浊积岩。中扇内部是网状分流谷道发育区，水道中主要发育各类砾状砂岩、块状砂岩及递变砂岩。水道间则为细粒的低密度浊积岩。中扇外部及外扇地形平坦，谷道不发育，沉积物以浊积岩为主。

（二）海底扇的沉积相特征

1. 海底峡谷亚相

海底峡谷是海底扇的物源供应谷道，在海底峡谷出口处，大量的粗碎屑物质堆积，主要包括 3 种岩相类型。

(1) 碎屑流相：由泥基支撑的砂、细砾、中粗砾和漂砾组成，其底面不规则，缺乏典型的工具痕和侵蚀痕。层内部混乱，层理不发育，可见直立组构，为碎屑流沉积而成。

(2) 混杂砾岩相：由碎屑支撑的砾岩组成，砾石大小混杂，无分选，无递变层理或其他纹理，块状构造。

(3) 滑塌岩相：由基质支撑砂砾岩组成，但内部高度变形，形成大的揉皱、断裂或混合及角砾岩化，滑塌层可达几十米甚至几百米厚，由海底滑移和滑塌作用形成。

2. 内扇（上扇）亚相

内扇亚相位于海底扇内部，有一个主谷道。谷道或直或弯曲，谷道宽 0.1~10km。谷道两侧发育水下天然堤，天然堤高出谷底几十米至上百米。上扇主谷道主要由碎屑支撑的砾岩组成，砾石大小不等，有一定分选但较差，砾石杂乱排列，定向性差。砾岩厚度可从 1m 到 50m 以上不等，底面清楚，常为水道底。砾岩侧向不稳定，延伸不远。根据内部特征，砾岩可分为递变层砾岩、反向-正向递变砾岩、块状砾岩 3 种类型。谷道外侧发育薄层递变层砂岩相，为天然堤沉积。

(1) 递变层砾岩：碎屑支撑的砾岩，具正向粗尾递变层理。

(2) 反向-正向递变砾岩：砾岩碎屑支撑，具反向-正向粗尾递变层理。反递变段厚度小，一般不超过 30cm，向上逐渐过渡为正递变。

(3)块状砾岩:碎屑支撑的砾岩,无递变层理,块状构造。
(4)薄层递变层砂岩:递变层理砂岩之上为泥质岩,缺顶的浊积岩序列。

3. 中扇亚相

中扇位于海底扇的中部,为海底扇的核心。中扇具有上凸的丘状地形,主谷道在此开始分叉,中扇内部形成分流谷道。与冲积扇中扇和三角洲前缘类似,海底扇物源供给充裕,谷道改道频繁,因此既有活动的谷道也有废弃的谷道。谷道轴部深可达几十米,宽达1km。中扇外部,谷道消失,发育席状的沉积朵体(图14-24)。中扇亚相可分为以下岩相类型。

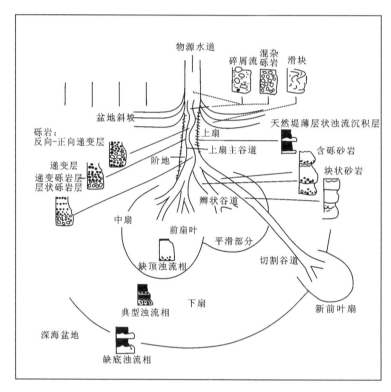

图14-24 海底扇的平面分布模式(据Walker,1984)

(1)中扇辫状水道块状砂岩相:由很厚的砂岩层组成,砂岩中页岩夹层少或无。砂岩层底部具侵蚀模或工具模,内部均一,递变层理不发育,典型的沉积构造为泄水管和碟状构造,具液化流沉积特征。

(2)中扇辫状水道含砾砂岩相:含砾砂岩,其底部界面明显突变,具大的底模(槽模可达1m长)。砂岩层内部一般显递变性,从底部的含砾砂岩向上逐渐递变到中或细砂岩,具粗糙的平行层理和板或槽状交错层理,纹层平均厚5~10cm,层系厚20~30cm。露头上许多含砾砂岩可形成几十米或几百米厚的席状沙,由许多单个递变层在垂或侧向上叠置联结而成。

(3)中扇朵状体近源浊积岩:主要为缺顶的鲍马序列组成的浊积岩,以粗粒的递变层单元为主,主要由A-E单元或A-B-E单元组成。

4. 外扇(下扇)

外扇亚相位于海底扇的外部,为一规模大的席状砂体。外扇主要由浊积岩组成,自内向外发育经典的浊积岩和缺底的浊积岩两种岩相类型。

(1)经典浊积岩:具有典型的鲍马序列序列为代表,具有A-B-C-D-E完整序列,底部冲刷槽或槽模发育。

（2）缺底浊积岩：发育在外扇外部，沉积粒度较细，厚度较小，鲍马序列的底部单元发育不好，缺乏 A 段或 B 段，多见 C-D-E 单元或 D-E 单元不完整序列。

（三）海底扇的沉积序列

海底扇物源供给充裕，沉积速率大，类似三角洲，进积作用明显，常常形成进积型的沉积序列。海底扇的进积序列自下而上为外扇-中扇-上扇-供应水道沉积（图 14-25）。总的层序是一个向上变粗变厚的层序，它是由一系列叠复的浊流沉积舌状体叠置组成的。

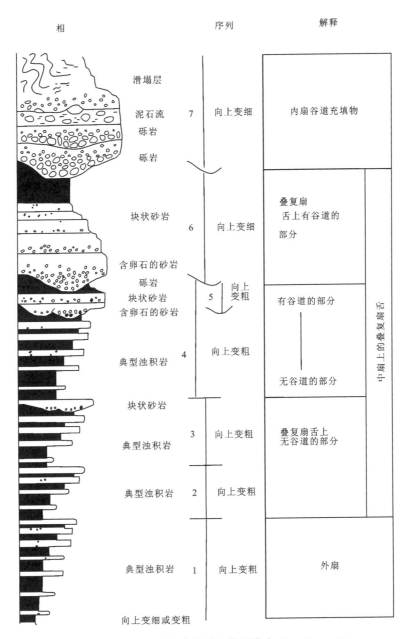

图 14-25 进积型海底扇的垂向序列模式（据 Walker，1984）

上述序列是在扇体稳定推进的理想条件下形成的，如果扇的补给来源中断或转移，扇体就不再生长，并被半深海-深海泥质沉积所覆盖，水道被泥质填满。如果补给来源增加，或向深海倾斜的海底坡度增大(可能由构造运动造成),扇上的水道则将强烈下切,甚至可切过整个扇体,同时水道也迅速向更深处延伸,大量沉积物将被搬运到深海盆地更远的地方沉积。总之,只要影响深海扇的任何因素发生变化,都将影响到层序结构的改变。

三、湖泊重力流沉积

湖泊重力流沉积指在具有断坡的湖泊环境中由重力流作用形成的沉积体。由于以浊积砂体为储层的油田主要为海相沉积,如美国墨西哥湾沿岸的一些油田、欧洲北海福尔梯和蒙托斯油田等,因此早期沉积学者更关注海相重力流沉积。中国的许多油田发现于陆相盆地中,其中许多油气储集在湖泊浊积砂体中。自20世纪60年代以来,我国学者更关注湖泊浊积岩研究。吴崇筠和薛叔浩(1992)通过对我国断陷湖盆浊积砂体的研究,按浊积砂体所处的位置,并结合砂体形态将浊积砂体分为近岸浊积扇砂体、具供给水道的远岸浊积扇砂体、近岸浅水砂体前方浊积扇砂体、断槽浊积扇砂体、水下局部隆起浊积扇砂体、中央湖底平原的浊积扇砂体6种类型,并对各类砂体的特征进行了对比。

与海相重力流沉积类似,湖泊重力流沉积也包括岩崩、滑移、滑塌、沉积物重力流沉积(碎屑流、颗粒流、液化流、浊流)等类型。湖泊重力流沉积主要发育于断陷盆地或前陆盆地的陡坡带,包括湖岸陡坡带和湖内(浅湖-深湖)陡坡带,并以浊积扇发育为特征,因此可以分为近岸水下扇、浅水和深水浊积扇等不同类型。

(一)近岸水下扇

近岸水下扇是指沉积物以重力流方式从盆地边缘直接进入较深水体而形成的扇形沉积体。近岸水下扇的形成有其独特的构造背景,当断陷盆地湖岸差异升降强烈且物源供给充足时,在紧邻盆缘断裂附近的陡坡带水下,就会形成近岸水下扇。近岸水下扇主要受重力流作用控制,但也受浅水波浪影响,因此具有牵引流和重力流双重沉积特征。近岸水下扇有时与扇三角洲形成垂向和侧向叠置关系(周江羽等,2009)。

近岸水下扇平面形态为扇形,垂直湖岸的剖面上呈楔状,根部紧贴基岩断面,由近源至远源可细分为内扇、中扇和外扇(图14-26,图14-27)。

内扇:内扇主要发育一条或几条主要谷道,沉积物为谷道充填沉积、天然堤及漫堤沉积。它主要由杂基支撑的砾岩、碎屑支撑的砾岩和砂砾岩夹暗色泥岩组成。杂基支撑的砾岩常具漂砾结构,砾石排列杂乱,甚至直立,不显层理,顶底突变或底部具冲刷,并常见到大的碎屑压入下伏泥或凸于上覆岩层中,一般认为形成于碎屑流沉积。碎屑支撑的砾岩和砂砾岩多为高密度浊流沉积产物,单一序列由下往上常由反递变段和正递变段组成,有时上部还可出现模糊交错层砂砾岩段。

中扇:中扇是扇的主体。内部为辫状谷道区,由于辫状谷道缺乏天然堤,道宽而浅,很容易迁移。谷道的迁移常将谷道间地区的泥质沉积冲刷掉,因而垂向剖面上为许多砂砾岩层直接叠覆,中间无或少泥质夹层,但冲刷面发育,形成多层楼式叠合砂砾岩体。中扇以砾砂质至砂质高密度浊流沉积为特色。单一序列多为0.5~2.0m,向盆地方向粒度变细,分选变好。谷道浊积岩以砂质高密度浊流层序为主,常常为缺顶的鲍马序列。中扇外部为谷道化不明显的朵状体,主要发育低密度浊流沉积,以完整或缺顶的鲍马序列为主。

外扇:外扇为深灰色泥岩夹中—薄层砂岩,以低密度浊流沉积序列为主,具完整或缺底的鲍马序列。

(二)水下重力流沉积

水下重力流沉积泛指形成于浅水或深水湖泊环境的重力流沉积体,包括斜坡扇、湖底扇及非扇体的重力流水道砂体等。水下重力流沉积一般发育于同生断层的下降盘及前扇三角洲部位,同生断层的活

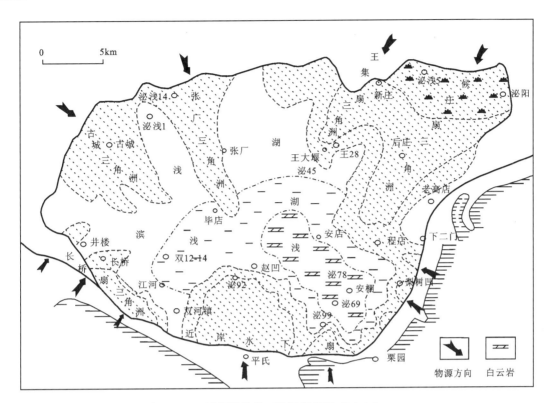

图 14-26 泌阳凹陷核三段沉积相图(据李纯菊,1987)

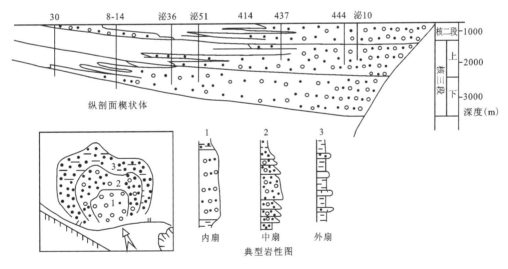

图 14-27 泌阳双河镇近岸水下扇的平面与剖面形态和岩性示意图(据李纯菊,1987)

动和阵发性水下分流河道水流事件都可以导致沉积物的滑动、滑塌和再沉积作用的发生。因此,水下浊流沉积的分布与同生断层的活动和扇三角洲的分布有着密切的关系。

1. 斜坡扇-浅水浊积岩

斜坡扇为浅水重力流砂体,是指形成于断陷湖盆缓坡带(扇)三角洲前缘的浅水重力流砂体。浅水浊流沉积主要发育在滨浅湖,一般分布于前扇三角洲陡坡部位,其岩性主要为灰白色含砾细砂岩-中砂岩,不等粒砂状结构,主要成分为石英、长石、岩屑和泥质胶结物,碎屑呈次棱角状,分选差,粒径为0.1~0.8mm,个别碎屑大于1mm,杂基支撑。

浅水浊积岩的沉积构造比较丰富,既有重力流形成的冲刷槽(槽模)和鲍马序列的沉积构造组合,如递变层理、平行层理、小型水流波痕层理等,也发育波浪形成的浪成交错层理(图14-28),有的含泥砾和泥质撕裂条带,发育完整或不完整的鲍马序列,有时可见植物碎屑和植物茎化石。

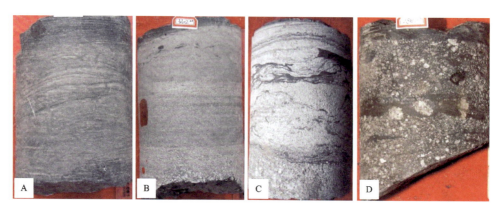

图14-28　伊通盆地岔路河断陷水下重力流沉积体的典型沉积构造岩芯照片(据周江羽等,2010)
A.浅水浊流沉积,黑色泥岩浪成交错层理;B.深水浊流沉积,从中砾岩到泥岩的正粒序层理;C.水下滑塌沉积,冲刷、滑塌变形构造,与砾岩截然接触;D.水下泥石流沉积,深色泥岩中砂砾混杂堆积

2. 湖底扇-深水重力流砂体

湖底扇这一概念是由海底扇引伸来的。在湖泊中,湖底扇一般指带有较长供给水道的洪水重力流沉积扇,因此,有人也将其称为带供给水道的远岸浊积扇或深水重力流砂体沉积。对于断陷湖盆,常发育在深陷期的湖中心地区。

深水浊流沉积体发育在半深湖-深湖环境。深水浊积砂岩的最大特征是成分和结构成熟度均较低,岩石类型为长石砂岩和岩屑质长石砂岩,砂岩的分选性和磨圆度一般均较差,杂基支撑,反映深水浊积砂岩的近源快速堆积特点。

深水浊流沉积的构造比较丰富,主要有深水沉积环境和重力流成因的递变层理、平行层理、小型水流波痕层理和水平层理等,常见完整或不完整的鲍马序列,发育反映深水环境的生物扰动构造。

深水浊流沉积常常形成湖底扇。在断陷湖泊中,湖滨斜坡上若有与岸垂直的断槽,岸上洪水携带的大量泥砂通过断槽进行搬运,直达深湖区就会形成离岸较远的湖底扇。因此湖底扇是由一条供给水道和舌形体组成的浊积扇体系,可与Walker(1978)的海底扇相模式相对比。典型的湖底扇也可进一步划分为供给谷道、内扇、中扇和外扇4个相带(图14-29、图14-30)。

供给水道沉积物较复杂,主要是充填水道的粗碎屑物质,如碎屑支撑的砾岩和紊乱砾岩、砾状泥岩和滑塌层等。

内扇由一条较深的谷道和天然堤组成。内扇谷道岩性为巨厚的混杂砾岩、碎屑支撑的砾岩和砂砾岩,内具块状层理。天然堤沉积多显缺顶的鲍马序列,为浊流沉积。

中扇内部辫状谷道发育典型的叠合砂(砾)岩,主要为砾质至砂质高密度浊流沉积。单一序列的粒级变化由下向上是砾岩—砂砾岩或砾状砂岩—砂岩。中扇外前缘区,水道特征已不明显,粒度变细,以发育具鲍马序列的经典浊积岩为主。

外扇为薄层砂岩和深灰色泥岩的互层,以低密度浊流沉积为主。与海底扇相模式相似,深水浊积扇体也可以是由多个舌形体组成的复合体,在垂向剖面上总体呈水退式反旋回,而其中每一个单一砂层均呈正韵律特征(图14-29、图14-30)。

第十四章 事件沉积

图14-29 辽河西部凹陷沙三段大凌河油层第二砂层组远岸浊积扇体微相图(据高延新,1982)
1.泥岩;2.泥质砂砾岩;3.砾岩;4.内扇水道;5.剥蚀线;6.物源方向;7.砂泥岩;8.砂砾岩;9.泥质砾岩;10.天然堤;11.断层

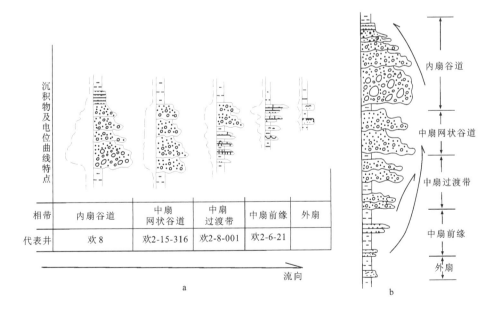

图14-30 辽河西部凹陷大凌河油层远岸浊积扇垂向层序图(据高延新,1982)
A.从内扇到外扇的沉积层序变化;B.理想的垂向层序

3.重力流水道砂体

在深水重力流沉积体系中除了扇状浊积砂体外,还有非扇状重力流砂体,即重力流水道砂体。在湖泊沉积环境特别是我国东部断陷湖盆中,断槽型重力流沉积最为典型,即断层控制所形成的断槽。断槽按断层的控制特点可分为单断式和双断式。单断式指一条断层控制所形成的箕状断槽,双断式指两条倾向相反的断层控制所形成的地堑状断槽,在我国断陷湖盆内以单断式断槽较为常见。

断槽型重力流分布广泛,湖盆的陡岸、中央隆起带、斜坡带均有分布。断槽型重力流的类型多样,按重力流的来源方向可分为拐弯型和直流型。按重力流的物质来源可分为洪水型和滑塌型(赵澄林,1992)。其中洪水型断槽重力流是指山区洪水携带沉积物直接流入断槽而成,滑塌型断槽重力流是指三角洲或扇三角洲前缘发生滑塌,然后流入断槽中而成。

断槽型重力流谷道砂体是在平面上呈不均一的带状、在剖面上呈透镜状分布的砂砾岩体,具有重力流沉积的特征。断槽重力流沉积可分为两个亚相:谷道亚相和漫溢亚相(姜在兴,1988)。谷道亚相是断槽中最深的沟道,单断式断槽靠近断层分布,也是水下重力流最粗碎屑沉积的场所,岩性以卵石质砾岩、块状砂岩、平行层理砂岩为主。漫溢亚相位于水道亚相的两侧,系重力流溢出水道沉积而成,以典型浊流沉积为特征。

除了上述几种类型外,水下重力流沉积还包括水下泥石流沉积和水下滑塌沉积,这些沉积可单独出现,多发育于断陷盆地陡坡,与扇三角洲或三角洲沉积共生,此处不再赘述。

第五节 实 例

实例1 广西北海涠洲岛的风暴岩和地震岩

涠洲岛位于广西北海南侧约50km的北部湾海域,海岸为海蚀崖,主要发育地层为中更新世石崦岭组和晚更新世湖光岩组,湖光岩组在滑石嘴一带为火山岩,破火山口在南湾海湾西南侧。南湾、石板滩、猪仔岭、滴水村、石螺背等地湖光岩组为火山碎屑岩(图14-31)。在破火山口附近,湖光岩组发育典型的地震岩,其他地区湖光岩组发育典型的风暴岩,现分述如下。

一、风暴岩

1.地层层位

涠洲岛的风暴事件沉积主要发育于第四系上更新统湖光岩组上部。该组主要分布于涠洲岛南部沿岸,以海蚀崖的形式出现,其中发育最好的为南湾采石场断面。根据实测和目估,该剖面地层特征如下:

未见顶

21.灰褐色具平行层理的砂岩和砂砾岩。	200cm
20.灰褐色平行层理的含砾砂岩和砂砾岩。	200cm
19.灰褐色具丘状交错层理的含砾砂岩和砂砾岩,底部冲刷面发育。	250cm
18.黄褐色具丘状交错层理、大型浪成交错层理的砂岩和含砾砂岩。	80cm
17.灰褐色块状层理、递变层理、丘状交错层理砂砾岩、砾岩。底具渠筑型。	100cm
16.灰褐色平行层理、丘状交错层理含砾砂岩、砂岩。	120cm
15.灰褐色丘状交错层理火山碎屑砂砾岩。底具冲刷面。	30cm

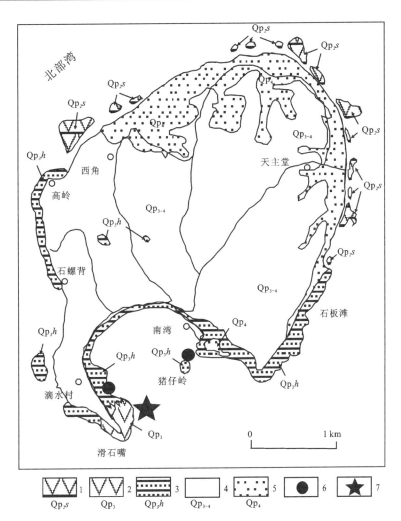

图 14-31 北海涠洲岛地质简图

1.石崩岭组火山岩;2.湖光岩组火山岩;3.湖光岩组沉积岩;4.上更新统—下全新统;5.全新统;6.地震岩位置;7.火山口

14.黄褐色丘状交错层理火山碎屑砂砾岩、砂岩。　　　　　　　　　　170cm
13.黄褐色、灰褐色火山碎屑砾岩,底具冲刷面和渠筑型。　　　　　　25~40cm
12.灰褐色丘状交错层理砂砾岩,风化面灰白色。　　　　　　　　　　50cm
11.黄褐色丘状、洼状交错层理砂岩夹灰褐色含砾砂岩、砂砾岩。　　　250cm
10.灰褐色平行层理、丘状交错层理砂砾岩、砾岩,底具渠筑型。　　　80~90cm
9.黄褐色平行层理、丘状交错层理砂岩、含砾砂岩。　　　　　　　　45cm
8.灰褐色丘状交错层理砂砾岩夹黄褐色砂岩。　　　　　　　　　　　105~120cm
7.黄褐色丘状交错层理、平行层理砂岩、砂砾岩。　　　　　　　　　80cm
6.灰褐色块状层理火山碎屑含砾砂岩、砾岩。底具冲刷面。　　　　　5~17cm
5.黄褐色丘状交错层理、平行层理砂岩、砂砾岩。　　　　　　　　　30~40cm
4.灰褐色火山碎屑细砾岩和砂砾岩,底具渠筑型。　　　　　　　　　20~70cm
3.黄褐色丘状交错层理、平行层理含砾砂岩、砂岩。　　　　　　　　32cm
2.黄褐色块状层理火山碎屑砂砾岩、砂岩。　　　　　　　　　　　　2~15cm
1.黄褐色丘状交错层理、平行层理砂岩、砂砾岩。　　　　　　　　　95cm
未见底。

2. 岩石类型

湖光岩组风暴岩的岩性特征,其主要由砂岩、砂砾岩、砾岩、含砾砂岩及粉砂岩组成。它的碎屑组成以玄武质火山岩屑、石英及少量长石和生物碎屑为主,成分成熟度较低,不稳定的火山碎屑组分含量在40%~60%之间。火山碎屑既有结晶玄武岩,也有玻质玄武岩。无论是火山岩碎屑还是石英、长石及生物碎屑,其分选中等。圆度以次圆形、次棱角形为多。岩石多为有泥颗粒支撑,少数为无泥颗粒支撑,反映其结构成熟度中等。造成风暴岩成分成熟度和结构成熟度不高的原因主要在于沉积背景的不稳定和临近地区火山作用频繁。沉积物未能经过充分磨蚀、波选,因此保留较多不稳定的沉积组分,形成圆度、分选等结构成熟度较低的结构特征。

3. 沉积构造

湖光岩组风暴作用的沉积构造主要包括冲刷面和渠筑型(口袋构造)、丘状交错层理、平行层理等(图14-32)。正常波浪形成的沉积构造主要有浪成交错层理和水平层理等。

图14-32 涠洲岛风暴岩中的冲刷渠、平行层理和丘状交错层理

湖光岩组风暴岩中冲刷面十分发育,这些冲刷面主要是具丘状交错层理砂岩、砂砾岩底部的冲刷面。冲刷面呈波状起伏形,形成突变的岩性界面。

沿冲刷面渠筑型构造发育。这些渠筑型顶部宽度40~60mm,底部宽度20~30mm,深20~60mm不等。渠筑型两壁较陡,坡度角30°~50°,形态类似于口袋,故又称之为口袋构造。口袋内部由较粗粒的碎屑填充,一般为块状砾岩或砂砾岩。这些渠筑型是由风暴形成的定向渠流或不定向的涡流冲刷沉积物基底形成的。

丘状交错层理是风暴浪作用形成的特殊的沉积构造,表现为向上凸起的纹层组成。纹层和层系均为波状起伏的曲面,纹层和层系面的倾角一般都小于15°。湖光岩组丘状交错层理十分发育,是风暴浪沉积的典型标志。根据详细观测,这些交错层理由一系列风暴浪冲刷海底沉积物形成的二级界面(层系面)组成。按照层系面发育程度及其相互关系可分为3种类型:第一类型纹层厚度为几毫米至10mm,

每个层系厚10～30mm。上部层系面截去下部层系的顶部，形成洼状交错层理组合。本类型层系界面发育且层系倾角均在10°左右，最大不超过15°。第二类型层系面也较发育，但有时层系面上、下丘状纹层为整合接触，说明下部层系一部分受到冲刷，另一部分不接受冲刷而接受正常沉积。该类型冲刷作用较弱，界面倾角一般不超过10°。第三类型层系面没有前两种发育，界面倾角一般不超过8°。有时形成透镜体状层系，透镜体厚度10cm左右。丘状交错层理自下而上倾角变小，上部变为水平纹层或波状纹层。

平行层理主要见于砂岩、砂砾岩中，其纹层呈水平状，纹层相互平行。纹层厚度数毫米，总厚度10～20cm不等。

除了上述风暴作用形成的沉积构造之外，湖光岩组还发育有正常波浪作用形成的浪成交错层理。该层理与风暴作用形成的丘状或洼状交错层理的区别主要在于浪成交错层理通常呈对称状，纹层倾角较大，一般大于15°。另外，局部发育有水平层理。

4. 风暴作用沉积序列

风暴作用沉积序列是在风暴作用过程中因风暴事件作用方式不同形成的沉积单元的规律组合。一般来讲，在风暴过程中，最初风暴作用加强过程中形成的沉积通常被破坏和改造，因此风暴沉积序列主要保存有风暴作用衰减过程中的沉积序列。涠洲岛湖光岩组的风暴作用沉积序列(图14-33)主要包括以下沉积单元。

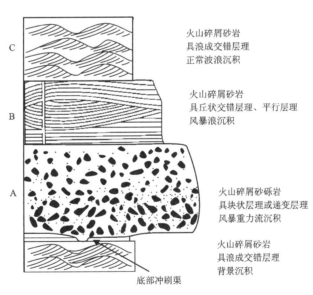

图14-33 涠洲岛湖光岩组风暴岩的沉积序列

滞留沉积层(A)：该沉积发育程度较差，仅占整个风暴沉积旋回层的5%左右，位于每个风暴沉积序列的底部，由砾岩、砂砾岩及含砾砂岩组成。砾石以玄武质火山碎屑和石英为主，粒径2～5mm，底界面为波状起伏的冲刷面，且渠筑型发育。渠筑型内部为粗碎屑沉积充填，向上为块状层理或粗尾递变层理。沉积层厚10～100cm不等。该沉积代表风暴初始期风暴流冲蚀海底形成冲刷面和冲刷渠，一些细粒沉积被搬运走，粗粒沉积残留在冲刷面上而形成。

丘状及洼状交错层理、平行层理层(B)：该沉积层为风暴岩沉积发育最好的沉积层，约占整个风暴沉积旋回层的85%，主要岩性为含砾砂岩、砂岩，碎屑组分以玄武质火山碎屑、石英及长石、生物碎屑为主。层内发育丘状交错层理、洼状交错层理和平行层理。该层底部与滞留沉积层连续接触，或以具渠筑型的冲刷面直接与下部旋回层接触。渠筑型内部为含砾砂岩和砂砾岩，块状层理发育，之上为丘状交错层理和洼状交错层理砂岩、含砾砂岩，沉积层厚20～100cm不等。该沉积层代表风暴浪作用的沉积。

浪成交错层理层(C)：该沉积层位于风暴岩沉积的顶部，发育程度较差，约占整个风暴沉积旋回层的10%，多数旋回层中该沉积层不发育，岩性以砂岩、粉砂岩为主，碎屑组分主要为石英、玄武质火山碎屑。层内发育浪成交错层理。与下部B沉积单元连续接触，层厚10cm左右。该沉积层代表风暴过后的正常风浪作用下的背景沉积。

上述3个沉积单元的规律组合形成了涠洲岛风暴岩的沉积序列(图14-33)。完整的风暴岩沉积序列为A-B-C序列，不完整的A-B、B-C沉积序列，甚至仅仅发育B单元的比较常见。完整的A-B-C沉积序列代表风暴初始冲刷作用及其滞留沉积、风暴浪作用、风暴过后正常沉积的完整过程。不完整的A-B序列记录了风暴作用过程，风暴过后的正常沉积被下次风暴作用所破坏而未能保存。B-C序列代表风暴初始期的滞留沉积不发育，可能与物源组分中缺乏粗粒沉积有关。

在涠洲岛南湾采石场发育8个风暴沉积序列，代表其间发育8次大的具有事件沉积的风暴作用事件。

5. 北部湾风暴沉积的形成及其特征

现代北部湾是一个风暴(台风)过境较多的海域。台风主要形成于西北太平洋向西路径的分支。这些台风在西北太平洋关岛附近生成后，沿向西路径经海南岛到北部湾，在越南或我国广西沿海登陆，在浅海地区影响海底沉积物形成风暴沉积。据1956—1980年的资料统计，北部湾平均每年有两次台风经过，其中60%以上为8级以上。更新世时期，北部湾与现代的纬度、地貌特征近似，台风的发育情况也应相似。

涠洲岛晚更新世风暴岩中以渠筑型和丘状交错层理发育为主要特色，丘状交错层理层占每个韵律层的80%以上。与美国俄勒冈上白垩统风暴沉积的Sebastian砂岩和俄勒冈Coos湾中新世Floras砂岩的风暴沉积类似。它们均为丘状交错层理砂岩，缺少正常泥质沉积。以上说明泥质沉积在风暴作用期间被冲刷掉，仅剩下丘状交错层理的砂岩沉积。涠洲岛风暴岩顶部发育的具浪成交错层理的薄层粉砂岩和细砂岩为正常风浪作用下的沉积，说明晚更新世涠洲岛海域主要处于浪基面以上的滨海。

二、与火山活动有关的地震岩

湖光岩组的地震岩主要发育地震微断裂、微褶皱纹理、落石沉陷构造、砂泥岩脉等软沉积物变形构造。这些沉积和变形构造仅发育于临近同期火山口的南湾海湾西南端和猪仔岭附近，远离火山口的地区不发育，说明这些变形与火山及其诱发的地震活动有关。

(一)地震引发的软沉积物变形

1. 地震微断裂

涠洲岛的地震微断裂主要有4种类型：一是张扭性地震微断裂；二是张性地震微断裂；三是共轭性地震微断裂；四是阶梯状地震微断裂。这些微断裂多为泥砂质充填形成的小型砂泥岩脉。

张扭性地震微断裂在垂直层面方向观察，断裂宽0.5～5cm不等，断裂面弧形弯曲，共轭性不明显。如滑石咀北侧海蚀崖上的地震张扭性主断裂，由一系列伴生的次级断裂伴生而成。主断裂倾向南东，倾角50°～60°，断距可达5m左右。断裂面为泥砂质充填形成的砂泥岩脉。在主断裂上，可见次级断裂形成羽列状特征，上盘同一岩层呈阶梯状下滑。根据断层面充填的泥、砂质沉积物，反映断裂形成于岩石未固结的同沉积期，故推测其为同沉积时期的地震触发而成。滑石咀北侧的另一条张扭性断裂，断裂面波状起伏,局部见一系列微小的张扭性断裂雁行排列。这些张性断裂限于岩层内部,或切割有限岩层(图14-34),内也充填泥砂质形成泥砂岩脉。地震张性断裂与后期构造形成的断裂不同,后期构造断裂的断面平直且排列规整有序,断裂缝常为石英脉充填。

共轭性地震微断裂也是限于有限岩层内的微断裂,其共轭性明显(图14-34B、C)。断裂可见分叉和羽列现象。

图14-34 涠洲岛地震岩中的同沉积断裂

2. 微褶皱纹理

微褶皱纹理是地震岩中常见的构造变形现象。涠洲岛的微褶皱纹理多发育于纹层状砂、页岩中,由砂、页岩纹层不规则褶皱变形而成(图14-35)。微褶皱纹理属于层内变形,仅限于一定的岩层内,其上、下层位不变形。微褶皱纹理一般尺度较小,褶曲波长10~50cm,波幅10~20cm。其形态不规则、不协调,定向性差,上覆近水平岩层覆盖下伏变形层。微褶皱纹理仅发育于距湖光岩组火山岩附近的南湾海湾西南端及猪仔岭附近,远离火山岩的地区不发育,涠洲岛湖光岩组总体为向北微倾斜的单斜地层,内部褶皱不发育。因此,微褶皱纹理是火山诱发地震引起的微褶皱变形,而不是后期构造形成的褶皱。

图14-35 涠洲岛地震岩中的微褶皱纹理

3. 落石沉陷构造

落石沉陷构造是涠洲岛地震岩的一种特殊沉积构造。湖光岩组地层中发育大量的巨砾,砾石大小从几十厘米到一百多厘米不等,巨砾多有一定磨圆性,部分巨砾磨圆不好。巨砾成分为火山熔岩或火山集块,为火山爆发过程中由火山口喷出的火山弹或火山集块经海浪冲蚀磨圆而成。这些巨砾沉陷于砂岩层中,砂岩层理向下弯曲,反映为地震颤动使其下沉而成(图14-36)。部分砾石下插到岩层深部,下插痕迹清晰可见。有的巨砾下沉在岩层中,扰动原始岩层形成牵引纹理。大部分落石沉陷构造的落石在下沉过程中牵引岩层,而不是截切岩层。因此认为,落石沉陷构造是火山喷发碎屑物落入火山口周围的软沉积物引起沉积物变形,火山喷发停止后沉积物再覆盖其上。落石在之后频繁的地震活动过程中逐渐下沉形成落石沉陷构造。

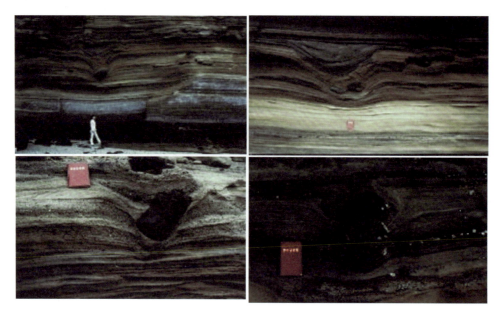

图14-36 涠洲岛地震岩中的落石沉陷构造

4. 砂泥岩脉

砂泥岩脉是准同生期形成的以砂泥质组分为主的沉积岩脉。涠洲岛的砂泥岩脉主要是砂、泥质充填地震微断裂形成。充填地震微断裂形成的岩脉脉壁规整而清晰,其受断裂面形态影响呈不同形态,或平直、或弯曲(图14-34)。由于脉体由沉积物构成,说明脉体充填时沉积物未固结,也说明地震微断裂形成于准同生期,即沉积物沉积过程中或沉积不久(固结之前)受火山诱发的地震引起的岩层颤动形成。

(二)地震事件沉积的时间和形成机理

如前所述,涠洲岛地震事件沉积主要包括地震微断裂、微褶皱纹理、落石沉陷构造和砂泥岩脉4种地震引起的软沉积物变形构造。地震微断裂多形成于靠近火山口的粗碎屑沉积中;微褶皱纹理多形成于细碎屑沉积中;落石沉陷构造主要见于"落石"底部的细碎屑-泥质沉积中;砂泥岩脉为充填地震微断裂而成,反映在地震作用过程中为地震颤动对沉积层具有不同的改造作用。

涠洲岛的地震岩主要出现在晚更新世湖光岩组中,其上晚更新世—早全新世以及全新世地层中地震岩不发育,说明地震作用主要形成于晚更新世。

涠洲岛位于北部湾北部,早始新世末期,受喜马拉雅运动第一幕影响,北部湾地区地壳开始下沉,湖盆不断扩大变深,海水逐渐侵入,由陆相逐渐变为海陆交互相沉积,从而发展成新生代北部湾大型坳陷区。一系列北东东向(NEE70°)的阶梯状断层在坳陷区中形成,叠加在中生代以前北东、北北东向的构造格局之上。

涧洲岛位于北部湾坳陷区的中部凹陷中,其沉积基底为下古生界变质岩,上古生界—中生界碳酸盐岩、浅变质岩和花岗岩。古新世—早渐新世时期,涧洲岛一带断裂活动频繁,既有北东向的继承性断裂活动,又有北东东、北西及近东西向断裂出现,其中以北东及北东东向为主,形成棋盘格式断块状。这些断裂控制了断陷盆地的沉积和构造。一些断块上升,沉积物较薄或遭受侵蚀。一些断块下降,形成一些断陷盆地,接受一套河湖沉积及海陆交互相沉积。始新世早期至早渐新世时期涧洲岛处于相对隆起状态。

古近纪末,受喜马拉雅运动第二幕的影响,大陆区地壳抬升,湖盆干涸,结束沉积。新近纪时期,北部湾地区断裂发育,地壳运动从断裂差异升降转变为大面积沉降运动。涧洲岛一带以凹陷为主,主要断裂活动已很微弱,使北部湾整体凹陷逐步形成一个统一的整体,形成一套浅海陆棚相、滨海相砂页岩沉积。

新近纪末,受喜马拉雅运动第三幕的影响,新近系局部发生平缓的褶皱,地形坡度上升,北部湾北部边缘发生海退,遭受风化剥蚀。涧洲岛一带也为风化剥蚀状态。早更新世晚期,北部湾一带断块下沉,发生海侵。涧洲岛一带又开始下沉,沉积一套滨浅海沉积。早更新世末,地壳隆起,海水逐渐退去,处于风化剥蚀环境。

中更新世早期,北部湾坳陷区继续沉降,海盆扩大,海水淹没北部湾沿海。涧洲岛中更新世—晚更新世时期,地壳下坳,仍处于海水淹没的凹陷盆地环境。此时岩浆活动频繁,发生石峁岭组—湖光岩组的海底火山沉积,有5次以上基性火山喷溢,每次喷发之后形成一个间歇期,其间伴随火山活动,地壳运动也十分剧烈,形成一系列的地震活动。地震颤动影响未固结的地层,形成一系列的与火山活动有关的地震事件沉积(图14-37)。晚更新世后期,出现全球性大海退,涧洲岛完全上升露出海面。直到距今约7000年至中全新世晚期,由于全球性气候转暖,冰后期海面迅速上升,产生普遍的大规模海侵。涧洲岛处于风化剥蚀状态,破坏了火山原始地形,在海岸附近形成海蚀崖等地貌特征。

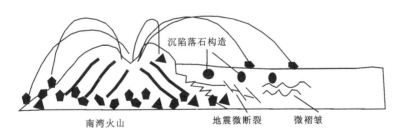

图14-37 涧洲岛南湾与火山活动有关的地震岩沉积背景示意图

实例2 悉尼盆地二叠系地震岩

一、地质背景

二叠纪时期,澳大利亚可以分为3个大地构造和沉积单元:澳大利亚克拉通、新英格兰褶皱带(New England Fold Belt)和波文-故尼达-悉尼(Bowen - Gunnedah - Sydney)盆地系(图14-38A)。Bowen - Gunnedah - Sydney 盆地系被认为属于弧后盆地-前陆盆地的构造背景。悉尼盆地(Sydney Basin)东北部以 Hunter - Mooki 冲断层与新英格兰岛弧褶皱带相隔,西北部以 Monnt Coricudgy 背斜与 Gunnedah 盆地相邻(图14-38B),西部二叠系不整合覆盖于 Lachlan 加里东褶皱带之上(杜远生等,2003)。

悉尼盆地南部的二叠系发育，主要由下部 Tallaterang 群、中部 Shoalhaven 群和上部 Illawarra Coal Measures 组组成。Tallaterang 群分布于两个地区，并分别被命名为 Clyde Coal Measures 组和 Wasp Head 组，与下伏的下奥陶统变质岩角度不整合接触。Clyde Coal Measures 组发育于悉尼盆地西南部，主要岩性为含煤的碎屑岩，包括砂岩、粉砂岩和底部的砾岩，厚度约 41m。Wasp Head 组仅分布于悉尼盆地的南端，以砂岩、含砾砂岩为主，其下部夹 3 层 2～4m 的角砾岩，厚度约 100m。该组含较多的腕足类、双壳类等化石，如 *Eurydesma corrdatum*、*Megadesmus globsus*、*Pyramus laevis*、*Tomiopsis konincki* 等，指示时代为早二叠世（杜远生等，2003）。

Shoalhaven 群分为 8 个组级单位（表 14-3）。其中 Yadboro 和 Tallong Conglomerates 分布于悉尼盆地西南部的 Yadboro 和 Tallong 两个地区（图 14-38C），主要岩性为砾岩和中、粗粒砂岩，厚度约 180m。Yarrunga Coal Measures 组出露于 Tallong 西部，主要为含煤的细碎屑粉砂岩、泥质岩，厚度 43m。Pebbly Beach 组局限分布于悉尼盆地南端 Pebbly Beach 一带，其下部以砂岩、粉砂岩为主，夹少量砾岩；上部为粉砂岩、砂岩和黏土岩，厚度约 155m。该组含丰富的双壳类、腹足类、腕足类、有孔虫、植物茎及遗迹化石。对有孔虫（如 *Calcitornella elongata*、*Ammobaculites crescendo*、*Ammodiscus oonahensis*、*Valvulina bulloides*、*Frondicularia impolita*）的研究表明，其时代为早二叠世（Scheibnerova，1982）。

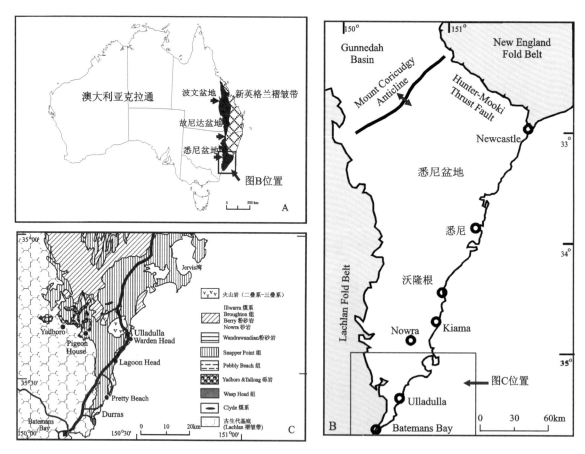

图 14-38 澳大利亚二叠纪的构造背景（A）、南悉尼盆地的构造格架图（B）和地质简图（C）

Snapper Point 组在悉尼盆地南部广泛分布。该组主要由砂岩及砾岩、粉砂岩夹层组成，厚度约 170m。砂、砾岩中含大量双壳类、腕足类、腹足类等化石，如双壳类 *Eurydesma hobartense* 和 *Vacunella* sp.、*Megadesmus* sp.、*Myonia* sp.、*Pyramus* sp. 等，其时代为早二叠世。

表 14-3 悉尼盆地南部二叠纪地层划分表（据 Tye et al.,1996）

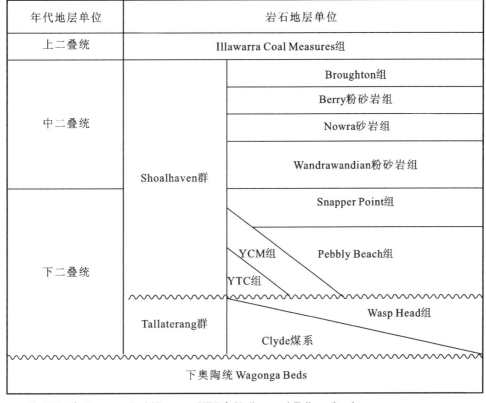

注：YCM 为 Yaruunga Coal Measures；YTC 为 Yadboro and Tallong Conglomerates。

Wandrawandian 粉砂岩组分布于 Ulladulla 一带，主要岩性为粉砂岩、泥质岩，内夹砂岩、含砾砂岩的夹层或透镜体，厚度 120m 左右。Wandrawandian 粉砂岩含有大量腕足类、双壳类、苔藓类，以及指示冷水环境的矿物假晶 Glendonites(Ramli and Crook,1978)。Runnegar(1980)依据腕足类、双壳类的研究结果认为该地层为下二叠统，相当于最新的二叠系三分地层表的中二叠统下部。

Nowra 砂岩组广泛分布于南悉尼盆地中、西部，底部为砾岩，向上以由细粒到粗粒的砂岩、含砾砂岩为主，厚度约 90m。内腕足类、双壳类、苔藓虫发育，常见的如 *Tomiopsis*、*Neospirifer* 等，指示其时代为中二叠世中期。

Berry 粉砂岩组分布局限，以粉砂岩、泥质岩为主，厚度 230m 左右，顶部见 3m 厚的块状灰岩。Berry 粉砂岩组中大化石相对稀少，内含 *Notospirifer*、? *Gilledia*、? *Ingelarella*、? *Astartila*、*Stutchburia*、*Myonia* 等。Campbell 等(2001)将 Berry 粉砂岩组与悉尼盆地北部的 Mulbring 组对比，相当于中二叠世中期。

Broughton 组广泛分布于南悉尼盆地的中、西部，以长石砂岩或火山碎屑砂岩为主，内有多层火山岩和凝灰岩夹层，厚度 370m 左右。Broughton 组底部腕足类、双壳类、腹足类等生物化石丰富，如 *Conichnus conicus*、*Diplocraterion habichi*、*Diplocraterion parallelum*、*Ophiomorpha annulata*、*Palaeophycus*、*Phycosiphon incertum*、*Planolites montanus* 等(Briggs,1998)，指示其时代为中二叠世晚期。

Illawarra Coal Measures 组为悉尼盆地晚二叠世的地层，分布于南悉尼盆地北部，以含煤的碎屑岩沉积为主，厚度 340m 左右。该地层下部以砂岩为主，偶夹煤层，上部砂、泥岩富含煤层，为澳大利亚的主要含煤层，其上为三叠系的陆相砂岩。

野外调查表明，南悉尼盆地二叠纪 Wasp Head 组、Pebbly Beach 组、Snapper Point 组、Wandrawandian 粉砂岩组(Du et al.,2005)、Berry 组、Broughton 组地震岩均发育各种不同类型的软沉积物变形构造。

二、软沉积物变形构造

悉尼盆地二叠系与地震活动有关的软沉积物变形构造包括地震微断裂(地裂缝)、液化脉和砂火山、震褶层、枕状层、负荷构造、火焰构造、枕状构造、球状构造、滑塌构造和角砾岩化等。

1. 地震微断裂(地裂缝)

典型的地震微断裂(地裂缝)见于 Ulladulla 附近 Warden Head 的 Wandrawandian 粉砂岩组下部(图 14-13A)。地裂缝剖面上呈楔状,层面上为带状。裂缝顶部宽度 30cm,底部尖灭。裂缝深度 70cm 左右。裂缝内充填含少量细砂的泥质岩脉。裂缝内的泥质岩脉岩性与围岩接近,但以内含生物屑更多、颜色略浅,与围岩界限明显。

2. 液化脉和砂火山

沉积物液化是南悉尼盆地二叠系最普遍的软沉积物变形构造。上覆泥质岩盖层的富含水的砂质沉积在上覆地层的压力下通常形成液化。这些液化的砂体在地震等强外力颤动作用下,常常沿地震形成裂隙挤入形成液化沉积岩脉(简称液化脉),若沿管状通道喷出沉积物表面,则形成砂火山。

南悉尼盆地二叠系由液化形成的液化脉和砂火山非常发育,尤其是砂火山极其罕见。它们普遍发育于 Pebbly Beach 组、Snapper Point 组、Wandrawandian 粉砂岩组、Nowra 砂岩组和 Broughton 组。南悉尼盆地二叠系的液化脉常见于 Wandrawandian 粉砂岩组、Broughton 组中。液化脉岩性多数与围岩不一致,为浅色的砂岩,少数与围岩接近,也与围岩一样为暗色砂岩。液化脉多数形态呈不规则状,如分叉状、绳状、飘带状,呈现塑性变形特征。个别液化脉呈直带状,并沿断裂分布。液化脉宽度多数 10～20cm,个别可达 25cm 左右。液化脉内部均一状,或具上涌形成的不规则纹理(图 14-39)。这些不规则的纹理反映这些脉体是在液化的状态下穿过上覆岩层涌动形成的。液化脉剖面上呈现为不规则的墙

图 14-39 南悉尼盆地二叠系的液化脉

状,个别呈柱状穿入上覆岩层(图 14-39),类似于砂火山的"火山颈"。不规则的液化脉为液化的砂穿破上覆岩层形成的,而直带状的液化脉是液化的砂沿断裂穿入上覆岩层形成的。

南悉尼盆地二叠系的砂火山极其罕见。砂火山常与液化脉共生。砂火山岩性与暗色泥质岩、砂岩围岩不同,多为浅色砂岩。砂火山可以呈单个状,也可以呈串珠状或群状分布。单个砂火山多成圆形或椭圆形,直径 8~25cm,砂火山可见"火山口"或液化砂上涌形成的同心状纹理(图 14-40)。

图 14-40 南悉尼盆地二叠系的砂火山

A、C. Merry Beach 地区的 Snapper Point 组;B、E、F. Dolphin 地区的 Wandrawandian 粉砂岩组;D. Pepply Beach 地区的 Pepply Beach 组

3. 震褶层

南悉尼盆地二叠系的震褶层见于 Pepply Beach 组、Broughton 组等地层中,常见地震成因的枕状层共生。震褶层厚度 10~30cm,褶曲长度 15~250cm。震褶层多数呈不规则状,褶曲形态不谐调,定向性差,组成褶曲的岩层相互不连续。个别震褶层呈平卧状褶曲(图 14-41),该震褶层与枕状层共生,褶曲呈不对称的平卧向斜,向斜两翼向中部卷曲。南悉尼盆地二叠系变形简单,多为缓倾斜的单斜层。震褶层一般限于局部的岩层中,震褶层上、下岩层平整,因此认为震褶层为地震成因而非后期构造成因。

4. 枕状层

南悉尼盆地二叠系的枕状层主要见于 Pepply Beach 组和 Broughton 组。枕状层底面呈下凹的枕状,剖面上为长椭圆状。单个枕状体宽度一般为 10~20cm,高度在 10cm 左右。枕状体层状分布,枕状层厚 20~150cm 不等。枕状层通常形成大的负荷体,伴生枕状构造和火焰构造(图 14-42)。侧向上,枕状层常与震褶层共生。该枕状层属于 Roep 和 Events(1992)的非完全变形的枕状层。反映枕状体形成于液化的砂体,是在地震过程中受地震颤动下沉而形成的。

5. 负荷构造、火焰构造、枕状构造、球状构造

负荷构造、火焰构造、枕状构造、球状构造是南悉尼盆地二叠系最普遍发育的软沉积物变形构造。几乎二叠系各组地层均有发育。这些构造是在地震过程中,受地震颤动的影响,上覆的砂层沉陷到下伏的泥层中形成的。砂层下沉在砂层底部形成负荷构造,泥层挤入砂层形成火焰构造。当砂层呈枕状或

图 14-41　南悉尼盆地二叠系的震褶层
A. Bombo Point 地区的 Broughton 组；B～D. Pepply Beach 地区的 Pepply Beach 组

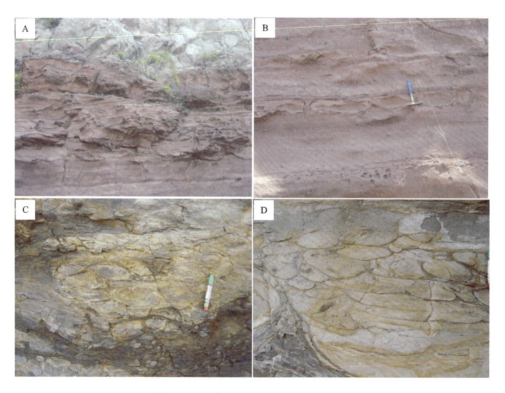

图 14-42　南悉尼盆地二叠系的枕状层
A、B. Bombo Point 地区的 Broughton 组，C、D. Pepply Beach 地区的 Pepply Beach 组

球状坠入泥层,则形成枕状构造或球状构造(图14-43)。尤其是Snapper Point组发育巨型的负荷构造和枕状构造。负荷构造高度50cm左右,宽度80~100cm。枕状构造厚度50cm左右,宽度150cm左右。负荷体和枕状体均有内部变形特征,反映在负荷、坠入过程中,砂体伴生着震褶变形。

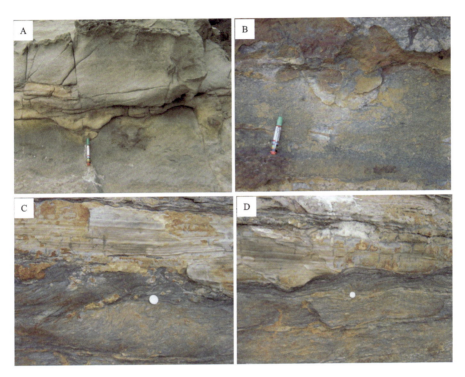

图14-43 南悉尼盆地二叠系的负荷构造、火焰构造、枕状构造、球状构造
A. Kendalls地区的Broughton组;B. Merry Beach地区的Snapper Point组;C、D. Pepply Beach地区的Pepply Beach组

6. 滑塌构造和角砾岩化

南悉尼盆地二叠系的滑塌变形主要见于Ulladalla附近的Wandrawandian粉砂岩组中。Wandrawandian粉砂岩组分为3段:下段为非变形层,中段为滑塌变形层,上段为非变形层(图14-16)。其中下段非变形层发育典型的地裂缝(图14-13)等地震特有的软沉积物变形构造,因此认为该滑塌层是由于地震引起的(Du,2005)。该滑塌层岩层褶曲多为紧密同斜状、平卧状(图14-16),褶曲轴面西倾,反映自西向东的滑动(Du,2005)。滑塌层伴生一系列滑动面,并形成不规则的角砾岩化。角砾大小从几厘米到2m不等,杂乱排列,多为棱角状、次棱角状,没有分选性,反映在地震引起的滑塌过程中形成。在Ulladalla以南Dolphin海蚀崖上,液化脉和砂火山层之上还发育泥石流沉积,推测属于地震引发的泥石流。泥石流沉积为大小混杂、无分选、磨圆的杂砾岩,砾石最大可达80cm,小的仅为数毫米,砾石排列无定向性,局部可见泥岩形成的褶曲和泥石流之下的液化脉。

三、软沉积物变形构造组合及其成因解释

南悉尼盆地与地震有关的软沉积物变形在不同的地层单元具有不同的组合方式。Wasp Head组软沉积物变形较不发育,仅见有局部的负荷构造。该组发育大量的丘状层理以及冰川成因的泥石流沉积。据古地理研究表明,东南澳大利亚二叠系处于高纬度地区,冰川发育并形成典型的冰海沉积(Brakel and Totterdell,1996;Tye et al.,1996;Scheibur and Basden,1996)。

Pebbly Beach 组软沉积物变形发育且类型齐全,包括地裂缝、微褶皱、负荷构造、火焰构造、枕状构造、球状构造、砂火山、枕状层等。上述软沉积物变形构造通常在剖面上共生在一起,如 Pebbly Beach 海湾北侧的 Pebbly Beach 组存在典型的负荷构造、火焰构造、震褶层、枕状层共生在断面不到 10m 的海蚀崖上。由于上述构造通常与地震作用有关,因此为地震成因无疑。

Snapper Point 组软沉积物变形构造也非常发育,包括负荷构造、火焰构造、枕状构造、砂火山等。在 Merry 海湾南侧的海蚀平台上,发育各种类型的砂火山,在海蚀崖上发育典型的负荷构造、火焰构造、枕状构造,尤其是在海蚀崖西段,发育大型具褶曲变形的负荷体。这些构造在地层剖面上自下而上的序列为砂火山-负荷构造、火焰构造、枕状构造-大型负荷构造。由于上述构造是与地震作用有关的常见软沉积物变形,因此该序列代表地震形成的地震岩序列。

Wandrawandian 粉砂岩组具有丰富的软沉积物变形,包括地裂缝、滑塌构造与角砾岩化、砂火山和液化脉。Wandrawandian 粉砂岩组的软沉积物变形组合序列特征为:下部地裂缝、液化脉、砂火山组合;上部滑塌构造与角砾岩化组合(图 14-44),代表典型的地震岩-地震滑塌沉积组合。

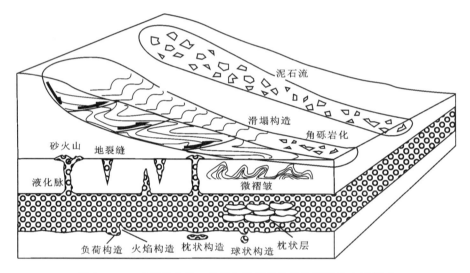

图 14-44 南悉尼盆地二叠系与地震相关的软沉积物变形模式

Nowra 组砂岩发育于 Penguin Head,地层发育不全,软沉积物变形主要有液化脉、负荷构造、火焰构造等。根据上、下地层地震岩发育分析,该地层的软沉积物变形也与地震作用有关。

Broughton 组软沉积物变形也非常发育,包括负荷构造、微褶皱、枕状层。尤其是 Bombo Point 地区 Broughton 组的枕状层厚度可达 18m 左右,枕状层呈长椭圆形或长枕形,枕状体边界清楚,泥质含量高。该组枕状层与火山岩间列,可能与火山引起的地震作用相关。

实例 3 澳大利亚墨尔本泥盆系海底扇及等深流沉积

一、地质背景

研究区为澳大利亚维多利亚州墨尔本市东南 170km 左右的 Waratah 海湾 Cape Liptrap 南岸。大地构造位置处于 Lachlan 造山带 Melbourne 构造带南部,Cape Liptrap 海岸一带寒武系、奥陶系和下泥盆统出露良好(图 14-45A~C)。下泥盆统 Liptrap 组发育良好的深水浊积岩和等深岩,具有海底扇的典型特征。

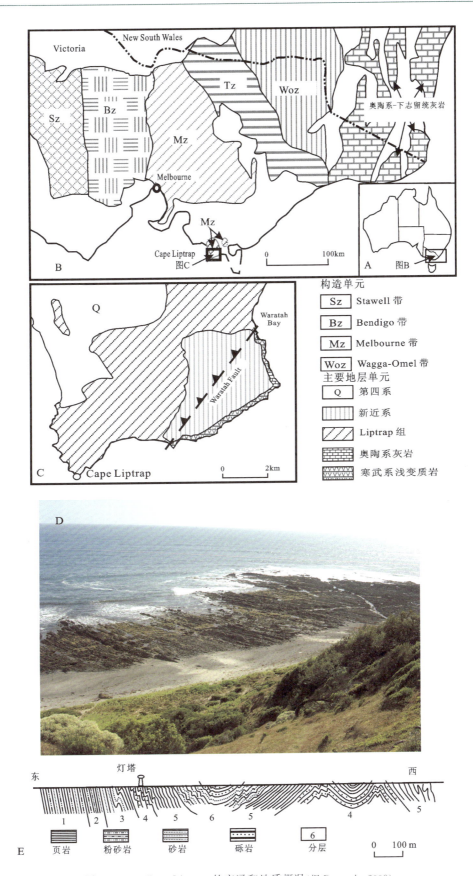

图 14-45 Cape Liptrap 的交通和地质概况（据 Du et al.，2008）
A. 地理位置；B. 构造单元；C. 地质简图；D. 海蚀台；E. 剖面图

在 Cape Liptrap 角,海蚀平台上发育良好的下泥盆统 Liptrap 组剖面。Liptrap 组由砾岩、砂岩、粉砂岩、黏土岩组成,厚度约 3200m,内具复杂的褶皱(O'Connor,1978)(图 14-45D、E)。Liptrap 组下部以黏土岩、粉砂岩为主,内夹粗粉砂岩和细砂岩,具水流波痕和交错层理;Liptrap 组中部为块状层理和递变层理的砂岩夹粉砂岩、泥质岩,发育完整或不完整的鲍马序列。Liptrap 组上部为厚层中粗粒砾岩,内具块状层理,滑塌构造非常发育。

二、海底扇沉积

Liptrap 组的海底扇包括海底峡谷(供应水道)、内扇(上扇)、中扇(包括内部辫状谷道区和外部朵状体区)、外扇(下扇)等不同单元。海底峡谷和大陆斜坡底部主要发育泥石流和滑塌沉积(图 14-46、图 14-47)。滑塌角砾岩中见复杂的滑塌揉皱,并含有浅水生物碎屑形成的角砾。内扇沉积主要为主谷道的块状砾岩(图 14-48A~C),中扇辫状谷道区主要发育块状砂岩(图 14-48D~F)。中扇外部朵状体区主要发育具完整和不完整鲍马序列的浊积岩,底部具典型的槽模(图 14-49)。外扇主要为缺顶的鲍马序列,由薄层粉砂岩和黏土岩组成韵律层(图 14-50)。

图 14-46 Liptrap 组的滑塌层

三、等深流沉积

等深流是海底大致沿着等深线流动的水流,等深流沉积是海底的水流形成的牵引流沉积。Liptrap 组等深流沉积出现在外扇-深海平原环境。Liptrap 组海底扇外扇由缺底鲍马序列(C-D-E 或 D-E)组成,主要为灰色、深灰色的细砂岩或粉砂岩,内具包卷层理或交错层理。与重力流沉积不同,Liptrap 组的等深流砂岩呈浅灰色,薄层—透镜体状,主要岩性为细砂岩,砂岩结构成熟度较高,颗粒支撑,杂基含量低(5%~15%),分选较好,但磨圆较差。砂岩层面上具水流波痕,断面上具单向水流交错层理(图 14-51),且水流交错层理的前积纹层方向一致(165°~190°),与滑塌揉皱和浊积岩槽模方向指示的古流

图 14-47 Liptrap 组的滑塌角砾岩

图 14-48 Liptrap 组的内扇主谷道的块状砾岩(A~C)和中扇辫状谷道的块状砂岩(D~E)

图 14-49 Liptrap 组中扇朵状体鲍马序列浊积岩
A、B.远景照片;C.缺顶的鲍马序列;D.鲍马序列;E、F.底面槽模

图 14-50 Liptrap 组外扇缺底浊积岩

图 14-51 Liptrap 组等深岩
A. 远景照片；B、C. 水流波痕（层面）；D~F. 水流波痕和交错层理（垂直层面）

方向（向西方向）垂直。无疑这套具水流交错层理的细砂岩为海底扇外扇-深海平原平行于大陆斜坡走向的等深流成因。

四、沉积相模式

依据上述海底扇和等深流沉积的沉积单元与岩相特征，Du 等（2008）总结了 Liptrap 组的沉积类型和沉积序列(图 14-52),建立了 Liptrap 组的沉积相模式(图 14-53)。该模式既包括了典型的海底扇沉积,又包括了海底扇与深海平原界面附近的等深流沉积。Liptrap 组的海底扇体系包括海底峡谷、内扇、中扇、外扇、深海平原、等深流等不同的沉积单元,不同的沉积单元具有典型的沉积类型,组合成不同的沉积序列。Liptrap 组总体具有向上变浅、向上变粗的特征。Liptrap 组下部为深海平原、外扇、等深流的沉积组合,中部总体为中扇沉积组合,上部为上扇和海底峡谷的沉积组合。

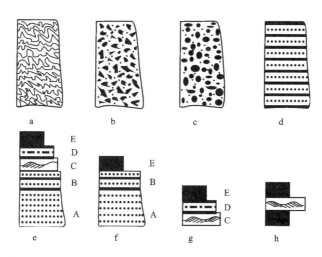

图 14-52 Liptrap 组典型的沉积类型和序列(据 Du et al.,2008)

a. 滑塌沉积;b. 块状砾岩;c. 上扇主谷道砾岩;d. 中扇辫状谷道块状砂岩;e. 完整的鲍马序列;
f. 缺顶的鲍马序列;g. 缺底的鲍马序列;h. 等深岩序列;A. 递变层理段;B. 平行层理段;C. 交错
层理段;D. 水平层理段;E. 均质层理段

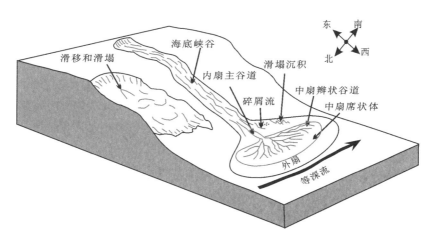

图 14-53 Liptrap 组海底扇及等深流沉积模式(据 Du et al.,2008)

第十五章　古地理学及古地理编图方法

古地理学是一个传统的和古老的学科,是沉积学与地理学的交叉,是研究地史时期的地理学。古地理学的任务是在综合研究沉积学、古生态学、古气候学、古构造学的基础上,再造地史时期古地理面貌的综合性学科。古地理包括区域沉积古地理格局,如沉积盆地边界(海岸线或湖岸线)、沉积环境单元和古水深;也包括古水体物理化学条件,如古温度、盐度、含氧量(Eh值)、酸碱度(pH值)等;还涉及控制沉积记录性质的古气候(古纬度、大气温度和降雨)和古构造(陆地剥蚀区和沉积区的构造性质等)。与沉积区为主的古地理不尽相同,陆地区的古地理还包括古地貌恢复。古地理分析对于分析研究区的自然环境变迁、沉积盆地与构造演化具有重要的理论意义,对于查明沉积矿产的形成、分布规律也具有重要的应用价值。

随着现代地质学的发展,古地理学这棵古老的大树萌发出许多茂盛的新枝,形成了若干新的发展方向。一是向更宏观的方向发展,趋向与全球或巨域(地理上是洲际的,地质上是板块或板块之间的)古大陆再造的结合。李江海和姜洪福(2013)主编的《全球古板块再造、岩相古地理及古环境图集》在全球古大陆再造的基础上,进行全球岩相古地理编图的有益尝试,从全球尺度上揭示了沉积盆地和沉积环境分布的规律。二是向高分辨方向发展,趋向于等时(瞬时)性古地理研究。古地理分析的等时性问题存在已久,传统的古地理分析多以纪、世为编图单位,甚少用阶(或组)为编图单位。新生代以前的系、统、阶大致的时限为千万年、百万年级,显然这种编图精度很难反映某一地质时期的古地理的精细刻画。一些学者尝试以具有等时性、瞬时性的事件沉积作为编图单元,进行瞬时性古地理编图。但地质记录中的这种事件层并不普遍发育,因此有的学者尝试在层序地层框架的基础上,采用层序、体系或最大海泛面形成的饥饿段作为编图单元(马永生,2009),以提高编图单元的等时性和时间分辨率。三是向高精度的方向发展,目前主要应用于能源和沉积矿产大中比例尺古地理研究,利用勘察(探)区大量钻井数据进行精细古地理刻画,以提高能源、矿产资源的勘查(探)精度和成功率。

第一节　古地理分析的主要内容

古地理分析的主要内容包括古地理背景分析(区域构造活动性和古地貌、古气候分析)、精细的编图单位确定(地层时代和地层格架),在此基础上,进一步进行剥蚀区和沉积区限定(古岸线确定),沉积相及其分布、古水深、古环境(古盐度、古碱度、氧化还原条件等)、古流向分析等。

一、区域构造活动性和古地貌分析

区域古地貌分析是古地理研究的基础,区域古地貌主要受沉积期区域构造活动性控制,区域构造活动性受研究区的大地构造背景控制。因此,大地构造背景研究是古地理研究的首要任务。在稳定的克拉通背景下,一般形成不同规模的坳陷型盆地,盆地及周缘地形高差相对较小,盆地水深及变化梯度也较小。在稳定的被动大陆边缘,盆地及周缘地形高差一般较小,盆地水深及变化梯度相对较大。在区域性伸展(如裂谷盆地、拉分盆地)或区域性挤压(如前陆盆地、走滑盆地)的构造背景下,盆地及周缘地形高差一般较大,盆地水深及变化梯度更大。不同大地构造背景的沉积盆地的地貌特征如表 15-1 所示。

表 15-1 区域构造活动性与古地貌特征

大地构造背景	构造活动性	构造活动特点	古地貌特征
克拉通盆地	构造活动性弱	区域性沉降和隆升	低平原(丘陵)——浅盆
被动大陆边缘盆地	构造活动性中等	区域性沉降	缓倾斜盆地
活动大陆边缘盆地	构造活动性强	构造活动较强:弧后盆地伸展、弧前盆地俯冲	弧后盆地——较深盆 弧前盆地——深盆
断陷(裂谷型)盆地	构造活动性强	差异升降强烈	陡边界陡山——深盆
走滑盆地或拉分盆地	构造活动性强	差异升降强烈	线状陡边界陡山——深盆
前陆盆地	构造活动性强	不对称强烈差异升降	不对称高山或平原——深盆
缝合线盆地	构造活动性强	差异升降	山间线状盆地

二、古气候分析

古气候是指地史时期各种气候要素如降水量、气温、风力和风向等的综合。古气候分析是通过反映古气候的各种生物(暖温性、湿热型、寒冷型)、矿物(如寒冷气候条件下的六水碳钙石、干旱条件下的盐类矿物、潮湿条件下的铁锰氧化物矿物)、岩石(如干旱条件下的蒸发岩、红层,潮湿条件下的黑色页岩和煤层)等气候指标,恢复不同地区不同时期的古气候。

一般情况下,在热带海洋环境中可形成生物礁、鲕粒滩、叠层石等特殊的沉积物。干热的滨浅海环境中可出现石膏、石盐,甚至钾盐沉积,伴生有泥裂、晶痕等。干热的陆相湖盆多出现红层(紫红色碎屑岩和泥岩)。温暖潮湿的陆地上可出现湖沼相的煤层及大量植物化石。相比之下,寒冷的海洋环境内缺乏上述沉积,在大陆冰川附近的海域,冰海沉积发育,如具明显"落石构造"的冰筏沉积发育。寒冷海域的碳酸盐沉积中多缺乏生物碎屑、鲕粒、团粒等,六水碳钙石为其特征矿物,生物贫乏,多为一些冷水的典型分子,如石炭纪—二叠纪冷水型四射珊瑚主要为一些体壁较厚的单带型单体分子。低纬度(南北纬 5°~30°之间)热带风暴(台风、飓风或热带气旋)发育,风暴岩的特殊沉积也指示低纬度的古纬度。

地质历史时期不同的板块处于不同的古纬度,其古气候环境不一样。由于板块之间的相对运动,以前纬度差别很大的两个板块相撞在一起,必然出现气候条件差异很大的沉积物及生物群彼此相邻,这为寻找板块边界提供了重要依据。例如,石炭纪时期,西南特提斯域的拉萨地块、保山地块、南羌塘地块属冈瓦纳大陆,处在高纬度的寒冷气候区,冰水沉积普遍发育。海相生物为 *Eurydesma*(宽铰蛤)冷水动物群,所见珊瑚也为体壁厚、缺乏鳞板的小型单体,如 *Cyathaxonia*(杯轴珊瑚)、*Amplexus*(包珊瑚)等。陆相为寒冷气候的灌木-草木植物群-舌羊齿(*Glossopteris*)植物群。而昌都地块、北羌塘地块和扬子板块当时处在低纬度热带区,出现暖水碳酸盐岩,海相暖水生物繁盛,以造礁型复体珊瑚、苔藓虫、钙质海绵为特征。陆相植物主要为高大的石松、节蕨和科达类。其中鳞木可达 30~40m 长,树干不显年轮,显现了热带森林景观。如今,这两类隶属于两种纬度差别极大气候条件下的沉积物和生物群彼此相邻,说明二者之间曾经存在一个宽阔的古特提斯洋。

三、精细的地层时代和地层格架

精细的地层时代确定和地层对比（格架）是古地理编图的重要基础，决定古地理编图的精度。古地理编图要求编图地层的等时性，但地层时代标定和等时面的确定是一个具有挑战性的难题，地层时代和等时性的确定一般采用以生物地层为基础的化石年代学方法、放射性同位素定年方法和沉积等时面方法。当地层中不含化石或化石定年精度不够时，化石年代学方法就会受到局限。当地层中缺乏火山岩或凝灰岩时，同位素年代学方法也会受到局限。沉积等时面一般采用层序地层的体系域、海侵面、凝缩段等限定，但也存在一定的难度。如海侵面本身是一个穿时面，而不是等时面；凝缩段在深水区厚度较大，也难以准确确定等时面的位置。体系域是一套同期的沉积体系的组合，可以作为体系域形成时间间隔的古地理编图单位，也不具有严格的等时面。目前广泛采用以地层单位组作为编图单位的古地理编图，严格地讲是沉积相分布图，不是古地理编图，因为组本身是一个穿时性的地层单位，不是等时性的地层单位。虽然如此，以世、期甚至组为单位的古地理图仍然可以大致反映古地理格局，因此一直为学界采用。

四、剥蚀区和沉积区限定（古岸线确定）

剥蚀区和沉积区的限定目标是确定古岸线，包括海岸线和湖岸线。一般来说，如果地层没有遭受剥蚀，侵蚀区没有地层沉积，侵蚀区和沉积区的界线位于地层沉积厚度等于零的部位，具有不同厚度沉积的区域为沉积区。但后期剥蚀的情况非常常见，缺失地层未必代表古陆。只有在古陆边缘发育陆地边缘相时才可以确定古陆。

按照构造隆升的程度，剥蚀区可以分为准平原化的剥蚀区和山地剥蚀区，这是古地形研究的内容。山地剥蚀区来源的沉积物多为粗粒状、块状到厚层状，成分成熟度和结构成熟度低的砾岩、砂砾岩，堆积在沉积盆地的边缘。而准平原化的剥蚀区来源的盆地边缘沉积物多为细粒、成分成熟度和结构成熟度高的砂岩、粉砂岩和泥岩。从沉积相上讲，山地剥蚀区来源的沉积多为冲积扇、扇三角洲、辫状河等沉积，而准平原化的剥蚀区来源的沉积多为曲流河、稳定滨湖相沉积或滨海相沉积。物源区性质及母岩判别是盆地构造性质研究的重要方面。不同的物源区（如大陆克拉通、大陆基底、岛弧、火山弧、造山带等）带来不同的沉积物。物源区及母岩的性质可以通过砾岩的组分、砂岩矿物组合及岩屑组分、碎屑重矿物组合等判别。由于砾岩的砾石、砂岩的岩屑直接来自物源区，砾石和岩屑的成分直接反映母岩类型，反映物源区性质。

除了地层厚度指示岸线之外，湖岸和海岸受波浪、岸流影响。海岸带潮汐作用明显，因此岸线附近一般发育滨湖、滨海沉积，这些沉积物中发育各种波浪、潮汐及岸流形成的沉积构造和砂体，也发育泥裂、雨痕、冰雹痕、介壳滩、砾石滩、海岸蒸发岩、叠层石等特殊的沉积构造和沉积物。对于早期沉积被后期改造破坏的地区，滨岸沉积的识别比零厚度线对古岸线的确定更为重要。

五、沉积组合、沉积相及其分布和古水深分析

沉积组合、沉积相及其分布是古地理分析的核心内容。沉积组合（沉积建造或大地构造相）指在一定的大地构造阶段、盆地范围的，反映沉积构造背景的沉积组合体，一般应用于概略性构造古地理编图中。沉积相指反映沉积环境（环境相）或特定的沉积作用（事件相）的沉积特征，常用于大中比例尺古地理编图中作为编图的古地理单元，因此大中比例尺古地理图又常称为岩相古地理图。

在沉积相和古地理研究中，古水深分析是至关重要的研究内容。古水深分析主要依靠生物化石标志、沉积标志、地球化学标志等。大部分的海相生物与水深关系密切，因此可以通过生物类型和组合判别古水深。沉积构造是反映古水深的重要标志，正常浪基面、风暴浪基面、海啸浪基面、自由氧补偿界

面、CCD面等都是判别古水深的重要界面。如正常浪基面以上的浅水地区发育多种类型的波浪、潮汐、岸流形成的沉积构造和砂体分布。蒸发岩多形成于干旱的滨岸浅水地区（如潮坪、潟湖等）。生物礁多形成于0～50m水深的浅水环境。鲕粒灰岩形成于温暖浅海环境，水深一般为10～15m。

六、古环境分析

水体介质的物理化学条件包括古盐度、含氧量（Eh值）、酸碱度（pH值）等。

古盐度是判别海相、陆相、过渡相及陆相淡水湖、咸水湖、盐湖的重要指标。古盐度可以通过生物化石组合、矿物相标志、地球化学标志判别。

一般来说，生物可以分为窄盐度生物、广盐度生物、淡水生物。不同的水体保存不同类型的生物化石。淡水生物保存在河流、淡水湖泊等环境中，广盐性生物保存在三角洲、潟湖、干旱海岸带环境中，窄盐性生物保存在正常、开放的海洋环境中。生物丰度高、分异性强，反映盐度正常、水体温暖。

矿物相对古盐度具有重要的指示意义。从正常盐度到高盐度的水体，形成一系列化学成因的标志性矿物相，其形成顺序为方解石—白云石—天青石—石膏—石盐—钾盐。特别是含天青石、萤石、重晶石的白云岩，与蒸发岩共生的正玉髓为高盐度水体的指示矿物，而海绿石、胶磷矿等形成于正常盐度的水体中。

水体古盐度也可以利用硼含量进行区分，大致以$(60\sim100)\times10^{-6}$为界，低于60×10^{-6}的为淡水相，高于100×10^{-6}的为海相，二者之间的为海陆过渡相。

水体介质的Eh值通常通过对氧化还原敏感的变价元素形成的矿物相去判别，一般来说，常用的含铁矿物由氧化条件到还原条件出现的顺序是：褐铁矿—赤铁矿—海绿石—鲕绿泥石—菱铁矿—黄铁矿或白铁矿。因此含原生黄铁矿、菱铁矿的沉积为还原环境，含原生褐铁矿、赤铁矿的沉积为强氧化环境。沉积物的颜色也可以帮助判别氧化还原条件，通常暗色的沉积形成于还原环境，红色、黄色的沉积形成于氧化环境。

水体介质的pH值也可以通过一些指示矿物和元素地球化学特征去判别（表15-2）。如Mg/Ca值越大，反映古碱度越高；Mg/Ca值越小，古碱度越低。

表15-2　水介质酸碱度的主要矿物标志（据刘宝珺和曾允孚，1985）

矿物	酸性	弱酸性	中性	弱碱性	碱性	强碱性
碳酸盐矿物			菱铁矿	白云石、铁白云石、菱锰矿	方解石	
铁硫化物		白铁矿		黄铁矿		
黏土矿物		高岭石、埃洛石		拜来石、蒙脱石、埃洛石、伊利石		铁镁蒙脱石、镁蒙脱石

七、古流向分析

古流向指根据地史时期沉积岩中保存的沉积标志恢复的古水流方向。广义上说，古流向包括流体介质（水或大气）的流动方向，也包括沉积物（如重力流）的运动方向。古流向不仅是沉积环境的重要判别标志，也是古地理分析的重要内容，它有助于确定沉积物的供给方向、古斜坡的方向、推测盆地边缘和岸线的方向，可以预测砂体的走向和分布等。古流向分析的原理方法参见本书第三章古流向分析部分。

第二节 古地理图的类型

古地理图是古地理研究的图示,也是古地理研究成果最重要的表达方式。

一、古地理图的分类

古地理图按照不同的分类标准可以划分为不同类型,包括按编图的比例尺分类、按编图的性质进行分类等。

1. 按比例尺分类

按照比例尺,古地理图可以分为概略性的古地理图(<1:800万)、小比例尺的古地理图(1:200万~1:500万)、中比例尺的古地理图(1:50万~1:100万)、大比例尺的古地理图(≥1:20万)。比例尺越小,图幅地理范围越大;比例尺越大,图幅地理范围越小。所以概略性和小比例尺的古地理图一般用于全球、巨域或区域构造演化分析。中比例尺的古地理图主要用于成矿带成矿规律研究和成矿预测。大比例尺的古地理图可直接用于找矿预测研究。

2. 按编图性质分类

按照编图的性质,古地理图可以分为构造古地理图、沉积古地理图(岩相古地理图)两大类。

(1)构造古地理图。构造古地理图主要用于历史大地构造分析。大地构造分区和沉积盆地展布是构造古地理图的主要特征。构造古地理图多为概略性和小比例尺的古地理图,编图时间单位多为世或纪。一般用沉积类型、沉积组合为编图依据,以沉积盆地为编图单元,反映不同构造类型的沉积组合的分布、盆地格局等。构造古地理图的单元界线一般为构造分区界线,如板块缝合线、沉积盆地分界(如克拉通盆地、大陆边缘盆地)。

构造古地理图分为两大类:一是以现代地理图为底图,恢复地史时期的古板块的分布,又称固定论的构造古地理(图15-1);二是恢复地史时期各块体的古纬度和分布位态,又称活动论的构造古地理图或古大陆再造图(图15-2、图15-3)。古大陆再造又可以分为全球古大陆再造(图15-2)和区域古大陆再造。区域古大陆再造可以恢复各大陆块体的原始位态,也可以恢复各大陆块体的相对位置,不严格强调恢复大陆块体的原始位置(图15-3)。

(2)沉积古地理图。沉积古地理图多为中小比例尺的古地理图,一般用沉积环境(沉积相)或岩性组合为编图地理单元。中比例尺的沉积古地理图的编图时间单位多为世或期,岩石地层单位穿时性不强的地层也可以组为时间单位。编图地理单元一般为沉积环境(相)(图15-4)。大比例尺的沉积古地理图编图地理单元一般为亚环境(亚相)(图15-5)。

第十五章 古地理学及古地理编图方法

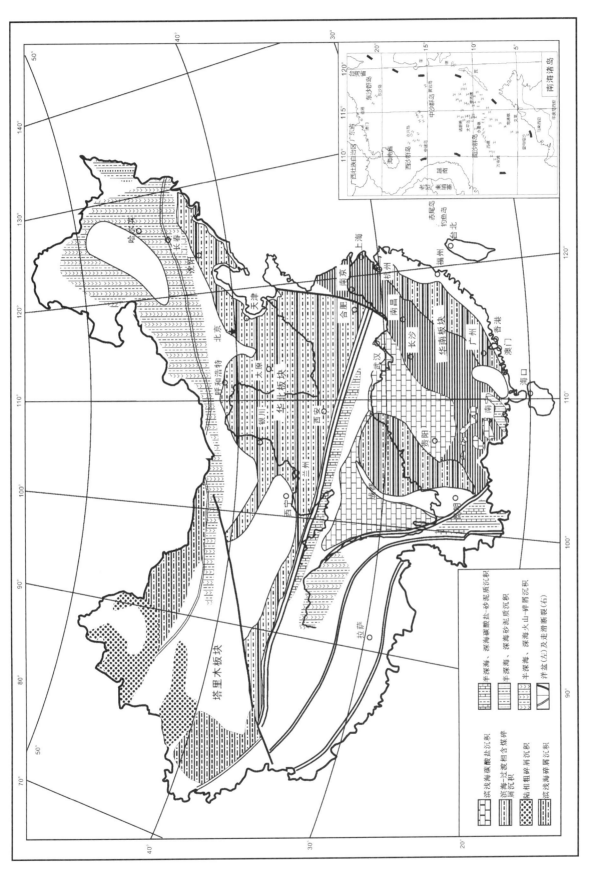

图 15-1 中国中二叠世构造古地理示意图（据王鸿祯等，1985 修改）

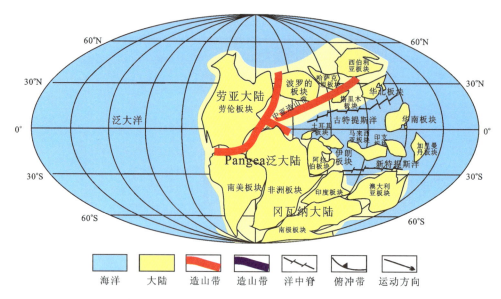

图15-2 全球古大陆再造图(据李江海和姜洪福,2013)

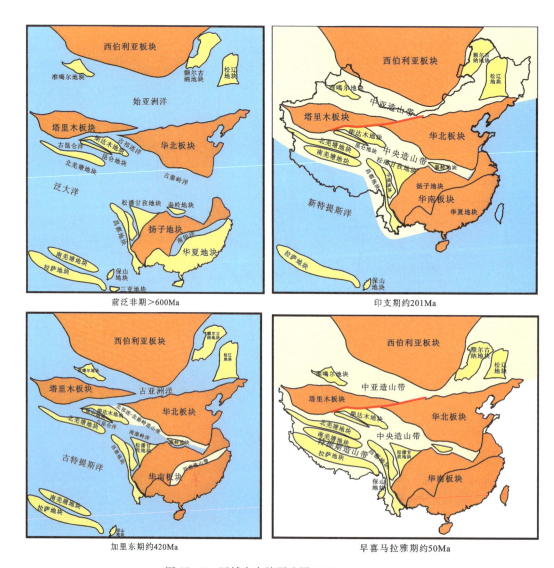

图15-3 区域古大陆再造图(据杜远生等,2020)

第十五章 古地理学及古地理编图方法

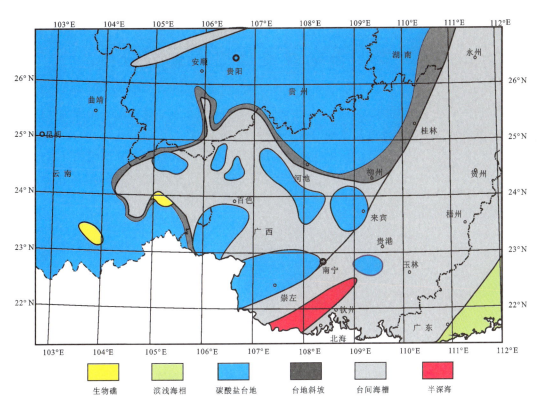

图 15-4 右江盆地中二叠世中比例尺古地理图

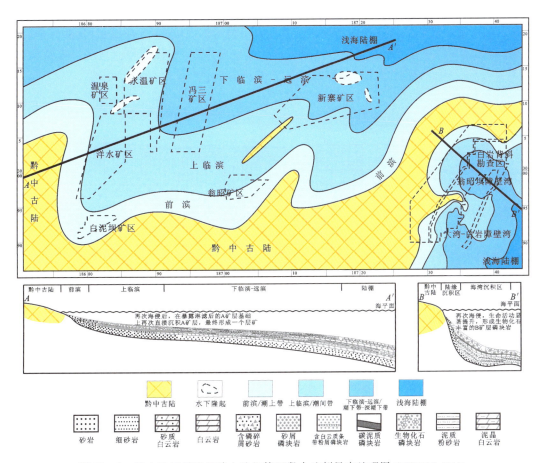

图 15-5 黔中地区震旦纪陡山沱组第四段大比例尺古地理图（据张亚冠，2019）

第三节 古地理图编图内容和方法

由于古地理图的性质和编图目的的不同,构造古地理图和沉积古地理图的编图方法存在明显差别。构造古地理图基于从沉积组合或沉积盆地的研究出发,恢复研究区的大地构造背景和沉积盆地格局,因此古地理研究的核心是大地构造。沉积古地理基于沉积环境的研究,恢复研究区沉积环境的时空分布,其研究核心为沉积相。

一、构造古地理图编图内容和方法

构造古地理图重点恢复各大陆块体的原始位态,除了最重要的古缝合线的识别之外,还可以借助古地磁、生物古地理、古气候、构造带(造山带)或特殊沉积带(如冰川沉积、含煤沉积等)连接等方法辅助进行构造古地理图编图和古大陆再造。

1. 古缝合线追踪法

古缝合线指板块相互之间的俯冲消减和碰撞造山留下的古大洋残片以及伴生的混杂岩带和高温高压变质带,它们代表古板块的边界以及拼合的证据。沿古缝合线则断续分布有蛇绿岩套、混杂堆积和高温高压变质带等特殊的地质记录。

蛇绿岩套是由代表洋壳组分的超基性—基性侵入岩-枕状玄武岩和远洋沉积组成的"三位一体"共生综合体。其中的超基性—基性侵入岩往往呈现冷侵入式构造侵位,代表板块碰撞时沿古缝合线挤上来的古洋壳残片;枕状玄武岩代表来源于地幔的基性火山岩的海底喷发;远洋沉积岩(深海硅质岩、泥灰岩、黏土岩等)代表深海平原沉积。地史中蛇绿岩套的典型层序,与现代深海盆地的洋壳结构可以很好地对比(图15-6)。因此,现代造山带中蛇绿岩套的识别是确定古板块边界的关键。

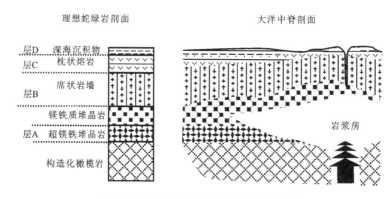

图 15-6 理想蛇绿岩剖面及其成因模式

混杂堆积是海沟俯冲带的典型产物,其中既有一系列洋壳逆冲切碎的洋壳构造残片,又有洋壳俯冲而刮下来的深海沉积物(浊流、远洋沉积),还有火山弧浅水区垮塌下来的早先形成的外来岩块(图15-7)。它的一个典型特征就是由不同成因、不同时代岩块和深海沉积组成、不同时代化石混杂的堆积体。混杂堆积是板块俯冲的直接记录,指示板块边界的存在。

高温高压变质带是板块碰撞带的一个重要标志。在俯冲或碰撞带部位,受到强烈的挤压应力,但温度不高,出现以高压变质矿物蓝闪石为标志的高压低温变质带。个别情况下还会在远离俯冲带的岛弧附近出现以热变质矿物红柱石、蓝晶石、夕线石为代表的高温低压变质带。高压低温变质带和低温高压

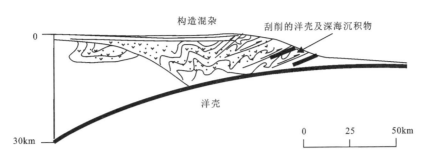

图 15-7　混杂堆积成因模式(据 Scholl et al.,1980)

的变质带组成双变质带。高压变质带一般沿地缝合线平行出现,可用来指示地缝合线的位置以及板块的俯冲方向。

2. 古地磁学方法

不管是火成岩还是沉积岩都含有磁性矿物,这些矿物在岩石形成时受到地磁场的磁化影响,在岩石中保留了可以指示当时地磁方向的磁偏角(D)和磁倾角(I)等剩余磁性。如果通过退磁消除后期地壳运动对原有剩余磁性的叠加影响,可以恢复岩石形成时的磁化特征,利用 $\tan I = 2\tan\lambda$ 公式计算出古纬度(λ)。这样可以确定古板块当时的古纬度,通过同一板块不同时期的古地磁反映的古纬度变化,可以推断板块的运动方向和距离。同时,通过古地磁分析计算,还可计算出古磁极的位置和变化。根据磁偏角和古磁极恢复可以确定古板块的方位。对不同板块不同时期的古磁极进行系统研究,可以得出各个板块不同时期古磁极的变化轨迹,即极移轨迹。如果地质历史时期这两个板块的相对位置未发生位移,二者的极移轨迹曲线是重合的。如果两条极移轨迹曲线不重合,说明这两个板块在地史时期曾发生过较大的相对位移,如果拟合两个板块之间存在一个大洋相隔,则这种极移曲线的偏离可以消除。古地磁方法是恢复板块的相对位置和相对运动的直接手段,但古地磁方法只能确定古纬度而不能确定古经度,还需要地质证据佐证。

3. 生物古地理

生物古地理分区主要是在温度和地理隔离两大因素控制下形成的生物区系。温度主要受经纬度及大洋表层洋流控制,地理隔离主要受大陆和大洋分布控制。因此,生物古地理分区与全球古大陆、古大洋分布密切相关,可以用来恢复构造古地理,尤其是可以帮助进行全球古大陆再造。陆生生物主要受气候带(温度、湿度)制约,有时也与地形高低所反映的垂直气候分带有关。海生生物则主要受与纬度有关的海水温度及不规则海流分布范围的影响。地理隔离对陆生生物来说主要是海洋隔离,对海洋生物来说既有大陆的陆地隔离因素,也有广阔洋盆的深海隔离。相对来说,地理隔离对生物分区的影响更为重要。大陆是海洋生物地理隔离的重要障碍,大洋是陆生生物和海生底栖生物地理隔离的一个重要障碍。地理隔离可导致生物间的基因无法交流,形成一些差别较大、甚至很大的生物类群,从而形成不同的生物区系。

地史时期的生物古地理分异也非常明显。如石炭纪—二叠纪,可以分为热带亚热带的华夏植物区、南半球寒温带的冈瓦纳植物区(舌羊齿植物区)和北半球温带的安加拉植物区,它们受石炭纪—二叠纪全球古大陆、古大洋分布制约。再如二叠纪—三叠纪陆生动物水龙兽、肯氏兽在冈瓦纳大陆、劳亚大陆均有分布,指示了这些大陆有陆地或陆桥连接,由此确定了 Pangea 超大陆的形成。

4. 古气候分析

古气候带主要受控于研究区所处大陆块体的古纬度和块体展布,因此古气候带的确定对构造古地理图和古大陆再造具有重要意义。古气候受控于古纬度以及行星风系、季风影响的古洋流。一些特殊的沉积，如风暴岩、铝土矿、沙漠红层、干旱盐湖和大陆冰川沉积等也可以帮助判别古纬度。风暴岩一般发育于赤道附近南北纬5°～20°之间的低纬度地区。铝土矿常见于赤道附近的热带辐合带区域。沙漠红层常见于副热带高压带的干旱地区，也可见于巨型大陆且被高峻山脉阻隔海洋大气环流的内陆地区，如喜马拉雅山阻隔的青藏高原和西北内陆地区，科迪勒拉山脉阻隔的北美大陆西部内陆地区等。大陆冰盖及其形成的冰筏沉积多出现于两极高纬度地区（雪球地球除外）。

5. 特殊地质带连接

板块内部、板块之间常常发育可连接的特殊的地质带，譬如板块内部和板块之间由巨型走滑断裂错开的构造带，如阿尔金断裂分隔了塔里木板块和柴达木地块，并错断了昆仑造山带和天山造山带；郯庐断裂错断了大别山和苏鲁造山带。再如格林威尔造山带（距今10亿年左右）形成的北美板块、非洲板块、波罗的板块、南极板块之间的连接是Rodinia超大陆再造的关键证据；泛非造山带（距今6亿年左右）形成的非洲板块、印度板块、南极板块之间的连接是冈瓦纳大陆再造的关键证据。除了造山带连接外，一些特殊的沉积带在古大陆恢复中也具有特殊意义。如冈瓦纳大陆石炭纪的大陆冰川中心跨越不同的大陆，也成为古大陆再造的关键证据。

6. 沉积大地构造分析

沉积大地构造分析是以沉积记录为对象，恢复沉积大地构造背景的研究。沉积大地构造分析大致包括历史大地构造分析和沉积盆地分析两个方向。

历史大地构造分析主要依据沉积类型和沉积组合（沉积建造）确定大地构造背景，划分大地构造分区（王鸿祯，1982）。所谓沉积组合指一定的构造阶段不同的沉积盆地中形成的沉积组合体。王鸿祯（1982）把沉积组合根据陆相和海相分别划分为稳定型、活动型和过渡型共6种类型，进一步区分了不同类型的沉积组合。如大陆上，稳定类型的构造背景主要发育在广阔的准平原、内陆盆地及近海平原，相应的沉积组合是游移盆地湖泊碎屑组合、内陆盆地河湖泥质组合及近海盆地含煤碎屑组合。活动类型的构造背景可以强烈上升的高峻山系和巨大的陆缘火山活动带为代表，巨厚的山麓山间粗碎屑（磨拉石）组合和大陆火山喷发-碎屑组合为其典型产物。陆相过渡型沉积组合包括近海沉陷盆地碎屑泥质沉积组合和海陆交互相碎屑泥质沉积组合等。在海洋中，广阔的陆表海、陆棚海代表稳定的构造背景，形成稳定型滨浅海碎屑岩或碳酸盐岩组合；非补偿的边缘海、活动陆棚、大陆斜坡可以代表过渡型的构造背景，形成相应的过渡型沉积组合，如非补偿边缘海碳质硅质组合、活动陆棚泥质碳酸盐沉积组合。活动大陆边缘的弧后海、弧间海、深海沟和远洋盆地为活动型的海洋背景，其形成岛弧海岩屑杂砂岩-火山岩沉积组合，以及包含超基性、基性岩和放射虫硅质岩的蛇绿岩组合。大洋萎缩形成的残余海盆和碰撞造山形成的前陆盆地常发育半深海至深海砂泥质复理石组合。采用沉积组合法，王鸿祯等（1985）编制了中国地质历史时期的系列构造古地理图。

沉积盆地分析主要通过沉积盆地的沉积相组合及时空展布确定盆地类型，在此基础上以沉积盆地类型为编图单元进行古地理编图。不同的沉积盆地具有不同的沉积相组合及不同的时空展布特征。如大陆克拉通通常形成坳陷盆地河流-三角洲-湖泊相组合；海相克拉通通常为陆表海滨浅海碎屑岩相组合、滨浅海碳酸盐缓坡或台地相组合。被动大陆边缘通常形成滨浅海碎屑海滩-陆棚相组合、滨浅海碎屑潮坪-陆棚-陆坡相组合、滨浅海碎屑障壁-潟湖-陆棚-陆坡相组合、滨浅海碳酸盐缓坡-陆棚-陆坡相组合、滨浅海碳酸盐台地-陆棚-陆坡相组合（表15-3）。

第十五章 古地理学及古地理编图方法

表 15-3 主要沉积盆地类型的相组合

盆地类型	亚类		沉积体形态	相组合特征
克拉通盆地	内克拉通盆地	陆表海盆地	面状覆盖克拉通,不等厚层面状	河流-三角洲-湖泊或-滨浅海碎屑岩相组合、滨浅海碳酸盐缓坡或台地相组合
		坳陷盆地	局限分布克拉通内部,不等厚层面状	
		断陷盆地	同陆内裂谷	同陆内裂谷
	克拉通边缘盆地	断陷盆地	类似大陆边缘裂谷	类似大陆边缘裂谷
		坳陷盆地	平面上面状,剖面上不等厚层状	河流-三角洲-滨浅海碎屑岩相组合、滨浅海碳酸盐缓坡或台地相组合
被动大陆边缘盆地	滨岸、大陆架、大陆坡		不等厚层面状	滨浅海碎屑海滩-陆棚相组合、滨浅海碎屑潮坪-陆棚-陆坡相组合、滨浅海碎屑障壁-潟湖-陆棚-陆坡相组合、滨浅海碳酸盐缓坡-陆棚-陆坡相组合、滨浅海碳酸盐台地-陆棚-陆坡相组合
活动大陆边缘盆地	弧后盆地、岛弧、弧间盆地、弧前盆地		弧后盆地:面上面状其他:带状分布	岛弧:具有岛弧火山岩、火山碎屑岩沉积其他:具有火山碎屑岩或火山岩夹层的浅海-半深海相组合
裂谷盆地	陆内裂谷		平面上多宽带状,剖面上具有陡的断裂边界	洪、冲积扇-辫状河-扇三角洲(湖泊或海相)-斜坡浊积扇组合
	台地内裂陷槽			斜坡碳酸盐岩-深水盆地相组合
	大陆边缘裂谷		沿大陆边缘呈宽带状,剖面上具陡的断裂边界	洪、冲积扇-辫状河-海相扇三角洲-深水盆地相-斜坡碎屑流-浊积岩相组合
拉分盆地			沿大走滑断裂带状分布,四周均为陡的断裂边界	洪、冲积扇-辫状河-湖相扇三角洲-湖泊-浊积扇组合
走滑盆地			线状,剖面上透镜状分布	
前陆盆地	周缘前陆盆地		沿造山带带状分布,剖面上不对称分布,造山带一侧较陡,克拉通一侧较缓	滨浅海相-浊流(复理石)-洪、冲积扇、扇三角洲-辫状河(磨拉石)组合,具造山带和克拉通双向物源
	弧后前陆盆地			滨浅海相-浊流(复理石)-洪、冲积扇、扇三角洲-辫状河(磨拉石)组合,具岛弧和克拉通双向物源

二、沉积古地理图的编图内容和方法

沉积古地理图重点恢复研究区沉积盆地的沉积环境及其时空展布,因此最重要的是沉积相研究,在沉积相研究的基础上恢复沉积环境,并按照环境单元标识在古地理图上。按照编图的方法,沉积古地理图的编图方法可以分为定性指标的古地理图和定量指标的古地理图。定性指标的古地理图主要依据沉积相定性分析,以典型的沉积相作为古地理单元,常称作优势相编图。定量指标古地理编图指利用特征性的定量指标,编制一系列(多因素)等值线图,并在此基础上编古地理图。

1. 沉积相分析

沉积相分析是沉积古地理分析的基础,在古地理编图中,应根据比例尺要求,进行一定密度的沉积相剖面布置。剖面选择的原则,一是尽可能大致均衡分布,二是尽可能保证每个相带均有一定数量的代表性沉积相剖面。沉积相变化较大的地区(如滨海、滨湖、陆架边缘地区)剖面密度适当增加。

沉积相分析的前提是等时性地层对比和地层格架的建立,因此选择剖面尽可能有好的年代地层研究基础,尽可能保证编图地层单位的等时性。

古地理编图要求剖面数量较多,不可能对全部剖面均做精细的沉积相研究,一般需收集前人研究的地层剖面或沉积相剖面。为了提高沉积相分析的精度和准确性,应选择不同相区、不同沉积相类型进行典型性沉积相精细分析。建立若干具有典型性、可区域对比的标准沉积相剖面,作为典型剖面与一般剖面的对比标准。

沉积相标准剖面和沉积相对比图不仅是沉积古地理分析的基础,也是沉积古地理图的必要附图。沉积相标准剖面分碎屑岩型、碳酸盐岩型等不同类型。碎屑岩一般在岩石颜色、层厚、组分、结构、沉积构造、生物特征分析的基础上,可以确定沉积相类型(图15-8)。而碳酸盐岩结构组分较为复杂且肉眼不易准确鉴别,一般通过显微镜观测确定颗粒类型、生物碎屑类型,在此基础上辅助宏观相标志,进行沉积相确定(图15-9)。在若干沉积相剖面的基础上,可以编制沉积相剖面对比图。

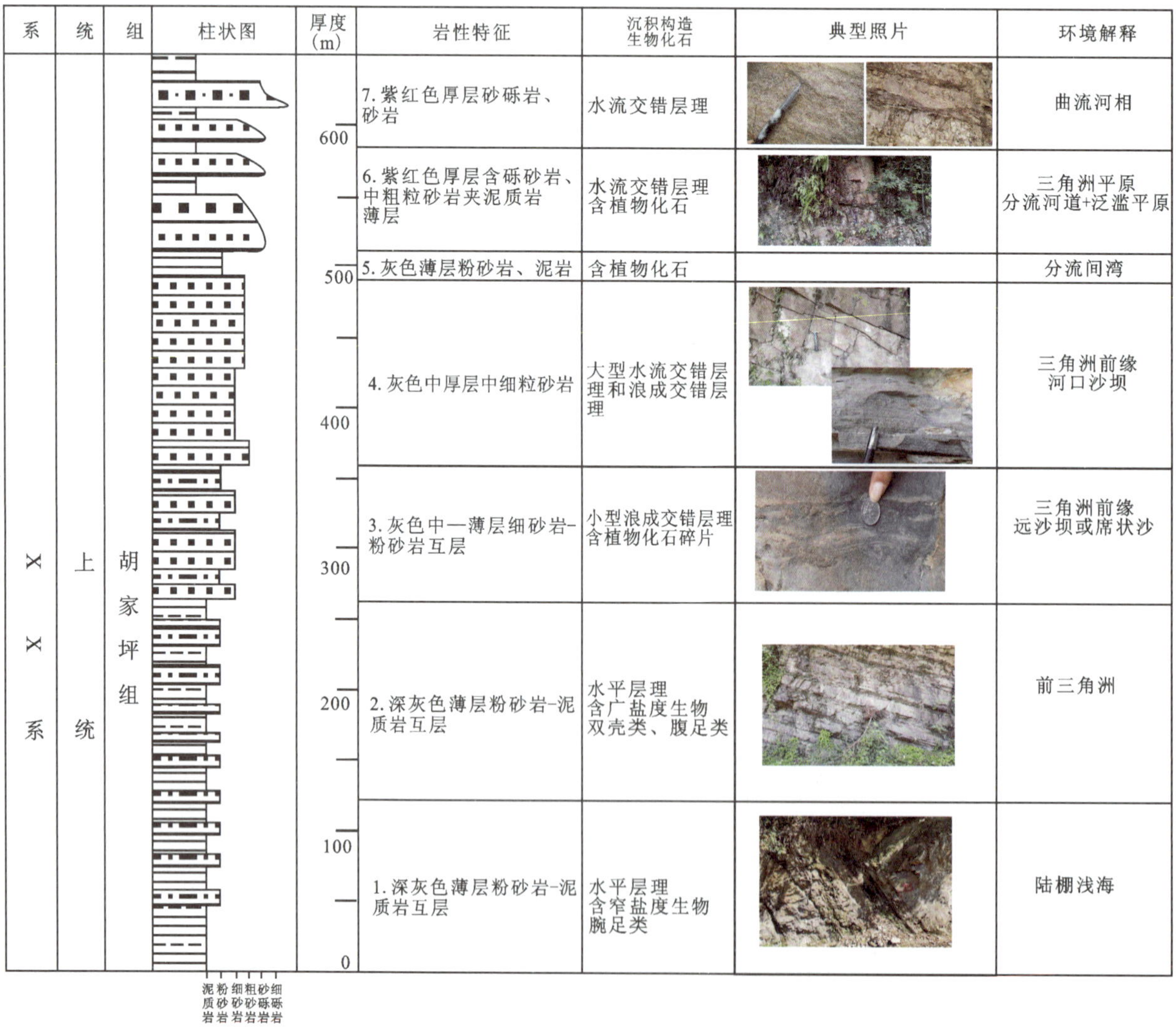

系	统	组	柱状图	厚度(m)	岩性特征	沉积构造生物化石	典型照片	环境解释
X X X 系	上统	胡家坪组		600	7.紫红色厚层砂砾岩、砂岩	水流交错层理		曲流河相
					6.紫红色厚层含砾砂岩、中粗粒砂岩夹泥质岩薄层	水流交错层理含植物化石		三角洲平原分流河道+泛滥平原
				500	5.灰色薄层粉砂岩、泥岩	含植物化石		分流间湾
				400	4.灰色中厚层中细粒砂岩	大型水流交错层理和浪成交错层理		三角洲前缘河口沙坝
				300	3.灰色中—薄层细砂岩-粉砂岩互层	小型浪成交错层理含植物化石碎片		三角洲前缘远沙坝或席状沙
				200	2.深灰色薄层粉砂岩-泥质岩互层	水平层理含广盐度生物双壳类、腹足类		前三角洲
				100	1.深灰色薄层粉砂岩-泥质岩互层	水平层理含窄盐度生物腕足类		陆棚浅海
			泥质岩 粉砂岩 细砂岩 粗砂岩 砂砾岩 细砾岩	0				

图15-8 碎屑岩沉积相柱状图格式

第十五章 古地理学及古地理编图方法

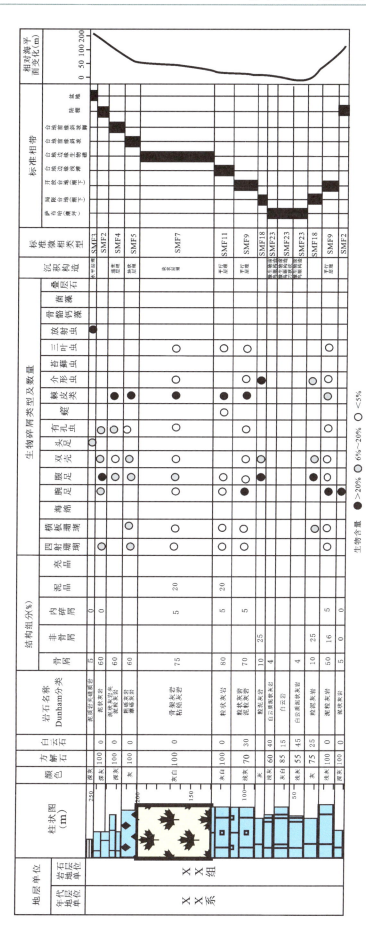

图 15-9 碳酸盐岩沉积相柱状图格式

2. 定性指标的古地理图

定性指标的古地理编图是一种传统的古地理编图方法，指利用具有代表性的沉积相进行古地理编图，又称"优势相古地理编图"。刘宝珺等(1995)通过对中国南方震旦纪—三叠纪地层和沉积相及大地构造背景的系统研究，以世为单位编制了中国南方岩相古地理图，即为我国优势相古地理编图的经典之作。优势相古地理编图大致可分为以下步骤：第一，系统收集、精选研究区代表性的地层和沉积相剖面，精选的原则是剖面的完整性、沉积相的典型性；第二，对精选的剖面按编图地层的要求进行沉积相分析，确定剖面的优势相(典型的、具代表性的沉积相)；第三，进行研究剖面的沉积相对比，编制若干沉积相对比断面，探索沉积相的时空分布规律，确定沉积盆地总体格局；第四，进行古地理图编图，编图单元为沉积相或亚相。

3. 定量指标的古地理图

定量指标古地理图法始于冯增昭(1992)提出的"单因素分析综合作图法"。冯增昭(2004)完善为"单因素分析多因素综合作图法"。该方法的内涵包括"单因素分析"和"多因素综合作图"。单因素指能独立反映某地区、某地质时期、某层段沉积环境某些特征的因素。它的有无或含量的多少均可独立地、定量地反映该地区、该层段的沉积环境的某些特征，如沉积环境水体的深浅、能量高低、性质等。某沉积层段的厚度以及它的特定的岩石类型、结构组分、矿物成分、化学成分、化石及其生态组合、颜色等，均可作为单因素。常用的单因素包括地层厚度、页岩含量、浅水碎屑岩含量、深水碳酸盐岩含量、浅水碳酸盐岩含量、碳酸盐岩颗粒含量、石膏含量(%)等值线图等。多因素综合作图指把前述各单因素图叠加起来，并结合其他定量的和定性的资料进行全面分析，综合判断，编制古地理图。这种方法的核心是定量，即以各剖面的定量的单因素资料为基础，从各定量的单因素图的分析入手，再通过各单因素图的叠加和综合分析判断，最后做出定量的岩相古地理图。在这种岩相古地理图中，各古地理单元的划分和确定都有确切的定量资料和单因素图为依据(冯增昭，2004)。

单因素分析多因素综合作图法可分3个步骤：第一，对各剖面尤其是各基干剖面进行认真的地层学和定量岩石学研究，取得各种第一手的定性和定量资料，尤其是定量资料，了解各剖面各沉积层段的沉积环境特征。第二，在已取得的各剖面定量资料中，按要求的作图单位，选择出那些能独立地反映其沉积环境特征的因素，即单因素，并把全区各剖面各作图单位的各种单因素的百分含量都统计出来，做出各种相应的单因素图，主要是等值线图。这些单因素图可以从不同的侧面定量地反映该地区、该层段的沉积环境。这就是单因素分析。第三，把这些定量的单因素图叠加起来，并结合该地区、该层段的其他定量和定性资料，去粗取精，去伪存真，全面分析，综合判断，即可编制出该地区该层段定量的岩相古地理图。这就是多因素综合作图方法(冯增昭，2004)。

第四节 实 例

一、黔中震旦纪陡山沱组磷矿定量古地理及成矿规律

黔中地区位于扬子地块东南部、扬子碳酸盐台地东南缘、黔中古陆一带(图15-10)，指贵州安顺-贵阳-怀化断裂以北，贵州中部织金、贵阳、息烽、开阳、瓮安、福泉一带。震旦纪时期，贵州除局部为古陆之外，大部分地区分布碳酸盐沉积。黔中地区新元古代地层包括青白口系下江群(或板溪群)清水江组、澄江组，南华系南沱组，震旦系陡山沱组、灯影组，磷矿层主要赋存于陡山沱组。陡山沱组在瓮安一带自下

而上发育4段:第一段为盖帽白云岩段;第二段为A矿层;第三段为夹层白云岩;第四段为B矿层,大致相当于宜昌九龙湾陡山沱组标准剖面的1~4段。开阳一带陡山沱组仅发育第一段和一个磷矿层(张亚冠等,2016;杜远生等,2018)。

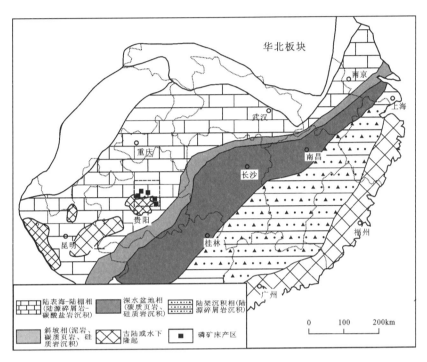

图15-10 黔中地区大地构造背景示意图

黔中地区青白口系清水江组或澄江组基底与陡山沱组为不整合接触,区域古地理研究表明,黔中地区新元古代早期存在一个古陆。Marinoan冰期的南沱组冰碛岩自北西至南东依次为古陆、滨海、浅海、斜坡及深海沉积。南沱组厚度变化较大,自北西至南东逐渐变厚。南沱组在开阳、瓮安西部地区已经尖灭,瓮安白岩一带厚度仅1m,遵义地区南沱组冰碛岩厚度可达67m(遵义六井剖面)。黔东南三江地区厚度可达1900m。因此黔北遵义一带存在一东西向的海湾,黔中开阳—瓮安一带与黔西连为一古陆(图15-11A)。

震旦纪开始,伴随气候转暖和雪球事件的结束,扬子地块东南缘发生自南东到北西的大规模海侵。陡山沱初期(相当于陡山沱组第一段)黔中古陆无陡山沱组沉积记录,黔中古陆不断提供陆源碎屑物质,导致靠近古陆边缘的开阳和瓮安西部以碎屑岩为主,发育砂岩、黏土岩及页岩,夹少量泥质白云岩。瓮安东部—福泉一带发育盖帽白云岩沉积。陡山沱早期(相当于陡山沱组第二段),随着冰川持续消融,以黔中古陆为中心,周边发育磷质碎屑岩海滩,向外逐渐过渡为外陆棚和半深海相,发育暗色薄层碳酸盐岩与钙质页岩互层或夹层沉积,碳质页岩及硅质岩也较常见(图15-11B)。

黔中磷矿分为开阳磷矿和瓮福磷矿两个矿集区。瓮福磷矿矿集区发育两层磷矿且陡山沱组发育齐全,第三段和第四段顶部存在2个喀斯特侵蚀面,表明陡山沱组沉积期存在两次海平面升降旋回。开阳磷矿矿集区只有一层磷矿,地层发育仅1~2段,矿层内溶蚀孔洞、不整合侵蚀面等普遍发育,推测为开阳地区沉积水体较浅,海平面下降过程中矿层遭受暴露淋滤作用而造成沉积间断,单一矿层为多期次海平面升降导致的不完整层序(张亚冠等,2016)。

1. 地层和沉积相时空格架的建立

为了准确恢复黔中震旦纪磷矿成矿期的古地理,探讨古地理对磷矿沉积的控制作用,首先对黔中地区震旦系陡山沱组进行地层对比(图15-12),确定编图时间单元(段),并选择开阳、新寨、瓮安等10余

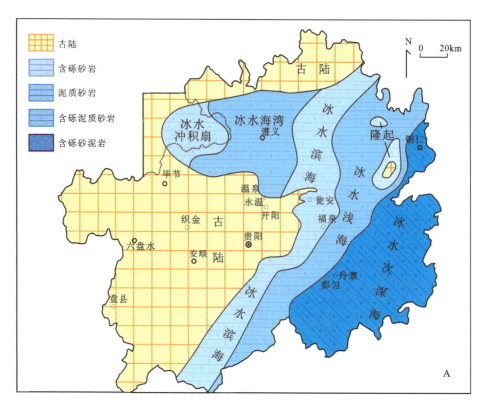

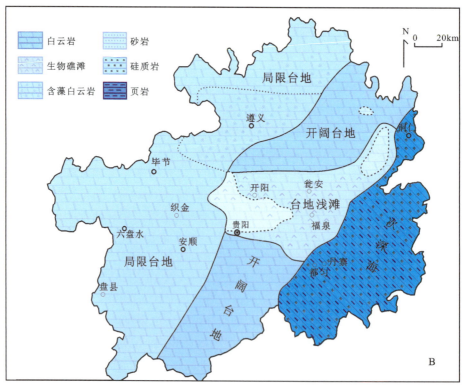

图 15-11 贵州省南华纪南沱期(A)和震旦纪陡山沱期(B)古地理图

口钻孔岩芯进行详细的沉积相分析(图 15-13,表 15-4),并进行地层和沉积相对比,建立地层和沉积的时空格架。在此基础上,编制单因素等值线图和定量古地理图。

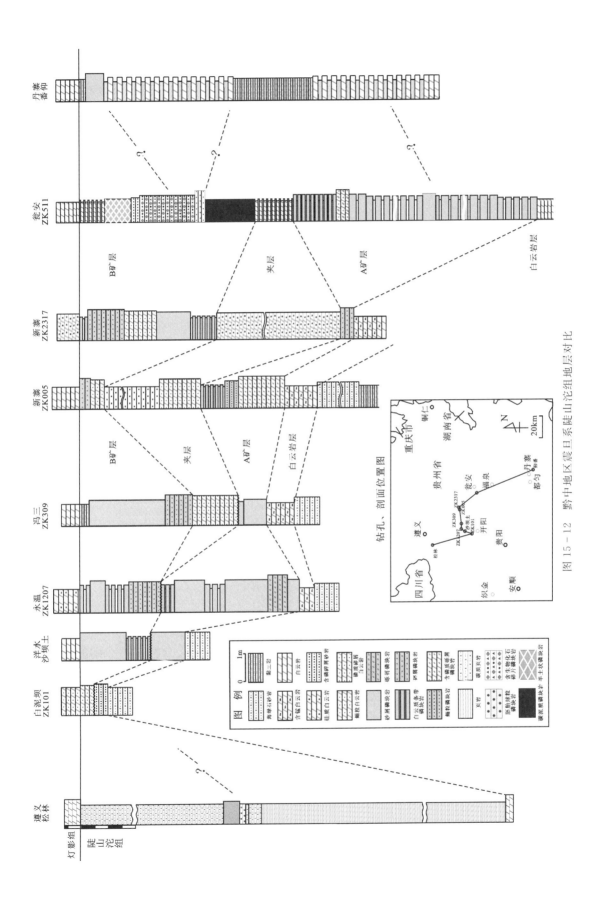

图 15-12 黔中地区震旦系陡山沱组地层对比

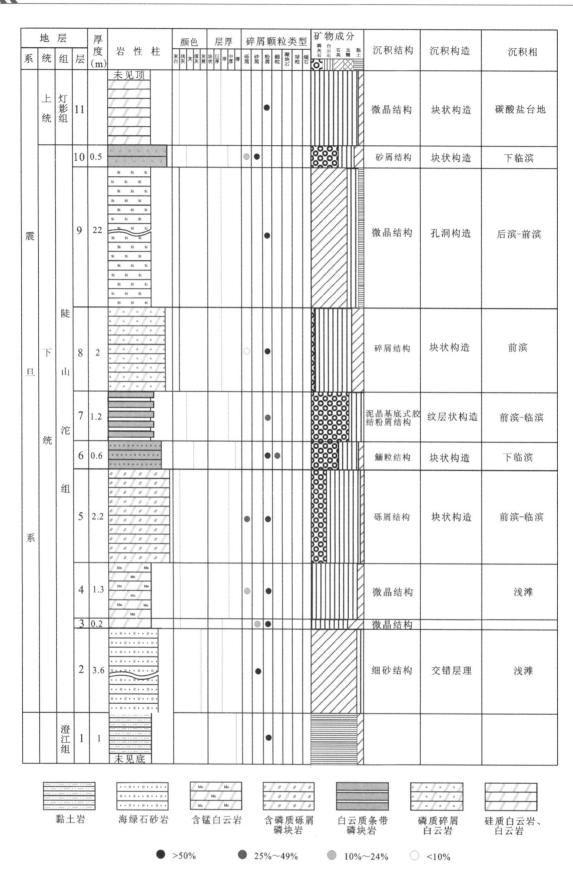

图 15-13 新寨矿区 ZK005 钻孔陡山沱组沉积相柱状图

表 15-4 黔中地区陡山沱组磷块岩沉积岩性类型与沉积环境特征

岩相划分	岩相名称	岩石学特征	沉积结构特征	沉积环境与沉积相
陆源碎屑相	厚层中—细粒石英砂岩相(F_1)	灰绿色,主要由分选较好,磨圆中等的中—细屑石英颗粒组成,含自生海绿石颗粒、磷泥晶碎屑、长石、黏土矿物等	中—厚层,层内可见大型板状交错层理、平行层理或浪成交错层理	高能水体环境,一般为无障壁浅水海岸前滨相-上临滨相
	中薄层细—粉粒石英砂岩相(F_2)	灰绿色,细—粉屑石英,分析、磨圆中等,夹泥晶质白云岩或砂泥岩,偶含海绿石颗粒和少量黄铁矿	薄层纹层状,层内可见小型浪成交错层理、水平层理或脉状层理、波状层理	浅水海岸下临滨-远滨带或局限海域潮坪较低能沉积环境
	厚层含砾石英砂岩相(F_3)	灰绿色,主要由大小不一,磨圆较好的砂质砾石组成,基质成分为砂岩或粉砂岩	厚层,砾石可见叠瓦状或直立状排布	滨岸浅水高能水流环境
	薄层泥页岩相(F_4)	黑色—灰黑色泥岩、页岩夹粉砂岩,含少量硅质岩或泥晶白云岩	薄层,层内可见水平纹层	陆棚相或潟湖、深潮下带低能环境
碳酸盐岩相	盖帽白云岩相(F_5)	灰白色细晶—微晶白云石组成,可见重晶石扇	层系界面不明显,发育席状裂隙、帐篷构造和瘤状突起	冰期结束后的极端环境下浅水海岸-陆棚区均有分布
	中厚层微晶白云岩相(F_6)	灰色—灰白色微晶白云石,含少量石英、自形黄铁矿,局部硅化重结晶	中—厚层,层内破碎较普遍	近岸浅海环境
	古喀斯特白云岩相(F_7)	灰白色—白色微晶—粗晶白云岩,硅化作用形成的粗晶硅质岩普遍发育	块状,含大量溶蚀角砾和溶蚀孔洞	极浅水海岸暴露环境,如潮上带
磷块岩相	(含碳)泥晶磷块岩相(F_8)	灰黑色—黑色泥晶质磷块岩,主要矿物成分为隐晶质到微晶质磷灰石,含有机质成分、泥页岩、泥晶白云岩和硅质岩	薄层,含水平纹层和硅质岩、泥晶白云岩、硅质岩透镜体等	封闭、半封闭海岸潮坪、潟湖相或陆棚相沉积环境
	生物作用磷块岩相(F_9)	灰色—灰白色,含生物化石,如叠层石、藻纹层、藻球粒或"胚胎"动物化石,化石成分为主要磷酸盐	块状,可见藻状纹层或其他生物化石结构	较局限的浅水低水动能海域
	中厚层中粗粒砂屑磷块岩相(F_{10})	灰色—深灰色,主要由中—粗粒碎屑磷质颗粒组成,碎屑颗粒以磷酸盐砂屑、鲕粒、豆粒或生物碎屑为主	中—厚层,层内可见大型板状交错层理、平行层理或浪成交错层理	无障壁浅水海岸,主要集中于前滨相-上临滨相
	纹层状细-粉砂屑磷块岩相(F_{11})	灰色—深灰色,由泥晶磷质纹层和细—粉屑磷质碎屑颗粒组成,含有机质和少量碎屑石英颗粒	薄层,可见水平纹层、小型浪成交错层理或波状、脉状层理,含泥晶磷质或白云质细纹层	浅水海岸下临滨相-远滨相或障壁海岸潮坪相沉积环境
	块状砾屑磷块岩相(F_{12})	灰色—浅灰色,含大量磷质砾石及少量砂质、白云质砾石	块状,砾石可见叠瓦状或菊花状排布	滨岸高能水体环境,受潮道水流、海岸底流或风暴流影响
	含白云石纹层砂屑磷块岩相(F_{13})	灰色—灰白色,由磷质颗粒纹层和细晶白云石纹层组成	白云石纹层和磷质颗粒纹层呈互层状产出,可见纹层内竖直蜷曲构造和泥裂缝构造	滨岸浅水环境,白云石纹层为与蒸发作用有关

2. 定量指标

黔中地区震旦纪陡山沱期构造稳定，陡山沱组的厚度主要受沉积物输入量、磷块岩及碳酸盐岩沉积速率和可容纳空间控制，因此陡山沱组各段厚度等值线图既可以反映沉积分布范围，也可以间接反映沉积期的古地理格局。根据层序地层、海平面变化和扬子地区区域地层对比，陡山沱组 4 个岩性段基本上是等时性的地层单位。因此选择陡山沱组 1~4 段的地层厚度和两个矿层品位（P_2O_5 含量）作为定量指标进行单因素等值线编图。

3. 定量古地理编图

（1）单因素等值线编图。系统收集开阳矿集区、瓮福矿集区 400 余口钻井、野外剖面及探槽编录数据进行统计，结合对区域地质和矿产地质的分析，编制了黔中地区陡山沱组各段定量指标单因素等值线图，清晰显示了各段的厚度变化规律。

陡山沱组第一段厚度等值线图显示开阳地区地层厚度由南至北逐渐增大（0~22m），其中白泥坝—翁昭地区一线以南陡山沱期沉积厚度 0m，且在整个陡山沱期均无地层沉积。因此白泥坝—翁昭地区一线为古海岸线，界线以南为黔中古陆，以北为海相沉积区。翁昭—新寨地区同样存在北东向长条状零沉积区，为黔中古陆北部的孤岛。海域区局部地区古地理地形复杂，存在多个水下隆起或坳陷，导致局部地段地层厚度变化较大，如新寨矿区东部、永温矿区西部等均存在高低不平的地势条件。此外，靠近古陆的海绿石砂岩层由南向北粒度逐渐变细，由粗砂逐渐变至粉砂，砂岩层之上砂质白云岩、含锰白云岩逐渐变厚，表明开阳地区近岸浅水地区为海滩相陆源碎屑砂岩沉积，伴随远离陆源、水深加大，逐渐转变为海相碳酸盐岩沉积。瓮福地区处于黔中古陆东缘，陡山沱组第一段厚度整体由北西至南东逐渐增大（0~20m），陡山沱组 0m 线为古海岸线。黔中古陆东北部存在一半岛，将开阳地区与瓮福地区分隔。瓮福地区中部存在一半岛（前雍无矿带），前雍无矿带周缘陡山沱组第一段地层厚度小，北部翁昭坝及南部大湾—白岩地区两个中心地带地层厚度大，且岩性逐渐由砂岩、粉砂岩、黏土岩组合向东南海岸方向逐渐相变为盖帽白云岩（图 15-14）。

陡山沱组第二段（A 矿层）在开阳地区只发育 1 个矿层，矿石特征分析认为，该矿层系由 A 矿层遭受暴露风化侵蚀和 B 矿层混合形成的，编图中作为 B 矿层，故开阳地区 A 矿层未显示。瓮安、福泉、新寨地区为陡山沱组第二段磷矿沉积中心，向四周沉积厚度逐渐减小（0~12m）。新寨以北磷矿层厚度逐渐变薄，逐渐相变为白云岩沉积。瓮福地区 A 矿层厚度变化趋势与第一段相似，北部翁昭坝及南部大湾-白岩地层厚度大，前雍无矿带周缘厚度小，总体自西向东厚度逐渐变大（0~36m）（图 15-15）。

陡山沱组第三段（夹层白云岩）和第二段类似，主要分布于开阳地区北部冯三以北、新寨地区和瓮福地区。在地势相对较高的开阳矿集区南部合瓮福矿集区西部无夹层白云岩沉积。开阳矿集区夹层白云岩厚度由南至北逐渐增厚，新寨局部地区厚度差异较大。瓮福地区夹层白云岩厚度趋势与第二段厚度变化趋势相似，沿黔中古陆海岸线及前雍无矿带周缘厚度不断增大，但夹层白云岩分布范围较第一段、第二段范围明显缩减（图 15-16）。

陡山沱组第四段（B 矿层）存在明显分异，围绕黔中隆起，沉积厚度总体向外变厚，且存在明显的地形起伏和多个沉积中心。开阳地区西部存在温泉、洋水-永温两个沉积中心，新寨附近存在另一沉积中心，而瓮福地区继承陡山沱组下部三段的大致趋势，仍为两个沉积中心，且 B 矿层沉积厚度较大。温泉、洋水、永温一带 B 矿层最厚，新寨地区厚度较小。南部白泥坝、翁昭地区水体较浅，受沉积空间限制沉积厚度较薄。瓮福地区 B 矿层厚度由北西至南东方向同样有逐渐变厚的趋势（0~24m），前雍无矿带周缘矿层厚度小，前雍无矿带北部翁昭坝及南部大湾—白岩地区两个中心地带地层厚度最大，向东南延伸地层组合逐渐由磷块岩组合转变为碳酸盐岩、硅质岩组合，磷矿层厚度逐渐减薄（图 15-17）。

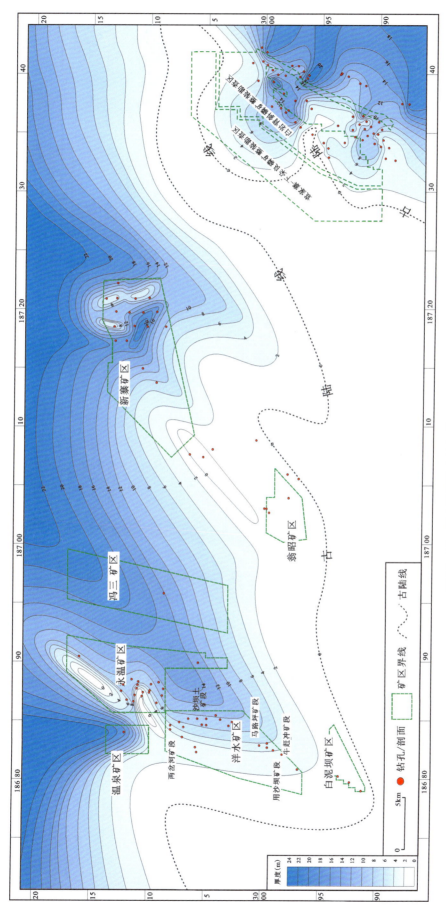

图 15-14 黔中地区陡山沱组第一段厚度等值线图

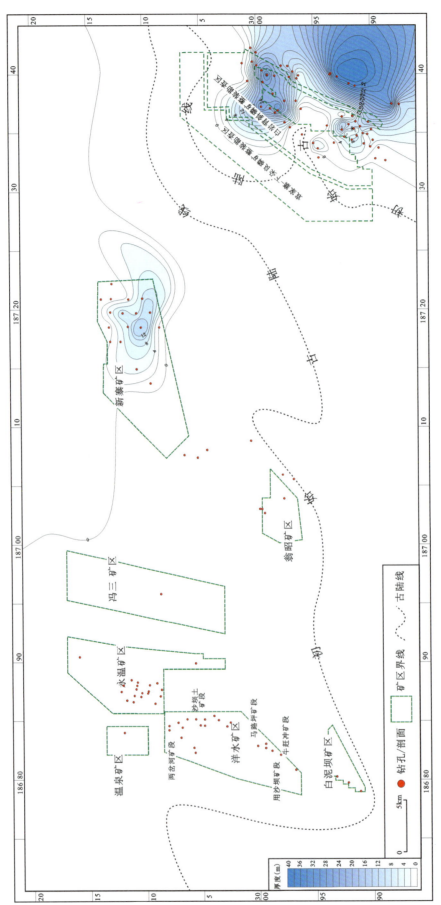

图 15-15 黔中地区陡山沱组第二段厚度等值线图

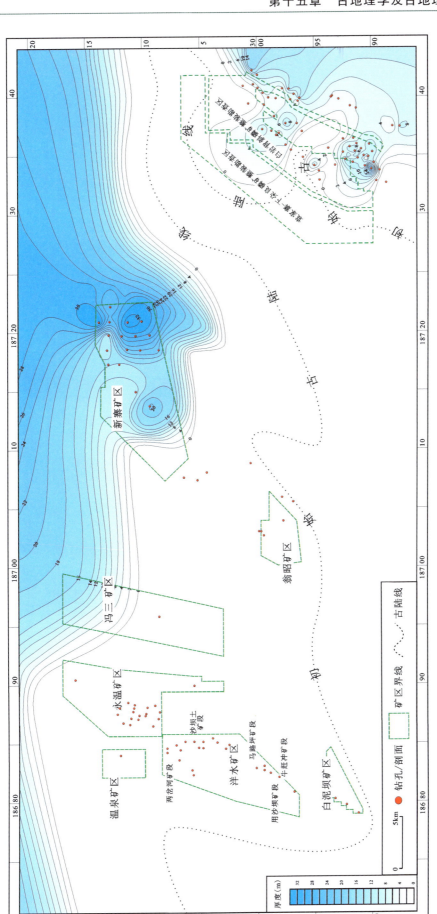

图 15-16 黔中地区陡山沱组第三段厚度等值线图

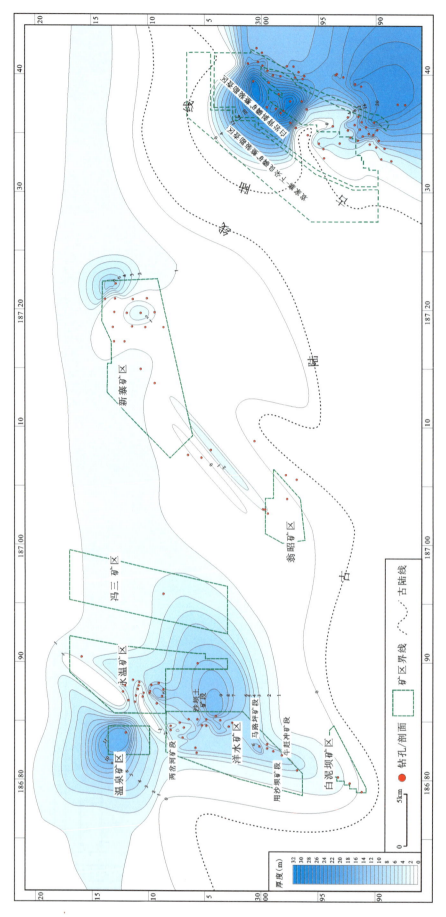

图15-17 黔中地区陡山沱组第四段厚度等值线图

为了对比黔中地区磷矿和各段地层的关系,编制了陡山沱组 A 矿层、B 矿层矿石品位等值线图。新寨地区和瓮安地区 A 矿层品位与矿层厚度趋势相似。新寨地区 A 矿层以东南部为沉积中心,向四周矿层厚度逐渐变薄,品位逐渐降低(8%～22%);瓮福地区前雍无矿带北缘翁昭坝及南缘大湾-白岩矿层品位较高,整体品位由北西至南东逐渐呈低—高—低趋势变化(8%～30%)(图 15-18)。B 矿层品位等值线图也与第四段厚度等值线图具有较好的吻合关系。开阳地区含磷岩系品位分布由南至北呈现贫—富—贫的趋势(8%～34%),与矿层厚度分布规律一致。南部为黔中古陆,向北水体逐渐加深,近岸带岩层品位较低,在水体深度适中的温泉、洋水、永温一带为高品位矿石发育有利区,往北部水体深度逐渐增大,虽然陡山沱组厚度不断增大,但是地层中 P_2O_5 含量呈下降趋势;新寨地区由于地势复杂,品位分布也不稳定(8%～24%)。瓮福地区 B 矿层品位在翁昭坝及大湾-白岩矿区矿层品位最高,自矿区中心至周缘矿层品位逐渐降低(8%～32%),且与开阳地区相比,瓮福地区矿层厚度虽然较大,但高品位矿石分布较集中,分布范围也较小(图 15-19)。

(2)岩相古地理恢复。根据陡山沱组单因素厚度等值线图编图的结果,结合区域古地理和矿产地质的分析,分别编制了陡山沱组的古地理图。黔中地区震旦纪以黔中古陆为中心,北部为一无障壁海岸的海滩环境,东部为一高能海湾环境,向外逐渐变为开放陆棚环境。

陡山沱组初期(陡山沱组第一段),随着气候转暖,雪球地球的冰川融化,导致全球海平面上升,扬子地台出现大规模海侵,南华纪的黔中黔西古陆不断被淹没,黔中古陆成为一个孤岛,其北缘海岸线不断南移,使开阳大部分地区淹没于海平面以下。陡山沱组底部的海绿石石英砂岩厚度由南向北逐渐增加,且粒度逐渐变细,冲洗交错层理和浪成交错层理发育,表明开阳地区陡山沱初期为南高北低的无障壁陆源碎屑海滩环境,陆源碎屑来源于南部的黔中古陆。而瓮福地区由于被前雍半岛分隔,形成两个高能带海湾。靠近古陆的地区以粉砂岩、黏土岩等细粒碎屑的沉积物为主,向海水体逐渐加深,陆源碎屑逐渐减少,发育可与全球对比的盖帽白云岩沉积。

陡山沱组早期((陡山沱组第二段))海侵规模进一步扩大,富磷海水上升流进入黔中古陆周缘浅水区形成磷灰石沉积(A 矿层)。推测开阳地区、新寨、瓮安、福泉等地均发育初始的磷块岩。由于开阳地区总体为南高北低的高能海滩环境,瓮福地区为高能海湾环境,早期形成的初始磷块岩在后期海退过程中受水流机械破碎形成碎屑磷块岩。其中开阳地区主要是砾屑、砂屑磷块岩,磷质碎屑颗粒呈菱角状至浑圆状,颗粒排布有一定的定向性,由磷质或白云质胶结,且矿层内可见大型板状、楔状交错层理及平行纹层等沉积构造,表明沉积环境由无障壁陆源碎屑海滩逐渐转变为磷质海滩,自白泥坝—翁昭一线至新寨以北根据矿石沉积类型可划分为前滨相、上临滨相、下临滨相和远滨相(图 15-20)。白泥坝、翁昭地区紧靠黔中古陆,地势较高,沉积厚度薄,沉积岩性以含磷质砾屑、碎屑的粗砂岩为主,磷质碎屑颗粒与基质沉积物均具有较好的磨圆度,为前滨相沉积。洋水、永温、温泉及冯三地区磷矿床矿石类型以砂屑磷块岩为主,偶含磷质砾石,部分层位夹白云质条带,磷质颗粒为水流机械破碎、搬运原生沉积的泥晶磷质而形成的,指示水动力较强的上临滨相沉积环境;新寨地区水体较深,矿层以中-细砂屑磷块岩为主,磷质颗粒近水平向排列形成水平纹层,为下临滨相-远滨相沉积。瓮福地区同样继承了陡山沱初期高能海湾的古地理格局。前雍半岛南北两侧的海湾向海水体不断加深,磷矿石以含白云质条带球粒磷块岩为主,磷质球粒通常呈卵圆形、浑圆形,粒径大多为 0.1～0.2mm,其基质、胶结物多为泥晶质磷酸盐,球粒内有机质丰富,推测为生物化学作用黏结聚集磷酸盐并经过水流搬运、滚动、磨蚀而成。层内白云质条带(纹层)普遍发育,条带(纹层)厚度一般小于 2cm,白云质条带(纹层)多由细晶白云石颗粒组成,重结晶较普遍,条带(纹层)的出现表明陡山沱早期海水磷酸盐和碳酸盐的沉积分异作用,导致磷质沉积和白云质沉积的交互发育。

陡山沱组中期(陡山沱组第三段),整体为一海退过程的沉积。新寨和瓮福地区发育夹层白云岩,而夹层白云岩层内发育溶蚀孔洞及磷质、硅质角砾充填等明显的暴露标志,新寨矿区以南夹层沉积厚度为零(图 15-21),表明本期伴随大规模海退海平面下降,使开阳—新寨地区大面积暴露,使早期沉积的磷

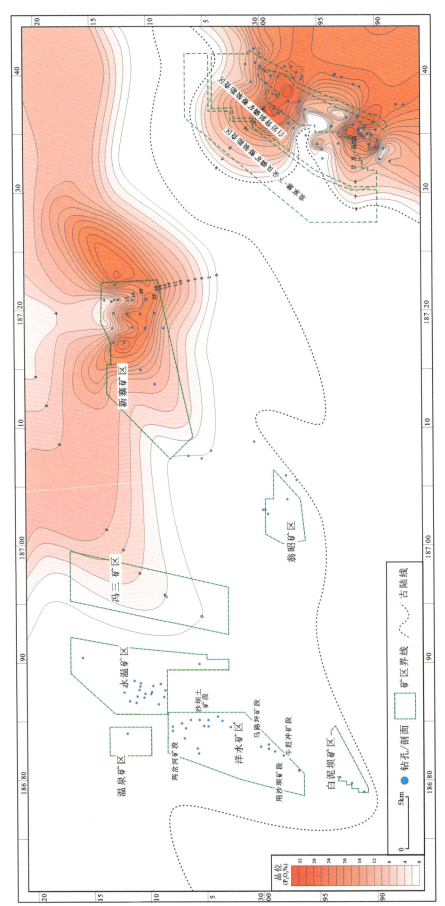

图 15-18 黔中地区陡山沱组磷矿 A 磷层 P_2O_5 品位等值线图

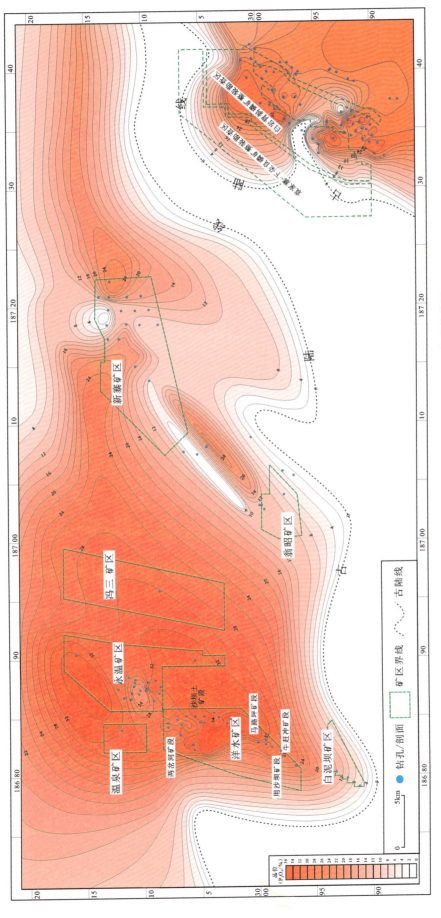

图 15-19 黔中地区陡山沱组磷矿 B 磷层 P_2O_5 品位等值线图

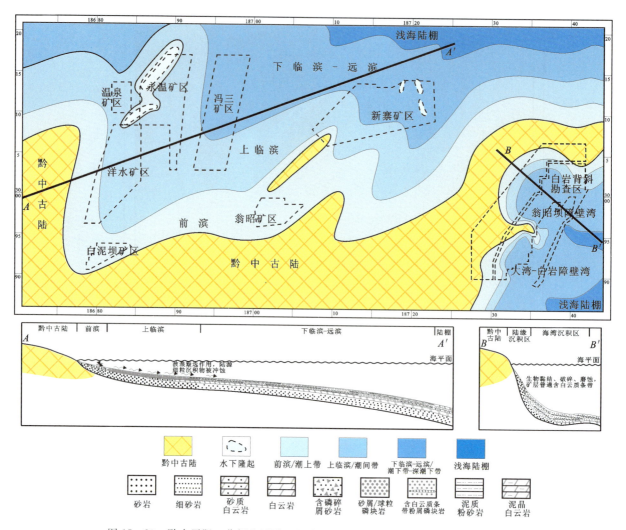

图 15-20 黔中开阳—瓮福地区震旦纪陡山沱早期（A 矿层沉积期）岩相古地理图

矿床遭受暴露、淋滤作用，导致矿层普遍可见侵蚀间断面且矿石常见溶蚀孔洞及土状疏松结构。瓮福地区仅在古陆周缘部分完全处于海平面以上，海湾地区地势较低，发育夹层白云岩沉积，受海平面频繁升降影响出现周期性暴露。本期的暴露事件虽然没有影响黔中古陆整体古地理格局，但夹层白云岩受不同程度的岩溶作用，局部地区地形地势改变较大，对后期成矿有一定影响。一般认为，暴露、淋滤作用会使磷矿层内常见白云石胶结物或条带溶蚀、流失，使矿层品位提高，因此陡山沱早期沉积的磷矿层受暴露、淋滤作用改造后往往具有相对较高的品位。

陡山沱组晚期（陡山沱组第四段）黔中古陆周缘地区再次广泛发育磷矿层沉积（B 矿层），指示本期海平面再次上升。开阳地区矿层仍然以砾屑、砂屑磷块岩形式产出，局部可见鲕粒磷块岩，磷质颗粒排列仍有一定的定向性，层内仍可见浪成交错层理、平行层理等，整体仍表现为浅水高能环境，但部分地区局部层位出现的叠层石磷块岩等低能水环境。开阳地区 B 矿层厚度由南至北总体呈现薄—厚—薄变化、局部差异大的趋势，P_2O_5 品位由南至北表现为贫—富—贫。白泥坝、翁昭地区仍处于水体较浅的前滨带，沉积厚度小，主要沉积中—粗粒砂岩，岩层中偶夹水流搬运的磷质碎屑，矿石品位低；温泉—洋水—永温—冯三地区仍为临滨相沉积环境。之前通过沉积、再造和淋滤形成的高品位磷块岩再次接受磷酸盐的沉积或胶结，最终形成厚度大、品位高的磷矿床，但晚期沉积的矿层与早期相比暴露作用不明显，白云石胶结物或条带含量高，品位低于早期沉积的矿层；新寨地区在夹层白云岩沉积的基础上再次独立成矿，形成 B 矿层，矿石类型以泥晶、粉砂屑磷块岩为主，整体处于下临滨-远滨相沉积环境，海水较

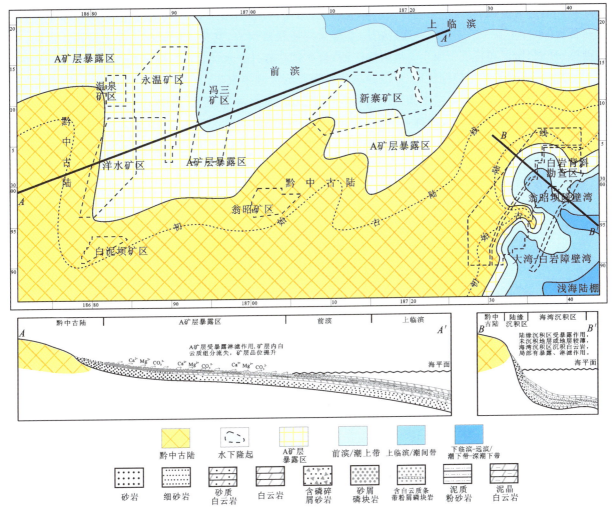

图 15-21 黔中开阳—瓮福地区震旦纪陡山沱中期岩相古地理图

深的环境下磷酸盐聚集效率低,难以形成连续的磷灰石沉积,磷矿层厚度开始减薄,而且受中期暴露造成局部地形复杂多变,其矿层厚度及品位分布不稳定。与开阳地区不同,瓮福地区陡山沱晚期古地理格局虽然改变不大,但由于海湾内水深较开阳浅水海岸深,伴随冰期后海水不断充氧过程,瓮福地区 B 矿层往往为生物化石丰富的磷块岩,其中底部碳泥质磷块岩有机质含磷极为丰富,与生命早期演化相关的藻类化石、"胚胎"化石等在 B 矿层内均有广泛发育。

陡山沱组末期—灯影组初期,海平面再次大规模下降,再次出现暴露事件,黔中古陆周缘沉积的磷矿石再次受侵蚀、淋滤作用,尤其是开阳地区矿层受多期次沉积再造作用,形成国内外平均品位最高的优质磷矿床;瓮福地区矿层同样受本次暴露事件影响,B 矿层顶部受暴露、淋滤作用影响形成的土状、半土状磷矿岩同样有极高的品位。灯影初期后海平面再次上升,并逐渐将黔中古陆淹没,整个扬子地台逐步转变为碳酸盐台地沉积,黔中地区开始发育碳酸盐沉积,成磷事件逐渐结束。

4. 古地理与磷矿的成矿规律

黔中地区古地理格局对成磷作用影响显著。陡山沱期位于黔中古陆北缘开阳地区整体为开阔的磷质浅滩沉积环境(图 15-22),且同期海平面历经几次大规模上升和下降,使开阳地区沉积环境伴随海平面变化发生相变。其中白泥坝—翁昭一线紧靠黔中古陆,地势最高,仅在海平面达到较高水平时被淹没,处于前滨带-后滨带交替环境,在极浅的海水环境中难以聚集磷质,不能形成自生磷灰石沉积,岩性以陆源碎屑岩为主,偶夹波浪搬运带来的碎屑磷质,因此白泥坝矿区与翁昭矿区矿层分布极不稳定,品位较低;洋水—永温—冯三矿区一线磷矿层主要为碎屑状磷块岩,其中砂屑磷块岩发育最为广泛,为水流磨蚀、冲刷、搬运和再沉积原生磷块岩的产物,且矿区一直处于水体较浅的前滨相到临滨相沉积环境,波浪动能较强,对磷矿层持续改造,形成碎屑状磷块岩的大规模聚集,且频繁的海平面升降变化使矿石遭受多期次的水流再造和暴露淋滤作用,从而形成了开阳地区厚度最大、品位最高、质量最好的优质磷矿床;新寨矿区海水深度响度较深,处于地势较低的下临滨-远滨相沉积环境,矿石以受水流作用簸选、再造作用较小的粉屑磷块岩为主,部分层位含砂屑磷块或泥晶磷块岩层,且历经大规模海退作用暴露期在 A、B 矿层之间和 B 矿层底部均发育了白云岩层,并有一定的喀斯特化,且新寨地区地势地貌较为复杂,水下地势起伏较大,致使矿层厚度分布不稳定,由于水动能较弱,矿石质量与较临滨相相比较差。

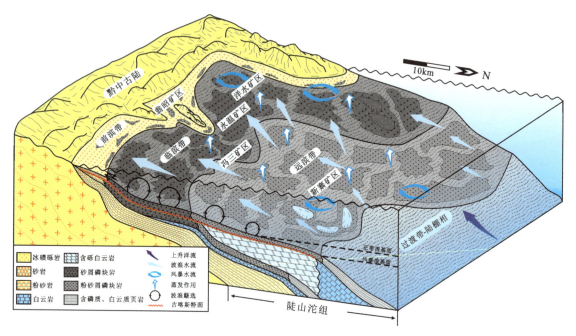

图 15-22　黔中开阳地区陡山沱组含磷岩系沉积期古地理模型

瓮福地区处于黔中古陆东缘,被古陆东北部半岛环绕,整体为障壁型海岸沉积环境,与开阳地区不同,水流冲刷作用对磷块岩的影响相对较弱,矿石以原生沉积生物作用相关的磷块岩为主,且瓮福地区水深相对较大,A 矿层之后的暴露期存在夹层白云岩沉积,因此对 A 矿层的淋滤改造作用较弱,B 矿层内生物作用痕迹明显,矿石多以含生物化石磷块岩为主,仅在局部地区 B 矿层顶部存在暴露、淋滤作用较强的土状、半土状磷块岩。因此瓮福地区无论 A 矿层还是 B 矿层,其平均品位均低于开阳地区单层矿,但由于瓮福地区水深相对较大,沉积容纳空间充足,且受生物作用影响沉积的磷灰石沉积速率较快,导致瓮福地区 A、B 矿层均有较大的沉积厚度。

二、黔北务正道早二叠世铝土矿中比例尺定量古地理研究及成矿规律

1. 成矿地质背景

黔北务正道铝土矿成矿区位于黔北务川、正安、道真一带,简称务正道地区。务正道地区铝土矿是渝南-黔北铝土矿成矿带贵州部分的矿集区。受后期隔槽式褶皱叠加和剥蚀作用的影响,铝土矿主要分布于大塘向斜、道真向斜、桃源向斜、栗园-鹿池向斜、安场向斜、新模向斜、张家院向斜和浣溪向斜 8 个

向斜构造的翼部,矿区面积 3250km² (图 15-23)。通过 10 多年的整装勘查,探明了超大型铝土矿矿床 3 个,大型矿床 9 个,探明的资源量累计 7 亿多吨。

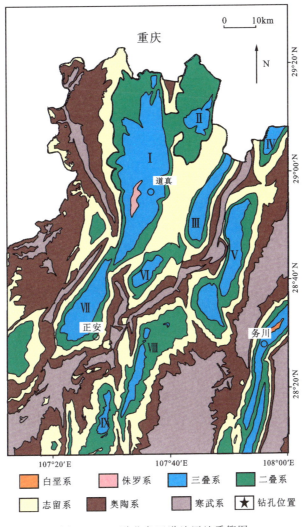

图 15-23 黔北务正道地区地质简图

务正道铝土矿含矿岩系为下二叠统大竹园组(杜远生等,2015)。大竹园组厚度 0.78～18.2m,铝土矿矿石 Al_2O_3 含量为 40.26%～81.20%,平均 62.53%。SiO_2 含量为 0.46%～24.90%,平均10.78%。A/S 为 1.94～163.06,平均 5.81。大竹园组底部为厚度不等(几十厘米到 2m)紫红色富铁层,下部为灰绿色—深灰色层状富铝黏土岩,中部为致密状铝土矿-豆鲕状和(或)碎屑状铝土矿-多孔状铝土矿,上部为暗色泥质岩,顶部见黄褐色渣状层(杜远生等,2020)。大竹园组的下伏底板地层包括两种类型:一是中下志留统韩家店组细碎屑岩和泥质岩;二是上石炭统黄龙组灰岩和白云质灰岩。上覆地层为中二叠统梁山组暗色泥质岩或栖霞组暗色灰岩,大竹园组底部和顶部均为平行不整合接触(杜远生等,2015)。

值得强调的是,晚古生代是一次全球冰室气候期,石炭纪—二叠纪南半球冈瓦纳大陆发育广泛的大陆冰盖,因此该冰期称为晚古生代冰期或冈瓦纳冰期。受该冰期的影响,全球产生大规模的海平面变化,位于赤道附近的华南地区也受到明显影响,造成上扬子地区的间歇暴露,为铝土矿的形成提供了成矿空间,务正道大竹园组铝土矿对应于晚石炭世后期到早二叠世的主冰期(Yu et al.,2019)。

2. 定量指标

黔北务正道地区铝土矿含矿岩系大竹园组厚度大部分在10m左右，局部厚度较大。为了反映成矿区带的分布规律，主要选择铝土矿的自然类型的厚度作为定量指标，进行单因素编图。黔北务正道地区铝土矿主要包括致密状铝土矿（岩）、碎屑状铝土矿、豆鲕状铝土矿、多孔状铝土矿4种自然类型。

致密状铝土矿矿石呈致密状，有时可见沉积纹层。该铝土矿品位较低，Al_2O_3含量在50%左右，为低品位、低品质的铝土矿。碎屑状铝土矿为碎屑结构、块状构造。该铝土矿品位较高，Al_2O_3含量为50%~60%。

碎屑状铝土矿的碎屑主要呈不规则的角砾状，大部分为棱角状和次棱角状，少数呈圆状及次圆状，砾石分选差。角砾直径一般在0.4~5mm之间。碎屑含量85%~90%，角砾之间为黏土矿物或泥晶-粉晶状硬绿泥石基质填隙，基质含量10%~15%。

豆鲕状铝土矿具豆鲕结构。豆鲕一般为0.5~5mm，豆鲕粒多具同心环带状结构，部分环带不完整。豆鲕粒组成矿物主要为硬水铝石和黏土矿物、铁矿物等。豆鲕粒之间为一水硬铝石及铁质基质填隙。豆鲕状铝土矿Al_2O_3含量较高（50%~70%），为中高品位、高品质的铝土矿。关于铝土矿豆鲕状成因，主要由富铝质的胶体在潜流带环绕碎屑颗粒沉积而成的（张亚男等，2013），而非类似于鲕状灰岩中的鲕是在高能的波浪作用下形成的。

多孔状铝土矿呈土状或半土状，疏松易碎。多孔状铝土矿Al_2O_3含量高（≥70%），为高品位、高品质的铝土矿。多孔状铝土矿中常具有碎屑状、豆鲕状残余结构，说明多孔状铝土矿可由碎屑状、豆鲕状铝土矿进一步改造而成。通过贵州务正道地区（余文超等，2013；Li，2020）及其他地区（余文超等，2013；Yu，2014；Weng，2019）铝土矿质量平衡分析，认为多孔状铝土矿主要是富铝沉积物暴露在大气环境中通过淋滤作用形成的，多孔状铝土矿为地下水渗流带的产物。

选择上述4个矿石自然类型作为定量指标，主要是基于对各指标的成因认识及其所代表的古地理意义。其中层状致密状铝土矿主要代表水下沉积；碎屑状铝土矿代表滨岸浅水-间歇暴露环境的沉积；豆鲕状铝土矿代表陆表暴露环境的潜流带沉积；多孔状铝土矿代表暴露于大气环境的淋滤带的淋滤产物（杜远生等，2015）。

3. 定量古地理编图

务正道铝土矿定量古地理编图，选择全区近500口钻孔进行4种自然类型铝土矿（岩）厚度进行统计，编制出不同自然类型铝土矿（岩）单因素等厚度图（图15-24）。

致密状铝土矿（岩）厚度范围多在0~6m之内，道真向斜分布较多，厚度较厚，多集中在4~6m；大塘向斜分布较广，厚度差异较大，0~6m均有分布；栗园向斜厚度多在2~4m之间；张家院向斜厚度多集中在0~2m之间，部分厚度在2~4m。碎屑状铝土矿（岩）厚可达4.5m以上，呈零星分布状态。其中，栗园向斜和新模向斜分布较多。豆鲕状铝土矿（岩）厚度较小，多在0~2m之间，多分布在栗园向斜、新模向斜、张家院向斜和安场向斜。豆鲕状铝土矿（岩）厚度较小，多在0~2m之间，呈零星分布状态。在大塘向斜、栗园向斜、新模向斜分布较多。半土状铝土矿（岩）厚0~3m，分布非常局限，仅在栗园向斜、大塘向斜零星分布。

从不同自然类型铝土矿（岩）等厚图特征分析可知，多孔状、碎屑状、豆鲕状铝土矿与致密状铝土矿（岩）呈一定的负相关。致密状铝土矿（岩）在全区皆广泛分布，由边缘往西北方向厚度逐渐增大。多孔状、碎屑状和豆鲕状铝土矿主要呈零星状态"镶边"式分布于致密状铝土矿（岩）厚度较小分布区域的周围。

在区域背景和铝土矿自然类型单因素等厚度图编图的基础上，结合铝土矿的成因解释，可以恢复务正道地区早二叠世的古地理并编制古地理图。早二叠世时期，务正道地区为一扬子古陆北部准平原上与扬子海湾相连的内陆盆地。含矿岩系的古盐度表明，盆地水体间歇有淡水、海水、淡水-海水混合水的

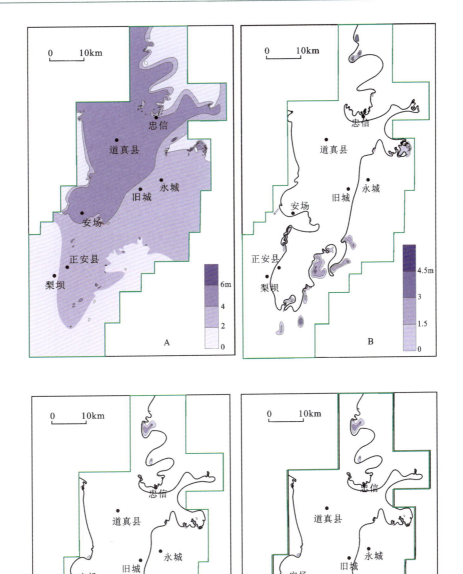

图 15-24 黔北务正道早二叠世铝土矿单因素等值线图(据杜远生等,2015)
A.致密状铝土矿厚度等值线图;B.碎屑状铝土矿厚度等值线图;C.豆鲕状铝土矿厚度等值线图;D.多孔状铝土矿厚度等值线图

特征,即盆地既有淡水湖泊特征,也有海相和过渡相特征(崔滔等,2013),结合晚古生代冰期多期次的海平面变化,务正道地区被认为是与扬子海湾间歇连通的半封闭海湾环境(图 15-25;杜远生等,2015)。盆地周围为准平原化的黔北古陆近岸平原,盆地内部为持续为海水覆盖的半封闭海湾,受晚古生代冰期海平面变化影响,高水位期海水覆盖和低水位期暴露的地区为滨岸湿地。大竹园组多孔状、碎屑状、豆鲕状、致密状铝土矿(岩)主要在滨岸湿地呈环带状分布。

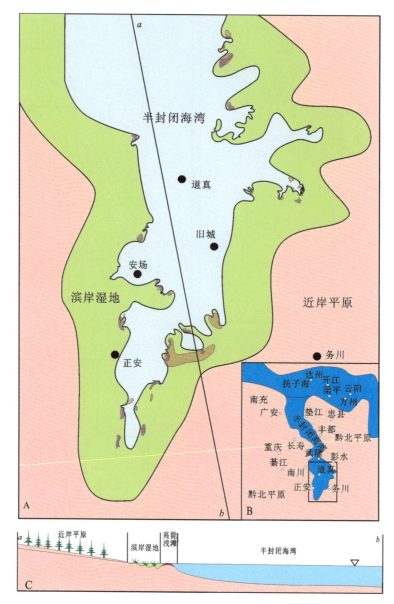

图15-25 黔北务正道地区早二叠世古地理图(据杜远生等,2015)
A.务正道铝土矿古地理图;B.黔北-渝南区域古地理背景图;C.古地理剖面示意图

4. 古地理对务正道铝土矿成矿规律的启示

务正道地区大竹园组单因素等厚度图和综合古地理图清晰地揭示了铝土矿的分布规律。以层状致密状铝土矿(岩)为主的半封闭海湾地区处于水下环境,不具备形成铝土矿的陆表暴露和淋滤成矿的基本条件,因此基本上不形成优质的铝土矿。近岸平原区虽处于陆表暴露条件下,但仅保存0m至数米的古风化壳的富铁的残坡积物,也不具有工业价值。位于近岸平原和半封闭海湾之间的湿地区域,接受晚古生代冰期高海平面时期周围风化物质形成沉积层,低海平面时期又暴露陆表,受陆表淋滤成矿作用形成优质的铝土矿。务正道地区大竹园组的铝土矿主要分布于黔北半封闭海湾的滨岸湿地环境,指明了铝土矿的分布规律,为探明铝土矿指示了找矿方向。在务正道地区铝土矿找矿勘探的实践中,这种规律逐渐得到了检验,获得包括3个超大型矿床在内的重大找矿突破。

三、黔北大竹园铝土矿定量古地貌及找矿意义

在黔北务正道铝土矿古地理研究的基础上,为了进一步揭示务正道地区大竹园组铝土矿的古地貌背景,笔者进行了大竹园超大型铝土矿的古地貌研究。

1. 黔北大竹园铝土矿的成矿地质背景

务川县大竹园铝土矿位于黔北务正道大竹园一带,是该矿最早发现并命名的地区,也是务正道地区3个超大型铝土矿之一。

大竹园铝土矿床位于栗园向斜北段,呈北东-南西扇形展布,南北长7.4km,东西宽7.7km,展布面积约21.56km²。铝土矿的自然类型包括致密状铝土矿、碎屑状铝土矿、豆鲕在铝土矿、多孔状铝土矿,其基本特征与全区一致。大竹园铝土矿体在平面上除局部见无矿天窗和厚度不可采的工程外,总体形态简单完整,矿体剖面上呈层状、似层状及透镜状产出。

与务正道铝土矿矿集区一致,大竹园铝土矿的含矿岩系为大竹园组。大竹园组下部为灰色黏土岩、黄铁矿黏土岩、含绿泥石黏土岩,夹赤铁矿透镜体。中、上部为灰色、深灰色致密状铝土矿、豆鲕状铝土矿、灰绿色绿泥石铝土矿、黏土岩等透镜体及碳质页岩和劣质煤夹层。顶部常为深灰色中厚层致密状铝土矿,与下二叠统梁山组碳质页岩或中二叠统栖霞组灰岩不整合接触。

2. 定量指标

大竹园组铝土矿古地貌编图选择6个定量指标进行单因素等值线编图,包括大竹园组厚度、大竹园组下部黏土岩段厚度、铝土矿层厚度、致密状铝土矿厚度、碎屑状和豆鲕状铝土矿厚度、多孔状铝土矿厚度。

在假设地层顶面为一水平面的前提下,大竹园组的厚度大致可以代表盆地基底的深度;大竹园组的厚度等值线图可以反映古地貌的起伏。大竹园组下部黏土岩段厚度、铝土矿层厚度可以反映黏土岩和铝土矿与古地貌的关系。致密状铝土矿、多孔状铝土矿、碎屑状铝土矿和豆鲕状铝土矿的特征与成因如前所述,其中碎屑状铝土矿和豆鲕状铝土矿在钻孔岩芯中常常过渡或混合,故将二者集中统计编图。

3. 定量古地貌编图

大竹园铝土矿定量古地理编图,选择大竹园矿区329个钻孔及山地工程的编录数据,平均钻孔密度为7个钻孔/km²,大竹园勘探区中部和东部最高可达100个钻孔/km²(图15-26)。在此基础上选取上述6个定量指标进行厚度统计,利用Golden Software's Surfer® software(Version 8.0)软件,编制各个定量指标的单因素等厚度图(图15-27)。在务正道地区定量古地理编图的基础上,结合矿产地质分析,综合编制了大竹园地区早二叠世的古地貌图(图15-28)。

由于大竹园组地层经历过暴露于陆表的过程,可以假定大竹园组的顶为一水平面,这样大竹园组的厚度代表了沉积基底的深度。因此可以根据大竹园组的总厚度等值线图恢复大竹园矿区含矿岩系沉积基底的古地貌特征。大竹园组含矿岩系最厚可达13m,位于大竹园矿区的北部和中部的一些洼陷中,覆盖面积为0.25~0.4km²。大竹园矿区西部有一个更浅但是范围更大的洼陷,沉积了6~9m厚的含矿岩系。大竹园矿区南部地势更平坦,含矿岩系厚度为3~5m。大竹园矿区的南部和中部有13个隆起区,面积为0.1~0.2km²,只存在一些很薄的含矿岩系(0.2~3.0m)。总体来看,矿区内洼陷和隆起区数量不多,规模小且分布范围不大,大部分基底的地貌处于洼陷和隆起之间较为平缓的过渡区。

大竹园组下部黏土岩段厚度等值线图、铝土矿矿层厚度等值线图、不同类型的含矿岩系的等值线图与大竹园组总厚度等值线图具有很好的吻合度,反映这些定量指标与铝土矿基底古地貌之间具有成因联系。

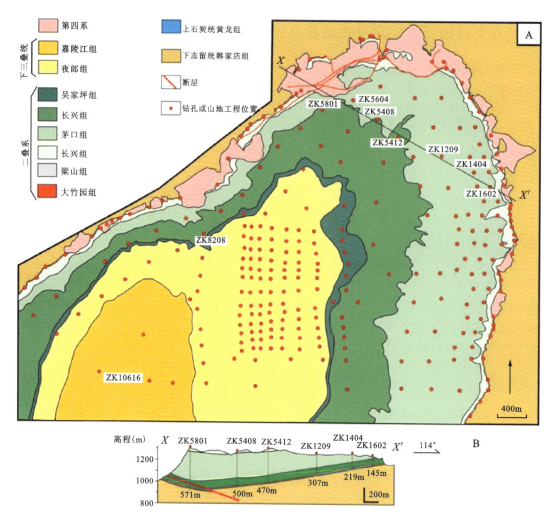

图 15-26 大竹园铝土矿床地质略图（据贵州省地质矿产勘查开发局 106 地质大队，2015 年资料修编）
A. 矿区平面图；B. 矿区剖面图

大竹园组下段的厚度变化范围为 0~3.4m，最厚的位置在最深的岩溶洼陷区，最薄的位置在岩溶隆起区。大竹园组铝土矿的分布与该组的分布范围类似。致密状铝土矿在大竹园矿区广泛分布，且常在研究区北东-南西向的过渡带上和岩溶洼陷区之外的区域较为集中。豆鲕状铝土矿和碎屑状铝土矿的沉积范围相对于大竹园矿区的中部和东部较为集中，最厚可达 4.4m。多孔状铝土矿在大竹园矿区的北部和东部较为集中，在深的岩溶洼陷区发育较少，但岩溶隆起区和岩溶洼陷区的过渡带上较为集中（图 15-27）。

4. 古地貌对大竹园铝土矿的控矿作用

大竹园矿区综合古地貌图反映大竹园地区下二叠统大竹园组铝土矿基地的古地貌特征。大竹园地区早二叠世继承了早石炭世—晚石炭世高度准平原化地形特点，上石炭统黄龙组局部具有残丘，巨大部分被剥蚀殆尽。大竹园地区位于黔北半封闭海湾的滨岸地区，地形起伏不平。晚古生代冰期的小间冰期被水覆盖，小冰期暴露于陆表大气中。该区低洼地区为小的湖泊，湖盆深度变化不大，最深可达 13.43m（如 ZK6004），平均 5.35m。也有不少地区不发育含矿岩系（如 ZK1501），代表陆表剥蚀区。沉积区一般都与负地形相关，这些负地形给提供必要的早期沉积空间。陆表剥蚀区的风化产物被搬运到低洼的负地形区，形成沉积型铝土矿。大竹园组总厚度、下部黏土岩段和上部铝土矿等值线图具有耦合的分布特征（图 15-27），反映古地貌与铝土矿的分布一致，古地貌控制着铝土矿的分布。

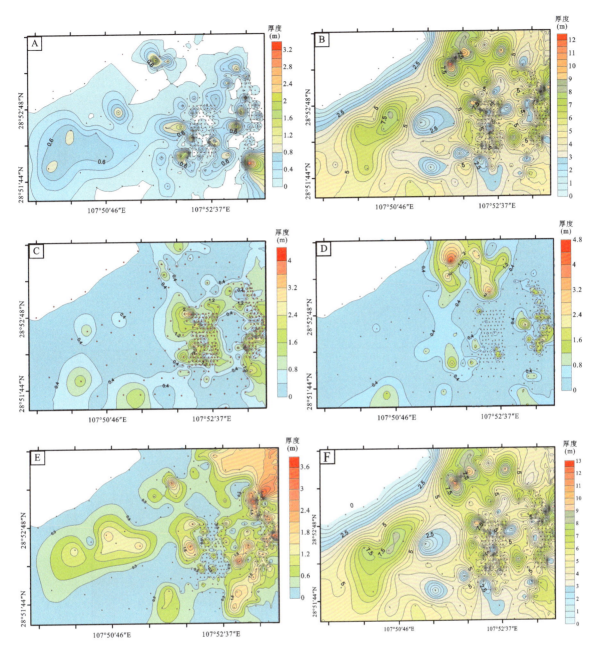

图 15-27　含矿岩系单因素厚度等值线图(据 Li et al.,2020)

A.大竹园组下部黏土岩段;B.大竹园组铝土矿;C.致密状铝土矿;D.碎屑状和豆鲕状铝土矿;E.多孔状铝土矿;F.大竹园组

含矿岩系的厚度变化也与矿石品位的变化相关。大竹园地区铝土矿平均品位(Al_2O_3平均含量)等值线图(图 15-29)显示,高品位的铝土矿($Al_2O_3 > 64\%$)一般位于洼陷区,其含矿岩系较厚;而低品位的铝土矿层一般位于岩溶隆起区,其含矿岩系较薄。从高品位到低品位的铝土矿的变化是逐渐的,也反映了地形的高低变化。

综上所述,大竹园矿区的铝土矿分布严格受负地貌控制,这些负地貌提供了铝土矿原始沉积的成矿空间。在铝土矿的形成过程中,正地貌隆起区的风化残余物质搬运到低洼负地貌地区沉积,在晚古生代冰期的小冰期、小间冰期海平面变化影响下,地下水潜水面也随之变化。在低水位期,陆表淋滤作用控制了优质铝土矿的形成。

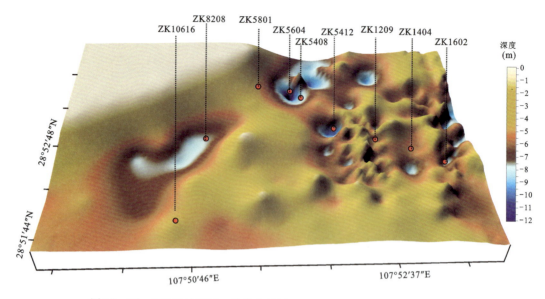

图 15-28 大竹园地区下二叠统大竹园组综合古地貌图(据 Li et al.,2020)

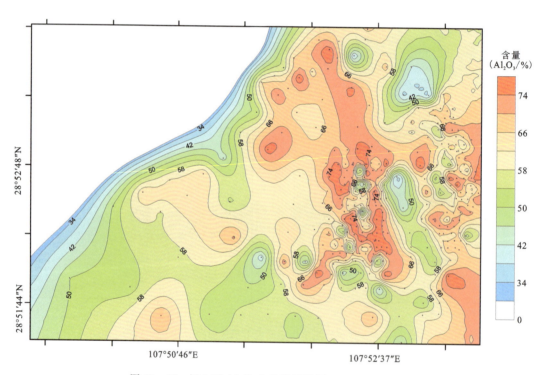

图 15-29 铝土矿 Al_2O_3 含量等值线图(据 Li et al.,2020)

主要参考文献

曹硕,2020.中国东部晚白垩世风成沉积:盆山型沙漠体系[D].北京:中国地质大学(北京).

陈建强,周洪瑞,王训练,2015.沉积学及古地理学教程(第二版)[M].北京:地质出版社.

瘳士范,1990."黔中隆起"的发生发展与古风化壳铝土矿的形成问题[J].贵州工学院学报,19:81-82.

崔俊,陈登钱,郑永仙,等,2009.柴达木盆地乌南油田下油砂山组湖泊风暴沉积[J].新疆石油地质,30(6):695.

崔滔,焦养泉,杜远生,等,2013.黔北务正道地区铝土矿形成环境的古盐度识别[J].地质科技情报,32(1):46-51.

戴永定,1994.生物矿物学[M].北京:石油工业出版社.

董志国,张连昌,王长乐,等,2020.沉积碳酸锰矿床研究进展及有待深入探讨的若干问题[J].矿床地质,39(2):237-255.

杜远生,2005.广西北海涠洲岛第四纪湖光岩组的风暴岩[J].地球科学,30(1):47-51.

杜远生,2011.中国地震事件沉积研究的若干问题探讨[J].古地理学报,13(6):581-586.

杜远生,G SHI,2003.东澳大利亚悉尼盆地南部二叠纪的地层、沉积环境与盆地演化[J].古地理学报,5(2):43-151.

杜远生,G SHI,龚一鸣,等,2007.东澳大利亚南悉尼盆地二叠系与地震有关的软沉积变形构造[J].地质学报,81(4):511-518.

杜远生,龚一鸣,曾雄伟,等,2008.广西泥盆系弗拉斯期—法门期之交的事件沉积及其对小行星碰撞引起的大海啸的启示[J].中国科学(D辑:地球科学),38(12):1504-1513.

杜远生,韩欣,2000.滇中中元古代昆阳群因民组碎屑风暴岩及其意义[J].沉积学报,18(2):259-262.

杜远生,韩欣,2000.论地震作用与地震岩[J].地球科学进展,15(4):389-394.

杜远生,韩欣,2000.论海啸作用与海啸岩[J].地质科技情报,19(1):19-22.

杜远生,彭冰霞,韩欣,2005.广西北海涠洲岛第四纪湖光岩组与火山活动有关的地震岩[J].沉积学报,23(2):203-209.

杜远生,余文超,2017.地震和非地震引发的软沉积物变形[J].古地理学报,19(1):65-72.

杜远生,余文超,2020.沉积型铝土矿的陆表淋滤成矿作用:兼论铝土矿床的成因分类[J].古地理学报,22(5):812-826.

杜远生,余文超,张亚冠,2020.矿产沉积学:一个新的交叉学科方向[J].古地理学报,22(4):601-619.

杜远生,张传恒,韩欣,等,2001.滇中中元古代昆阳群地震事件沉积的新发现及其地质意义[J].中国科学(D辑:地球科学)(4):283-289.

杜远生,周道华,龚淑云,等,2001.甘肃靖远-景泰泥盆系湖相风暴岩及其古地理意义[J].矿物岩石,21(3):69-73.

杜远生,周琦,金中国,等,2014.黔北务正道地区早二叠世铝土矿的成矿模式[J].古地理学报,16:1-8.

杜远生,周琦,金中国,等,2015.贵州务正道地区二叠系铝土矿沉积地质学[M].武汉:中国地质大学出版社.

杜远生,周琦,余文超,等,2015.Rodinia 超大陆裂解、Sturtian 冰期事件和扬子地块东南缘大规模锰成矿作用[J].地质科技情报,34(6):1-7.

冯增昭,1992.单因素分析综合作图法——岩相古地理学方法论[J].沉积学报,10(3):70-77.

冯增昭,1993.沉积岩石学[M].北京:石油工业出版社.

冯增昭,2004.单因素分析多因素综合作图法:定量岩相古地理重建[J].古地理学报,6(1):3-17.

冯增昭,王英华,刘焕杰,等,1994.中国沉积学[M].北京:石油工业出版社.

高兰,王登红,熊晓云,等,2014.中国铝矿成矿规律概要[J].地质学报,88:2284-2295.

顾家裕,1986.东濮凹陷盐岩形成环境[J].石油实验地质,8(1):22-28.

关士聪,演怀玉,陈显群,等,1984.中国海陆变迁海域沉积相与油气[M].北京:科学出版社.

何镜宇,孟祥化,1987.沉积岩和沉积相模式及建造[M].北京:地质出版社.

胡斌,张利伟,齐永安,等,2004.济源下侏罗统鞍腰组沉积构造特征及环境解释[J].焦作工学院学报,23(1):18-22.

黄乐清,黄健中,罗来,等,2019.湖南衡阳盆地东缘白垩系风成沉积的发现及其古环境意义[J].沉积学报,37(4),735-748.

黄兴,张雄华,杜远生,等,2013.黔北务正道地区及邻区石炭纪—二叠纪之交海平面变化对铝土矿的控制[J].地质科技情报,32:80-86.

贾振远,李之琪,1989.碳酸盐岩沉积相和沉积环境[M].武汉:中国地质大学出版社.

江新胜,李玉文,1996.中国中东部白垩纪沙漠的时空分布及其气候意义[J].岩相古地理,16(2):42-51.

姜在兴,2010.沉积学[M].2版.北京:石油工业出版社.

姜在兴,赵澂林,刘孟慧,等,1990.东濮凹陷西部湖相风暴沉积的初步研究[J].沉积学报,8(1):107-114.

焦养泉,吴立群,荣辉,2015.聚煤盆地沉积学[M].武汉:中国地质大学出版社.

金振奎,李燕,高白水,等,2014.现代缓坡三角洲沉积模:以鄱阳湖赣江三角洲为例[J].沉积学报,32(4):710-723.

雷志远,翁申富,陈强,等,2013.黔北务正道地区早二叠世大竹园期岩相古地理及其对铝土矿的控矿意义[J].地质科技情报,32:8-12.

李江海,姜洪福,2013.全球古板块再造、岩相古地理及古环境图集[M].北京:地质出版社.

李景阳,朱立军,2004.论碳酸盐岩现代风化壳和古风化壳[J].中国岩溶,23:57-63.

李思田,1995.沉积盆地的力学分析[J].地学前缘,2(3-4):1-8.

李思田,等,1988.断陷盆地分析与煤聚积规律[M].北京:地质出版社.

廖士范,1992.中国石炭纪古风化壳相铝土矿古地理及有关问题[J].沉积学报,10:1-10.

廖士范,梁同荣,1991.中国铝土矿地质学[M].贵阳:贵州科技出版社.

林春明,2019.沉积岩石学[M].北京:科学出版社.

刘宝珺,1980.沉积岩石学[M].北京:地质出版社.

刘宝珺,许效松,潘杏南,1995.中国南方岩相古地理图集[M].北京:科学出版社.

刘宝珺,曾允孚,1985.岩相古地理基础和工作方法[M].北京:地质出版社.

刘平,2001.八论贵州之铝土矿——黔中-渝南铝土矿成矿背景及成因探讨[J].贵州地质,18:238-243.

马立祥,邓宏文,林会喜,等,2009.济阳坳陷三种典型滩坝相的空间分布模式[J].地质科技情报,28

(2):66-71.

马千里,2021.中扬子北缘中生代沉积记录及其对秦岭造山带碰撞-隆升过程的响应[D].武汉:中国地质大学(武汉):1-319.

马永生,2009.中国南方层序地层与古地理[M].北京:地质出版社.

梅冥相,孟庆芬,刘智荣,2007.微生物形成的原生沉积构造研究进展综述[J].古地理学报,9(4):355-367.

孟祥化,1989.沉积建造及其共生的沉积矿床[M].北京:地质出版社.

孟祥化,乔秀夫,葛铭,1986.华北古浅海碳酸盐风暴沉积和丁家滩相序模式[J].沉积学报,4(2):1-22.

乔秀夫,1996.中国地震岩的研究与展望[J].地质论评,42(4):317-320.

乔秀夫,宋天锐,高林志,等,1994.碳酸盐岩振动液化地震序列[J].地质学报,68(1):16-32.

全国地层委员会,2002.中国区域年代地层(地质年代)表说明书[M].北京:地质出版社.

桑隆康,马昌前,2012.岩石学[M].北京:地质出版社.

沙庆安,刘鸿允,张树森,1963.长江峡东区的南沱组冰碛岩[J].地质科学,3:33-42.

孙承兴,王世杰,刘秀明,等,2002.碳酸盐岩风化壳岩-土界面地球化学特征及其形成过程——以贵州花溪灰岩风化壳剖面为例[J].矿物学报,22:126-132.

孙永传,李蕙生,1986.碎屑岩沉积相和沉积环境[M].北京:地质出版社.

孙钰,钟建华,姜在兴,等,2006.松辽盆地南部青山口组湖相风暴沉积[J].煤田地质与勘探,34(1):12-16.

王成善,李祥辉,2003.沉积盆地分析原理与方法[M].北京:高等教育出版社.

王德发,孙永传,郑浚茂,1983.华北地区若干断陷湖盆沉积特征和油气分布[J].石油学报,3:13-21.

王鸿祯,楚旭春,刘本培,等,1985.中国古地理图集[M].北京:地图出版社.

王俊达,李华梅,1998.贵州石炭纪古纬度与铝土矿[J].地球化学,27:575-578.

王良忱,张金亮,1996.沉积环境和沉积相[M].北京:石油工业出版社.

王世杰,季宏兵,欧阳自远,等,1999.碳酸盐岩风化成土作用的初步研究[J].中国科学(D辑:地球科学),29:441-449.

王世杰,孙承兴,冯志刚,等,2002.发育完整的灰岩风化壳及其矿物学与地球化学特征[J].矿物学报,22:19-29.

王随继,2002.赣江入湖三角洲上的网状河流体系研究[J].地理科学,22(2):202-207.

王泽鹏,张亚冠,杜远生,等,2016.黔中开阳磷矿沉积区震旦纪陡山沱期定量岩相古地理重建[J].古地理学报(3):399-410.

吴崇筠,1986.对国外浊流沉积和扇三角洲沉积研究的译述[M]//中国石油学会石油地质委员会,译.国外浊积岩和扇三角洲研究.北京:石油工业出版社.

吴崇筠,薛叔浩,1992.中国含油气盆地沉积学[M].北京:石油工业出版社.

颜佳新,孟琦,王夏,等,2019.碳酸盐工厂与浅水碳酸盐岩台地:研究进展与展望[J].古地理学报,21(2):232-252.

杨冠群,1987.贵州修文铝土矿床显微结构及其堆积特征和次生富集现象[J].沉积学报,5:69-76,139.

于兴河,2008.碎屑岩系油气储层沉积学[M].2版.北京:石油工业出版社.

余素玉,何靖宇,1989.沉积岩石学[M].武汉:中国地质大学出版社.

余文超,杜远生,顾松竹,等,2013.黔北务正道地区早二叠世铝土矿多期淋滤作用及其控矿意义[J].地质科技情报,32(1):34-39.

余文超,杜远生,周琦,等,2012.黔北务川—正安—道真地区铝土矿系中生物标志物及其地质意义[J].古地理学报,14:651-662.

余文超,杜远生,周琦,等,2020.华南成冰纪"大塘坡式"锰矿沉积成矿作用与重大地质事件的耦合关系[J].古地理学报,22(5):855-971.

袁静,陈鑫,田洪水,2006.济阳坳陷古近纪软沉积变形层中的环状层理及成因[J].沉积学报,24(5):666-671.

曾雄伟,杜远生,张哲,2010.广西六景泥盆系弗拉斯阶—法门阶界线层牙形石生物地层及碳同位素组成[J].古地理学报,12(2):185-193.

曾雄伟,杜远生,张哲,等,2007.广西桂林地区中上泥盆统风暴岩沉积特征及其地质意义[J].地质科技情报,26(6):42-46.

张金亮,寿建峰,赵澂林,等,1988.东濮凹陷沙三段的风暴沉积[J].沉积学报,6(1):50-57.

张亚冠,2019.黔中地区震旦纪陡山沱组磷矿沉积地质与大规模成矿作用[D].武汉:中国地质大学(武汉).

张亚冠,杜远生,陈国勇,等,2016.黔中开阳地区震旦纪陡山沱期富磷矿沉积特征与成矿模式[J].古地理学报,18(4):581-594.

张亚男,张莹华,吴慧,等,2013.黔北务正道地区铝土矿鲕粒矿石中鲕粒的微区元素地球化学特征及其成矿意义[J].地质科技情报,32(1):62-70.

张哲,杜远生,毛治超,等,2008.湘东南桂阳莲塘上泥盆系风暴岩特征及其古地理、古气候意义[J].沉积学报,26(3):369-375.

张哲,杜远生,舒雪松,等,2006.鄂东南地区早三叠世风暴沉积序列及其环境意义[J].地质科技情报,25(2):29-34.

中国石油学会石油地质委员会,1988.碎屑岩沉积相研究[M].北京:石油工业出版社.

周江羽,王家豪,杨香华,等,2010.含油气盆地沉积学[M].武汉:中国地质大学出版社.

周跃飞,王汝成,陆建军,等,2006.贵州猫场铝土矿中的铁质微球粒:微生物-黄铁矿相互作用的产物[J].地质学报,80:1207.

朱筱敏,1995.断陷湖盆盆地分析[M].北京:石油工业出版社.

朱筱敏,2020.沉积岩石学(第五版)[M].北京:石油工业出版社.

朱筱敏,曾洪流,董艳蕾,2017.地震沉积学原理及应用[M].北京:石油工业出版社.

AIGNER T,1979. Schill-tempestite in Oberen Muschlkalk(Trias,SW-deutschland)[J]. N. Jb. Goel. Palaont. Abh. ,157:326-343.

ALIEN J R L,1982. Sedimentary structures:their character and physical basis(Volume 1)[M]. Elsevier Publishing Company.

BAGNOLD R A,1954. The physics of Blown sand and desert dunes[M]. London:Methuen.

BAO X,ZHANG S,JIANG G,et al. ,2018. Cyclostratigraphic constraints on the duration of the Datangpo Formation and the onset age of the Nantuo(Marinoan) glaciation in South China[J]. Earth and Planetary Science Letters,483:52-63.

BATCHELOR G K,2000. An introduction to fluid dynamics[M]. Cambridge,UK:Cambridge University Press.

BATHURST R G C,1975. Carbonates sediments and their diagenesis[M]. Amsterdam:Elsevier.

BENITEZ-NELSON C R O,NEILL L,et al. ,2004. Phosphonates and particulate organic phosphorus cycling in an anoxic marine basin[J]. Limnology and Oceanography,49(5):1593-1604.

BIONDI J C,LOPEZ M,2017. Urucum Neoproterozoic-Cambrian manganese deposits(MS,Brazil): Biogenic participation in the ore genesis, geology, geochemistry, and depositional environment[J]. Ore Geology Reviews, 91: 335-386.

BISCAYE P E, EITREIM S L, 1977. Suspended particulate loads and transport in the nepheloid layer of the abyssal Atlantic Ocean[J]. Marine Geology, 23: 155-172.

BLAKEY R C, PETERSON F, KOCUREK G, 1988. Synthesis of late Paleozoic and Mesozoic eolian deposits of the Western Interior of the United States[J]. Sedimentary Geology, 56: 3-125.

BLATT H, MIDDLETON G V, MURRAY R C, 1972. 沉积岩成因[M]. 沉积岩成因翻译组, 译. 1978. 北京: 石油工业出版社.

BOGATYREV B A, ZHUKOV V, TSEKHOVSKY Y G, 2009b. Phanerozoic bauxite epochs[J]. Geology of Ore Deposits, 51: 456-466.

BOGATYREV B, ZHUKOV V, 2009. Bauxite provinces of the world[J]. Geology of Ore Deposits, 51: 339-355.

BOGATYREV B, ZHUKOV V, TSEKHOVSKY Y G, 2009a. Formation conditions and regularities of the distribution of large and superlarge bauxite deposits[J]. Lithology and Mineral Resources, 44: 135-151.

BOGGS S Jr, 2014. Principles of sedimentology and stratigraphy (5th Eds.)[J]. New Jersey: Pearson Prentice Hall: 235-242.

BOGGS S, 1984. Quaternary sedimentation in the Japan Arc-Trench System[J]. Geological Society of America Bulletin, 95: 669-685.

BOULTON G S, 1972. The role of thermal regime in glacial sedimentation[J]//Price R J, Sugden, D E(Eds.), Polar Geomorphology, 4. Institute of British Geographers Special Publication: 1-19.

BOULTON G S, 1975. Processes and pattern of subglacial sedimentation: a theoretical approach[J]// Wright A E, Moseley F(Eds.). Ice Ages: Ancient and Modern[J]. Geological Journal(special issue), 6: 7-42.

BOUMA A H, 1978. Bouma sequence[J]// Fairbridge R W, Bourgeois J. The Encyclopedia of Sedimentology, Dowden, Hutchinson and Ross, Inc.

BOURMAN R P, OLLIER C D, 2002. A critique of the schellmann definition and classification of 'laterite'[J]. Catena, 47: 117-131.

BROOKFIELD M E, 1977. The origin of bounding surfaces in ancient aeolian sandstones[J]. Sedimentology, 24(3): 303-332.

BULL W B, 1972. Recognition of alluvial-fan deposits in the stratigraphic record[J]// RIGBY K J, HAMBLIN W K. Recogni ton of Ancient Sedimentary Environments[M]. Spec. Publ. Son. Econ. Pale. ont. Miner, 16: 68-83.

BáRDOSSY G COMBES, P J, 1999. Karst bauxites: Interfingering of deposition and palaeoweathering[J]//THIRY M, SIMON-COINÇON R. Palaeoweathering, Palaeosurfaces and Related Continental Deposits[M]. Oxford: Blackwell Publishing Ltd., 189-206.

BáRDOSSY G, 1982. Karst bauxites: Bauxite deposits on carbonate rocks[M]. Developments in Economic Geology 14. Amsterdam: Elsevier.

BáRDOSSY G, ALEVA, G J J, 1990. Lateritic bauxites[M]. Developments in Economic Geology, 27. Amsterdam: Elsevier.

CALVERT S E, PEDERSEN T F, 1996. Sedimentary geochemistry of manganese: implications for the environment of formation of manganiferous black shales[J]. Economic Geology, 91: 36-47.

CANFIELD D E, ERIK K, BO T, 2005. The iron and manganese cycles[J]. CANFIELD D E,

KRISTENSEN E,THAMDRUP B(Eds.). Advances in Marine Biology[M]. Academic Press:269-312.

CAO S,ZHANG L,WANG C,MA J,et al.,2020. Sedimentological characteristics and aeolian architecture of a plausible intermountain erg system in Southeast China during the Late Cretaceous[J]. GSA Bulletin,132:2475-2488.

CASAS E,LOWENSTEIN T K,1989. Diagenesis of saline pan halite:Comparison of petrographic features of modern,Quaternary and Permian halites[J]. J. Sedim. Petrol.,59:724-739.

CHILINGAR G V,BISSELL H J,FAIRBRIDGE R W,1967. Carbonate rocks[M]. EPCA London,New York.

CITA M B,GORSLINE D S,2000. Seismoturbidites, seismites and tsunamites[J]. Sedimentary Geology,135(1-4):1-326.

COLELIA A,1988. Pliocene-Holocene fan delta and braid deltas in the Crati Basin,Sorthern Italy:a consepuence of varying tectonic conditions[J]// NEMEC W,STEEL R J. Fan deltas:Sedimentology and Tectonic Settings[M]. London:Blackie and Son.

COLEMAN J M,WTIGHT L D,1975. Modern river deltas:variability of processes and sand bodies[J]//Broussard M L. Deltas,Models for Exploration[M]. Houston:Houston Geological Society.

COLLINSON J D,LEWIN J,1983. Modern and Ancient Fluvial Systems[M]. International Association of Sedimentologyists Special Publication:6.

COMPTON J,MALLINSON D,GLENN C R,et al.,2000. Variations in the global phosphorus cycle[J]. Society for Sedimentary Geology:21-33.

CONDON D,ZHU M,BOWRING S,et al.,2005. U-Pb ages from the neoproterozoic Doushantuo Formation,China[J]. Science,308:95-98.

COOK H E,1979. Ancient continental slope sequences and their value in understanding modern slope development[J]//DOYLE L J,PIKEY O H. Geology of Continental Slope[M]. Spec. Publ. Soc. Econ. Pale ont. Miner:27.

DAVIS R A J R,1983. Depositional systems—A genetic approach to sedimentary geology[M]. New Jersey:Prentice-Hall,INC,Englewood Cliffs.

DELANEY M L,1998. Phosphorus accumulation in marine sediments and the oceanic phosphorus cycle[J]. Global Biogeochemical Cycles,12(4):563-672.

DOTT R H HR,BOURGEOIS J,1982. Hummocky stratification:significance of its variable bedding sequences[J]. Geol. Soc. Amer. Bull.,93(8):663-680.

DREWRY D J,1986. Glacial geological processes[J]. London:Edward Arnold:1-276.

DU Y S,GONG Y M,ZENG X W,et al.,2008. Devonian Frasnian-Famennian transitional event deposits of Guangxi,South China and their possible tsunami origin[J]. China Science(D),51(11):1570-1580.

DU YUANSHENG,G R SHI,GONG YIMING,2005. Earthquake-controlled event deposits and its tectonic significance from the Middle Permian Wandrawandian Siltstone in the Sydney Basin,Australia[J]. China Science(D),48(9):1337-1346.

DU YUANSHENG,GUANG SHI,GONG YIMING,2008. First record of contourites from Lower Devonian Liptrap Formation in southeast Australia[J]. China Sciences(D),51(7):939-946.

DUNHAM R J,1962. Classification of carbonate rocks according to depositional texture[J]// HAM W E. Classification of carbonate rocks-A symposium[J]. American Association of petroleum Geologist Memoir,1:108-121.

DUNNE L A,HEMPTON M R,1984. Deltaic sedimentation in the Lake Hazar pull-apart basin, southeastern Turkey[J]. Sedimentology,31:401-412.

DUTTON S P,1982. Pennsylvanian fan-delta and carbonate deposition, Monbeetie field, Texas Panhandle[J]. Amer. Assoc. Putrol. Geol. Bull. ,66:389-407.

D'ARGENIO B,MINDSZENTY A,1995. Bauxites and related paleokarst:tectonic and climatic event markers at regional unconformities[J]. Eclogae. Geol. Helv. ,88:453-499.

EDWARDS M B,1986. Glacial environments[J]//READING H G(Eds.). Sedimentary environments and facies(2nd ed.)[M]. Oxford:Blackwell Scientific Publishers:615.

EGGLETON R,TAYLOR G,1998. Selected thoughts on laterite[C]. New Approaches to an Old Continent:Proceedings of the 3rd Australian Regolith Conference:209-226.

EINSELE G,SEILACHER A,1982. Cyclic and event stratification[M]. New York:Springer-Verlag.

EMBRY A F,KLOVAN J E,1971. A late Devonian reef tract on northeastern Banks Island[J]. Canadian Petroleum Geology,19:730-781.

EYLES N,EYLES C H,1992. Glacial depositional system[J]//WALKER R G,JAMES N P (Eds.). Facies Models:Responds to Sea Level Changes[M]. Geological Association of Canada:73-100.

FAUGèRES J C,MEZERAIS M L,STOW D A V,1993. Contourite drift types and their distribution in the North and South Atlantic Ocean basins[J]. Sedimentary Geology,82:189-203.

FAUGèRES J C,MULDER T,2011. Chapter 3-Contour Currents and Contourite Drifts[J]//HüNeke H,Mulder T(Eds.). Development of Sedimentology[M]. Elsevier:149-214.

FILIPPELLI G M,2011. Phosphate rock formation and marine phosphorus geochemistry:The deep time perspective[J]. Chemosphere,84(6):759-766.

FISHER W I,BROWN L F,SCOTT A J,et al. ,1969. Delta systems in the explorarion for oil and gas[M]. Texas:University of Texas Bureau of Economic Geology.

FLUGEL E,1982. Microfacies Analysis of Limestone[M]. Berlin:Springer-Verlag.

FOLK R L,1959. Practical petrographic classification of limestones[J]. Am. Assoc. Petroleum Geologists Bull. ,43:1-38.

FOLK R L,1962. Spectral subdivision of limestone types[J]//Ham W E(ed.). Classification of carbonate rocks[M]. Am. Assoc. Petroleum Geologists Mem. ,1:62-84.

FOLK R L,1962. 石灰岩类型的划分[M]. 冯增昭,译. 1975. 重庆:科学技术文献出版社.

FOLK R L,1965. Some aspects of recrystallization in ancient limestones[J]//Pray L C,R C Murray(Eds.). Dolomitization and limestone diagenesis[M]. Soc. Econ. Paleontologists and Mineralogists Spec. Pub. ,13:14-48.

FOURNIER R O,1970. Silica in thermal waters:Laboratory and field investigations[J]. Proc. International Symposium on Hydrochemistry and Biochemistry,Tokyo:122-139.

FRIEDMAN G M,SANDERS J E,1978. Principles of Sedimentology[M]. New York:John Wiley and Sons.

FRYBERGER S G,1993. A review of aeolian bounding surfaces,with examples from the Permian Minnelusa Formation,USA[J]. London:Special Publications,73(1):167-197.

FRYBERGER S G,AHLBRANDT T S,ANDREWS S,1979. Origin, sedimentary features, and significance of low-angle eolian "sand sheet" deposits,Great Sand Dunes National Monument and vicinity,Colorado[J]. Journal of Sedimentary Petrology,49(3):733-746.

FöLLMI K B,GARRISON R E,GRIMM K A,1991. Stratification in phosphatic sediments: illustrations from the Neogene of Central California[J]//EINSELE G, RICKEN W, SEILACHER A (Eds.). Cycles and events in stratigraphy[M]. Heidelberg: Springer-Verlag, 492-507.

GAINS A M,1980. Dolomitization kinetics: Recent experimental studies, in Zenger[J]//DUNHAM D H J B, ETHINGTON R L(Eds.). Concepts and models of dolomitization[M]. Soc. Econ. Paleontologists and Mineralogists Spec. Pub.,28:81-86.

GALLOWAY W E,1975. Process framework for describing the morphologic and stratigraphic evolution of the delta lic depositional system[J]// BROUSSARD M L. Deltas, Models for Exploration [M]. Houston: Houston Geological Society.

GALLOWAY W E,1976. Sediment and stratigraphic framework of the Copper River fandelte, Alaska[J]. Sediment. Petrol.,46:726-737.

GALLOWAY W E, HOBDAY D K,1983. Terrigenous Clastic Depositional Systems-Applications to Petroleum, Coal and Uranium Exploration[M]. NewYork: Springer.

GALLOWAY W E,HOBDAY D K,1983. 陆源碎屑沉积体系——在石油、煤和铀勘探中的应用[M]. 顾晓忠,译.1989.北京:石油工业出版社.

GAO L,LI J,WANG D,et al.,2015. Outline of metallogenic regularity of bauxite deposits in China[J]. Acta Geologica Sinica-English Edition,89:2072-2084.

GISCHLER E,2011. Sedimentary facies of Bora Bora, Darwin's type barrier reef(Society Islands, South Pacific): The unexpected occurrence of non-skeletal grains[J]. Journal of Sedimentary Research,81:1-17.

GLASBY G P,1988. Manganese deposition through geological time: dominance of the post-eocene deep-sea environment[J]. Ore Geology Reviews,4(1-2):135-143.

GLASBY G P,SCHULZ H D,1999. Eh pH diagrams for Mn, Fe, Co, Ni, Cu and as under seawater conditions: application of two new types of Eh pH diagrams to the study of specific problems in marine geochemistry[J]. Aquatic Geochemistry,5(3):227-248.

GLENN C R,FÖLLMI K B,RIGGS S R,et al.,1994. Phosphorus and phosphorites: Sedimentology and environments of formation[J]. Eclogae Geologicae Helvetiae,87(3):747-788.

GONTHIER E G, FAUGERES J C, STOW D A V,1984. Contourite facies of the Faro Drift, Gulf of Cadig[J]//STOW D A V, PIPER D J W. Fine-Grained Sediments: Deep-water processed and facies[M]. Geological Society Special Publication, No. 5.

GORSLINE D S,EMERY K O,1959. Turbidity current deposits in San Pedro and Santa Monica Basins of southern California[J]. Geological Society of America Bulletin,70:279-288.

GRILL E V,1982. Kinetic and thermodynamic factors controlling manganese concentrations in oceanic waters[J]. Geochimica et Cosmochimica Acta,46:2435-2446.

GUNNARSSON I,I AMORSSON,2000. Amorphous silica solubility and the thermodynamic properties of H_4SiO_4 in the range of 0℃ to 350℃ at Psat[J]. Geochemica et Cosmochimica Acta,64: 2295-2307.

HAM W E,1982. Classifcation of carbonate rocks[M]. Tulsa: Am. Assoc. Petrol. Geologists.

HAO X,LEUNG K,WANG R,et al.,2010. The geomicrobiology of bauxite deposits[J]. Geoscience Frontiers,1:81-89.

HARDIE L A,1984. Evaporites: marine or non-marine[J]. Am. Jour. Science,284:193-249.

HASSAN M S, VENETIKIDIS A, BRYANT G, et al., 2018. The sedimentology of an erg margin: the Kayenta-Navajo transition (Lower Jurassic), Kanab, Utah, USA[J]. Journal of Sedimentary Research, 88: 613-640.

HAYES M O, MICHEL J, 1982. Shoreline sedimentation within a forearc embayment, lower Cook Inlet, Alaska[J]. Sediment Petrol., 52: 251-263.

HEATH, G R, 1974, Dissolved silica and deep-sea sediments[J]//HAY W W (Ed.). Studies in paleoceanography[M]. Soc. Econ. Paleontologists and Mineralogists Spec. Pub., 20: 77-94.

HEDBERG H D, 1970. Continental margins from viewpoint of the petroleum geologist[J]. AAPG Bulletin, 54: 3-43.

HEEZEN B C, DYKE C L, 1964. Grand bank slump[J]. Bull. Am. Ass. Petrol. Geol., 48(2): 221-225.

HEEZEN B C, EWING M, 1952. Turbidity currents and submarine lumps and 1929 Grand bank earthquake[J]. Am. J. Sci., 250(12): 849-873.

HERRIES R D, 1993. Contrasting styles of fluvial-aeolian interaction at a downwind erg margin: Jurassic Kayenta-Navajo transition, northeastern Arizona, USA[J]. London: Special Publications, 73: 199-218.

HEWAR A P, 1978. Alluvial fan sequence and megasequence models: with examples from West phalian D-Stephanian B coalfields, Northern Spain[J]// MIALL A D. Fluvial Sedimentology[M]. Can. Soc. Petrol. Geol. Mem. 5.

HOFFMAN P, 1976. Environmental diversity of Middle Precambrian stromatolites[J]// Walter M R. Stromatolites[M]. Amsterdam: Elsevier.

HOLMES A, 1965. Principles of physical geology (2nd Ed.)[M]. New York: The Roland Press Co.

HU J, LI C, TONG J N, et al., 2020. Glacial origin of the Cryogenian Nantuo Formation in eastern Shennongjia area (South China): implications for macroalgal survival[J]. Precambrian Research, 351: 105969.

HUCKRIEDE H, MEISCHNER D, 1996. Origin and environment of manganese-rich sediments within black-shale basins[J]. Geochimica et Cosmochimica Acta, 60(8): 1399-1413.

HUSSAIN M, WARREN J K, 1989. Nodular and enterolithic gypsum: the "sabkhatization" of Salt Flat playa, West Texas[J]. Sedimentary Geology, 64: 13-24.

JAMES N P, 1977. Facies Models 7. Introduction to carbonate facies models[J]. Geoscience Canada, 4(3): 123-125.

JAMES N P, GINSBURG R N, 1979. The seaward margin of Belize Barrier and Atoll Reefs[J]. Spec. Publ., int. Ass. Sediment., 3: 206.

JAMES N P, P W CHOQUETTE, 1983. Limestones: Introduction[J]. Geoscience Canada, 10: 165.

JOHNSON J E, WEBB S M, MA C, et al., 2016. Manganese mineralogy and diagenesis in the sedimentary rock record[J]. Geochimica et Cosmochimica Acta, 173: 210-231.

KELLING G, MULLIN P R, 1975. Graded limestones and limestone quartzite couplets: possible storm-sediments from the Pleistocene of Massachusetts[J]. Petrology, 38: 971-984.

KLEIN G DE V, 1977. Clastic tidal facies[M]. Champaign III: Continnuing Education Publication Company.

KNAUTH L P, 1994. Petrogenesis of chert, in Heaney[J]//PREWITT C T, GIBBS G V (Eds.). Silica: Physical behavior, geochemistry and materials applications[M]. Mineralogical Society of America Reviews in Mineralogy,29(4):239

KOCUREK G,1981. Significance of interdune deposits and bounding surfaces in aeolian dune sands[J]. Sedimentology,28:753-780.

KOCUREK G,KNIGHT J,HAVHOLM K,1991. Outcrop and semi-regional three-dimensional architecture and reconstruction of a portion of the Eolian Page Sandstone(Jurassic)in Miall A D[J]. Tyler N(Ed). The three-dimensional facies architecture of terrigenous clastic sediments and its implications for hydrocarbon discovery and recovery[M]. SEPM for Sedimentary Geology,3:25-43.

KOMAR P D,1976. Beach processes and sedimentation,englewood cliffs[M]. N J Prentice-Hall Inc.

KRAUSKOPF K B,1979. Introduction to geochemistry(2nd Ed.)[M]. New York:McGraw-Hill,Fig. 6.3,p.133.

KREISA R D,BAMBACH R K,1982. The role of storm processes in generating shell bed on Paleozoic shelf environments[J]// EINSELE G,SEILACHER A. Cyclic and Event Stratification[M]. Berlin:Springer-Verlag.

LANCASTER N,TELLER J T,1988. Interdune deposits of the Namib sand sea[J]. Sedimentary Geology,55:91-107.

LANG X G,CHEN J T,CUI H,et al.,2018. Cyclic cold climate during the Nantuo Glaciation:Evidence from the Cryogenian Nantuo Formation in the Yangtze Block,South China[J]. Precambrian Research,310:243-255.

LASKOU M,ECONOMOU-ELIOPOULOS M,2007. The role of microorganisms on the mineralogical and geochemical characteristics of the Parnassos-Ghiona bauxite deposits,Greece[J]. Journal of Geochemical Exploration,93:67-77.

LAWSON D E,1979. Sedimentological analysis of the western terminus region of the Matanuska Glacier,Alaska[C]//Cold Regions Research and Engineering Laboratory Report 79-97[R]. US Aemy. Corps of Engineers:1-112.

LEE J S,CHAO Y T,1924. Geology of the Gorge District of the Yangtze(from Ichang to Tzekuei) with special reference to the development to the Gorges[J]. Bull. Geol. Soc. China,3(3-4):350-392.

LEIGHTON M W,PENDEXTER C,1962. Carbonate rock types[J]//HAM W E. Classification of Carbonate Rocks[M]. Mem. Am. Ass. Petrol. Geologists.

LEWIS D W,1984. 实用沉积学[M]. 丁山,译. 1989. 北京:地质出版社.

LI P G,YU W,DU Y,et al.,2020. Influence of geomorphology and leaching on the formation of Permian bauxite in northern Guizhou Province,South China[J]. Journal of Geochemical Exploration,210:106446.

LI Y,SHI W,AYDIN A,et al.,2020. Loess genesis and worldwide distribution[J]. Earth-Science Reviews:102947.

LONGMAN M W,1981. A process approach to recognising facies of reef complexes[J]//TOOMY D F. European Fossil Reef Models[M]. Spec. Publsoc. Econ. Paleont. Miner.

LOOPE D B,1984. Origin of extensive bedding planes in aeolian sandstones:a defense of Stokes' hypothesis[J]. Sedimentology,31:123-125.

LOWE D R,1982. Sediment gravity flows II Depositional model with special reference to deposits of high-density turbidity currents[J]. Journal of Sedimentary Petrology,52:279-297.

MACKENZIE F T,R GEES,1971. Quartz synthesis at earth-surface conditions[J]. Science,172:

533-535.

MATTER A,TUCKER M,1978. Moder and ancient lake sediments[M]. International Association of Sedimentologists Special Publication.

MATTHEWS R K,1984. Dynamic Stratigraphy[M]. Prentice Hall,Englewood CHils,N J.

MAYNARD J B,2003. Manganiferous sediments,rocks,and ores[J]//HEINRICH D H,KARL K T(Eds.). Treatise on Geochemistry[M]. Oxford:Pergamon,289-308.

MAYNARD J B,2010. The chemistry of manganese ores through time:A signal of increasing diversity of earth-surface environments[J]. Economic Geology,105:535-552.

MCCAVE I N,1986. Local and global aspects of the bottom nepheloid layers in the world ocean[J]. Netherlands Journal of Sea Research,20:167-181.

MCEWAN I K,WILLETS B B,1993. Sand transport by wind:a review of the current conceptual model[J]// PYE K. The Dynamics and Environmental Context of Aeolian Sedimentary System[M]. Geological Society Spec. Publ.,72:7-16.

MCGWEN J H,GARNER L E,1970. Physiographic features and sedimentation types of coarse-grained pointbas:modern and ancient examples[J]. Sedimentology,14:77-111.

MCKEE E D,1982. Sedimentary structures in dunes of the Namib Desert,Southwest Africa[J]. Geol. Soc. America Spec. 188.

MENZIES J,2002. Modern and Past Glacial Environments[M]. Oxford:Butterworth-Heinemann:1-10.

MIALL A D,1978. Fluvial Sedimentology[M]. Canada Society of Petroleum Geologists.

MIALL A D,1984. Principles of Sedimentary Basin Analysis(2nd Ed.)[M]. New York:Springer-Verlag;Tokyo:Brelin Heidelberg.

MIALL A D,1984. 沉积盆地分析原理[M]. 孙枢,等,译.1991. 北京:石油工业出版社.

MIDDLETON G V,HAMPTON M A,1973. Sediment gravity flows,mechanics of flow and deposition[M]. Soc. Econ. Paleont. Mineral Pac. Sec.,Short Cours.

Miller J M G,1996. Glacial sediments[J]//RIDING H G(Eds.). Sedimentary Environments:Processes,Facies and Stratigraphy(3rd Ed.):454-483.

MILLMAN J D,1974. Marine carbonates[M]. New York:Springer-Verlag..

MONGELLI G,2002. Growth of hematite and boehmite in concretions from ancient karst bauxite:clue for past climate[J]. Catena,50:43-51.

MONGELLI G,ACQUAFREDDA P,1999. Ferruginous concretions in a Late Cretaceous karst bauxite:composition and conditions of formation[J]. Chemical Geology,158:315-320.

MOORE C H,1989. Carbonate diagenesis and porosity[M]. Amsterdam:Elsevier Science Publishers:41.

MULLINS H T,NEUMANN A C,1979. Deep carbonate bank margin structure and sedimentation in the northern Bahamas[J]// DOLYLE L J,PILKEY O H. Geology of Continental Slopes[M]. Publ. Soc. Econ. Paleont. Miner.

MURRAY R W,D L JONES,M R BUCHOLTZ TEN BRINK,1992. Diagenetic formation of bedded chert:Evidence from chemistry of chert-shale couplet[J]. Geology,20:271-274.

MUTTI E,RICCI LUCCHI F,SEGURET M,et al.,1984. Seismoturbidites:a new group of resedimented deposits[J]. Mar. Geol.,55(1-2):103-116.

NELSON G J,PUFAHL P K,HIATT E E,2010. Paleoceanographic constraints on Precambrian phosphorite accumulation,Baraga Group,Michigan,USA[J]. Sedimentary Geology,226(1-4):9-21.

NEMEC W,STEEL R J,1988. Fan deltas:Sedimentology and tectonic settings[M]. Glasgow:Blackie and Son:14-22.

NICHOLS G,2009. Sedimentology and stratigraphy(2nd Ed.)[M]. Oxford:Blackwell:102-113.

NOFFKE N,GERDES G,KLENKE T,et al.,2001. Microbially induced sedimentary structure:A new category within the clssification of primary sedimentary strycture[J]. Journal of sedimentary research,71(5):649-656.

O'CONNOR B,1978. The sedimentary and tectonic structures of the Lower Devonian Liptrap Formation,Victoria,Australia[D]. Melbourne:University of Melbourne:1-225.

PETERSON M N,VON DER BORCH C C,1965. Chert:Modern inorganic deposition in a carbonate-precipitating locality[J]. Science,149:1501-1503.

PETTIJOHN F J,1975. 沉积岩[M]. 李汉瑜,等,译. 1981. 北京:石油工业出版社.

PICARD M D,HIGH L R Jr,1972. Criteria for recogniging lacustrine rock[J]//RIGBY J K,HAMBLIN W K. Recognition of Ancient Sedimentary Environments[M]. Soc. Econ. Paleo. Mine. Spec., Publ.,16.

POLGáRI M,GYOLLAI I,FINTOR K,et al.,2019. Microbially mediated ore-forming processes and cell mineralization[J]. Frontiers in Microbiology,10:2731.

POLGáRI M,HEIN J,TÓTH A,et al.,2012. Microbial action formed Jurassic Mn-carbonate ore deposit in only a few hundred years(Úrkút,Hungary)[J]. Geology,40(10):903-906.

POMAR L,HALLOCK P,2008. Carbonate factories:A conundrum in sedimentary geology[J]. Earth-Science Reviews,87(3-4):134-169.

PRICE G D,VALDES P J,SELLWOOD B W,1997. Prediction of modern bauxite occurrence:implications for climate reconstruction[J]. Palaeogeography,Palaeoclimatology,Palaeoecology,131:1-13.

PUFAHL P K,GROAT L A,2017. Sedimentary and igneous phosphate deposits:Formation and exploration[J]. Economic Geology,112(3):483-516.

PUFAHL P K,HIATT E E,2012. Oxygenation of the earth's atmosphere-ocean system:A review of physical and chemical sedimentologic responses[J]. Marine and Petroleum Geology,32(1):1-20.

RAJABZADEH M A,HADDAD F,POLGáRI M,et al.,2017. Investigation on the role of microorganisms in manganese mineralization from Abadeh-Tashk area,Fars Province,southwestern Iran by using petrographic and geochemical data[J]. Ore Geology Reviews,80:229-249.

READING H G,1978. 沉积环境和相[M]. 周明鉴,等,译. 1985. 北京:科学出版社.

READING H G,1986. Sedimentary environments and facies (2nd Ed.)[M]. Oxford:Blackwell.

REINECK H E,SINGH I B,1973. 陆源碎屑沉积环境[M]. 陈昌明,李继亮,译. 1979. 北京:石油工业出版社.

REINECK H E,SINGH I B,1980. Depositional sedimentary environments-with reference to terigenous clastics[M]. Berlin:Springer-Verlag.

RETALLACK G J,2008. Cool-climate or warm-spike lateritic bauxites at high latitudes[J]. The Journal of Geology,116:558-570.

RIECH V,VON RAD U,1979. Silica diagenesis in the Atlantic Ocean:Diagenetic potential and transformations[J]//TALWANI M,HAY W,RYAN W B F(Eds.). Deep drilling results in the Atlantic Ocean:Continental margins and paleoenvironment:Amer[M]. Geophysical Union,Maurice Ewing Series,v. 3,Fig. 2,p. 322.

RIMSTIDT J D,1997. Quartz solubility at low temperature[J]. Geochemica et Cosmochimica Acta 61:2553-2558.

ROEP T B,EVENT A J,1992. Pillow-beds:a new type of seismites? An example from an Oligocene turbidite fan complex,Alicante[J]. Sedimentology,39:711-724.

RONOV A B,V E KHAIN,A N BALUKHOVSKY,et al.,1980. Quantitative analysis of Phanerozoic sedimentation[J]. Sedimentary Geology,25:311-325.

ROONEY A D,YANG C,CONDON D J,et al.,2020. U-Pb and Re-Os geochronology tracks stratigraphic condensation in the sturtian snowball earth aftermath[M]. Geology.

ROY S,1992. Environments and processes of manganese deposition[J]. Economic Geology,87:1218-1236.

ROY S,2006. Sedimentary manganese metallogenesis in response to the evolution of the earth system[J]. Earth-Science Reviews,77:273-305.

RUBIN D M,1987. Cross-bedding,bedforms,and paleocurrents[J]. SEPM Society for Sedimentology and Paleontology:1-186.

SARG J F,1988. Carbonate Sequence Stratigraphy[J]//WILGUS C K,HASTINGS B S,KENDALL C G S C,et al. (Eds.). Sea Level Changes:An Integrated Approach[M]. Tulsa:SEPM Special Publications:155-182.

SCHELLMANN W,1983. A new definition of laterite[J]. Natural Resource and Development,18:7-21.

SCHLAGER W,2003. Benthic carbonate factories of the Phanerozoic[J]. International Journal of Earth Sciences,92(4):445-464.

SCHLICHTING,GERSTEN,2017. Boundary-layer theory(9th Ed.)[M]. Berlin Heidelberg:Springer-Verlag.

SCHMITZ JR W J,1996. On the world ocean circulation(Volume I). technical report WHOI-96-03[M]. Woods Hole Oceanographic Institution,Woods Hole.

SCHOLLE P A,BEBOUT,D G,MOORE C H,1983. Carbonate depositional environments[M]. Tulsa. Oklahoma:American Assoc. of Petroleum Geologists.

SCHOLLE P A,SPEARING D,1982. Sandstons Depositional Environments[M]. Tulsa. Oklahoma:American Assoc. of Petroleum Geologists,Memoir. 31.

SCHREIBER B C,HSü K J,1980. Evaporites[J]//HOBSON G D(Ed.). Developments in petroleum geology[M]. Applied Science,London:87-138.

SCHUBEL K A,B M Simonson,1990. Petrography and diagenesis of cherts from Lake Magadi,Kenya[J]. Jour. Sed. Petrology,60:761-776.

SCHWARZ T,1997. Lateritic bauxite in central Germany and implications for Miocene palaeoclimate[J]. Palaeogeography,Palaeoclimatology,Palaeoecology,129:37-50.

SEILACHER A,1969. Fault-graded bed interpreted as seismites[J]. Sedimtentology,13(1-2):155-159.

SELLEY R C,1976. An introduction to sedimentology[M]. London,LTD:Academic Press Inc.

SHANMUGAM G,2013. Comment on "Internal waves,an under-explored source of turbulence events in the sedimentary record" by POMAR L,MORSILLI M,HALLOCK P,BÁDENAS B[Earth-Science Reviews,111(2012),56-81][J]. Earth-Science Reviews,116:195-205.

SHANMUGAM G,2017. Chapter 9-The contourite problem[J]//MAZUMDER R(Ed.). Sediment Provenance[M]. Elsevier:183-254.

SHAW J,1985. Subglacial and ice marginal environments[J]//ASHLEY G M,SHAW J,SMITH N D(Eds.). Glacial Sedimentary Environments[J]. SEPM Short Course,16:135-175.

SHEPARD F P,1973. Submarine Geology[M]. New York:Harper and Row.

SLAYMAKER O,2011. Criteria to distinguish between periglacial,proglacial and paraglacial environments[J]. Quaestiones Geographicae,30(1):85-94.

SMITH D G,1983. Anastomosed fiuvial deposites:Modern examples from weatern Canada[J]//COLLINSON J D,EWIN J L. Modern and Ancient Fluvial Systems. International Association of Sedimentologists[M]. London:Special Publication,No. 6.

SNEH A,1979. Late Pleistocene fan deltas along the Dead Sea Rift[J]. Sedimnent. Petrol. ,49:541-522.

SPALLCTTA C,VAIL G B,1984. Upper Devonian intraclastic parabreccias anterpreted as seisimites[J]. Mar. Geol. ,55(1-2):133-144.

STERNBECK J,SOHLENIUS G,1997. Authigenic sulfide and carbonate mineral formation in Holocene sediments of the Baltic Sea[J]. Chemical Geology,135(1-2):55-73.

STEWART F H,1963. Marine evaporites[J]//FLEISCHER M(Eds.). Data of geochemistry[M]. U SGeol. Survey Prof. Paper 440-Y,54.

STOW D A V,1998. Fossil contourites:a critical review[J]. Sedimentary Geology,115:3-31.

STOW D A V,PIPER D J W,1984. Deep-water fine-grained sediments:facies models[J]//PIPER and STOW(Eds.). Fine-Grained Sediments:Deep-Water Processes and Facies[M]. London:Special Publications,15:611-646.

STOW D A V,PIPER D J W,1984. Fine-Grained Sediments:Deep-Water Processed and Facies[M]. Geolo Gical Society Special Publication,No. 5.

STOW D A V,READING H G,COLLINSON J,1996. Deep seas[J]//READING H G(Ed.). Sedimentary Environments[M](3rd Ed.):395-453.

SUGDEN D E,JOHN B S,1988. Glacier and landscape:A geomorphological approach[J]. London:Edward Arnold,1-376.

TRUJILLO A P,THURMAN H V,2014. Essentials of Oceanography[M](11th Ed.). New Jersey:Pearson Education Inc:179-211.

TURKER M E,WRIGHT V P,1990. Carbonate Sedimentology[M]. Oxford:Blackwell Scientific Publications.

VALETON I,1974. Resilicification at the top of the foreland bauxite in Surinam and Guyana[J]. Mineralium Deposita,9:169-173.

WALKER R G,1967. Turbidite sedimentary structures and their relationship to proximal and distal depositional environments[J]. Journal of Sedimentary Petrology,37:25-43.

WALKER R G,1984. Facies Models[M]. Geoscience Canada Reprint Series 1.

WARREN J K,2016. Evaporites:A geological compendium(2nd Ed.)[M]. Cham.:Springer.

WENG S,YU W,ALGEO T J,et al. ,2019. Giant bauxite deposits of South China:Multistage formation linked to Late Paleozoic Ice Age(LPIA)eustatic fluctuations[J]. Ore Geology Reviews,104:1-13.

WESCOTT W A,ETH RIDE G F G,1980. Fan-delta sedimentology and tectonic setting Yallahs fan delta,Southeast Jamaica[J]. Am. Asaoc. Petrol. Geol. Bull. ,64:374-399.

WILGUS C K,1988. 层序地层学原理——海平面变化综合分析[M]. 徐怀大,魏魁生,洪卫东,译.

1993. 北京:石油工业出版社.

WILSON J L,1975. Carbonate facies in geologic history[M]. Berlin:Springer – Verlag.

YU W C,ALGEO T J,YAN J X,et al.,2019. Climatic and hydrologic controls on upper Paleozoic bauxite deposits in South China[J]. Earth – Science Reviews,189:159 – 176.

YU W C,POLGARI M,GYOLLAI I,et al.,2019. Microbial metallogenesis of Cryogenian manganese ore deposits in South China[J]. Precambrian Research,322:122 – 135.

YU W C,WANG R H,ZHANG,et al.,2014. Mineralogical and geochemical evolution of the Fusui bauxite deposit in Guangxi,South China:From the original Permian orebody to a Quarternary Salento – type deposit[J]. Journal of Geochemical Exploration,146:75 – 88.

YU X,LIU C,WANG C,et al.,2021. Late Cretaceous aeolian desert system within the Mesozoic fold bet of South China:palaeoclimatic changes and tectonic forcing of East Asian erg development and preservation[J]. Palaeogeography,Palaeoclimatology,Palaeoecology,567:110299.

ZHANG S,JIANG G,HAN Y,2008. The age of the Nantuo Formation and Nantuo glaciation in South China[J]. Terra Nova,20:289 – 294.

ZHANG Y,PUFAHL P K,DU Y,et al.,2019. Economic phosphorite from the Ediacaran Doushantuo Formation,South China,and the Neoproterozoic – Cambrian Phosphogenic Event[J]. Sedimentary Geology,388:1 – 19.

ZHOU C,HUYSKENS M H,LANG X,et al.,2019. Calibrating the terminations of Cryogenian global glaciations[J]. Geology,47:251 – 254.